高等工科院校“十三五”规划教材

工程力学简明教程

（静力学、材料力学、运动学与动力学）

闫 芳　刘晓慧　主编
王志敏　谢桂真　副主编
芦静蓉　蔡路政　闫洋洋　宋 琪　参编
孟庆东　杨洪林　主审

GONGCHENG LIXUE
JIANMING
JIAOCHENG

化学工业出版社
·北京·

《工程力学简明教程》的内容涵盖了理论力学、材料力学的主要内容，包括静力学、材料力学、运动学与动力学。根据机械类、近机类、工程类各专业的教学要求，本着以必需、够用、以实际应用为重的原则，在内容上进行了适当取舍，并简化理论推导。对基本理论、基本概念的阐述简洁明了，对工程应用、解题方法的介绍翔实细致。每章后有小结和习题。着重于培养学生的实际应用能力。

本书配有制作精美的多媒体电子教案，可在化学工业出版社教学资源网 www. cipedu. com. cn 上注册下载。

《工程力学简明教程》是为应用型工科院校与独立学院编写的，主要针对机械类、近机类、工程类各专业“工程力学”课程的教学，也可用于高职高专、自学自考和成人教育。

图书在版编目（CIP）数据

工程力学简明教程（静力学、材料力学、运动学与动力学）/闫芳，刘晓慧主编. —北京：化学工业出版社，2017.9（2024.9 重印）

高等工科院校“十三五”规划教材

ISBN 978-7-122-30104-8

Ⅰ.①工… Ⅱ.①闫… ②刘… Ⅲ.①工程力学-高等学校-教材 Ⅳ.①TB12

中国版本图书馆 CIP 数据核字（2017）第 156151 号

责任编辑：刘俊之　　文字编辑：吴开亮
责任校对：边　涛　　装帧设计：韩　飞

出版发行：化学工业出版社（北京市东城区青年湖南街 13 号　邮政编码 100011）
印　　装：北京科印技术咨询服务有限公司数码印刷分部
787mm×1092mm　1/16　印张 18　字数 476 千字　2024 年 9 月北京第 1 版第 3 次印刷

购书咨询：010-64518888　　售后服务：010-64518899
网　　址：http://www. cip. com. cn
凡购买本书，如有缺损质量问题，本社销售中心负责调换。

定　　价：49.80 元

前 言

课程建设和教学改革是全国高等院校应用型人才培养、提高教学质量的核心内容。为了更好地贯彻执行教育部关于教学改革的精神，切实深化高校教材建设工作，根据教育部制定的“工程力学”课程的教学基本要求和标准，突出实用性，以培养应用型人才为教学目的，本着“必需、够用”、以实际应用为重的原则，在内容上进行了适当取舍，并简化理论推导，编写了具有简明特色的《工程力学简明教程》。

本书内容分成三篇：静力学基础、材料力学基础、运动学与动力学基础。

(1) 静力学部分介绍力、力矩、力偶的表达，静力学基本概念和物体的受力分析，力系的简化结果和平衡条件，并介绍了重心的概念和计算。

(2) 材料力学部分介绍材料力学的基本概念，杆件内力的计算及内力图的画法，杆件拉伸、剪切、扭转、弯曲四种基本变形情况下应力的计算，变形分析，强度条件的建立，应力状态概念以及复杂应力状态下的强度理论，杆件组合变形时强度计算方法，压杆稳定性计算方法。

(3) 运动学与动力学部分介绍点的运动描述方法、刚体平动、绕定轴转动时有关运动量的计算、工程中求解动力学问题时常用的达朗贝尔原理（动静法），研究质点及质点系机械运动量和机械作用量之间关系的动能定理、动荷应力与交变应力计算。

另外，在书后的附录中，介绍了平面图形的几何性质等内容。

由于不同的层次（如本科、专科、高职等）、不同专业对本课程的内容深浅及学时要求不同（40～80 学时不等），为了便于教与学，本教材内容安排可分为三种：少学时（40～45 学时）讲授静力学基础、平面力系平衡方程、杆件四种基本变形强度设计和压杆稳定设计；中学时（46～65 学时）讲授静力学、材料力学全部内容；多学时（66～80 学时）讲授静力学、材料力学、运动学和动力学全部内容。

本书每章后有小结、思考题与习题。并对重点章节加大例题、思考题与习题的比重（备有参考解答），着重于培养学生的实际应用能力。

为了配合本书的教与学，还设计制作了电子课件。电子课件不但是对教材内容的高度概括，而且是对教材内容的拓展和延伸，汇集了丰富的图、声、视频等内容。电子教材中的动画过程循序渐进，将理论问题形象化，能够帮助学生加深理解。同时，也给教师教学带来了很大的便利。读者可在化学工业出版社教学资源网（www.cipedu.com.cn）下载使用。

本书是普通高等教育机械、机电、近机及工程等类各专业学习“工程力学”的教材。适用于本科、专科生。本书阐述简洁明了、通俗易懂，也适合作为上述同类专业的职工大学、业余大学、函授大学、远程教育等院校的教材；亦可供有关专业工程技术人员和管理人员参考。

本书由闫芳和刘晓慧任主编，并统稿；王志敏和谢桂真任副主编。参编单位（人员）如下：青岛科技大学（芦静蓉、蔡路政）；天津大学（闫洋洋）；中国石油（华东）大学（宋琪）；烟台南山学院（闫芳）；青岛海洋技师学院（刘晓慧、谢桂真）；山东济宁技师学院

（王志敏）。

编写人员分工如下（按姓氏笔画排序）

王志敏：第一～五章，第一、二章电子课件的设计制作。

刘晓慧：第十三～十九章，第十三、十四章电子课件的设计制作。

闫芳：前言、绪论、第六～十章及其电子课件的设计制作。

闫洋洋：第十五、十六章电子课件的设计制作。

宋琪：第三～五章电子课件的设计制作。

芦静蓉：第十七～十九章电子课件的设计制作。

谢桂真：第十二章和附录，附录电子课件的设计制作。

蔡路政：第十一章，第十一章和十二章电子课件的设计制作。

本书承蒙青岛科技大学孟庆东和杨洪林两位教授精心审阅，提出了许多宝贵意见。

在编写出版过程中得到了化学工业出版社及各参编者所在学校的大力支持与协助。在编写中借鉴了许多同类教材及教学辅导书、题解等有关教学参考书。在此一并对上述单位和个人表示衷心感谢！

限于编者的水平，肯定还存在不少疏漏和不妥之处，敬请广大读者批评指正！

编者

2017 年 2 月

目 录

第三篇　运动学与动力学基础

绪论

一、"力学"和"工程力学"的概念

1. 力学的概念

力学是研究物质机械运动规律的科学。世界充满着物质，有形的固体、无形的空气，都是力学的研究对象。力学所阐述的物质机械运动的规律，与数学、物理等学科一样，是自然科学中的普遍规律。因此，力学是基础科学。同时，力学研究所揭示出的物质机械运动的规律，在许多工程技术领域中可以直接获得应用，实际面对着工程，服务于工程。所以，力学又是技术科学。力学是工程技术学科的重要理论基础之一。工程技术的发展过程中不断提出新的力学问题，力学的发展又不断应用于工程实际并推动其进步，二者有着十分密切的联系。从这个意义上说，力学是沟通自然科学基础理论与工程技术实践的桥梁。

力学是最古老的物理科学之一，可以回溯到阿基米德时代。力学探讨的问题十分广泛，研究的内容和应用的范围不断扩展，引起了几乎所有伟大科学家的兴趣。如伽利略、牛顿、达朗贝尔、拉格朗日、拉普拉斯、欧拉、爱因斯坦、钱学森等。

2. 工程力学的概念

工程力学（或应用力学）是将力学原理应用于有实际意义的工程系统的科学。机械和结构都是由构件组合而成的，既安全又经济的构件设计是机械和结构的功能得以实现的前提。工程力学研究构件的受力、变形、安全承载条件和运动规律，为简单构件的合理设计提供依据。

工程力学基础内容涵盖了理论力学和材料力学两部分内容。

（1）理论力学：研究宏观物体机械运动的规律，通常分为静力学、运动学、动力学三部分。

理论力学以公理和牛顿定律为基础，通过数学演绎，导出了各种普遍定理和结论，具有系统性强、理论成熟的特点。

（2）材料力学：研究材料的基本力学性能和构件的承载能力，合理解决构件设计过程中安全和经济的矛盾。

在材料力学研究问题的过程中，实验研究和理论分析具有同等重要的地位。通过实验，可了解材料的基本力学性能，还可以观察构件的变形现象，从而确定构件内部力的分布特点。同时，通过理论分析得出的结论，必须通过实验来验证其正确性。

工程力学侧重于在工程实际中的应用，是工科学生必修的学科基础课。它既是一系列后续课程的基础，又和工程实际问题联系紧密，可以单独或和其他知识一道解决工程实际问题。工程力学是研究范围极其广泛的技术基础课程。

二、工程力学的学习方法

1. 联系实际

工程力学来源于人类长期的生活实践、生产实践与科学实验，并且广泛应用于各类工程实践中。因此，在实践中学习工程力学是一个重要的学习方法。

广泛联系与分析生活及生产中的各种力学现象，是培养未来的工程技术人员对工程力学发生兴趣的一条重要途径。而对工程力学的兴趣则是身心投入的一个重要起点。联系实际也是从获得理论知识到养成分析与解决问题能力之间的一座桥梁。初学工程力学的人总是感到“理论好懂，习题难解”，就是因为缺少各种实践的过程（包括大量的课内外练习），没有完成理论到能力之间的转化。

2. 善于总结

将书读薄是做学问的一种基本方法。读一本书后要将其总结成几页材料，唯其如此，才能抓住一个章节、一本书，乃至一门学科的精髓，才能融会贯通，才能真正成为自己的知识。

理论要总结，解题的方法与技巧也要总结。本书例题中常有一题多解和多题一解的现象，其目的就是在于传授方法，培养举一反三的能力。

3. 勤于交流

相互交流是获取知识的一种重要手段，课堂教学、习题讨论、课件利用直至网上交流，经常表述自己的观点，不断纠正自己的错误理念，从而使自己的综合素质得到提高。

第一篇

静力学基础

静力学是研究物体机械运动的特殊情况，即物体的平衡问题。所谓物体的平衡是指物体相对地球保持静止或匀速直线运动状态。如桥梁、高层建筑物、做匀速直线飞行的飞机等都处于平衡状态。平衡是物体机械运动的一种特殊形式。

研究物体的平衡就是要研究物体在外力作用下平衡应满足的条件，以及如何应用这些条件解决工程实际问题。为此往往需要将作用于物体上较复杂的力系简化。所以，静力学主要是解决如下三方面问题：

(1) 物体的受力分析　即分析物体共受多少力，哪些是已知力，哪些是未知力，以及每个力的大小、方向和作用线位置，以便对所要研究的力系有系统和全面的了解。

(2) 力系的简化　即用一个简单的力系来等效替换一个复杂的力系，从而抓住不同力系的共同本质，明确力系对物体作用的总效果。

(3) 建立力系的平衡条件　即研究物体平衡时，作用在物体上的各种力系所必须满足的条件。

在工程实际中存在着大量的静力学问题，例如，在设计各种工程结构的构件（如梁、桥墩、屋架等）时，须用静力学理论进行受力分析和计算；在机械工程设计时，也要应用静力学知识分析机械零（部）件的受力情况作为强度计算的依据。对于运转速度缓慢或速度变化不大的构件的受力分析通常都可简化为平衡问题来处理。

另外，静力学中力系的简化理论和物体受力分析方法可直接应用于动力学和其他学科，而且动力学问题还可从形式上变换成平衡问题，应用静力学理论求解。

因此，静力学是工程力学的基础部分，不仅在力学理论上占有重要的地位，而且在工程中也有着极其广泛的应用。

第一章

静力学的基本概念和物体的受力分析

本章首先阐述作为静力学理论基础的几个基本概念和公理，然后介绍工程中常见的约束和约束反力的分析及物体的受力图。本章是理论力学，乃至一切固体力学、工程设计计算的基础，是本课程中最重要的内容之一。

第一节　静力学基本概念

一、力的概念

1. 力的概念

力的概念是人们在生产实践中逐渐形成的。当人们用手推、举、掷物体时，手臂肌肉会紧张和收缩，由此逐渐产生了对力的感性认识。随着生产的发展，人们又逐渐认识到：物体运动状态的改变和物体的变形都是由于其他物体对该物体施加力的结果。这样，由感性到理性逐步建立了力的概念。

力是物体间的相互机械作用。这种作用，一般有两种情况。一种是通过物体间的直接接触产生的，例如机车牵引车厢的拉力、物体之间的压力、摩擦力和黏结力等。另一种是通过"场"对物体的作用，例如地球引力场对物体吸引产生的重力，电场对电荷产生的引力或斥力等。

2. 力的三要素

实践表明，力对物体的作用效果应取决于三个要素：即力的大小、力的方向和力的作用点，因而，力是矢量。可以用一个矢量来表示力的三个要素，如图 1-1 所示。这个矢量的长度（AB）按一定的比例尺表示力的大小；矢量的方向表示力的方位和指向；矢量的始端（点 A）或末端（点 B）表示力的作用点；沿着矢量 AB 的直线（图 1-1 中的虚线）称为力的作用线。我们常用黑体字 $\boldsymbol{F}$ 表示力矢量，而用普通字母 F 表示力的大小。

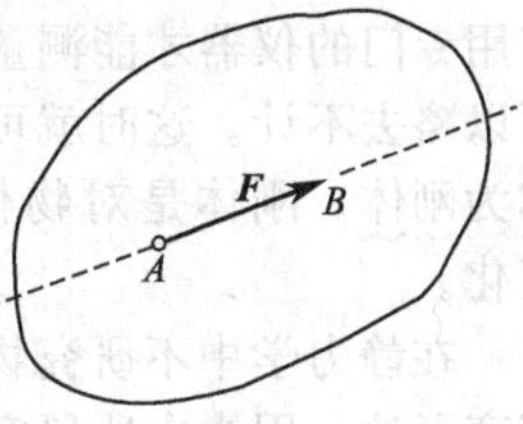

图 1-1

3. 力对物体的作用效应

力对物体的作用效果称为力的效应。力的效应可分为两类：一类是使物体运动状态发生变化，称为力的运动效应或外效应；另一类是使物体形状或尺寸大小发生变化，称为力的变形效应或内效应。理论力学中把物体都假设为不变形的物体，因而只研究力的运动效应，即力的外效应。

在国际单位制中，以“N”作为力的单位符号，称作牛［顿］。有时也以“kN”作为力的单位符号，称作千牛［顿］。

4. 力对物体作用的两种形式——集中力和载荷集度

作用于物体上某一点处的力称为集中力，如图 1-2 所示的梯子，有一人重 $\boldsymbol{F}$ 站在 H 处，则人重 $\boldsymbol{F}$ 即为集中力。

物体之间相互接触时，其接触处多数情况下并不是一个点，而是一个面。因此，无论是施力物体还是受力物体，其接触处所受的力都是作用在接触面上的，这种分布在一定面积上的力称为分布力。例如，水对容器内壁的压力就是分布力。分布力的大小用载荷集度表示。而分布在长度、狭长面积或体积上的力可视为线分布力，其集度单位为 N/m 或 kN/m。如图 1-3 所示的是化工厂用的高压反应塔所受风力，可近似简化为两段均布载荷，在离地面 H_1(m) 高度以下，风力的平均分布力为 p_1，H_2(m) 上的平均分布力为 p_2。

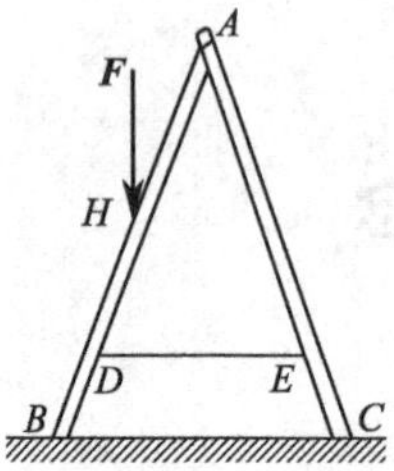

图 1-2

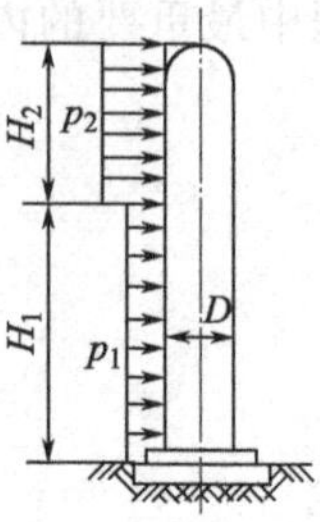

图 1-3

5. 力系、平衡力系、等效力系、合力的概念

作用于一个物体上的若干个力称为力系。如果作用于物体上的力系使物体处于平衡状态，则称该力系为平衡力系。如果作用于物体上的力系可以用另一个力系代替，而不改变原力系对物体所产生的效应，则这两个力系互称为等效力系。如果一个力与一个力系等效，则称这个力为该力系的合力，而该力系中的每一个力称为合力的分力。

二、刚体的概念

前面讲过，力对物体的效应，除了使物体的运动状态发生改变外，还使物体发生变形。在正常情况下，工程上的机械零件和结构构件在力的作用下发生的变形是很微小的，甚至只有用专门的仪器才能测量出来。这种微小的变形在研究力对物体的外效应时影响极小，因此可以略去不计。这时就可以把物体看作不变形的。在受力情况下保持形状和大小不变的物体称为刚体。刚体是对物体进行抽象后得到的一种理想模型，它可使理论推导和计算大大简化。

在静力学中不研究物体的内效应，只研究力的外效应，因而可将物体视为刚体。然而，当变形这一因素在所研究的问题中处于主要地位时，即使变形量很小，也不能把物体看作刚体。例如，在研究飞机的平衡问题或飞行规律时，我们可以把飞机视为刚体；但在研究机翼的振颤问题时，尽管机翼的变形非常小，但都必须把它看作可以变形的物体。又如，建筑工地上常见的塔式吊车［见图 1-4 (a)］，为使其具有足够的承载能力，对零（部）件及整体进行结构设计以确定其几何形状和尺寸时，就必须考虑其变形，不能把它们看作刚体。然而为确保塔式吊车在各种工作状态下都不发生倾覆，计算所需的配重时，整个塔式吊车又可以视为刚体［见图 1-4 (b)］。

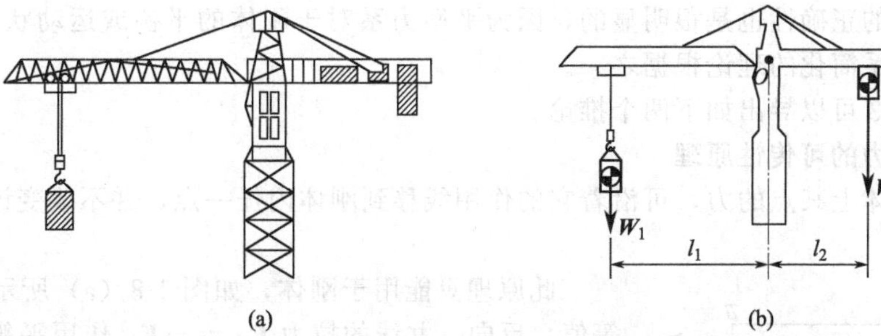

图 1-4

第二节 力的四个公理及刚化原理

一、力的四个公理

实践证明，力具有下述四个公理。

性质 1：二力平衡公理

作用在刚体上的两个力，使刚体处于平衡状态的必要和充分条件是：这两个力的大小相等，方向相反，且作用在同一直线上，如图 1-5 所示。即

$$\boldsymbol{F}_1=-\boldsymbol{F}_2 \tag{1-1}$$

二力平衡公理总结了作用在刚体上最简单的力系平衡时所必须满足的条件。它对刚体来说既必要又充分；但对非刚体，却是不充分的。如绳索受两个等值、反向的拉力作用可以平衡，而受两个等值、反向的压力作用就不平衡。

工程上将只受两个力作用而处于平衡状态的物体称为二力体。二力杆在工程中是很常见的，如图 1-6（b）所示的 BC 杆就是二力杆。

性质 2：力的平行四边形公理

作用在物体上同一点的两个力 $\boldsymbol{F}_1$ 和 $\boldsymbol{F}_2$ 可以合成为一个合力 $\boldsymbol{F}_R$。合力的作用点也在该点，合力的大小和方向由以这两个力的力矢为边所构成的平行四边形的对角线矢量 $\boldsymbol{F}_R$ 确定，如图 1-7 所示。如果将原来的两个力 $\boldsymbol{F}_1$ 和 $\boldsymbol{F}_2$ 称为分力，此法则可简述为合力 $\boldsymbol{F}_R$ 等于两分力的矢量和。即

$$\boldsymbol{F}_R=\boldsymbol{F}_1+\boldsymbol{F}_2 \tag{1-2}$$

这个公理总结了最简单的力系的简化规律，它是其他复杂力系简化的基础。

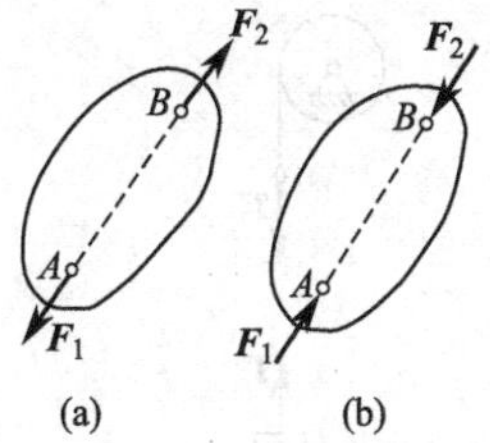

图 1-5

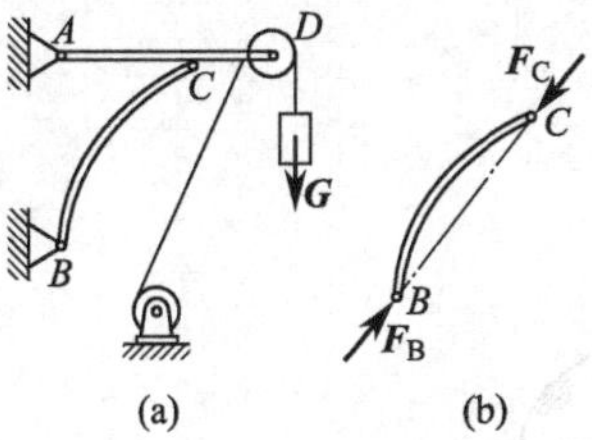

图 1-6

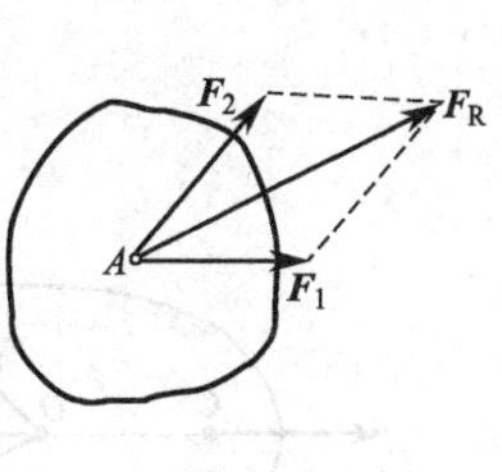

图 1-7

性质 3：加、减平衡力系公理

在已知力系上加上或减去任意的平衡力系，并不改变原力系对刚体的作用。

这个性质的正确性也是很明显的，因为平衡力系对于刚体的平衡或运动状态没有影响。这个性质是力系简化的理论根据之一。

根据性质 3 可以导出如下两个推论。

推论Ⅰ：力的可传性原理

作用于刚体上某点的力，可沿着它的作用线移到刚体内任一点，并不改变该力对刚体的作用。

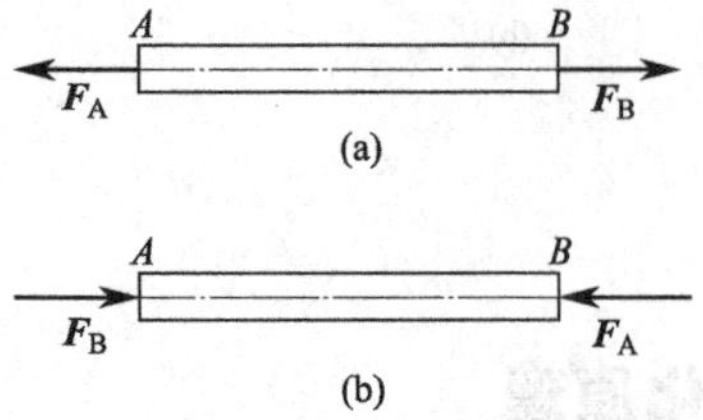

图 1-8

此原理只能用于刚体，如图 1-8（a）所示刚体受两个等值、反向、共线的拉力 $\boldsymbol{F}_A=-\boldsymbol{F}_B$ 作用平衡，依据力的可传性，将二力分别沿作用线移动成如图 1-8（b）所示的受二压力作用平衡是允许的。但对变形体（假如图 1-8 中杆 AB 是变形体，变形体将在材料力学中研究）则力的可传性原理不成立。因图 1-8（a）中杆 AB 受拉产生伸长变形，而图 1-8（b）中杆 AB 受压产生缩短变形，二者截然不同。如不考虑条件，乱用力的可传性，必将导致错误结论。

由此可见，对刚体来说，力的作用点已不是决定力的作用效果的要素，它可用力的作用线所代替，即力的三要素是：力的大小、方向和作用线。作用于刚体上的力可以沿其作用线移动，这种矢量称为滑移矢量。

推论Ⅱ：三力平衡汇交定理

作用于刚体上的三个相互平衡的力，若其中两个力的作用线汇交于一点，则此三力必在同一平面内，且第三个力的作用线通过汇交点。

证明：如图 1-9 所示，在刚体的 A、B、C 三点上，作用三个相互平衡的力 $\boldsymbol{F}_1$、$\boldsymbol{F}_2$、$\boldsymbol{F}_3$。根据力的可传性，将力 $\boldsymbol{F}_1$ 和 $\boldsymbol{F}_2$ 移到汇交点 O，然后根据力的平行四边形规则，得合力 $\boldsymbol{F}_{12}$。现刚体上只有力 $\boldsymbol{F}_{12}$ 和 $\boldsymbol{F}_3$ 作用，由于 $\boldsymbol{F}_{12}$ 和 $\boldsymbol{F}_3$ 两个力平衡必须共线，所以 $\boldsymbol{F}_3$ 必定与力 $\boldsymbol{F}_1$ 和 $\boldsymbol{F}_2$ 共面，且通过力的交点 O。于是定理得到证明。

此原理也只能用于刚体。

性质 4　作用力和反作用力公理

若将两物体间相互作用的力的其中一个称为作用力，则另一个就称为反作用力。两物体间的作用力与反作用力必定等值、反向、共线，分别同时作用于两个相互作用的物体上。

本公理阐明了力是物体间的相互作用，其中作用与反作用的称呼是相对的，力总是以作用与反作用的形式存在的，且以作用与反作用的方式进行传递。

这里应该注意二力平衡公理和作用与反作用公理之间的区别，前者叙述的是作用在同一物体上两个力的平衡条件，后者描述的却是两物体间相互作用的关系。读者可以尝试分析如图 1-10 所示各力之间是什么关系。

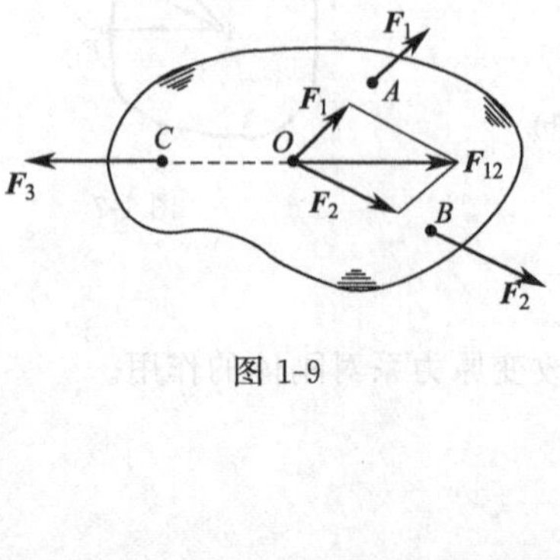

图 1-9

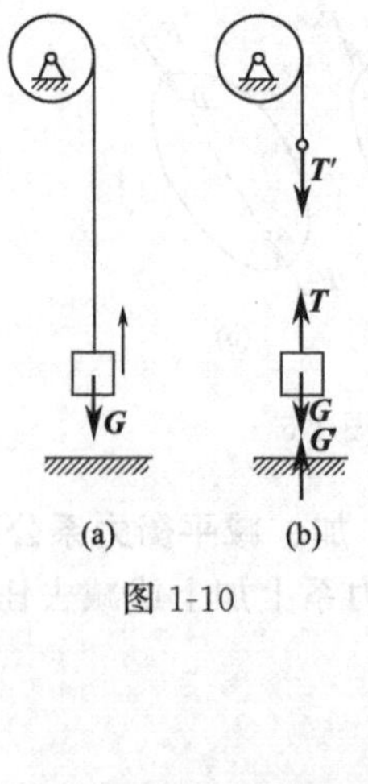

图 1-10

静力学的全部理论都可以由上述公理推证而得到，如前述的推论Ⅰ和推论Ⅱ。

二、刚化原理

刚化原理是指：变形体在某一力系作用下处于平衡，如将此变形体刚化为刚体，其平衡状态保持不变。

这个公理提供了把变形体看作刚体模型的条件，为将刚体静力学理论应用于变形体提供了依据。

要注意力的可传性是针对一个刚体而言的，即作用在同一刚体上的力可沿其作用线移动到该刚体上的任一点，而不改变此力对刚体的外效应。故图 1-11（a）中力的移动是可以的，但图 1-11（b）中力 F 的移动是错误的——这时力 F 已由刚体 AB 移到了刚体 BC 上，这是不允许的。因为移动前 BC 是二力构件，刚体 AB 是受三力作用而平衡的，其受力图如图 1-12（a）所示。而移动后刚体 BC 和 AB 的受力图都发生了变化，如图 1-12（b）所示。刚体 AB 由受三力平衡变为受二力平衡（二力构件），而刚体 BC 由受二力平衡变为受三力平衡。同时在铰链 B 处，两个刚体相互作用力的方向在力移动之后也发生了变化。因此，力只能在同一刚体上沿其作用线移动，而绝不允许由一个刚体移动到另一个刚体上。

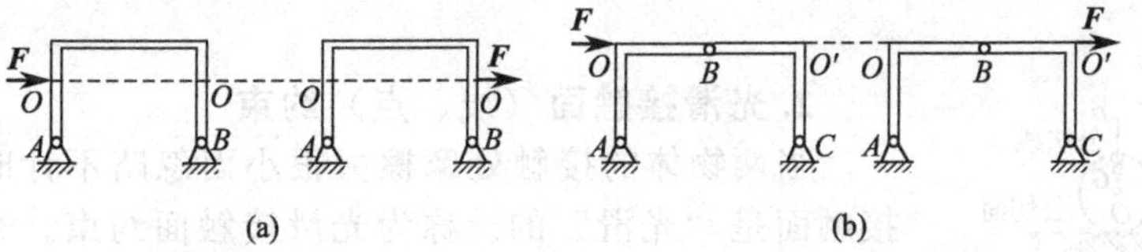

图 1-11

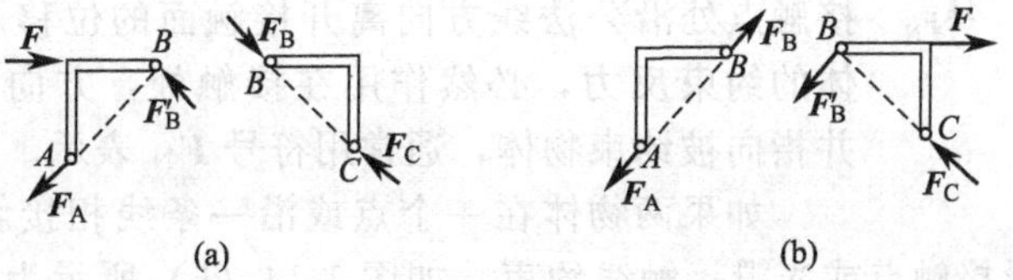

图 1-12

第三节　约束和约束反力

在分析物体的受力情况时，将力分为主动力和约束反力。

工程上把能使物体产生某种形式的运动或运动趋势的力称为主动力（又称为载荷）。主动力通常是已知的，常见的主动力有重力、磁力、流体压力、弹簧的弹力和某些作用于物体上的已知力。

物体在主动力的作用下，其运动大多受到某些限制。对物体运动起限制作用的其他物体，称为约束物，简称为约束。被限制的物体称为被约束物。如吊式电灯被电线限制使电灯不能掉下来，电线就是约束（物），电灯是被约束物。约束作用于被约束物的力称为约束反力，或约束力，简称为反力。如电线作用于吊式电灯的力即为约束反力。显然，约束反力是由于有了主动力的作用才引起的，所以约束反力是被动力。约束（物）是通过约束反力来实现限制被约束物的运动的，所以约束反力的方向总是与约束物所能阻止的运动方向相反。至于约束反力的大小，则需要通过以后几章研究的平衡条件求出。

一、常见的约束形式和确定约束反力的分析

1. 柔性约束

由绳索、链条或传动带等柔性物体构成的约束称为柔性约束。由于柔性物体本身只能受拉，不能受压，因此，柔性约束对物体的约束反力，必沿着柔性物体的轴线方向，作用于连接点处，并背离被约束物体。这类约束通常用 $\boldsymbol{F}_{\mathrm{T}}$ 表示。如图 1-13（a）所示，用绳子悬吊一重物 G 时，绳子对重物 G 的约束反力为 $\boldsymbol{F}_{\mathrm{T}}'$。如图 1-13（b）所示的传动带对带轮的约束反力为 $\boldsymbol{F}_{\mathrm{T1}}$（$\boldsymbol{F}_{\mathrm{T1}}'$）和 $\boldsymbol{F}_{\mathrm{T2}}$（$\boldsymbol{F}_{\mathrm{T2}}'$）。

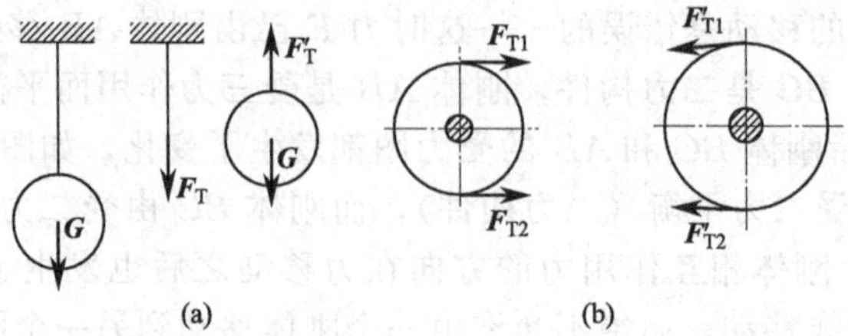

图 1-13

2. 光滑接触面（线、点）约束

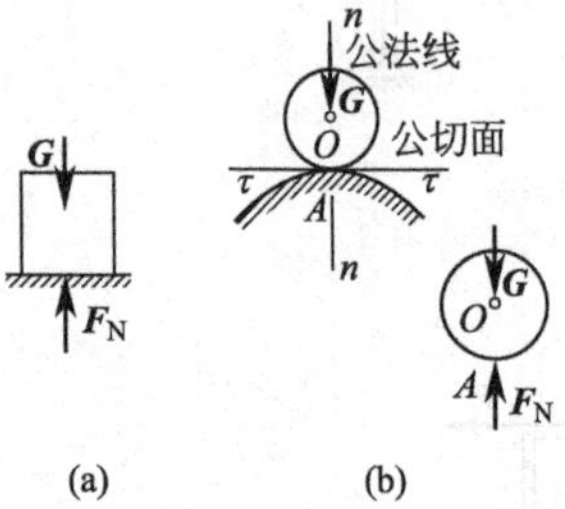

图 1-14

当两物体的接触处摩擦力很小而忽略不计时，就可以认为接触面是“光滑”的。称为光滑接触面约束。光滑面约束只能阻止物体在接触点处沿公法线方向压入接触面内部的位移［见图 1-14（a）］，但不能限制物体沿接触面切线方向的位移，或在接触点处沿公法线方向离开接触面的位移。所以，光滑面对物体的约束反力，必然作用在接触处，方向沿接触面的公法线，并指向被约束物体，通常用符号 $\boldsymbol{F}_{\mathrm{N}}$ 表示。

如果两物体在一个点或沿一条线相接触，且摩擦力可以略去不计，则称为光滑接触点或光滑接触线约束。如图 1-14（b）所示为一圆球（或圆柱）O 放置在光滑圆球（或圆柱）A 上，则 A 对 O 就构成约束。它们的约束反力 $\boldsymbol{F}_{\mathrm{N}}$ 作用在接触点（或接触线），$\boldsymbol{F}_{\mathrm{N}}$ 应沿接触点（或接触线）的公法线，并指向受力物体。

3. 圆柱销铰链约束

将两零件 A、B 的端部钻孔，用圆柱形销钉 C 把它们连接起来，如图 1-15（a）所示。如果销钉和圆孔是光滑的，且销钉与圆孔之间有微小的间隙，那么销钉限制两零件的相对移动，而不限制两零件的相对转动，如图 1-15（b）所示。具有这种特点的约束称为铰链。销钉与零件 A、B 相接触，实际上是与两个光滑内孔与圆柱面相接触。按照光滑面约束的反力特点，以零件 A 为例，销钉给 A 的约束反力 $\boldsymbol{F}_{\mathrm{R}}$ 应沿销钉与圆孔的接触点 K 的公法线，即沿孔的半径指向零件 A［见图 1-15（b）］。但因接触点 K 一般不能预先确定，故反力的指

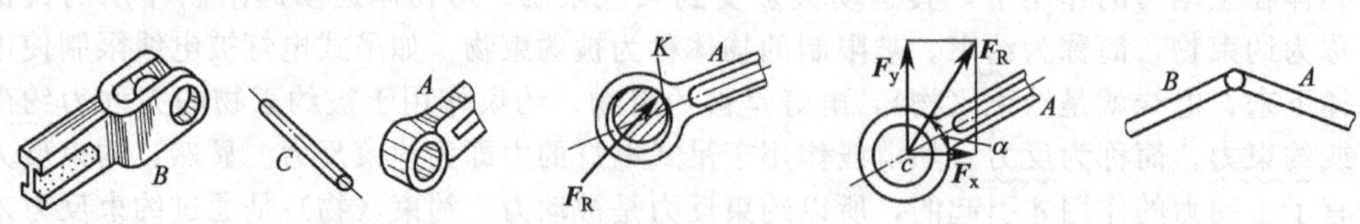

图 1-15

向也无法预先确定。在受力分析中常用通过孔中心的两个正交分力 $\boldsymbol{F}_x$、$\boldsymbol{F}_y$ 来表示，如图 1-15（c）所示。同理，若分析零件 B，也可得到同样的结果，只不过与上述力的方向相反。读者可自行验证。如图 1-15（d）所示为其简化图。

4. 圆柱销铰链支座约束

将构件连接在机器的底座上的装置称为支座。用圆柱销钉将构件与底座连接起来，就会构成圆柱销铰链支座约束。如图 1-16（a）所示钢桥架 A、B 端用铰链支座支承。根据铰链支座与支承面的连接方式不同，可将其分成固定铰链支座和活动铰链支座。

（1）固定铰链支座　如图 1-16（a）所示钢桥架 A 端的铰链支座为固定铰链支座，其结构如图 1-16（b）所示。它可用地脚螺栓将底座与固定支承面连接起来，如图 1-16（c）所示。其约束反力与铰链约束反力有相同的特征，所以也可用两个通过铰心的大小和方向未知的正交分力 $\boldsymbol{F}_x$、$\boldsymbol{F}_y$ 来表示。固定铰链支座的简图如图 1-16（d）所示。

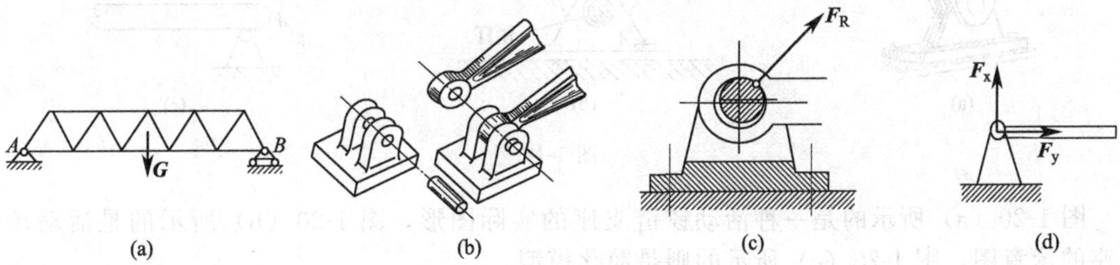

图 1-16

（2）活动铰链支座　如果在支座和支承面之间有辊轴，就称之为活动铰链支座，又称辊轴支座。如图 1-16（a）所示钢桥架的 B 端支座即是。其结构如图 1-17（a）所示，简图如图 1-17（b）所示。这种支座的反力 $\boldsymbol{F}_R$ 垂直于支承面，如图 1-17（c）所示。

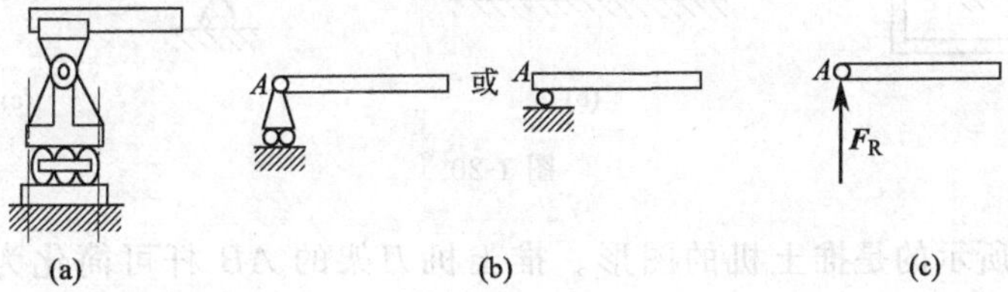

图 1-17

5. 径向轴承（向心轴承）

轴承约束是工程中常用的支承形式，图 1-18（a）所示即为径向轴承约束的示意图。轴可以在孔内任意转动，也可以沿孔的中心线移动；但是，轴承阻碍着轴沿孔径向外的位移。

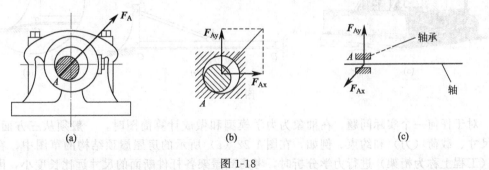

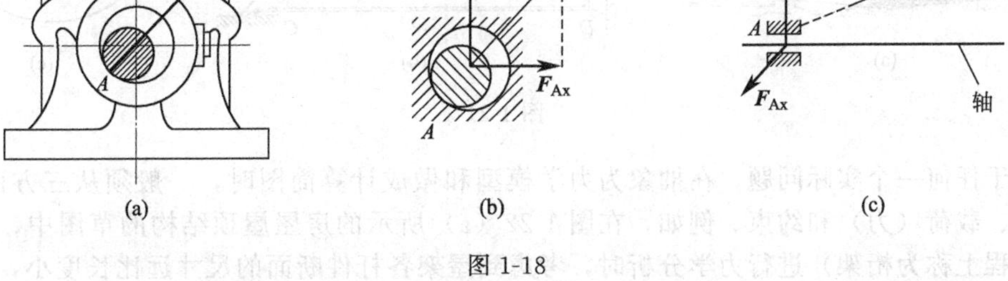

图 1-18

忽略摩擦力，当轴和轴承在某点 A 光滑接触时，轴承对轴的约束反力 $\boldsymbol{F}_A$ 作用在接触点 A 上，且沿公法线指向轴心。由于接触点 A 不能预先确定，通常用通过轴心的两个正交分力 $\boldsymbol{F}_{Ax}$、$\boldsymbol{F}_{Ay}$ 来表示，如图 1-18（b）、（c）所示。

除以上几种比较简单的常见约束外，还有固定端等形式的约束，将在适当的地方进行介绍。

二、工程实物与模型的对应分析

图 1-19（a）所示的是一种固定铰链支座的实际图形，图 1-19（b）所示的是构件与支座的连接示意图，图 1-19（c）所示的则是简化模型。

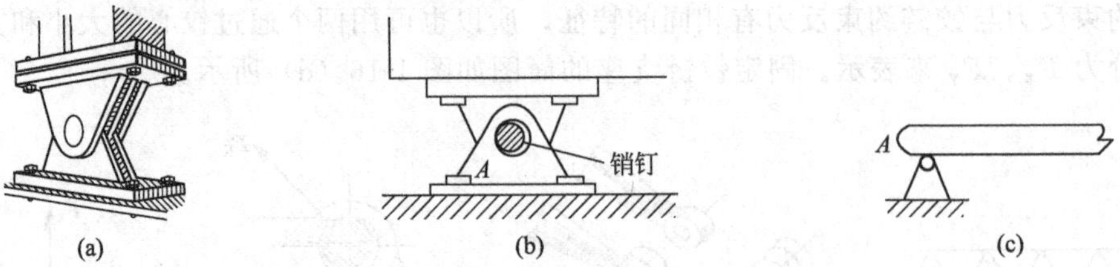

图 1-19

图 1-20（a）所示的是一种活动铰链支座的实际图形，图 1-20（b）所示的是活动铰链支座的示意图，图 1-20（c）所示的则是简化模型。

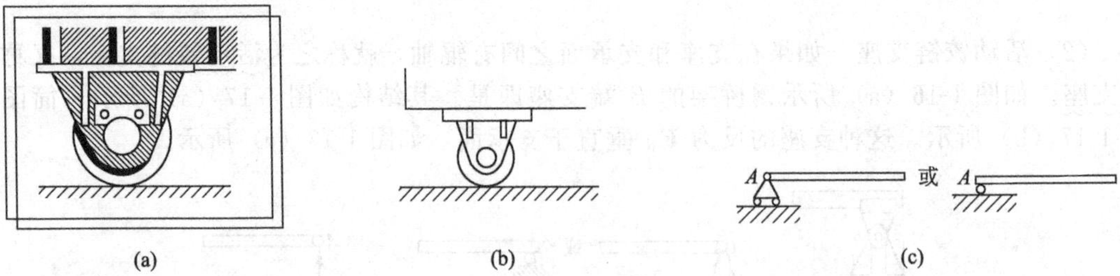

图 1-20

图 1-21（a）所示的是推土机的图形。推土机刀架的 AB 杆可简化为二力杆。图 1-21（b）所示的是刀架的简化模型图。二力杆只能阻止物体上与之连接的一点（A 点）沿二力杆中心线、指向（或背离）二力杆的运动，其约束反力如图 1-21（c）所示。

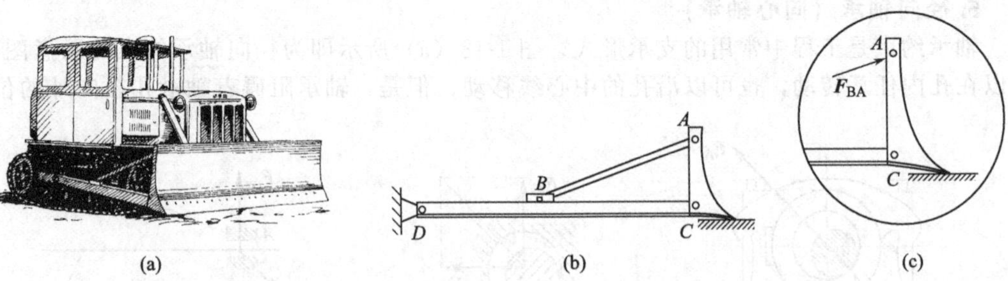

图 1-21

对于任何一个实际问题，在抽象为力学模型和做成计算简图时，一般须从三方面简化，即尺寸、载荷（力）和约束。例如，在图 1-22（a）所示的房屋屋顶结构的草图中，在对屋架（工程上称为桁架）进行力学分析时，考虑到屋架各杆件断面的尺寸远比长度小，因而可用杆件中线代表杆件。各相交杆件之间可能用榫接、铆接或其他形式连接，但在分析时，可近似地将杆件之间的连接看作铰接。屋顶的荷载由桁条传至檩子，再由檩子传至屋架，非常接近于集中力，其大小等于两桁架之间和两檩子之间屋顶的载荷。屋架一般用螺栓固定（或直接搁置）于支承墙上。在计算时，一端可简化为固定铰链支座，一端可简化为活动铰链支座，最后就得到如图 1-22（b）所示的屋架的计算简图。这样简化后求得的结果，对小型结构已能满足工程要求，对大型结构则可作为初步设计的依据。

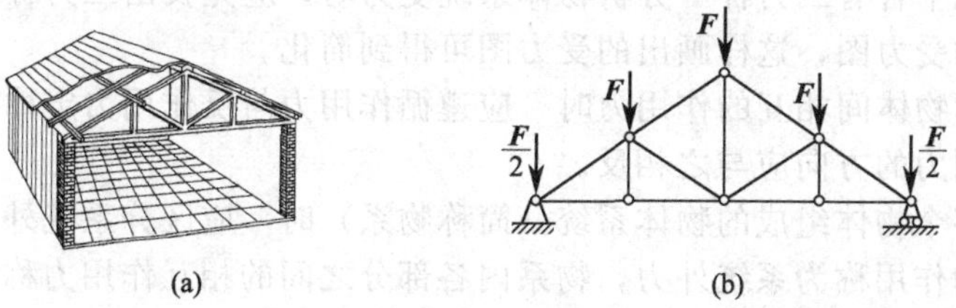

图 1-22

图 1-23（a）所示的是自卸载重汽车的原始图形。在进行分析时，首先应将原机构抽象成为力学模型，并画出计算简图。例如，对于自卸载重汽车的翻斗，由于翻斗对称，故可简化成平面图形。再由翻斗可绕与底盘连接处 A 转动，故此处可简化为固定铰链支座。油压举升缸筒则可简化为二力杆。于是得到的翻斗的计算简图如图 1-23（b）所示。

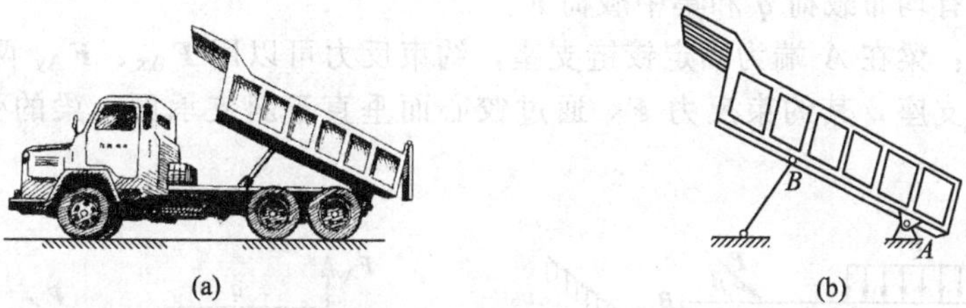

图 1-23

第四节　物体的受力分析与受力图

一、物体的受力分析——受力图

受力分析就是研究某个指定物体所受到的力（包括主动力和约束力），并分析这些力的三要素；将这些力全部画在图上。该物体称为研究对象，所画出的这些力的图形称为受力图。所以，受力分析的结果，体现在受力图上。

二、画受力图的一般步骤

（1）单独画研究对象轮廓　根据所研究的问题首先要确定何者为研究对象。研究对象是受力物，周围的其他一些物体是施力物。受力图上画的力来自施力物。为清楚起见，一般需将研究对象的轮廓单独画出，并在该图上画出它受到的全部外力。

（2）画给定力　给定力常为已知或可测定的力，按已知条件画在研究对象上即可。

（3）画约束力　画约束力是受力分析的主要内容。研究对象往往同时受到多个约束。为了不漏画约束力，应先判明存在几处约束；为了不画错约束力，应按各约束的特性确定约束力的方向，不要主观臆测。

三、画受力图时的注意事项

对物体进行受力分析，即恰当地选取分离体并正确地画出受力图，在工程实际中都极为重要。受力分析错误，据此所做的进一步计算必将出现错误的结果。因此，必须准确、熟练地画出受力图来。在画受力图时还必须注意以下几点。

（1）物体系统中若有二力杆　分析物体系统受力时，应先找出二力杆，然后依次画出与二力杆相连构件的受力图，这样画出的受力图可得到简化。

（2）当分析两物体间相互的作用力时　应遵循作用力与反作用力定律。作用力的方向一旦假定，则反作用力的方向应与之相反。

（3）研究由多个物体组成的物体系统（简称物系）时　应区分系统外力与内力。物系以外的物体对物系的作用称为系统外力，物系内各部分之间的相互作用力称为系统内力。画物系受力图时，系统内力不必画出。

下面举例说明物体受力分析和画受力图的方法。

例 1-1　简支梁 AB 如图 1-24（a）所示。A 端为固定铰链支座，B 端为活动铰链支座，并放在倾角为 α 的支承斜面上，在 AC 段受到垂直于梁的均布载荷 q 的作用，梁在 D 点又受到与梁成倾角 β 的载荷 $\boldsymbol{F}$ 的作用，梁的自重不计。试画出梁 AB 的受力图。

解　画出梁 AC 的轮廓。

画主动力：有均布载荷 q 和集中载荷 $\boldsymbol{F}$。

画约束反力：梁在 A 端为固定铰链支座，约束反力可以用 $\boldsymbol{F}_{\mathrm{Ax}}$、$\boldsymbol{F}_{\mathrm{Ay}}$ 两个分力来表示；B 端为活动铰链支座，其约束反力 $\boldsymbol{F}_{\mathrm{N}}$ 通过铰心而垂直于斜支承面。梁的受力图如图 1-24（b）所示。

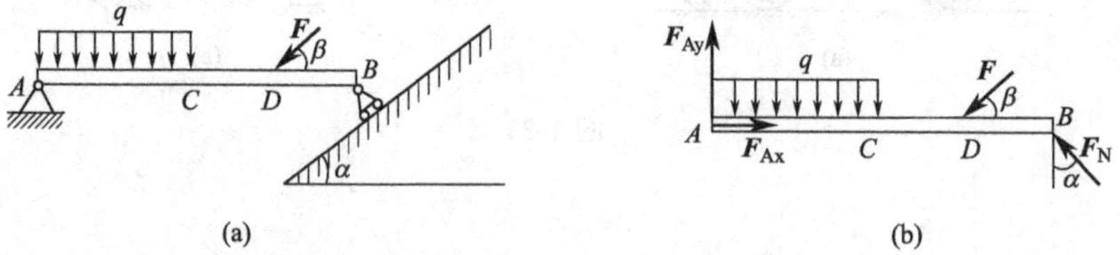

图 1-24

例 1-2　如图 1-25（a）所示，水平梁 AB 用斜杆 CD 支承，A、C、D 三处均为光滑铰链连接。均质梁 AB 重为 $\boldsymbol{G}_1$，其上放置一重为 $\boldsymbol{G}_2$ 的电动机。不计 CD 杆的自重。试分别画出横梁 AB（包括电动机）、斜杆 CD 及整体的受力图。

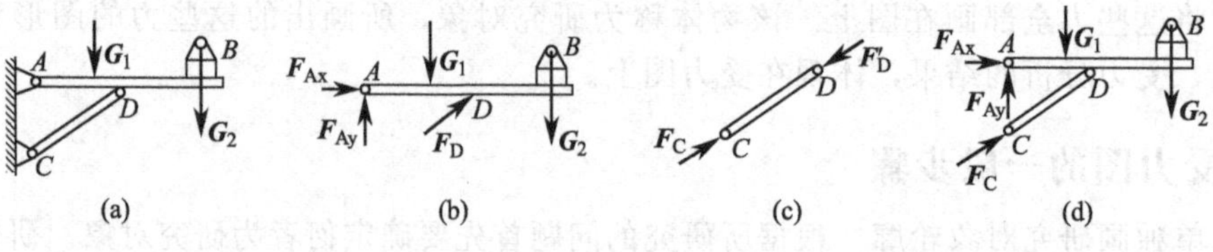

图 1-25

解　（1）确定研究对象，分别以水平梁 AB、斜杆 CD 为研究对象，并画出受力图。

水平梁 AB 受的主动力为 $\boldsymbol{G}_1$、$\boldsymbol{G}_2$；A 处为固定铰支座，约束反力过铰链 A 的中心，方向未知，可用两个正交分力 $\boldsymbol{F}_{\mathrm{Ax}}$ 和 $\boldsymbol{F}_{\mathrm{Ay}}$ 表示。D 处为圆柱铰链，CD 杆为二力杆（设为受压的二力杆），给梁 AB 在 D 点一个斜支反力 $\boldsymbol{F}_{\mathrm{D}}$，如图 1-25（b）所示。斜杆 CD 是二力

杆，作用于点 C、D 的二力 $\boldsymbol{F}_C$、$\boldsymbol{F}_D'$大小等值、方向相反，作用线在一条直线上。CD 杆受力如图 1-25（c）所示。

（2）取整体为研究对象，并画其受力图。

如图 1-25（d）所示，先画出主动力 $\boldsymbol{G}_1$、$\boldsymbol{G}_2$，再画出 A 处固定铰链支座的约束反力 $\boldsymbol{F}_{Ax}$ 和 $\boldsymbol{F}_{Ay}$，以及 C 处的固定铰支座的约束力 $\boldsymbol{F}_C$。

需要注意的是，整体受力图中某约束反力的指向，应与局部受力图中（单件）同一约束力的指向相同。例如，画 CD 杆的受力图时，已假定固定铰链支座 C 的约束反力为压力，在画整体的受力图时，C 处的约束力也应与之相同。

在整体的受力图中，没有画出铰链支座 D 处的约束力（$\boldsymbol{F}_D$ 和 $\boldsymbol{F}_D'$），这一对约束力是整体的两部分（梁 AB、杆 CD）之间的相互作用力，对整体而言，属于内力。因此在整体的受力图上不应画出。

例 1-3 如图 1-26（a）所示的三铰拱桥，由左右两拱铰接而成。设各拱自重不计，在拱 AC 上作用载荷 $\boldsymbol{F}$。试分别画出拱 AC、BC 及整体的受力图。

解 此题与上题一样，是物体系统的平衡问题，需分别对各个物体及整体进行受力分析。

（1）先分析拱 BC 的受力。拱 BC 受铰链 C 和固定铰链支座 B 的约束，其约束反力在 C、B 处各有 x 和 y 方向的约束反力。但由于拱 BC 自重不计，也无其他主动力作用，所以在 C 和 B 处各只有一个约束反力 $\boldsymbol{F}_C$ 和 $\boldsymbol{F}_B$，故拱 BC 为二力构件。根据二力平衡原理，拱 BC 在两力 $\boldsymbol{F}_C$ 和 $\boldsymbol{F}_B$ 作用下处于平衡，其 $\boldsymbol{F}_C$ 和 $\boldsymbol{F}_B$ 二力的作用线应沿 C、B 两铰心的连线。至于力的指向，一般由平衡条件来确定。此处若假设拱 BC 受压力，则画出 BC 杆的受力图如图 1-26（b）所示。

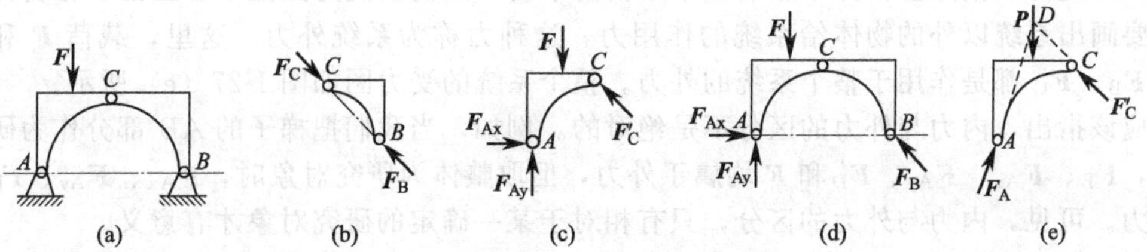

图 1-26

（2）再取拱 AC 为研究对象。由于自重不计，因此主动力只有载荷 $\boldsymbol{F}$。铰 C 处给拱 AC 的约束反力为 $\boldsymbol{F}_C'$，根据作用和反作用定律，$\boldsymbol{F}_C$ 与 $\boldsymbol{F}_C'$等值、反向、共线，可表示为 $\boldsymbol{F}_C=\boldsymbol{F}_C'$。拱 AC 在 A 处受有固定铰链支座给它的约束反力，由于方向未定，可用两个大小未知的正交分力 $\boldsymbol{F}_{Ax}$ 和 $\boldsymbol{F}_{Ay}$ 来表示。此时拱 AC 的受力图如图 1-26（c）所示。

（3）取整体为研究对象。先画出主动力，只有载荷 $\boldsymbol{F}$；再画出 A 处的约束反力 $\boldsymbol{F}_{Ax}$ 和 $\boldsymbol{F}_{Ay}$，B 处的约束反力 $\boldsymbol{F}_B$，画出整体受力图如图 1-26（d）所示。

（4）再进一步分析可知，由于拱 AC 在 $\boldsymbol{F}$、$\boldsymbol{F}_A$ 及 $\boldsymbol{F}_B$ 三个力作用下平衡，故也可以根据三力平衡汇交定理，确定铰链 A 处约束力 $\boldsymbol{F}_A$ 的方向。点 D 为力 $\boldsymbol{F}$ 和 $\boldsymbol{F}_C'$作用线的交点，当拱 AC 平衡时，约束力 $\boldsymbol{F}_A$ 的作用线必然通过点 D；至于 $\boldsymbol{F}_A$ 的指向，则可暂且假定为如图 1-26（e）所示，以后由平衡条件确定。

例 1-4 如图 1-27（a）所示梯子，梯子的两个部分 AB 和 AC 在点 A 处铰接，又在 D、E 两点处用水平绳连接。梯子放在光滑水平面上，若其自重不计，但在 AB 的中点 H 处作用一铅直载荷 $\boldsymbol{F}$。试分别画出绳子 DE 和梯子的 AB、AC 部分以及整个系统的受力图。

解 （1）绳子 DE 的受力分析。绳子两端 D、E 分别受到梯子对它的拉力 $\boldsymbol{F}_D$、$\boldsymbol{F}_E$ 的

作用。如图 1-27（b）所示。

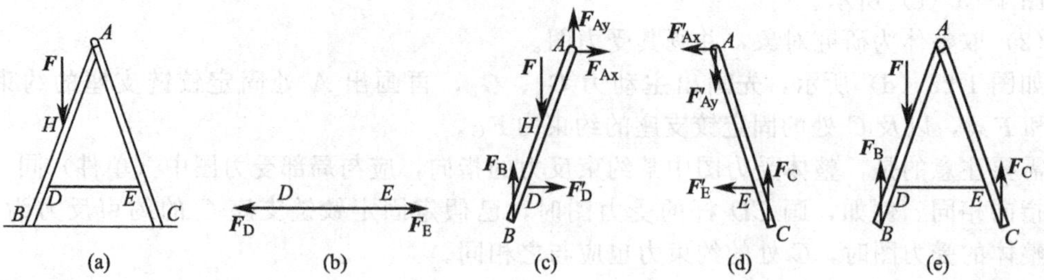

图 1-27

（2）梯子 AB 部分的受力分析。它在 H 处受载荷 $\boldsymbol{F}$ 的作用，在铰链 A 处受到 AC 部分给它的约束反力 $\boldsymbol{F}_{Ax}$ 和 $\boldsymbol{F}_{Ay}$。在点 D 处受绳子对它的拉力 $\boldsymbol{F}'_D$，$\boldsymbol{F}'_D$ 是 $\boldsymbol{F}_D$ 的反作用力。在点 B 处受光滑地面对它的法向反力 $\boldsymbol{F}_B$。梯子 AB 部分的受力图如图 1-27（c）所示。

（3）梯子 AC 部分的受力分析。在铰链 A 处受到 AB 部分对它的约束力 $\boldsymbol{F}'_{Ax}$ 和 $\boldsymbol{F}'_{Ay}$，$\boldsymbol{F}'_{Ax}$ 和 $\boldsymbol{F}'_{Ay}$ 分别是 $\boldsymbol{F}_{Ax}$ 和 $\boldsymbol{F}_{Ay}$ 的反作用力。在点 E 处受到绳子对它的拉力 $\boldsymbol{F}'_E$，$\boldsymbol{F}'_E$ 是 $\boldsymbol{F}_E$ 的反作用力。在 C 处受到光滑地面对它的法向反力 $\boldsymbol{F}_C$。梯子 AC 部分的受力图如图 1-27（d）所示。

（4）整个系统的受力分析。当选择整个系统为研究对象时，可以把平衡的整个结构刚化为刚体。由于铰链 A 处所受的力互为作用力与反作用力关系，即 $\boldsymbol{F}_{Ax}=-\boldsymbol{F}'_{Ax}$，$\boldsymbol{F}_{Ay}=-\boldsymbol{F}'_{Ay}$；绳子与梯子连接点 D 和 E 所受的力也分别互为作用力与反作用力关系，即 $\boldsymbol{F}_D=-\boldsymbol{F}'_D$，$\boldsymbol{F}_E=-\boldsymbol{F}'_E$，这些力都成对地作用在系统内部，称为系统内力。系统内力对系统的作用效应相互抵消，因此可以被除去，并不影响整个系统的平衡，因而在受力图上不必画出。在受力图上只需要画出系统以外的物体给系统的作用力，这种力称为系统外力。这里，载荷 $\boldsymbol{F}$ 和约束反力 $\boldsymbol{F}_B$、$\boldsymbol{F}_C$ 都是作用于整个系统的外力。整个系统的受力图如图 1-27（e）所示。

应该指出，内力与外力的区分不是绝对的。例如，当我们把梯子的 AB 部分作为研究对象时，$\boldsymbol{F}_B$、$\boldsymbol{F}_{Ax}$、$\boldsymbol{F}_{Ay}$、$\boldsymbol{F}'_D$ 和 $\boldsymbol{F}$ 均属于外力，但取整体为研究对象时，$\boldsymbol{F}_{Ax}$、$\boldsymbol{F}_{Ay}$、$\boldsymbol{F}'_D$ 又成为内力。可见，内力与外力的区分，只有相对于某一确定的研究对象才有意义。

本章小结

本章是工程力学，乃至工程计算（如机械设计、机械制造等）的基础，极为重要。故用了较多的篇幅进行了阐述！本章亦是学工程力学的难点之一，需高度重视，认真学好。只有学好本章，打好基础，方能顺利学习本书的后续篇（章）和本专业后续课程。

本章研究了静力学的基本概念及公理，约束的概念及工程中常见的约束，并介绍了对物体进行受力分析的方法和步骤。

（1）基本概念　静力学研究力的性质，作用在刚体上的力系的简化及力系平衡的规律。须掌握以下基本概念。

① 力。力是物体之间的相互作用，它不能脱离物体而存在，力对物体的作用效果取决于力的大小、方向和作用点，称为力的三要素。

② 刚体。受力而不变形的物体即为刚体。为使问题简化，在研究物体的运动或平衡规律时，刚体是由客观实际物体经抽象得出的一个力学模型。

（2）静力学公理　阐明了力的基本性质，二力平衡公理是最基本的力系平衡条件；加减力系平衡原理是力系等效代换与简化的理论基础；力的平行四边形定则表明了力的矢量运算规律；作用与反作用定律揭示了力的存在形式与力在物系内部的传递方式。二力平衡原理和力的可传性仅适用于刚体。

（3）约束和约束反力　约束是指对非自由的物体的某些位移起限制作用的周围物体；约束反力是约束对被约束物体的作用力，约束反力的方向总是与约束所能阻止的物体的运动方向相反。例如，柔性约束只能承受沿柔索的拉力，并沿柔索方向背离物体；光滑面约束只能承受位于接触点的法向压力，指向物体；铰链约束能限制物体沿垂直于销钉轴线方向的移动，方向不能确定，通常用两个正交分力确定。

（4）受力图　研究对象就是被解除了约束的物体，即分离体，在分离体上画出它所受的全部力（包括主动力和约束反力），称为受力图。画受力图的步骤和注意事项详见第四节。

思　考　题

1. 说明下列式子的意义和区别。

（1）$F_1=F_2$；（2）$\boldsymbol{F}_1=\boldsymbol{F}_2$；（3）力 $\boldsymbol{F}_1$ 等效于力 $\boldsymbol{F}_2$。

2. 何谓约束？何谓约束反力？已介绍过的常见约束有哪些？

3. 为什么说二力平衡条件、加减平衡力系原理和力的可传性等都只能适用于刚体？

4. 回答下列问题。

（1）二力平衡条件与作用反作用定律都提到二力等值、反向、共线，二者有什么区别？

（2）只受两个力作用的构件称为二力构件，这种说法对吗？

（3）确定约束反力方向的基本原则是什么？

（4）图 1-28 中所示三铰拱架上的作用力 F 可否依据力的可传性原理把它移到 D 点？为什么？

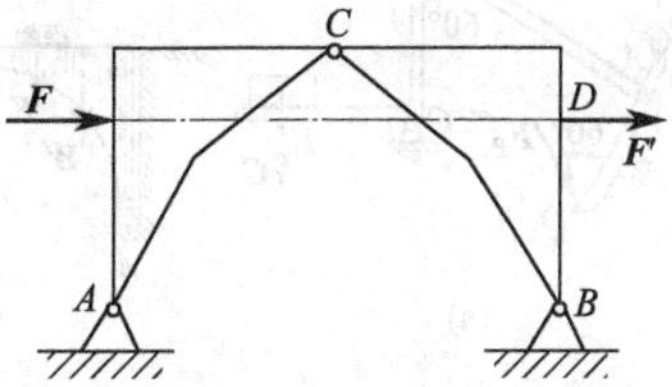

图 1-28

习　　题

1-1　根据题 1-1 图所示各物体单件所受约束的特点，分析约束并画出它们的受力图。设各接触面均为光滑面，未画重力的物体表示重力不计。

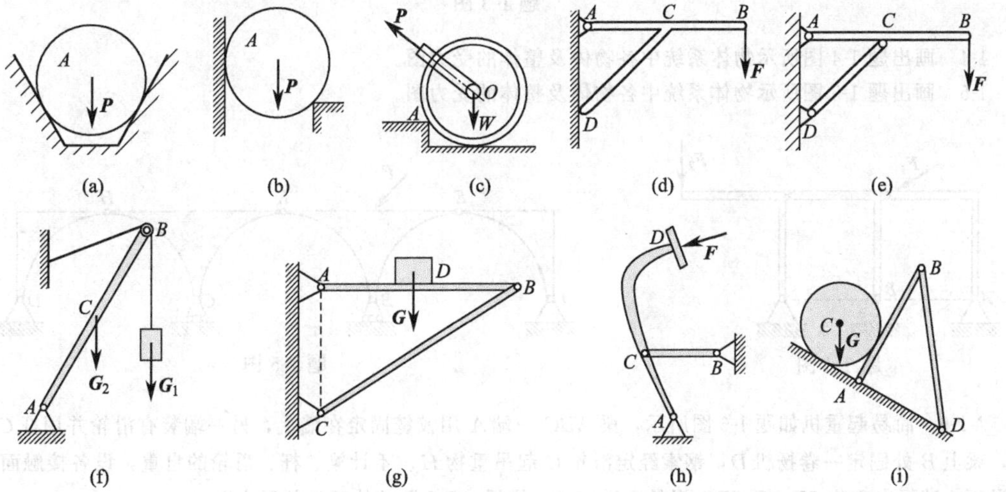

题 1-1 图

1-2　画出题 1-2 图所示各物体系统的单件及整体受力图。设各接触面均为光滑面，未画重力的物体表示重力不计。

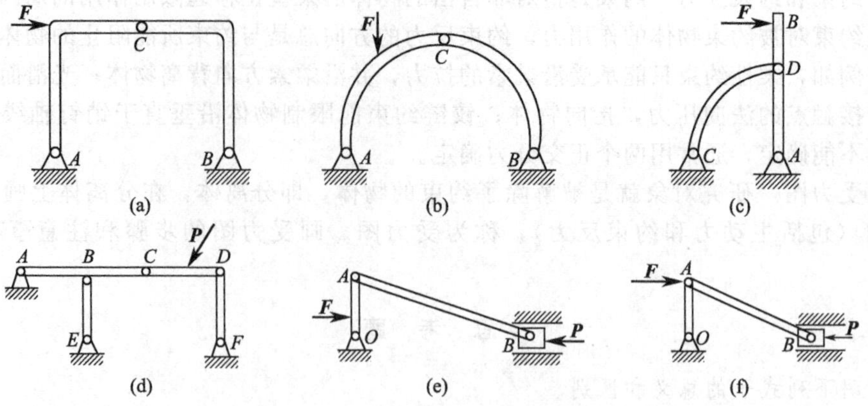

题 1-2 图

1-3　画出题 1-3 图所示各物体系统的单件及整体受力图。设各接触面均为光滑面，各物体重力不计。

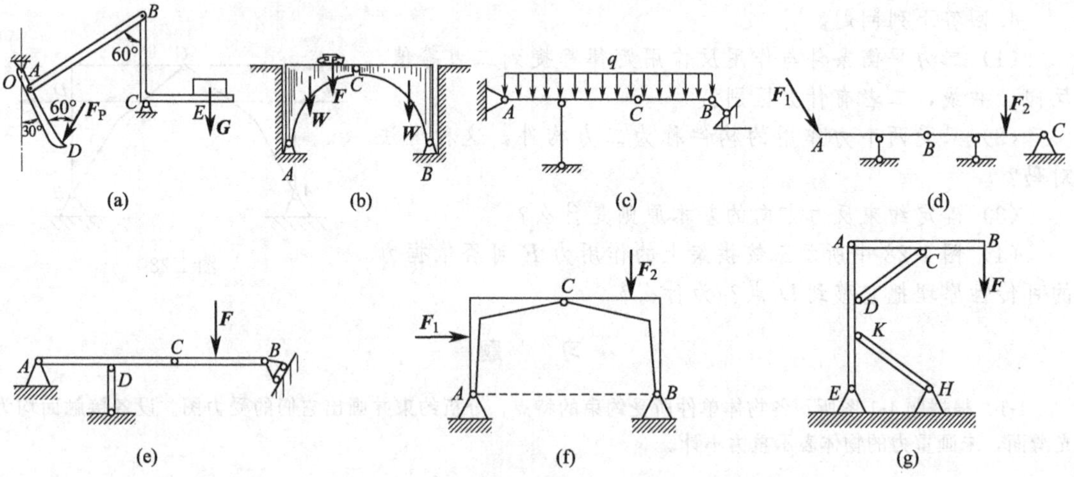

题 1-3 图

1-4　画出题 1-4 图所示物体系统中各物体及整体的受力图。

1-5　画出题 1-5 图所示物体系统中各物体及整体的受力图。

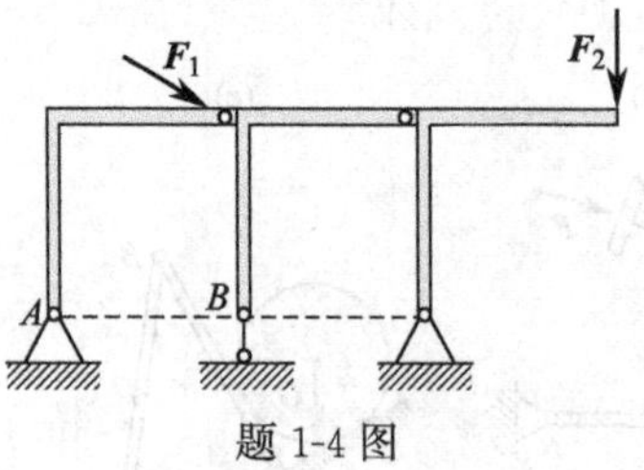

题 1-4 图

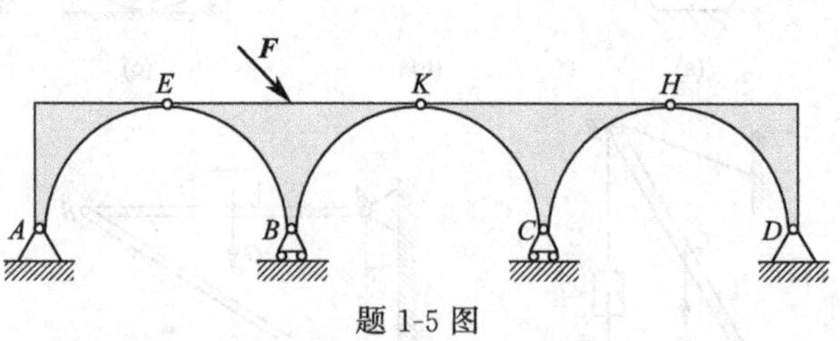

题 1-5 图

*1-6　简易起重机如题 1-6 图所示，梁 ABC 一端 A 用铰链固定在墙上，另一端装有滑轮并用杆 CE 支撑，梁上 B 处固定一卷扬机 D，钢索经定滑轮 C 起吊重物 H。不计梁、杆、滑轮的自重，设各接触面均为光滑面。试画出重物 H、杆 CE、滑轮、销钉 C、横梁 ABC 及整体系统的受力图。

*1-7　如题 1-7 图所示结构，不计各构件自重，设各接触面均为光滑面。要求画出各构件受力图、整体受力图及 ACO 与 CED 为一体的受力图。

*1-8　如题 1-8 图所示油压夹紧装置，设各接触面均为光滑面。试分别画出活塞 A（和活塞杆 AB 一起）、滚子 B、压板 COD 和整个夹紧装置（不含活塞缸体）的受力图。

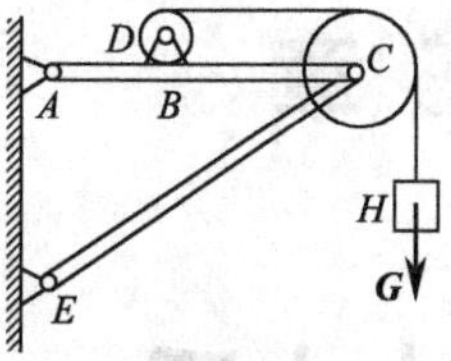

题 1-6 图

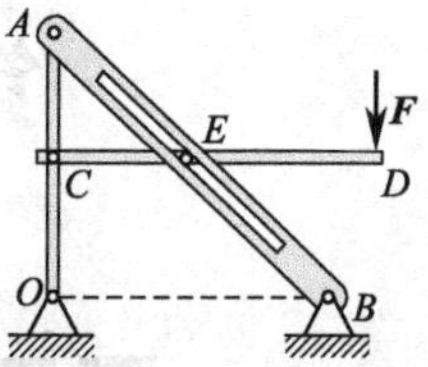

题 1-7 图

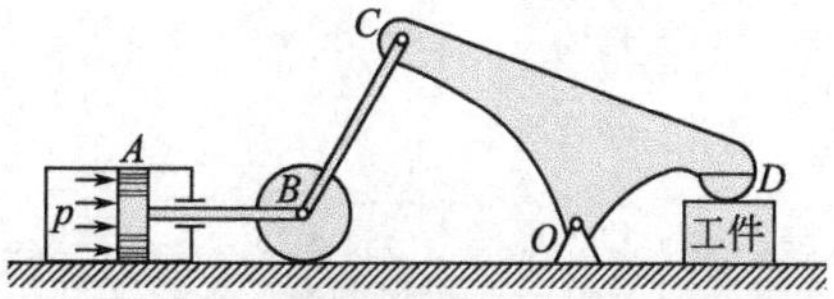

题 1-8 图

第二章

平面基本力系

上一章已经学习了如何对物体进行受力分析、画出受力图，接下来的问题是对作用在物体上的未知外力进行计算。

作用于物体上的力系是按照力的作用线在空间位置的分布而分类的。各力的作用线在同一平面内的力系称为平面力系，在空间分布的力系称为空间力系。

本章先研究两个简单的力系——平面汇交力系和平面力偶系的简化与平衡问题，它们是研究复杂力系的基础，通常称之为基本力系。

第一节　平面汇交力系

一、平面汇交力系的概念与实例

作用于物体上的力系，若各力的作用线在同一平面内，且汇交于一点，这样的力系称为平面汇交力系。如图 2-1 所示，起重机挂钩受 $\boldsymbol{T}_1$、$\boldsymbol{T}_2$ 和 $\boldsymbol{T}_3$ 三个力的作用，三力的作用线在同一平面内且汇交于一点，受力图如图 2-1（b）所示。再如图 2-2（a）所示的自重为 $\boldsymbol{G}$ 的锅炉搁置在砖墩 A、B 上时，受力图如图 2-2（b）所示。这些都是平面汇交力系的实例。

研究平面汇交力系，一方面是为了解决工程实际中的这类问题，另一方面也是为研究更复杂的力系打下基础。

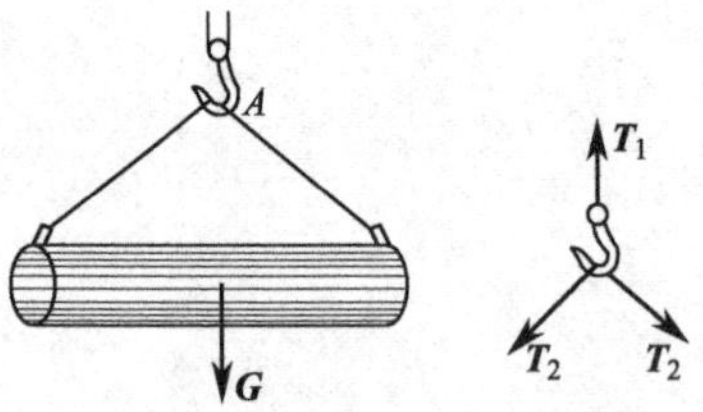

(a)　　(b)

图 2-1

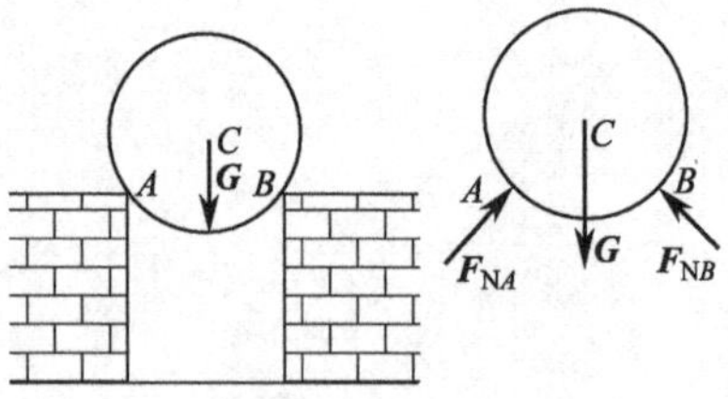

(a)　　(b)

图 2-2

二、平面汇交力系的简化

1. 平面汇交力系简化（合成）的几何法——力多边形法则

（1）两汇交力合成的三角形法则　设力 $\boldsymbol{F}_1$ 与 $\boldsymbol{F}_2$ 作用于某刚体上的 A 点，则由前述可知，以 $\boldsymbol{F}_1$、$\boldsymbol{F}_2$ 为邻边画出平行四边形，其对角线即为它们的合力 $\boldsymbol{F}_R$，并记作 $\boldsymbol{F}_R=\boldsymbol{F}_1+\boldsymbol{F}_2$，如图 2-3（a）所示。

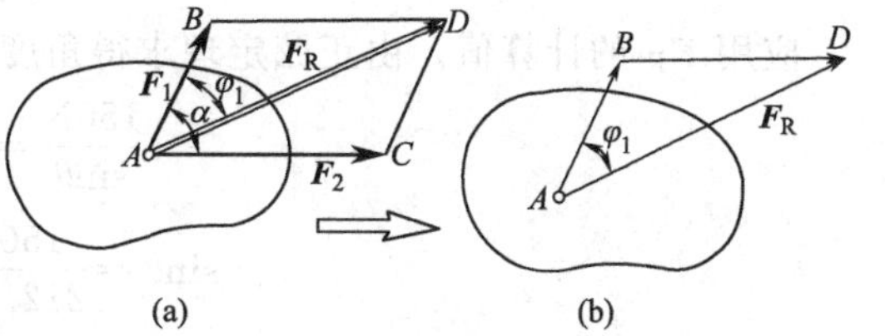

图 2-3

为简便起见，画图时可省略 AC 与 DC，直接将 $\boldsymbol{F}_2$ 连在 $\boldsymbol{F}_1$ 末端，通过三角形 ABD 即可求得合力 $\boldsymbol{F}_R$，如图 2-3（b）所示。此法就称为求两汇交力合力的三角形法则。按一定比例画图，可直接量得合力 $\boldsymbol{F}_R$ 的近似值，亦可按三角形的边角关系求出合力 $\boldsymbol{F}_R$ 之大小和方位角 φ_1。

（2）多个汇交力合成的多边形法则　假设刚体上作用有 $\boldsymbol{F}_1$、$\boldsymbol{F}_2$、…、$\boldsymbol{F}_n$ 等 n 个力组成的平面汇交力系。为简单起见，图 2-4（a）中只画出了三个力。欲求此力系的合力，使用力三角形法则。先从任一点 A 起画出力 $\boldsymbol{F}_1$ 和 $\boldsymbol{F}_2$ 的力三角形 ABC，求出它们的合力 $\boldsymbol{F}_{R1}$，再画出 $\boldsymbol{F}_{R1}$ 和 $\boldsymbol{F}_3$ 的力三角形 ACD，求出 $\boldsymbol{F}_{R1}$ 和 $\boldsymbol{F}_3$ 这两力的合力 $\boldsymbol{F}_{R2}$，就得到了整个平面汇交力系的合力 $\boldsymbol{F}_R$（$\boldsymbol{F}_R=\boldsymbol{F}_{R2}$），如图 2-4（b）所示。由图 2-4（b）的绘图过程略加分析可知，若我们的目的只是求合力 $\boldsymbol{F}_R$ 的大小和方向，中间合力及图中力矢 AC 可不必画出，而只需将力矢由 $\boldsymbol{F}_1$ 开始，沿同一环绕方向，首尾相接地顺次画出各力 $\boldsymbol{F}_1$、$\boldsymbol{F}_2$、$\boldsymbol{F}_3$ 的力矢 AB、BC 和 CD，形成一个由 $\boldsymbol{F}_1$、$\boldsymbol{F}_2$、$\boldsymbol{F}_3$ 组成的不封闭的多边形，最后自第一个力的始端向最后一个力的末端画一力矢 $\boldsymbol{F}_{R2}$ 封闭该多边形。此"封闭边"就是力系的合力，如图 2-4（c）所示。不难看出，它就是该平面汇交力系的合力 $\boldsymbol{F}_{R2}$（$\boldsymbol{F}_{R2}=\boldsymbol{F}_R$）。这种用力多边形求汇交力系合力的方法，通常称为力的多边形法则。这种利用几何作图简化汇交力系的方法，称为几何法。

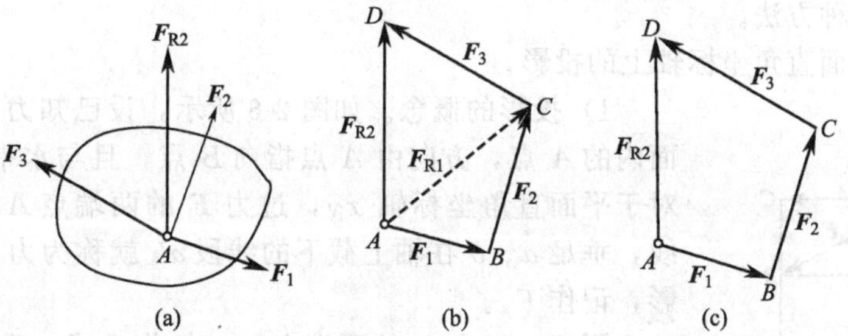

图 2-4

若采用矢量加法的定义，则可简写为

$$\boldsymbol{F}_R=\boldsymbol{F}_1+\boldsymbol{F}_2+\cdots+\boldsymbol{F}_n=\sum \boldsymbol{F} \tag{2-1}$$

应用几何法解题时，必须恰当地选择力的比例尺，即取单位长度代表若干牛顿的力，并把比例尺注在图旁。

例 2-1　如图 2-5（a）所示，环首螺钉上的作用力为 $\boldsymbol{F}_1$ 和 $\boldsymbol{F}_2$。求合力的大小和方向。

解　若按平行四边形法，则加法的平行四边形法则如图 2-5（b）所示。两个未知量分别为 $\boldsymbol{F}_R$ 的大小和角度 θ。

若按三角形法，则根据图 2-5（b）可知，由矢量构造的三角形如图 2-5（c）所示。由余弦定理求 $\boldsymbol{F}_R$，有

$$\begin{aligned}\boldsymbol{F}_R&=\sqrt{(100\text{N})^2+(150\text{N})^2-2(100\text{N})(150\text{N})\cos 115^\circ}\\&=\sqrt{10000+22500-30000(-0.4226)}=212.6\text{N}\end{aligned}$$

$$\approx 213\text{N}$$

应用 $\boldsymbol{F}_R$ 的计算值。由正弦定理求得角度 θ 为

$$\frac{150\text{N}}{\sin\theta}=\frac{212.6\text{N}}{\sin115°}$$

$$\sin\theta=\frac{150\text{N}}{212.6\text{N}}(0.9063)$$

$$\theta=39.8°$$

因此，$\boldsymbol{F}_R$ 与水平方向的夹角 ϕ 为

$$\phi=39.8°+15.0°=54.8°$$

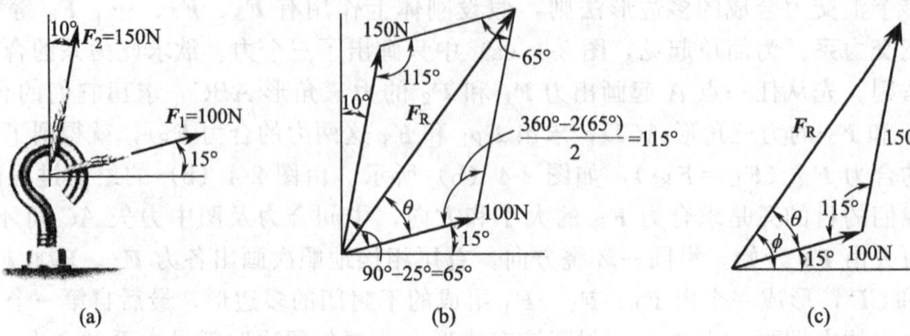

图 2-5

2. 平面汇交力系简化的解析法

解析法的基础是力在坐标轴上的投影，它是利用平面汇交力系在直角坐标轴上的投影来求力系合力的一种方法。

（1）力在平面直角坐标轴上的投影。

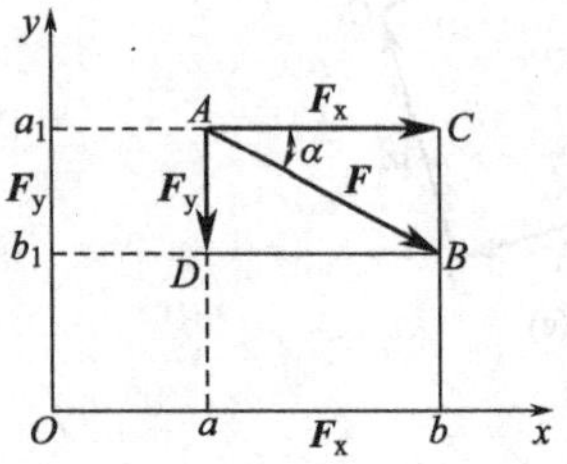

图 2-6

1）投影的概念。如图 2-6 所示，设已知力 $\boldsymbol{F}$ 作用于物体平面内的 A 点，方向由 A 点指向 B 点，且与水平线夹角为 α。相对于平面直角坐标轴 xy，过力 $\boldsymbol{F}$ 的两端点 A、B 向 x 轴作垂线，垂足 a、b 在轴上截下的线段 ab 就称为力 $\boldsymbol{F}$ 在 x 轴上的投影，记作 $\boldsymbol{F}_x$。

同理，过力 $\boldsymbol{F}$ 的两端点向 y 轴作垂线，垂足在 y 轴上截下的线段 a_1b_1 称为力 $\boldsymbol{F}$ 在 y 轴上的投影，记作 $\boldsymbol{F}_y$。

2）投影的正负规定。力在坐标轴上的投影是代数量，其正负规定为：若投影 ab（或 a_1b_1）的指向与坐标轴正方向一致，则力在该轴上的投影为正，反之为负。

若已知力 $\boldsymbol{F}$ 与 x 轴的夹角为 α，则力 $\boldsymbol{F}$ 在 x 轴、y 轴的投影可表示为

$$\left.\begin{aligned}\boldsymbol{F}_x&=\pm\boldsymbol{F}\cos\alpha\\ \boldsymbol{F}_y&=\pm\boldsymbol{F}\sin\alpha\end{aligned}\right\}\tag{2-2}$$

3）已知投影求作用力。由已知力求投影的方法可推知，若已知一个力的两个正交投影 $\boldsymbol{F}_x$、$\boldsymbol{F}_y$，则这个力 $\boldsymbol{F}$ 的大小和方向为

$$\boldsymbol{F}=\sqrt{\boldsymbol{F}_x^2+\boldsymbol{F}_y^2}，\tan\alpha=\left|\frac{\boldsymbol{F}_y}{\boldsymbol{F}_x}\right|\tag{2-3}$$

式中，α 为力 $\boldsymbol{F}$ 与 x 轴所夹的锐角。

（2）合力投影定理　由力的平行四边形公理可知，作用于物体平面内一点的两个力可以

合成为一个力，其合力符合矢量加法法则。如图 2-7 所示，作用于物体平面内 A 点的力 $\boldsymbol{F}_1$、$\boldsymbol{F}_2$，其合力 $\boldsymbol{F}_{\mathrm{R}}$ 等于力 $\boldsymbol{F}_1$ 和 $\boldsymbol{F}_2$ 的矢量和，即

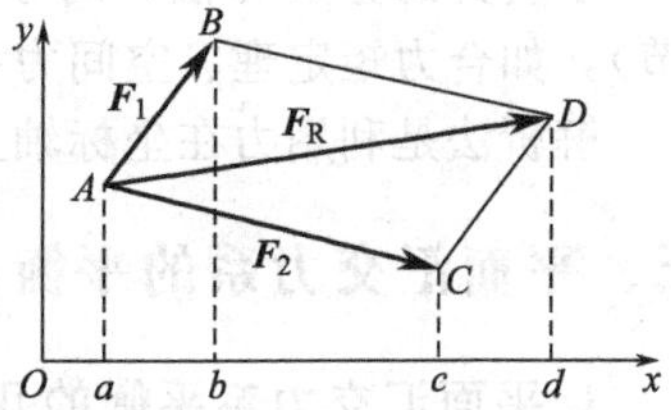

图 2-7

$$\boldsymbol{F}_{\mathrm{R}}=\boldsymbol{F}_1+\boldsymbol{F}_2$$

在力作用平面建立平面直角坐标系 Oxy，合力 $\boldsymbol{F}_{\mathrm{R}}$ 和分力 $\boldsymbol{F}_1$、$\boldsymbol{F}_2$ 在 x 轴的投影分别为 $F_{\mathrm{Rx}}=ad$，$F_{1\mathrm{x}}=ab$，$F_{2\mathrm{x}}=ac$。由图可见，$ac=bd$，$ad=ab+bd$。

所以 $\quad F_{\mathrm{Rx}}=ad=ab+bd=F_{1\mathrm{x}}+F_{2\mathrm{x}}$

同理 $$F_{\mathrm{Ry}}=F_{1\mathrm{y}}+F_{2\mathrm{y}}$$

若物体平面上一点作用着 n 个力 $\boldsymbol{F}_1$、$\boldsymbol{F}_2$、…、$\boldsymbol{F}_n$，按力多边形法则，力系的合力等于各分力矢量的矢量和，即

$$\boldsymbol{F}_{\mathrm{R}}=\boldsymbol{F}_1+\boldsymbol{F}_2+\cdots+\boldsymbol{F}_n=\sum_{i=1}^{n}\boldsymbol{F}_i$$

或简写成 $\boldsymbol{F}_{\mathrm{R}}=\sum\boldsymbol{F}$，即

$$\boldsymbol{F}_{\mathrm{R}}=\boldsymbol{F}_1+\boldsymbol{F}_2+\cdots+\boldsymbol{F}_n=\sum\boldsymbol{F}$$

则合力的投影

$$\left.\begin{aligned}F_{\mathrm{Rx}}&=F_{1\mathrm{x}}+F_{2\mathrm{x}}+\cdots+F_{n\mathrm{x}}=\sum F_{\mathrm{x}}\\F_{\mathrm{Ry}}&=F_{1\mathrm{y}}+F_{2\mathrm{y}}+\cdots+F_{n\mathrm{y}}=\sum F_{\mathrm{y}}\end{aligned}\right\}\tag{2-4}$$

式（2-4）表明，力系合力在某一轴上的投影等于各分力在同一轴上投影的代数和。此即为合力投影定理。式中的 $\sum F_{\mathrm{x}}$ 是求和式 $\sum\limits_{i=1}^{n}F_{i\mathrm{x}}$ 的简便表示法，本书中的求和式均采用这种简便表示法。

3. 平面汇交力系的合成

若刚体平面内作用力 $\boldsymbol{F}_1$、$\boldsymbol{F}_2$、…、$\boldsymbol{F}_n$ 的作用线交于一点，即得到作用于一点的汇交力系。由前述可知，平面汇交力系总是可以合成为一个合力，其合力在坐标轴上的投影等于各分力投影的代数和。即 $F_{\mathrm{Rx}}=\sum F_{\mathrm{x}}$，$F_{\mathrm{Ry}}=\sum F_{\mathrm{y}}$。则其合力 $\boldsymbol{F}_{\mathrm{R}}$ 的大小和方向分别为

$$F_{\mathrm{R}}=\sqrt{(\sum F_{\mathrm{x}})^2+(\sum F_{\mathrm{y}})^2}\,,\quad \tan\alpha=\left|\frac{\sum F_{\mathrm{y}}}{\sum F_{\mathrm{x}}}\right|\tag{2-5}$$

式中，α 为合力 $\boldsymbol{F}_{\mathrm{R}}$ 与 x 轴所夹的锐角。

4. 力沿坐标轴方向正交的分解

可以把一个力沿坐标轴方向分解为两个力。若分解的两个分力相互垂直，则称为正交分解。

由力的平行四边形公理可知，过力 $\boldsymbol{F}$ 的两端作坐标轴的平行线，平行线相交点构成的矩形 $ACBD$ 的两边 AC 和 AD，就是力 $\boldsymbol{F}$ 沿 x 轴、y 轴的两个正交分力，记作 $\boldsymbol{F}_{\mathrm{x}}$ 和 $\boldsymbol{F}_{\mathrm{y}}$（见图 2-6）。由图可见，正交分力的大小等于力沿其正交坐标轴投影的绝对值，即

$$|\boldsymbol{F}_{\mathrm{x}}|=F\cos\alpha=|F_x|\,,\quad |\boldsymbol{F}_{\mathrm{y}}|=F\sin\alpha=|F_y|\tag{2-6}$$

必须指出，分力 $\boldsymbol{F}_{\mathrm{x}}$ 和 $\boldsymbol{F}_{\mathrm{y}}$ 是力矢量，而投影 F_{x} 和 F_{y} 是代数量。若分力的指向与坐标轴同向，则投影为正，反之为负。分力的作用点在原力作用点上，而投影与力的作用点位置无关。

学会力的分解方法，对于正确理解和掌握矢量分解的法则有所帮助，也为以后各章（节），如合力矩定理、空间力系以及运动学、动力学等内容的学习打下了基础。

解析法是利用力在坐标轴上的投影求合力的方法，故也称投影法。

三、平面汇交力系的平衡

1. 平面汇交力系平衡的几何条件

由于平面汇交力系的合成结果为一合力，显然平面汇交力系平衡的充要条件是该力系的合力等于零，即

$$\boldsymbol{F}_{\mathrm{R}}=\sum \boldsymbol{F}=0 \tag{2-7}$$

在平衡情形下，力多边形中最后一力的终点与第一力的起点重合，此时的力多边形称为自行封闭的力多边形。于是，可得如下结论：平面汇交力系平衡的充要条件是该力系的力多边形自行封闭，这就是平面汇交力系平衡的几何条件。

求解平面汇交力系的平衡问题时可用图解法，即按比例先画出封闭的力多边形，然后用直尺和量角器在图上量得所需求的未知量，也可根据图形的几何关系，用三角公式计算出所要求的未知量。

2. 平面汇交力系平衡的解析条件

由于平面汇交力系平衡的必要与充分条件是力系的合力为零，即

$$\boldsymbol{F}_{\mathrm{R}}=\sqrt{\left(\sum \boldsymbol{F}_{\mathrm{x}}\right)^{2}+\left(\sum \boldsymbol{F}_{\mathrm{y}}\right)^{2}}=0$$

则

$$\left.\begin{array}{l}\sum \boldsymbol{F}_{\mathrm{x}}=0 \\ \sum \boldsymbol{F}_{\mathrm{y}}=0\end{array}\right\} \tag{2-8}$$

式（2-8）表示平面汇交力系平衡的解析条件是力系中各力在两个坐标轴上投影的代数和均为零。此式亦称为平面汇交力系的平衡方程。

应用平衡方程时，由于坐标轴是可以任意选取的，因而可列出无数个平衡方程，但是其独立的平衡方程只有两个。因此对于一个平面汇交力系，只能求解出两个未知量。

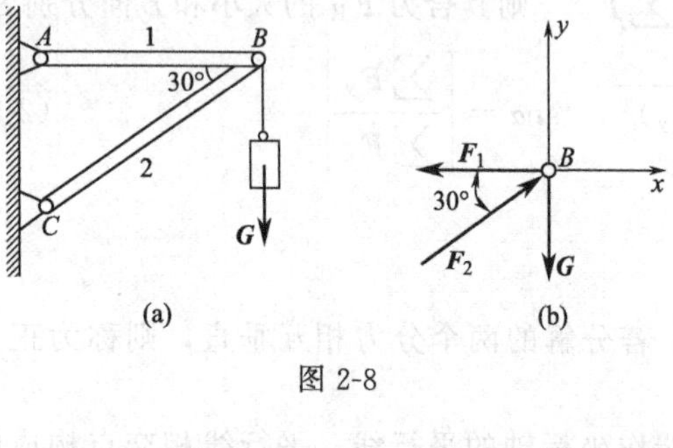

图 2-8

例 2-2 图 2-8（a）所示支架由杆 AB、BC 组成，A、B、C 处均为圆柱销铰链，在铰链 B 上悬挂一重物 $\boldsymbol{G}=5\mathrm{kN}$，杆件自重不计。试求杆件 AB、BC 所受的力。

解 （1）受力分析。由于杆件 AB、BC 的自重不计，且杆两端均为铰链约束，故均为二力杆件，杆件两端受力必沿杆件的轴线。根据作用与反作用关系，两杆的 B 端对于销 B 有反作用力 $\boldsymbol{F}_1$、$\boldsymbol{F}_2$，销 B 同时受重物 $\boldsymbol{G}$ 的作用。

（2）确定研究对象。以销 B 为研究对象，取分离体，画受力图。如图 2-8（b）所示。

（3）建立坐标系，列平衡方程求解，有

$$\sum \boldsymbol{F}_{\mathrm{y}}=0 \quad \boldsymbol{F}_{2}\sin 30^{\circ}-\boldsymbol{G}=0$$

$$\boldsymbol{F}_{2}=2\boldsymbol{G}=10\mathrm{kN}$$

$$\sum \boldsymbol{F}_{\mathrm{x}}=0 \quad -\boldsymbol{F}_{1}+\boldsymbol{F}_{2}\cos 30^{\circ}=0$$

$$F_1 = F_2\cos30° = 8.66\text{kN}$$

例 2-3　如图 2-9（a）所示滑轮支架，重物 G=20kN，用钢丝绳挂在支架上，钢丝绳的另一端缠在绞车 D 上。杆 AB 与 BC 铰接，并以铰链 A、C 与墙连接。如两杆和滑轮的自重不计，并忽略摩擦和滑轮的尺寸，试求平衡时杆 AB 和 BC 所受的力。

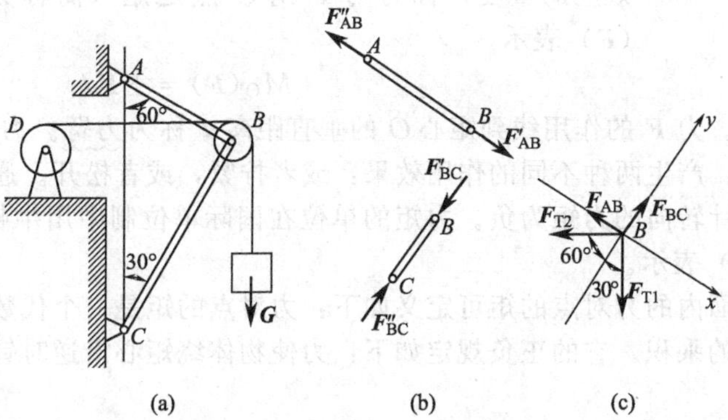

图 2-9

解　（1）根据题意，选取滑轮 B 为研究对象。由于 AB 和 BC 两直杆都是二力杆，所以它们所受的力均沿杆的轴线，假设 AB 杆受拉力，BC 杆受压力。如图 2-9（b）所示。

（2）画滑轮 B 的受力图。由于忽略滑轮的尺寸，故滑轮可看作一个点。B 点受到的力有钢丝绳的拉力 F_{T1}、F_{T2}，以及 AB、BC 两杆的约束反力 F_{AB}、F_{BC}，如图 2-9（c）所示。已知 $F_{T1}=F_{T2}=G$，且不计摩擦，故这些力可以认为是作用在 B 点的平面汇交力系。

（3）取坐标轴 Bxy，如图 2-9（c）所示。为使未知力在一个轴上有投影，在另一轴上的投影为零，坐标轴应尽量取在与作用线相垂直的方向。这样在一个平衡方程中便只有一个未知量，可不必解联立方程。

（4）列平衡方程。有

$$\sum F_x = 0 \qquad -F_{AB} + F_{T1}\cos60° - F_{T2}\cos30° = 0 \tag{1}$$

$$\sum F_y = 0 \qquad F_{BC} - F_{T1}\cos30° - F_{T2}\cos60° = 0 \tag{2}$$

得
$$F_{AR} = -0.366G = -7.32\text{kN},\ F_{BC} = 1.366G = 27.32\text{kN}$$

所求结果 F_{BC} 为正值，表示这个力的假设方向与实际方向相同，即杆 BC 受压。F_{AB} 为负值，表示该力与假设方向相反，即杆 AB 也受压力。

第二节　力矩和力偶

本节将讨论力对物体作用产生转动效果的度量——力矩和力偶。

一、力矩

1. 力对点之矩的概念

实践经验表明，力对刚体的作用效应不仅可以使刚体移动，而且还可以使刚体转动。转动效应可用力对点的矩来度量。

人们用扳手拧螺栓时，可使螺栓产生转动效应，如图 2-10 所示。由经验可知，加在扳

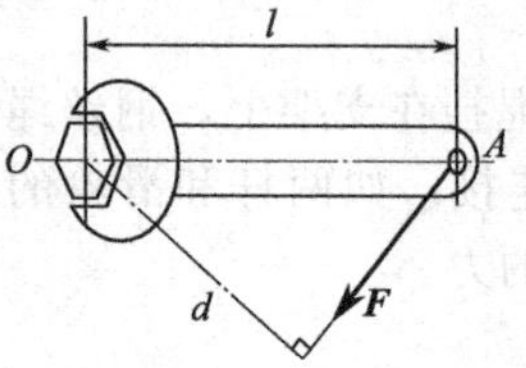

图 2-10

手上的力离螺栓中心越远，拧动螺栓就越省力；反之则越费力。这就是说，作用在扳手上的力 $\boldsymbol{F}$ 使扳手绕支点 O 的转动效应不仅与力的大小 F 成正比，而且与支点 O 到力的作用线的垂直距离 d 成正比。因此，规定 $\boldsymbol{F}$ 与 d 的乘积作为力 $\boldsymbol{F}$ 使物体绕支点 O 转动效应的量度，称为力 $\boldsymbol{F}$ 对 O 点之矩（简称力矩），用符号 M_O ($\boldsymbol{F}$) 表示。

$$M_O(\boldsymbol{F}) = \pm \boldsymbol{F}d \tag{2-9}$$

O 点称为矩心。力 $\boldsymbol{F}$ 的作用线到矩心 O 的垂直距离 d 称为力臂。力 $\boldsymbol{F}$ 使扳手绕矩心 O 有两种不同的转向，产生两种不同的作用效果：或者拧紧，或者松开。通常规定逆时针转向的力矩为正，顺时针转向的力矩为负。力矩的单位在国际单位制中用牛顿·米（N·m）或千牛·米（kN·m）表示。

综上所述，平面内的力对点的矩可定义如下：力对点的矩是一个代数量，它的绝对值等于力的大小与力臂的乘积。它的正负规定如下：力使物体绕矩心沿逆时针转动时为正，反之为负。

2. 力矩的性质

(1) 力对点的矩不仅与力的大小有关，而且与矩心的位置有关。同一个力，因矩心的位置不同，其力矩的大小和正负都可能不同。

(2) 力对点的矩不因力的作用点沿其作用线的移动而改变，因为此时力的大小、力臂的长短和绕矩心的转向都未改变。

(3) 力对点的矩在下列情况下等于零：力等于零或者力的作用线通过矩心，即力臂等于零。

3. 合力矩定理

在计算力系的合力对某点 O 之矩时，常用到所谓的合力矩定理：平面汇交力系的合力 $\boldsymbol{F}_R$ 对某点 O 之矩等于各分力（$\boldsymbol{F}_1$、$\boldsymbol{F}_2$、…、$\boldsymbol{F}_n$）对同一点之矩的代数和。即

$$\boldsymbol{M}_O(\boldsymbol{R}) = \boldsymbol{M}_O(\boldsymbol{F}_1) + \boldsymbol{M}_O(\boldsymbol{F}_2) + \cdots + \boldsymbol{M}_O(\boldsymbol{F}_n) = \sum \boldsymbol{M}_O(\boldsymbol{F}_i)$$

$$\boldsymbol{M}_O(\boldsymbol{F}_R) = \sum_{i=1}^{n} \boldsymbol{M}_O(\boldsymbol{F}_i) \tag{2-10}$$

式（2-10）即为合力矩定理：力系合力对所在平面内任意点的矩等于力系中各力对同一点之矩的代数和。

合力矩定理建立了合力对点之矩与分力对同一点之矩的关系。该定理也可运用于有合力的其他力系。

由此可知，求平面力对某点的力矩，一般采用以下两种方法。

(1) 用力和力臂的乘积求力矩这种方法的关键是确定力臂 d。需要注意的是，力臂 d 是矩心到力的作用线的垂直距离，即力臂一定要垂直于力的作用线。

(2) 用合力矩定理求力矩。工程实际中，当力臂 d 的几何关系较复杂，不易确定时，可将作用力正交分解为两个分力，然后应用合力矩定理求原力对矩心的力矩。

例 2-4 大小为 $\boldsymbol{F}=150\text{N}$ 的力按图 2-11（a）、（b）和（c）三种情况作用在扳手的一端，试分别求三种情况下力 $\boldsymbol{F}$ 对 O 点之矩。

解 由式（2-9）分别计算三种情况下力 $\boldsymbol{F}$ 对 O 点之矩如下：

(a) $M_O(\boldsymbol{F}) = -\boldsymbol{F}d = -150 \times 0.20 \times \cos 30° = -25.98$（N·m）

(b) $M_O(\boldsymbol{F}) = \boldsymbol{F}d = 150 \times 0.20 \times \sin 30° = 15$（N·m）

(c) $M_O(\boldsymbol{F}) = -\boldsymbol{F}d = -150 \times 0.20 = -30$（N·m）

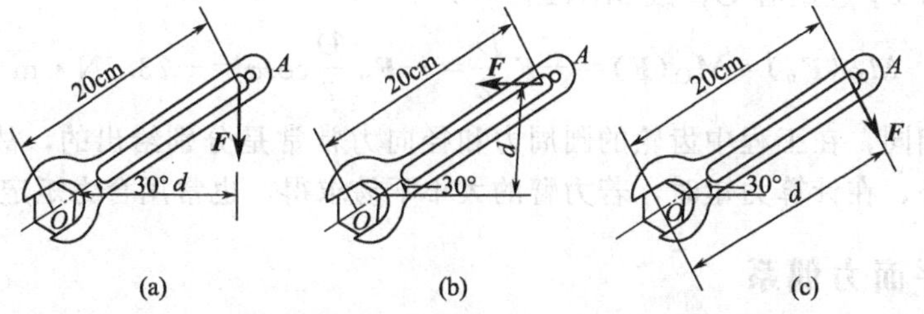

图 2-11

比较上述三种情形，同样大小的力，同一个作用点，力臂长者力矩大，显然，情形（c）的力矩最大，力 $\boldsymbol{F}$ 使扳手转动的效应也最大。

例 2-5 力 $\boldsymbol{F}$ 作用于托架上点 C（见图 2-12），试分别求出这个力对点 A 的矩。已知 $F=50\text{N}$，方向如图 2-12 所示。

解 本题若直接根据力矩的定义式求力 $\boldsymbol{F}$ 对 A 点之矩，显然其力臂的计算很麻烦。但若利用合力矩定理求解却十分便捷。

取坐标系 Axy，力 $\boldsymbol{F}$ 的作用点 C 的坐标是 $x=10\text{cm}=0.1\text{m}$，$y=20\text{cm}=0.2\text{m}$。力 $\boldsymbol{F}$ 在坐标轴上的分力为

$$\boldsymbol{F}_x=50\times\frac{1}{\sqrt{1^2+3^2}}\text{N}=5\sqrt{10}\,\text{N}\quad \boldsymbol{F}_y=50\times\frac{3}{\sqrt{1^2+3^2}}\text{N}=15\sqrt{10}\,\text{N}$$

由合力矩定理求得

$$M_A(\boldsymbol{F})=M_A(\boldsymbol{F}_x)+M_A(\boldsymbol{F}_y)=0.1\times15\sqrt{10}\,\text{N}\cdot\text{m}-0.2\times5\sqrt{10}\,\text{N}\cdot\text{m}=1.58\text{N}\cdot\text{m}$$

例 2-6 如图 2-13（a）所示，一齿轮受到与它相啮合的另一齿轮的作用力 $\boldsymbol{F}_n=980\text{N}$，压力角为 20°，节圆直径 $D=0.16\text{m}$，试求力 $\boldsymbol{F}_n$ 对齿轮轴心 O 之矩。

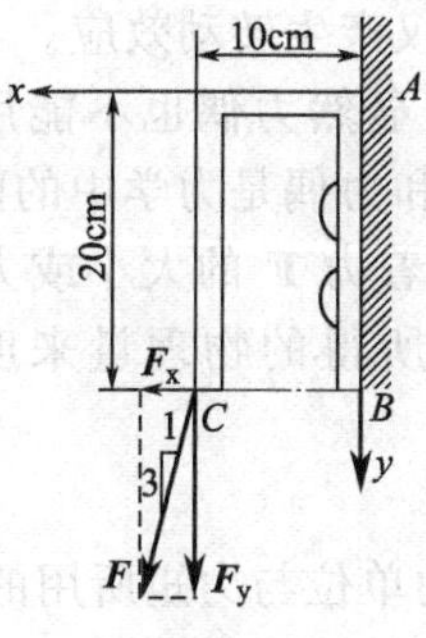

图 2-12

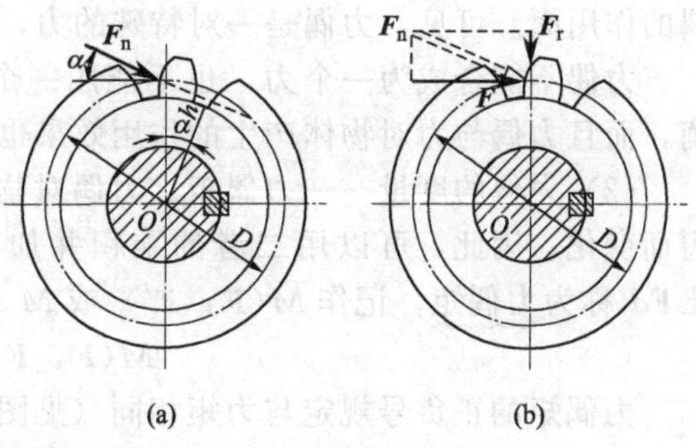

图 2-13

解 （1）首先应用力矩的计算公式求得力臂。设力臂用 h 表示，则

$$h=\frac{D}{2}\cos\alpha$$

由式（2-9）得力 $\boldsymbol{F}$ 对点 O 之矩

$$M_O(\boldsymbol{F}_n)=-\boldsymbol{F}_n h=-\boldsymbol{F}_n\frac{D}{2}\cos\alpha=-73.7(\text{N}\cdot\text{m})$$

负号表示力 F 使齿轮绕点 O 做顺时针转动。

（2）应用合力矩定理，将力 $\boldsymbol{F}_n$ 分解为圆周力 $\boldsymbol{F}$ 和径向力 $\boldsymbol{F}_r$，如图 2-13（b）所示，则

$$\boldsymbol{F}=\boldsymbol{F}_n\cos\alpha,\quad \boldsymbol{F}_r=\boldsymbol{F}_n\sin\alpha$$

根据合力矩定理 $M_O(\boldsymbol{F}_n)=M_O(\boldsymbol{F})+M_O(\boldsymbol{F}_r)$

因为径向力 $\boldsymbol{F}_r$ 过矩心 O，故 $M_O(\boldsymbol{F}_r)=0$

于是 $$M_O(\boldsymbol{F}_n)=M_O(\boldsymbol{F})=-\boldsymbol{F}\frac{D}{2}=-\boldsymbol{F}_n\frac{D}{2}\cos\alpha=-73.7\text{N}\cdot\text{m}$$

二者结果相同，在工程中齿轮的圆周力和径向力常常是分别给出的，故方法（2）用得较为普遍。另外，在计算力矩时，若力臂的大小不易求得，也常用合力矩定理。

二、力偶和平面力偶系

1. 力偶

（1）力偶的概念。在实际生活和生产实践中，人们经常用两手转动方向盘驾驶汽车［见图 2-14（a)］；钳工用两只手转动丝锥铰柄在工件上攻螺纹［见图 2-14（b)］等。显然，这是在方向盘等物体上作用了一对等值反向的平行力，它们将使物体产生转动效应。这种由大小相等、方向相反（非共线）的平行力组成的力系，称为力偶，记作（$\boldsymbol{F}$，$\boldsymbol{F}'$），如图 2-15 所示。

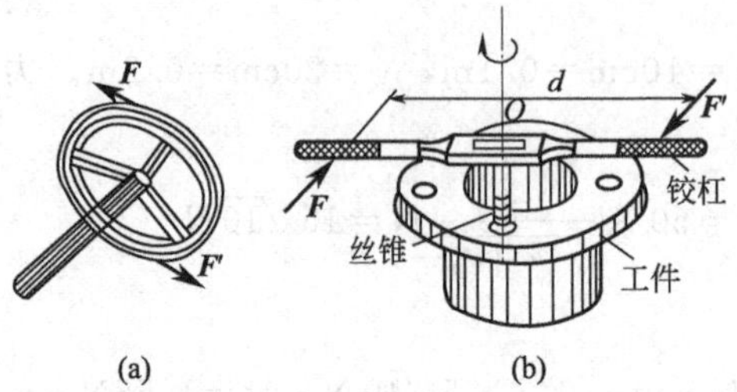

图 2-14

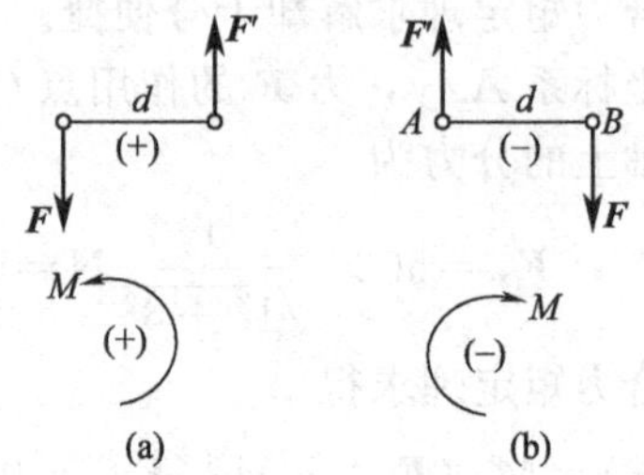

图 2-15

力偶中两力之间的垂直距离称为力偶臂，一般用 d 或 h 表示；力偶所在的平面称为力偶的作用面。可见，力偶是一对特殊的力，力偶对物体作用仅产生转动效应。

力偶不能合成为一个力，也不能用一个力来等效替换，显然力偶也不能用一个力来平衡，而且力偶与力对物体产生的作用效果也不同。因此，力和力偶是力学中的两个基本量。

（2）力偶的度量——力偶矩。力偶对物体的转动效应随着力 $\boldsymbol{F}$ 的大小或力偶臂 d 的长短而变化。因此，可以用二者的乘积并加以适当的正负号所得的物理量来度量。将乘积 $\pm \boldsymbol{F}d$ 称为力偶矩，记作 $M(\boldsymbol{F}, \boldsymbol{F}')$ 或 M，即

$$M(\boldsymbol{F}, \boldsymbol{F}')=M=\pm \boldsymbol{F}d \tag{2-11}$$

力偶矩的正负号规定与力矩相同（见图 2-15)。力偶矩的单位与力矩所用的单位一样。

（3）力偶的性质。综上所述，可以得出如下性质。

1）任一力偶可以在它的作用面内任意移动，而不改变它对刚体作用的外效应。或者说力偶对刚体的作用与力偶在其作用面内的位置无关。

2）只要保持力偶矩的大小和力偶的转向不变，可以同时改变力偶中力的大小和力偶臂的长短，而不改变力偶对刚体的作用。

3）力偶在任何轴上的投影恒等于零。

由此可见，力偶臂和力的大小都不是力偶的特征量，只有力偶矩才是力偶作用的唯一量度，今后常用如图 2-15 所示的带箭头的弧线来表示力偶及其转向，M 为力偶矩。

2. 平面力偶系

（1）平面力偶系的概念。设在刚体某平面上作用有多个力偶，则该力系称为平面力偶系。如图 2-16（a）所示的平面上作用有两个力偶 M_1 和 M_2，则视为由两个同平面力偶组成

的平面力偶系。

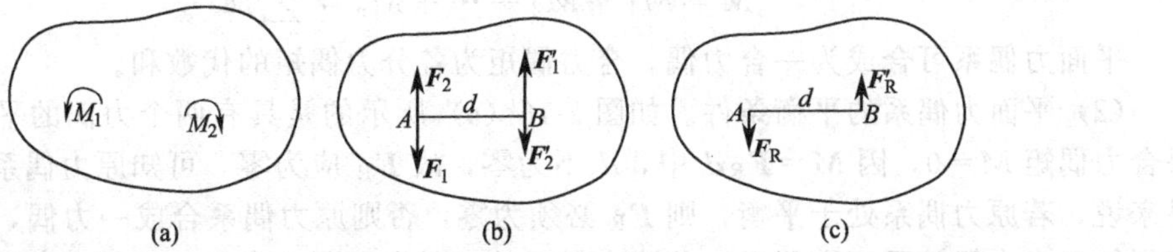

图 2-16

（2）平面力偶系的等效定理。在同平面内的两个力偶，如果力偶矩的大小相等，转向相同，则两个力偶等效。

这一定理的正确性是我们在实践中所熟悉的。例如，在需汽车转弯时，司机用双手转动方向盘（见图 2-17），不管两手用力是 $\boldsymbol{F}_1$、$\boldsymbol{F}'_1$ 或是 $\boldsymbol{F}_2$、$\boldsymbol{F}'_2$，只要力的大小不变，力偶矩就是相同的（因已知力偶臂不变），因而转动方向盘的效果就是一样的。又如在攻螺纹时，双手在扳手上施加的力无论是如图 2-18（a）所示，还是如图 2-18（b）或图 2-18（c）所示，转动扳手的效果都一样。图 2-18（b）中力偶臂只有图 2-18（a）中的一半，但力的大小增大为两倍；图 2-18（c）中的力和力偶臂与图 2-18（b）中一样，只是力的位置有所不同。在这三种情况中，力偶矩都是 $-\boldsymbol{F}d$。

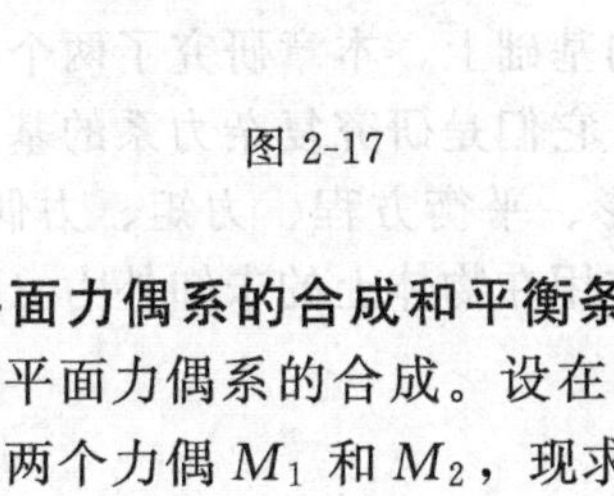

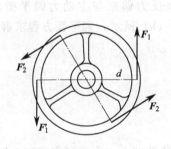

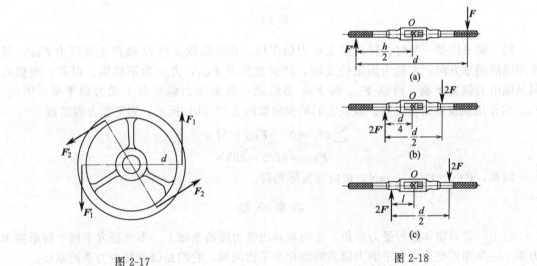

图 2-17

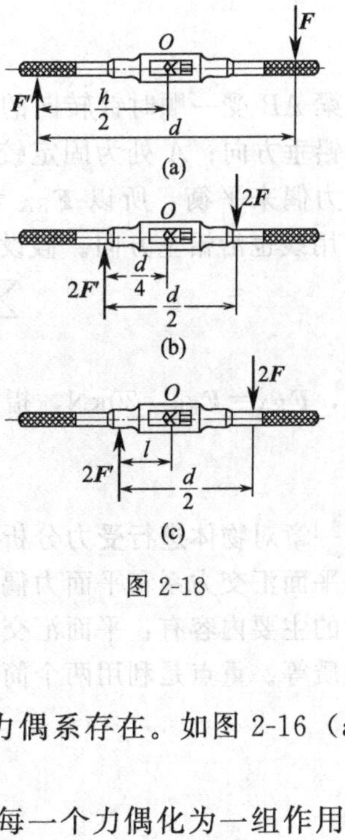

图 2-18

3. 平面力偶系的合成和平衡条件

（1）平面力偶系的合成。设在刚体某平面上有平面力偶系存在。如图 2-16（a）所示，平面上有两个力偶 M_1 和 M_2，现求其合成的结果。

在平面上任取一线段 $AB=d$ 当作公共力偶臂，并把每一个力偶化为一组作用在 A、B 两点的反向平行力，如图 2-16（b）所示。根据力偶的等效条件，有

$$\boldsymbol{F}_1=M_1/d \quad \boldsymbol{F}_2=M_2/d$$

于是，A、B 两点各得一组共线力系，如设 $\boldsymbol{F}_1>\boldsymbol{F}_2$，则得其合力各为 $\boldsymbol{F}_R$ 和 $\boldsymbol{F}'_R$，如图 2-16（c）所示，且有

$$\boldsymbol{F}_R=\boldsymbol{F}_1+\boldsymbol{F}_2$$
$$M=\boldsymbol{F}_R d=(\boldsymbol{F}_1+\boldsymbol{F}_2)d=M_1+M_2$$

若在刚体上有若干力偶作用，采用上述方法叠加，可得合力偶矩为

$$M = M_1 + M_2 + \cdots + M_n = \sum M \tag{2-12}$$

平面力偶系可合成为一合力偶，合力偶矩为各分力偶矩的代数和。

(2) 平面力偶系的平衡条件。如图 2-16 (a) 所示的是具有两个力偶的平面力偶系，如果合力偶矩 $M=0$，因 $M=\boldsymbol{F}_{\mathrm{R}}d$ 中，d 不为零，故 $\boldsymbol{F}_{\mathrm{R}}$ 应为零，可知原力偶系处于平衡。反过来说，若原力偶系处于平衡，则 $\boldsymbol{F}_{\mathrm{R}}$ 必须为零，否则原力偶系合成一力偶，不能平衡。推广到任意个力偶的平面力偶系，若该力偶系处于平衡，则合力偶的矩等于零。由此可见，平面力偶系平衡的必要和充分条件是，所有各个力偶矩的代数和等于零，即

$$\sum M_i = 0 \tag{2-13}$$

例 2-7 图 2-19 (a) 所示的水平梁 AB，长 $l=5\mathrm{m}$，受一顺时针转向的力偶作用，其力偶矩的大小 $M=100\mathrm{kN \cdot m}$。试求支座 A、B 的反力。

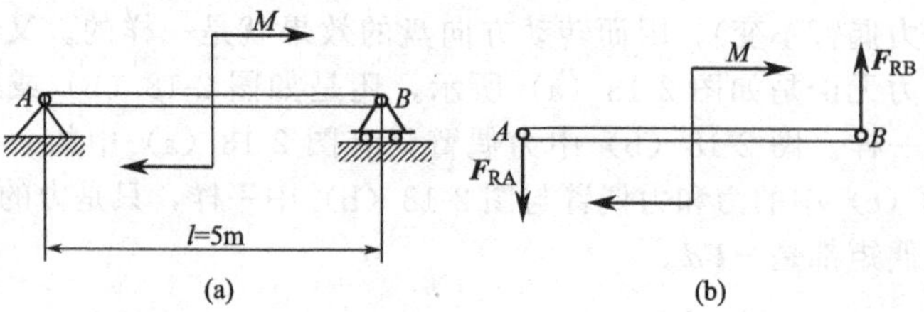

图 2-19

解 梁 AB 受一顺时针转向的主动力偶作用。在活动铰支座 B 处产生支反力 $\boldsymbol{F}_{\mathrm{RB}}$，其作用线沿铅垂方向；$A$ 处为固定铰支座，产生支反力 $\boldsymbol{F}_{\mathrm{RA}}$，方向尚不确定。但是，根据力偶只能由力偶来平衡，所以 $\boldsymbol{F}_{\mathrm{RA}}$ 和 $\boldsymbol{F}_{\mathrm{RB}}$ 必组成一约束反力偶来与主动力偶平衡，因此，$\boldsymbol{F}_{\mathrm{RA}}$ 的作用线也沿铅垂方向。假设它们的指向如图 2-19 (b) 所示，列平衡方程求解

$$\sum M_i = 0 \quad 5\boldsymbol{F}_{\mathrm{RB}} - M = 0$$

$$\boldsymbol{F}_{\mathrm{RB}} = M/5 = 20\mathrm{kN}$$

因此，$\boldsymbol{F}_{\mathrm{RA}} = \boldsymbol{F}_{\mathrm{RB}} = 20\mathrm{kN}$，指向与实际相符。

本章小结

在上一章对物体进行受力分析、正确地画出受力图的基础上，本章研究了两个简单基本力系——平面汇交力系和平面力偶系的简化与平衡问题，它们是研究复杂力系的基础。

本章的主要内容有：平面汇交力系的简化、力的投影、平衡方程、力矩、力偶的概念；力偶的性质等。重点是利用两个简单力系的平衡方程对作用在物体上的未知外力（力偶）进行计算。

思考题

1. 何谓力在坐标轴上的投影？是矢量还是标量？

2. 平面汇交力系的平衡方程是 $\sum \boldsymbol{F}_{\mathrm{x}} = 0$ 和 $\sum \boldsymbol{F}_{\mathrm{y}} = 0$。其中 $\sum \boldsymbol{F}_{\mathrm{x}} = 0$ 的含义是什么？

3. 何谓力矩？为什么要引出力矩的概念？力矩的符号怎样记？$M_{\mathrm{A}}(\boldsymbol{F})$ 和 $M_{\mathrm{B}}(\boldsymbol{F})$ 的含义有何不同？

4. 什么是合力矩定理？有何用处？

5. 什么是力偶？它对物体作用能产生什么效应？

6. 什么是力偶矩？怎样计算？单位是什么？

7. 试比较力矩和力偶的异同点。

习　题

2-1　试求题 2-1 图中各力在直角坐标轴上的投影。

2-2　如题 2-2 图所示，化工厂起吊反应器时，为了不致破坏栏杆，需要施加水平力 $\boldsymbol{F}$，使反应器与栏杆相离开。已知此时牵引绳与铅垂线的夹角为 30°，反应器重量 $\boldsymbol{G}$ 为 30kN。试求水平力 $\boldsymbol{F}$ 的大小和绳子的拉力 $\boldsymbol{F}_\mathrm{T}$。

2-3　题 2-3 图所示压路机碾子重 $\boldsymbol{G}=20\mathrm{kN}$，半径 $r=60\mathrm{cm}$；求碾子刚能越过高 $h=8\mathrm{cm}$ 的石块所需水平力 $\boldsymbol{F}$ 的最小值。

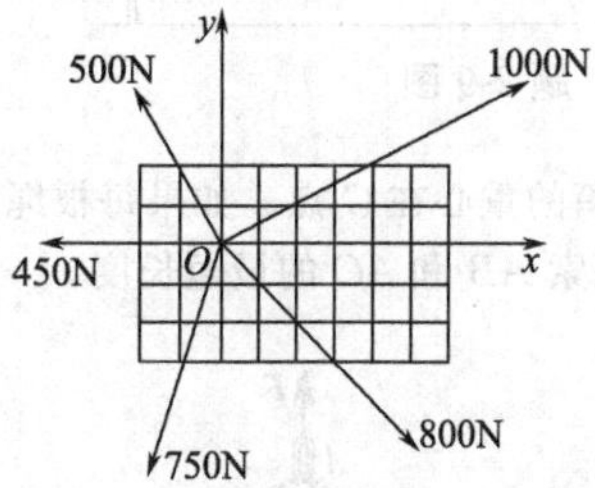

题 2-1 图

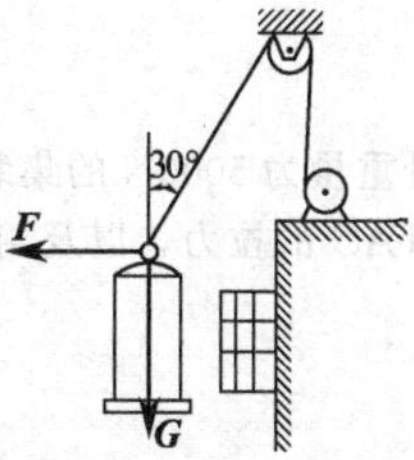

题 2-2 图

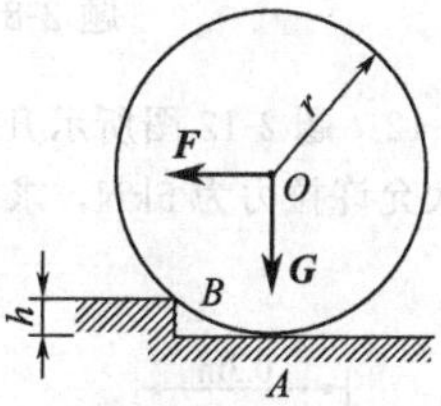

题 2-3 图

2-4　如题 2-4 图所示，绳索 AB 悬挂一动滑轮 O，滑轮 O 吊一重量未知的重物 M，C 端挂一重物 $\boldsymbol{G}=80\mathrm{N}$。当平衡时，试求重物 M 的重量。

2-5　如题 2-5 图所示，重为 $\boldsymbol{G}$ 的球体放在倾角为 30°的光滑斜面上，并用绳 AB 系住，AB 与斜面平行。试求绳 AB 的拉力 $\boldsymbol{F}$，以及球体对斜面的压力 $\boldsymbol{F}_\mathrm{N}$。

2-6　如题 2-6 图所示，起重机架可借绕过滑轮 B 的绳索将重 $\boldsymbol{G}=20\mathrm{kN}$ 的物体吊起，滑轮用不计自重的杆 AB 和支杆 BC 支撑。不计滑轮的尺寸及其中的摩擦，当物体处于平衡状态时，试求拉杆 AB 和支杆 BC 所受的力。

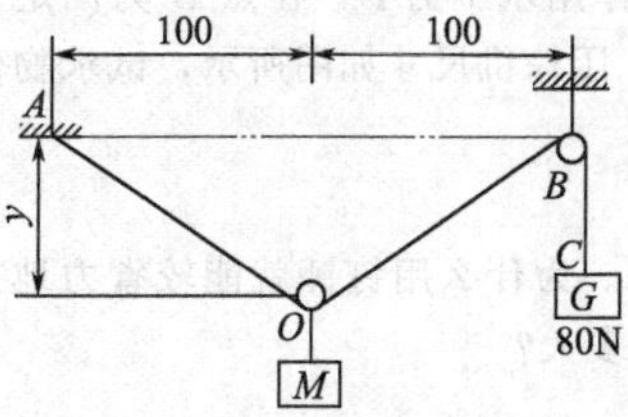

题 2-4 图

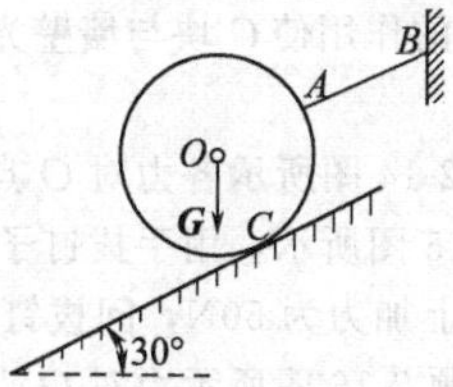

题 2-5 图

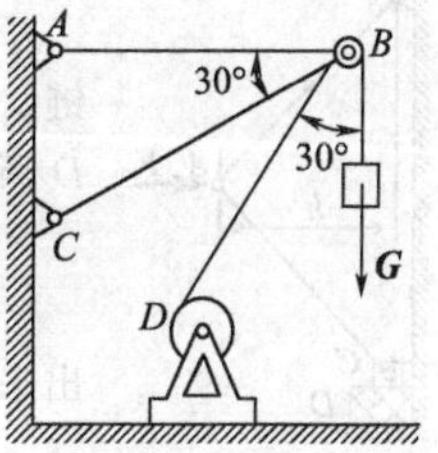

题 2-6 图

2-7　题 2-7 图所示每条绳索所能承受的最大拉力为 80N。求块体保持图中所示的位置时，块体最大的重量 W 和保持平衡时的角度 θ。

* 2-8　题 2-8 图所示混凝土弯管的重量为 2000N，弯管的重心在 $\boldsymbol{G}$ 点。求为了支撑弯管，绳索 BC 和 BD 的拉力。

* 2-9　如题 2-9 图所示，为了支撑质量为 12kg 的交通信号灯，求绳索 AB 和 AC 的拉力。

2-10　题 2-10 图所示天平由一条 1.2m 长的绳索和重量为 50N 的块体 D 组成。绳索通过两个小滑轮固定，在 A 点的销钉上。如果当 $x=0.45\mathrm{m}$ 时，系统处于平衡状态，求悬空块体 B 的重量。

2-11　题 2-11 图所示为一拨桩装置。在木桩的点 A 上系一绳，将绳的另一端固定在点 C，在绳的点 B 系另一绳 BE，将它的另一端固定在点 E。然

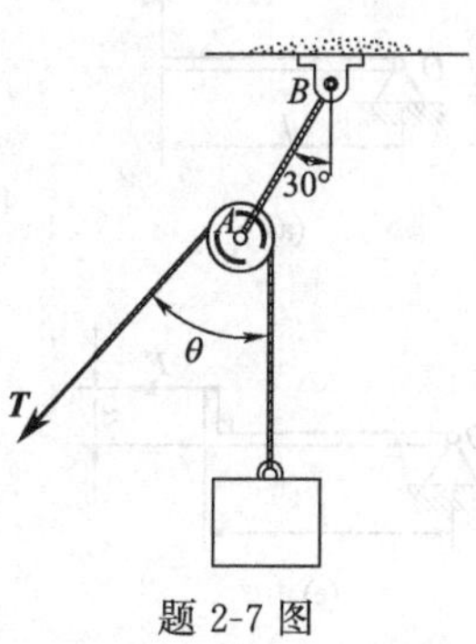

题 2-7 图

后在绳的点 D 用力向下拉，并使绳的 BD 段水平，AB 段铅直；DE 段与水平线，CB 段与铅直线间成等角 $\alpha=0.1\text{rad}$（当 α 很小时，$\tan\alpha\approx\alpha$）。向下拉力 $\boldsymbol{F}=800\text{N}$，求绳 AB 作用于桩上的拉力。

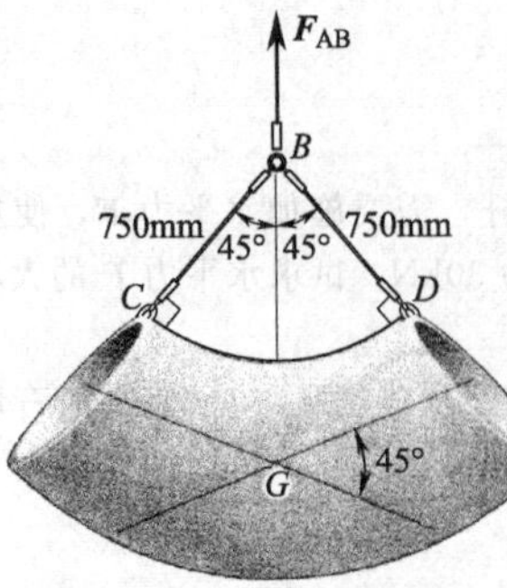

题 2-8 图

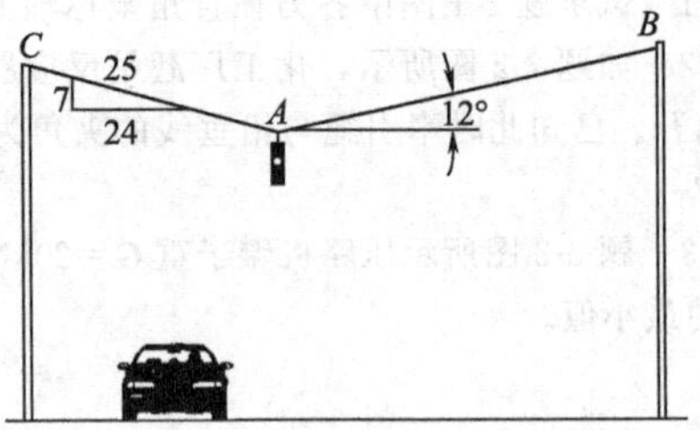

题 2-9 图

2-12　题 2-12 图所示升降吊索用来提升重量为 5000N 的集装箱，集装箱的重心在 G 点。如果每根绳索的最大允许拉力为 5kN，求每根绳索 AB 和 AC 的拉力，以及用来吊升的绳索 AB 和 AC 的最短长度。

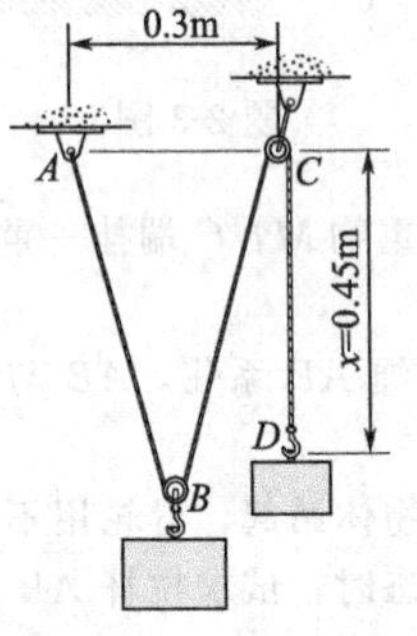

题 2-10 图

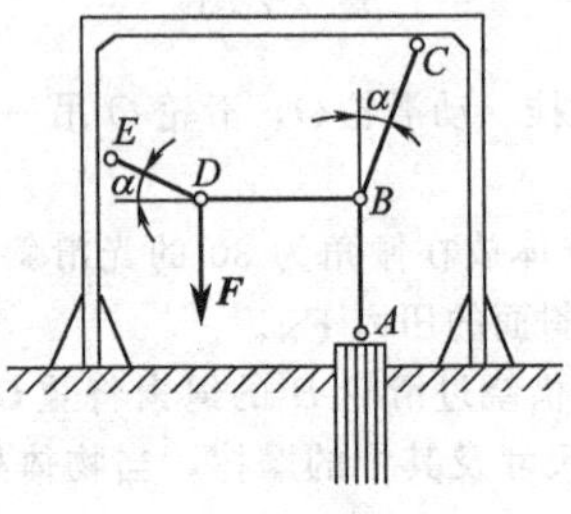

题 2-11 图

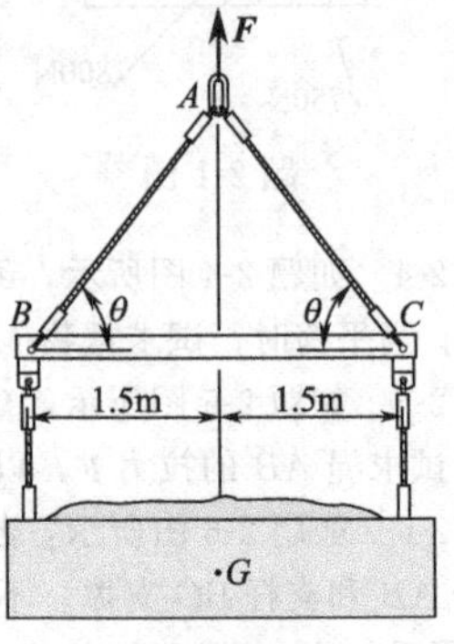

题 2-12 图

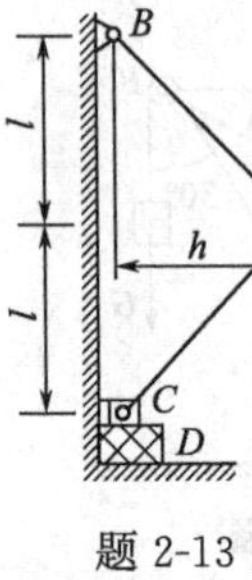

题 2-13 图

2-13　题 2-13 图所示压榨机 ABC，在铰 A 处作用水平力 $\boldsymbol{F}$，在点 B 为固定铰链，由于水平力 $\boldsymbol{F}$ 的作用使 C 块与墙壁光滑接触。压榨机尺寸如图所示，试求物体 D 所受的压力。

2-14　试求题 2-14 图所示各力对 O 点之矩。

2-15　如题 2-15 图所示，用手拔钉子拔不出来。为什么用钉锤就能较省力地拔出来呢？如果在柄上加力为 50N，问拔钉子的力有多大？

2-16　试求如题 2-16 图所示力对 O 点的矩。

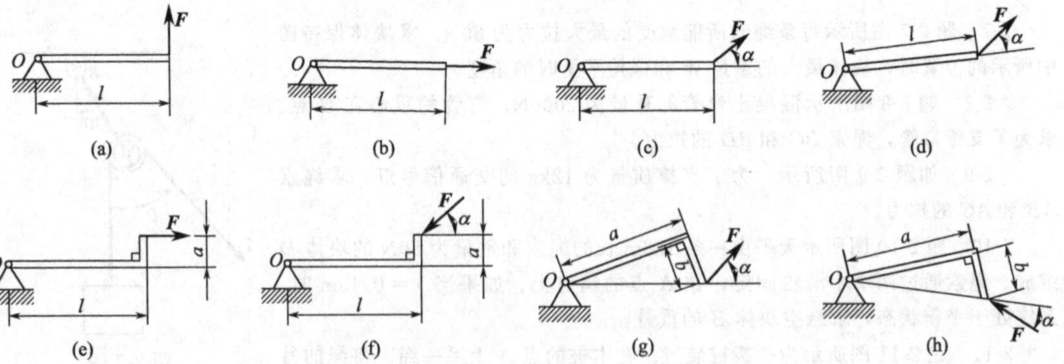

题 2-14 图

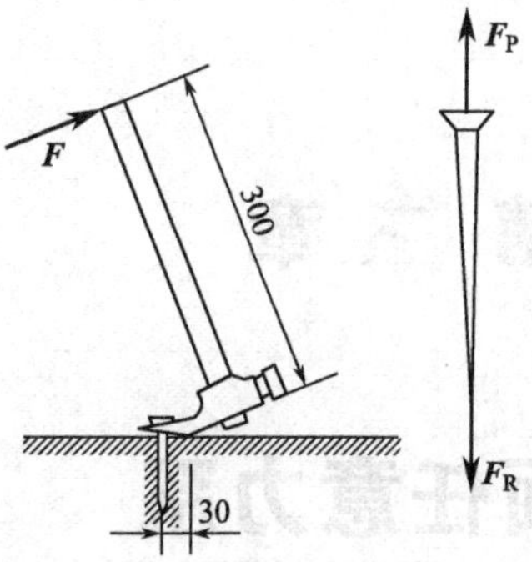

题 2-15 图

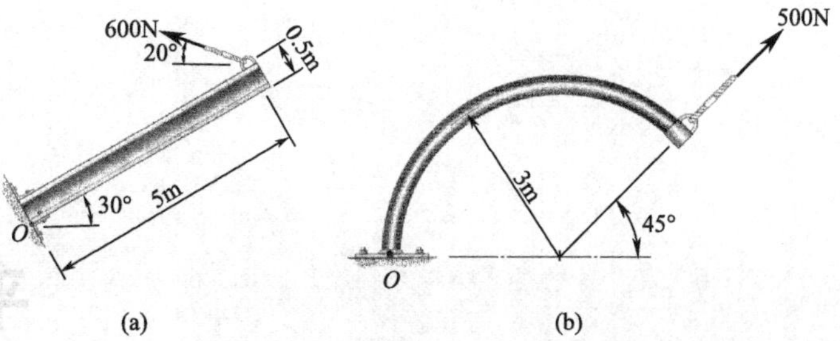

题 2-16 图

2-17　题 2-17 图所示起重机中的棘轮机构用以防止齿轮倒转，鼓轮直径 $d_1=32\text{cm}$，棘轮节圆直径 $d=50\text{cm}$。棘爪位置的两个尺寸 $a=6\text{cm}$，$h=3\text{cm}$，起吊重物 $\boldsymbol{G}=5\text{kN}$，不计棘爪自重及摩擦，试求棘爪尖端所受的压力。

2-18　题 2-18 图所示为平行轴减速箱，受的力可视为都在图示平面内，减速箱的输入轴Ⅰ上作用一力偶，其矩为 $M_1=500\text{N}\cdot\text{m}$；输出轴Ⅱ上作用一反力偶，其矩为 $M_2=2\text{kN}\cdot\text{m}$。设 AB 间距离 $l=1\text{m}$，不计减速箱重量。试求螺栓 A、B 及支承面所受的力。

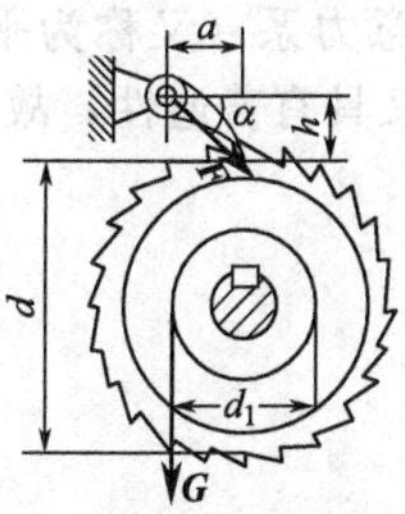

题 2-17 图

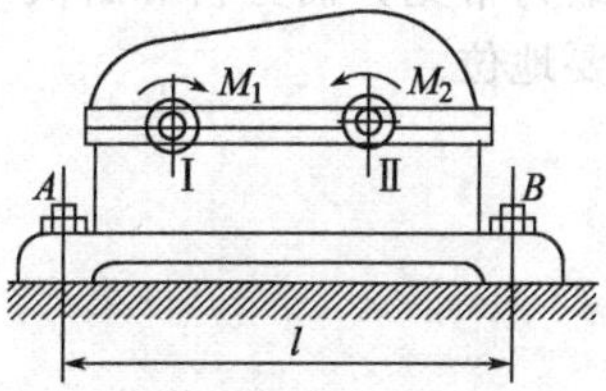

题 2-18 图

第三章

平面任意力系

平面任意力系是指各力的作用线在同一平面内且任意分布的力系。如图 3-1 所示的曲柄连杆机构，受有压力 $\boldsymbol{F}_P$、力偶 M 以及约束反力 $\boldsymbol{F}_{Ax}$、$\boldsymbol{F}_{Ay}$ 和 $\boldsymbol{F}_N$ 的作用，这些力构成了平面任意力系。又如起重机受力图（见图 3-2），也受到同一平面内任意力系的作用。有些物体所受的力并不在同一平面内，但只要所受的力对称于某一平面，这种情况下，可以把这些力简化到对称面内，并作为对称面内的平面任意力系来处理。如图 3-3 所示，沿直线行驶的汽车，它所受到的重力 $\boldsymbol{W}$，空气阻力 $\boldsymbol{F}$ 和地面对前后轮的约束力的合力 $\boldsymbol{F}_{RA}$、$\boldsymbol{F}_{RB}$ 都可简化到汽车纵向对称平面内，组成一平面任意力系。由于平面任意力系（又称为平面一般力系）在工程中最为常见，而分析和解决平面任意力系问题的方法又具有普遍性，故在工程计算中占有极重要地位。

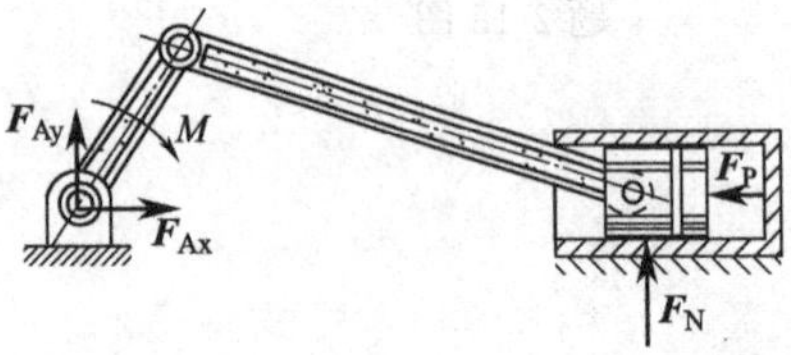

图 3-1

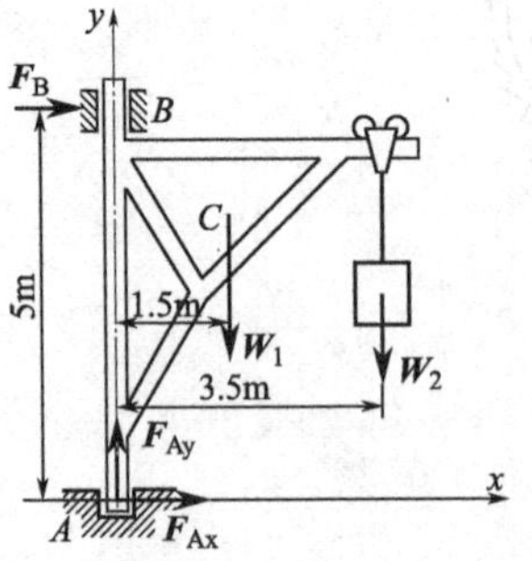

图 3-2

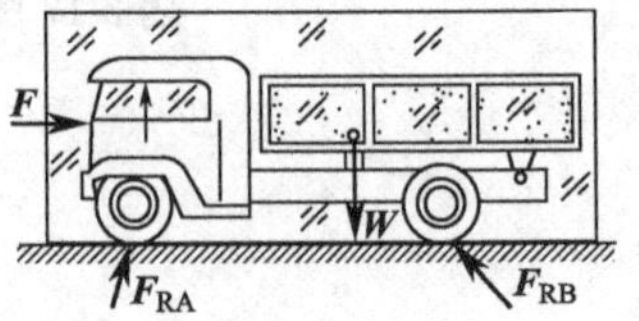

图 3-3

第一节　力的平移定理

在分析或求解力学问题时，有时需要将作用于物体上某些力的作用线，从其原位置平行移到另一新位置而不改变原力在原位置作用时物体的运动效应，为此需研究力的平移定理。

1. 力的平移定理

可以把原作用在刚体上点 A 的力 $\boldsymbol{F}$ 平行移到任一新的点 B，但必须同时附加一个力偶，这个附加力偶的力偶矩等于原来的力 $\boldsymbol{F}$ 对新点 B 的矩。

2. 证明

如图 3-4（a）所示，力 $\boldsymbol{F}$ 作用于刚体上 A 点。在刚体上任取一点 B，并在 B 点加上两个等值、反向的力 $\boldsymbol{F}'$和 $\boldsymbol{F}''$，使它们与力 $\boldsymbol{F}$ 平行，且有 $\boldsymbol{F}'=-\boldsymbol{F}''=\boldsymbol{F}$，如图 3-4（b）所示。

显然，三个力 $\boldsymbol{F}$、$\boldsymbol{F}'$、$\boldsymbol{F}''$组成的新力系与原来的力 $\boldsymbol{F}$ 等效。但是这三个力组成一个作用在 B 点的力 $\boldsymbol{F}'$和一个力偶（$\boldsymbol{F}$，$\boldsymbol{F}''$）。于是，原来作用在 A 点的力 $\boldsymbol{F}$，现在被一个作用在 B 点的力 $\boldsymbol{F}'$和一个力偶（$\boldsymbol{F}$，$\boldsymbol{F}''$）等效替换了。也就是说，可以把作用于点 A 的力 $\boldsymbol{F}$ 平移到 B 点，但必须同时附加一个相应的力偶，这个力偶称为附加力偶，如图 3-4（c）所示。显然，附加力偶的力偶矩为

$$M=Fd$$

3. 力的平移定理的意义

力的平移定理是力系向一点简化的理论依据，而且还可以分析和解决许多工程实际问题。例如，图 3-5 所示的厂房立柱，受到行车传来的力 $\boldsymbol{F}$ 的作用。可以看出，$\boldsymbol{F}$ 力的作用线偏离于立柱轴线，利用力的平移定理将 F 力平移到中心线 O 处，就可以很容易地分析出立柱在偏心力 $\boldsymbol{F}$ 的作用下要产生拉伸和弯曲两种变形。

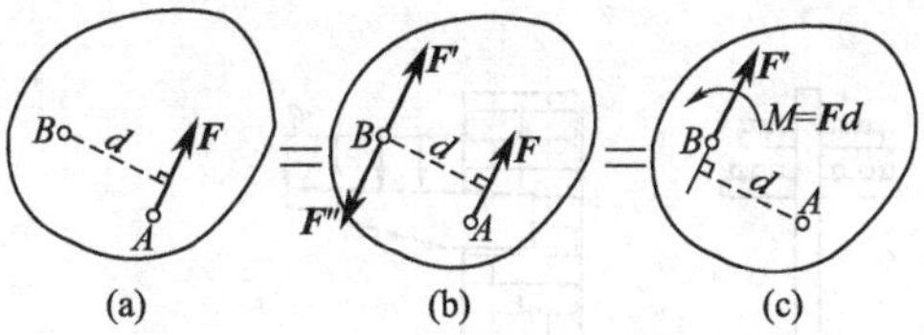

图 3-4

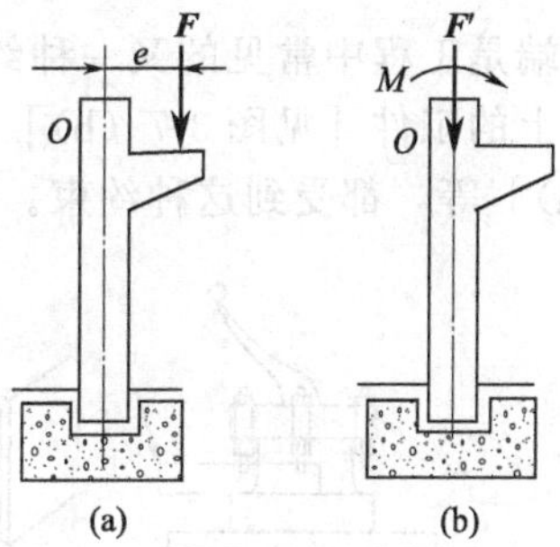

图 3-5

第二节 平面任意力系的简化与平衡

一、平面任意力系向平面内一点的简化

现在应用力的平移定理来讨论平面任意力系的简化问题。

设刚体上作用有 n 个力 $\boldsymbol{F}_1$、$\boldsymbol{F}_2$、…、$\boldsymbol{F}_n$ 组成的平面任意力系，如图 3-6（a）所示。在力系所在平面内任取点 O 作为简化中心，由力的平移定理将力系中各力向 O 点平移，如图 3-6（b）所示，得到作用于简化中心 O 点的平面汇交力系 $\boldsymbol{F}_1'$、$\boldsymbol{F}_2'$、…、$\boldsymbol{F}_n'$和附加平面力偶系，其矩分别为 M_1、M_2、…、M_n。

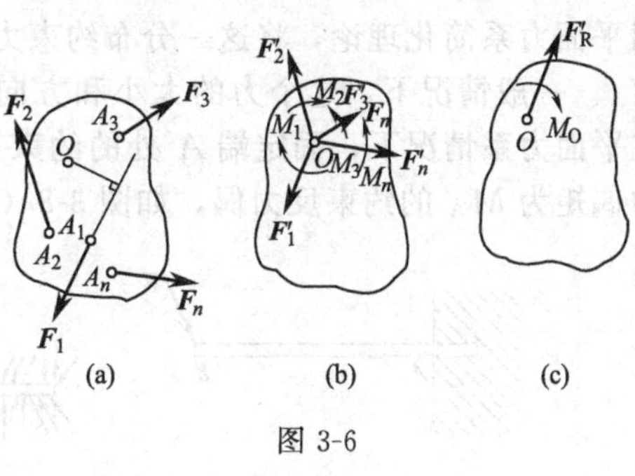

图 3-6

由平面汇交力系理论可知，作用于简化中心 O 的平面汇交力系可合成为一个力 $\boldsymbol{F}_R'$，其作用线过 O 点，合矢量

$$\boldsymbol{F}'_R=\sum \boldsymbol{F}'_i$$

又因

$$\boldsymbol{F}_i=\boldsymbol{F}'_i$$

故

$$\boldsymbol{F}'_R=\sum \boldsymbol{F}_i \tag{3-1}$$

我们把原力系的矢量和称为主矢，显然，它与简化中心的位置无关。

由平面力偶系理论可知，附加平面力偶系一般可以合成为一合力偶，其合力偶矩等于各力偶矩的代数和，即 $M_O=\sum M_i$

又因 $M_i=M_O(\boldsymbol{F}_i)$，故 $\boldsymbol{M}_O=\sum \boldsymbol{M}_i=\sum \boldsymbol{M}_O(\boldsymbol{F}_i)$ (3-2)

我们把力系中所有力对简化中心之矩的代数和称为力系对于简化中心的主矩。显然，当简化中心位置改变时，主矩也要随之改变。

综上所述可知，将平面任意力系向作用面内任一点简化，一般可以得到一个力和一个力偶。这个力作用于简化中心，其大小、方向等于力系的主矢，并与简化中心的位置无关；这个力偶的力偶矩等于原力系对简化中心的主矩，其大小、转向与简化中心的位置有关，如图 3-6（c）所示。

二、固定端约束

固定端是工程中常见的又一种约束。例如，紧固在刀架上的车刀［见图 3-7（a）］，被夹持在卡盘上的工件［见图 3-7（b）］和埋入地面的电线杆［见图 3-7（c）］以及房屋阳台［见图 3-7（d）］等，都受到这种约束。这种约束称为固定端约束。

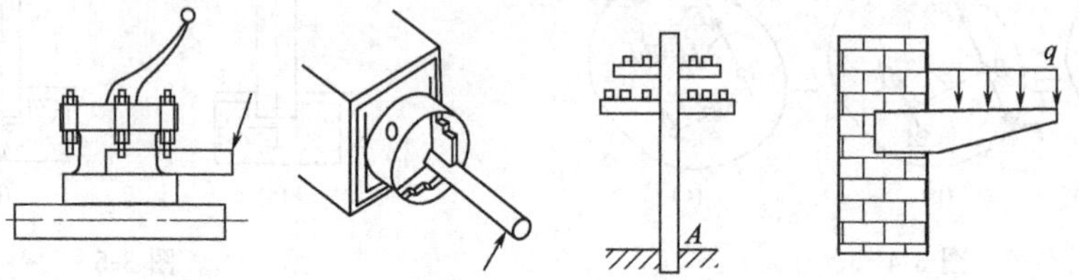

图 3-7

车床的刀具或车床主轴卡盘上的工件，在加工时都必须牢固地夹紧；插入地基中的电线杆、建筑物上的阳台等，这类物体连接方式的特点是连接处刚性很大。

现以图 3-8 为例，说明固定端约束反力所共有的特点。

固定端既限制物体向任何方向移动，又限制向任何方向转动。例如，图 3-8（a）中 AB 杆的 A 端在墙内固定牢靠，在任意已知力或力偶的作用下，使 A 端既有移动又有转动的趋势。故 A 端受到墙的杂乱分布的约束力系组成的平面任意力系的作用［见图 3-8（b）］。应用平面力系简化理论，将这一分布约束力系向固定端 A 点简化得到一个力 $\boldsymbol{F}_{RA}$ 和一个力偶 M_A。一般情况下，这个力的大小和方向均为未知量，可用两个正交的分力来代替。于是，在平面力系情况下，固定端 A 处的约束反力作用可简化为两个约束反力 $\boldsymbol{F}_{Ax}$、$\boldsymbol{F}_{Ay}$ 和一个力偶矩为 M_A 的约束反力偶，如图 3-8（c）所示。

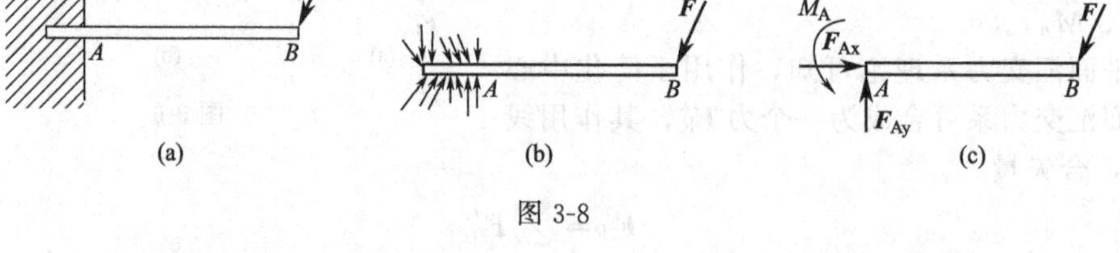

图 3-8

三、平面任意力系简化结果讨论

平面任意力系的简化，一般可得到主矢 $\boldsymbol{F}'_R$ 与主矩 M_O，但它不是简化的最终结果。简化结果通常有以下四种情况。

(1) 当 $F'_R=0$，$M_O\neq0$ 时，简化为一个力偶。因主矢为零，所以原力系不论向哪一点简化均与一个力偶等级，此时的力偶矩与简化的位置无关，主矩 M_O 为原来力系的合力偶矩，即 $M_O=\sum M_O(\boldsymbol{F})$。

(2) 当 $F'_R\neq0$，$M_O=0$ 时，简化为一个合力 $\boldsymbol{F}_R$。此时的主矢 $\boldsymbol{F}'_R=\boldsymbol{F}_R$，合力的作用线通过简化中心。

(3) 当 $F'_R\neq0$，$M_O\neq0$ 时，由力的平移定理的逆过程可以将 $\boldsymbol{F}'_R$ 与 M_O 简化为一个合力 $\boldsymbol{F}_R$，此时的主矢 $\boldsymbol{F}'_R=\boldsymbol{F}_R$，合力的作用线到 O 点的距离 d 为

$$d=\frac{|M_O|}{F'_R}$$

如图 3-9 所示，合力对 O 点的矩为

$$M_O(\boldsymbol{F}_R)=F_Rd=M_O=\sum M_O(\boldsymbol{F}) \tag{3-3}$$

于是前一章提到的合力矩定理得到证明。

合力矩定理：平面任意力系的合力对力系所在平面内任意点的矩等于力系中各力对同一点之矩的代数和。

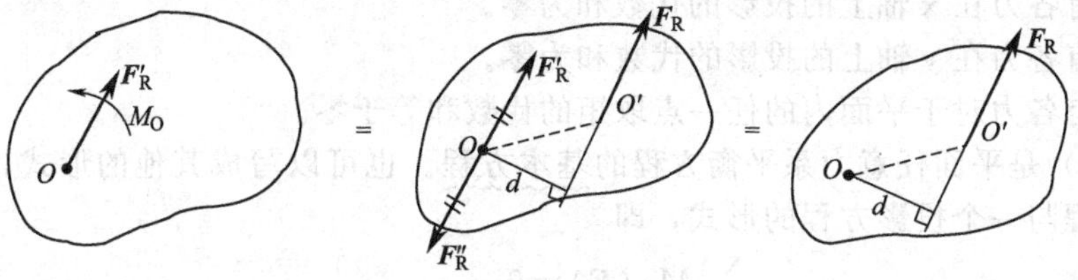

图 3-9

(4) 当 $F'_R=0$，$M_O=0$ 时，平面任意力系为平衡力系。

由上面 (2)、(3) 可以看出，不论主矩是否等于零，只要主矢不等于零，力系最终将简化为一个合力。

对上述平面任意力系简化的最终结果可总结于表 3-1。由表可见，平面任意力系简化的最终结果，只有三种可能：

① 合成为一个力。

② 合成为一个力偶。

③ 为平衡力系。

表 3-1　平面任意力系简化的最终结果

情况分类	向 O 点简化的结果		力系简化的最终结果(与简化中心无关)
	主矢 F'_R	主矩 M_O	
1	$F'_R=0$	$M_O=0$	平衡状态(力系对物体的移动和转动作用效果均为零)
2	$F'_R=0$	$M_O\neq0$	一个力偶(合力偶 M_R)，力偶矩 $M_R=M_O$
3	$F'_R\neq0$	$M_O=0$	一个力(合力 F_R)，合力 $F_R=F'_R$，作用线过 O 点
4	$F'_R\neq0$	$M_O\neq0$	一个力(合力 F_R)，其大小为 $F_R=F'_R$，F_R 的作用线到 O 点的距离为 $d=\|M_O\|/F'_R$，F_R 作用在 O 点的哪一边，由 M_O 的符号决定

利用力系简化的方法，可以求得平面任意力系的合力。

四、平面任意力系的平衡条件

根据平面任意力系与一个平面汇交力系和一个平面力偶系等效的原理，若后面的两个力系分别为平衡力系，则原来的平面任意力系也是平衡力系。因此，只要综合后两个力系的平衡条件，就得出平面任意力系的平衡条件。具体就是：

(1) 由平面汇交力系的平衡条件，有 $\boldsymbol{F}_R=0$。

(2) 由平面力偶系的平衡条件，有 $M_O=0$。

当同时满足这两个要求时，平面任意力系不可能合成一个合力，即 $\boldsymbol{F}_R=0$，又不能合成一个力偶，即 $M_O=0$，也即既不允许物体移动，又不允许物体转动，从而必定处于平衡。由第二章的式（2-9）可知，欲使 $\boldsymbol{F}_R=0$，必须 $\sum \boldsymbol{F}_x=0$ 及 $\sum \boldsymbol{F}_y=0$，欲使 $M_O=0$，必有 $\sum M_O(\boldsymbol{F}_i)=0$。因此，满足平面任意力系的平衡条件的方程式为

$$\left.\begin{aligned}\sum \boldsymbol{F}_x=0\\ \sum \boldsymbol{F}_y=0\\ \sum M_O(\boldsymbol{F})=0\end{aligned}\right\} \tag{3-4}$$

也就是说：

(1) 所有各力在 x 轴上的投影的代数和为零。

(2) 所有各力在 y 轴上的投影的代数和为零。

(3) 所有各力对于平面内的任一点取矩的代数和等于零。

式（3-4）是平面任意力系平衡方程的基本方程。也可以写成其他的形式，如经常用到两个力矩方程与一个投影方程的形式，即

$$\left.\begin{aligned}\sum M_A(\boldsymbol{F})=0\\ \sum M_B(\boldsymbol{F})=0\\ \sum \boldsymbol{F}_x=0(\text{或}\sum \boldsymbol{F}_y=0)\end{aligned}\right\} \tag{3-5}$$

此式又称二矩式，其中 A、B 两点的连线不得垂直于 Ox 轴（或 Oy 轴）。

以上一矩式、二矩式为二组不同形式的平衡方程，其中每一组都是平面任意力系平衡的必要和充分条件。解题时灵活选用不同形式的平衡方程，有助于简化静力学求解未知量的计算过程。

由式（3-4）或式（3-5）所表示的平面任意力系的平衡方程，可以解出平面任意力系中的三个未知量。求解时，一般可按下列步骤进行。

(1) 确立研究对象，取分离体，画出受力图。

(2) 建立适当的坐标系。在建立坐标系时，应使坐标轴的方位尽量与较多的力（尤其是未知力）成平行或垂直，以使各力的投影计算简化。在列力矩式时，力矩中心应尽量选在未知力的交点上，以简化力矩的计算。

(3) 列出平衡方程式（3-4）或式（3-5），求解未知力。

五、平面任意力系平衡方程式的应用举例

例 3-1 起重机的水平梁 AB，A 端以铰链固定，B 端用拉杆 BC 拉住，如图 3-10（a）所示。梁重 $\boldsymbol{G}_1=4\text{kN}$，载荷重 $\boldsymbol{G}_2=10\text{kN}$。梁的尺寸如图所示。试求拉杆的拉力和铰链 A 的约束反力。

解 取梁 AB 为研究对象。梁 AB 除受已知力 $\boldsymbol{G}_1$ 和 $\boldsymbol{G}_2$ 外，还受有未知的拉杆 BC 的拉力 $\boldsymbol{F}_T$。因 BC 为二力杆，故拉力 $\boldsymbol{F}_T$ 沿连线 BC。铰链 A 处有约束反力，因方向不确定，

故分解为两个分力 $\boldsymbol{F}_{Ax}$ 和 $\boldsymbol{F}_{Ay}$。

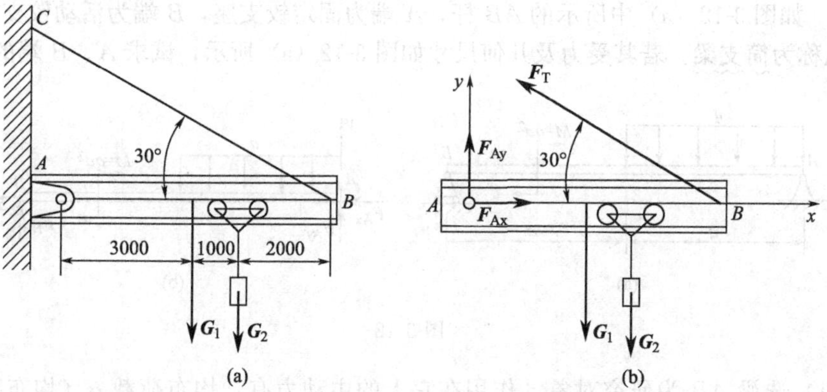

图 3-10

取坐标轴 Axy，如图 3-10（b）所示，应用平衡方程的基本形式，即式（3-4），有

$$\sum \boldsymbol{F}_x = 0 \quad \boldsymbol{F}_{Ax} - \boldsymbol{F}_T \cos 30° = 0 \qquad (1)$$

$$\sum \boldsymbol{F}_y = 0 \quad \boldsymbol{F}_{Ay} + \boldsymbol{F}_T \sin 30° - G_1 - G_2 = 0 \qquad (2)$$

$$\sum M_A(\boldsymbol{F}) = 0 \quad \boldsymbol{F}_T \times 6 \times \sin 30° - \boldsymbol{G}_1 \times 3 - G_2 \times 4 = 0 \qquad (3)$$

由式（3）可得 $\boldsymbol{F}_T = 17.33\text{kN}$，把 $\boldsymbol{F}_T$ 值代入式（1）及式（2），可得 $\boldsymbol{F}_{Ax} = 15.01\text{kN}$，$\boldsymbol{F}_{Ay} = 5.33\text{kN}$。

例 3-2 梁 AB 一端固定、一端自由，如图 3-11（a）所示。梁上作用有均布载荷，载荷集度为 q（kN/m）。在梁的自由端还受有集中力 $\boldsymbol{F}$ 和力偶矩为 M 的力偶作用，梁的长度为 l，试求固定端 A 处的约束反力。

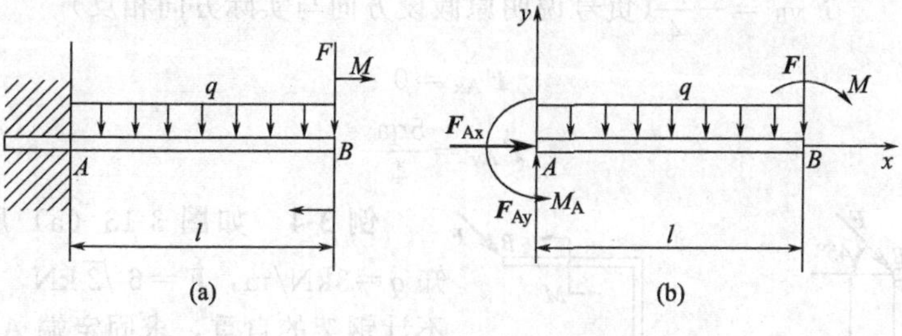

图 3-11

解 （1）取梁 AB 为研究对象并画出受力图，如图 3-11（b）所示。

（2）列平衡方程并求解。注意均布载荷集度是单位长度上受的力，均布载荷简化结果为一合力，其大小等于 q 与均布载荷作用段长度的乘积，合力作用点在均布载荷作用段的中点。

$$\sum \boldsymbol{F}_x = 0,\ \boldsymbol{F}_{Ax} = 0$$

$$\sum \boldsymbol{F}_y = 0,\ \boldsymbol{F}_{Ay} - ql - \boldsymbol{F} = 0$$

$$\sum M_A(\boldsymbol{F}) = 0,\ M_A - ql \times l/2 - \boldsymbol{F}l - M = 0$$

解得

$$\boldsymbol{F}_{Ax} = 0$$

$$F_{Ay}=ql+F$$

$$M_A=ql^2/2+Fl+M$$

例 3-3 如图 3-12（a）中所示的 AB 杆，A 端为固定铰支座，B 端为活动铰支座，这种结构在工程上称为简支梁。若其受力及几何尺寸如图 3-12（a）所示，试求 A、B 端的约束力。

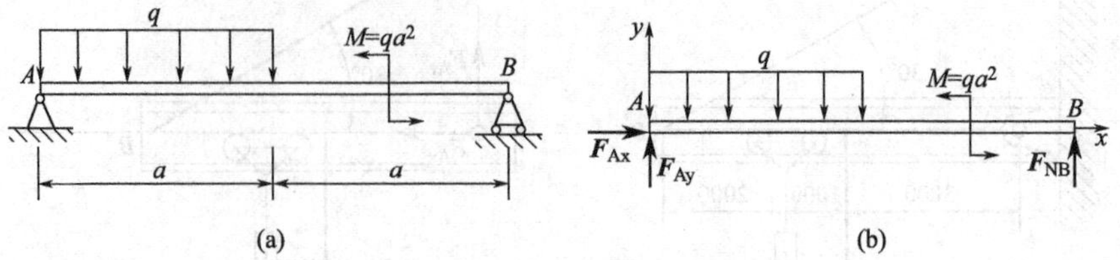

图 3-12

解：（1）选梁 AB 为研究对象，作用在它上的主动力有：均布荷载 q（均布荷载即载荷集位是 kN/m 或 N/m），其合力可当作均质杆的重力处理，所以合力的大小等于载荷集度 $q\times$分布段长度，合力的作用点在分布段中点，力偶矩为 M；约束力为固定铰支座 A 端的 $\boldsymbol{F}_{Ax}$、$\boldsymbol{F}_{Ay}$ 两个分力、滚动支座 B 端的铅垂向上的法向力 $\boldsymbol{F}_{NB}$（方向先假设），受力图如图 3-12（b）所示。

（2）建立合适坐标系。如图 3-12（b）所示。

（3）列平衡方程。

$$\sum M_A(\boldsymbol{F})=0，\boldsymbol{F}_{NB}\times 2a+M-\frac{1}{2}qa^2=0 \quad (1)$$

$$\sum \boldsymbol{F}_x=0，\boldsymbol{F}_{Ax}=0 \quad (2)$$

$$\sum \boldsymbol{F}_y=0，\boldsymbol{F}_{Ay}+\boldsymbol{F}_{NB}-qa=0 \quad (3)$$

由式（1）～式(3) 解得 A、B 端的约束力为

$$\boldsymbol{F}_{NB}=-\frac{qa}{4}(\text{负号说明原假设方向与实际方向相反})$$

$$\boldsymbol{F}_{Ax}=0$$

$$\boldsymbol{F}_{Ay}=\frac{5qa}{4}$$

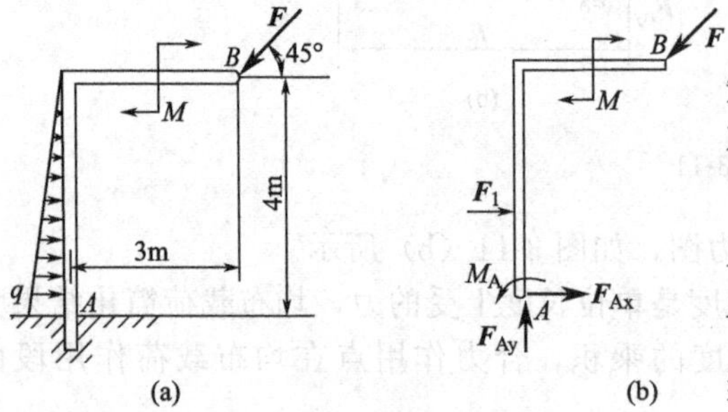

图 3-13

例 3-4 如图 3-13（a）所示钢架中，已知 $q=3\text{kN/m}$，$\boldsymbol{F}=6\sqrt{2}\,\text{kN}$，$M=10\text{kN}\cdot\text{m}$，不计钢架的自重，求固定端 A 处的约束反力。

解 取钢架为研究对象，其上除受主动力外，还受有固定端 A 处的约束反力 $\boldsymbol{F}_{Ax}$、$\boldsymbol{F}_{Ay}$ 和约束反力偶 M_A。线性分布载荷可用一集中力 $\boldsymbol{F}_1$ 等效替代，其大小为 $\boldsymbol{F}_1=\frac{1}{2}q\times 4=6\text{kN}$，作用于三角形分布载荷的几何中心，即距点 A 为号 4/3m 处。刚架受力如图 3-13（b）所示。

按图示坐标系，列平衡方程

$$\sum \boldsymbol{F}_x=0，\boldsymbol{F}_{Ax}+\boldsymbol{F}_1-\boldsymbol{F}\cos 45^\circ=0$$

$$\sum \boldsymbol{F}_y=0，\boldsymbol{F}_{Ay}-\boldsymbol{F}\sin 45^\circ=0$$

$$\sum M_A(\boldsymbol{F})=0,\ M_A-\boldsymbol{F}_1\times\frac{4}{3}-M-\boldsymbol{F}\sin45^\circ\times3+\boldsymbol{F}\sin45^\circ\times4=0$$

$$\sum \boldsymbol{F}_x=0,\ \boldsymbol{F}_{Ax}+\boldsymbol{F}_1-\boldsymbol{F}\cos45^\circ=0$$

$$\sum \boldsymbol{F}_y=0,\ \boldsymbol{F}_{Ay}-\boldsymbol{F}\sin45^\circ=0$$

$$\sum M_A(\boldsymbol{F})=0,\ M_A-\boldsymbol{F}_1\times\frac{4}{3}-M-\boldsymbol{F}\sin45^\circ\times3+\boldsymbol{F}\sin45^\circ\times4=0$$

解方程，求得　　　$\boldsymbol{F}_{Ax}=0$，$\boldsymbol{F}_{Ay}=6\text{kN}$，$M_A=12\text{kN}\cdot\text{m}$

通过以上各例，介绍了简单平衡问题的求解步骤和基本做法，这些步骤和做法同样也是求解较复杂物体系统平衡问题的基础。

第三节　平面平行力系的平衡方程

各力作用线处于同一平面内且相互平行的力系称为平面平行力系。它是平面任意力系的一种特殊情况，其平衡方程可由平面任意力系的平衡方程导出。如图 3-14 所示，取 y 轴平行各力，则平面平行力系中各力在 x 轴上的投影均为零。在式（3-4）中，$\sum \boldsymbol{F}_x=0$ 就成为恒等式，于是，平行力系只有两个独立的平衡方程，即

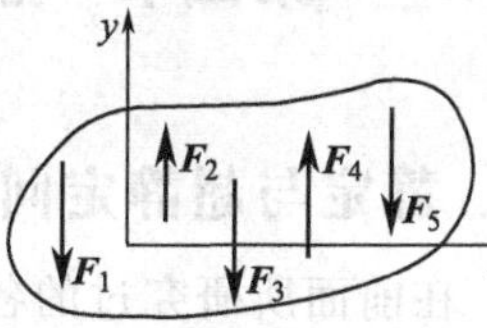

图 3-14

$$\left.\begin{aligned}\sum \boldsymbol{F}_{iy}=0\\ \sum M_O(\boldsymbol{F}_i)=0\end{aligned}\right\}\quad(3\text{-}6)$$

平面平行力系的平衡方程，也可用两个力矩方程的形式，即

$$\left.\begin{aligned}\sum M_A(\boldsymbol{F}_i)=0\\ \sum M_B(\boldsymbol{F}_i)=0\end{aligned}\right\}\quad(3\text{-}7)$$

其中，A、B 两点的连线不得与力系各力作用线平行。这两个方程可以求解两个未知量。

例 3-5　塔式起重机如图 3-15（a）所示。机架自重力为 $\boldsymbol{G}$，最大起重载荷为 $\boldsymbol{W}$，平衡锤

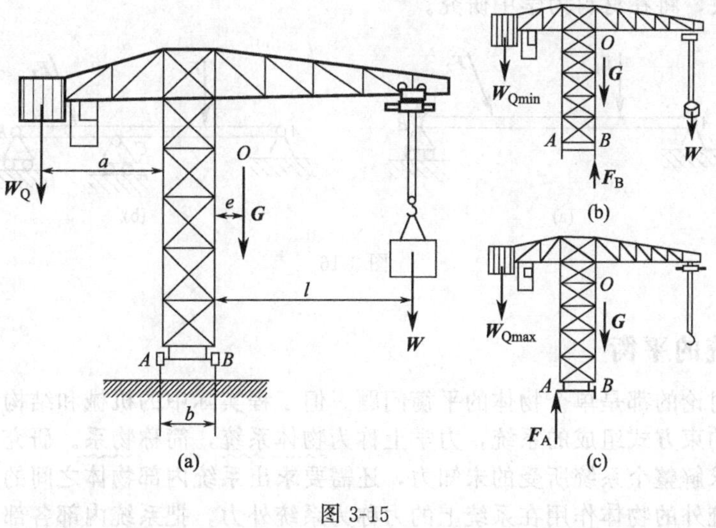

图 3-15

的重力为W_Q。已知G、W、a、b和e，要求起重机满载和空载时均不致翻倒，求W_Q的范围。

解 (1) 选起重机为研究对象，受力图如图 3-15 (b)、(c) 所示。

(2) 列平衡方程求解。当其满载时，W最大，在临界平衡状态，A处悬空，即$F_A=0$，机架绕B点向右翻倒，如图 3-15 (b) 所示，则

$$\sum M_B(F)=0 \quad W_{Qmin}(a+b)-Wl-Ge=0$$

故
$$W_{Qmin}=\frac{Wl+Ge}{a+b}$$

当其空载时，即$W=0$。在临界平衡状态下，B处悬空，即$F_B=0$，$W_Q=W_{Qmax}$，机架绕A点向左翻倒，如图 3-15 (c) 所示，则

$$\sum M_A(F)=0 \quad W_{Qmax}a-G(e+b)=0$$

故
$$W_{Qmax}=\frac{G(e+b)}{a}$$

第四节 静定与超静定的概念 物体系统的平衡问题

一、静定与超静定问题

在前面所研究过的各种力系中，对应每一种力系都有一定数目的独立的平衡方程。例如，平面汇交力系有两个，平面任意力系有三个，平面平行力系有两个。因此，当刚体在某种力系作用下处于平衡时，若问题中需求的未知量的数目等于该力系独立平衡方程的数目，则全部未知量可由静力学平衡方程求得，这类平衡问题称为静定问题。前面所研究的例题都是静定问题，图 3-16 (a) 表示的水平杆AB的平衡问题也是静定问题。但如果问题中需求的未知量的数目大于该力系独立平衡方程的数目，只用静力学平衡方程不能求出全部未知量，这类平衡问题称为超静定问题，或称为静不定问题。如图 3-16 (b) 所示的杆，在C处增加了一个活动铰支座，则未知量数目有四个，而独立的平衡仅有三个，所以它是超静定问题。超静定问题总未知量数与独立的平衡方程总数之差称为超静定次数。图 3-16 (b) 所示为一次超静定问题，或称一次静不定问题。这类问题静力学无法求解，需借助于研究对象的变形规律来解决，将在材料力学中研究。

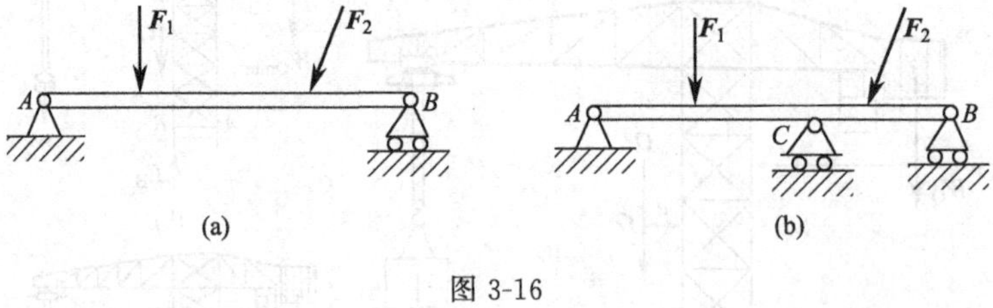

图 3-16

二、物体系统的平衡

前面我们讨论的都是单个物体的平衡问题。但工程实际中的机械和结构都是由若干个物体通过适当的约束方式组成的系统，力学上称为物体系统，简称物系。研究物体系统的平衡问题，不仅要求解整个系统所受的未知力，还需要求出系统内部物体之间的相互作用的未知力。我们把系统外的物体作用在系统上的力称为系统外力，把系统内部各部分之间的相互作

用力称为系统内力。因为系统内部与外部是相对而言的，因此系统的内力和外力也是相对的，要根据所选择的研究对象来决定。

在求解静定的物体系统的平衡问题时，要根据具体问题的已知条件、待求未知量及系统结构的形式来恰当地选取两个（或多个）研究对象。一般情况下，可以先选取整体结构为研究对象；也可以先选取受力情况比较简单的某部分系统或某物体为研究对象，求出该部分或该物体所受到的未知量。然后再选取其他部分或整体结构为研究对象，直至求出所有需求的未知量。总的原则是：使每一个平衡方程中未知量的数目尽量减少，最好是只含一个未知量，可避免求解联立方程。

例 3-6 图 3-17（a）所示的 4 字形构架由 AB、CD 和 AC 杆用销钉连接而成，B 端插入地面，在 D 端有一铅垂向下的作用力 $\boldsymbol{F}$。已知 $F=10\text{kN}$，$l=1\text{m}$，若各杆重不计，求地面的约束反力，AC 杆所受的力及销钉 E 处相互作用的力。

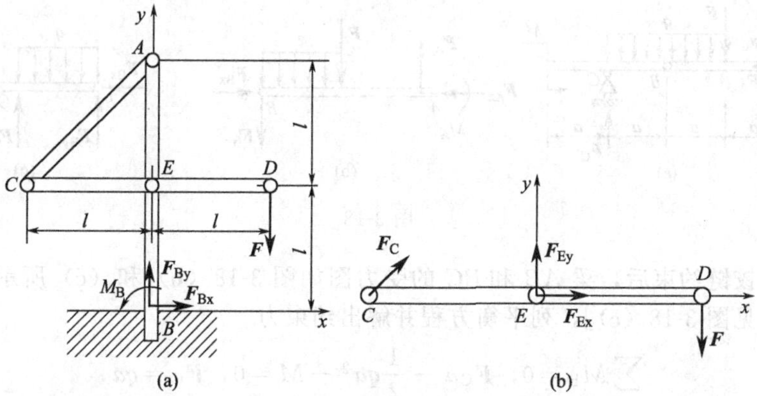

图 3-17

解 这是一物体系统的平衡问题。先取整个构架为研究对象，分析并画整体受力图。在 D 端受有一铅垂向下的力 $\boldsymbol{F}$，在固定端 B 处受有约束反力 $\boldsymbol{F}_{Bx}$、$\boldsymbol{F}_{By}$ 和一个约束反力偶 M_B（画整体受力图时，A、C、E 处为系统内约束力，不必画出）。这样构架在 $\boldsymbol{F}$、$\boldsymbol{F}_{Bx}$、$\boldsymbol{F}_{By}$ 和 M_B 的作用下构成平面任意力系。由于处于平衡状态，故满足平衡方程。

取坐标系 Bxy，如图 3-17（a）所示。列平衡方程

$$\sum \boldsymbol{F}_x=0,\ \boldsymbol{F}_{Bx}=0$$

$$\sum \boldsymbol{F}_y=0,\ \boldsymbol{F}_{By}-\boldsymbol{F}=0,\ \boldsymbol{F}_{By}=10\text{kN}$$

$$\sum \mathrm{M}_B(\boldsymbol{F})=0,\ M_B-\boldsymbol{F}l=0,\ M_B=10\text{kN}\cdot\text{m}$$

欲求系统的内力，就需要对所求内力的物体解除相互约束，选取恰当的部分作为研究对象，并在解除约束的地方画出所受约束力。这时，在整个系统中不画出的内力，在新的研究对象中就变成了必须画出的外力。本题需要求 AC 杆所受的力及销钉 E 处相互作用的力，于是就在 C、E 处解除了杆件之间的相互约束。显然，可取 CD 杆为研究对象。

在 CD 杆被解除 C、E 处的约束后，分别画出所受的约束力。因为 AC 杆为二力杆，故在 C 处所受的约束力 $\boldsymbol{F}_C$ 的方向是沿 AC 杆轴线的，先假设为拉力；因为 E 处是用销钉连接的，故在 E 处所受的约束力方向不能确定，而用两个分力 $\boldsymbol{F}_{Ex}$、$\boldsymbol{F}_{Ey}$ 表示，CD 杆的受力图如图 3-17（b）所示。

取坐标系 Exy，列平衡方程，有

$$\sum M_E(\boldsymbol{F})=0,\ -\boldsymbol{F}\times 1-\boldsymbol{F}_c\times 1\times\sin 45^\circ=0$$

$$F_C=-\sqrt{2}F=-14.14\text{kN}$$

$$\sum F_y=0,\quad F_{Ey}-F+F_C\sin45=0$$

$$\sum F_x=0,\quad F_{Ex}+F_C\cos45^\circ=0$$

$$F_{Ex}=-\frac{\sqrt{2}}{2}F_C=-\frac{\sqrt{2}}{2}\times(-14.14)=10(\text{kN})$$

$F_C=-14.14\text{kN}$，说明在 CD 杆的 C 处，受到 AC 杆约束反力的实际指向与假设相反，因而 AC 杆受的是压力。而在 CD 杆的 E 处，通过销钉受到 AB 杆的约束反力，F_{Ex}、F_{Ey} 都与实际一致。

***例 3-7** 由梁 AB 和 BC 铰接而成的复梁 ABC 上作用有均布载荷 q，以及集中力 $F=qa$ 和集中力偶 $M=qa^2/2$，如图 3-18（a）所示。试求 A，C 处的约束力。

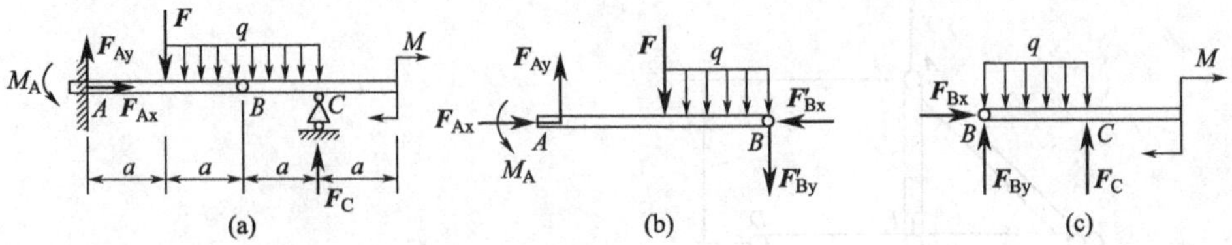

图 3-18

解 解除铰链约束后，梁 AB 和 BC 的受力图如图 3-18（b）和（c）所示。先以梁 BC 为研究对象［见图 3-18（c）］，列平衡方程并解出约束力

$$\sum M_B=0,\ F_Ca-\frac{1}{2}qa^2-M=0,\ F_C=qa \tag{a}$$

再以整梁为研究对象［见图 3-18（a）］，列平衡方程并求解

$$\sum F_x=0,\ F_{Ax}=0 \tag{b}$$

$$\sum F_y=0,\ F_{Ay}-F-q\times2a+F_C=0,\ F_{Ay}=2qa \tag{c}$$

$$\sum M_A=0,\ M_A-Fa-q\times2a\times2a+F_C\times3a-M=0,\ M_A=2.5qa^2 \tag{d}$$

此结果的正确性可以通过对 AB 梁［见图 3-18（b）］的平衡方程求解来得到校核。

通过以上各例，介绍了简单平衡问题的求解步骤和基本做法，这些步骤和做法同样也是求解较复杂物体系统平衡问题的基础。

****例 3-8** 如图 3-19（a）所示，水平梁由 AC 和 CD 两部分组成，它们在 C 处用铰链相连。梁的 A 端固定在墙上，在 B 处受辊轴支座支持。梁受线性分布载荷作用，其最大载荷集度 $q=\frac{2P}{a}$。力 P 作用在销钉 C 上。试求 A 和 B 处的约束反力。

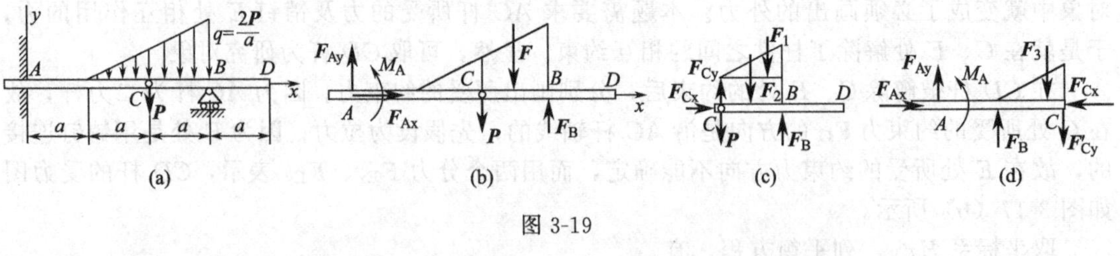

图 3-19

解 本题求物体系统平衡的外约束力问题，需选两个研究对象求解。

(1) 选整体为研究对象，其受力如图 3-19 (b) 所示。三角形分布载荷的合力大小等于三角形面积，即 $F=\frac{1}{2}\times 2a\times\frac{2\boldsymbol{P}}{a}=2\boldsymbol{P}$，合力作用线至点 B 的距离为$\frac{2a}{3}$。按图示坐标列写平衡方程，有

$$\sum \boldsymbol{F}_{y}=0,\ \boldsymbol{F}_{Ay}-\boldsymbol{F}+\boldsymbol{F}_{B}-\boldsymbol{P}=0 \tag{1}$$

$$\sum \boldsymbol{F}_{x}=0,\ \boldsymbol{F}_{Ax}=0 \tag{2}$$

$$\sum M_{A}(\boldsymbol{F})=0,\ M_{A}-\boldsymbol{P}\times 2a-\boldsymbol{F}\left[a+\frac{4}{3}a\right]+\boldsymbol{F}_{B}\times 3a=0 \tag{3}$$

以上三个方程包含四个未知量，需再选一次研究对象，解出 $\boldsymbol{F}_{Ay}$、$\boldsymbol{F}_{B}$ 或 M_{A} 三者中任何一个即可。

(2) 选 DC 与销钉 C 的组合体为对象［见图 3-19 (c)］。与图 3-19 (d) 所示 AC 的受力图做比较，它所受的未知约束力最少，即有 $\boldsymbol{F}_{Cx}$、$\boldsymbol{F}_{Cy}$ 与 $\boldsymbol{F}_{B}$。其上作用的梯形分布载荷可看作矩形载荷和三角形载荷的叠加，它们的合力大小分别为 $\boldsymbol{F}_{2}=\frac{\boldsymbol{P}}{a}a=\boldsymbol{P}$，$\boldsymbol{F}_{1}=\frac{1}{2}\frac{\boldsymbol{P}}{a}a=\frac{\boldsymbol{P}}{2}$。按图示坐标列写平衡方程，有

$$\sum \boldsymbol{F}_{y}=0,\ \boldsymbol{F}_{Cy}-\boldsymbol{P}+\boldsymbol{F}_{B}-\boldsymbol{F}_{1}-\boldsymbol{F}_{2}=0 \tag{4}$$

$$\sum \boldsymbol{F}_{x}=0,\ \boldsymbol{F}_{Cx}=0 \tag{5}$$

$$\sum M_{C}(F)=0,\ -\frac{a}{2}\boldsymbol{F}_{2}-\frac{2}{3}a\boldsymbol{F}_{1}+a\boldsymbol{F}_{B}=0 \tag{6}$$

解得：联立以上式 (4)～式 (6)，解得 $\boldsymbol{F}_{B}=\frac{5}{6}\boldsymbol{P}$，$\boldsymbol{F}_{Ay}=\frac{13}{6}\boldsymbol{P}$，$\boldsymbol{F}_{Ax}=0$，$M_{A}=\frac{25}{6}\boldsymbol{P}a$。

*第五节 简单静定平面桁架的内力计算

两端用铰链彼此相连、受力后几何形状不变的杆系结构，称为桁架。桁架中铰链称为结点。例如，工程中的屋架结构、场馆的网状结构、桥梁以及电视塔架等均可看作桁架结构。

本节只研究简单静定桁架结构的内力计算问题。

实际的桁架受力较为复杂，为了便于工程计算采用以下假设：

(1) 桁架所受力（包括重力、风力等外荷载）均简化在结点上。

(2) 桁架中的杆件是直杆，主要承受拉力或压力。

(3) 桁架中铰链忽略摩擦，为光滑铰链。

这样的桁架称为理想桁架。若桁架的杆件位于同一平面内，则称平面桁架。若以三角形为基础组成的平面桁架，称平面简单静定桁架。

平面简单静定桁架的内力计算有两种方法：节点法和截面法。

一、节点法

以每个节点为研究对象，构成平面汇交力系，列两个平衡方程。计算时应从两个杆件连接的节点进行求解，每次只能求解两个未知力，逐个节点求解，直到全部杆件内力求解完毕，此法称节点法。

例 3-9 用节点法求平面桁架各杆的内力，受力及几何尺寸如图 3-20 所示。

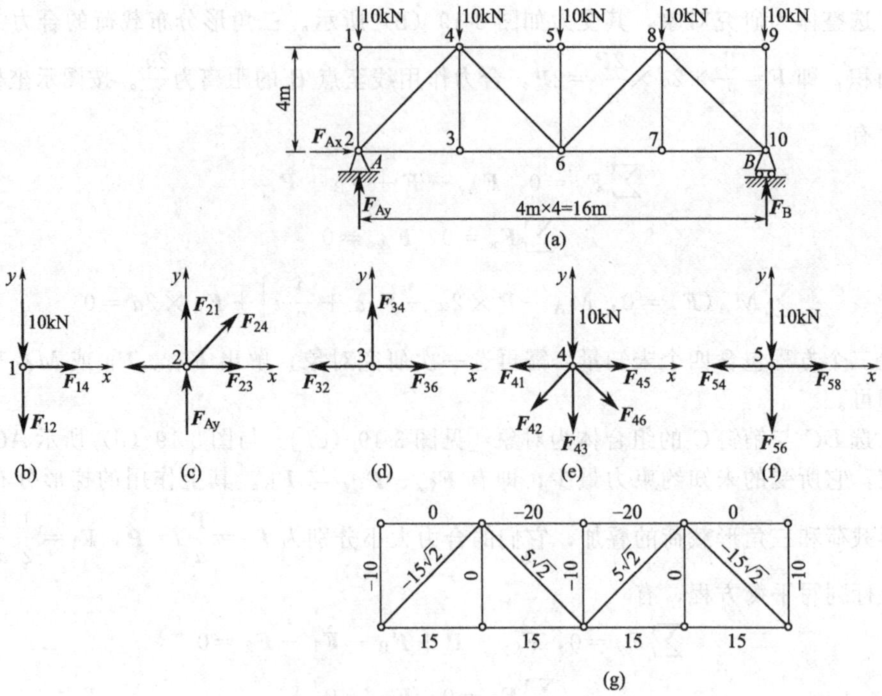

图 3-20 平面桁架受力及几何尺寸

解 (1) 求平面桁架的支座约束力，受力如图 3-20 (a) 所示。列平衡方程

$$\sum M_A(\boldsymbol{F})=0 \quad 16\boldsymbol{F}_B-4\times10-8\times10-12\times10-16\times10=0$$

$$\sum \boldsymbol{F}_x=0 \quad \boldsymbol{F}_{Ax}=0$$

$$\sum \boldsymbol{F}_y=0 \quad \boldsymbol{F}_{Ay}+\boldsymbol{F}_B-5\times10=0$$

解得

$$\boldsymbol{F}_{Ay}=\boldsymbol{F}_B=25\text{kN}$$

(2) 求平面桁架各杆的内力。假设各杆的内力为拉力。

① 节点 1：受力如图 3-20 (b) 所示，列平衡方程

$$\sum \boldsymbol{F}_x=0 \quad \boldsymbol{F}_{14}=0$$

$$\sum \boldsymbol{F}_y=0 \quad -\boldsymbol{F}_{12}-10=0$$

解得

$$\boldsymbol{F}_{14}=0 \quad \boldsymbol{F}_{12}=-10\text{kN(压)}$$

② 节点 2：受力如图 3-20 (c) 所示，列平衡方程

$$\sum \boldsymbol{F}_x=0 \quad \boldsymbol{F}_{23}+\boldsymbol{F}_{24}\cos45°=0$$

$$\sum \boldsymbol{F}_y=0 \quad \boldsymbol{F}_{12}+\boldsymbol{F}_{24}\sin45°+\boldsymbol{F}_{Ay}=0$$

由于 $\boldsymbol{F}_{21}=\boldsymbol{F}_{12}=-10\text{kN}$，代入上式得

$$\boldsymbol{F}_{24}=-15\sqrt{2}\,\text{kN(压)} \quad \boldsymbol{F}_{23}=15\text{kN(拉)}$$

③ 节点 3：受力如图 3-20 (d) 所示，列平衡方程

$$\sum \boldsymbol{F}_x=0 \quad \boldsymbol{F}_{36}-\boldsymbol{F}_{32}=0$$

$$\sum \boldsymbol{F}_y=0 \quad \boldsymbol{F}_{34}=0$$

由于 $\boldsymbol{F}_{32}=\boldsymbol{F}_{23}=15\text{kN}$，代入上式得

$$\boldsymbol{F}_{32}=15\text{kN(拉)} \quad \boldsymbol{F}_{34}=0$$

④ 节点 4：受力如图 3-20（e）所示，列平衡方程

$$\sum F_x = 0 \quad F_{45} + F_{46}\cos45° - F_{41} - F_{42}\cos45° = 0$$

$$\sum F_y = 0 \quad -F_{43} - F_{46}\sin45° - F_{42}\sin45° - 10 = 0$$

由于 $F_{41}=F_{14}=0$、$F_{42}=F_{24}=-15\sqrt{2}\text{kN}$、$F_{43}=F_{34}=0$，代入上式得

$$F_{45}=-20\text{kN(压)} \quad F_{46}=5\sqrt{2}\text{kN(拉)}$$

⑤ 节点 5：受力如图 3-20（f）所示，列平衡方程，

$$\sum F_x = 0 \quad F_{58} - F_{54} = 0$$

$$\sum F_y = 0 \quad -F_{56} - 10 = 0$$

由于 $F_{54}=F_{45}=-20\text{kN}$，代入上式得

$$F_{58}=-20\text{kN(压)} \quad F_{56}=-10\text{kN(压)}$$

由于存在对称性，所以剩下部分不用再求了，将内力表示在图上时如图 3-20（g）所示。

由上面例子可见，桁架中存在内力为零的杆，通常将内力为零的杆称为零力杆。如果在进行内力计算之前根据节点平衡的一些特点，将桁架中的零力杆找出来，便可以节省这部分计算工作量。下面给出一些特殊情况来判断零力杆。

（1）一个节点连着两个杆，当该节点无荷载作用时，这两个杆的内力均为零。

（2）三个杆汇交的节点上，当该节点无荷载作用时，且其中两个杆在一条直线上，则第三个杆的内力为零，在一条直线上的两个杆内力大小相同，符号相同。

（3）四个杆汇交的节点上无荷载作用时，且其中两个杆在一条直线上，另外两个杆在另一条直线上，则共线的两杆内力大小相同，符号相同。

二、截面法

如果只需求出个别几根杆的内力，则宜采用截面法。一般也先求出支座反力，然后选择一个截面假想地将要求的杆件截开，使桁架成为两部分，并选其中一部分作为研究对象，所受力一般为平面任意力系，列相应的平衡方程求解，此法称截面法。关于用截面法求内力的方法还将在《材料力学》中详细介绍。

因为平面任意力系的平衡方程只有三个，故一次被截断的杆件数不应超过三根。对于某些复杂的桁架，有时需要多次使用截面法或综合应用截面法和节点法才能求解。具体解法见下例。

例 3-10　求如图 3-21（a）所示屋顶桁架中杆 11 的内力，已知 $F=10\text{kN}$。

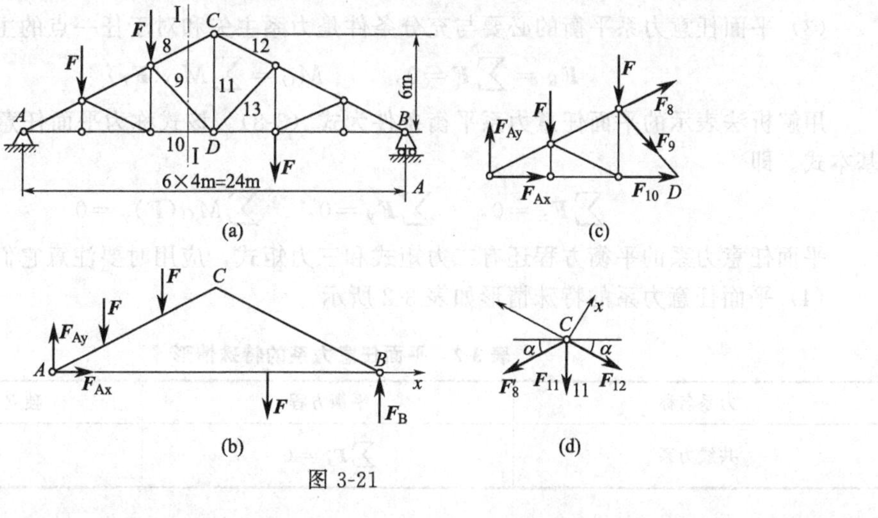

图 3-21

解 (1) 先以整体为研究对象求支座反力。桁架整体受力如图 3-21 (b) 所示。按图示坐标列平衡方程

$$\sum \boldsymbol{F}_x = 0,\quad \boldsymbol{F}_{Ax} = 0 \tag{1}$$

$$\sum M_B(\boldsymbol{F}) = 0,\quad 8\boldsymbol{F} + 16\boldsymbol{F} + 20\boldsymbol{F} - 24\boldsymbol{F}_{Ay} = 0 \tag{2}$$

由式 (2) 解得

$$\boldsymbol{F}_{Ay} = 18.33\text{kN}$$

(2) 用截面Ⅰ—Ⅰ将 8、9、10 三杆截断，取桁架左半段为研究对象，设三杆均受拉力，受力图如图 3-21 (c) 所示。列写平衡方程

$$\sum M_D(\boldsymbol{F}) = 0$$

$$-6\boldsymbol{F}_8\cos\alpha - 12\boldsymbol{F}_{Ay} + 4\boldsymbol{F} + 8\boldsymbol{F} = 0$$

得

$$\boldsymbol{F}_8 = -18.63\text{kN} \tag{3}$$

(3) 再取节点 C 为研究对象。受力图如图 3-21 (d) 所示。按图示坐标列写平衡方程

$$\sum \boldsymbol{F}_x = 0,\quad -\boldsymbol{F}'_8\sin 2\alpha - \boldsymbol{F}_{11}\cos\alpha = 0 \tag{4}$$

代入 $\boldsymbol{F}'_8 = \boldsymbol{F}_8 = -18.63\text{kN}$，得

$$\begin{aligned}\boldsymbol{F}_{11} &= -\boldsymbol{F}_8 \times 2\sin\alpha \\ &= -(-18.63) \times 2 \times 0.4472 \\ &= 16.66(\text{kN})\end{aligned}$$

本章小结

本章研究了平面任意力系的简化与平衡问题，它的基本理论和方法不仅是静力学的重点，而且在工程设计计算中也是非常重要的。

(1) 力的平移定理。作用于刚体上的力，可平行移动到刚体内任意一点，但必须同时附加一个力偶，其力偶矩等于原来的力对新的作用点之矩。由此可知：力对其作用线外一点的作用为一个平移力和一个附加力偶的联合作用，平移力对物体产生移动效应，附加力偶对物体产生转动效应。

(2) 平面任意力系向平面内的简化中心 O 点简化。一般情况下.可得到一个力和一个力偶。这个力等于该力系的主矢，即 $\boldsymbol{F}'_R = \Sigma \boldsymbol{F}$，作用在简化中心 O。这个力偶的矩等于该力系对于点 O 的主矩.即 $M_O = \Sigma M_O(\boldsymbol{F}_i)$。

(3) 平面任意力系平衡的必要与充分条件是力系主矢和对于任一点的主矩都等于零。即

$$\boldsymbol{F}_R = \sum \boldsymbol{F} = 0,\qquad M_O = \sum M_O(\boldsymbol{F}_i)$$

用解析法表示的平面任意力系平衡条件为式 (3-8)。该式称为平面任意力系平衡方式的基本式。即

$$\sum \boldsymbol{F}_x = 0,\quad \sum \boldsymbol{F}_y = 0,\quad \sum M_O(\boldsymbol{F})_y = 0$$

平面任意力系的平衡方程还有二力矩式和三力矩式，应用时要注意它们的限制条件。

(4) 平面任意力系的特殊情形如表 3-2 所示。

表 3-2 平面任意力系的特殊情形

力系名称	平衡方程	独立方程的数目
共线力系	$\sum_{i=1}^{n} \boldsymbol{F}_i = 0$	1

续表

力系名称	平衡方程	独立方程的数目
平面力偶系	$\sum_{i=1}^{n}\boldsymbol{M}_i=0$	1
平面汇交力系	$\sum_{i=1}^{n}\boldsymbol{F}_{xi}=0$ $\sum_{i=1}^{n}\boldsymbol{F}_{yi}=0$	2
平面平行力系	$\sum_{i=1}^{n}\boldsymbol{F}_i=0$ $\sum_{i=1}^{n}M_O(\boldsymbol{F}_i)=0$	2

(5) 静定与静不定的概念。力系中未知量的数目少于或等于独立平衡方程数目的问题称为静定问题。力系中未知量的数目多于独立平衡方程数目时的问题称为静不定问题。

(6) 物体系统的平衡问题。物系平衡问题是工程中非常常见的。解决这类问题的原则是：整体平衡与部分平衡相结合的求解原则；首先选择受力情况较简单的物体或物体系统作为研究对象；整体受力图中内力不画；拆开处其相互约束力必须满足作用力和反作用力的关系。

(7) 平面桁架结构的平衡问题。桁架由二力杆铰接构成。求平面静定桁架各杆内力的方法有如下两种。

① 节点法：逐个考虑桁架中所有节点的平衡，应用平面汇交力系的平衡方程求出各杆的内力。应注意每次选取的节点其未知力的数目不宜多于 2。

② 截面法：截断待求内力的杆件，将桁架截割为两部分，取其中的一部分为研究对象，应用平面任意力系的平衡方程求出被截割各杆件的内力。应注意每次截割的内力未知的杆件数目不宜多于 3。

思　考　题

1.何谓平面任意力系？有何意义？试举例说明。

2.何谓力的平移原理？有何意义？如何平移？

3.怎样将平面任意力系简化？简化结果是什么？什么情况下才能平衡？平衡方程式是什么？

4.某平面力系向 A、B 两点简化的主矩皆为零，此力系简化的最终结果可能是一个力吗？可能是一个力偶吗？可能平衡吗？

5.试判断图 3-22 所示的结构哪个是静定的，哪个是静不定的。

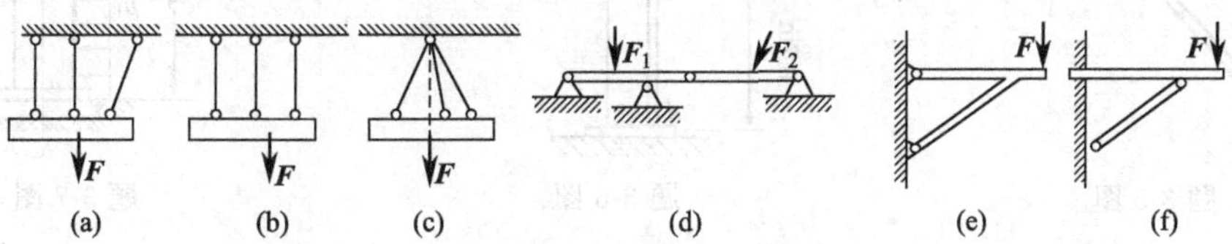

图 3-22

习　题

3-1　梁 AB 的支座如题 3-1 图所示。在梁的中点作用一力 $\boldsymbol{F}=20\text{kN}$，力和轴线成 45°角，若梁的重量略去不计，试分别求（a）和（b）两情形下的支座反力。

3-2　水平梁的支承和载荷如题 3-2 图所示，已知力偶矩为 M，均布载荷的集度为 $\boldsymbol{q}$。试求 A 处的约束反力。

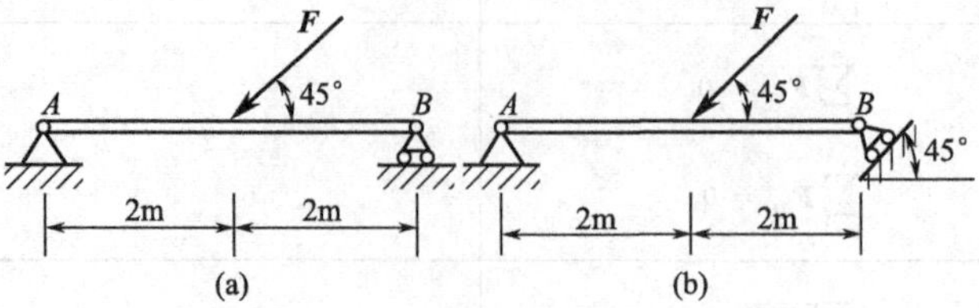

题 3-1 图

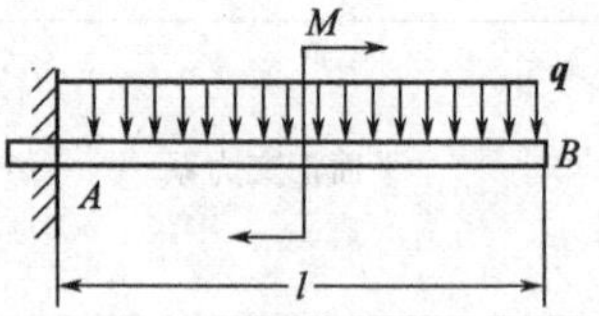

题 3-2 图

3-3　题 3-3 图所示的是一水平梁，已知载荷集度 q、力偶矩 M 和集中力 $\boldsymbol{F}$。试求 A、B 处的约束反力。

3-4　安装设备时常用起重扒杆，其简图如题 3-4 图所示。起重摆杆 AB 重 $\boldsymbol{W}_1=1.8\text{kN}$，作用在 AB 中点 C 处。提升的设备重量为 $\boldsymbol{Q}=20\text{kN}$。试求系在起重扒杆 B 端的绳 BD 的拉力及 A 处的约束反力。

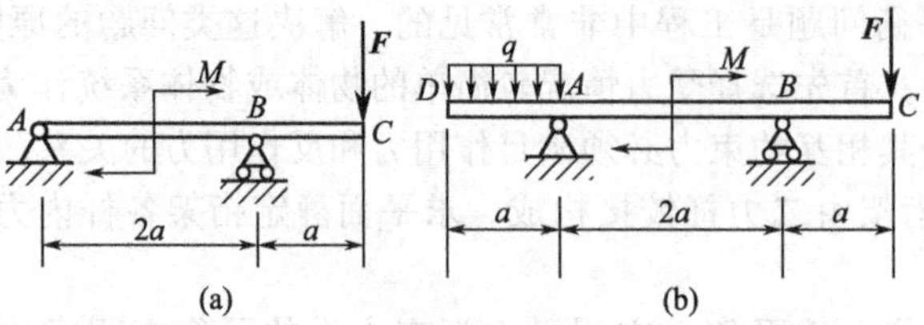

题 3-3 图

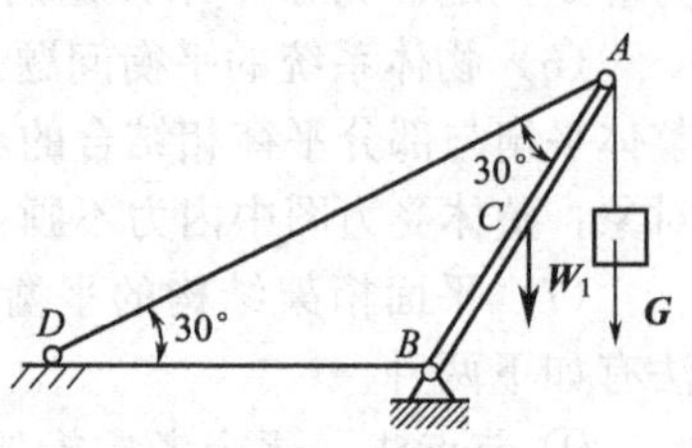

题 3-4 图

3-5　有一管道支架 ABC 如题 3-5 图所示，A、B、C 处均为理想的圆柱形铰链约束。已知该支架承受的两管道的重量均为 $\boldsymbol{G}=4.5\text{kN}$，尺寸如图示。试求管架中 A 处的约束反力及 BC 杆所受的力。

3-6　如题 3-6 图所示立柱的 A 端是固定端，已知 $\boldsymbol{F}_1=4\text{kN}$，$\boldsymbol{F}_2=6\text{kN}$，$\boldsymbol{F}_3=2.5\text{kN}$，力偶矩 $M=5\text{kN}\cdot\text{m}$，尺寸如图所示。试求固定端的约束反力。

3-7　如题 3-7 图所示化工厂用的高压反应塔，高为 H，外径为 D，底部用螺栓与地基紧固连接。塔所受风力可近似简化为两段均布载荷，在离地面 H_1(m) 高度以下，风力的平均强度为 p_1(N/m^2)，H_2(m) 上的平均强度为 p_2(N/m^2)。试求底部支承处由于风载引起的约束力。风压按迎风曲面在垂直于风向的平面上投影面积计算。

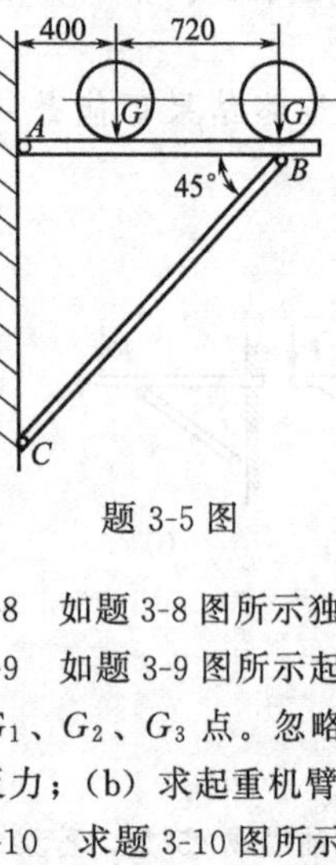

题 3-5 图

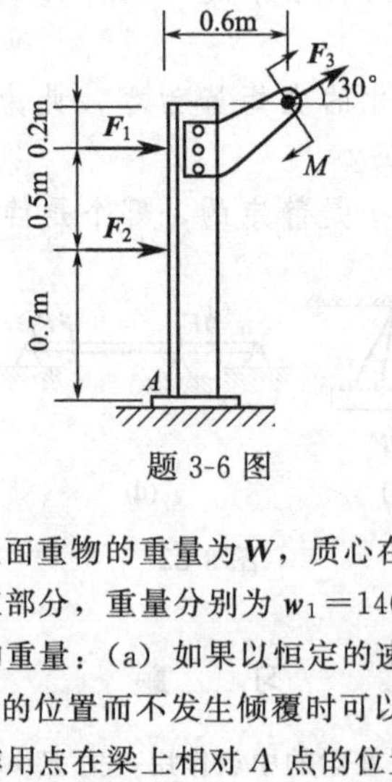

题 3-6 图

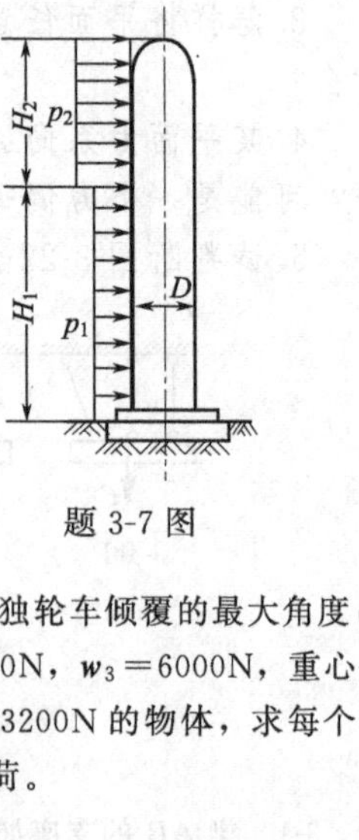

题 3-7 图

3-8　如题 3-8 图所示独轮车和它里面重物的重量为 $\boldsymbol{W}$，质心在 G 点。求不使独轮车倾覆的最大角度 θ。

3-9　如题 3-9 图所示起重机包括三部分，重量分别为 $\boldsymbol{w}_1=14000\text{N}$，$\boldsymbol{w}_2=3600\text{N}$，$\boldsymbol{w}_3=6000\text{N}$，重心分别在 G_1、G_2、G_3 点。忽略起重机臂的重量：(a) 如果以恒定的速度提升重量为 3200N 的物体，求每个车轮的反力；(b) 求起重机臂保持在图示的位置而不发生倾覆时可以提升的最大载荷。

3-10　求题 3-10 图所示的梁合力作用点在梁上相对 A 点的位置。

3-11　求题 3-11 图所示的梁支座上约束反力的水平分力和垂直分力。忽略梁的厚度。

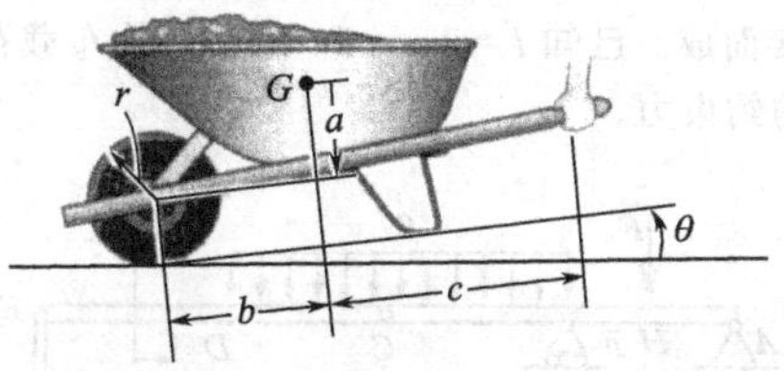

题 3-8 图

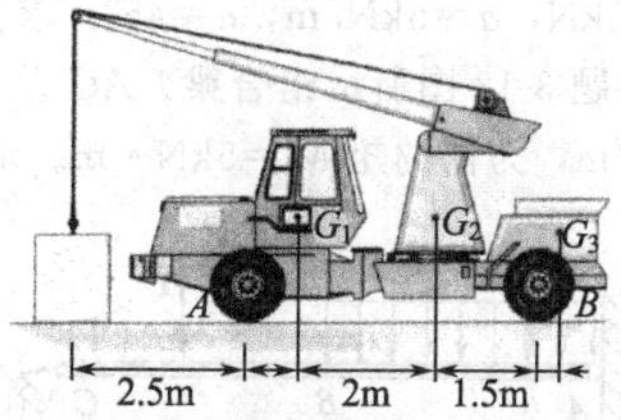

题 3-9 图

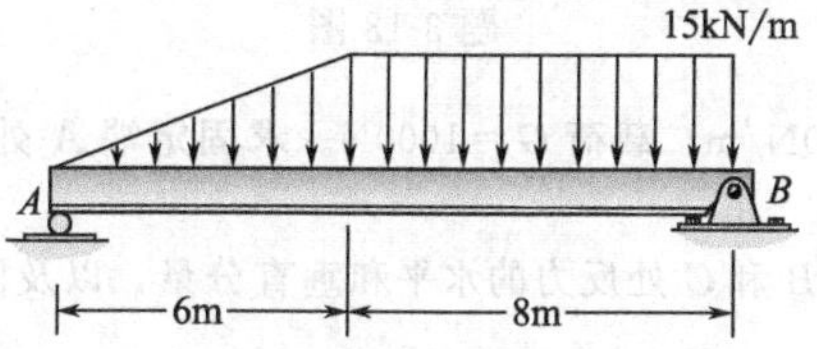

题 3-10 图

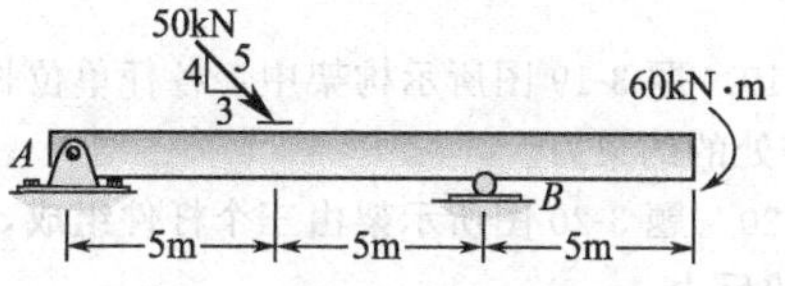

题 3-11 图

3-12　题 3-12 图所示一女士的重量为 480N，假设女士的重量都放在一只脚上，并且反力产生在图示的 A、B 点。当女子穿平底鞋和细跟鞋时，比较施加在脚跟和脚尖的力。

3-13　题 3-13 图所示船斜梯的重量为 1000N，重心在 G 点。为了能够提升斜梯，求绳索 CD 的拉力（即 B 点的反力为 0），并且求铰接点 A 处反力的水平和垂直分量。

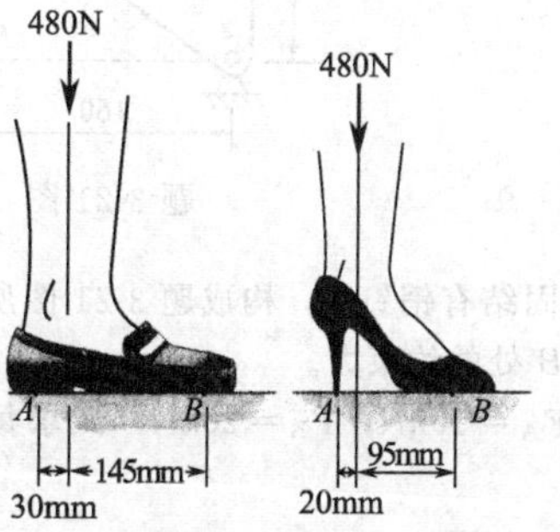

题 3-12 图

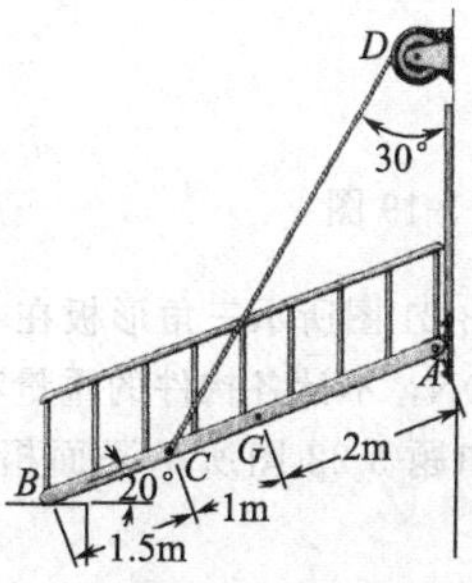

题 3-13 图

3-14　四连杆机构 $ABCD$ 在题 3-14 图所示位置平衡。已知 $AB=40\text{cm}$，$CD=60\text{cm}$，在 AB 上作用一力偶，其力偶矩大小 $m_1=1\text{N}\cdot\text{m}$。试求力偶矩 m_2 的大小和杆 BC 所受的力。各杆的重量不计。

3-15　题 3-15 图所示为卧式刮刀离心机的耙料装置。耙齿 D 对物料的作用力是借助于重为 G 的重块产生的。耙齿装于耙杆 OD 上。已测得尺寸：$OA=50\text{mm}$，$O_1D=200\text{mm}$，$AB=300\text{mm}$，$BC=150\text{mm}$，$CE=150\text{mm}$。在图示位置时使作用在耙齿上的力 $\boldsymbol{F}_{\mathrm{p}}=120\text{N}$，问重块重 $\boldsymbol{G}$ 应为多少？

3-16　油压工作台的工作原理如题 3-16 图所示。当油压筒 AB 伸缩时，可使工作台 DE 绕点 O 转动。如工作台连工件共重 $Q=1.2\text{kN}$，重心在点 C；油压筒可近似地看成均质杆，重 $\boldsymbol{P}=100\text{N}$，在图示位置时工作台 DE 成水平。已知支点 O 和 A 在同一铅直线上，且 $OB=OA=0.6\text{m}$，$OC=0.2\text{m}$。求支座 A 和 C 的反力。

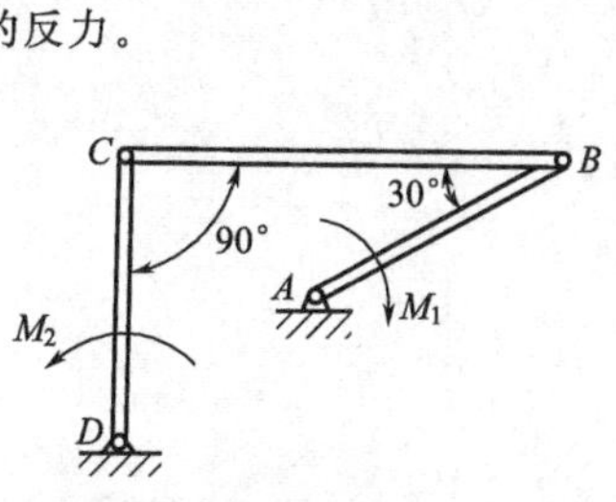

题 3-14 图

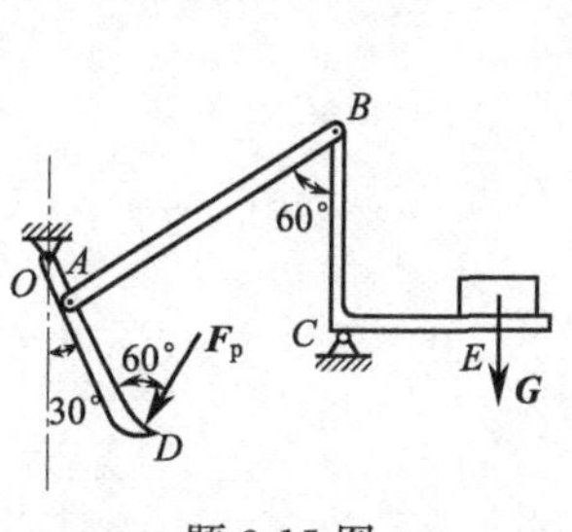

题 3-15 图

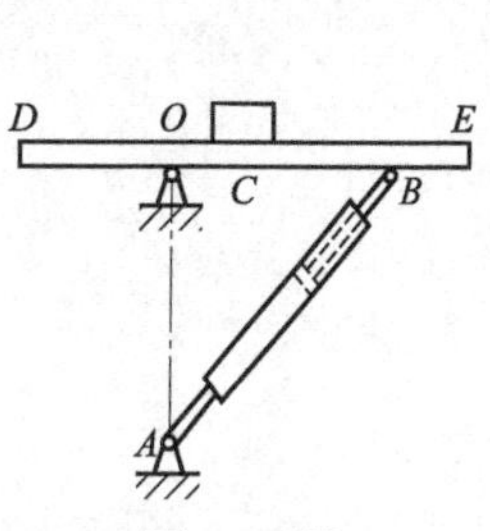

题 3-16 图

3-17　题 3-17 图所示 AB 梁和 BC 梁用中间铰 B 连接，A 端为固定端，C 端为斜面上活动铰链支座。已知 $\boldsymbol{F}=20\text{kN}$，$q=5\text{kN/m}$，$\alpha=45°$，求支座 A 的约束力。

3-18　题 3-18 图所示组合梁，AC 及 CE 用铰链在 C 连接而成。已知 $l=8\text{m}$，$\boldsymbol{F}=5\text{kN}$，均布载荷集度 $q=2.5\text{kN/m}$，力偶的矩 $M=5\text{kN}\cdot\text{m}$。求支座 A、B 和 E 的约束力。

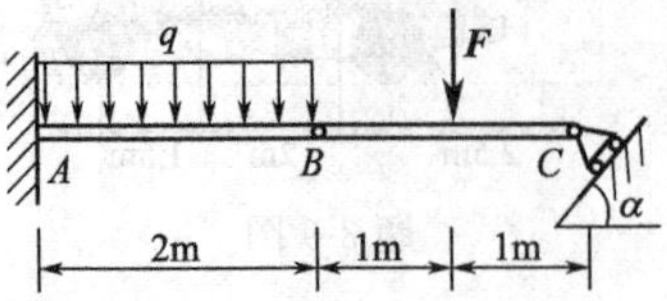

题 3-17 图

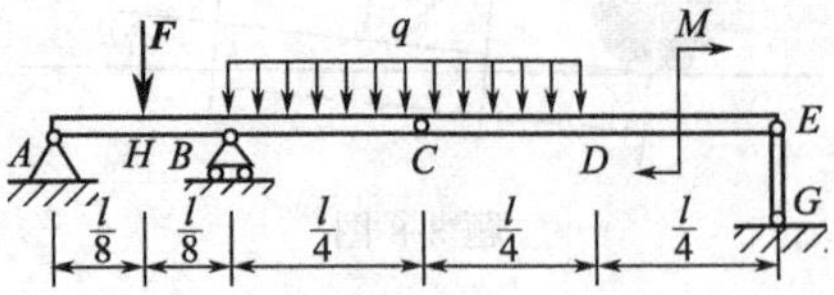

题 3-18 图

3-19　题 3-19 图所示构架中，各杆单位长度的自重为 30N/m，载荷 $\boldsymbol{G}=1000\text{N}$。求固定端 A 处及 B、C 铰链处的约束力。

3-20　题 3-20 图所示架由三个杆件组成，求铰接点 A、B 和 C 处反力的水平和垂直分量，以及固定支座 D 的反力。

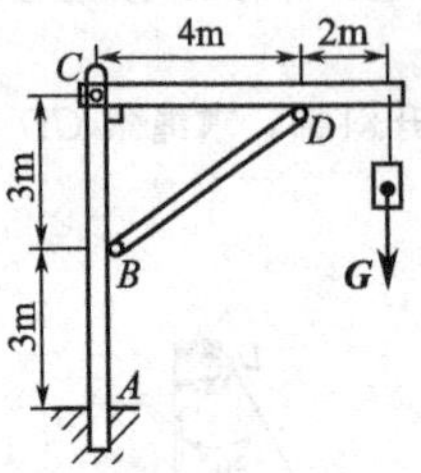

题 3-19 图

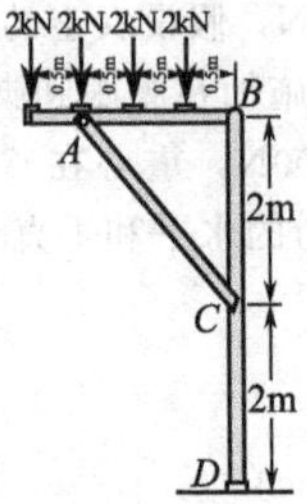

题 3-20 图

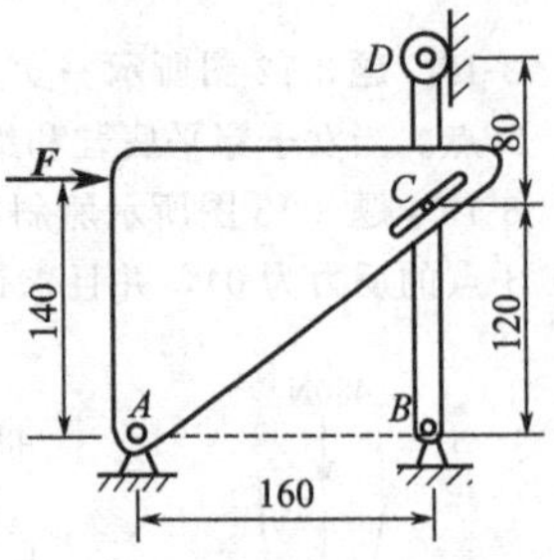

题 3-21 图

3-21　题 3-21 图所示三角形板在 A 点为铰支座，杆 BD 上固结有销钉 C，构成题 3-21 图所示的刚体系。设 $\boldsymbol{F}=100\text{N}$，不计各构件的重量和摩擦，求铰链支座 A 和 B 处的约束力。

*3-22　如题 3-22 图所示平面桁架，已知尺寸 d 和荷载 $\boldsymbol{F}_{\text{A}}=10\text{kN}$，$\boldsymbol{F}_{\text{B}}=20\text{kN}$，试求每个杆件的内力。

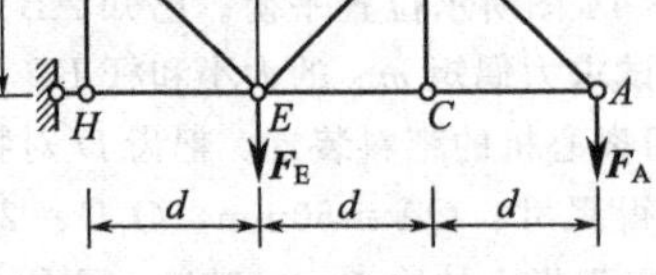

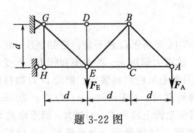

题 3-22 图

第四章

摩擦

当两个相互接触的物体有相对运动或相对运动趋势时，两物体间彼此产生了阻碍对方运动的现象，这种现象称为摩擦。摩擦是自然界普遍存在的，没有摩擦就没有世界。

在以上各章中研究物体平衡问题时，若物体的接触面较光滑，摩擦对物体的运动状态（如平衡）影响不大时，为简化研究和计算，均略去了物体间的摩擦，把物体的接触面抽象为绝对光滑的。实际上，有时摩擦的存在会对物体的平衡或运动起着决定性的作用。例如，皮带的传动、车辆的开动与制动等都依靠摩擦。在精密测量仪表的运转中，即使摩擦很小，也会对机构的灵敏度和结果的准确性带来影响。机器运转时，也会由于摩擦而引起机件磨损、噪声和能量消耗。所以摩擦具有两重性：有利有弊。有时摩擦不但不能忽略，甚至会成为需要考虑的主要问题，因此有必要认识摩擦的基本理论和计算。

根据两个相互接触物体之间的相对运动（或运动趋势）是滑动还是滚动，可将摩擦分为滑动摩擦和滚动摩擦，这里主要讨论工程中的滑动摩擦。

第一节　滑动摩擦

两个相互接触的物体，发生相对滑动或存在相对滑动趋势时，在接触面处，彼此间就会有阻碍相对滑动的力存在，此力称为滑动摩擦力。显然，滑动摩擦力作用在物体的接触面处，其方向沿接触面的切线方向并与物体相对滑动或相对滑动趋势方向相反。按接触物体间的相对滑动是否存在，滑动摩擦力又可分为静滑动摩擦力、最大静摩擦力和动滑动摩擦力。

一、静滑动摩擦力和静滑动摩擦定律

下面通过如图 4-1 所示的简单实验，来分析滑动摩擦力的特征。

在水平桌面上放一重 $\boldsymbol{G}$ 的物块，用一根绕过滑轮的绳子系住，绳子的另一端挂一砝码盘［见图 4-1(a)］。若不计绳重和滑轮的摩擦，物块平衡时，绳对物块的拉力 $\boldsymbol{T}$ 的大小就等于砝码及砝码盘重量的总和。拉力 $\boldsymbol{T}$ 使物块产生向右的滑动趋势，而桌面对物块的摩擦力 $\boldsymbol{F}$ 阻碍物块向右滑动。当拉力 $\boldsymbol{T}$ 不超过某一限度时，物块静止。此时的摩擦力称为静滑动摩擦力，简称静摩擦力。通常情况下静摩擦力用 $\boldsymbol{F}_{\mathrm{f}}$（或 $\boldsymbol{F}_{\mathrm{s}}$）表示［见图 4-1 (b)］。由于此时物体乃处于平衡状态，故 $\boldsymbol{F}_{\mathrm{f}}$ 可由平衡条件（$\sum \boldsymbol{F}_{\mathrm{x}}=0$）确定。

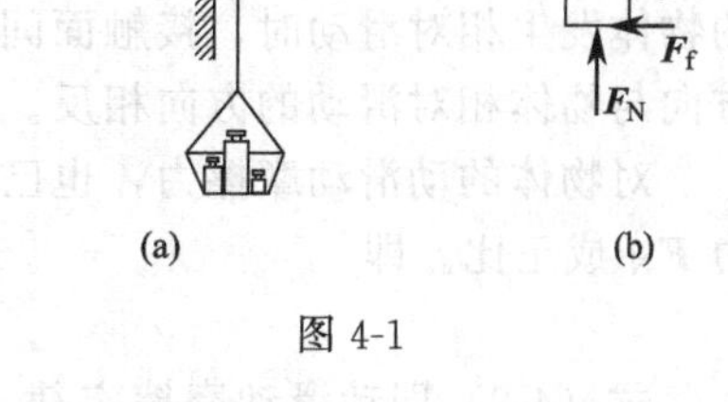

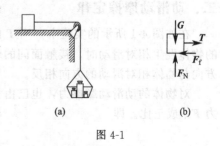

图 4-1

可知静摩擦力与拉力大小相等，即 $\boldsymbol{F}_{\mathrm{f}}=\boldsymbol{T}$；若拉力 $\boldsymbol{T}$ 逐渐增大，物块的滑动趋势随之逐渐增强，静摩擦力 $\boldsymbol{F}_{\mathrm{f}}$ 也相应增大。

由此可见，静摩擦力具有约束反力的性质，它的方向与物体相对滑动趋势相反，其大小取决于主动力，是一个不固定的值。然而，静摩擦力又与一般的约束反力不同，不能随主动力的增大而无限增大，当拉力增大到某一值时，物块处于将要滑动而尚未滑动的状态（称临界平衡状态）时，静摩擦力也达到了极限值，称之为最大静滑动摩擦力，简称最大静摩擦力，记作 $\boldsymbol{F}_{\mathrm{fmax}}$。此时，只要主动力 $\boldsymbol{T}$ 再稍微增加，物块即开始滑动。这说明，静摩擦力是一种有限值的约束反力，即 $0\leqslant \boldsymbol{F}_{\mathrm{f}}\leqslant \boldsymbol{F}_{\mathrm{fmax}}$。

实验证明，最大静摩擦力 $\boldsymbol{F}_{\mathrm{fmax}}$ 的大小与两物体间的正压力（即法向压力）成正比，即

$$\boldsymbol{F}_{\mathrm{fmax}}=f_{\mathrm{s}}\boldsymbol{F}_{\mathrm{N}} \tag{4-1}$$

这就是静滑动摩擦定律（又称最大静摩擦力定律），是工程中常用的近似理论。式中的 f_{s}（或 f）称为静滑动摩擦系数，简称静摩擦系数。f_{s} 是无量纲的比例常数，其大小主要取决于接触面的材料及表面状况（粗糙度、温度、湿度等），其值可由实验测定，如钢与钢之间的静滑动摩擦系数约为 0.10～0.15。工程中常用材料的摩擦系数可从工程手册中查得。表 4-1 给出了几种常见材料的滑动摩擦系数。

表 4-1 常见材料的滑动摩擦系数

材料名称	静摩擦系数		动摩擦系数	
	无润滑	有润滑	无润滑	有润滑
钢-钢	0.15	0.1～0.12	0.15	0.05～0.1
钢-软钢	—	—	0.2	0.1～0.2
钢-铸铁	0.3	—	0.18	0.05～0.15
钢-青铜	0.15	0.1～0.15	0.15	0.1～0.15
软钢-铸铁	0.2	—	0.18	0.05～0.15
软钢-青铜	0.2	—	0.18	0.07～0.15
铸铁-青铜	—	—	0.15～0.2	0.07～0.15
青铜-青铜	—	0.1	0.2	0.07～0.1
铸铁-铸铁	—	0.18	0.15	0.07～0.12
皮革-铸铁	0.3～0.5	0.15	0.6	0.15
橡皮-铸铁	—	—	0.8	0.5
木材-木材	0.4～0.6	0.1	0.2～0.5	0.07～0.15

二、动滑动摩擦定律

在如图 4-1 所示的实验中，当 $\boldsymbol{T}$ 的值超过 $\boldsymbol{F}_{\mathrm{fmax}}$ 时物体就开始滑动了。当两个相互接触的物体发生相对滑动时，接触面间的摩擦力称为动摩擦力，用 $\boldsymbol{F}_{\mathrm{d}}$ 表示。显然，动摩擦力的方向与物体相对滑动的方向相反。

对物体的动滑动摩擦力，也已由大量实验证明，动滑动摩擦力的大小也与物体间的正压力 $\boldsymbol{F}_{\mathrm{N}}$ 成正比。即

$$\boldsymbol{F}_{\mathrm{d}}=f_{\mathrm{d}}\boldsymbol{F}_{\mathrm{N}} \tag{4-2}$$

式（4-2）即动滑动摩擦定律。式中比例系数 f_{d} 称为动滑动摩擦系数，简称动摩擦系数。f_{d} 也是无量纲的比例常数，其大小除了与接触面的材料以及表面状况等有关外，还与

物体相对滑动速度的大小有关，随速度的增大而减小。但当速度变化不大时，一般不予考虑速度的影响，将 f_d 视为常数。动摩擦系数 f_d 一般小于静摩擦系数 f_s（见表 4-1），但在精度要求不高时，可近似地认为二者相等。即

$$f_d \approx f_s$$

综上所述，滑动摩擦力的计算分以下三种情况。

(1) 物体相对静止时（只有相对滑动趋势），根据其具体平衡条件计算。

(2) 物体处于临界平衡状态时（只有相对滑动趋势），$\boldsymbol{F}_f=\boldsymbol{F}_{fmax}=f_s\boldsymbol{F}_N$。

(3) 物体有相对滑动时，$\boldsymbol{F}=\boldsymbol{F}_d=f_d\boldsymbol{F}_N$。

可见，在求摩擦力时，首先要分清物体处于哪种情况，然后选用相应的方法计算。

在机器中，往往用降低接触表面的粗糙度或加入润滑剂等方法，使动摩擦系数降低，以减小摩擦和磨损。

三、摩擦角的概念和自锁现象

如图 4-2 (a) 所示的物体受到向右水平力 F 的作用，当有摩擦时，支承面对物体的约束力包含法向力 $\boldsymbol{F}_N$ 和切向力 $\boldsymbol{F}_f$（即静摩擦力）。其矢量和 $\boldsymbol{F}_{Rf}=\boldsymbol{F}_N+\boldsymbol{F}_f$ 称为支承面的全约束力，它的作用线与接触面的公法线成一偏角 φ。

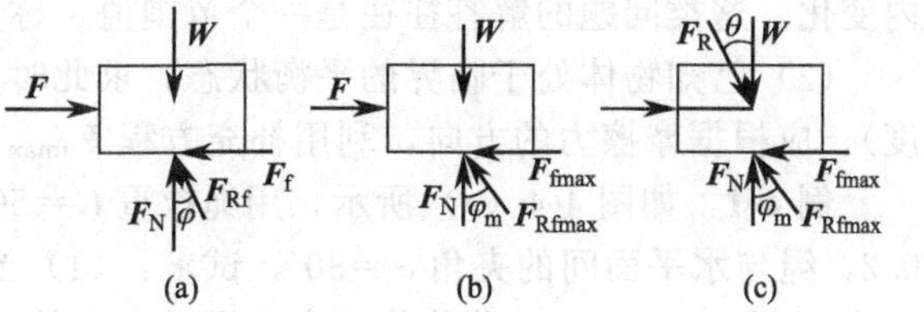

图 4-2

当物块处于平衡的临界状态时，静摩擦力达到最大值，偏角 φ 也达到最大值 φ_m，如图 4-2 (b) 所示。全约束力与法线间的夹角的最大值 φ_m 称为摩擦角。由图可得

$$\tan\varphi_m=\frac{\boldsymbol{F}_{fmax}}{\boldsymbol{F}_N}=\frac{f_s\boldsymbol{F}_N}{\boldsymbol{F}_N}=f_s \tag{4-3}$$

即摩擦角的正切等于静摩擦系数。可见，摩擦角与摩擦系数一样，都是表示材料的表面性质的量。

摩擦角的概念在工程中具有广泛应用。如果主动力的合力 $\boldsymbol{F}_R$［见图 4-2 (c)］的作用线在摩擦角内，则不论 $\boldsymbol{F}_R$ 的数值为多大，物体总处于平衡状态，这种现象在工程上称为“自锁”，即

$$\theta \leqslant \varphi_m \tag{4-4}$$

式中，θ 为合力 F_R 的作用线与法线之间的夹角。

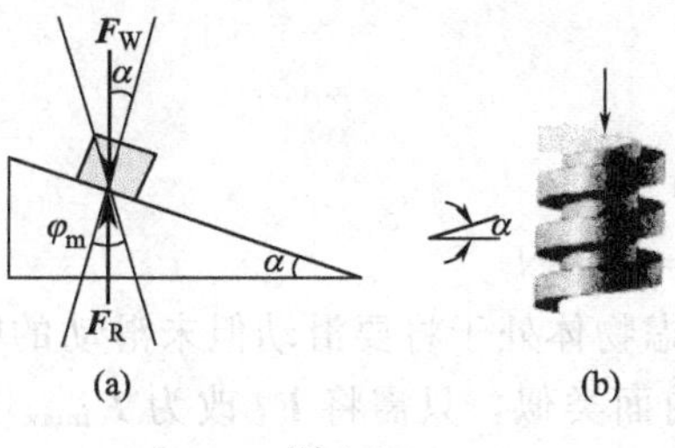

图 4-3

当 $\theta<\varphi_m$ 时，物体处于平衡状态，也就是摩擦自锁。当 $\theta>\varphi_m$ 时，物体不平衡，不自锁。工程上经常利用这一原理，设计一些机构和夹具，使它自动卡住；或设计一些机构，保证其不卡住。

一个典型的例子是放在倾角 α 小于摩擦角 φ_m 的斜面上的重物［见图 4-3 (a)］，不论其重量多大，都能在斜面上保持静止而不下滑。工程中常用的螺旋器械［见图 4-3 (b)］在原理上是与斜面上重物的自锁类似的，为了保证主动力偶撤去后，螺纹不致在轴向力的作用下反转，螺纹的升角 α 必须小于摩擦角 φ_m。

第二节　考虑滑动摩擦的平衡问题

考虑具有摩擦时的物体或物系的平衡问题，在解题步骤上与前面讨论的平衡问题基本相同，也是用平衡方程来解决，只是在受力分析中必须考虑摩擦力的存在。

这里要严格区分物体是处于一般的平衡状态还是临界的平衡状态。在一般平衡状态下，摩擦力 $\boldsymbol{F}_f$ 由平衡条件确定，大小应满足 $\boldsymbol{F}_f \leqslant \boldsymbol{F}_{fmax}$ 的条件，方向与相对滑动趋势的方向相反。

临界平衡状态下，摩擦力为最大值 $\boldsymbol{F}_{fmax}$，应该满足 $\boldsymbol{F}=\boldsymbol{F}_{fmax}$ 的关系式。

考虑摩擦的平衡问题，一般可分为下述两种类型。

（1）求物体的平衡范围。由于静摩擦力的值 $\boldsymbol{F}_f$ 可以随主动力而变化（只要满足 $\boldsymbol{F}_f \leqslant \boldsymbol{F}_{max}$）。因此在考虑摩擦的平衡问题中，物体所受主动力的大小或平衡位置允许在一定范围内变化。这类问题的解答往往是一个范围值，称为平衡范围。

（2）已知物体处于临界的平衡状态，求此时主动力的大小或物体的平衡位置（距离或角度）。应根据摩擦力的方向，利用补充方程 $\boldsymbol{F}_{fmax}=f_s\boldsymbol{F}_N$ 进行求解。

例 4-1　如图 4-4（a）所示，用绳拉重 $\boldsymbol{G}$=500N 的物体，物体与地面的静摩擦系数 f_s=0.2，绳与水平面间的夹角 α=30°，试求：（1）当物体处于平衡，且拉力 $\boldsymbol{F}_T$=100N 时，摩擦力 $\boldsymbol{F}_f$ 的大小；（2）欲使物体产生滑动，求拉力 $\boldsymbol{F}_T$ 的最小值 $\boldsymbol{F}_{Tmin}$。

解　（1）对物体做受力分析，它受拉力 $\boldsymbol{F}_T$、重力 $\boldsymbol{G}$、法向约束力 $\boldsymbol{F}_N$ 和滑动摩擦力 $\boldsymbol{F}_f$ 作用，由于在主动力作用下，物体相对地面有向右滑动的趋势，所以 $\boldsymbol{F}_f$ 的方向应向左，受力如图 4-4（b）所示。

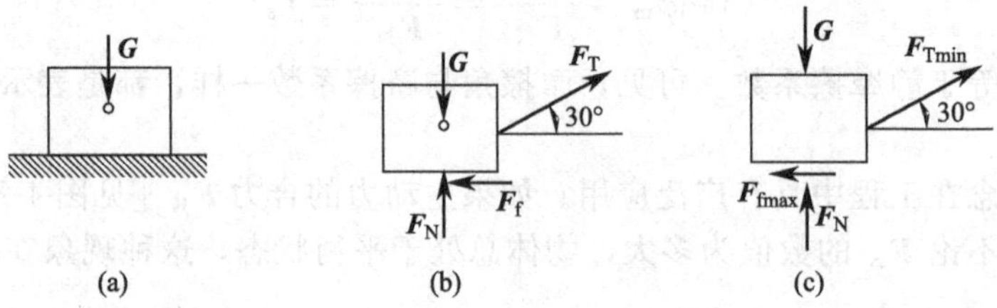

图 4-4

以水平方向为 x 轴，铅垂方向为 y 轴，若不考虑物体的尺寸，则组成一个平面汇交力系。

列出平衡方程，有

$$\sum \boldsymbol{F}_x=0,\quad \boldsymbol{F}_T\cos\alpha-\boldsymbol{F}_f=0$$

$$\boldsymbol{F}_f=\boldsymbol{F}_T\cos\alpha=100\times 0.867\text{N}=86.7\text{N}$$

（2）为求拉动此物体所需的最小拉力 $\boldsymbol{F}_{Tmin}$，则需考虑物体处于将要滑动但未滑动的临界状态，这时的静滑动摩擦力达到最大值。受力分析和前面类似，只需将 $\boldsymbol{F}_f$ 改为 $\boldsymbol{F}_{fmax}$ 即可。受力图如图 4-4（c）所示。列出平衡方程，有

$$\sum \boldsymbol{F}_x=0,\quad \boldsymbol{F}_{Tmin}\cos\alpha-\boldsymbol{F}_{fmax}=0 \tag{1}$$

$$\sum \boldsymbol{F}_y=0,\quad \boldsymbol{F}_{Tmin}\sin\alpha-G+\boldsymbol{F}_N=0 \tag{2}$$

$$\boldsymbol{F}_{fmax}=f_s\boldsymbol{F}_N \tag{3}$$

联立求解得

$$F_{\text{Tmin}}=\frac{f_s G}{\cos\alpha+f_s\sin\alpha}=\frac{0.2\times500}{\cos30^\circ+0.2\sin30^\circ}\text{N}=103\text{N}$$

例 4-2　图 4-5（a）所示为小型起重机的制动器。已知制动器摩擦块 C 与滑轮表面间的静摩擦系数为 f_s，作用在滑轮上力偶的力偶矩为 M，A 和 O 分别是铰链支座和轴承。滑轮半径为 r，求制动滑轮所必须的最小力 $F_{\min}$。

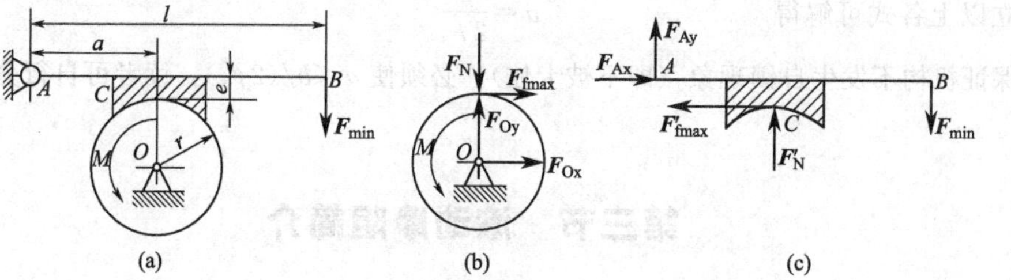

图 4-5

解　当滑轮刚刚能停止转动时，F 力的值最小，而制动块与滑轮之间的滑动摩擦力将达到最大值。以滑轮为研究对象。受力分析后，计有法向反力 F_N、外力偶 M、摩擦力 F_{fmax} 及轴承 O 处的约束反力 F_{Ox}、F_{Oy}；受力图如图 4-5（b）所示。列出一个力矩平衡方程，有

$$\sum M_O(F)=0,\ M-F_{\text{fmax}}r=0 \tag{1}$$

由此解得
$$F_{\text{fmax}}=M/r$$
又因为
$$F_{\text{fmax}}=f_s F_N$$
故
$$F_N=M/(f_s r)$$

再以制动杆 AB 和摩擦块 C 为研究对象，画出受力图［见图 4-5（c）］。列力矩平衡方程，有

$$\sum M_A(F)=0,\quad F'_N a-F'_{\text{fmax}}e-F_{\min}l=0 \tag{2}$$

由于
$$F'_{\text{fmax}}=f_s F'_N \text{和} F_N=F'_N \tag{3}$$
联立求解可得
$$F_{\min}=\frac{M(a-f_s e)}{f_s r l}$$

例 4-3　如图 4-6（a）所示为凸轮机构。已知推杆与滑道间的摩擦系数为 f_s，滑道宽度为 b。问 a 为多大，推杆才不致被卡住。设凸轮与推杆接触处的摩擦忽略不计。

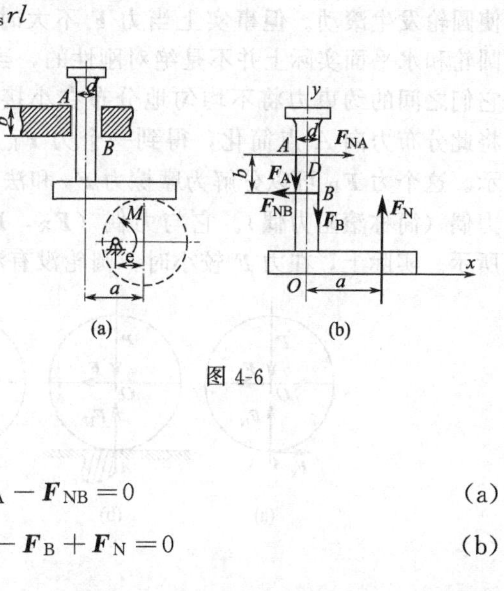

图 4-6

解　此题属求平衡位置的问题，不发生自锁现象。取推杆为研究对象，其受力分析如图 4-6（b）所示，推杆除受凸轮推力 F_N 作用外，在 A、B 处还受法向反力 F_{NA}、F_{NB} 作用。由于推杆有向上滑动趋势，摩擦力 F_A、F_B 的方向向下。

列出平衡方程，有

$$\sum F_x=0,\quad F_{NA}-F_{NB}=0 \tag{a}$$

$$\sum F_y=0,\quad -F_A-F_B+F_N=0 \tag{b}$$

$$\sum M_D(\boldsymbol{F})=0, \quad \boldsymbol{F}_N a-\boldsymbol{F}_{NB} b-\boldsymbol{F}_B \frac{d}{2}+\boldsymbol{F}_A \frac{d}{2}=0 \tag{c}$$

考虑平衡的临界情况（即推杆将动而尚未动时），摩擦力达到最大值。根据静摩擦定律可写出

$$\boldsymbol{F}_A=f_s \boldsymbol{F}_{NA} \tag{d}$$

$$\boldsymbol{F}_B=f_s \boldsymbol{F}_{NB} \tag{e}$$

联立以上各式可解得 $$a=\frac{b}{2f_s}$$

要保证机构不发生自锁现象（即不被卡住），必须使 $a<b/(2f_s)$，读者可自行分析原因。

*第三节　滚动摩阻简介

当两个相互接触的物体有相对滚动趋势或相对滚动时，物体间产生的对滚动的阻碍称为滚动摩擦。用滚动代替滑动可以大大地省力，因而得到了广泛采用，例如，搬运沉重的物体时，在物体下安放一些小滚子（见图 4-7）；轴在轴承中转动，用滚动轴承要比滑动轴承好（见图 4-8）等。

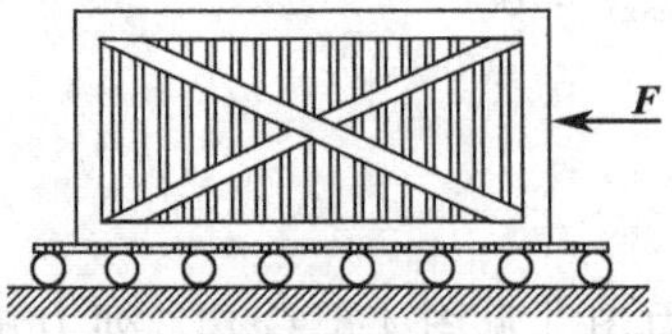

图 4-7

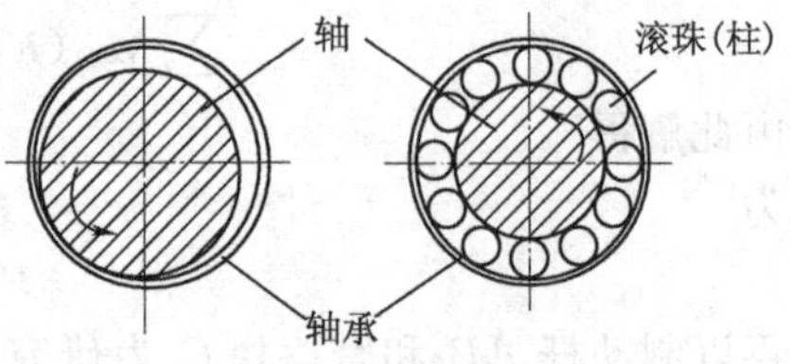

图 4-8

但是滚动也有一定的阻力，存在什么样的阻力？机理又是什么？这也是一个比较复杂的问题。下面通过简单的实例来分析这些问题。设在水平面上放置一重为 $\boldsymbol{P}$、半径为 r 的圆轮，在其中心 O 作用一水平力 $\boldsymbol{F}$，当力 $\boldsymbol{F}$ 不大时，圆轮仍保持静止。若圆轮的受力情况如图 4-9（a）所示时，则圆轮不可能保持平衡。因为静滑动摩擦力只与力 $\boldsymbol{F}$ 组成一力偶，将使圆轮发生滚动。但事实上当力 $\boldsymbol{F}$ 不大时，圆轮是可以平衡的。产生这一矛盾的原因是，圆轮和水平面实际上并不是绝对刚性的，当两者相互压紧时，一般会产生微量的接触变形，它们之间的约束力将不均匀地分布在小接触面上，如图 4-9（b）所示。由力系简化理论，将此分布力向 A 点简化，得到一个力 $\boldsymbol{F}_R$ 和一个力偶，力偶的矩为 M_f，如图 4-9（c）所示。这个力 $\boldsymbol{F}_R$ 可以分解为摩擦力 $\boldsymbol{F}_s$ 和法向约束力 $\boldsymbol{F}_N$，称这个矩为 M_f 的力偶为滚动摩阻力偶（简称滚阻力偶）。它与力偶（$\boldsymbol{F}_R$，$\boldsymbol{F}_s$）平衡，转向与滚动趋势相反，如图 4-9（d）所示。实际上，在力 $\boldsymbol{F}$ 较小时，圆轮没有滚动，正是这个滚动摩阻力偶在起阻碍作用。

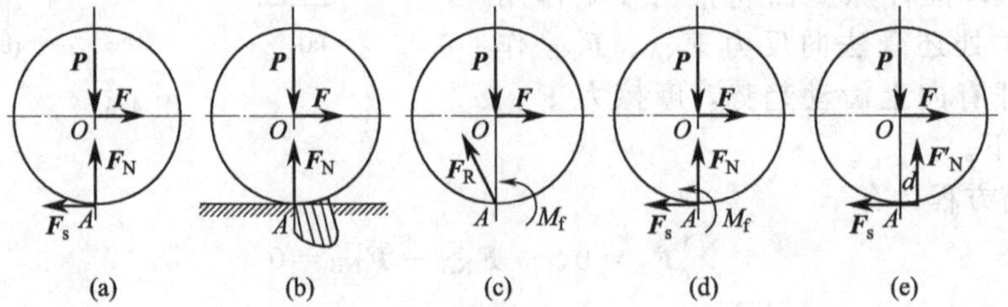

图 4-9

与静滑动摩擦力相似，滚动摩阻力偶矩随着主动力的增加而增大，当力 $\boldsymbol{F}$ 增加到某个值时，圆轮处于将滚未滚的临界平衡状态，这时，滚动摩阻力偶矩达到最大值，称为最大滚动摩阻力偶矩，用 $M_{\max}$ 表示。若力 $\boldsymbol{F}$ 再增大一点时，圆轮就会滚动。在滚动过程中，滚动摩阻力偶矩近似等 $M_{\max}$。由此可知，滚动摩阻力偶矩 M_f 的大小介于零与最大值之间，即

$$0 \leqslant M_f \leqslant M_{\max} \tag{4-5}$$

实验表明，最大滚动摩阻力偶矩 $M_{\max}$ 与支承面的正压力（法向约束力）$\boldsymbol{F}_R$ 成正比，即

$$M_{\max} = \delta \boldsymbol{F}_N \tag{4-6}$$

式中，δ 是比例常数，称为滚动摩阻系数，简称滚阻系数。

此即为滚动摩擦定律。由上式知，滚动摩阻系数具有长度的量纲，其单位一般采用mm。该系数由实验测定，与圆轮和支承面的材料性质和表面状况（硬度、粗糙度、温度、湿度等）有关，与轮的半径无关。表 4-2 列出了几种材料的滚动摩阻系数的值。

表 4-2 几种常见材料的滚动摩阻系数 δ

接触物体的材料	滚阻系数 δ/mm	接触物体的材料	滚阻系数 δ/mm
铸铁与铸铁	0.5	钢轮与木面	1.5～2.5
钢轮与钢轨	0.05	轮胎与路面	2～10
木轮与木面	0.5～0.8		

滚动摩阻系数具有某种物理意义，解释如下：圆轮在即将滚动的临界平衡状态时的受力如图 4-9（d）所示，此时 $M_f = M_{\max}$。根据力的平移定理的逆定理，$\boldsymbol{F}_N$ 与 $M_{\max}$ 可用一力 $\boldsymbol{F}'_N$ 等效，如图 4-9（e）所示。

力 $\boldsymbol{F}'_N$ 的作用线距 A 点的距离为 d，且有

$$M_{\max} = d\boldsymbol{F}'_N = d\boldsymbol{F}_N = \delta \boldsymbol{F}_N$$

因此，$\delta = d$，即滚动摩阻系数可看成在即将滚动时，法向约束力 $\boldsymbol{F}'_N$ 离中心线（AD）的最远距离，也就是最大滚动摩阻力偶矩的力偶臂，故它具有长度的量纲。

由图 4-9（d）可知，可以分别计算出使圆轮滚动或滑动所需要的水平拉力 $\boldsymbol{F}$，以分析究竟是使圆轮滚动还是滑动更省力。

由平衡方程 $\sum M_A(\boldsymbol{F}) = 0$，可以求得

$$\boldsymbol{F}_{滚} = \frac{M_{\max}}{R} = \frac{\delta \boldsymbol{F}_N}{R} = \frac{\delta}{R}\boldsymbol{P}$$

由平衡方程 $\sum \boldsymbol{F}_x = 0$，可以求得

$$\boldsymbol{F}_{滑} = \boldsymbol{F}_{\max} = f_s \boldsymbol{F}_N = f_s \boldsymbol{P}$$

一般情况下，$\dfrac{\delta}{R} \ll f_s$，故有

$$\boldsymbol{F}_{滚} \ll \boldsymbol{F}_{滑}$$

以半径为 450mm 的充气橡胶轮胎在混凝土路面上滚动为例，若 $\delta \approx 3.15\text{mm}$，$f_s = 0.7$，则

$$\frac{\boldsymbol{F}_{滑}}{\boldsymbol{F}_{滚}} = \frac{f_s R}{\delta} = \frac{0.7 \times 450}{3.15} \approx 100$$

这表明使轮胎开始滑动的力要比滚动的力大将近 100 倍。可见滚动比滑动省力得多。

由于滚动摩阻系数较小，因此，在大多数情况下，滚动摩阻是可以忽略不计的。

例 4-4 如图 4-10（a）所示充气橡胶轮，重为 $\boldsymbol{P}$，半径 $R = 45\text{cm}$，与路面静摩擦系数

$f_s=0.7$，滚动摩阻系数 $\delta=5\text{mm}$，在轮心作用一个水平拉力 $\boldsymbol{F}$。求使橡胶轮发生滚动和滑动需要的拉力值。

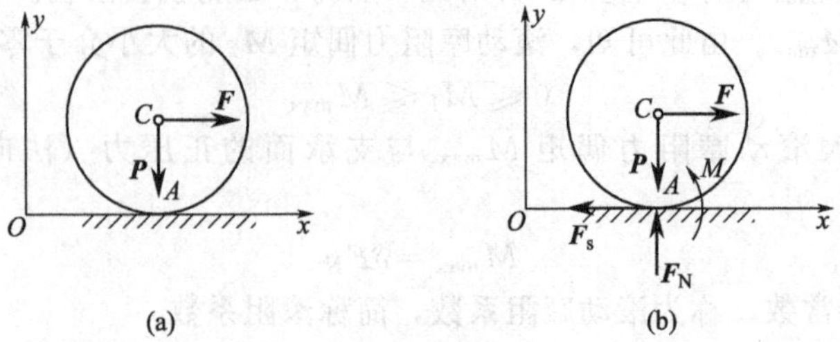

图 4-10

解 设轮在拉力 $\boldsymbol{F}$ 作用下处于平衡状态，有顺时针滚动趋势和向右滑动趋势，受静摩擦力 F_s 和滚阻力偶 M 作用，受力如图 4-10（b）所示。

列平衡方程，有

$$\sum \boldsymbol{F}_x=0,\qquad \boldsymbol{F}-\boldsymbol{F}_s=0$$

$$\sum \boldsymbol{F}_y=0,\qquad \boldsymbol{F}_N-\boldsymbol{P}=0$$

$$\sum M_A(\boldsymbol{F})=0,\quad M-\boldsymbol{F}R=0$$

解得

$$\boldsymbol{F}_s=\boldsymbol{F}$$
$$M=\boldsymbol{F}R$$

为不发生滚动，应有 $M\leqslant\delta\boldsymbol{F}_N$，即

$$\boldsymbol{F}\leqslant\frac{\delta}{R}\boldsymbol{P}=\frac{0.5}{45}\boldsymbol{P}=0.011\boldsymbol{P}$$

如 $\boldsymbol{F}>0.011\boldsymbol{P}$，轮发生滚动。所以要不发生滑动，应有 $\boldsymbol{F}_s\leqslant f_s\boldsymbol{F}_N$，即

$$\boldsymbol{F}\leqslant f_s\boldsymbol{P}=0.7\boldsymbol{P}$$

如 $\boldsymbol{F}>0.7\boldsymbol{P}$，轮开始滑动。由此可见，使车轮滚动要比使其滑动省力。

本章小结

摩擦是自然界普遍存在的现象，若物体的接触面较光滑，摩擦对物体的运动状态影响不大时，为简化研究和计算，均略去了物体间的摩擦。然而，有时摩擦的存在会对物体的平衡或运动起着决定性的作用。有时摩擦甚至会成为需要考虑的主要问题。因此，有必要认识摩擦的基本理论和计算。

（1）摩擦分为滑动摩擦和滚动摩阻两类。

（2）滑动摩擦力是在两个物体相互接触的表面之间有相对滑动趋势或有相对滑动时出现的切向阻力。前者称为静滑动摩擦力，后者称为动滑动摩擦力。

① 静摩擦力的方向与接触面间相对滑动趋势的方向相反，它的大小随主动力改变，应根据平衡方程确定。当物体处于平衡的临界状态时，静摩擦力达到最大值，因此静摩擦力随主动力变化的范围在零与最大值之间，即

$$0\leqslant\boldsymbol{F}_s\leqslant\boldsymbol{F}_{max}$$

最大静摩擦力的大小，可由静摩擦定律决定，即

$$\boldsymbol{F}_{max}=f_s\boldsymbol{F}_N$$

式中，f_s 为静摩擦系数；$\boldsymbol{F}_N$ 为法向约束反力。

② 动摩擦力的方向与接触面间的相对滑动的速度方向相反，其大小为

$$F_d = f_d F_N$$

式中，f_d 为动摩擦系数，一般情况下略小于静摩擦系数 f_s。

(3) 摩擦角与自锁。当静摩擦力达到最大值时，最大全约束力 F_N 与法线的夹角 φ_m 称为摩擦角，且摩擦角的正切值等于摩擦系数，即 $\tan\varphi_m = \frac{F_{fmax}}{F_N} = \frac{f_s F_N}{F_N} = f_s$。当作用于物体的主动力满足一定的几何条件时物体处于平衡状态。

思 考 题

1. 既然处处有摩擦，为什么在一般工程计算中常常不予考虑？摩擦的利弊各举一例。

2. 已知一物块重 P=100N，用 F=500N 的力压在一铅直表面上，如图 4-11 所示。其摩擦系数 f_s=0.3，求此时物块所受的摩擦力等于多少？

3. 物块重 P 放置在粗糙的水平面上，接触处的摩擦系数为 f_s。要使物块沿水平面向右滑动，可沿 OA 方向作用拉力 F_1［见图 4-12 (b)］，也可沿 OB 方向作用推力 F_2［见图 4-12 (a)］，试问哪一种方法更省力？

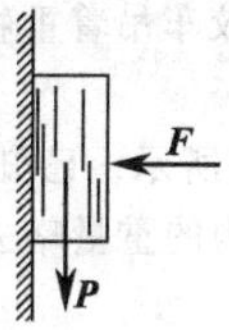

图 4-11

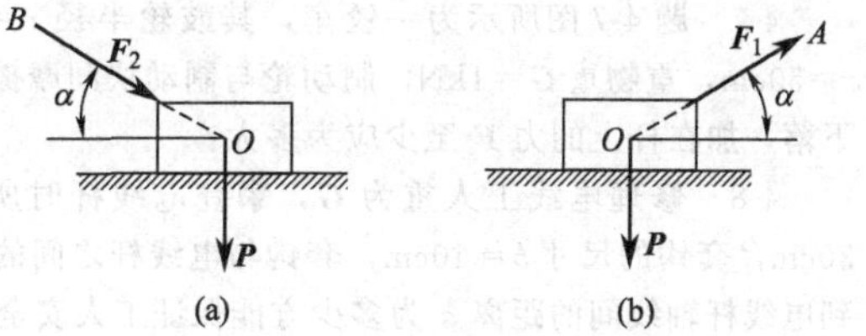

图 4-12

4. 重为 P 的物体置于斜面上（见图 4-13），已知物体与斜面间的摩擦系数为 f_s，且 $\tan\alpha < f_s$，问此物体能否下滑？如果增加物体的重量或在物体上另加一重 P_1 的物体，问能否达到下滑的目的？

5. 汽车行驶时，前轮受汽车车身作用的一个向前推力 F［见图 4-14 (a)］，而后轮受一主动力偶矩为 M 的力偶［见图 4-14 (b)］。试分别画出前、后轮的受力图。

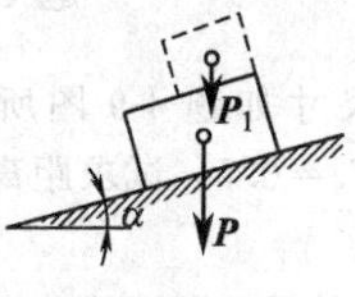

图 4-13

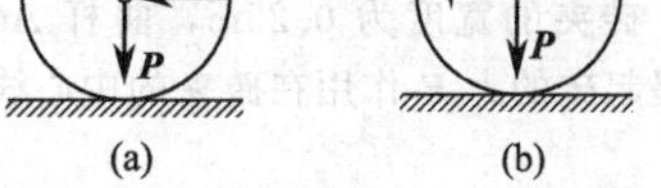

图 4-14

习 题

4-1 如题 4-1 图所示，已知一重量 G=100N 的物块放在水平面上，物块与水平面间的摩擦系数 f_s=0.3。当作用在物块上的水平推力 F 的大小分别为 10N、20N、40N 时，试分析这三种情形下物块是否平衡？摩擦力分别等于多少？

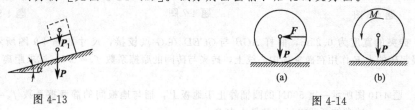

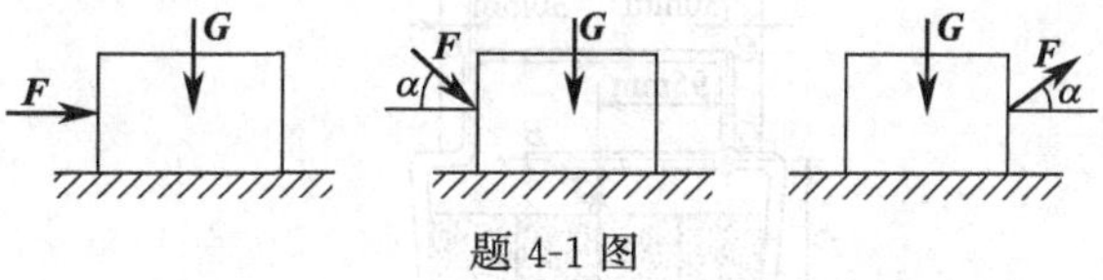

题 4-1 图

4-2 已知物块重 G=100N，斜面的倾角 α=30°，如题 4-2 图所示。物块与斜面间的摩擦系数 f_s=0.38。求：使物块沿斜面向上运动的最小力 F。

4-3 如题 4-3 图所示梯子 AB 重为 W=200N，靠在光滑墙上，已知梯子与地面间的摩擦系数为 f_s=

0.25，今有重为 650N 的人沿梯子向上爬，试问人达到最高点 A，而梯子保持平衡的最小角度 α 应为多少度？

4-4　如题 4-4 图所示，水平力 $\boldsymbol{F}=80\text{N}$ 作用在为重为 300N 的板条箱上，设箱与斜面间动摩擦系数为 0.3，静摩系数为 0.2。试确定作用在箱上的法向力和摩擦力。

4-5　如题 4-5 图所示，一架 5m 长、质量均匀的梯子重为 400N，靠在光滑墙面的 B 处。如果 A 点的静摩擦系数 $f_s=0.4$，确定倾角 θ 为 60°时梯子是否会滑倒。

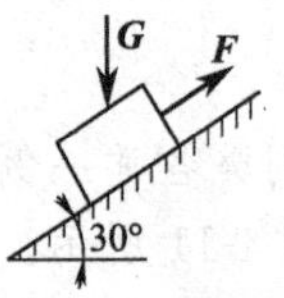

题 4-2 图

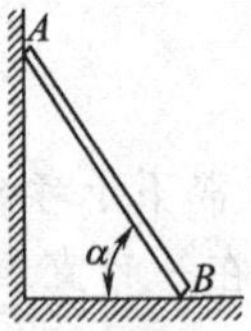

题 4-3 图

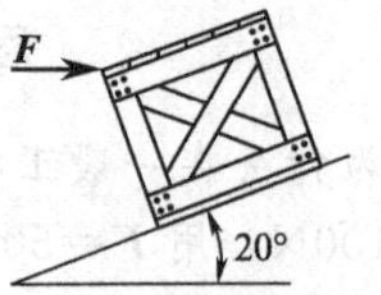

题 4-4 图

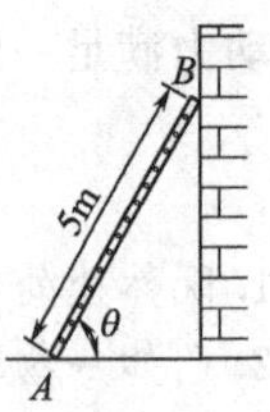

题 4-5 图

4-6　如题 4-6 图所示，在闸块制动器的两个杠杆上分别作用大小相等的力 $\boldsymbol{F}_1$、$\boldsymbol{F}_2$，设力偶矩 $M=160\text{N}\cdot\text{m}$，闸块与轮间的静摩擦系数 $f_s=0.2$，尺寸如图。试问 $\boldsymbol{F}_1$ 和 $\boldsymbol{F}_2$ 应分别为多大，方能使受到力偶作用的轴处于平衡状态。

4-7　题 4-7 图所示为一铰车，其鼓轮半径 $r=15\text{cm}$，制动轮半径 $R=25\text{cm}$，$a=100\text{cm}$，$b=50\text{cm}$，$c=50\text{cm}$，重物重 $\boldsymbol{G}=1\text{kN}$，制动轮与制动块间摩擦系数 $f_s=0.5$。试求当铰车吊着重物时，为使重物不致下落，加在杆上的力 $\boldsymbol{F}$ 至少应为多大？

4-8　修理电线工人重为 $\boldsymbol{G}$，攀登电线杆时所用脚上套钩如题 4-8 图所示。已知电线杆的直径 $d=30\text{cm}$，套钩的尺寸 $b=10\text{cm}$，套钩与电线杆之间的摩擦系数 $f_s=0.3$，套钩的重量略去不计，试求踏脚处到电线杆轴线间的距离 a 为多少方能保证工人安全操作。

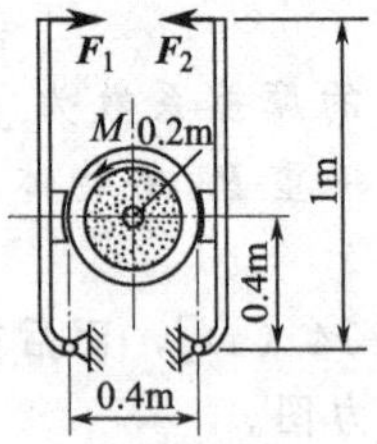

题 4-6 图

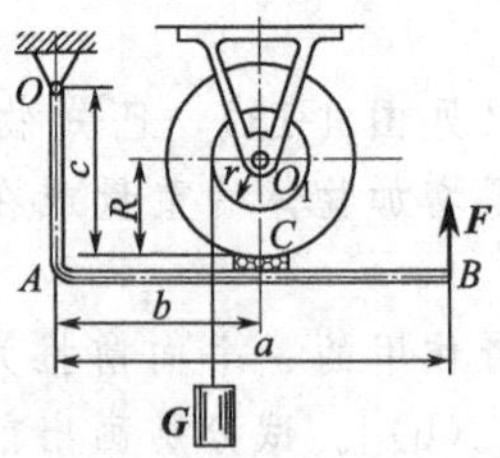

题 4-7 图

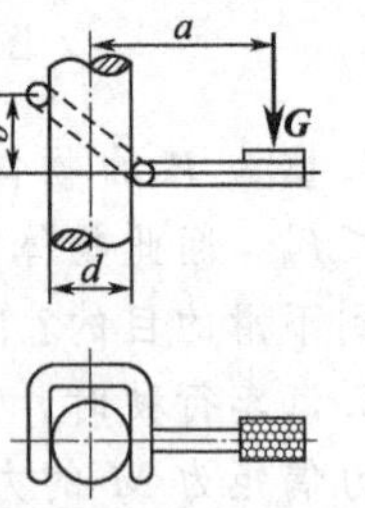

题 4-8 图

4-9　砖夹的宽度为 0.25m，曲杆 AGB 与 $GCED$ 在 G 点铰接，尺寸如题 4-9 图所示。设砖重 $\boldsymbol{P}=120\text{N}$，提起砖的力 $\boldsymbol{F}$ 作用在砖夹的中心线上，砖夹与砖间的摩擦系数 $f_s=0.5$，试求距离 b 为多大才能把砖夹起。

4-10　题 4-10 图所示一重 500N 的圆桶静止于地板上，桶与地板间的静摩擦系数 $f_s=0.5$。如果 $a=0.9\text{m}$，$b=1.2\text{m}$，试求使桶即将运动的最小力 $\boldsymbol{P}$。

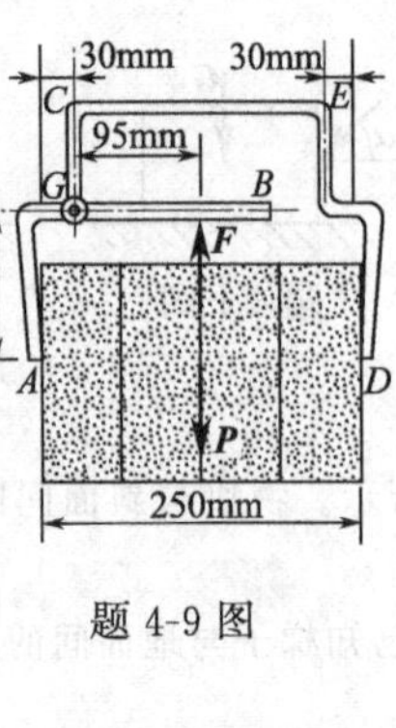

题 4-9 图

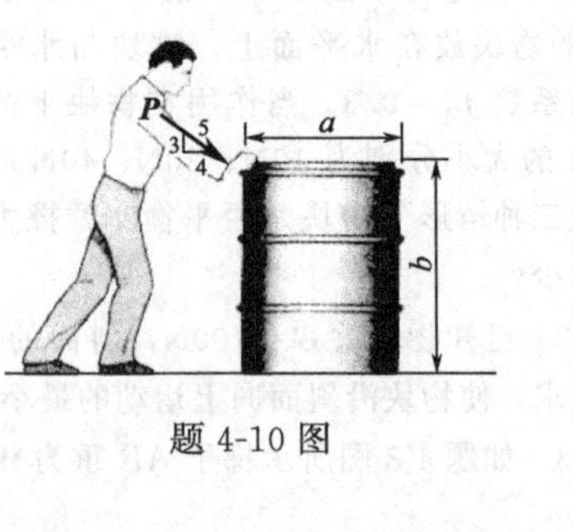

题 4-10 图

4-11　如题4-11图所示，文件柜A的质量为60kg，G点为其质心。将文件柜放在重100N的板B上，A与B之间的静摩擦系数为$f_{s1}=0.4$，B与地面之间的静摩擦系数为$f_{s2}=0.3$。求能推动A的力$\boldsymbol{F}$的大小。

*4-12　如题4-12图所示，将两个自重为98N，直径为10cm的圆辊平行放在水平平面上，它上面的台板和重物共重4900N，为了使它们运动，需要用多大的力推平板台面？已知水平面与辊子的滚动摩擦系数为0.3cm，辊子与台面的滚动摩擦系数为0.2cm。

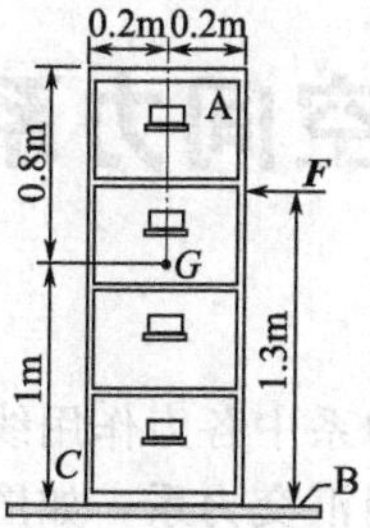

题4-11图

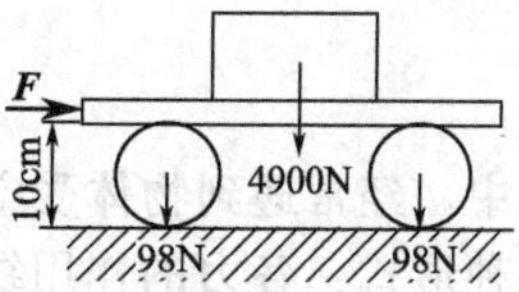

题4-12图

第五章

空间力系

在工程中，经常遇到物体受空间力系作用的情况。根据力系中各力作用线的关系，空间力系又有多种形式：各力的作用线汇交于一点的力系称为空间汇交力系，如图 5-1（a）中作用于节点 D 上的力系；各力的作用线彼此平行的力系称为空间平行力系，如图 5-1（b）所示的三轮起重机所受的力系；各力的作用线在空间任意分布的力系称为空间任意力系（亦称空间一般力系），如图 5-1（c）所示的轮轴所受的力系。

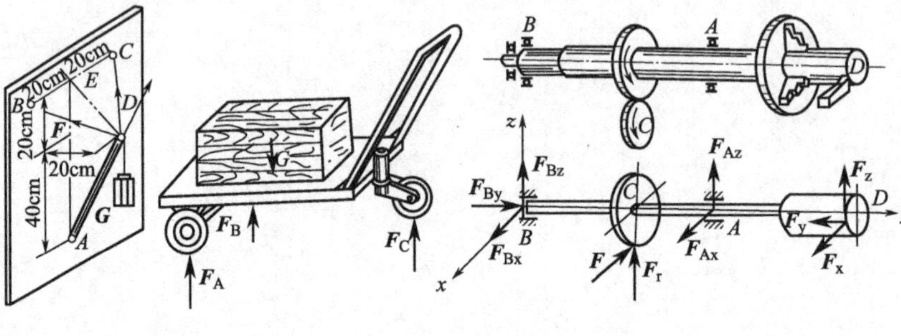

(a)　　(b)　　(c)

图 5-1

本章在讨论力在空间直角坐标轴上的投影以及力对轴之矩的概念和计算的基础上，给出空间力系的平衡方程，着重介绍应用平面平衡方程求解空间物体平衡的方法。最后介绍物体重心、形心的概念，以及确定物体重心和形心位置的方法。

第一节　力在空间直角坐标轴上的投影及其计算

研究空间力系的合成与平衡问题，应首先掌握力在空间直角坐标轴上投影的计算。

根据给定的力的方位，力在空间直角坐标轴上的投影可有两种投影法。

1. 直接投影法

有一空间力 $\boldsymbol{F}$，取空间直角坐标系如图 5-2 所示。以 $\boldsymbol{F}$ 为对角线，作一正六面体，由图可知，如已知力 $\boldsymbol{F}$ 与 x、y、z 轴间的夹角分别为 α、β、γ，则力 $\boldsymbol{F}$ 在坐标轴上的投影为

$$\boldsymbol{F}_x = \pm \boldsymbol{F}\cos\alpha, \quad \boldsymbol{F}_y = \pm \boldsymbol{F}\cos\beta, \boldsymbol{F}_z = \pm \boldsymbol{F}\cos\gamma \tag{5-1}$$

力在轴上的投影是代数量，符号规定为：从投影的起点到终点的方向与相应坐标轴正向一致的就取正号；反之，就取负号。

2. 二次投影法

当力与坐标轴的夹角不是全部已知时，可采用二次投影法。设已知力 $\boldsymbol{F}$ 与 z 轴的夹角为 γ，$\boldsymbol{F}$ 与 z 轴所形成的平面与 x 轴的夹角为 φ，如图 5-3 所示。可将力 $\boldsymbol{F}$ 先投影到坐标平面 xOy 上，得到力 $\boldsymbol{F}_{xy}$，然后把这个力再投影到 x、y 轴上。则力 $\boldsymbol{F}$ 在三个轴上的投影分别为

$$\begin{aligned}\boldsymbol{F}_x&=\boldsymbol{F}\sin\gamma\cos\varphi\\ \boldsymbol{F}_y&=\boldsymbol{F}\sin\gamma\sin\varphi\\ \boldsymbol{F}_z&=\boldsymbol{F}\cos\gamma\end{aligned}\qquad(5\text{-}2)$$

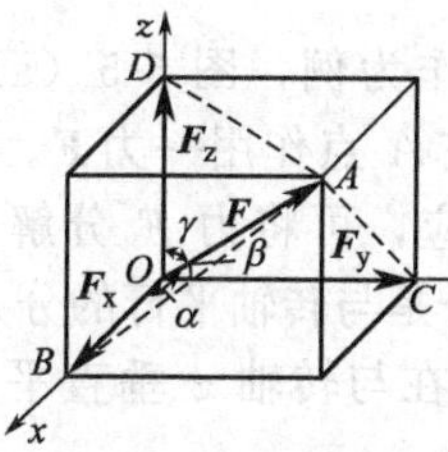

图 5-2

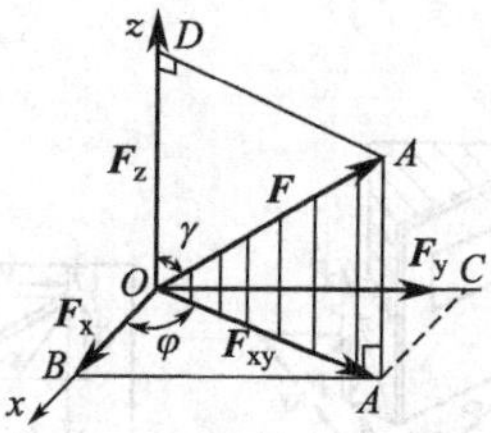

图 5-3

反之，若已知力 $\boldsymbol{F}$ 在三个坐标轴上的投影 $\boldsymbol{F}_x$、$\boldsymbol{F}_y$、$\boldsymbol{F}_z$，也可以求出该力的大小和方向，即

$$\left.\begin{aligned}&\boldsymbol{F}=\sqrt{\boldsymbol{F}_x^2+\boldsymbol{F}_y^2+\boldsymbol{F}_z^2}\\ &\cos\alpha=\frac{\boldsymbol{F}_x}{\boldsymbol{F}},\ \cos\beta=\frac{\boldsymbol{F}_y}{\boldsymbol{F}},\ \cos\gamma=\frac{\boldsymbol{F}_z}{\boldsymbol{F}}\end{aligned}\right\}\qquad(5\text{-}3)$$

例 5-1 棱边长为 a 的正方体上的作用力有 $\boldsymbol{F}_1$、$\boldsymbol{F}_2$，如图 5-4 所示，试计算二力在三个坐标轴上的投影。

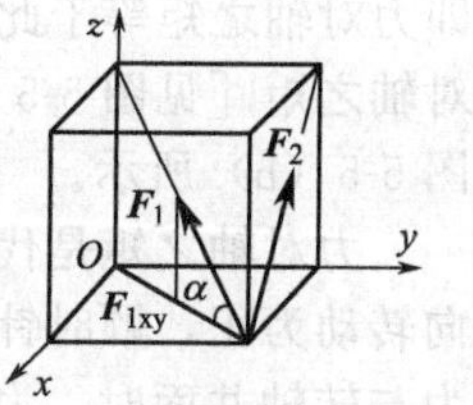

图 5-4

解 求 $\boldsymbol{F}_1$ 在坐标轴上的投影可应用二次投影法。首先将 $\boldsymbol{F}_1$ 投影到 xy 平面内得到

$$\cos\alpha=\frac{\sqrt{6}}{3}$$

矢量 $\boldsymbol{F}_{1xy}$，从图中几何关系得到，故力 $\boldsymbol{F}_{1xy}$ 的大小为

$$\boldsymbol{F}_{1xy}=\boldsymbol{F}_1\cos\alpha=\frac{\sqrt{6}}{3}\boldsymbol{F}_1$$

然后将力 $\boldsymbol{F}_{1xy}$ 向 x、y 轴投影，于是得到力 $\boldsymbol{F}_1$ 在这两个坐标轴上的投影

$$X_1=-\boldsymbol{F}_{1xy}\sin45°=-\frac{\sqrt{3}}{3}\boldsymbol{F}_1\quad Y_1=-\boldsymbol{F}_{1xy}\cos45°=-\frac{\sqrt{3}}{3}\boldsymbol{F}_1$$

$\boldsymbol{F}_1$ 在 z 轴上的投影为

$$Z_1=\boldsymbol{F}_1\sin\alpha=\frac{\sqrt{3}}{3}\boldsymbol{F}_1$$

同理，可求出 $\boldsymbol{F}_2$ 在三个坐标轴上的投影分别为

$$X_2=-\boldsymbol{F}_2\cos45°=-0.707\boldsymbol{F}_2,\ Y_2=0,\ Z_2=\boldsymbol{F}_2\sin45°=0.707\boldsymbol{F}_2$$

第二节　力对轴之矩　合力矩定理

前面建立了在平面内力对点之矩的概念。在实际工程中经常遇到绕固定轴的转动，如门、窗、机器上的传动轴和电动机的转子等。为了度量力使物体绕某一轴转动的效应，本节提出力对轴之矩的概念。

一、力对轴之矩

在工程中，常遇到刚体绕定轴转动的情形。为了度量力对转动刚体的作用效应，需引入力对轴之矩的概念。

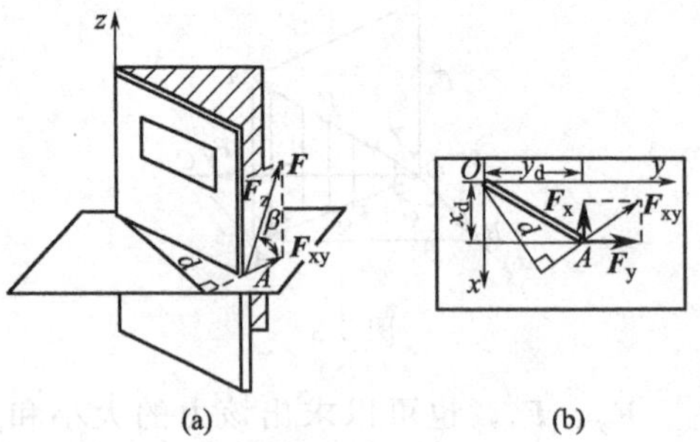

图 5-5

现以关门动作为例，图 5-5（a）中门的一边有固定轴 z，在 A 点作用一力 $\boldsymbol{F}$。为度量此力对刚体的转动效应，可将力 $\boldsymbol{F}$ 分解为两个互相垂直的分力：一个是与转轴平行的分力 $\boldsymbol{F}_z$，$\boldsymbol{F}_z=\boldsymbol{F}\sin\beta$；另一个是在与转轴 z 垂直平面上的分力 $\boldsymbol{F}_{xy}$，$\boldsymbol{F}_{xy}=\boldsymbol{F}\cos\beta$。

由经验可知，力 $\boldsymbol{F}_z$ 不能使门绕 z 轴转动，只有分力 $\boldsymbol{F}_{xy}$ 才对门有绕 z 轴的转动作用。如以 d 表示 z 轴与 xy 面的交点 O 到分力 $\boldsymbol{F}_{xy}$ 作用线的垂直距离，则分力 $\boldsymbol{F}_{xy}$ 对 O 点之矩，就可以用来度量力 $\boldsymbol{F}$ 对门绕 z 轴的转动作用，记作 $M_z(\boldsymbol{F})$，有

$$M_z(\boldsymbol{F})=M_O(\boldsymbol{F}_{xy})=\pm \boldsymbol{F}_{xy}d \tag{5-4}$$

即力对轴之矩等于此力在垂直该轴平面上的分力对该轴与此平面的交点之矩。可见，空间力对轴之矩［见图 5-5（a）中力 $\boldsymbol{F}$ 对 z 轴］，可以转化为平面力（$\boldsymbol{F}_{xy}$）对点之矩来计算。如图 5-5（b）所示。

力对轴之矩是代数量，力矩的正负代表其转动作用的方向。当从轴正向看时，逆时针方向转动为正，顺时针方向转动为负。当力的作用线与转轴平行时，或者与转轴相交时，即当力与转轴共面时，力对轴之矩等于零。力对轴之矩的单位为 N·m。

二、合力矩定理

空间力系也可以用求矢量和的方法求合力，即

$$\boldsymbol{F}_R=\boldsymbol{F}_1+\boldsymbol{F}_2+\cdots+\boldsymbol{F}_n=\sum \boldsymbol{F}_i \tag{5-5}$$

空间力系也有合力矩定理，可以表示为

$$M_z(\boldsymbol{F}_R)=M_z(\boldsymbol{F}_1)+M_z(\boldsymbol{F}_2)+\cdots+M_z(\boldsymbol{F}_n)=\sum M_z(\boldsymbol{F}_i) \tag{5-6}$$

即，空间力系若有合力 $\boldsymbol{F}_R$，则合力对某轴的矩等于各分力对该轴的矩的代数和。

在实际计算力对轴的矩时，有时应用合力矩定理较为方便，即先将力按所取坐标轴进行分解，然后分别计算每一分力对这个轴的矩，最后再算出这些力矩的代数和，即为该力对该轴的矩。

例 5-2　如图 5-6 所示手柄 $ABCE$ 在平面 Axy 内，其 D 处作用一力 $\boldsymbol{F}$，力 $\boldsymbol{F}$ 在垂直于 y 轴的平面内偏离铅垂线的角度为 α。已知 $CD=a$，杆 BC 平行于 x 轴，杆 CE 平行 y 轴，AB

和 BC 的长度都等于 l。试求力 $\boldsymbol{F}$ 对 x、y 和 z 三轴的矩。

解　将力 $\boldsymbol{F}$ 沿坐标轴分解为 $\boldsymbol{F}_z$ 和 $\boldsymbol{F}_x$ 两个分力，其中 $\boldsymbol{F}_x=\boldsymbol{F}\sin\alpha$，$\boldsymbol{F}_z=\boldsymbol{F}\cos\alpha$。根据合力矩定理，力 $\boldsymbol{F}$ 对轴的矩等于分力 $\boldsymbol{F}_x$ 和 $\boldsymbol{F}_z$ 对同一轴的矩的代数和。注意到力对平行自身的轴的矩为零，于是有

$$M_x(\boldsymbol{F})=M_x(\boldsymbol{F}_z)=-F_z(AB+CD)=-\boldsymbol{F}(l+a)\cos\alpha$$

$$M_y(\boldsymbol{F})=M_y(\boldsymbol{F}_z)=-\boldsymbol{F}_zBC=-\boldsymbol{F}l\cos\alpha$$

$$M_z(\boldsymbol{F})=M_z(\boldsymbol{F}_x)=-F_x(AB+CD)=-\boldsymbol{F}(l+a)\sin\alpha$$

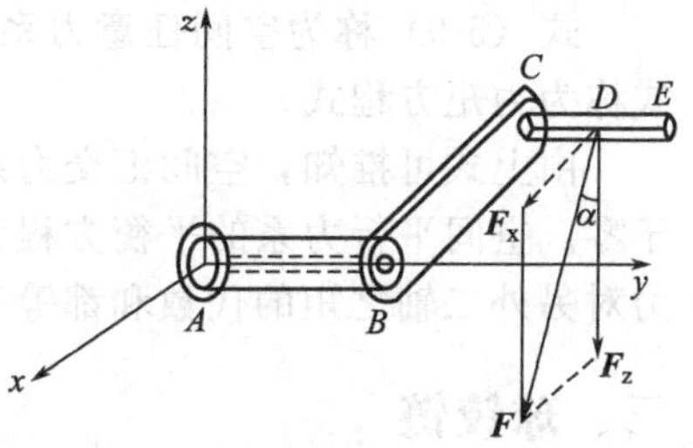

图 5-6

第三节　空间任意力系的平衡方程

一、空间力系的简化

设物体作用空间力系 $\boldsymbol{F}_1$，$\boldsymbol{F}_2$，…，$\boldsymbol{F}_n$，如图 5-7（a）所示。与平面任意力系的简化一样，在物体内任取一点 O 作为简化中心，依据力的平移定理，将图中各力平移到 O 点，加上相应的附加力偶，这样就可得到一个作用于简化中心 O 点的空间汇交力系和一个附加的空间力偶系。将作用于简化中心的汇交力系和附加的空间力偶系分别合成，便可以得到一个作用于简化中心 O 点的主矢 F'_R 和一个主矩 M_O。

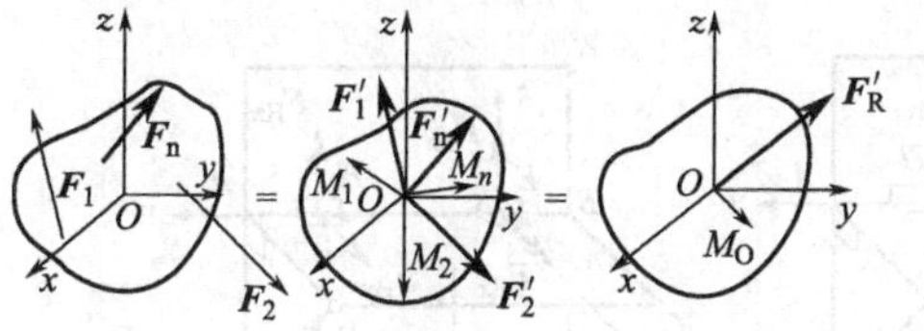

图 5-7

主矢 $\boldsymbol{F}'_R$ 的大小为

$$F'_R=\sqrt{(\sum \boldsymbol{F}_x)^2+(\sum \boldsymbol{F}_y)^2+(\sum \boldsymbol{F}_z)^2} \tag{5-7}$$

主矩 $\boldsymbol{M}_O$ 的大小为

$$M_O=\sqrt{[\sum M_z(\boldsymbol{F}_i)]^2+[\sum M_y(\boldsymbol{F}_i)]^2+[\sum M_z(\boldsymbol{F}_i)]^2} \tag{5-8}$$

二、空间力系平衡方程

空间任意力系平衡的必要与充分条件是：该力系的主矢和力系对于任一点的主矩都等于零，即 $\boldsymbol{F}'_R=0$，$M_O=0$。

由式（5-7）和式（5-8）的分析推导，可以得到空间任意力系平衡的解析条件是：力系中各力在空间直角坐标系 $Oxyz$ 的各坐标轴上的投影的代数和分别等于零；各力对各坐标轴的矩的代数和分别等于零。亦即

$$\left.\begin{aligned}
&\sum \boldsymbol{F}_x=0\\
&\sum \boldsymbol{F}_y=0\\
&\sum \boldsymbol{F}_z=0\\
&\sum M_x(\boldsymbol{F})=0\\
&\sum M_y(\boldsymbol{F})=0\\
&\sum M_z(\boldsymbol{F})=0
\end{aligned}\right\} \tag{5-9}$$

式（5-9）称为空间任意力系的平衡方程，前三个方程式称为投影方程式，后三个方程式称为力矩方程式。

由上式可推知，空间汇交力系的平衡方程式为：各力在三个坐标轴上投影的代数和都等于零。空间平行力系的平衡方程为：各力在与其作用线平行的坐标轴上投影的代数和以及各力对另外二轴之矩的代数和都等于零。

三、球铰链

在研究空间力系时还常用到一种空间球铰链约束，简称球铰。它是由球和球壳构成的，被连接的两个物体可以绕球心做相对转动，但不能相对移动，如图 5-8 所示。若其中一个物体与地面或机架固定则称为球铰支座，例如，汽车的操纵杆和收音机的拉杆天线就采用球铰支座。球和球壳间的作用力分布在部分球面上，略去摩擦，这些分布力均通过球心而形成一空间汇交力系，可合成为一集中力，其大小和方向取决于受约束物体上作用的主动力和其他约束情况，该约束力可用沿坐标轴的 3 个分量 $\boldsymbol{F}_x$、$\boldsymbol{F}_y$ 和 $\boldsymbol{F}_z$ 表示。

例 5-3 如图 5-9（a）所示，已知均质水平矩形隔板重 $\boldsymbol{F}_W=800\text{kN}$，$AB=CD=1.5\text{m}$，$AD=BC=0.6\text{m}$，$DK=0.75\text{m}$，$AH=BE=0.25\text{m}$。$E$ 和 H 为折叠铰，D 和 K 为球铰。求：铰 E、H 和 D 的约束力。

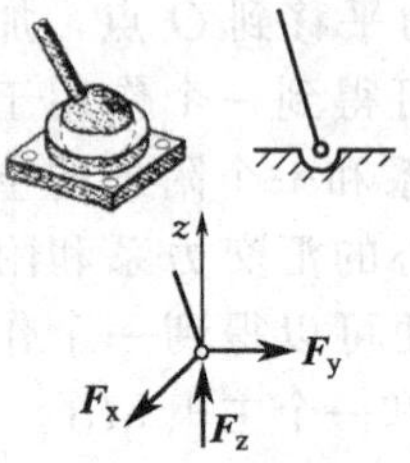

图 5-8

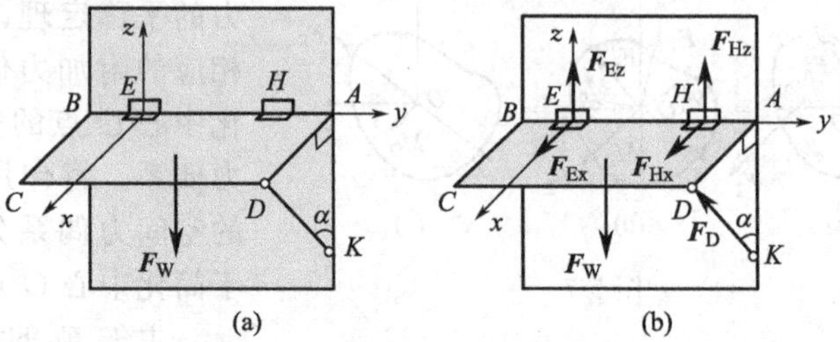

图 5-9

解 取隔板为研究对象，受力图如图 5-9（b）所示，由空间任意力系的平衡方程有

$$\sum \boldsymbol{F}_x=0,\quad \boldsymbol{F}_{Ex}+\boldsymbol{F}_{Hx}+\boldsymbol{F}_D\sin\alpha=0$$

$$\sum \boldsymbol{F}_z=0,\quad \boldsymbol{F}_{Ez}+\boldsymbol{F}_{Hz}+\boldsymbol{F}_D\cos\alpha-\boldsymbol{F}_W=0$$

$$\sum M_x=0,\quad \boldsymbol{F}_{Hz}\times EH+\boldsymbol{F}_D\cos\alpha\times AE-\boldsymbol{F}_W\times\frac{EH}{2}=0$$

$$\sum M_y=0,\quad \boldsymbol{F}_W\times\frac{AD}{2}-\boldsymbol{F}_D\cos\alpha\times AD=0$$

$$\sum M_z=0,\quad -\boldsymbol{F}_{Hx}\times EH-\boldsymbol{F}_D\sin\alpha\times AE=0$$

式中，$\sin\alpha=AD/DK$，$\cos\alpha=AK/DK$，计算出 $\sin\alpha$ 和 $\cos\alpha$，代入以上各式中，整理得

$$\boldsymbol{F}_D=666.67\text{kN},\quad \boldsymbol{F}_{Ex}=133.33\text{kN},\quad \boldsymbol{F}_{Ez}=500\text{kN},$$

$$\boldsymbol{F}_{Hx}=-666.67\text{kN},\quad \boldsymbol{F}_{Hz}=-100\text{kN}$$

例 5-4 某轴结构如图 5-10（a）所示，轴上装有半径分别为 r_1、r_2 的两个齿轮 C 和 D，两端为轴承约束。齿轮 C 上受径向力 $\boldsymbol{F}_{Cr}$、圆周力 $\boldsymbol{F}_{Ct}$，齿轮 D 上受径向力 $\boldsymbol{F}_{Dr}$、圆周力 $\boldsymbol{F}_{Dt}$，设各轴段长度均已知。试写出空间力系平衡方程组。

解 根据已知条件，画出受力图如图 5-10（b）所示。A 端为推力轴承，有 x、y、z 三个方向的约束，设约束反力分别为 $\boldsymbol{F}_{Ax}$、$\boldsymbol{F}_{Ay}$、$\boldsymbol{F}_{Az}$。而 B 端为径向轴承，有 x、z 两个方向的约束，设约束反力分别为 $\boldsymbol{F}_{Bx}$、$\boldsymbol{F}_{Bz}$。

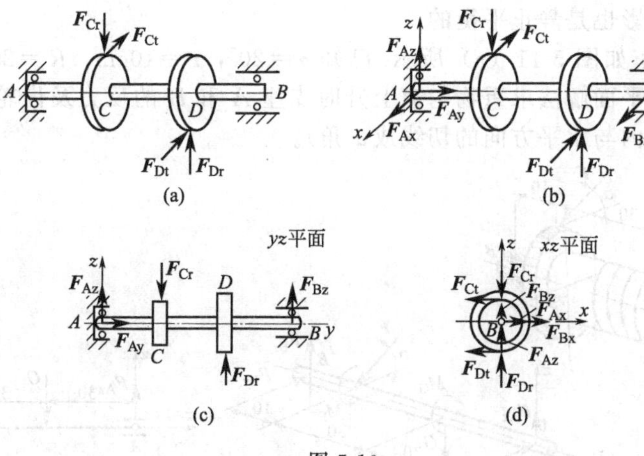

图 5-10

为避免在列平衡方程时发生遗漏或错误，可如下表所示，逐一列出各力在坐标轴上的投影及其对轴之矩。

	$\boldsymbol{F}_{Ax}$	$\boldsymbol{F}_{Ay}$	$\boldsymbol{F}_{Az}$	$\boldsymbol{F}_{Bx}$	$\boldsymbol{F}_{Bz}$	$\boldsymbol{F}_{Ct}$	$\boldsymbol{F}_{Cr}$	$\boldsymbol{F}_{Dt}$	$\boldsymbol{F}_{D}$
$\boldsymbol{F}_x$	$\boldsymbol{F}_{Ax}$	0	0	$\boldsymbol{F}_{Bx}$	0	$-\boldsymbol{F}_{Ct}$	0	$-\boldsymbol{F}_{Dt}$	0
$\boldsymbol{F}_y$	0	$\boldsymbol{F}_{Ay}$	0	0	0	0	0	0	0
$\boldsymbol{F}_z$	0	0	$\boldsymbol{F}_{Ax}$	0	$\boldsymbol{F}_{Bx}$	0	$-\boldsymbol{F}_{Cr}$	0	$\boldsymbol{F}_{D}$
$M_x(\boldsymbol{F})$	0	0	0	0	$\boldsymbol{F}_{Bz}AB$	0	$-\boldsymbol{F}_{Cr}AC$	0	$\boldsymbol{F}_{Dr}A$
$M_y(\boldsymbol{F})$	0	0	0	0	0	$-\boldsymbol{F}_{Ct}r_1$	0	$\boldsymbol{F}_{Dt}r_2$	0
$M_z(\boldsymbol{F})$	0	0	0	$-\boldsymbol{F}_{Bx}AB$	0	$\boldsymbol{F}_{Ct}AC$	0	$\boldsymbol{F}_{Dt}AD$	0

由表中各行可以列出平衡方程如下

$$\sum \boldsymbol{F}_x = \boldsymbol{F}_{Ax} + \boldsymbol{F}_{Bx} - \boldsymbol{F}_{Ct} - \boldsymbol{F}_{Dt} = 0 \tag{1}$$

$$\sum \boldsymbol{F}_y = \boldsymbol{F}_{Ay} = 0 \tag{2}$$

$$\sum \boldsymbol{F}_z = \boldsymbol{F}_{Az} + \boldsymbol{F}_{Bz} - \boldsymbol{F}_{Cr} + \boldsymbol{F}_{Dr} = 0 \tag{3}$$

$$\sum M_x(\boldsymbol{F}) = \boldsymbol{F}_{Bz} \times AB - \boldsymbol{F}_{Cr} \times AC + \boldsymbol{F}_{Dr} \times AD = 0 \tag{4}$$

$$\sum M_y(\boldsymbol{F}) = -\boldsymbol{F}_{Ct} \times r_1 + \boldsymbol{F}_{Dt} \times r_2 = 0 \tag{5}$$

$$\sum M_z(\boldsymbol{F}) = -\boldsymbol{F}_{Bx} \times AB + \boldsymbol{F}_{Ct} \times AC + \boldsymbol{F}_{Dt} \times AD = 0 \tag{6}$$

利用上述 6 个方程，除可求 5 个约束反力外，还可确定平衡时轴所传递的载荷。

上述求解空间力系平衡问题的方法，称为直接求解法。

第四节　空间平衡力系的平面解法

在机械工程中，常把空间的受力图投影到三个坐标平面上，画出三个视图（主视、俯视、侧视图），这样，就得到三个平面力系，分别列出它们的平衡方程，同样可以解出所求的未知量。这种将空间平衡问题转化为三个平面平衡问题的讨论方法，就称为空间平衡力系的平面解法。其依据是物体在空间力系作用下处于静止平衡状态，那么该物体所受的空间力系在三个平面上的投影也是静止平衡的。

例 5-5 起重绞车如图 5-11 (a) 所示.已知 $\alpha=20°$，$r=10\text{cm}$，$R=20\text{cm}$，$\boldsymbol{G}=10\text{kN}$。试用空间平衡力系的平面解法求重物匀速上升时支座 A 和 B 的反力及齿轮所受的力 $\boldsymbol{F}$（力 $\boldsymbol{F}$ 在垂直于轴的平面内与水平方向的切线成 α 角）。

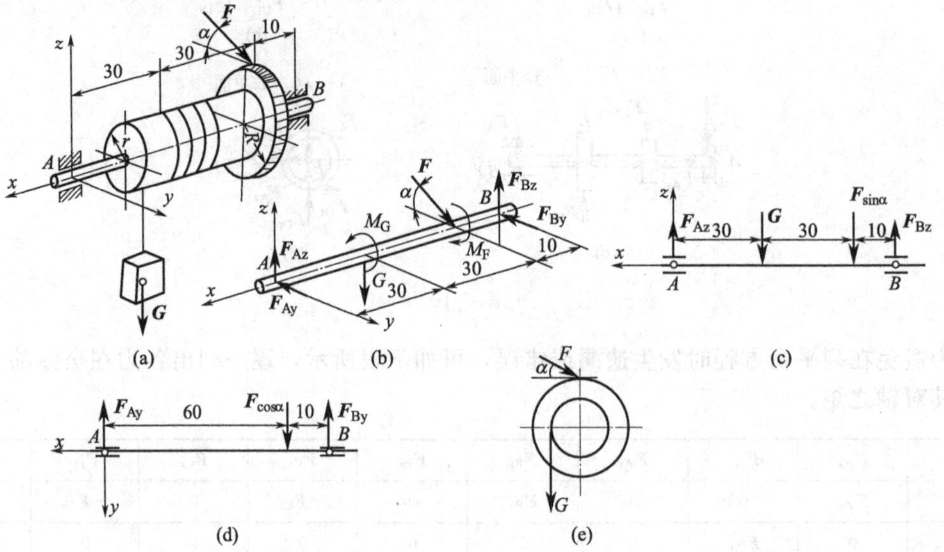

图 5-11

解 重物匀速上升，鼓轮（包括轴和齿轮）做匀速转动，即处于平衡姿态。取鼓轮为研究对象。将力 $\boldsymbol{G}$ 和 $\boldsymbol{F}$ 平移到轴线上，如图 5-11 (b) 所示。分别画出垂直平面、水平平面和侧垂直平面［见图 5-11 (c)、(d)、(e)］的受力图，并求轴承约束力和 $\boldsymbol{F}$ 力大小。

先由图 5-11 (e) 的平衡条件，得出

$$\sum M_{\mathrm{O}}(\boldsymbol{F})=0,\quad \boldsymbol{F}R\cos\alpha-\boldsymbol{G}r=0$$

得

$$F=\boldsymbol{G}r/(R\cos\alpha)=5.32\text{kN}$$

由图 5-11 (c)，列出平衡方程求解

$$\sum M_{\mathrm{A}}(\boldsymbol{F})=0,\quad 30\boldsymbol{G}+60\boldsymbol{F}\sin20°-70\boldsymbol{F}_{\mathrm{Bz}}=0,\quad \boldsymbol{F}_{\mathrm{Bz}}=5.85\text{kN}$$

$$\sum \boldsymbol{F}_{\mathrm{z}}=0,\quad \boldsymbol{F}_{\mathrm{Az}}+\boldsymbol{F}_{\mathrm{Bz}}-\boldsymbol{F}\sin20°=0,\quad \boldsymbol{F}_{\mathrm{Az}}=5.97\text{kN}$$

再由图 5-11 (d)，列出平衡方程求解

$$\sum M_{\mathrm{A}}(\boldsymbol{F})=0,\quad 60\boldsymbol{F}\cos20°-70\boldsymbol{F}_{\mathrm{By}}=0,\quad \boldsymbol{F}_{\mathrm{By}}=4.29\text{kN}$$

$$\sum \boldsymbol{F}_{\mathrm{y}}=0,\quad \boldsymbol{F}_{\mathrm{Ay}}+\boldsymbol{F}_{\mathrm{By}}-\boldsymbol{F}\cos20°=0,\quad \boldsymbol{F}_{\mathrm{Ay}}=0.71\text{kN}$$

即，$\boldsymbol{F}=5.32\text{kN}$，$\boldsymbol{F}_{\mathrm{Ay}}=0.71\text{kN}$，$\boldsymbol{F}_{\mathrm{Az}}=5.97\text{kN}$，$\boldsymbol{F}_{\mathrm{By}}=4.29\text{kN}$，$\boldsymbol{F}_{\mathrm{Bz}}=5.85\text{kN}$。

第五节 重心和形心

一、重心和形心的概念

1. 重心

在对工程实际中的物体进行分析研究时，经常需要确定研究对象的重力的中心，即重

心。我们知道，重力是地球对物体的引力，也就是说，若将物体看作由无穷多个质点所组成，则每个质点都会受到地球重力的作用，这些力均应汇交于地心，构成一空间汇交力系。但物体在地面附近时，由于物体几何尺寸远小于地球，所以，组成物体的各质点所受的重力可近似看作一平行力系。而这一同向的平行力系的中心即为物体的重心，且相对物体而言其重心的位置是固定不变的。

假设如图 5-12 所示一刚体由 n 个质点所组成，C 点为刚体的重心。为研究该刚体的坐标，建立图示与刚体固定的空间直角坐标系 $Oxyz$，刚体内一质点 M_i 为组成刚体的 n 个质点中的任一质点。设刚体和该质点的重力分别为 $\boldsymbol{G}$ 和 $\boldsymbol{G}_i$，且刚体的重心和质点的坐标分别为 $C(x_c、y_c、z_c)$ 和 $M_i(x_i、y_i、z_i)$。

因为刚体的重力 $\boldsymbol{G}$ 等于组成刚体的各个质点的重力 $\boldsymbol{G}_f$ 的合力，即

$$\boldsymbol{G}=\sum \boldsymbol{G}_i$$

应用对 y 轴的合力矩定理，则有

$$\boldsymbol{G}x_{\mathrm{C}}=\boldsymbol{G}_1x_1+\boldsymbol{G}_2x_2+\cdots+\boldsymbol{G}_nx_n=\sum \boldsymbol{G}_ix_i$$

所以

$$x_{\mathrm{C}}=\frac{\sum \boldsymbol{G}_ix_i}{\boldsymbol{G}}$$

同理，若应用对 x 轴的合力矩定理，则有

$$\boldsymbol{G}y_{\mathrm{C}}=\sum \boldsymbol{G}_iy_i$$

即

$$y_{\mathrm{C}}=\frac{\sum \boldsymbol{G}_iy_i}{\boldsymbol{G}}$$

因为物体的重心位置与物体如何放置无关，所以可将物体连同坐标系一起绕 x 轴转动 90°，如图 5-13 所示，再应用合力矩定理对 x 轴取矩，则可得

$$z_{\mathrm{C}}=\frac{\sum \boldsymbol{G}_iz_i}{\boldsymbol{G}}$$

综上所述，可知物体重心坐标计算公式为

$$\left.\begin{aligned}x_{\mathrm{C}}&=\frac{\sum \boldsymbol{G}_ix_i}{\boldsymbol{G}}\\y_{\mathrm{C}}&=\frac{\sum \boldsymbol{G}_iy_i}{\boldsymbol{G}}\\z_{\mathrm{C}}&=\frac{\sum \boldsymbol{G}_iz_i}{\boldsymbol{G}}\end{aligned}\right\}\tag{5-10}$$

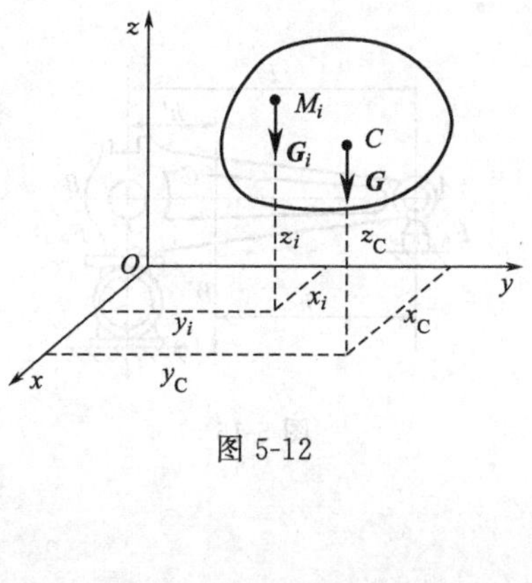

图 5-12

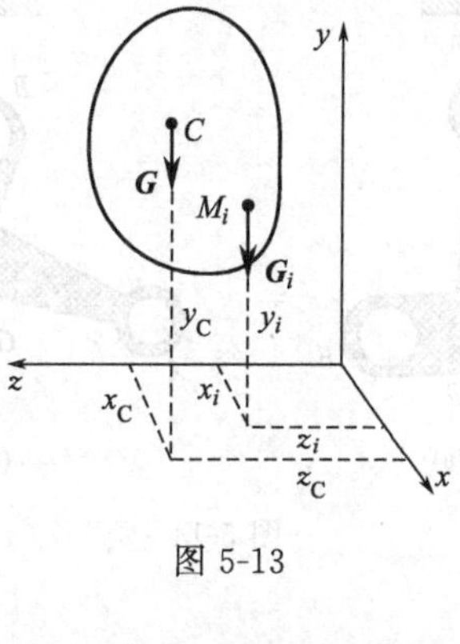

图 5-13

2. 形心

如果物体是均质的，其单位体积的重量为 γ，各微小部分的体积为 ΔV_i，整个物体的体积 $V=\sum \Delta V_i$，则 $\Delta \boldsymbol{G}_i=\gamma \Delta V_i$，$\boldsymbol{G}=\gamma V$，代入式（5-10）得

$$x_C=\frac{\sum \Delta V_i x_i}{V},\ y_C=\frac{\sum \Delta V_i y_i}{V},\ z_C=\frac{\sum \Delta V_i z_i}{V} \tag{5-11}$$

由此可见，均质物体的重心位置与物体的重量无关，而只取决于物体的几何形状，这时物体的重心就是物体几何形状的中心——形心。对于均质规则的刚体，其重心和形心在同一点上。

对于等厚薄壁物体，如双曲薄壳的屋顶、薄壁容器、飞机机翼等，若以 ΔA 表示微面积，A 表示整个面积，则其形心坐标为

$$x_C=\frac{\sum \Delta A_i x_i}{A},\ y_C=\frac{\sum \Delta A_i y_i}{A},\ z_C=\frac{\sum \Delta A_i z_i}{A} \tag{5-12}$$

对于等截面细长杆，若以 Δl_i 表示曲杆的任一微段，以 l 表示曲杆总长度，则其形心坐标为

$$x_C=\frac{\sum \Delta l_i x_i}{l},\ y_C=\frac{\sum \Delta l_i y_i}{l},\ z_C=\frac{\sum \Delta l_i z_i}{l} \tag{5-13}$$

二、重心和形心的确定

重心和形心可以利用式（5-10）～式（5-13）确定。但多数情况下可以凭经验判定。如若物体有对称中心、对称轴、对称面时，则该物体的重心和形心一定在对称中心、对称轴、对称面上。如均质球的重心和形心在球心上。一些简单形状的均质物体的重心或形心位置还可查阅有关工程手册确定。在本书的附录 A.1 中列出了几种常见刚体的重心和形心。

1. 实验法

对于形状复杂而不便计算或非均质物体的重心位置，可采用实验方法测定。常用的实验方法有以下两种。

（1）悬挂法。如果需求一薄板的重心，可先将薄板悬挂于任一点 A，如图 5-14（a）所示。根据二力平衡原理，重心必在经过悬挂点 A 的铅垂线上，于是可在板上标出此线。然后，再将薄板悬挂于另一点 B，同样画出另一直线，两直线的交点 C 即为此薄板的重心，如图 5-14（b）所示。

（2）称重法。如图 5-15 所示的连杆，欲确定其重心，可采用称重法。先用磅秤称出物体的重量 $\boldsymbol{W}$，然后将物体的一端支于固定点 A，另一端支于秤上，量出两支点间的水平距离 l，

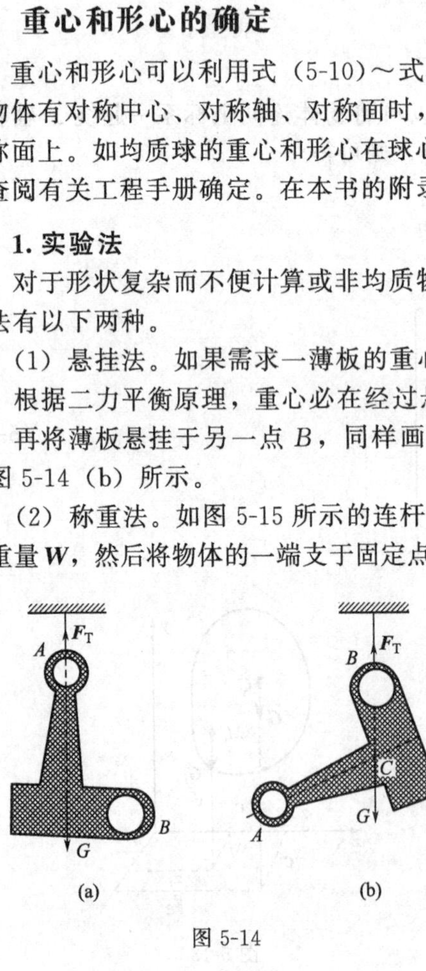

图 5-14

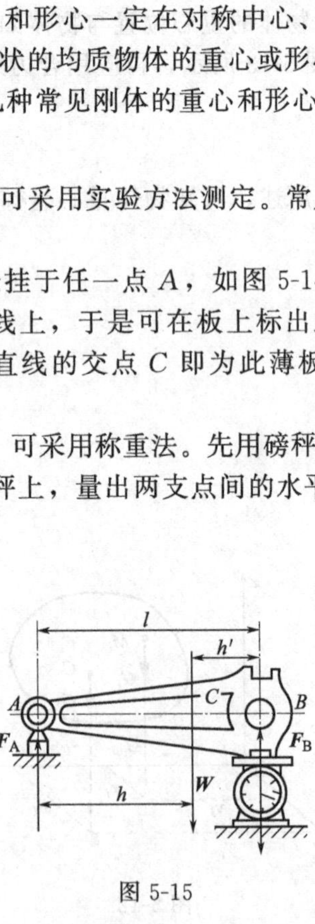

图 5-15

并读出磅秤上的读数 $\boldsymbol{F}_B$。由于力 $\boldsymbol{W}$ 和 $\boldsymbol{F}_B$ 对 A 点力矩的代数和应等于零，因此物体的重心 C 至 A 支点的水平距离为

$$h=(\boldsymbol{F}_B/\boldsymbol{W})l \tag{5-14}$$

再如图 5-16（a）所示的外形较复杂的小轿车，为确定汽车的重心，先用地磅秤称得小轿车重量 $\boldsymbol{G}$，然后分别按图 5-16（a）、（b）、（c）所示，用磅秤称得 $\boldsymbol{F}_1$、$\boldsymbol{F}_3$ 和 $\boldsymbol{F}_5$ 大小，并量出轴距 l_1、轮距 l_2 及后轮抬高高度 h。则汽车重心 C 距后轮、右轮的距离 a、b 和高度 c，可由下列的平衡方程求出。

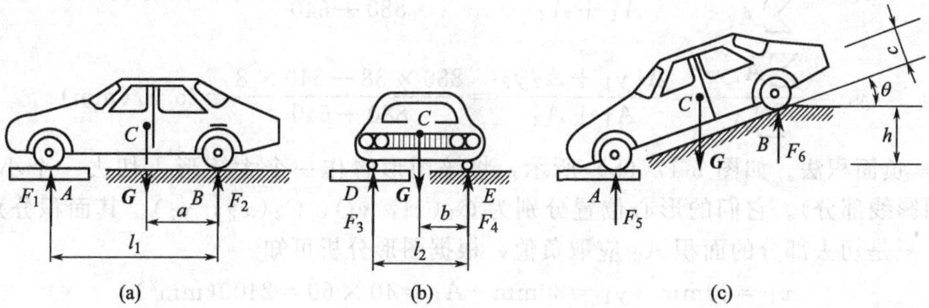

图 5-16

$$\sum M_B=0，得 a=\frac{\boldsymbol{F}_1}{\boldsymbol{G}}l_1；$$

$$\sum M_E=0，得 b=\frac{\boldsymbol{F}_3}{\boldsymbol{G}}l_2；$$

$$\sum M_l=0，\ -\boldsymbol{F}_5 l_1\cos\theta+\boldsymbol{G}\cos\theta a+\boldsymbol{G}\sin\theta c=0$$

则有

$$c=\frac{1}{\boldsymbol{G}}(\boldsymbol{F}_5 l_1-\boldsymbol{G}a)\cot\alpha=\frac{1}{\boldsymbol{G}h}(\boldsymbol{F}_5 l_1-\boldsymbol{G}a)\sqrt{l_1^2-h^2}$$

2. 简单形状均质组合体的形心计算

有些均质物体可以看作由几个简单形状的均质物体组成的组合体，计算时可将组合体分割成几个简单形状物体，并确定每个简单形状物体的形心（或重心），再应用相应的公式，就可确定整个物体的重心或形心。下面举例说明。

例 5-6 试求图 5-17（a）所示平面图形的形心位置（单位为 mm）。

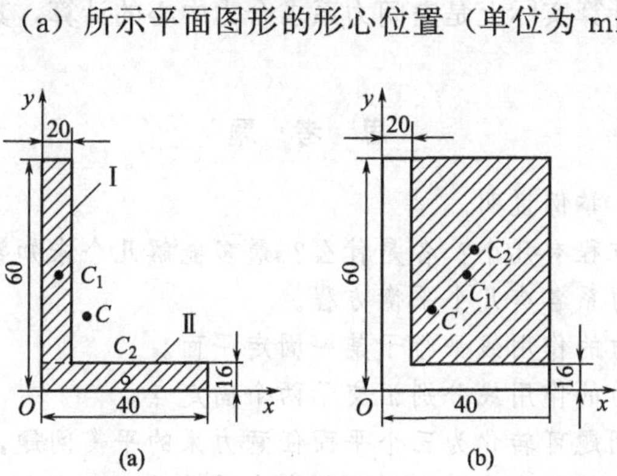

图 5-17

解 该题可用如下两种方法求解。

(1) 分割法。如图 5-17 (a) 所示将该图形分解成两个矩形Ⅰ和Ⅱ，它们的形心位置分别为 $C_1(x_1, y_1)$、$C_2(x_2, y_2)$。其面积分别为 A_1 和 A_2。根据图形分析可知

$$x_1 = 10\text{mm} \quad y_1 = 38\text{mm} \quad A_1 = 20 \times 44 = 880\text{mm}^2$$

$$x_2 = 20\text{mm} \quad y_2 = 8\text{mm} \quad A_2 = 16 \times 40 = 640\text{mm}^2$$

根据公式 (5-11) 则有

$$x_C = \frac{\sum A_i x_i}{\sum A_i} = \frac{A_1 x_1 + A_2 x_2}{A_1 + A_2} = \frac{880 \times 10 + 640 \times 20}{880 + 640} = 14.21(\text{mm})$$

$$y_C = \frac{\sum A_i y_i}{\sum A_i} = \frac{A_1 y_1 + A_2 y_2}{A_1 + A_2} = \frac{880 \times 38 + 640 \times 8}{880 + 640} = 25.37(\text{mm})$$

(2) 负面积法。如图 5-17 (b) 所示，将该图形看作一个大矩形Ⅰ切去一个小矩形Ⅱ(图中阴影线部分)。它们的形心位置分别为 $C_1(x_1, y_1)$、$C_2(x_2, y_2)$。其面积分别为 A_1 和 A_2，只是切去部分的面积 A_2 应取负值，根据图形分析可知

$$x_1 = 20\text{mm} \quad y_1 = 30\text{mm} \quad A_1 = 40 \times 60 = 2400(\text{mm}^2)$$

$$x_2 = 30\text{mm} \quad y_2 = 38\text{mm} \quad A_2 = -20 \times 44 = -880(\text{mm}^2)$$

根据公式 (5-11) 得

$$x_C = \frac{\sum A_i x_i}{\sum A_i} = \frac{A_1 x_1 - A_2 x_2}{A_1 - A_2} = \frac{2400 \times 20 - 880 \times 30}{2400 - 880} = 14.21(\text{mm})$$

$$y_C = \frac{\sum A_i y_i}{\sum A_i} = \frac{A_1 y_1 - A_2 y_2}{A_1 - A_2} = \frac{2400 \times 30 - 880 \times 38}{2400 - 880} = 25.37(\text{mm})$$

通过以上计算分析可知，两种方法求得的结果一致。

本 章 小 结

在工程中，经常遇到物体(如机器里面的轴)受空间力系作用的情况。本章主要讨论了空间力在直角坐标轴上的投影，力对轴之矩的概念，并引出了空间力系的平衡方程。重点是空间力系的平衡方程的应用。

空间平衡力系的平面解法是机械工程设计中常用的简捷计算方法，文中做了较详细的介绍，应予掌握。

物体重心和形心的计算实际上是空间力系求合力中心的计算，其中物体截面的形心计算要重点掌握。

思 考 题

1. 什么是空间力系？举例说明。

2. 空间力系的平衡方程有几个？各是什么？最多能解几个未知数？

3. 试分析以下两种力系各有几个平衡方程。

(1) 空间力系中各力的作用线平行于某一固定平面。

(2) 空间力系中各力的作用线分别汇交于两个固定点。

4. 空间力系的平衡问题可转化为三个平面任意力系的平衡问题，根据一个平面任意力系的平衡方程可解三个未知数，那么三个平面任意力系是否可求出九个未知数？

5. 物体的重心是否一定在物体上？

6. 计算同一物体重心时，如选取坐标系位置不同，则重心坐标是否改变？物体的重心位置是否改变？计算方法不同，则重心位置是否改变？

7. 一容器中盛水时，水平放置与倾斜放置，其重心位置是否发生改变？为什么？当容器中盛有固体时，重心位置发生改变吗？

8. 当物体质量分布不均匀时，重心和几何中心还重合吗？为什么？

习 题

5-1 如题 5-1 图所示已知 $\boldsymbol{F}_1=3\text{kN}$，$\boldsymbol{F}_2=2\text{kN}$，$\boldsymbol{F}_3=1\text{kN}$. F_1 于轴边长 3、4、5 的正六面体前棱边，$\boldsymbol{F}_2$ 在此六面体顶面对角上，$\boldsymbol{F}_3$ 则处于正六面体的斜角线上。试计算 $\boldsymbol{F}_1$、$\boldsymbol{F}_2$、$\boldsymbol{F}_3$ 三力在 x、y、z 轴上的投影。

5-2 如题 5-2 图所示，设在图中水平轮上 A 点作用一力 $\boldsymbol{F}$，其作用线与过 A 点的切线成 60°角，且在过 A 点而与 z 轴平行的平面内，而点 A 与圆心 O 的连线与通过 O 点平行于 y 轴的直线成 45°角。设 $\boldsymbol{F}=1000\text{N}$，$h=r=1\text{m}$。试求力 $\boldsymbol{F}$ 在三个坐标轴上投影及其对三个坐标轴的力矩。

5-3 如题 5-3 图所示为一挂物架，三杆的重量不计，用铰链连接于 O 点，平面 BOC 是水平的，且 $BO=CO$，角度如图。若在 O 点挂一重物，其重为 $\boldsymbol{G}=1000\text{N}$，求三杆所受的力。

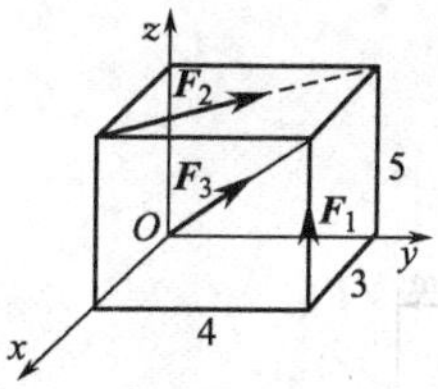

题 5-1 图

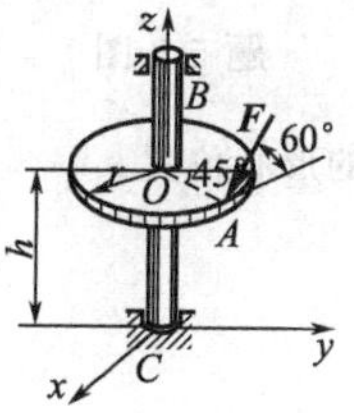

题 5-2 图

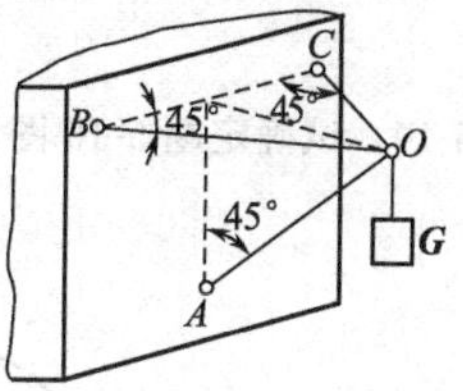

题 5-3 图

5-4 简易起重机如题 5-4 图所示，已知 $AD=BD=1\text{m}$，$CD=1.5\text{m}$，$CM=1\text{m}$，$ME=4\text{m}$，$MS=0.5\text{m}$，机身的重力 $\boldsymbol{G}_1=100\text{kN}$，起吊重物的重力 $\boldsymbol{G}_2=10\text{kN}$。试求 A、B、C 三轮对地面的压力。

5-5 如题 5-5 图所示，三轮平板车上作用有三个载荷，求三个车轮的法向反力。

5-6 如题 5-6 图所示，水平轴上装有两个凸轮，凸轮上分别作用有已知力 $\boldsymbol{P}=800\text{N}$ 和未知力 $\boldsymbol{F}$。若轴平衡，求力 F 和轴承反力。

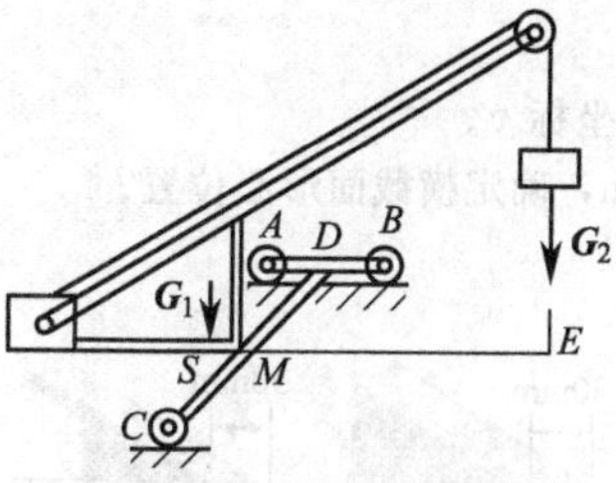

题 5-4 图

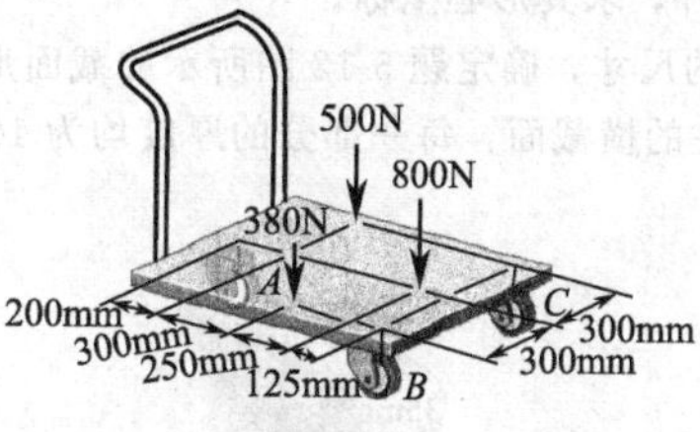

题 5-5 图

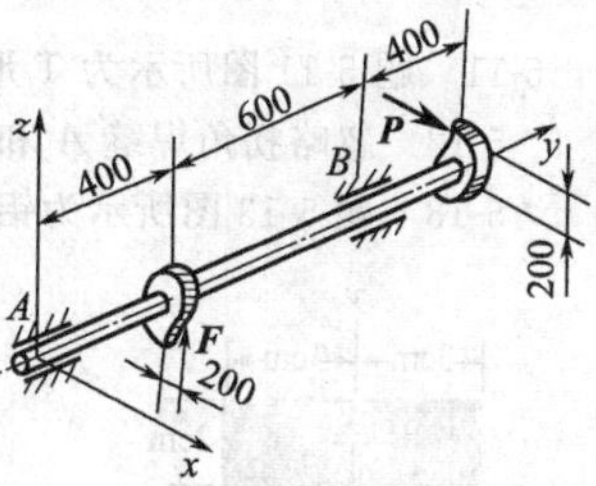

题 5-6 图

5-7 如题 5-7 图所示的 AB 轴上装有两个直齿轮，分度圆半径 $r_1=100\text{mm}$，$r_2=72\text{mm}$，啮合点分别在两齿轮最低与最高位置。在齿轮 1 上的径向力 $\boldsymbol{F}_1=0.575\text{kN}$，圆周力 $\boldsymbol{F}_1=1.58\text{kN}$。在齿轮 2 上的径向力 $\boldsymbol{F}_2=0.799\text{kN}$，试求当轴平衡时作用于齿轮 2 上的圆周力 $\boldsymbol{F}_2$ 及两轴承支反力。

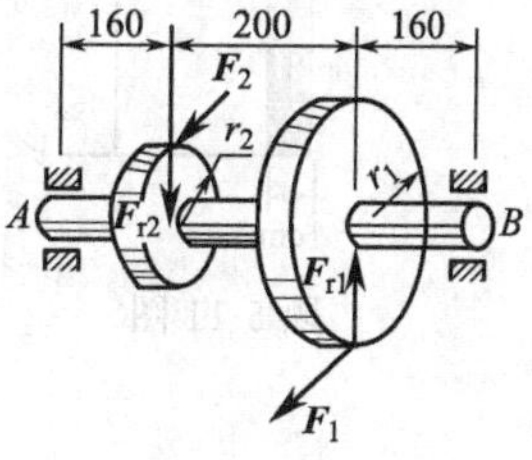

题 5-7 图

*5-8 如题 5-8 图所示电动机通过链条传动将重物匀速提起，已知 $r=10\text{cm}$，$R=20\text{cm}$，$\boldsymbol{G}=10\text{kN}$，链条与水平线成角 $\alpha=30°$，紧边链条拉力为 $\boldsymbol{T}_1$，松边链条拉力为 $\boldsymbol{T}_2$，且 $\boldsymbol{T}_1=2\boldsymbol{T}_2$。求轴承反力及链条的拉力。

5-9 如题 5-9 图所示的截面图形。试求该图形的形心位置（图中单位为 mm）。

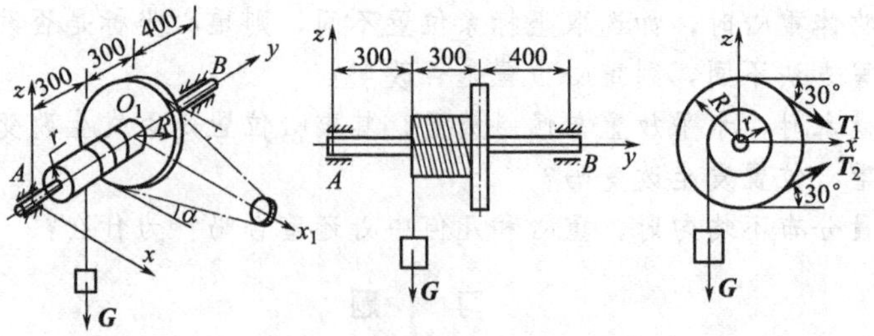

题 5-8 图

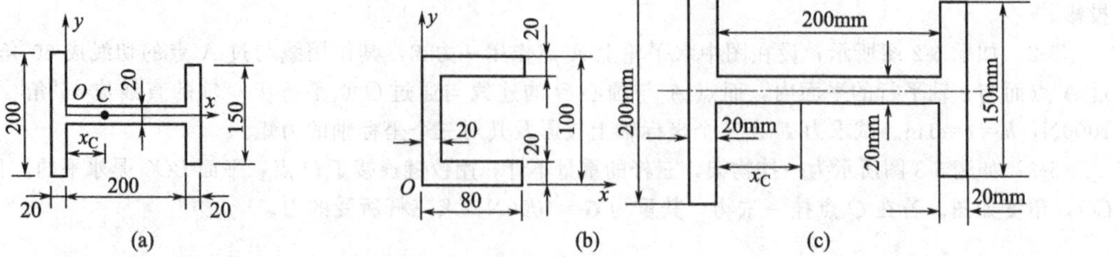

题 5-9 图

5-10　试确定题 5-10 图所示的平面图形的形心位置。

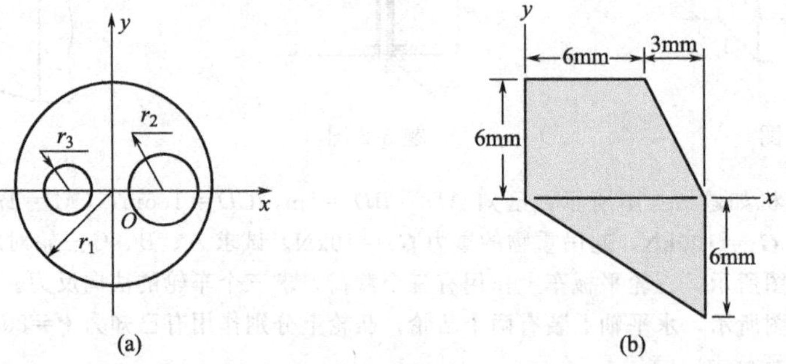

题 5-10 图

5-11　题 5-11 图所示为 T 形工件，求其形心坐标。

* 5-12　忽略拐角焊缝 A 和 B 的尺寸，确定题 5-12 图所示的截面形心坐标 $\bar{y}$。

* 5-13　题 5-13 图所示为铝支柱的横截面，每一部分的厚度均为 10mm，确定横截面形心位置。

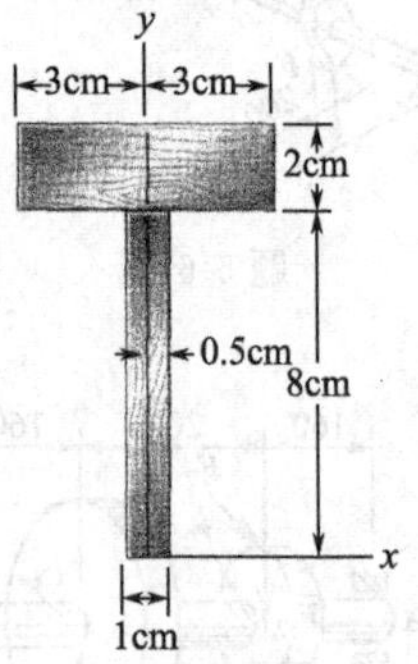

题 5-11 图

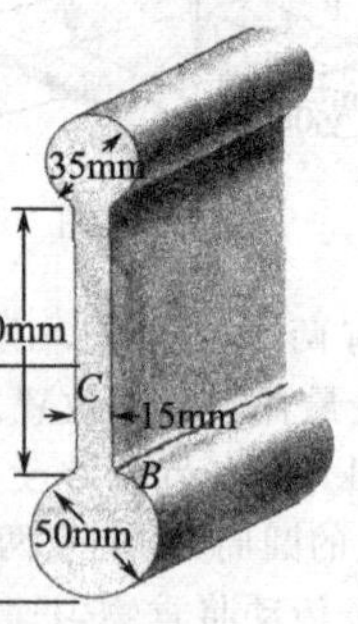

题 5-12 图

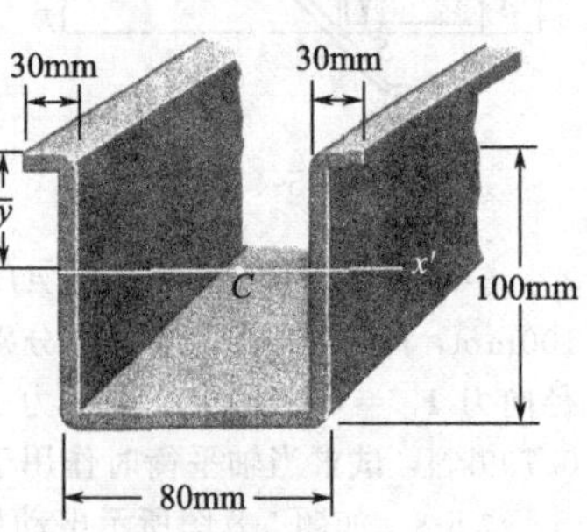

题 5-13 图

第二篇

材料力学基础

在第一篇静力学研究中，主要是研究力对物体作用的外效应。我们把物体假设为不变形的刚体，并对其进行了外力分析（画受力图）和计算，知道了作用在物体上所有外力的大小和方向。但在这些外力作用下，物体（构件）是否破坏，是否产生大于允许的变形，以及能否保持原有的平衡状态等问题，则需要利用材料力学的理论来解决。本篇我们将进行材料力学的研究。

一、材料力学的研究对象

1. 变形（固）体

机器和工程结构都由构件组成，亦即构件是组成机器和工程结构的最小单元。构件一般由固体材料制成，当机器或工程结构工作时，构件受到力的作用。任何构件受力后其形状和尺寸都会改变，并在力增加到一定程度时发生破坏。材料力学正是进一步研究构件的变形、破坏与作用在构件上的外力之间的关系的一门学科。这里，变形是一个重要的研究内容，因此我们在材料力学所研究的问题中，必须把构件如实地看作“变形固体”，简称为变形体。也正因为如此，“刚体”这一理想模型在材料力学中已不再适用。

2. 变形（固）体的两种变形

变形体的变形可分为两种：一种是除去外力后自行消失的变形，称为弹性变形；另一种是除去外力后不能消失的变形，称为塑性变形或永久性变形。例如，将一根弹簧拉长，当拉力不太大时，将拉力除去，弹簧可恢复到原有长度；但若拉力过大，则拉力除去后，弹簧的长度就不能完全恢复到原有长度，这时弹簧就产生了塑性变形。

3. 变形固体的基本假设

为便于理论分析和简化计算，在材料力学中对变形固体作了如下四个基本假设。

（1）连续性假设　即认为在物体的整个体积内毫无空隙地充满了构成该物体的物质。

（2）均匀性假设　即认为物体内各点的材料性质都相同，不随点的位置变化而改变。

（3）各向同性假设　即认为物体受力后，在各个方向上都具有相同的性质。

（4）小变形假设　即认为构件受力后所产生的变形与构件的原始尺寸相比小得多。

显然，这样的变形固体是很理想化的。然而采用这些基本假设，可使问题的分析和计算得到简化。例如，图Ⅱ-1 所示的情况下，尺寸和角度的变形量很小，根据小变形的假设，在进行平衡计算时不必考虑这种小变形的影响，仍然用原尺寸和角度。

实践证明，这些假设是符合实际的。

二、材料力学的任务

构件受力后，为确保能安全正常地工作，构件须满足以下要求。

（1）有足够的强度　保证构件在外力作用下不发生破坏。这就要求构件在外力作用下具有一定抵抗破坏的能力，称为构件的强度。

（2）有一定的刚度　保证构件在外力作用下不产生影响其工作的变形。构件抵抗变形的能力即为构件所具有的刚度。

（3）有足够的稳定性　有的构件，如某些细长构件在压力达到一定数值时，会失去原有形态的平衡而丧失工作能力，这种现象称为构件丧失了稳定。因此，对这一类构件还要考虑具有一定的维持原有形态平衡的能力，这种能力称为稳定性。

综上所述，为了确保构件正常工作，一般必须满足三方面要求，即构件应具有足够的强度、刚度和稳定性。

在构件设计中，除了上述要求外，还需要满足经济要求。构件的安全与经济是材料力学要解决的一对主要矛盾。

由于构件的强度、刚度和稳定性与构件材料的力学性能有关，而材料的力学性能必须通过实验来测定；此外，还有很多复杂的工程实际问题，目前尚无法通过理论分析来解决，必须依赖于实验，因此，实验研究在材料力学研究中是一个重要的方面。

由上可见，材料力学的任务是：在保证构件既安全又经济的前提下，为构件选择合适的材料，确定合理的截面和尺寸，提供必要的计算方法和实验技术。

三、材料力学主要研究构件中的杆件问题

生产实践中遇到的构件有各种不同的形状，按构件的几何形状分为杆、板和壳等。当构件的长度远大于横截面尺寸时，这类构件称为杆件（或简称为杆）（图Ⅱ-1）。

杆的各横截面形心的连线，称为杆的轴线。轴线为直线的杆，称为直杆［见图Ⅱ-2 (a)］。轴线为曲线的杆，称为曲杆［见图Ⅱ-2 (b)］。垂直于杆轴线的截面，称为杆的横截面。根据杆的各横截面相等或不相等分别称为等直杆［见图Ⅱ-2 (a)］和变截面杆［见图Ⅱ-2 (b)］。

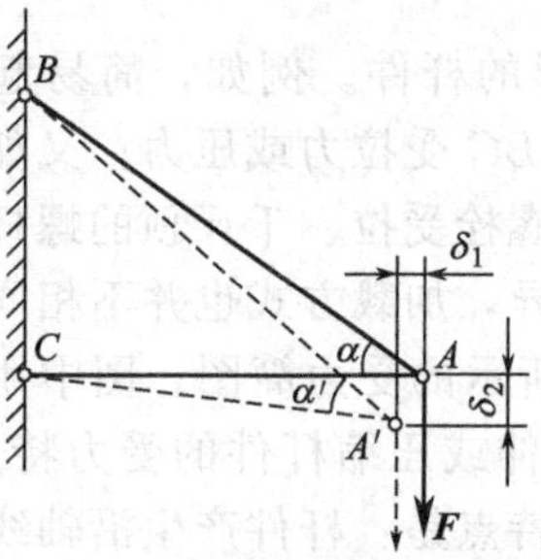

图Ⅱ-1

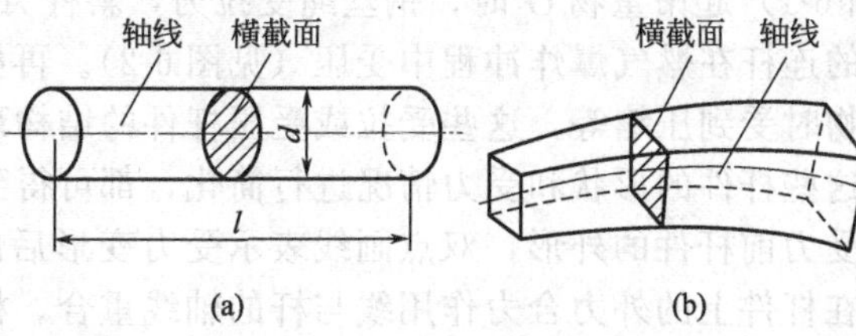

图Ⅱ-2

四、杆件变形的基本形式

杆件在外力作用下，将发生各种各样的变形，但基本变形有如下 4 种形式（见图Ⅱ-3)。

(1) 轴向拉伸及轴向压缩［见图Ⅱ-3 (a)、(b)］。

(2) 剪切［见图Ⅱ-3 (c)］。

(3) 扭转［见图Ⅱ-3 (d)］。

(4) 弯曲［见图Ⅱ-3 (e)］。

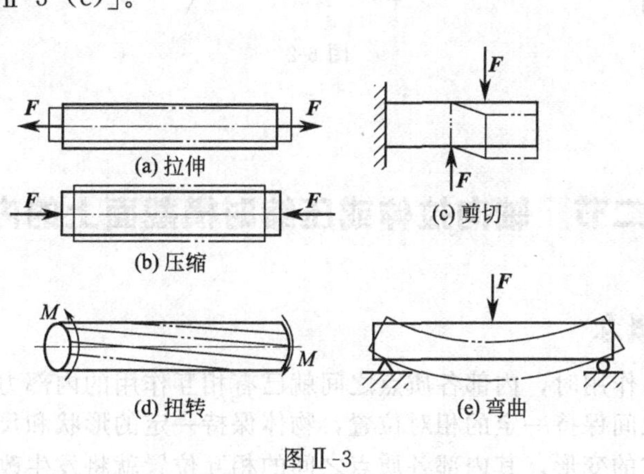

图Ⅱ-3

第六章

拉伸与压缩

第一节　轴向拉伸与压缩的概念及实例

工程实际中，经常遇到因外力作用而产生拉伸或压缩变形的杆件。例如，简易起重机（见图 6-1）起吊重物 G 时，钢丝绳受拉力，斜杆 AB、水平杆 BC 受拉力或压力；又如，内燃机的连杆在燃气爆炸冲程中受压（见图 6-2）。再如，紧固的螺栓受拉、千斤顶的螺杆在顶起重物时受到压缩等，这些受拉或受压杆件的结构形式各有差异，加载方式也并不相同，但若将这些杆件的形状和受力情况进行简化，都可得到如图 6-3 所示的受力简图。图中用实线表示受力前杆件的外形，双点画线表示受力变形后的形状。拉伸或压缩杆件的受力特点是：作用在杆件上的外力合力作用线与杆的轴线重合。杆件的变形特点是：杆件产生沿轴线方向的伸长或缩短。这种变形形式称为轴向拉伸［见图 6-3（a）］或轴向压缩［见图 6-3（b）］，简称为拉伸或压缩。

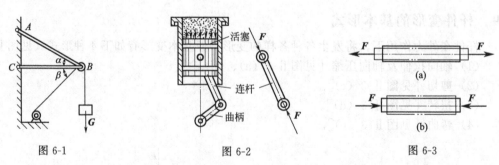

图 6-1

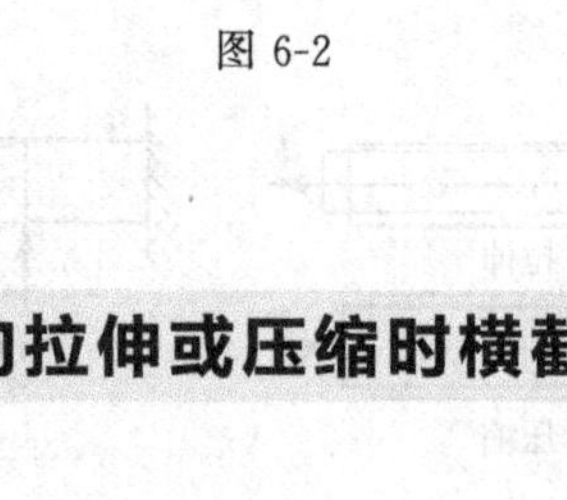

图 6-2

图 6-3

第二节　轴向拉伸或压缩时横截面上的内力

一、构件内力的概念

物体在未受外力作用时，内部各质点之间就已有相互作用的内部力，正因为这种内力的作用，使得各质点之间保持一定的相对位置，物体保持一定的形状和尺寸。当物体受到外力作用后，伴随着物体的变形，其内部各质点之间的相互位置就将发生改变。这时，物体的内力也有变化，即在原有的内力基础上又增添了新的内力，这种由于外力作用后引起的内力改变量（附加内力），称为内力。内力的分析计算是解决杆件的强度和刚度等问题的基础。

二、截面法、轴力

如图 6-4（a）所示，在杆的两端沿轴线方向受到一对拉力 $\boldsymbol{F}$ 的作用，使杆件产生拉伸变形。为了求得拉杆的任一横截面 $m—m$ 上的内力，可假想将此杆沿该横截面“截开”，分为左、右两部分，将其内力“暴露”出来。由于对变形固体作了连续性假设，所以杆件左、右两段在横截面 $m—m$ 上相互作用的内力是一个分布力系［见图 6-4（b）、（c）］，其合力为 $\boldsymbol{F}_{\mathrm{N}}$。在图中用 $\boldsymbol{F}_{\mathrm{N}}$（$\boldsymbol{F}'_{\mathrm{N}}$）表示被移去的右（左）段对留下的左（右）段的作用。由于原来的直杆处于平衡状态，所以截开后的各段仍然保持平衡，即作用于横截面 $m—m$ 上的内力的合力（简称内力）应与外力平衡。因此，可根据静力学平衡条件算出横截面 $m—m$ 上的内力。

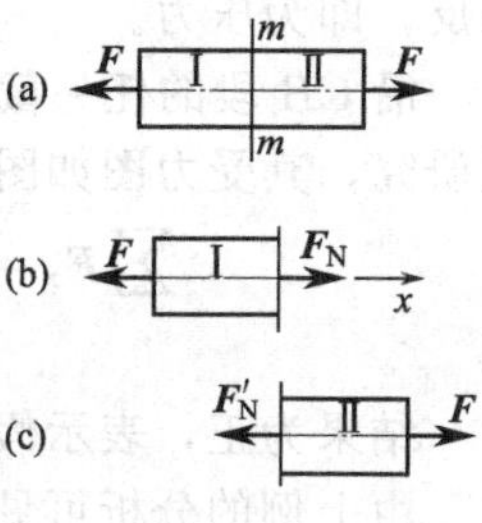

图 6-4

如果考虑左段杆［见图 6-4（b）］，由该部分的平衡方程 $\sum \boldsymbol{F}=0$，可得

$$\boldsymbol{F}_{\mathrm{N}}-\boldsymbol{F}=0$$

即

$$\boldsymbol{F}_{\mathrm{N}}=\boldsymbol{F}$$

如果考虑右段杆［见图 6-4（c）］，则可由该部分的平衡方程 $\sum \boldsymbol{F}=0$，得到

$$\boldsymbol{F}-\boldsymbol{F}'_{\mathrm{N}}=0$$

即

$$\boldsymbol{F}'_{\mathrm{N}}=\boldsymbol{F}$$

由此可见，不论考虑横截面的左侧还是右侧部分，得到的结果都是一致的。

由于 $\boldsymbol{F}_{\mathrm{N}}$（$\boldsymbol{F}'_{\mathrm{N}}$）和 $\boldsymbol{F}$ 的作用线与杆的轴线重合，故称为轴力。不过 $\boldsymbol{F}_{\mathrm{N}}$ 和 $\boldsymbol{F}'_{\mathrm{N}}$ 的符号却是相反的（因为它们是作用力与反作用力的关系），若还沿用静力学对于力的正负号的规定，则 $\boldsymbol{F}_{\mathrm{N}}$ 为正号，$\boldsymbol{F}'_{\mathrm{N}}$ 为负号。显然，在确定某一截面的内力时，仅仅因保留不同的侧面而出现符号的矛盾是不妥的。在材料力学的研究中，往往对内力的正负符号根据杆件变形情况进行人为规定。轴力正负号规定是：杆件被拉伸时，轴力的指向“离开”横截面，规定为正；杆件被压缩时，轴力则“指向”横截面，规定为负。有了这样的规定，不论考虑横截面的哪一侧，同一个截面上求得的轴力的正负号都相同。

轴力的单位为牛顿（N）或千牛顿（kN）。

这种假想地用一截面将杆件截开，从而揭示和确定内力的方法，称为截面法。

截面法包括下述三个步骤，即：

（1）假想截开　在需要求内力的截面处，假想用一平面将杆件截开成两部分。

（2）保留代换　将两部分中的任一部分留下，而将另一部分移去，并以作用在截面上的内力代替移去部分对留下部分的作用。

（3）平衡求解　对留下部分写出静力学平衡方程，即可确定作用在截面上的内力大小和方向。

由以上的讨论可知，用截面法求任一横截面上的内力，实质上与前面用平衡方程求杆件未知约束力的方法是一致的，只不过此处的约束力是内力。

三、轴力图

下面利用截面法分析较为复杂的拉（压）杆的内力。如图 6-5（a）所示的杆，由于在截面 C 处有外力，因而 AC 段和 CB 段的轴力将不相同，为此应分段分析。

利用截面法，沿 AC 段的任一截面 1—1 将杆切开成两部分，取左段来研究，其受力图如图 6-5（b）所示，由平衡方程

$$\sum F_x=0,\quad F_{N1}+2F=0$$

$$F_{N1}=-2F$$

结果为负值，表示所设 F_{N1} 的方向与实际受力方向相反，即为压力。

沿 CB 段的任一截面 2—2 将杆截开成两部分，取右段研究，其受力图如图 6-5（c）所示，由平衡方程

$$\sum F_x=0,\quad F-F_{N2}=0$$

得

$$F_{N2}=F$$

结果为正，表示假设 F_{N2} 为拉力是正确的。

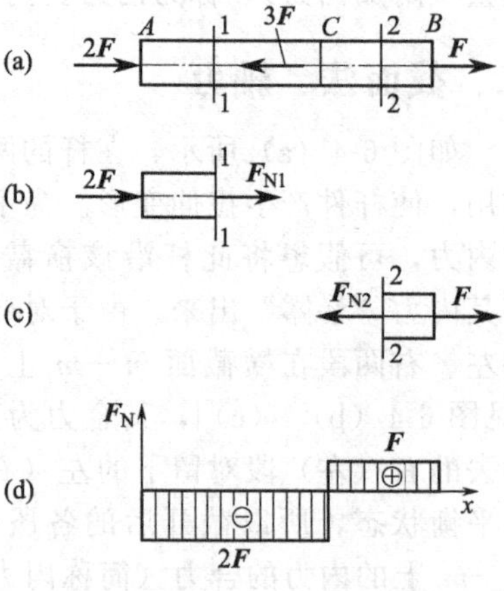

图 6-5

由上例的分析可见，杆件在受力较为复杂的情况下，各横截面的轴力是不同的。为了更直观、更形象地表示轴力沿杆轴线的变化情况，常采用图线法。作图时以沿杆轴线方向的坐标 x 表示横截面的位置，以垂直于杆轴线的坐标 F_N 表示轴力，这样，轴力沿杆轴的变化情况即可用图线表示，这种图称为轴力图。从该图上即可确定最大轴力的数值及所在截面的位置。习惯上将正值的轴力画在上侧，负值的轴力画在下侧。

上例的轴力图如图 6-5（d）所示。由图可见，绝对值最大的轴力在 AC 段内，其值为

$$|F_N|_{max}=2F$$

由此例可看出，在利用截面法求某截面的轴力或画轴力图时，我们总是在切开的截面上设出轴力 F_N，称为设正法，然后由 $\sum F_x=0$ 求出轴力 F_N。如 F_N 得正号说明轴力是正的（拉力），如得负号则说明轴力是负的（压力）。计算各段杆的横截面轴力时，采用设正法不易出现符号上的混淆。

第三节　轴向拉伸（压缩）时横截面上的应力

一、应力的概念

应用截面法仅能求得横截面上分布内力的合力，如拉（压）时，求出轴力 F_N 以后，还不能判断杆件会不会被拉断或被压坏，也就是说还不能断定杆件的强度是否满足要求。因为，对于用同一材料制成的杆件，如果轴力 F_N 虽大，但杆件横截面面积较大，则不一定破坏；反之，如果轴力 F_N 虽不很大，但若杆件很细（即横截面面积很小），也有可能被破坏。这是因为两杆横截面上内力的分布集度并不相同。因此，在研究拉（压）杆的强度问题时，应该同时考虑轴力 N 和横截面面积 A 两个因素，这就需要引入应力的概念。

所谓应力就是指作用在截面上各点的内力值，或者简单地说，单位面积上的内力称为应力。应力的大小反映了内力在截面上的集聚程度。应力的基本单位为牛顿/米²（N/m^2），又称为帕斯卡（简称帕，代号 Pa）。在实用中，Pa 这个单位太小，往往取 10^6Pa（即 MPa）；有时也可用 10^9Pa（即 1GPa）表示。

二、拉（压）杆截面上的应力

为了确定杆件拉（压）变形时内力在横截面上的分布，现取一等截面直杆，在其表面画许多与轴线平行的纵线和与轴线垂直的横线［见图 6-6（a）］，在两端施加一对轴向拉力 F

之后，我们发现，所有纵线的伸长都相等，而横线保持为直线，并仍与纵线垂直［见图 6-6（b）］。据此现象，如果把杆设想为无数纵向纤维组成，根据各纤维的伸长都相同，可知它们所受的力也相等［见图 6-6（c）］。于是，我们可做出如下假设：直杆在轴向拉（压）时横截面仍保持为平面，通常称为平面假设。根据这个“平面假设”可知，内力在横截面上是均匀分布的，若杆轴力为 $\boldsymbol{F}_N$，横截面面积为 A，则单位面积上的内力为

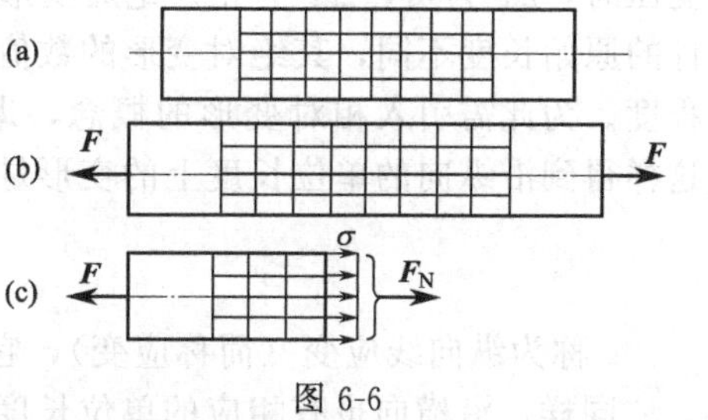

图 6-6

$$\sigma = \boldsymbol{F}_N / A \tag{6-1}$$

这就是横截面上的应力计算式。

由于轴力是垂直于横截面的，故应力 σ 也必垂直于横截面，这种垂直于横截面的应力称为正应力。其正负号的规定和轴力的符号一样，拉伸正应力为正号，而压缩正应力为负号。

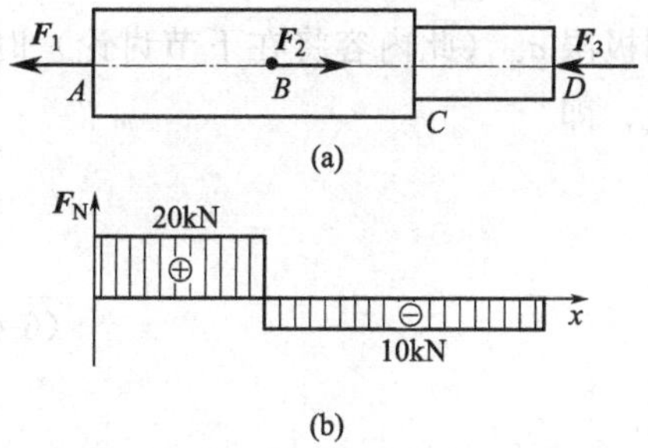

图 6-7

例 6-1　阶梯形钢杆受力如图 6-7（a）所示，已知，$\boldsymbol{F}_1 = 20\text{kN}$，$\boldsymbol{F}_2 = 30\text{kN}$，$\boldsymbol{F}_3 = 10\text{kN}$，$AC$ 段横截面面积为 400mm^2，CD 段横截面面积为 200mm^2。试绘制杆的轴力图，并求各段杆横截面上的应力。

解　(1) 绘制轴力图　如图 6-7（b）所示。

(2) 计算应力　由于杆件为阶梯形，各段横截面尺寸不同，且从轴力图中又知杆件各段横截面上的轴力也不相等，所以为使每一段杆件内部各个截面上的横截面面积都相等，轴力都相同，应将杆分成 AB、BC 和 CD 三段，分别进行计算。

AB 段　$$\sigma_{AB} = \frac{\boldsymbol{F}_{NAB}}{A_{AB}} = \frac{20 \times 10^3}{400}\text{MPa} = 50\text{MPa}(\text{拉应力})$$

BC 段　$$\sigma_{BC} = \frac{\boldsymbol{F}_{NBC}}{A_{BC}} = \frac{-10 \times 10^3}{400}\text{MPa} = -25\text{MPa}(\text{压应力})$$

CD 段　$$\sigma_{CD} = \frac{\boldsymbol{F}_{NCD}}{A_{CD}} = \frac{-10 \times 10^3}{200}\text{MPa} = -50\text{MPa}(\text{压应力})$$

第四节　轴向拉伸或压缩时的应变

一、变形和应变的概念

杆件在轴向拉伸和压缩时，所产生的变形是沿轴向伸长或缩短的。与此同时，杆的横截面各尺寸还会有缩小或增大。前者称为纵向变形，后者称为横向变形。这两种变形都是绝对变形。

设杆的原长为 l，直径为 d，受到拉伸后长度为 l_1，直径为 d_1，如图 6-8 所示。则绝对变形为：

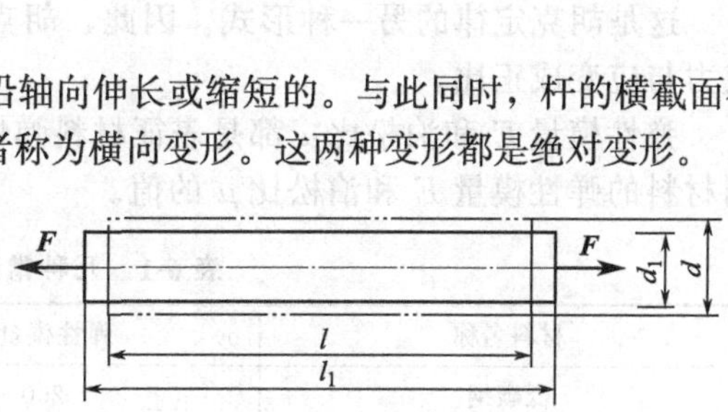

图 6-8

(1) 纵向变形：$\Delta l = l_1 - l$。

(2) 横向变形：$\Delta d = d_1 - d$。

杆件受拉时，Δl 为正，Δd 为负；杆件

受压时，Δl 为负，Δd 为正。绝对变形的单位是 mm。在相等的轴向拉（压）力作用下，杆件的原始长度不同，其绝对变形的数值也不一样，因此绝对变形不能确切地反映杆件的变形程度。为此需引入相对变形的概念，即将 Δl 除以杆件的原长 l，以消除原始长度的影响，这样得到沿纵向的单位长度上的变形量，即

$$\varepsilon=\frac{\Delta l}{l} \tag{6-2}$$

ε 称为纵向线应变（简称应变），它是一个无量纲的量。

同样，沿横向也有相应的单位长度上的变形量，即

横向应变
$$\varepsilon'=\frac{\Delta d}{d} \tag{6-3}$$

ε 和 ε' 的符号有正负之分：杆件受拉时，ε 为正，ε' 为负；杆件受压时，ε 为负，ε' 为正。ε 为量纲为一的量。

二、泊松比

实验表明，当拉（压）杆的应力不超过材料的比例极限 σ_p（此内容将在下节讨论）时，横向应变 ε' 与纵向应变 ε 之间成正比关系，且符号相反，即

$$\varepsilon'=-\mu\varepsilon$$

式中，μ 称为泊松比或横向变形系数，其值为

$$\mu=\left|\frac{\varepsilon'}{\varepsilon}\right| \tag{6-4}$$

μ 为量纲为一的量，其值随材料而异，由实验测定。

三、胡克定律

实验研究表明，在轴向拉伸（压缩）时，当杆件横截面上的正应力不超过某一限度时，杆件的绝对伸长（缩短）Δl 与轴力 $\boldsymbol{F}_N$ 及杆长 l 成正比，而与横截面面积 A 成反比，即

$$\Delta l \propto \frac{\boldsymbol{F}_N l}{A}$$

引进比例常数 E，则
$$\Delta l=\frac{\boldsymbol{F}_N l}{EA} \tag{6-5}$$

式（6-5）称为胡克定律。比例常数 E 称为材料的弹性模量。对同一种材料而言，E 为常数。弹性模量具有和应力相同的单位，常用 GPa 表示。分母 EA 为杆件的抗拉（压）刚度，它表示杆件抵抗拉伸（或压缩）变形能力的大小。

若将式（6-1）和式（6-2）代入式（6-5），可得

$$\sigma=E\varepsilon \tag{6-6}$$

这是胡克定律的另一种形式。因此，胡克定律又可简述为：若应力不超过某一限度时，应力与应变成正比。

弹性模量 E 和泊松比 μ 都是表征材料弹性的常数，可由实验测定。表 6-1 给出了几种常用材料的弹性模量 E 和泊松比 μ 的值。

表 6-1　几种常用材料的 E、μ 值

材料名称	弹性模量 E/GPa	泊松比 μ
低碳钢	200～210	0.25～0.33
16 锰钢	200～220	0.25～0.33

续表

材料名称	弹性模量 E/GPa	泊松比 μ
合金钢	190～220	0.24～0.33
灰铸铁、白口铸铁	115～160	0.23～0.27
可锻铸铁	155	
硬铝合金	71	0.33
铜及其合金	74～130	0.31～0.42
铅	17	0.42
混凝土	14.6～36	0.16～0.18
木材(顺纹)	10～12	
橡胶	0.08	0.47

例 6-2 M12 的螺栓（见图 6-9），内径 $d_1=10.1\text{mm}$，拧紧时在计算长度 $l=80\text{mm}$ 上产生的总伸长为 $\Delta l=0.03\text{mm}$。钢的弹性模量 $E=210\times10^9\text{N/m}^2$，试计算螺栓内的应力和螺栓的预紧力。

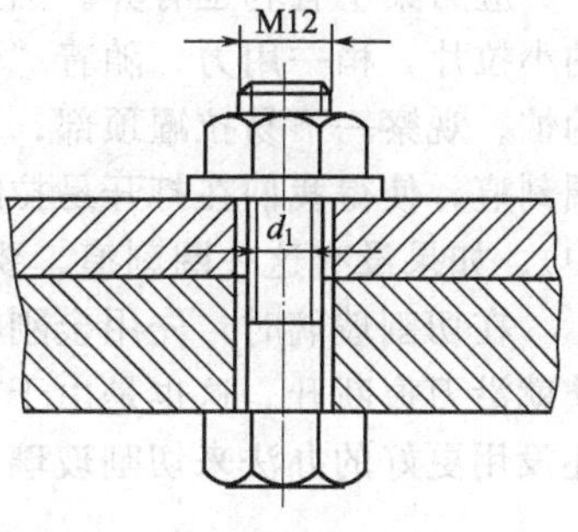

图 6-9

解 拧紧后螺栓的应变为

$$\varepsilon=\frac{\Delta l}{l}=\frac{0.03}{80}=0.00375$$

由胡克定律求出螺栓的拉应力为

$$\sigma=E\varepsilon=210\times10^9\times0.000375\text{N/m}^2=78.8\times10^6\text{N/m}^2$$

螺栓的预紧力为

$$\boldsymbol{F}=\sigma A=78.8\times10^6\times\frac{\pi}{4}\times(10.1\times10^{-3})^2\text{kN}=6.3\text{kN}$$

以上问题求解时，也可先由胡克定律的另一表达式求出预紧力（$\Delta l=\frac{F_N l}{EA}$），然后再由 $\boldsymbol{F}$ 计算应力 σ。

第五节 应力集中

一、应力集中现象

由上面计算得知，等截面直杆受轴向拉伸和压缩时，横截面上的应力是均匀分布的。但是工程上由于实际的需要，常在一些构件上钻孔、开槽以及制成阶梯形等，以致截面的形状和尺寸突然发生了较大的改变。由实验和理论研究表明，构件在截面突变处的应力不再是均匀分布的。例如，图 6-10(a) 所示开有圆孔的直杆受到轴向拉伸时，在圆孔附近的局部区域内，应力的数值剧烈增加，而在稍远的地方，应力迅速降低而趋于均匀。又如图 6-10(b) 所示具有明显粗细过渡的圆截面拉杆，在靠近粗细过

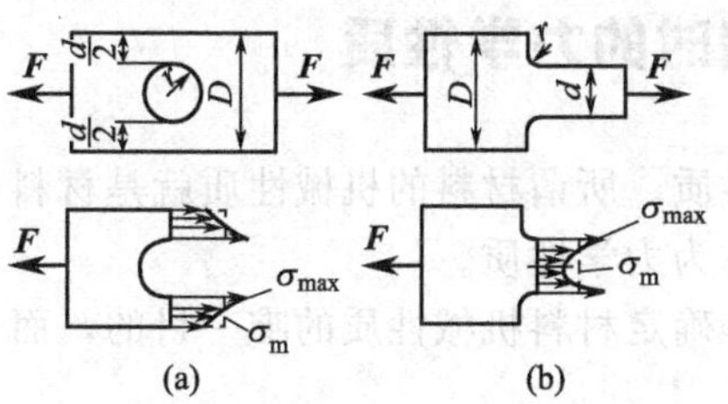

图 6-10

渡处应力很大，在粗细过渡的横截面上，其应力分布如图 6-10（b）所示。

在力学上，把物体上由于几何形状的局部变化，而引起该部分应力明显增高的现象，称为应力集中（stress concentration）。

二、理论应力集中系数

设发生应力集中的截面上的最大应力为 σ_{max}，同一截面上的平均应力为 σ_m，则比值 k 称为理论应力集中系数（theoretical stress concentration factor），即

$$k=\frac{\sigma_{max}}{\sigma_m} \tag{6-7}$$

k 是一个大于 1 的系数。它反映了应力集中的程度。

三、应力集中的利弊及其应用

应力集中有利也有弊。例如在生活中，若想打开金属易拉罐装饮料，只需用手拉住罐顶的小拉片，稍一用力，随着“砰”的一声，易拉罐便被打开了，这便是“应力集中”在帮你的忙。观察一下易拉罐顶部，可以看到在小拉片周围，有一小圈细长卵形的刻痕，正是这一圈刻痕，使得我们在打开易拉罐时，轻轻一拉便在刻痕处产生了很大的应力（产生了应力集中）。如果没有这一圈刻痕，要打开易拉罐就不容易了。

在切割玻璃时，先用金刚石刀在玻璃表面划一刀痕，再把刀痕两侧的玻璃轻轻一掰，玻璃就沿刀痕断开。这也是由于在刀痕处产生了应力集中。实践证明，不利用应力集中，目前还没用更好的办法来切割玻璃。

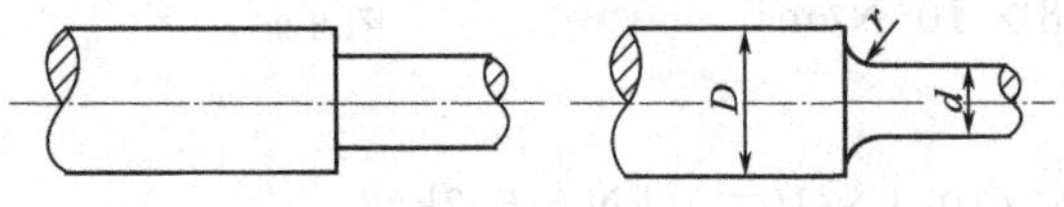

(a)　(b)

图 6-11

再如在生产中，圆轴是我们几乎处处能见到的一种构件，如汽车的变速箱里就有许多根传动轴。一根轴通常在某一段较粗，在某一段较细，若在粗细段的过渡处有明显的台阶，如图 6-11（a）所示，则在台阶的根部会产生比较大的应力集中，根部越尖锐，应力集中系数越大。所以在轴的粗、细过渡台阶处，尽可能作成光滑的圆弧过渡，如图 6-11（b）所示，这样可明显降低应力集中系数，提高轴的使用寿命。

材料的不均匀，以及材料中微裂纹的存在，也会产生应力集中，导致宏观裂纹的形成、扩展，直至构件的破坏。如何生产均匀、致密的材料，一直是材料科学家的奋斗目标之一。

在构件设计时，为避免几何形状的突然变化，尽可能做到光滑、逐渐过渡。构件中若有开孔，可对孔边进行加强（如增加孔边的厚度），开孔、开槽尽可能做到对称等，都可以有效地降低应力集中。

第六节　材料在拉伸或压缩时的力学性质

为了进行构件的强度计算，必须了解材料的机械性质。所谓材料的机械性质就是材料在受力过程中，在强度和变形方面所表现出的特性，也称为力学性质。

材料的机械性质，是通过试验得出的，试验不仅是确定材料机械性质的唯一目的，而且也是建立理论和验证理论的重要手段。

材料的机械性质，首先由材料的内因来确定，其次还与外因有关，如温度、加载速度

等。这里，主要介绍材料在常温（就是指室温）、静载（就是指加载速度缓慢平稳）情况下的拉伸和压缩试验所获得的机械性质。

一、拉伸时材料的机械性质

拉伸试验一般是在万能试验机上进行的。试验时采用标准件，如图 6-12 所示。通常将圆截面标准件的工作长度（也称标距）l 与其截面直径 d 的比例规定为

$$l=5d\text{（短试件）}\quad\text{或}\ l=10d\text{（长试件）}$$

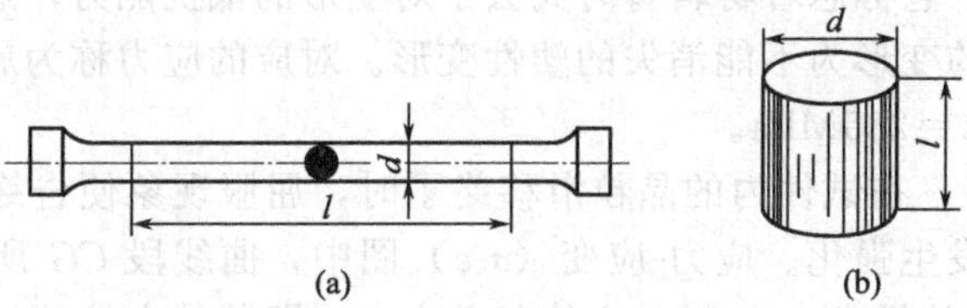

图 6-12

1. 低碳钢拉伸试验

低碳钢是指含碳量在 0.3% 以下的碳素结构钢。这类钢材在工程中使用较广，同时在拉伸试验中表现出的力学性能也最为典型。

低碳钢试件在拉伸试验过程中，标距范围内的伸长 Δl 与试件抗力（常称为“荷载”）之间的关系曲线如图 6-13（a）所示，该图习惯上称为拉伸图。

拉伸图的横坐标和纵坐标均与试件的几何尺寸有关，用同一材料做成的尺寸不同的试件，由拉伸试验所得到的拉伸图存在着量的差别。为了消除试件尺寸的影响，把拉力 $\boldsymbol{F}$ 除以试件横截面原始面积 A，得 $\sigma=\dfrac{F}{A}$；同时，把伸长量 Δl 除以标距的原始长度 l，得 $\varepsilon=\dfrac{\Delta l}{l}$，称此时的 σ 为名义正应力，ε 为名义线应变。经这种变换后，以 σ 为纵坐标、ε 为横坐标的曲线称为应力-应变图或 σ-ε 曲线［见图 6-13（b）］。

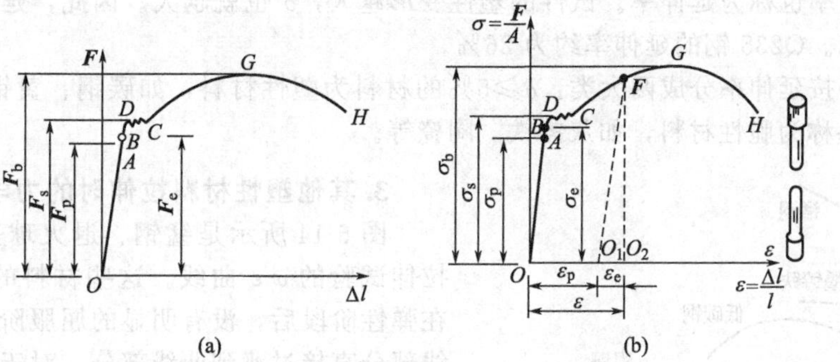

图 6-13

根据应力—应变图表示的试验结果，低碳钢拉伸过程可分成如下四个阶段。

（1）弹性阶段 OB　在这一阶段如果卸去载荷，变形即随之消失。也就是说，在载荷作用下所产生的变形是弹性的。弹性阶段对应的最高应力称为弹性极限，以 σ_e 表示。精密的测量表明，低碳钢在弹性阶段内工作时，只有当应力不超过另一个称为比例极限的 σ_p 值时，应力与应变才呈线性关系［见图 6-13（b）］中的斜直线 OA，即材料才服从胡克定律，有 $\sigma=E\varepsilon$。Q235 钢的比例极限 $\sigma_p=200\text{MPa}$。弹性极限 σ_e 与比例极限 σ_p 虽然意义不同，但它

们的数值非常接近，工程上通常不加以区别。

图 6-13（b）中直线 OA 的斜率为

$$\tan\alpha=\frac{\sigma}{\varepsilon}=E$$

即直线 OA 的斜率等于材料的弹性模量，从而可测得材料的弹性模量。

（2）屈服阶段 DC　应力超过弹性极限后，材料便开始产生不能消除的永久变形（塑性变形），随后在应力—应变图上便呈现一条大体水平的锯齿形线段 DC，即应力几乎保持不变而应变却大量增长，它标志着材料暂时失去了对变形的抵抗能力，这种现象称为屈服。材料在屈服阶段所产生的变形为不能消失的塑性变形。对应的应力称为屈服极限，以 σ_s 表示。Q235 钢的屈服极限 $\sigma_e=235\text{MPa}$。

（3）强化阶段 CG　在试件内的晶粒滑移终了时，屈服现象便告终止，试件恢复了继续抵抗变形的能力，即发生强化。应力-应变（σ-ε）图中，曲线段 CG 所显示的便是材料的强化阶段。σ-ε 图曲线上的最高点 G 所对应的名义应力，即试件在拉伸过程中所产生的最大抗力 F 除以初始横截面面积 A 的值，称为材料的强度极限 σ_b。对于 Q235 钢 $\sigma_b=400\text{MPa}$。

（4）局部变形阶段 GH　名义应力达到强度极限后，试件便会发生局部变形，即在某一横截面及其附近出现局部收缩即所谓“缩颈”的现象。在试件继续伸长的过程中，由于缩颈部分的横截面面积急剧缩小，试件对于变形的抗力因而减小，于是按初始横截面面积计算的名义应力随之减小。当缩颈处的横截面收缩到某一程度时，试件便断裂。

屈服极限 σ_s 和强度极限 σ_b 是低碳钢重要的强度指标。

2. 塑性指标

为了比较全面地衡量材料的力学性能，除了强度指标，还需要知道材料在拉断前产生塑性变形（永久变形）的能力。

工程上常用的塑性指标有断后伸长率 δ 和断面收缩率 φ。

断后伸长率 δ 表示试件拉断后标距范围内平均的塑性变形百分率，即

$$\delta=\frac{l_1-l}{l}\times 100\% \tag{6-8}$$

断后伸长率也称为延伸率。试件的塑性变形越大，δ 也就越大。因此，延伸率是衡量材料塑性的指标。Q235 钢的延伸率约为 26%。

工程材料按延伸率分成两大类：$\delta\geqslant5\%$的材料为塑性材料，如碳钢、黄铜、铝合金等；$\delta<5\%$的材料称为脆性材料，如灰铸铁、陶瓷等。

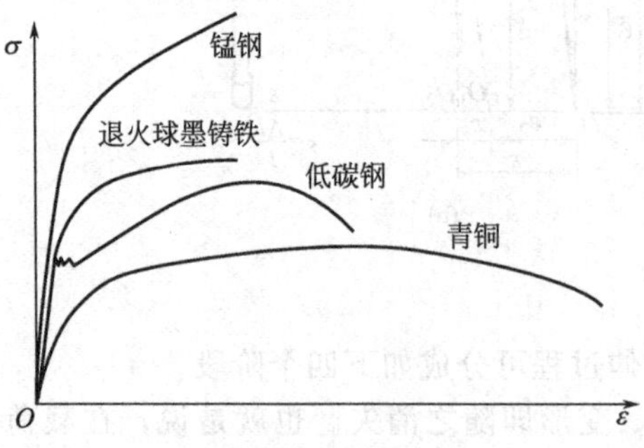

图 6-14

3. 其他塑性材料拉伸时的力学性能

图 6-14 所示是锰钢、退火球墨铸铁和青铜拉伸试验的 σ-ε 曲线。这些材料的最大特点是，在弹性阶段后，没有明显的屈服阶段，而是由直线部分直接过渡到曲线部分。对于这类能发生很大塑性变形，而又没有明显屈服阶段的材料，通常规定取试件产生 0.2%塑性应变所对应的应力作为屈服极限，称为名义屈服极限，用 $\sigma_{0.2}$ 表示（见图 6-15）。

4. 铸铁拉伸时的力学性能

灰口铸铁是典型的脆性材料，其 σ-ε 曲线是一段微弯曲线，如图 6-16（a）所示，没有明显的直线部分，没有屈服和颈缩现象，拉断前的应变很小，延伸率也很小。强度极

限 σ_b 是其唯一的强度指标。铸铁等脆性材料的抗拉强度很低，所以不宜作为受拉零件的材料。

在低应力下铸铁可看作近似服从胡克定律。通常取 σ-ε 曲线的割线代替这段曲线［见图 6-16（a）中的虚线］，并以割线的斜率作为弹性模量。

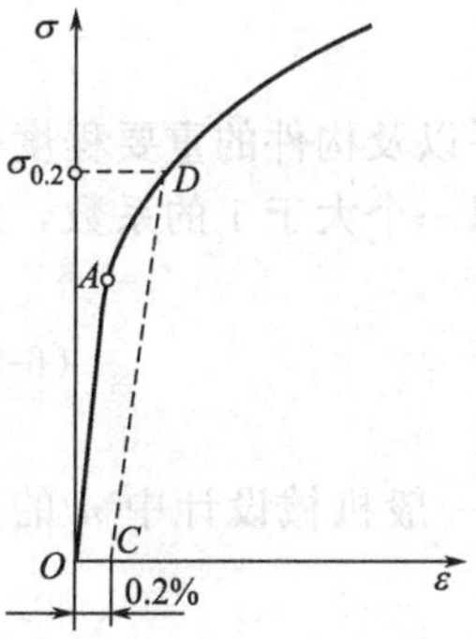

图 6-15

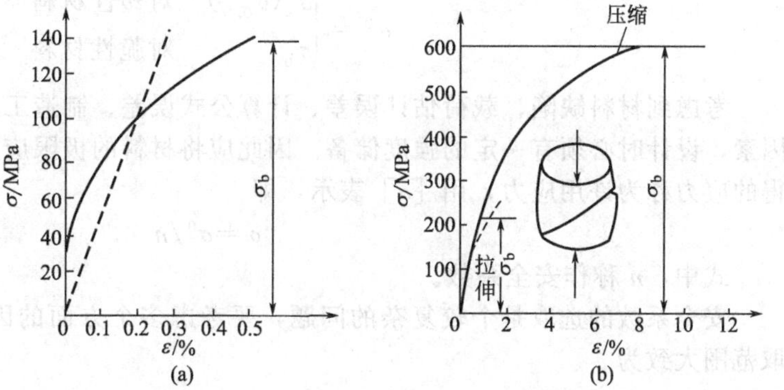

图 6-16

二、材料在压缩时的力学性能

金属材料的压缩试验时试件一般制成很短的圆柱，以免被压弯。圆柱高度约为直径的 1.5～3 倍。

1. 低碳钢压缩

压缩时的 σ-ε 曲线如图 6-17 所示。试验表明：低碳钢压缩时的弹性模量 E 和屈服极限 σ_s 都与拉伸时大致相同。应力超过屈服阶段以后，试件越压越扁，呈鼓形，横截面面积不断增大，试件抗压能力也继续增高。因而得不到压缩时的强度极限。因此，低碳钢的力学性能一般由拉伸试验确定，通常不必进行压缩试验。

对大多数塑性材料也存在上述情况。少数塑性材料，如铬钼硅合金钢，压缩与拉伸时的屈服极限不相同，这种情况下需做压缩实验。

2. 铸铁压缩

图 6-16（b）表示的是铸铁压缩时的 σ-ε 曲线。试件仍然在较小的变形下突然破坏，破坏断面的法线与轴线大致成 45°～55°的倾角。铸铁的抗压强度极限比它的抗拉强度极限高 4～5 倍。因此，铸铁广泛用于机床床身、机座等受压零（部）件。

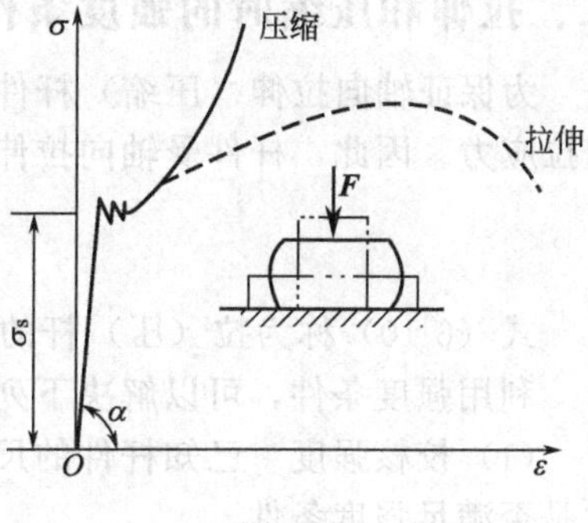

图 6-17

第七节 拉伸和压缩的强度计算

在对拉伸和压缩时的应力和材料在拉伸与压缩时的力学性能两个方面进行了研究之后，就可以对拉伸和压缩时杆件的强度计算以及与之相关的许用应力和安全系数等进行具体的讨论了。

一、安全系数和许用应力

对拉伸和压缩的杆件，塑性材料以屈服为破坏标志，脆性材料以断裂为破坏标志，因此，应选择不同的强度指标作为材料所能承受的极限应力 σ^0，即

$$\sigma^0=\begin{cases}\sigma_s(\sigma_{0.2}) & \text{对塑性材料}\\ \sigma_b & \text{对脆性材料}\end{cases}$$

考虑到材料缺陷、载荷估计误差、计算公式误差、制造工艺水平以及构件的重要程度等因素，设计时必须有一定的强度储备。因此应将材料的极限应力除以一个大于1的系数，所得的应力称为许用应力，用 $[\sigma]$ 表示，即

$$\sigma=\sigma^0/n \tag{6-9}$$

式中，n 称作安全系数。

安全系数的选取是个较复杂的问题，要考虑多个方面的因素。一般机械设计中 n 的选取范围大致为

$$n=\begin{cases}1.2\sim1.5 & \text{对塑性材料}\\ 2.0\sim4.5 & \text{对脆性材料}\end{cases}$$

脆性材料的安全系数一般要取得比塑性材料大一些。这是由于脆性材料的失效表现为脆性断裂，而塑性材料的失效表现为塑性屈服，两者的危险性显然不同。因此对脆性材料有必要多一些强度储备。

多数塑性材料拉伸和压缩时的 σ_s 相同，因此许用应力 $[\sigma]$ 对拉伸和压缩可以不加区别。

对脆性材料，拉伸和压缩的 σ_b 不相同，因而许用应力亦不相同。通常用 $[\sigma_L]$ 表示许用拉应力，用 $[\sigma_Y]$ 表示许用压应力。

二、拉伸和压缩时的强度条件

为保证轴向拉伸（压缩）杆件的正常工作，必须使杆件的最大工作应力不超过材料的许用拉应力。因此，杆件受轴向拉伸（压缩）时的强度条件为

$$\sigma_{max}=\frac{F_N}{A}\leqslant[\sigma] \tag{6-10}$$

式（6-10）称为拉（压）杆的强度条件。σ_{max} 所在的面称为危险截面。

利用强度条件，可以解决下列三种强度计算问题。

(1) 校核强度　已知杆件的尺寸、所受载荷和材料的许用应力，根据式（6-10）校核杆件是否满足强度条件。

(2) 设计截面　已知杆件所承受的载荷及材料的许用应力，由式（6-10）确定杆件所需的最小横截面面积。

(3) 确定承载能力　已知杆件的横截面尺寸及材料的许用应力，由式（6-10）确定杆件所能承受的最大轴力，然后由轴力即可求出结构的许用载荷。

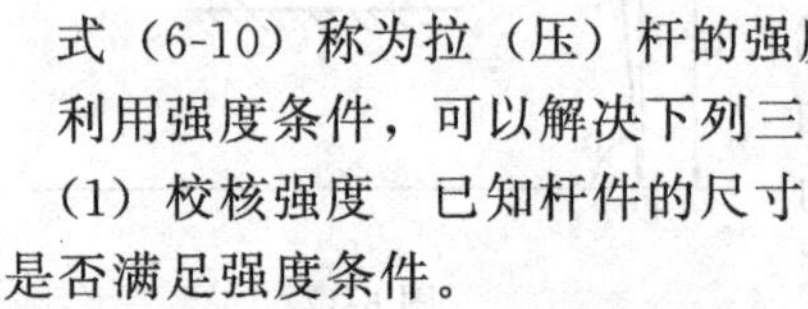

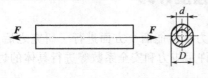

图 6-18

例 6-3　如图 6-18 所示的空心圆截面杆，外径 $D=20$mm，内径 $d=15$mm，承受轴向载荷 $F=20$kN 的作用，材料的屈服应力 $\sigma_s=235$MPa，安全系数 $n=1.5$。试校核杆的强度。

解　杆件横截面上的正应力为

$$\sigma=\frac{4F}{\pi(D^2-d^2)}=\frac{4\times20\times10^3}{\pi\times[20^2-15^2]}\text{MPa}=145\text{MPa}$$

根据式（6-9）可知，材料的许用应力为

$$[\sigma]=\frac{\sigma_s}{n}=\frac{235\text{MPa}}{1.5}=156\text{MPa}$$

可见，工作应力小于许用应力，说明杆件能够安全工作。

例 6-4 图 6-19 所示杆 $ABCD$，$\boldsymbol{F}_1=10\text{kN}$，$\boldsymbol{F}_2=18\text{kN}$，$\boldsymbol{F}_3=20\text{kN}$，$\boldsymbol{F}_4=12\text{kN}$，$AB$ 和 CD 段横截面积 $A_1=10\text{cm}^2$，BC 段横截面积 $A_2=6\text{cm}^2$，许用应力 $[\sigma]=15\text{MPa}$，校核该杆强度。

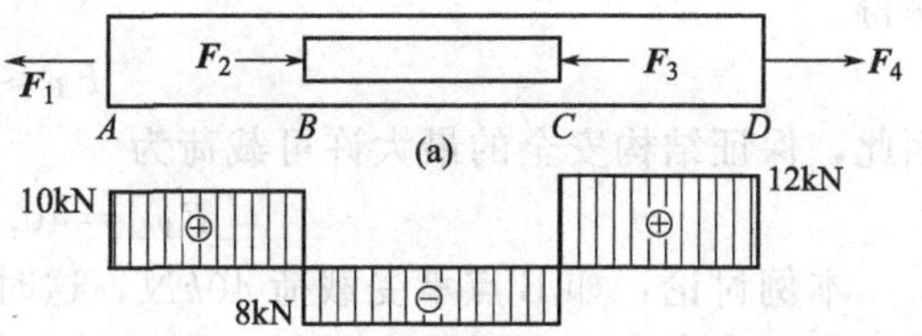

图 6-19

解 (1) 计算内力。

$$\boldsymbol{F}_{N1}=F_1=10\text{kN}$$

$$\boldsymbol{F}_{N2}=\boldsymbol{F}_1-\boldsymbol{F}_2=10\text{kN}-18\text{kN}=-8\text{kN}$$

轴力图如图 6-19（b）所示。

(2) 判定危险面。BC 段因面积最小，有可能是危险面；CD 段轴力最大，也有可能是危险面。故须两段都校核。下面分段进行校核。

BC 段 $$\sigma=\frac{\boldsymbol{F}_{N2}}{A_2}=\frac{8\times10^3}{6\times10^2}=13.3(\text{MPa})<[\sigma]$$

CD 段 $$\sigma=\frac{\boldsymbol{F}_{N3}}{A_1}=\frac{12\times10^3}{10\times10^2}=12(\text{MPa})<[\sigma]$$

两段应力都小于许用应力值，故满足强度条件，安全。

***例 6-5** 图 6-20（a）所示为一钢木结构。AB 为木杆，其横截面面积 $A_{AB}=10\times10^3\text{cm}^2$，许用应力 $[\sigma]_{AB}=7\text{MPa}$，杆 BC 为钢杆，其横截面面积 $A_{BC}=600\text{mm}^2$，许用应力 $[\sigma]_{BC}=160\text{MPa}$。求 B 处可吊的最大许可载荷 $[\boldsymbol{F}_P]$。

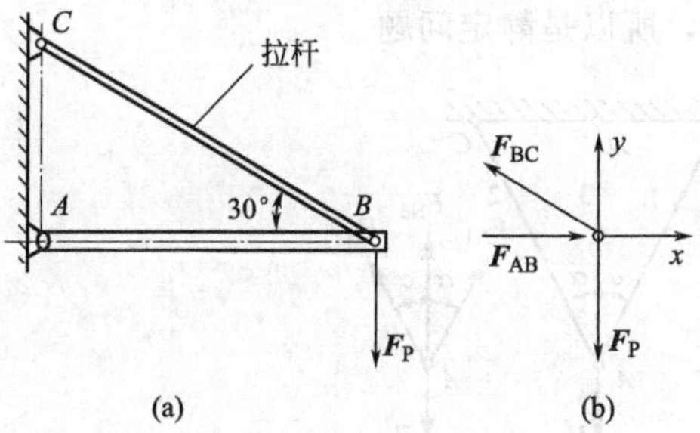

图 6-20

解 (1) 求 AB、BC 轴力。取铰链 B 为研究对象进行受力分析，如图 6-20（b）所示，AB、BC 均为二力杆，其轴力等于杆所受的力。由平衡方程

$$\sum\boldsymbol{F}_x=0,\quad \boldsymbol{F}_{AB}-\boldsymbol{F}_{BC}\cos30°=0$$

$$\sum\boldsymbol{F}_y=0,\quad \boldsymbol{F}_{BC}\sin30°-\boldsymbol{F}_P=0$$

由此可解得

$$\boldsymbol{F}_{BC}=\frac{\boldsymbol{F}_P}{\sin30°}=2\boldsymbol{F}_P$$

$$\boldsymbol{F}_{AB}=\boldsymbol{F}_{BC}\cos30°=2\boldsymbol{F}_P\times\frac{\sqrt{3}}{2}=\sqrt{3}\boldsymbol{F}_P$$

(2) 确定许可载荷。

根据强度条件，木杆内的许可轴力为

$$\boldsymbol{F}_{AB}\leqslant A_{AB}[\sigma]_{AB}$$

即

$$\sqrt{3}\boldsymbol{F}_P\leqslant10\times10^3\times10^{-6}\times7\times10^6$$

解得

$$F_P \leqslant 40.4\text{kN}$$

钢杆内的许可轴力为

$$F_{BC} \leqslant A_{BC}[\sigma]_{BC}$$

即

$$2F_P \leqslant 600\times10^{-6}\times160\times10^{6}$$

解得

$$F_P \leqslant 48\text{kN}$$

因此，保证结构安全的最大许可载荷为

$$[F_P]=40.4\text{kN}\approx40\text{kN}$$

本例讨论：如B点承受载荷 40kN，这时木杆的应力恰好等于材料的许用应力，但钢杆的强度则有富余。为了节省材料，同时减轻结构的质量，可重新设计：减小钢杆的横截面尺寸。

第八节　简单拉（压）超静定问题

一、拉（压）超静定问题的概念

在前面研究的杆件或杆系问题中，杆件或杆系的约束反力以及杆件的内力都能用静力平衡方程求得。这类问题称为静定问题。如图 6-21（a）所示的构架，由 AB 和 AC 两杆组成，节点 A 处有已知铅垂力 G 的作用。求两杆的未知内力时，可以选节点 A 为研究对象，画出受力图，按汇交力系的两个静力平衡方程得到解决，所以是静定问题。

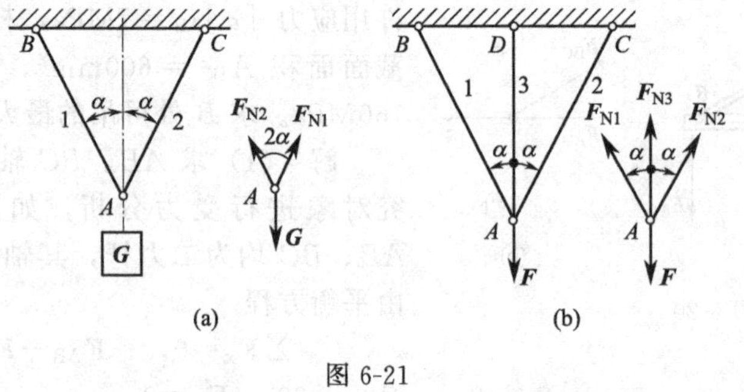

图 6-21

有时为了提高结构的强度和刚度，往往需要增加一些约束或杆件。例如，图 6-21（b）所示的构架由于增加了一根杆 3，使整个系统得到了加强。然而，这时的节点 A，其受力是由四个力组成的平面汇交力系。平面汇交力系有效的平衡方程式只有两个，无法求出三根杆件中的未知力 F_{N1}、F_{N2} 和 F_{N3}。对于这类拉（压）未知力数目超过独立的静力平衡方程数目，仅用平衡方程不能求解的问题，称为拉（压）静不定问题或超静定问题。由此可见，在静不定问题中，存在着多于维持静力平衡所必需的支座或杆件，习惯上称之为“多余”约束。

静不定问题未知力的数目，多于有效平衡方程的数目，二者之差称为静不定度。可见，图 6-21（b）所示结构为一度静不定。

二、简单拉（压）静不定问题的解法

求解静不定问题，除了根据静力平衡条件列出平衡方程外，还必须根据杆件变形之间的相互关系，即变形协调条件，列出变形的几何方程，再由力和变形之间的物理条件（如胡克定律）建立所需的补充方程。

下面通过一个简单的例子说明静不定问题的解法。

例 6-6　如图 6-22（a）所示，一平行杆系 1、2、3 悬吊着横梁 AB（AB 梁可视为刚体），在横梁上作用着载荷 $\boldsymbol{F}$，如果杆 1、2、3 的长度、截面面积、弹性模量均相同，分别设为 l、A、E。试求 1、2、3 三杆的轴力。

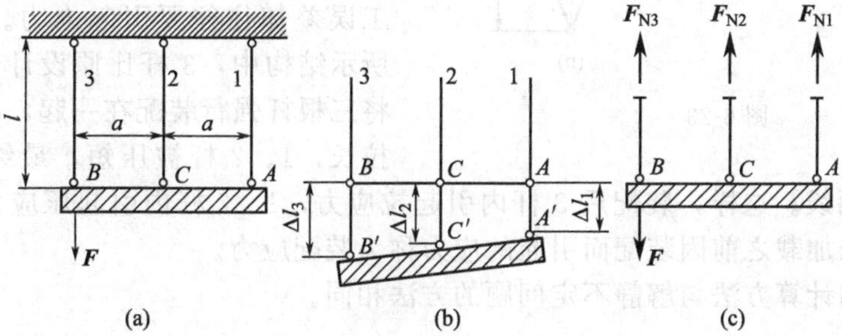

图 6-22

解　在载荷 $\boldsymbol{F}$ 作用下，假设一种可能变形，如图 6-22（b）所示，则此时杆 1、2、3 均伸长，其伸长量分别为 Δl_1、Δl_2、Δl_3，与之相对应，杆 1、2、3 的轴力分别为拉力，如图 6-22（c）所示。根据图 6-22（b）、(c)，可得以下方程。

（1）平衡方程为

$$\sum \boldsymbol{F}_y=0,\quad \boldsymbol{F}_{N1}+\boldsymbol{F}_{N2}+\boldsymbol{F}_{N3}-\boldsymbol{F}=0 \tag{a}$$

$$\sum M_B=0,\quad \boldsymbol{F}_{N1}\times 2a+\boldsymbol{F}_{N2}\times a=0 \tag{b}$$

在式（a）、式（b）中包含着 $\boldsymbol{F}_{N1}$、$\boldsymbol{F}_{N2}$、$\boldsymbol{F}_{N3}$ 三个未知力，故为一次超静定。

（2）变形几何方程为

$$\Delta l_1+\Delta l_3=2\Delta l_2 \tag{c}$$

（3）物理方程为

$$\Delta l_1=\frac{\boldsymbol{F}_{N1}l}{EA},\quad \Delta l_2=\frac{\boldsymbol{F}_{N2}l}{EA},\quad \Delta l_3=\frac{\boldsymbol{F}_{N3}l}{EA} \tag{d}$$

将式（d）代入式（c）中，即得所需的补充方程

$$\frac{\boldsymbol{F}_{N1}l}{EA}+\frac{\boldsymbol{F}_{N3}l}{EA}=2\frac{\boldsymbol{F}_{N2}l}{EA} \tag{e}$$

将式（a）、式（b）、式（d）三式联立求解，可得

$$\boldsymbol{F}_{N1}=-\frac{\boldsymbol{F}}{6},\quad \boldsymbol{F}_{N2}=\frac{\boldsymbol{F}}{3},\quad \boldsymbol{F}_{N3}=\frac{5\boldsymbol{F}}{6} \tag{f}$$

由此例题可以看出，假设各杆的轴力是拉力还是压力，要以假设的变形关系图中所反映的杆是伸长还是缩短为依据，两者之间必须一致，即变形与内力的一致性。

上述的求解方法步骤，对一般超静定问题都是适用的，可总结如下。

（1）根据静力学平衡条件列出应有的平衡方程。

（2）根据变形的协调关系列出变形几何方程（是关键）。

（3）根据力与变形的物理关系建立物理方程（一般是胡克定律）。将几何方程与物理方程相结合，得所需的补充方程。

（4）补充方程与平衡方程联立求解即可得全部解。

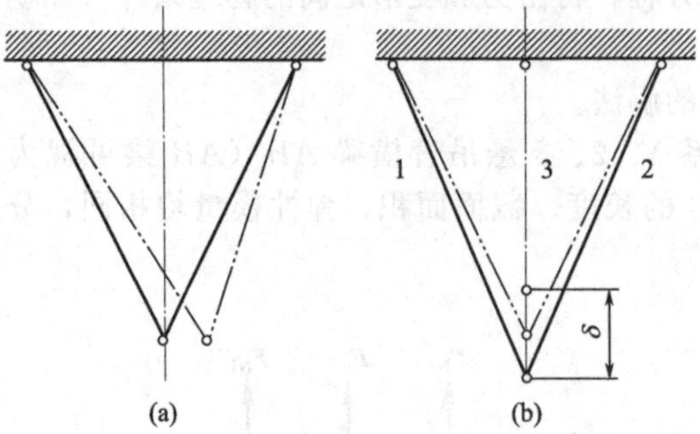

图 6-23

*三、装配应力

在机械制造和结构工程中，零件或构件尺寸在加工过程中存在微小误差是难以避免的。这种误差在静定结构中，只不过造成结构几何形状的微小改变，不会引起内力的改变［见图 6-23（a）］。但对静不定结构，加工误差却往往要引起内力。如图 6-23（b）所示结构中，3 杆比原设计长度短了 δ，若将三根杆强行装配在一起，必然导致 3 杆被拉长，1、2 杆被压短，最终位置如图 6-23（b）所示双点画线。这样，装配后 3 杆内引起拉应力，1、2 杆内引起压应力。在静不定结构中，这种在未加载之前因装配而引起的应力称为装配应力。

装配应力的计算方法与解静不定问题的方法相同。

*四、温度应力

温度变化将引起物体的膨胀或收缩。静定结构由于可以自由变形，温度均匀变化时不会引起构件的内力变化，所以也不会引起应力。但对静不定结构中，由于它具有多余约束，温度变化将引起内力的改变，从而引起应力。在静不定结构中，这种由温度变化而引起的应力称为温度应力或热应力。其值有时是很大的，因此，引起了工程中的足够重视。

温度应力的计算方法与解静不定问题的方法相同。不同之处在于杆件的变形应包括弹性变形和由温度引起的变形两部分。

***例 6-7** 如图 6-24（a）所示，AB 为一装在两个刚性支承间的杆件。设杆 AB 长 l，横截面面积为 A，材料的弹性模量为 E，线膨胀系数为 α。试求温度升高 ΔT 时杆内的温度应力。

解 温度升高以后，杆将伸长 Δl_T［见图 6-24（b）］，但因刚性支承的阻挡，使杆不能伸长，这就相当于在杆的两端加了压力。设两端的压力为 $\boldsymbol{F}_1$ 和 $\boldsymbol{F}_2$。

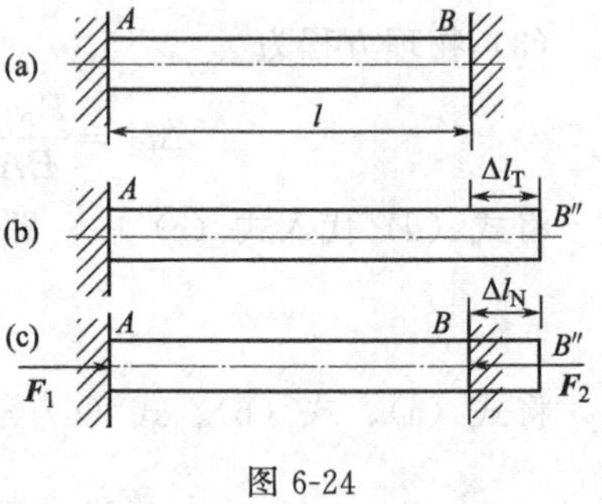

图 6-24

（1）平衡方程为

$$\boldsymbol{F}_1=\boldsymbol{F}_2=\boldsymbol{F} \tag{a}$$

两端压力虽相等，但 $\boldsymbol{F}$ 值未知，故为一次超静定。

（2）变形几何方程　因为支承是刚性的，故与这一约束情况相适应的变形协调条件是杆的总长度不变，即 $\Delta l=0$。但杆的变形包括由温度引起的变形和轴向压力引起的弹性变形两部分，故变形几何方程为

$$\Delta l=\Delta l_T-\Delta l_N=0 \tag{b}$$

式中，Δl_T 表示由温度升高引起的变形；Δl_N 表示由轴力 $\boldsymbol{F}_N$（$\boldsymbol{F}_N=\boldsymbol{F}$）引起的弹性变形。这两个变形都取绝对值。

（3）物理方程　利用线膨胀定律和胡克定律，可得

$$\Delta l_T=\alpha\times\Delta T\times l,\quad \Delta l_N=\frac{F_N l}{EA} \tag{c}$$

将式（c）代入式（b），可得温度内力为

$$F_N=\alpha\times E\times A\times\Delta T \tag{d}$$

由此得温度应力为

$$\sigma=\frac{F_N}{A}=\alpha\cdot E\cdot\Delta T \tag{e}$$

结果为正，说明假定杆受轴向压力是正确的。故该杆温度应力是压应力。

若杆的材料是钢，其 $\alpha=12.5\times10^{-6}1/℃$，$E=200\text{GPa}$，当温度升高 $\Delta T=40℃$时，杆内温度应力由式（e）算得为

$$\sigma=\alpha E\Delta T=12.5\times10^{-6}\times200\times10^{9}\times40\text{Pa}$$
$$=100\times10^{6}\text{Pa}=100(\text{MPa})(压应力)$$

由此数字可见温度应力是比较严重的。

为了避免过高的温度应力，在钢轨铺设时必须留有空隙；在热力管道中有时要增加伸缩节，如图 6-25 所示。

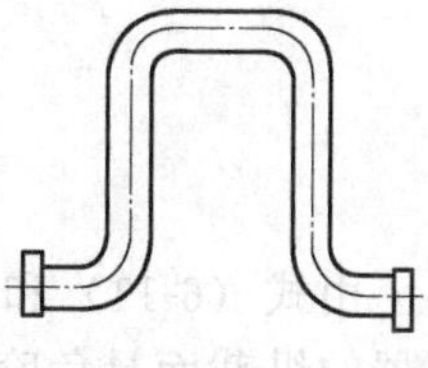

图 6-25

然而事物总是有两面性，有时却又要利用温度应力，也就是根据需要有意识地使其产生适当的热应力。如火车轮缘与轮毂在装配时需要紧配合，装配时将轮毂加热膨胀，使之内径增大，迅速压入轮缘中，这样轮缘与轮毂就紧紧地抱在了一起。工程上称之为是热应力配合。

五、静不定结构的特点

① 在静不定结构中，各杆的内力与该杆的刚度及各杆的刚度比值有关，任一杆件刚度的改变都将引起各杆内力的重新分配。

② 在静不定结构中温度变化或制造加工误差都将引起温度应力或装配应力。

③ 静不定结构的强度和刚度都有所提高。

*第九节　圆柱形薄壁容器的计算

圆柱形容器的壁厚小于半径的 1/20 时称为薄壁容器。储存气体和液体的容器，如锅炉、水塔、储气罐、输气（液）管道、油缸等都是圆柱形薄壁容器。本节只简单讨论这种薄壁容器的强度计算方法。

如图 6-26（a）所示为一圆柱形薄壁容器，其内直径为 D，壁厚为 δ，长度为 l。在内压 p(MPa）的作用下、容器的纵截面及横截面上都将产生拉伸应力。

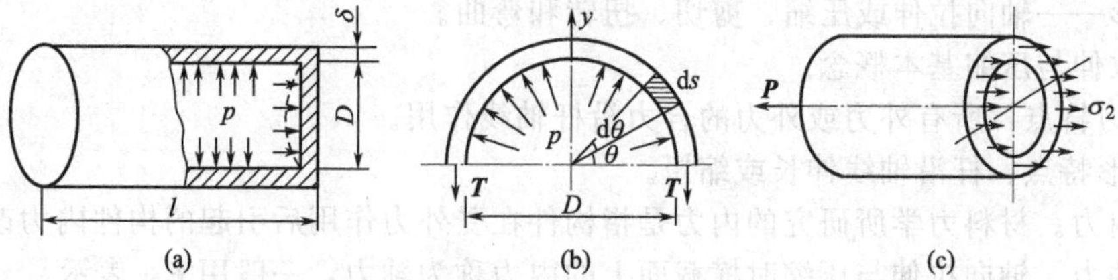

图 6-26

一、纵截面上的应力

用截面法将容器沿纵截面截开，将下部移走，取纵向一个单位长度的单元体，如图 6-26 (b) 所示。设纵截面上每边的拉力为 $\boldsymbol{T}$，由平衡方程式

$$\sum \boldsymbol{F}_y=0,\quad pD-2\boldsymbol{T}=0$$

$$\boldsymbol{T}=pD/2$$

所以

$$\sigma_1=\frac{\boldsymbol{T}}{A}=pD/(2\delta) \tag{6-11}$$

二、横截面上的应力

用截面法将容器沿横截面截开，如图 6-26 (c) 所示。设横截面上的应力为 σ_2。因壁厚很小，可以认为 σ_2 在横截面上是均匀分布的。压强 p 作用于筒底面的总作用力设为 $\boldsymbol{P}$，则

$$\sum \boldsymbol{F}_x=0,\quad \pi D\delta\sigma_2-\frac{\boldsymbol{P}\pi}{4d_2}=0$$

$$\sigma_2=pA_{底面}=\frac{\boldsymbol{P}\pi}{4d_2} \tag{6-12}$$

由式 (6-11) 和式 (6-12) 可以看出，纵截面上的应力比横截面上的应力大一倍，所以容器的纵截面是危险面，容器总是沿纵截面爆裂。故容器的强度条件为

$$\sigma_1=pD/(2\delta)\leqslant[\sigma] \tag{6-13}$$

例 6-8 某轮船上的主压缩空气瓶，壁厚为 $\delta=30$mm，气瓶的内直径为 1520mm，材料的许用应力 $[\sigma]$ =120MPa，气瓶的压强为 3×10^3kPa。试校核气瓶的强度。

解 由强度条件式 (6-13)，有

$$\sigma_1=pD/(2\delta)=3\times1.52/(2\times0.03)=76\times10^3\leqslant[\sigma]=120(\text{MPa})$$

所以该气瓶强度是安全的。

本章小结

本章及第二篇的引言，较全面地阐述了材料力学的基本概念、基本内容和基本方法，内容丰富，是材料力学的基础。对这些知识掌握的情况如何，将直接影响以下各章的学习。因此，对这部分知识的学习应予以高度重视。

(1) 材料力学是研究构件的变形、破坏与作用在构件上的外力之间的关系的一门学科。这里，变形是一个重要的研究内容，因此在材料力学所研究的问题中，把构件看作“变形固体”，简称为变形体。

(2) 材料力学研究中对变形固体作了四个基本假设。采用这些基本假设，可使问题的分析和计算得到简化。

(3) 材料力学主要研究构件中的杆件问题，杆件由于外力作用方式不同，将发生四种形式基本变形——轴向拉伸或压缩、剪切、扭转和弯曲。

(4) 拉伸与压缩基本概念。

① 受力特点：所有外力或外力的合力沿杆轴线作用。

② 变形特点：杆沿轴线伸长或缩短。

(5) 内力。材料力学所研究的内力是指构件在受外力作用后引起的构件内力改变量。

(6) 轴力。轴向拉伸与压缩时横截面上的内力称为轴力，一般用 $\boldsymbol{F}_N$ 表示。

(7) 应力。单位面积上的内力称为应力，它反映了杆件受力后内力在截面上的集聚程

度。应力通常分解为垂直截面的正应力 σ 和沿截面的切应力 τ。

拉（压）杆件横截面上只有正应力，且正应力沿横截面均匀分布，截面上任意点的应力为

$$\sigma=\frac{\boldsymbol{F}_{\mathrm{N}}}{A}$$

(8) 应变。应变为单位长度的伸长或缩短。杆轴向拉伸或压缩时，轴向的应变称为纵向线应变；横向的应变称为横向线应变。

纵向线应变 $$\varepsilon=\frac{\Delta l}{l}$$

横向线应变 $$\varepsilon'=\frac{\Delta b}{b}$$

(9) 泊松比。对于同一种材料，当应力不超过比例极限时，横向线应变与纵向线应变之比的绝对值为常数。比值称为泊松比，即

$$\mu=\left|\frac{\varepsilon'}{\varepsilon}\right|$$

(10) 胡克定律。当杆件横截面上的正应力不超过比例极限时，杆件的伸长量 Δl 与轴力 $\boldsymbol{F}_{\mathrm{N}}$ 及杆原长 l 成正比，与横截面面积 A 成反比，同时与材料的性能有关，即

$$\Delta l=\frac{\boldsymbol{F}_{\mathrm{N}}l}{EA}$$

胡克定律的另一种表达形式为 $$\sigma=\varepsilon E$$

(11) 轴向拉（压）杆的强度计算。

① 强度条件为 $$\sigma=\frac{\boldsymbol{F}_{\mathrm{N}}}{A}\leqslant[\sigma]$$

② 强度条件可解决工程中的三类问题：强度校核、设计截面尺寸、确定许可载荷。

(12) 材料的力学性能。材料通常分为塑性材料（$\sigma\geqslant5\%$）和脆性材料（$\sigma<5\%$）。塑性材料抗拉、抗压性能基本相同，而脆性材料抗压性能大大优于抗拉性能，因此常用作承压构件。

材料的主要力学性能指标如下。

① 强度指标——屈服极限 σ_{s}（$\sigma_{0.2}$）、强度极限 σ_{b}。

② 刚度指标——弹性模量 E、泊松比 μ。

③ 塑料指标——断后延伸率 δ、断面收缩率 ψ。

(13) 拉（压）静不定结构的概念及解法。拉（压）结构中，未知力数目超过结构独立的静力平衡方程数目，仅用平衡方程不能求解的问题，称为拉（压）超静定问题或静不定问题。求解静不定问题必须通过建立相应所需的补充方程，与原结构的静力平衡方程联立求解。

思考题

1. 什么是弹性变形？什么是塑性变形？
2. 在材料力学中的对所研究的杆件作了哪些基本假设？有何意义？
3. 何谓杆件？杆件由于外力作用方式不同，将发生哪些基本变形？
4. 轴向拉（压）的受力特点和变形特点是什么？什么叫内力？
5. 何谓截面法？用截面法求内力的方法和步骤如何？
6. 什么叫轴力？轴力的正负号是怎样规定的？

7. 若两根材料和截面面积都不同的拉杆受相同的轴向拉力作用，它们的内力是否相同？
8. 轴力和截面面积相等而截面形状和材料不同的拉杆，它们的应力是否相等？
9. 如何衡量材料的塑性指标？用什么指标来区分塑性材料和脆性材料？
10. 工作应力、许用应力和危险应力有什么区别？它们之间又有什么关系？
11. 根据轴向拉伸（压缩）时的强度条件，可以计算哪三种不同类型的强度问题？

习　题

6-1　试求题 6-1 图所示 1—1、2—2、3—3 截面上的轴力。

6-2　试求题 6-2 图所示各杆 1—1、2—2、3—3 截面上的轴力，并画出轴力图。

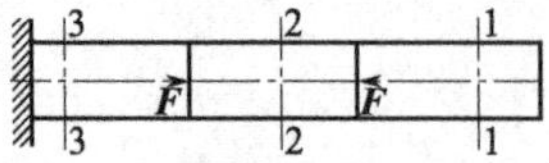

题 6-1 图

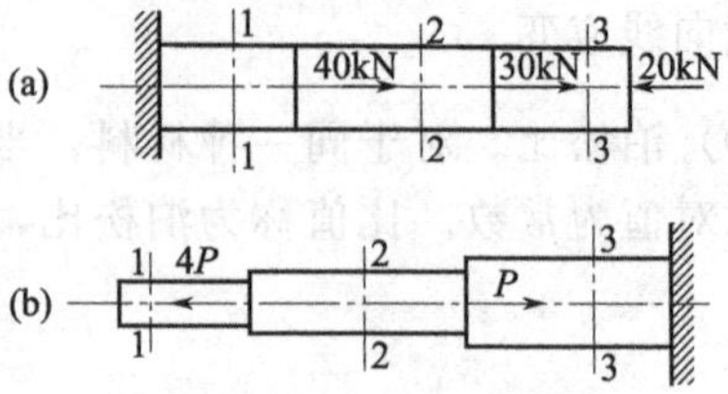

题 6-2 图

6-3　阶梯形钢杆如题 6-3 图所示，AC 段横截面面积 $A_1=400\text{mm}^2$，CD 段横截面面积 $A_2=200\text{mm}^2$，材料的弹性模量 $E=2\times10^5\,\text{MPa}$。求该阶梯形钢杆在图示外力作用下的总变形量。

6-4　试求题 6-4 图所示钢杆各段内横截面上的应力和杆的总变形。设杆的横截面面积等于 1cm^2，钢的弹性模量 $E=200\text{GN/m}^2$。

6-5　作用于题 6-5 图所示零件上的拉力 $\boldsymbol{P}=38\text{kN}$，试问零件内最大拉应力发生于哪个截面上？并其求值。

6-6　链条由两层钢板组成（题图 6-6），每层钢板厚度 $t=4.5\text{mm}$，宽度 $H=65\text{mm}$，$h=40\text{mm}$，钢板材料许用应力 $[\sigma]=80\text{MPa}$，若链条的拉力 $\boldsymbol{P}=25\text{kN}$，校核它的拉伸强度。

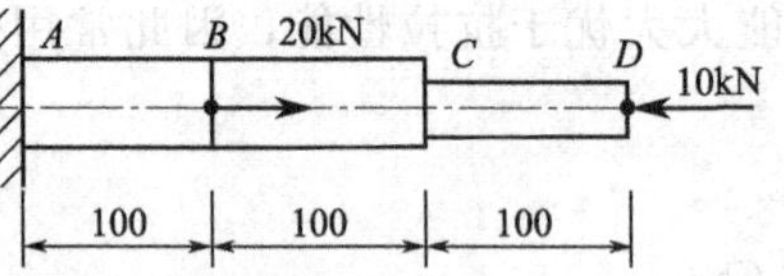

题 6-3 图

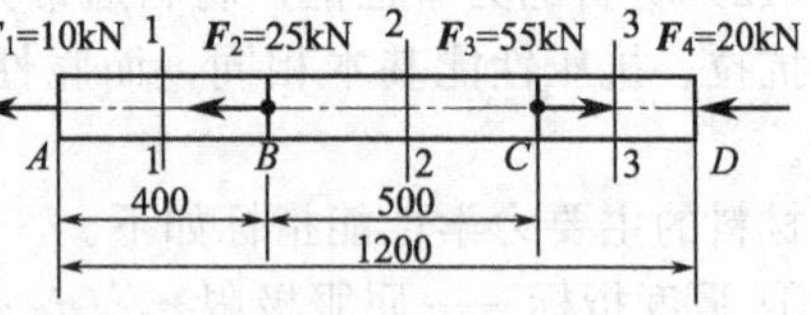

题 6-4 图

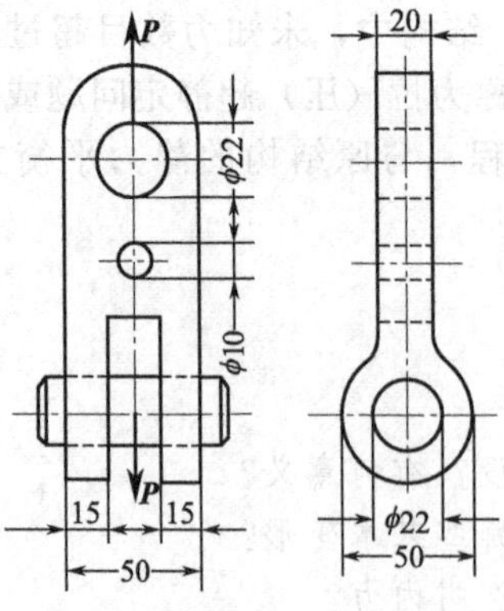

题 6-5 图

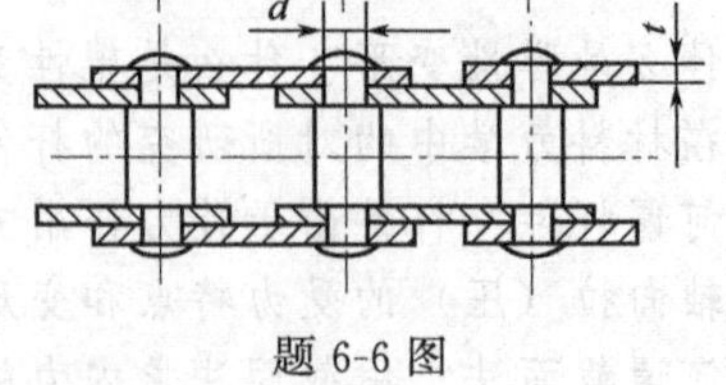

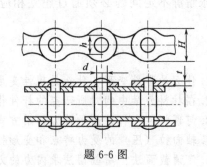

题 6-6 图

6-7 题 6-7 图所示滑轮最大起吊重量为 300kN，材料为 20 钢，许用应力 $[\sigma]=44\text{MPa}$，求上端螺纹内径 d。

6-8 题 6-8 图所示结构中，刚性杆 AC 受到均布载荷 $q=20\text{kN/m}$ 的作用。若钢制拉杆 AB 的许用应力 $[\sigma]=150\text{MPa}$，试求其所需的横截面面积。

6-9 题 6-9 图所示为一手动压力机，在物体 C 上所加最大压力为 150kN，已知手动压力机的立柱 A 和螺杆 B 所用材料为 Q235 钢，许用应力 $[\sigma]=160\text{MPa}$。

(1) 试按强度要求设计立柱 A 的直径 D。

(2) 若螺杆 B 的内径 $d=40\text{mm}$，试校核其强度。

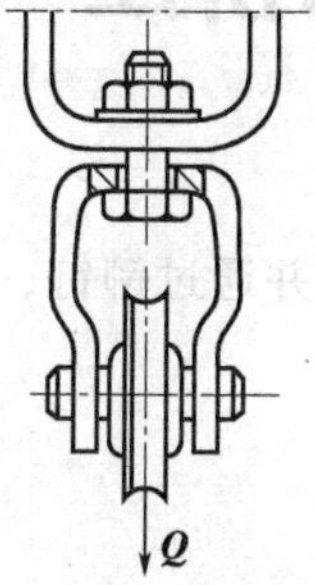

题 6-7 图

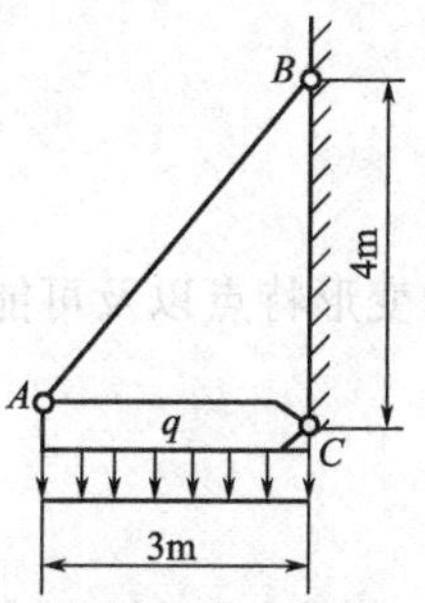

题 6-8 图

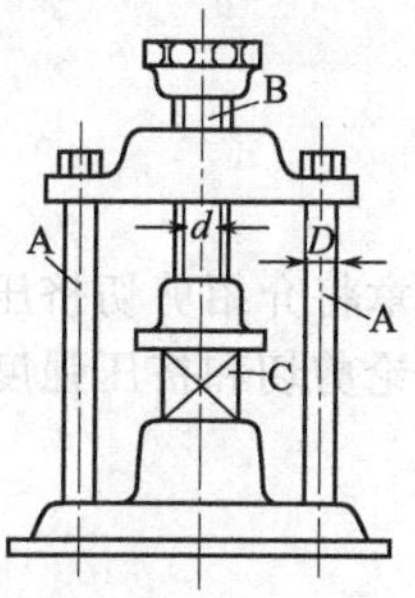

题 6-9 图

6-10 题 6-10 图所示三角形构架中，杆 AB 和 BC 都是圆截面的，杆 AB 直径 $d_1=20\text{mm}$，杆 BC 直径 $d_2=40\text{mm}$，两者都由 Q235 钢制成。设重物的重量 $\boldsymbol{P}=20\text{kN}$，钢的许用应力 $[\sigma]=160\text{MPa}$，问此构架是否满足强度条件。

6-11 题 6-11 图所示简易吊车中，BC 为钢杆，AB 为木杆。木杆 AB 的横截面面积 $A_1=100\text{cm}^2$，许用应力 $[\sigma]=7\text{MPa}$，钢杆 BC 的横截面面积 $A_1=6\text{cm}^2$，许用应力 $[\sigma]=60\text{MPa}$。试求许可吊重 $\boldsymbol{F}$。

*6-12 题 6-12 图所示刚性杆 AB 重 35kN，挂在三根等长度、同材料钢杆的下端。各杆的横截面面积分别为 $A_1=1\text{cm}^2$、$A_2=1.5\text{cm}^2$、$A_3=2.25\text{cm}^2$。试求各杆的应力。

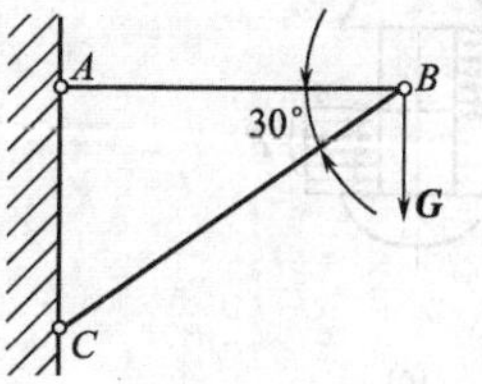

题 6-10 图

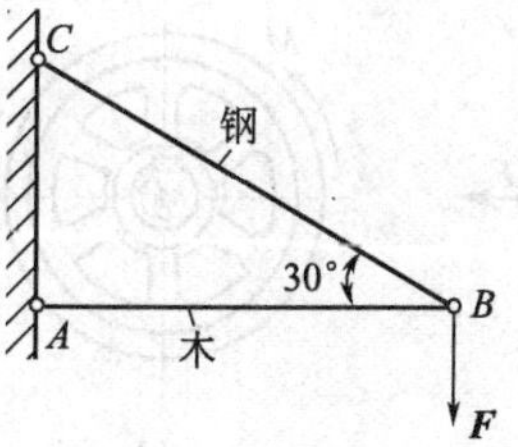

题 6-11 图

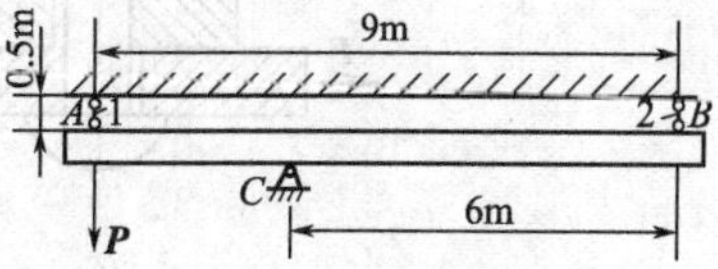

题 6-12 图

第七章

剪切和挤压

本章将介绍剪切挤压构件的受力和变形特点以及可能的破坏形式，并通过铆钉、键等连接件讨论剪切和挤压强度计算。

第一节　剪切和挤压的概念

工程中构件之间起连接作用的构件称为连接件，它们担负着传递力或运动的任务。如图7-1(a)、(b) 所示的铆钉和键。将它们从连接部分取出［见图7-1(c)、(d)］，加以简化便得到剪切的受力和变形简图［见图7-1(e)、(f)］。由图可见，剪切的受力特点是：作用在杆件上的是一对等值、反向、作用线相距很近的横向力（即垂直于杆轴线的力）。剪切的变形特点是：在两横向力之间的横截面将沿力的方向发生相对错动。杆件的这种变形称为剪切变形，发生相对错动的截面称为剪切面，如图7-1(c)、(d)、(f) 中的 $m—m$ 横截面。

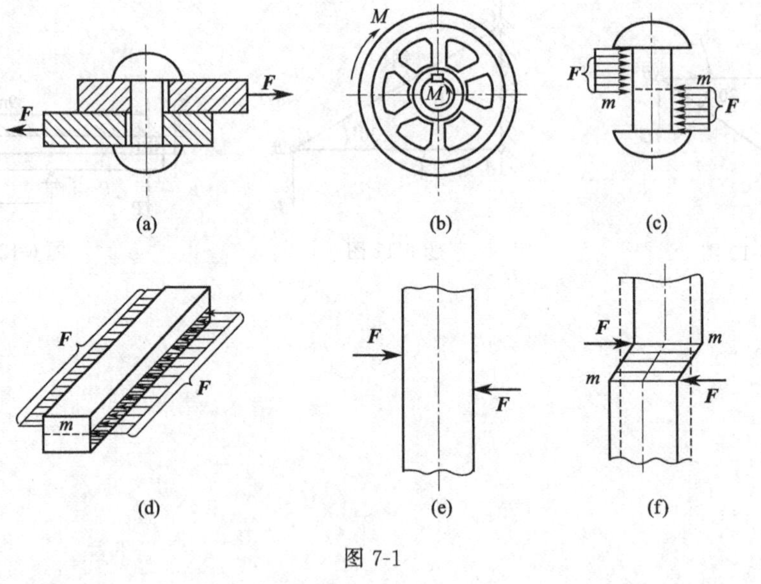

图 7-1

杆件在发生剪切变形的同时，常伴随有挤压变形。如图7-1(a) 所示的铆钉与钢板接触处，图7-1(b) 中的键与轮、键与轴的接触处，很小的面积上需要传递很大的压力，极易造成接触部位的压溃，构件的这种变形称为挤压变形。因此，在进行剪切计算的同时，也须进行挤压计算。

剪切变形或挤压变形只发生于连接构件的某一局部，而且外力也作用在此局部附近，所以其受力和变形都比较复杂，难以从理论上计算它们的真实工作应力。这就需要寻求一种反映剪切或挤压破坏实际情况的近似计算方法，即实用计算法。根据这种方法算出的应力只是一种名义应力。

下面我们通过铆钉连接的应力计算，来说明剪切和挤压的实用强度计算方法。

第二节　剪切的实用计算

产生剪切变形的构件，用实用计算的方法分析问题的程序仍然可以简单地表达为

外力→内力→应力→强度条件

一、剪力

现以图 7-2(a) 所示铆钉连接为例，用截面法分析剪切面上的内力。选铆钉为研究对象，进行受力分析，画受力图，如图 7-2(b) 所示。假想将铆钉沿 m—m 截面截开，分为上下两部分，如图 7-2(c) 所示，任取一部分为研究对象，由平衡条件可知，在剪切面内必然有与外力 $\boldsymbol{F}$ 大小相等、方向相反的内力存在，这个作用在剪切面内部与剪切面平行的内力称为剪力，用 $\boldsymbol{F}_Q$ 表示。剪力 $\boldsymbol{F}_Q$ 的大小可由平衡方程求得

$$\sum \boldsymbol{F}=0 \qquad \boldsymbol{F}_Q=\boldsymbol{F}$$

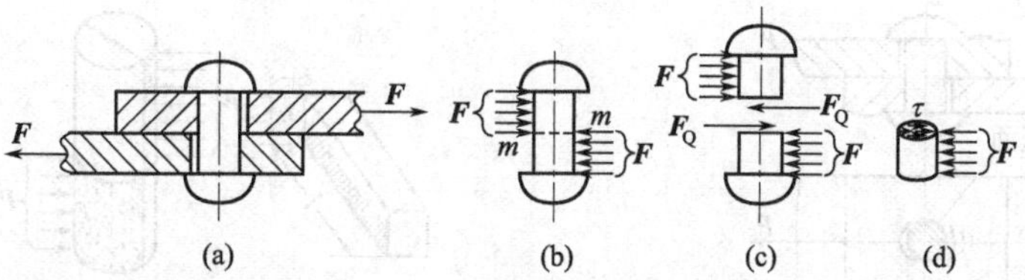

图 7-2

二、切应力

剪切面上内力 $\boldsymbol{F}_Q$ 分布的集度称为切应力，其方向平行于剪切面与 $\boldsymbol{F}_Q$ 相同，用符号 τ 表示，如图 7-2(d) 所示。切应力的实际分布规律比较复杂，很难确定，工程上通常采用建立在实验基础上的实用计算法，即假定切应力在剪切面上是均匀分布的。故

$$\tau=\frac{\boldsymbol{F}_Q}{A} \tag{7-1}$$

式中　$\boldsymbol{F}_Q$——剪切面上的剪力，N；

　　A——剪切面面积，mm^2。

三、剪切强度条件

为了保证构件在工作中不被剪断，必须使构件的工作切应力不超过材料的许用切应力，即

$$\tau=\frac{\boldsymbol{F}_Q}{A}\leqslant[\tau] \tag{7-2}$$

式中　$[\tau]$——材料的许用切应力，其大小等于材料的抗剪强度 τ_b 除以安全系数 n，即

$$[\tau]=\frac{\tau_b}{n}$$

式(7-2) 称为剪切强度条件。

工程中常用材料的许用切应力，可从有关手册中查取，也可按下列经验公式确定。

塑性材料　　$[\tau]=(0.6\sim0.8)[\sigma]$

脆性材料　　$[\tau]=(0.8\sim1.0)[\sigma]$

式中　$[\sigma]$——材料拉伸时的许用应力。

与拉伸（或压缩）强度条件一样，剪切强度条件也可以解决剪切变形的三类强度计算问题：强度校核、设计截面尺寸和确定许可载荷。

第三节　挤压实用计算

一、挤压力和挤压应力

如前所述，构件在产生剪切变形的同时，伴随着挤压变形。如图 7-3 所示的铆钉连接中，当钢板受图示外力的作用时，钢板铆钉孔与铆钉之间相互挤压，若外力过大，则构件发生挤压破坏。作用于接触面上的压力称为挤压力，用 $\boldsymbol{F}_{jy}$ 表示，其数值等于接触面所受外力 $\boldsymbol{P}$ 的大小，如图 7-4(b) 所示。

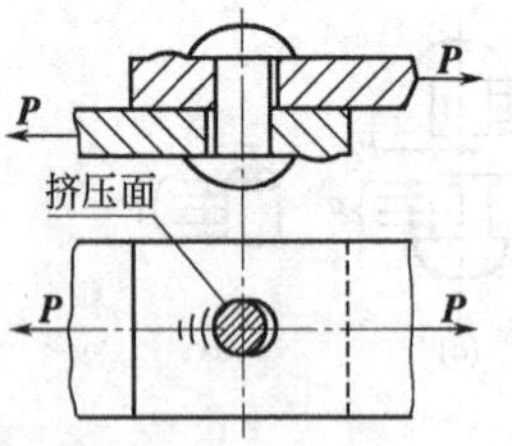

图 7-3

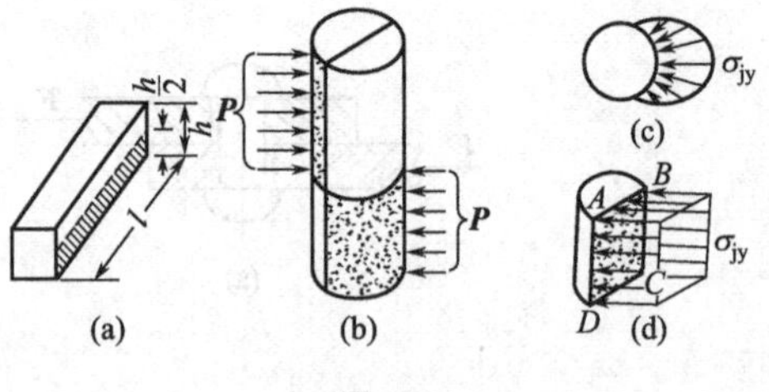

图 7-4

需要说明的是，挤压力是构件之间的相互作用力，是一种外力，它与轴力 $\boldsymbol{F}_N$ 和剪力 $\boldsymbol{F}_Q$ 这些内力在本质上是不同的。

习惯上，称挤压面上的压强为挤压应力，用 σ_{jy} 表示。挤压应力在挤压面上的分布规律也比较复杂，如图 7-4(c) 所示。工程上仍然采用实用计算法，即假定挤压应力在挤压面上是均匀分布的，故

$$\sigma_{jy}=\frac{\boldsymbol{F}_{jy}}{A_{jy}} \tag{7-3}$$

式中　$\boldsymbol{F}_{jy}$——挤压面上的挤压力，N；

A_{jy}——挤压面面积，mm^2。

挤压面积的计算要根据接触面的具体情况而定。当挤压面为平面时，如普通平键连接，挤压面积按实际面积计算［见图 7-4(a)］；当挤压面为曲面时，如螺栓、铆钉和销钉连接，其挤压面近似为半个圆柱面，挤压面积按圆柱体的正投影计算，如图 7-4(d) 所示。即

$$A_{jy}=dt$$

式中　d——圆柱体的直径，mm；

t——挤压面的高度，mm。

二、挤压强度条件

为了保证构件不产生局部挤压塑性变形，必须使构件的工作挤压应力不超过材料的许用挤压应力，即

$$\sigma_{jy}=\frac{\boldsymbol{F}_{jy}}{A_{jy}}\leqslant[\sigma_{jy}] \tag{7-4}$$

式中 $[\sigma_{jy}]$——材料的许用挤压应力，其值由试验测定，设计时可由有关手册中查取。

式(7-4) 称为挤压强度条件。

根据试验积累的数据，一般情况下，许用挤压应力 $[\sigma_{jy}]$ 与许用拉应力 $[\sigma]$ 之间存在下述关系。

塑性材料 $[\sigma_{jy}]=(1.5\sim2.5)[\sigma]$

脆性材料 $[\sigma_{jy}]=(0.9\sim1.5)[\sigma]$

当连接件和被连接件材料不同时，应对材料的许用应力低者进行挤压强度计算，这样才能保证结构安全可靠地工作。

应用挤压强度条件仍然可以解决三类问题，即强度校核、设计截面尺寸和确定许可载荷。由于挤压变形总是伴随剪切变形产生的，因此在进行剪切强度计算的同时，也应进行挤压强度计算，只有既满足剪切强度条件又满足挤压强度条件，构件才能正常工作，既不被剪断也不被压溃。

需要说明的是，尽管剪切和挤压实用计算是建立在假设基础上的，但它以试验为依据，以经验为指导，因此剪切和挤压实用计算方法在工程中具有很高的实用价值，被广泛采用，并已被大量的工程实践证明是安全可靠的。

例 7-1 齿轮用平键与传动轴连接，如图 7-5(a) 所示。已知轴的直径 $d=50\text{mm}$，键的尺寸 $b\times h\times l=16\text{mm}\times10\text{mm}\times50\text{mm}$，键的许用切应力 $[\tau]=60\text{MPa}$，许用挤压应力 $[\sigma_{jy}]=100\text{MPa}$，作用在轴上的外力偶矩 $M=0.5\text{kN}\cdot\text{m}$。校核键的强度。

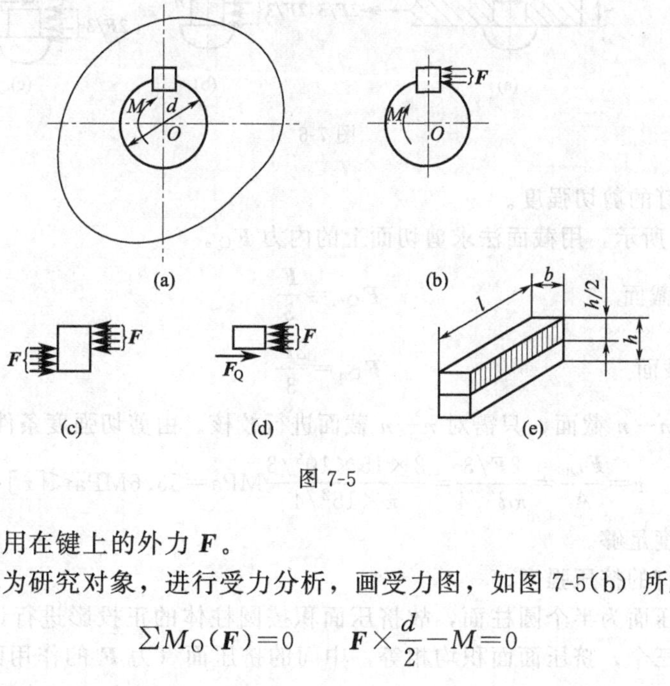

图 7-5

解 (1) 求作用在键上的外力 $\boldsymbol{F}$。

选轴和键整体为研究对象，进行受力分析，画受力图，如图 7-5(b) 所示。列平衡方程

$$\Sigma M_O(\boldsymbol{F})=0 \qquad \boldsymbol{F}\times\frac{d}{2}-M=0$$

得
$$F=\frac{M}{d/2}=\frac{0.5\times10^3}{50/2}\text{kN}=20\text{kN}$$

(2) 校核键的剪切强度。

选键为研究对象，进行受力分析，画受力图，如图 7-5(c) 所示。用截面法求剪切面上的内力 $\boldsymbol{F}_Q$，如图 7-5(d) 所示。有
$$\boldsymbol{F}_Q=\boldsymbol{F}$$

由剪切强度条件得
$$\tau=\frac{F_Q}{A}=\frac{F}{bl}=\frac{20\times10^3}{16\times50}\text{MPa}=25\text{MPa}<[\tau]$$
故键的剪切强度足够。

(3) 校核键的挤压强度。

由图 7-5(c) 可知挤压面有两个，它们的挤压面积相同，所受挤压力也相同，故产生的挤压应力相等，如图 7-5(e) 所示挤压面为平面，故挤压面积按实际面积计算。由挤压强度条件得
$$\sigma_{jy}=\frac{F_{jy}}{A_{jy}}=\frac{F}{lh/2}=\frac{20\times10^3}{50\times10/2}\text{MPa}=80\text{MPa}<[\sigma_{jy}]$$
故键的挤压强度足够。

例 7-2 铆钉连接钢板如图 7-6(a) 所示，已知作用于钢板上的力 $F=15$kN，钢板的厚度 $t=10$mm，铆钉的直径 $d=15$mm，铆钉的许用切应力 $[\tau]=60$MPa，许用挤压应力 $[\sigma_{jy}]=200$MPa。校核铆钉的强度。

解 (1) 选铆钉为研究对象，进行受力分析，受力图如图 7-6(b) 所示。由图中可知铆钉受双剪，剪切面分别为 m—m 截面和 n—n 截面。

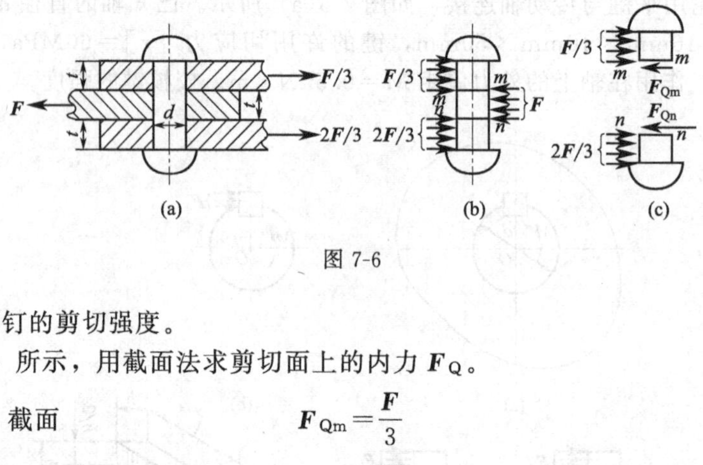

图 7-6

(2) 校核铆钉的剪切强度。

如图 7-6(c) 所示，用截面法求剪切面上的内力 $\boldsymbol{F}_Q$。

对于 m—m 截面
$$F_{Qm}=\frac{F}{3}$$

对于 n—n 截面
$$F_{Qn}=\frac{2F}{3}$$

所以危险截面为 n—n 截面，只需对 n—n 截面进行校核。由剪切强度条件得
$$\tau=\frac{F_{Qn}}{A}=\frac{2F/3}{\pi d^2/4}=\frac{2\times15\times10^3/3}{\pi\times15^2/4}\text{MPa}=56.6\text{MPa}<[\tau]$$
故铆钉的剪切强度足够。

(3) 校核铆钉的挤压强度。

分析可知挤压面为半个圆柱面，故挤压面积按圆柱体的正投影进行计算。由图 7-6(b) 可见，挤压面有三个，挤压面面积均相等，中间的挤压面（力 $\boldsymbol{F}$ 的作用面）所受挤压力最

大，故此挤压面为危险挤压面，只需对中间的挤压面进行校核。由挤压强度条件得

$$\sigma_{jy}=\frac{\boldsymbol{F}_{jy}}{A_{jy}}=\frac{\boldsymbol{F}}{dt}=\frac{15\times10^3}{15\times10}\text{MPa}=100\text{MPa}<[\sigma_{jy}]$$

故铆钉的挤压强度足够。

例 7-3 汽车与拖车之间用挂钩的销钉连接，如图 7-7(a) 所示。已知挂钩的厚度 $t=8\text{mm}$，销钉材料的许用切应力 $[\tau]=60\text{MPa}$，许用挤压应力 $[\sigma_{jy}]=200\text{MPa}$，机车的牵引力 $\boldsymbol{F}=20\text{kN}$。设计销钉的直径。

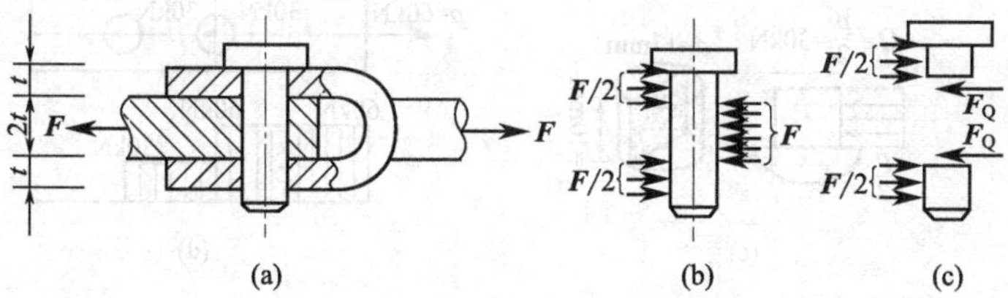

图 7-7

解 (1) 选销钉为研究对象，进行受力分析，受力图如图 7-7(b) 所示。由图中可知销钉受双剪。

(2) 根据剪切强度条件，设计销钉直径 d，如图 7-7(c) 所示，用截面法求剪切面上的内力 $\boldsymbol{F}_Q$，由图中可得两个剪切面上的内力相等，均为

$$\boldsymbol{F}_Q=\frac{\boldsymbol{F}}{2}$$

由剪切强度条件得
$$\tau=\frac{\boldsymbol{F}_Q}{A}=\frac{\boldsymbol{F}/2}{\pi d_1^2/4}\leqslant[\tau]$$

故
$$d_1\geqslant\sqrt{\frac{2\boldsymbol{F}}{\pi[\tau]}}=\sqrt{\frac{2\times20\times10^3}{\pi\times60}}\text{mm}=14.57\text{mm}$$

(3) 根据挤压强度条件设计销钉直径 d。

由图 7-7(b) 可见，有三个挤压面，分析可得三个挤压面上的挤压应力均相等，故可取任意一个挤压面进行计算，这里取中间的挤压面（力 $\boldsymbol{F}$ 的作用面）进行挤压强度计算。由挤压强度条件得

$$\sigma_{jy}=\frac{\boldsymbol{F}_{jy}}{A_{jy}}=\frac{\boldsymbol{F}}{d_2\times2t}\leqslant[\sigma_{jy}]$$

故
$$d_2\geqslant\frac{\boldsymbol{F}}{[\sigma_{jy}]\times2t}=\frac{20\times10^3}{200\times2\times8}\text{mm}=6.25\text{mm}$$

因为 $d_1>d_2$，销钉既要满足剪切强度条件又要满足挤压强度条件，故其直径应取大者。将 d_1 圆整，取 $d=15\text{mm}$。

在对连接结构的强度计算中，除了要进行剪切强度、挤压强度计算外，有时还应对被连接件进行拉伸（或压缩）强度计算，因为在连接处被连接件的横截面受到削弱，往往成为危险截面。在受到削弱的截面上存在着应力集中现象，故对这样的截面进行拉伸（或压缩）强度计算也是必须的（通常也采用实用计算法）。

例 7-4 两块厚度为 10mm 的钢板，两个直径为 17mm 的铆钉搭接在一起［见图 7-8(a)］，钢板受拉力 $P=60\text{kN}$ 作用。知许用切应力 $[\tau]=140\text{MPa}$，许用挤压应力 $[\sigma_{jy}]=280\text{MPa}$，许用拉应力 $[\sigma]=160\text{MPa}$。试校核该铆接件的强度，并确定该接头的载荷。

解 (1) 绘铆钉的受力图。此结构为搭接接头。根据各个铆钉力相等的假设，该结构中

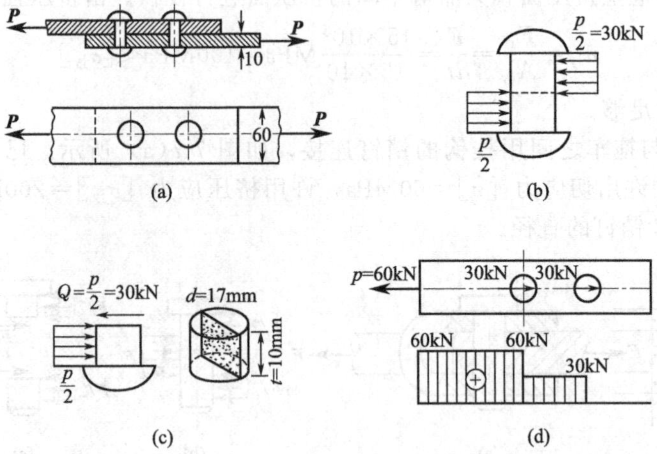

图 7-8

的每个铆钉应承受 $P/2=60/2=30\text{kN}$ 的作用力，其受力图如图 7-8(b) 所示。

(2) 铆钉的剪切强度计算。

已知剪切面上的剪力 $\boldsymbol{F}_Q=30\text{kN}$。

因为 $\tau=\boldsymbol{F}_Q/A=\dfrac{30\times10^3}{\dfrac{\pi}{4}\times17^2\times10^{-6}}=132\times10^6(\text{N/m}^2)=132(\text{MPa})<[\tau]=140(\text{MPa})$

所以，铆钉的剪切强度足够。

(3) 铆钉的挤压强度计算。

设挤压力为 $\boldsymbol{F}_{jy}$，挤压面积为 A_{jy}，挤压应力为 σ_{jy}，则挤压力 $\boldsymbol{F}_{jy}=\boldsymbol{F}/2=30\text{kN}$，挤压面积 $A_{jy}=\text{d}t=17\times10\times10^{-6}\text{m}^2$ [见图 7-8(c)]。

因此，挤压应力为 $\sigma_{jy}=\boldsymbol{F}_{jy}/A_{jy}=\dfrac{30\times10^3}{170\times10^{-6}}=176\times10^6(\text{N/m}^2)<[\sigma_{jy}]=280(\text{MPa})$

由以上计算可知，铆钉的挤压强度足够。

(4) 钢板的抗拉强度计算。上钢板的受力图和轴力图如图 7-8(d) 所示，对于危险截面，其轴力 $F_N=60\text{kN}$。

净面积 $A_j=(b-d)t=(60-17)\times10\times10^{-6}=430\times10^{-6}(\text{m}^2)$

正应力 $\sigma=\boldsymbol{F}_N/A_j=\dfrac{60\times10^3}{430\times10^{-6}}=140\times10^6(\text{Pa})=140(\text{MPa})$

钢板许用拉应力 $[\sigma]=160\text{MPa}$，由上面计算可知，钢板的抗拉强度是足够的。

(5) 结论。综合上面的计算结果可知，该结构的强度是足够的。

以上所讨论的问题，都是保证连接结构安全可靠工作的问题。但是，工程实际中也会遇到与之相反的问题，即利用剪切破坏的特点来工作。例如，车床传动轴上的保险销，当超载时，保险销被剪断，从而保护车床的重要部件不被损坏。又如冲床冲压工件时，为了冲制所需的零（部）件，必须使材料发生剪切破坏。此类问题所要求的破坏条件为

$$\tau=\frac{\boldsymbol{F}_Q}{A}>\tau_b \tag{7-5}$$

式中 τ_b——材料的抗剪强度，其值由实验测定。

***例 7-5** 在厚度 $t=8\text{mm}$ 的钢板上冲裁直径 $d=25\text{mm}$ 的工件，如图 7-9 所示，已知材料的抗剪强度 $\tau_b=314\text{MPa}$。问最小冲裁力为多大？冲床所需冲力为多大？

解　冲床冲压工件时，工件产生剪切变形，其剪切面为冲压件圆柱体的外表面，如图 7-9 所示。剪切面面积 $A=\pi dt$，剪切面上的内力为

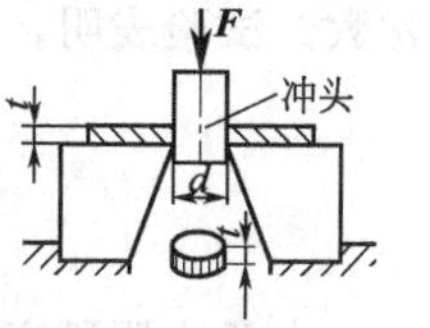

图 7-9

$$\boldsymbol{F}_{\mathrm{Q}}=\boldsymbol{F}$$

由式(7-5) 得

$$\tau=\frac{\boldsymbol{F}_{\mathrm{Q}}}{A}=\frac{\boldsymbol{F}}{\pi dt}>\tau_{\mathrm{b}}$$

则最小冲裁力　$\boldsymbol{F}_{\min}=\pi dt\tau_{\mathrm{b}}=\pi\times25\times8\times314\mathrm{N}=1.97\times10^{5}\mathrm{N}=197\mathrm{kN}$

为保证冲床工作安全，一般将最小冲裁力加大 30% 计算冲床所需冲力，因此冲床所需冲力为

$$\boldsymbol{F}=1.3\boldsymbol{F}_{\min}=256\mathrm{kN}$$

第四节　剪切胡克定律　切应力互等定理

一、切应变与剪切胡克定律

如图 7-10 所示，在杆件受剪部分中的某一点 K 处，取一微小的正六面体，将它放大，剪切变形时，剪切面发生相对错动，使正六面体 $abcdefgh$ 变为平行六面体 $ab'cd'ef'gh'$。

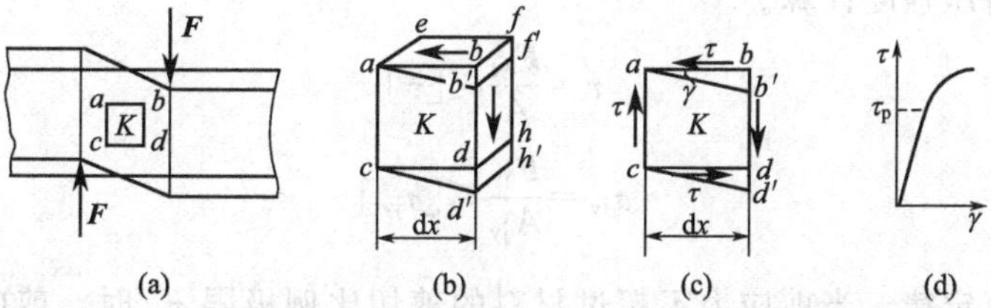

图 7-10

线段 bb' 为相距为 $\mathrm{d}x$ 的两截面相对错动滑移量，称为绝对剪切变形。相距一个单位长度的两截面相对滑移量称为相对剪切变形，亦称为切应变，用 γ 表示。因剪切变形时 γ 值很小，所以 $bb'/\mathrm{d}x=\tan\gamma\approx\gamma$。切应变 γ 是直角的微小改变量，用弧度（rad）度量。

试验表明，当切应力不超过材料的剪切比例极限 τ_{p} 时，剪切面上的切应力 τ 与该点处的切应变 γ 成正比［见图 7-10(d)］，即

$$\tau=G\gamma \tag{7-6}$$

式中，G 称为材料的切变模量。常用碳钢 $G=80\mathrm{GPa}$，铸铁 $G=45\mathrm{GPa}$。其他材料的 G 值可从有关设计手册中查得。

二、切应力互等定理

试验表明，在构件内部任意两个相互垂直的平面上，切应力必然成对存在，且大小相等，方向同时指向或同时背离这两个截面的交线，如图 7-10(b)、(c) 所示。这就是切应力互等定理。

材料的切变模量 G 与拉压弹性模量 E 以及横向变形系数 μ，都是表示材料弹性性能的

常数。试验表明，对于各向同性材料，它们之间存在以下关系

$$G=E/2(1+\mu) \tag{7-7}$$

本章小结

本章主要研究构件受剪切变形和挤压变形时的应力和强度计算问题，还简要介绍了剪切胡克定律。

（1）剪切变形。剪切变形是指受剪构件变形时截面间发生相对错动的变形。发生相对错动的截面称为剪切面。受剪构件的受力特点：作用在构件两侧面上的分布力的合力，大小相等，方向相反，力的作用线垂直构件轴线；相距很近但不重合，并各自推着自己所作用的部分沿着力的作用线间的某一横截面发生相对错动。

在剪切面内有与外力 $\boldsymbol{F}$ 大小相等、方向相反的内力，称为剪力，用 $\boldsymbol{F}_{\mathrm{Q}}$ 表示，单剪时 $\boldsymbol{F}_{\mathrm{Q}}=\boldsymbol{F}$：双剪时剪力 $\boldsymbol{F}_{\mathrm{Q}}=\boldsymbol{F}/2$。剪切面上分布内力的集度，称为剪应力。

$$\tau=\frac{F_{\mathrm{Q}}}{A}$$

（2）挤压变形。两构件接触处，由于相互之间的压力过大而造成接触部位的压溃，构件的这种变形称为挤压变形。

① 挤压面：构件局部受压的接触面，用 A_{jy} 表示。

② 挤压力：挤压面上的压力，用 $\boldsymbol{F}_{\mathrm{jy}}$ 表示。

③ 挤压应力：挤压面上的压强，即 $\sigma_{\mathrm{jy}}=\dfrac{F_{\mathrm{jy}}}{A_{\mathrm{jy}}}$。

（3）剪切与挤压强度计算。

剪切强度条件 $$\tau=\frac{F_{\mathrm{Q}}}{A}\leqslant[\tau]$$

挤压强度条件 $$\sigma_{\mathrm{jy}}=\frac{F_{\mathrm{jy}}}{A_{\mathrm{jy}}}\leqslant[\sigma_{\mathrm{jy}}]$$

（4）剪切胡克定律。当剪应力不超过材料的剪切比例极限 τ_{p} 时，剪应力 τ 与剪应变 γ 成正比，即

$$\tau=G\gamma$$

思考题

1. 说明机械中连接件承受剪切时的受力与变形特点。
2. 单剪切与双剪切，实际剪切应力与名义剪切应力之间有什么区别？
3. 何谓挤压应力？它与一般的轴向压缩应力有何区别？
4. 如何建立连接件的剪切强度条件和挤压强度条件？
5. 何谓切应变？何谓剪切胡克定律？

习题

7-1 如题 7-1 图所示夹剪，销子 C 的直径 $d=5\mathrm{mm}$。当用力 $\boldsymbol{P}=200\mathrm{N}$ 剪直径与销子直径相同的铜丝时，若 $a=30\mathrm{mm}$，$b=150\mathrm{mm}$，求铜丝与销子横截面上的平均剪应力各为多少。

7-2 题 7-2 图所示两块钢板，用 3 个铆钉连接。已知 $\boldsymbol{F}=50\mathrm{kN}$，板厚 $t=6\mathrm{mm}$，材料的许用应力为 $[\sigma]=100\mathrm{MPa}$，$[\sigma]=280\mathrm{MPa}$，试求铆钉直径 d。若利用现有的直径 $d=12\mathrm{mm}$ 的铆钉，则铆钉数 n 应该是多少？

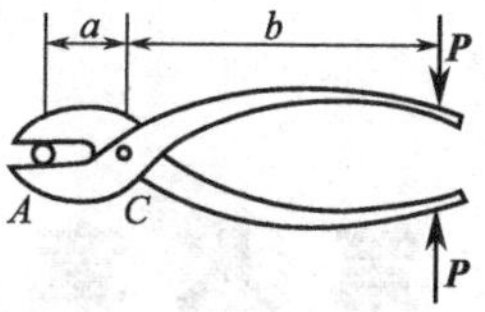

题 7-1 图

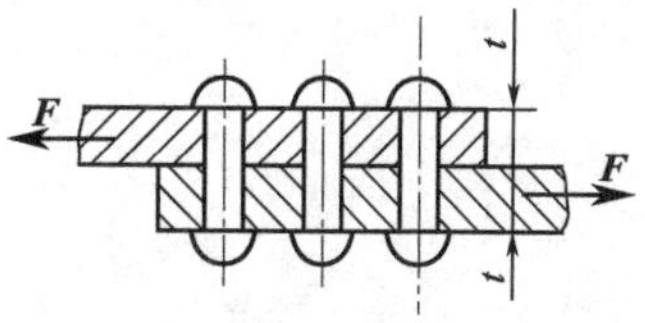

题 7-2 图

7-3　题 7-3 图所示为一个直径 $d=40\text{mm}$ 的拉杆，上端为直径 $D=60\text{mm}$、高为 $h=10\text{mm}$ 的圆头，受力 $\boldsymbol{P}=100\text{kN}$。已知 $[\tau]=50\text{MPa}$，$[\sigma_{jy}]=90\text{MPa}$，$[\sigma]=80\text{MPa}$，试校核拉杆的强度。

7-4　如题 7-4 图所示宽为 $b=0.1\text{m}$ 的两矩形木杆互相连接。若载荷 $\boldsymbol{P}=50\text{kN}$，木杆的许用剪应力为 $[\tau]=1.5\text{MPa}$，许用挤压应力 $[\sigma_{jy}]=12\text{MPa}$，试求尺寸 a 和 l。

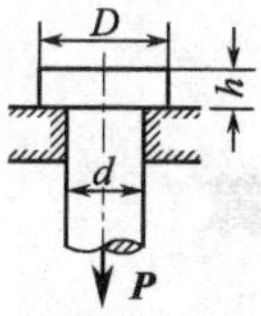

题 7-3 图

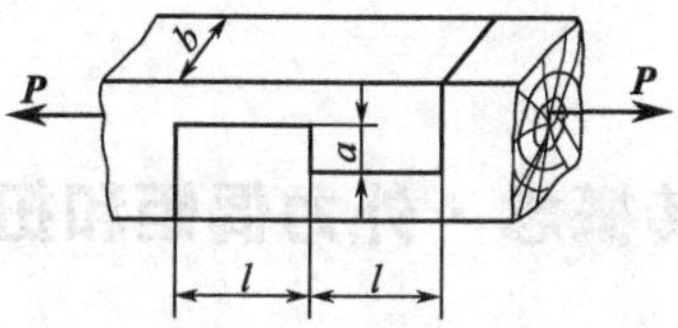

题 7-4 图

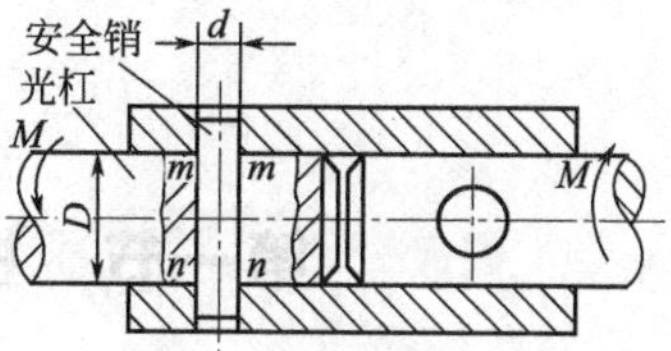

题 7-5 图

7-5　销钉式安全联轴器如题 7-5 图所示，允许传递的力偶矩 $M=300\text{N}\cdot\text{m}$。销钉材料的剪切强度极限 $\tau_b=320\text{MPa}$，轴的直径 $D=30\text{mm}$。预保证 $M>300\text{N}\cdot\text{m}$，销钉就被剪断，问销钉直径应为多少？

7-6　题 7-6 图所示两根截面为矩形的木杆用两块钢板连接器连接，受拉力 $\boldsymbol{P}=40\text{kN}$。木杆横截面宽 $b=200\text{mm}$，并有足够的高度。如木料顺纹许用剪应力 $[\tau]=1\text{MPa}$，许用挤压应力 $[\sigma_{jy}]=8\text{MPa}$，求接头的尺寸 l 及 t。

7-7　题 7-7 图所示齿轮与轴通过平键连接。已知轴的直径 $d=70\text{mm}$，所用平键的尺寸为：$b=20\text{mm}$，$h=12\text{mm}$，$t=100\text{mm}$。传递的力偶矩 $M=2\text{kN}\cdot\text{m}$。键材料的许用应力 $[\tau]=80\text{MPa}$，$[\sigma_{jy}]=220\text{MPa}$。试校核平键的强度。

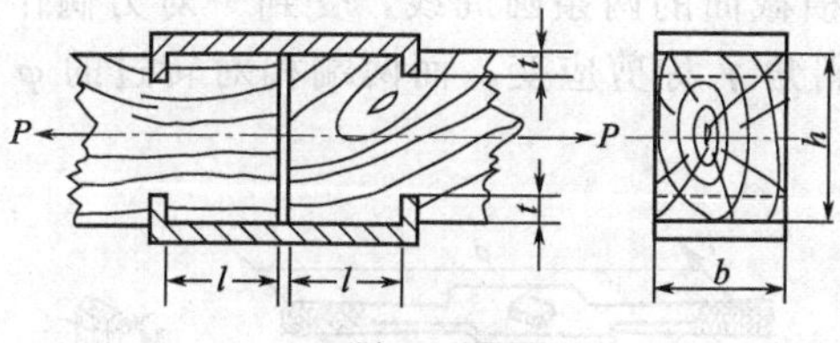

题 7-6 图

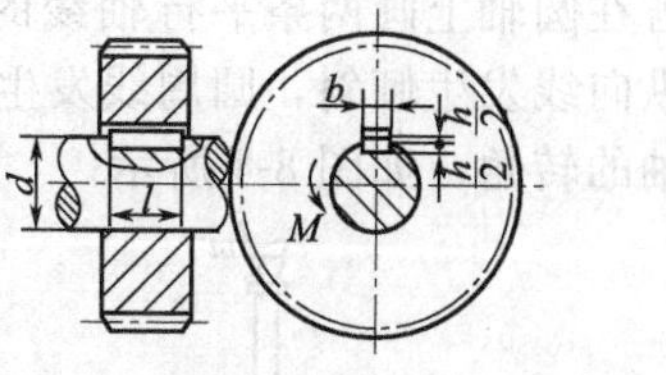

题 7-7 图

7-8　题 7-8 图所示手柄与轴用平键连接，已知键的长度 $l=35\text{mm}$，横截面为正方形，边长 $a=5\text{mm}$，轴的直径 $d=20\text{mm}$。材料的许用剪应力 $[\tau]=100\text{MPa}$，许用挤压应力 $[\sigma_{jy}]=220\text{MPa}$，试求作用在手柄上最大许可值。

7-9　题 7-9 图所示一螺栓将拉杆与厚为 8mm 的两块盖板相连接。各零件材料相同，其许用应力为 $[\sigma]=80\text{MPa}$，$[\tau]=60\text{MPa}$，$[\sigma_{jy}]=160\text{MPa}$。若拉杆的厚度 $t=15\text{mm}$，拉力 $P=120\text{kN}$。试设计螺栓直径 d 及拉杆宽度 b。

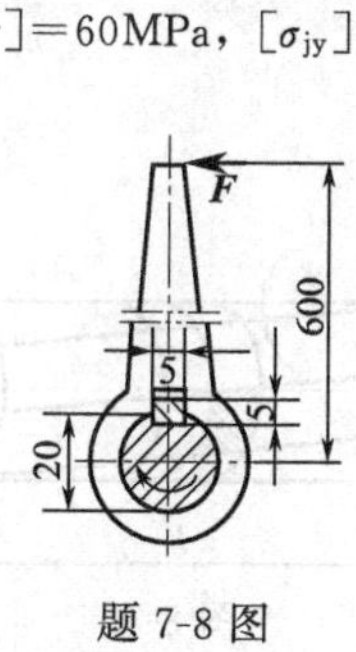

题 7-8 图

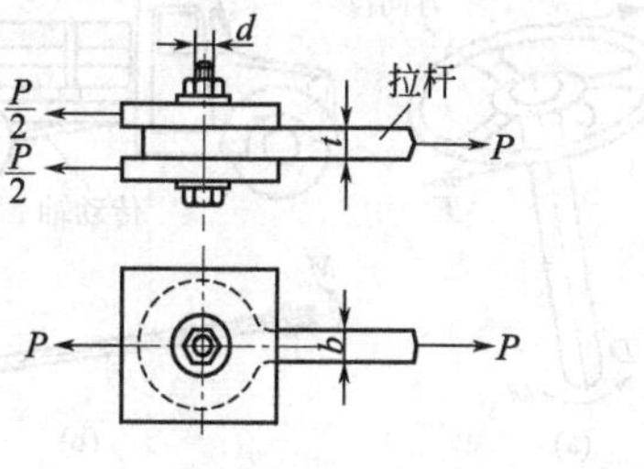

题 7-9 图

第八章

圆轴扭转

第一节　扭转概念·外力偶矩和扭矩的计算

一、扭转概念

在工程实际和日常生活中经常遇到承受扭转的构件。如图 8-1 所示的是用旋具拧紧螺钉时螺杆受扭转的情况。如图 8-2 所示的是攻螺纹时丝锥的受力情况，通过铰杆把力偶作用于丝锥的上端，丝锥下端则受到工件的阻抗力偶作用。如图 8-3 所示的是汽车方向盘的操纵杆以及传递发动机动力的传动轴，产生的变形主要是扭转。

以上实例均说明，在杆件的两端作用两个大小相等、方向相反且作用平面垂直于杆件轴线的力偶矩，致使杆件的任意横截面都发生了绕轴线的相对转动，这种变形称扭转变形。在工程上将以承受扭转变形为主的杆件称为轴，并把产生扭转变形的圆形截面的杆件称为圆轴。

若在圆轴上画两条平行轴线的纵向线和表示横截面的两条圆周线，受到一对力偶作用时，纵向线发生倾斜，圆周线发生相对转动，倾斜角 γ 称剪应变，而两端相对转过的 φ 角称圆轴的转角。如图 8-4 所示。

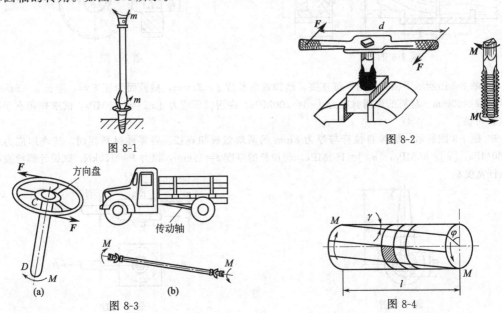

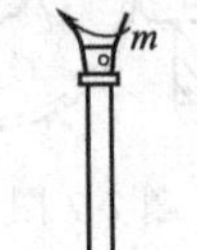

图 8-1

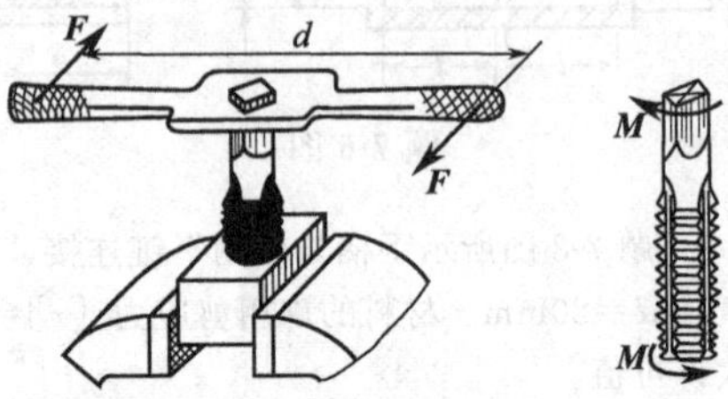

图 8-2

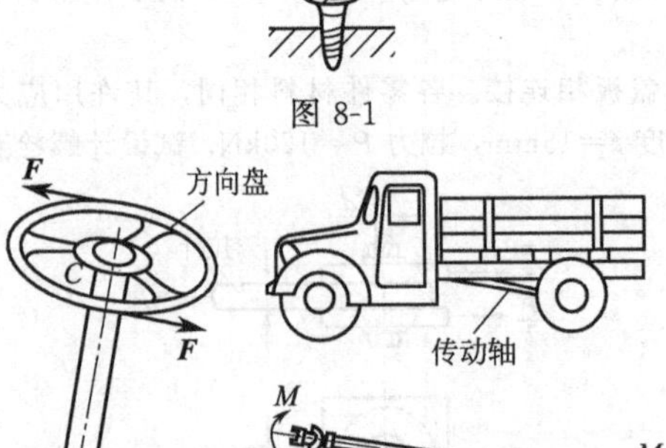

图 8-3

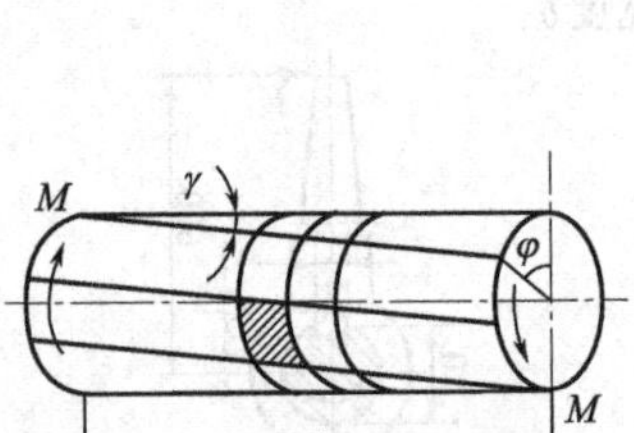

图 8-4

机械中大多数轴（如各种机器的转轴、钻机的钻杆等）在传动中除产生扭转变形外，还伴随着其他形式的变形，如弯曲变形等。本章只讨论等直圆轴的扭转问题。

二、外力偶矩和扭矩的计算

研究圆轴扭转时的强度和刚度问题，首先必须计算作用于轴上的外力偶矩 M 及横截面上的内力。

1. 外力偶矩的计算

工程实际中，常常不是直接给出作用于轴上的外力偶矩 M，而是给出轴的转速和轴所传递的功率，它们的换算关系为

$$M=9550\frac{P}{n} \tag{8-1}$$

式中 M——外力偶矩，N·m；

P——轴传递的功率，kW；

n——轴的转速，r/min。

在确定外力偶矩的方向时，应注意输入力偶矩为主动力矩，其方向与轴的转向相同；输出力偶矩为阻力矩。其方向与轴的转向相反。

当功率为 N 马力（1马力=765.5N·m/s）时，外力偶矩 M 的计算方式为

$$M=7024P/n \tag{8-2}$$

2. 圆轴扭转时的内力——扭矩

求出作用于轴上的所有外力偶矩以后，就可运用截面法计算横截面上的内力了。

以图 8-5(a) 所示圆轴扭转的力学模型为例，应用截面法，假想地用一截面 $m—m$ 将轴截分为两段。取其左段为研究对象［见图 8-5(b)］，由于轴原来处于平衡状态，则其左段也必然是平衡的，$m—m$ 截面上必有一个内力偶矩与左端面上的外力偶矩平衡。列力偶平衡方程可得

$$T-M=0$$

$$T=M$$

式中 T——$m—m$ 截面的内力偶矩，称为扭矩（扭矩也可用 M_T 或 M_n 表示）。

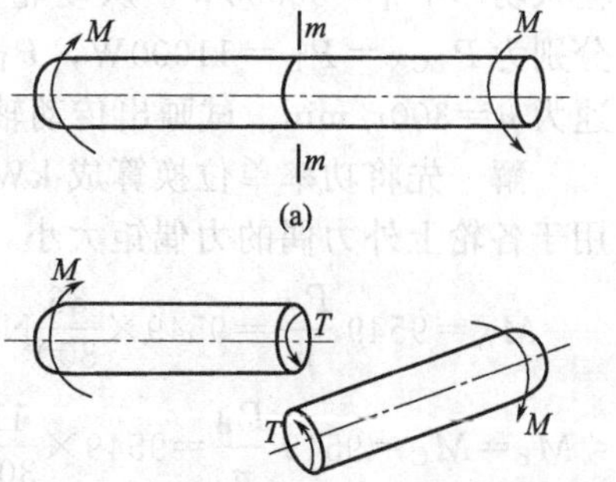

图 8-5

如果取右段为研究对象［见图 8-5(c)］，则求得 $m—m$ 截面上的扭矩 T 将与上述取左段求得的同一截面扭矩大小相等，但转向相反。为了使取左段或右段所求出的同一截面上的扭矩非但数值相等，而且正负号一致，现将扭矩的正负号做如下的规定：采用右手螺旋法则，若以右手的四指沿着扭矩的旋转方向卷曲，当大拇指的指向与该扭矩所作用的横截面的外法线方向一致时，则扭矩为正，反之为负，如图 8-6 所示。按照上述规定，图 8-5(b)、(c) 所示的 $m—m$ 横截面上的扭矩 T 均为正号。

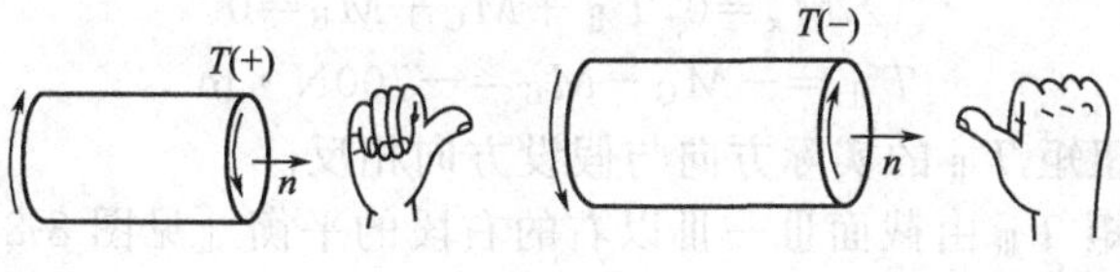

图 8-6

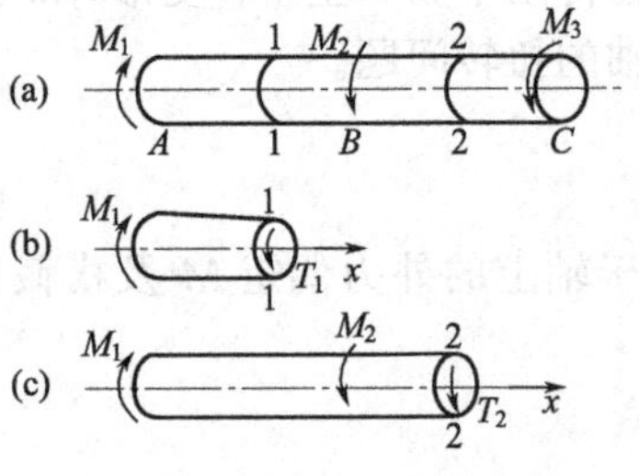

图 8-7

3. 扭矩图

从上述截面法求横截面扭矩可知，当圆轴两端作用一对外力偶矩使轴平衡时，圆轴各个横截面上的扭矩都是相同的。若轴上作用三个或三个以上的外力偶矩使轴平衡时，轴上各段横截面的扭矩将是不相同的。如图 8-7(a) 所示的传动轴，受到三个外力偶作用而平衡，则应分两段（AB 段 BC 段），分别应用截面法，求出各段横截面的扭矩。

在 AB 段用 1—1 截面将轴分为两段，取左段为研究对象［见图 8-7(b)］，设此截面上有正向扭矩 T_1，由力偶平衡求出 AB 段截面的扭矩为

$$T_1=M_1$$

同理，在 BC 段由力偶平衡求出 2—2 截面的扭矩［见图 8-7(c)］。同样设此截面上有正向扭矩 T_2，由力偶平衡方程，$T_2+M_2-M_1=0$，可得 BC 段轴上各截面的扭矩为

$$T_2=M_1-M_2=\frac{2}{3}M_1$$

为了能够形象直观地表示出轴上各横截面扭矩的大小，用平行于杆轴线的 x 坐标表示横截面的位置，用垂直于 x 轴的坐标 T 表示横截面扭矩的大小，把各截面扭矩表示在 $x-T$ 坐标系中，描画出截面扭矩随着截面坐标 x 的变化曲线，称为扭矩图。

现举例说明扭矩的计算和扭矩图的画法。

例 8-1 传动轴如图 8-8(a) 所示。已知主动轮 A 输入功率 $P_A=36000\text{W}$，从动轮 B、C、D 输出功率分别为 $P_{BCA}=P_B=11000\text{W}$，$P_D=14000\text{W}$，轴的转速为 $n=300\text{r/min}$。试画出传动轴的扭矩图。

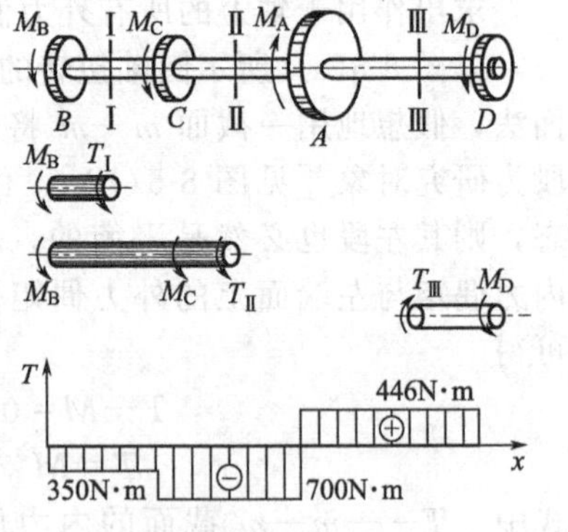

图 8-8

解 先将功率单位换算成 kW，按式(8-1) 算出作用于各轮上外力偶的力偶矩大小，有

$$M_A=9549\frac{P_A}{n}=9549\times\frac{36}{300}\text{N}\cdot\text{m}=1146\text{N}\cdot\text{m}$$

$$M_B=M_C=9549\frac{P_B}{n}=9549\times\frac{11}{300}\text{N}\cdot\text{m}=350\text{N}\cdot\text{m}$$

$$M_D=9549\frac{P_D}{300}=9549\times\frac{14}{300}\text{N}\cdot\text{m}=446\text{N}\cdot\text{m}$$

将传动轴分为 BC、CA、AD 三段。先用截面法求出各段的扭矩。在 BC 段内，以 $T_Ⅰ$ 表示横截面Ⅰ—Ⅰ上的扭矩，并设扭矩的方向为正［见图 8-8(b)］。由平衡方程

$$\sum M_x=0, T_Ⅰ+M_B=0$$

即得

$$T_Ⅰ=-M_B=-350\text{N}\cdot\text{m}$$

式中，负号表示扭矩 $T_Ⅰ$ 的实际方向与假设方向相反。可以看出，在 BC 段内各横截面上的扭矩均为 $T_Ⅰ$。在 CA 段内，设截面Ⅱ—Ⅱ的扭矩为 $T_Ⅱ$，由平衡方程［见图 8-8(c)］

$$\sum M_x=0, T_Ⅱ+M_C+M_B=0$$

得

$$T_Ⅱ=-M_C-M_B=-700\text{N}\cdot\text{m}$$

式中，负号表示扭矩 $T_Ⅱ$ 的实际方向与假设方向相反。

在 AD 段内，扭矩 $T_Ⅲ$ 由截面Ⅲ—Ⅲ以右的右段的平衡［见图 8-8(d)］求得，即

$$T_Ⅲ=M_D=446\text{N}\cdot\text{m}$$

以横坐标表示横截面的位置，纵坐标表示相应横截面上扭矩，画出扭矩大小随截面位置变化的图线，即各段的扭矩图如图 8-8(e) 所示。从图中可以看出，在 CA 段内有最大扭矩

$$|T|_{max}=700\text{N}\cdot\text{m}$$

第二节 圆轴扭转时的应力与强度计算

为了研究圆轴扭转横截面上的应力，需要从圆轴扭转时的变形几何关系、材料的应力应变关系（又称物理关系）以及静力平衡关系三个方面进行综合考虑。

为简单起见，本书对圆轴扭转时的应力公式不做详细推导，重点讨论圆轴扭转应力计算与强度计算。

一、圆轴扭转时的应力

为了研究圆轴横截面上应力分布的情况，可进行扭转实验。在圆轴表面画若干垂直于轴线的圆周线和平行于轴线的纵向线［见图 8-9(a)］，两端施加一对方向相反、力偶矩大小相等的外力偶，使圆轴扭转。当扭转变形很小时，可观察到：

① 各圆周线的形状、大小及两圆周线的间距均不改变，仅绕轴线做相对转动；各纵向线仍为直线，且倾斜同一角度，使原来的矩形变成平行四边形。如图 8-9(b) 所示。

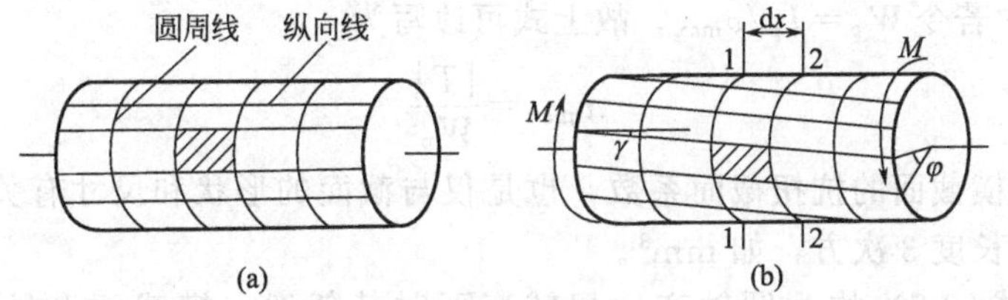

图 8-9

根据观察的现象，可做以下假设：圆轴的各横截面在扭转变形后保持为平面，且形状、大小及间距都不变。这一假设称为圆轴扭转的平面假设。由于圆周线间的距离未发生变化，由此可以推论：圆轴扭转变形时横截面上不存在正应力。

② 任意两横截面间发生相互错动的变形时，其半径仍为直线，且长度无任何变化。可视为任意两横截面为刚性平面间产生互相错动的变形，故圆轴扭转时横截面上有切应力 τ。

进一步观察错动变形时横截面各点变形程度，发现变形不均匀：距离中心越远处的点变形越大，距离中心越近处的点变形越小，中心点处没有变形。由此可以推论：各点的切应变与该点至截面形心的距离有关。由剪切胡克定律可知，横截面上各点切应力也与该点至截面形心的距离有关。

理论推导可得，横截面上各点扭转切应力计算公式为

$$\tau_\rho=\frac{T\rho}{I_\text{p}} \tag{8-3}$$

式中 τ_ρ——横截面上任意点扭转切应力；

T——该横截面上扭矩；

ρ——该任意点到转动中心 O 的距离；

I_p——该横截面对转动中心 O 的极惯性矩，是一个仅与截面形状和尺寸有关的几何量，单位为长度 4 次方，常用 mm^4。

对于直径为 d 的实心圆截面，其 I_p 为

$$I_p=\frac{\pi d^4}{32} \tag{8-4}$$

对于内外径为 d 和 D 的空心圆截面，其 I_p 为

$$I_p=\frac{\pi D^4}{32}-\frac{\pi d^4}{32}=\frac{\pi}{32}(D^4-d^4)=\frac{\pi D^4}{32}(1-\alpha^4) \tag{8-5}$$

式中　α——内、外径之比，$\alpha=d/D$。

由公式(8-3) 可知，当横截面和该截面上的扭矩确定时，其上任意一点的切应力 τ_ρ 的大小与该点到圆心的距离 ρ 成正比。实心圆截面上的切应力分布规律如图 8-10 所示。由图可见，扭转切应力在横截面上的分布规律，与定轴转动刚体上速度的分布规律相同，即点到转动中心距离越远，切应力越大；点到转动中心距离越近，切应力越小；点在转动中心处，切应力为零；所有到转动中心距离相等的点，其切应力大小均相等。切应力的方向垂直于该点转动半径的方向，且与横截面上扭矩 T 的转向一致。

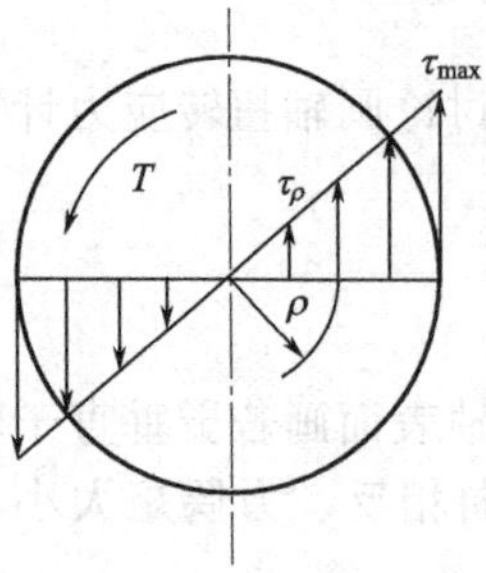

图 8-10

对于直径为 d 的圆轴，同一横截面边缘上各点到转动中心 O 的距离最大，即 $\rho=\rho_{max}=d/2$，因此在这些点上具有该横截面的最大切应力 τ_{max}。将 ρ_{max} 代入式(8-3) 得

$$\tau_{max}=T\rho_{max}/I_p \tag{8-6}$$

在式(8-6) 中若令 $W_p=I_p/\rho_{max}$，故上式可改写为

$$\tau_{max}=\frac{|T|}{W_p} \tag{8-7}$$

式中　W_p——该横截面的抗扭截面系数，也是仅与截面的形状和尺寸有关的几何量，单位是长度 3 次方，如 mm^3。

式(8-6) 和式(8-7) 均为圆轴产生扭转变形时其任意一横截面上最大切应力的计算公式。

对于直径为 d 的实心圆截面，其 W_p 为

$$W_p=\frac{I_p}{d/2}=\frac{1}{16}\pi d^3 \tag{8-8}$$

对于内外径为 d 和 D 的空心圆截面，其 W_p 为

$$W_p=\frac{\pi D^3}{16}(1-\alpha^4) \tag{8-9}$$

二、圆轴扭转强度条件

对于等截面轴，最大工作应力 τ_{max} 发生在最大扭矩 $|T_{max}|$ 所在截面的边缘上，最大扭矩 $|T_{max}|$ 可由轴的受力情况用截面法或在扭矩图上确定。于是，对于等截面轴可以把强度条件写成

$$\tau_{max}=\frac{T_{max}}{W_p}\leqslant[\tau] \tag{8-10}$$

上式中的扭转许用剪应力 $[\tau]$ 是根据扭转试验并考虑适当的安全系数确定的。在静载荷作用下，它与许用拉应力 $[\sigma]$ 之间存在下列关系：

对于塑性材料　　$[\tau]=(0.5\sim0.6)[\sigma]$

对于脆性材料　　$[\tau]=(0.8\sim1.0)[\sigma]$

需要指出：对于工程中常用的阶梯圆轴，因为 W_p 不是常量，不一定发生于 $|T_{max}|$ 所在的截面上，这时就要综合考虑扭矩 $|T_{max}|$ 和抗扭截面模量 W_p 两者的变化情况来确定。

扭转强度条件同样可以用来解决强度校核、截面设计和确定许用载荷三类扭转强度问题。

例 8-2　解放牌汽车主传动轴 AB（见图 8-11），传递的最大扭矩 $T=1930\text{N}\cdot\text{m}$，传动轴用外径 $D=89\text{mm}$、壁厚 $\delta=2.5\text{mm}$ 的钢管制成，材料为 20 号钢，其许用剪应力 $[\tau]=70\text{MN/m}^2$。试校核此轴的强度。

解　(1) 计算扭矩截面模量

$$\alpha=\frac{d}{D}=\frac{8.9-2\times0.25}{8.9}=0.945$$

代入式(8-9)，得

$$W=\frac{\pi\times8.9^3}{16}(1-0.945^4)=28.1(\text{cm}^3)$$

(2) 强度校核。由强度条件式(8-10)，得

$$\tau_m=\frac{T}{W_p}=\frac{1930}{28.1\times10^{-6}}=68.7\times10^6(\text{N/m}^2)=68.7(\text{MN/m}^2)<[\tau]$$

所以 AB 轴满足强度条件。

(3) 讨论。此例中，如果传动轴不用钢管而采用实心圆轴，使其与钢管有同样的强度(即两者的最大应力相同)，如图 8-12 所示。试确定其直径，并比较实心轴和空心轴的重量。由

$$\tau_{max}=\frac{T}{W_p}=\frac{T}{\pi d^3/16}=68.7\times10^6\text{N/m}^2$$

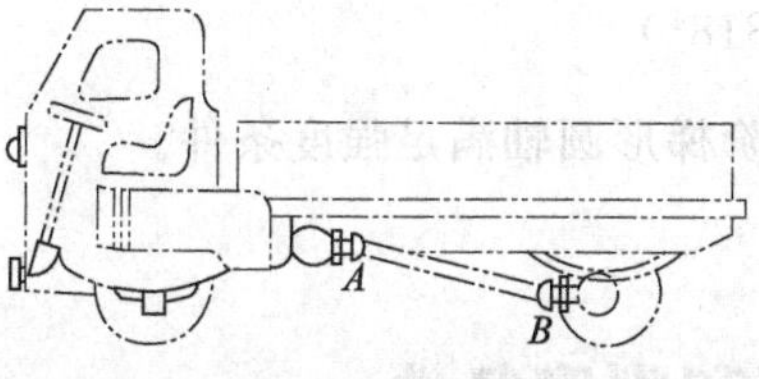

图 8-11

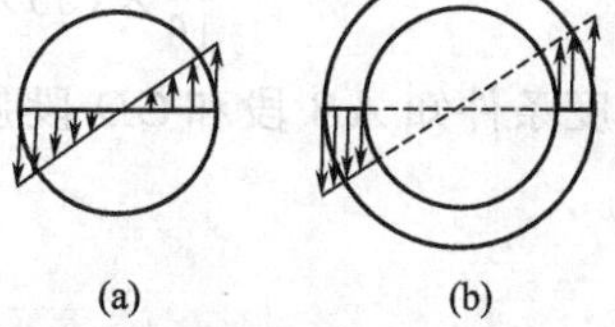

图 8-12

可得

$$d=\sqrt[3]{\frac{1930\times16}{\pi\times68.7\times10^6}}=0.0523(\text{m})$$

实心轴横截面面积为

$$A_{实}=\frac{\pi d^2}{4}=\frac{\pi\times0.0523^2}{4}=21.5\times10^4(\text{m}^2)$$

空心轴截面面积为

$$A_{空}=\frac{\pi(D^2-d^2)}{4}=\frac{\pi}{4}(89^2-84^2)\times10^{-6}=6.79\times10^4(\text{m}^2)$$

在两轴长度相等，材料相同的情况下，两轴重量之比等于截面面积之比，得

$$\frac{G_{空}}{G_{实}}=\frac{A_{空}}{A_{实}}=\frac{6.79}{21.5}=0.316$$

由此可见，在材料相同、载荷相同的条件下，空心轴的重量只有实心轴的 31.6%，其减轻重量节约材料是非常明显的。

例 8-3　图 8-13(a) 所示为阶梯形圆轴。其中 AB 段为实心部分，直径为 40mm；BD

段为空心部分，外径 $D=55\text{mm}$，内径 $d=45\text{mm}$。轴上 A、D、C 处为带轮，已知主动轮 C 输入的外力偶矩为 $M_C=1.8\text{kN}\cdot\text{m}$，从动轮 A、D 传递的外力偶矩分别为 $M_A=0.8\text{N}\cdot\text{m}$，$M_D=1\text{kN}\cdot\text{m}$，材料的许用切应力 $[\tau]=80\text{MPa}$。试校核该轴的强度。

解 （1）画扭矩图。用截面法可画出该阶梯形圆轴的扭矩图，如图 8-13(b) 所示。

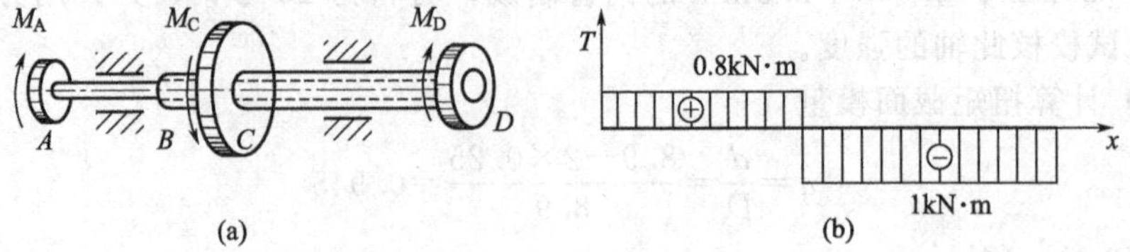

图 8-13

（2）强度校核。由于两段轴的截面面积和扭矩值不同，故要分别进行强校核。

AB 段的最大切应力为

$$\tau_{\max}=\frac{T}{W_p}=\frac{0.8\times10^3}{\frac{\pi}{16}\times(40\times10^{-3})^3}\text{Pa}=63.7\text{MPa}<[\tau]$$

CD 段轴的内外径之比

$$\alpha=\frac{d}{D}=\frac{45}{55}=0.818$$

其最大切应力为

$$\tau_{\max}=\frac{T}{W_p}=\frac{1\times10^3}{\frac{\pi}{16}\times(55\times10^{-3})^3\times(1-0.818^4)}\text{Pa}=55.5\text{MPa}<[\tau]$$

由强度条件知 AB 段和 CD 段强度足够，所以此阶梯形圆轴满足强度条件。

第三节 圆轴扭转变形和刚度条件

一、圆轴扭转时的变形计算

圆轴扭转变形可用两个横截面间相对转动的角 φ 来表示（见图 8-4），称之为相对扭转角。理论推导可知，若在长为 l 的一段轴内，各横截面上的扭矩 T 数值不变，则对同一种材料的等直圆轴来讲，数值 GI_p 为常数，则该轴的扭转角可由下式计算，即

$$\varphi=\frac{Tl}{GI_p} \tag{8-11}$$

φ 的单位为弧度（rad），其转向与扭矩的转向相同，所以扭转角的正负号随扭矩正负号而定。

式(8-11) 表明：扭转角 φ 与扭矩 T、轴长 l 成正比，而与 GI_p 成反比。当扭矩 T 和轴长 l 为一定值时，GI_p 越大，φ 越小。GI_p 反映了圆轴抵抗扭转变形的能力，称为圆轴的抗扭刚度。

由式(8-11) 算出的扭转角 φ 与轴的长度 l 有关，为消除长度的影响，将 φ 除以 l，称为单位扭转角 θ。故

$$\theta=\varphi/l=T/GI_p \tag{8-12}$$

用式(8-12) 计算得到的 θ，其单位是弧度/m。

二、刚度条件

强度条件仅保证构件不破坏，要保证构件正常工作，有时还要求扭转变形不要过大，即要求构件必须有足够的刚度。通常规定受扭圆轴的最大单位扭转角 θ（θ_{max}）不得超过规定的许用单位扭转角 $[\theta]$，因此刚度条件可写为

$$\theta=\frac{T}{GI_p}\leqslant[\theta] \tag{8-13}$$

式(8-13) 中，θ 的单位是弧度/米（rad/m），而工程上 $[\theta]$ 常用度/米（°/m）表示，因此刚度条件也可写为

$$\theta=\frac{T}{GI_p}\times\frac{180°}{\pi}\leqslant[\theta] \tag{8-14}$$

圆轴 $[\theta]$ 的数值，可根据轴的工作条件和机器的精度要求，按实际情况从有关手册中查得。这里列举常用的一般数据如下。

精密机械的轴　　$[\theta]=0.25\sim0.5(°/m)$

一般传动轴　　$[\theta]=0.5\sim1.0(°/m)$

精密较低传动轴　　$[\theta]=2\sim4(°/m)$

这里仍需指出，式(8-14) 是对等截面轴的刚度条件，对于阶梯轴，其 θ_{max} 值还可能发生在较细的轴段上，要加以比较判断。

例 8-4 传动轴受到扭矩 $M=2300N\cdot m$ 的作用，若 $[\tau]=40MN/m$，传动轴受到扭矩 $T=2300N\cdot m$ 的作用，若 $[\theta]=0.8°/m$，$G=80GPa$，试按强度条件和刚度条件设计轴的直径。

解 根据强度条件式(8-10)

$$d\geqslant\sqrt[3]{\frac{16\times2300}{\pi\times40\times10^6}}m=0.0664m=66.4mm$$

根据刚度条件式(8-13)

$$\theta_{max}=\frac{T}{GI_p}\times\frac{180}{\pi}\leqslant[\theta]$$

将 $I_p=\frac{\pi d^4}{32}$代入，得

$$d\geqslant\sqrt[4]{\frac{32T\times180}{G\pi^2[\theta]}}=\sqrt[4]{\frac{32\times2300\times180}{80\times10^9\times\pi^2\times0.8}}m=0.0677m=67.7mm$$

为了同时满足强度和刚度的要求，应在两个直径中选择较大者，即取轴的直径 $d=68mm$。

本章小结

本章主要研究圆轴扭转的扭矩、切应力、变形、强度和刚度计算问题。

(1) 圆轴扭转的概念。

① 受力特点：圆轴受到一对等值、反向、作用面垂直于轴线的外力偶作用。

② 变形特点：圆轴各截面间有相对转动。

(2) 外力偶矩计算。若已知轴所传递的功率 P 及转速 n，则扭矩

$$M=9550\frac{P}{n}(N\cdot m)$$

(3) 扭转时的内力——扭矩（T）。

① 扭矩大小：用截面法求。

② 扭矩正负：可用右手螺旋法则来判定。

(4) 应力和强度计算。

① 圆轴扭转时横截面上任意点的切应力与该点到圆心的距离成正比。最大切应力发生在截面边缘各点处。其计算公式如下

$$\tau=\frac{T\rho}{I_{\mathrm{p}}},\tau_{\max}=\frac{T}{W_{\mathrm{p}}}$$

② 圆轴扭转的切应力强度条件为

$$\tau_{\max}=\frac{T_{\max}}{W_{\mathrm{p}}}\leqslant[\tau]$$

应用强度条件可以校核强度、设计截面尺寸和确定许可载荷。

(5) 变形和刚度计算。圆轴扭转的刚度条件为

$$\theta_{\max}=\frac{T_{\max}}{GI_{\mathrm{p}}}\times\frac{180°}{\pi}\leqslant[\theta]$$

应用刚度条件可以校核刚度、设计截面尺寸和确定许可载荷。

思 考 题

1. 在减速箱中，我们常看到高速轴的直径较小，而低速轴的直径较大，这是为什么？

2. 直径和长度相同而材料不同的轴，在相同的扭矩作用下，它们的最大剪切应力是否相同？扭转角是否相同？为什么？

3. 用 Q235 钢制成的圆轴，发现原设计的扭转角大大地超过了许可扭转角。试讨论下列两种修改方案中哪一种更有效？为什么？

(1) 改用优质钢。

(2) 加大直径。

4. 空心圆轴的外径为 D，内径为 d，它的抗扭截面系数 W_{P}，能否用下式计算？为什么？

$$W_{\mathrm{p}}=W_{\mathrm{p外}}-W_{\mathrm{p内}}=\frac{\pi D^3}{16}-\frac{\pi d^3}{16}$$

习 题

8-1 用截面法求题 8-1 图所示各杆在截面 1—1、2—2、3—3 上的扭矩，并于截面上表示出该截面上扭矩的转向。

8-2 画出题 8-2 图所示各杆的扭矩图。

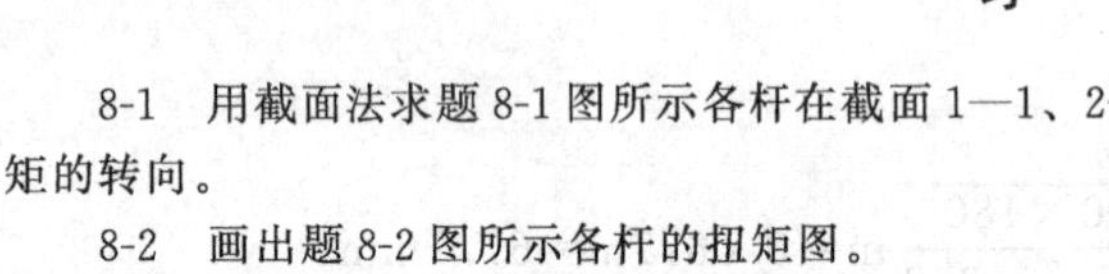

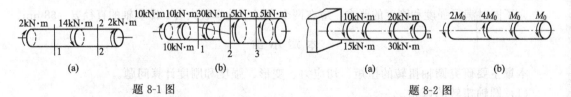

题 8-1 图

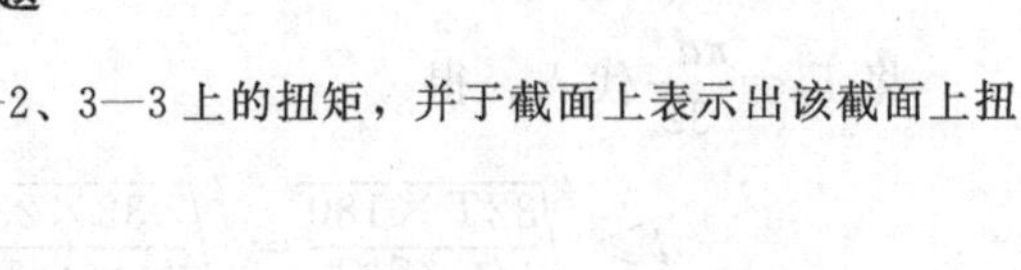

题 8-2 图

8-3 如题 8-3(a) 图所示，实心圆轴的直径 $d=100$mm，长 $l=1$m，两端受力偶矩 M 作用，设材料的

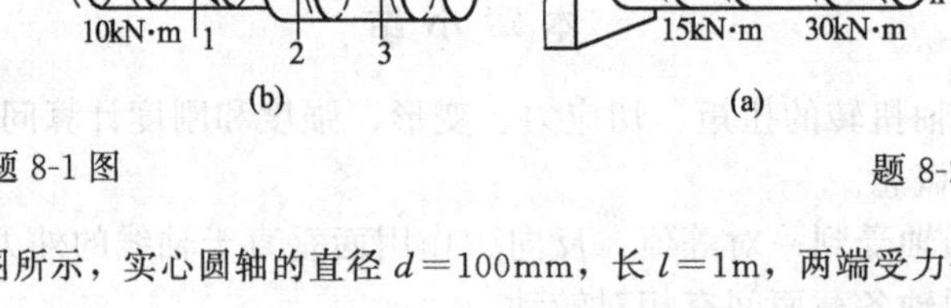

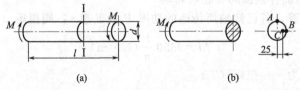

题 8-3 图

切变模量 $G=80\text{GPa}$，求：(1) 最大剪应力及两端截面间的相对扭转角；(2) 题 8-3(b) 图示截面上 A、B、C 三点剪应力的数值及方向。

8-4　一直径为 20mm 的钢轴，若 $[\tau]=100\text{MPa}$，求此轴能承受的扭矩。如转速为 100r/min，求此轴能传递的功率是多少。

8-5　一圆轴以 $n=300\text{r/min}$ 的转速转动，传递的功率 $P=33.1\text{kW}$。如材料为 45 钢，其许用切应力 $[\tau]=40\text{MPa}$，许用扭转角 $[\theta]=0.5°/\text{m}$，剪切弹性模量 $G=80\text{GPa}$。求轴的直径。

8-6　切蔗机轴由电动机经 V 带轮带动，如题 8-6 图所示。已知电动机的功率 $N=55000\text{W}$，主轴转速 $n=580\text{r/min}$，主轴直径 $D=60\text{mm}$，材料为 45 钢，其许用切应力 $[\tau]=40\text{MN/m}^2$。若不考虑传动中的功率损耗，试验算主轴的扭转强度。

8-7　阶梯形圆轴直径 $d_1=4\text{cm}$，$d_2=7\text{cm}$。轴上装有三个皮带轮如题 8-7 图所示。已知由轮 3 输入的功率为 $P_3=30000\text{W}$，轮 1 输出的功率为 $P_3=13000\text{W}$，轴做匀速转动，转速 $n=200\text{r/min}$，材料的许用剪应力 $[\tau]=60\text{MN/m}^2$，$G=80\text{GPa}$，许用单位扭转角 $[\theta]=2°/\text{m}$。试校核轴的强度和刚度。

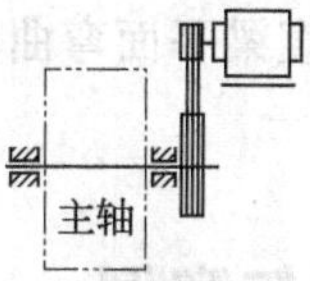

题 8-6 图

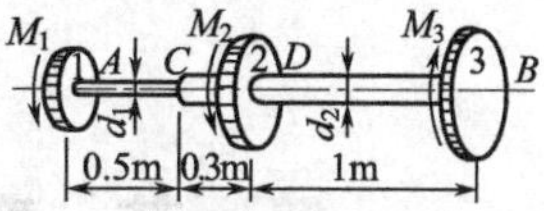

题 8-7 图

8-8　如题 8-8 图所示，传动轴的转速 $n=500\text{r/min}$，主动轮 1 输入功率 $P_1=368\text{kW}$，从动轮 2、3 分别输出功率 $P_2=147\text{kW}$，$P_3=221\text{kW}$。已知 $[\tau]=70\text{MPa}$，$[\theta]=1°/\text{m}$，$G=80\text{GPa}$。

(1) 试确定 AB 段的直径 d_1 和 BC 段的直径 d_2。

(2) 若 AB 和 BC 两段选用同一直径，试确定直径 d。

(3) 主动轮和从动轮应如何安排才比较合理？

8-9　如题 8-9 图所示，在一直径为 75mm 的等截面圆轴上，作用着外力偶矩：$M_{13}=1\text{kN}\cdot\text{m}$，$M_2=0.6\text{kN}\cdot\text{m}$，$M_3=0.2\text{kN}\cdot\text{m}$，$M_4=0.2\text{kN}\cdot\text{m}$。

(1) 画出轴的扭矩图。

(2) 求出每段内的最大切应力。

(3) 求出轴两端截面的相对扭转角，没材料的切变模量 $G=80\times10^9\text{N/m}^2$。

(4) 若 M_1 和 M_2 的位置互换，试问最大切应力将怎样变化？

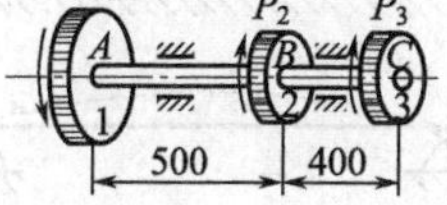

题 8-8 图

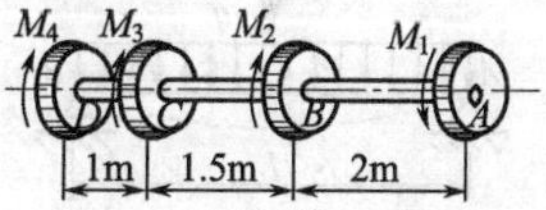

题 8-9 图

第九章

梁的平面弯曲

弯曲是工程实际中最常见的一种基本变形。本章重点研究直梁平面弯曲变形。

第一节　弯曲和平面弯曲的概念与实例

在日常生活和工程实际中，经常遇到发生弯曲变形的构件。例如，桥式起重机的横梁在被吊物体的重力 $\boldsymbol{G}$ 和横梁自重 q 的作用下发生的变形（见图 9-1），火车轮轴在车厢重量作用下发生的变形（见图 9-2），悬臂管道支架在管道重物作用下发生的变形（见图 9-3）等，都是弯曲的实例。这些构件尽管形状各异，加载的方式也不尽相同，但它们所发生的变形却有共同的特点：即所有作用于这些杆件上的外力都垂直于杆的轴线，这种外力称为横向力；在横向力作用下，杆的轴线将弯曲成一条曲线，这种变形形式称为弯曲。凡是以弯曲变形为主的杆件习惯上称为梁。工程中的梁包括结构物中的各种梁，也包括机械中的转轴和齿轮轴等。

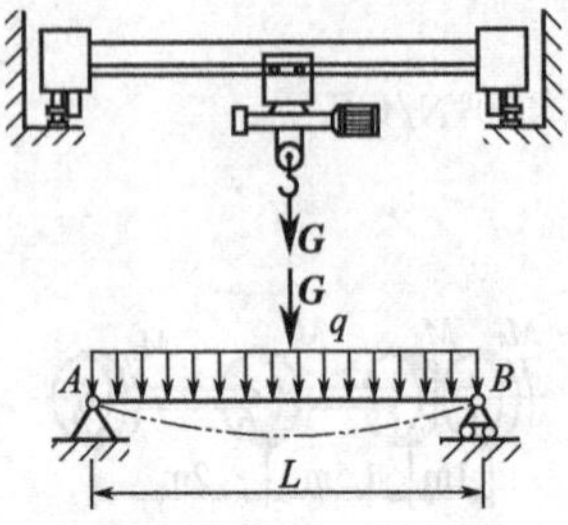

图 9-1

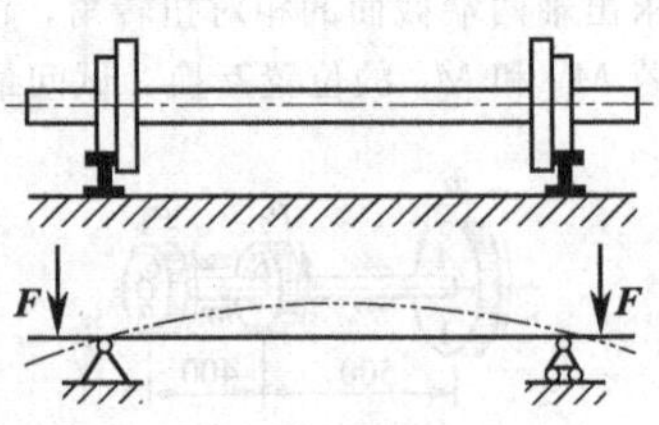

图 9-2

工程中的梁一般都具有纵向对称平面［见图 9-4(a)］，当作用于梁上的所有外力（包括支座）都作用在此纵向对称平面［见图 9-4(b)］内时，梁的轴线就在该平面内弯成一平面

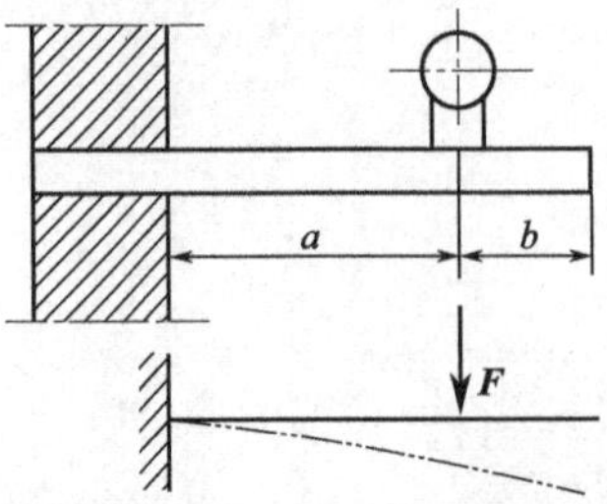

图 9-3

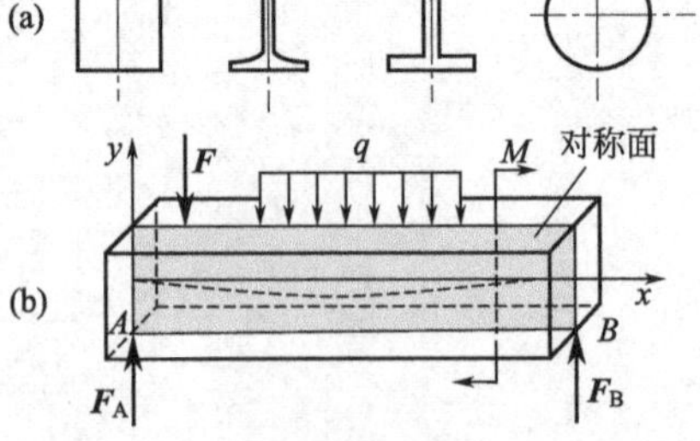

图 9-4

曲线，这种弯曲称为平面弯曲。平面弯曲是弯曲中较简单的情况。本章只讨论平面弯曲问题。

第二节 梁的计算简图及分类

工程上梁的截面形状、载荷及支承情况都比较复杂，为了便于分析和计算必须对梁进行简化，包括梁本身的简化、载荷的简化以及支座的简化等。

对于梁的简化，不管梁的截面形状有多复杂，都简化为一直杆，如图 9-1～图 9-3 所示。并用梁的轴线来表示。

作用于梁上的外力（包括载荷和支座约束力），可以简化为集中力、分布载荷和集中力偶三种形式。若载荷的作用范围较小，则简化为集中力；若载荷连续作用于梁上，则简化为分布载荷；集中力偶可理解为力偶的两力分布在很短的一段梁上。

根据支座对梁约束的不同特点，支座可简化为静力学中的三种形式：活动铰链支座、固定铰链支座和固定端支座，因而简单的梁有以下三种类型。

（1）简支梁　梁的一端为固定铰支座，另一端为活动铰支座，如图 9-5 所示。

（2）外伸梁　梁有一个固定铰支座和一个活动铰支座，而梁的一端或两端伸出支座之外，如图 9-6 所示。

（3）悬臂梁　梁的一端固定，另一端自由，如图 9-7 所示。

简支梁或外伸梁的两个铰支座之间的距离称为跨度，用 l 来表示。悬臂梁的跨度是固定端到自由端的距离。

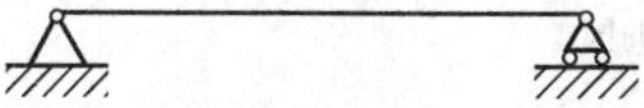

图 9-5

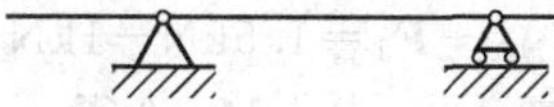

图 9-6

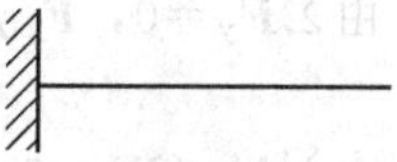

图 9-7

以上三种梁，其支座反力皆可用静力学平衡方程来确定，故统称为静定梁［见图 9-8(a)］。至于支座反力不能完全由静力学平衡方程确定的，则称为静不定梁或超静定梁。梁的支反力数目多于静力平衡方程数目，支反力不能完全由静力平衡方程确定，这种梁称为静不定梁或超静定梁［见图 9-8(b)］。

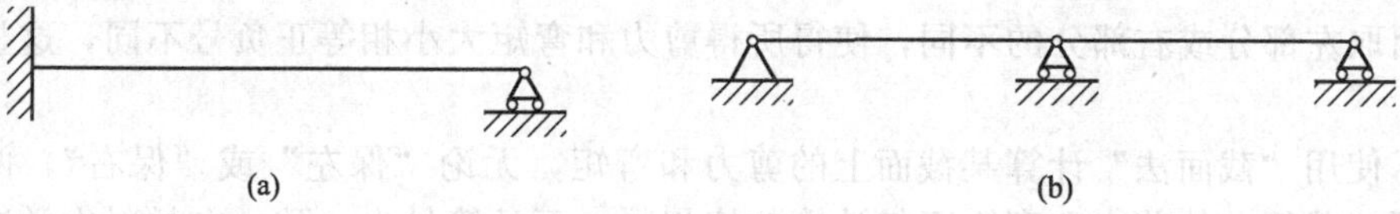

图 9-8

第三节 梁的内力——剪力和弯矩

为了计算梁的应力和变形，首先应该确定梁在外力作用下任意横截面上的内力。为此，应先根据平衡条件求得静定梁在载荷作用下的全部约束力。当作用在梁上的全部载荷（包括外力和支座约束力）均为已知时，用截面法就可以求出任意截面上的内力。

一、剪力和弯矩的概念

如图 9-9(a) 所示的简支梁，已知 $\boldsymbol{F}_1=1\text{kN}$，$\boldsymbol{F}_2=2\text{kN}$，$l=5\text{m}$，$a=1.5\text{m}$，$b=3\text{m}$。用平面平行力系的平衡方程求得两端支座的约束力 $\boldsymbol{F}_{\text{NA}}=1.5\text{kN}$，$\boldsymbol{F}_{\text{NB}}=1.5\text{kN}$。现欲求距 A 端 $x=2\text{m}$ 处的横截面 m—m 上的内力。用截面法假想地将梁沿截面 m—m 截开，分为左右两部分。因为梁原来处于平衡状态，所以截开以后任意一部分也必然处于平衡状态。现取左部分为研究对象，画受力图，如图 9-9(b) 所示。显然左部分梁在 $\boldsymbol{F}_1$ 和 $\boldsymbol{F}_{\text{NA}}$ 的作用下不能保持平衡。为了保持左部分梁的平衡，截面 m—m 上必然有力 $\boldsymbol{F}_{\text{Q}}$ 和力偶矩 M。其中，力 $\boldsymbol{F}_{\text{Q}}$ 作用在截面内部与截面相切，其作用线平行于外力，称为剪力；力偶矩 M 作用面垂直于横截面，称为弯矩。

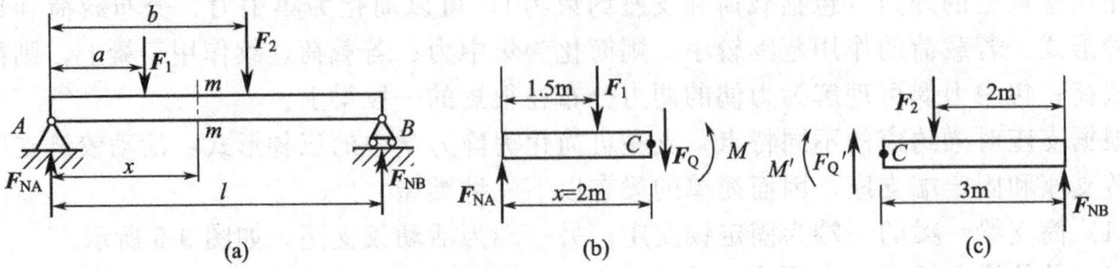

图 9-9

二、用截面法求梁任意截面上的剪力和弯矩

剪力 $\boldsymbol{F}_{\text{Q}}$ 和弯矩 M 的大小和方向可根据平面平行力系的平衡方程确定。

由 $\sum \boldsymbol{F}_{\text{y}}=0$，$\boldsymbol{F}_{\text{NA}}-\boldsymbol{F}_1-\boldsymbol{F}_0=0$ 得

$$\boldsymbol{F}_{\text{Q}}=\boldsymbol{F}_{\text{NA}}-\boldsymbol{F}_1=1.5\text{kN}-1\text{kN}=0.5\text{kN}$$

由 $\sum M_{\text{C}}(\boldsymbol{F})=0$，$-\boldsymbol{F}_{\text{NA}}x+\boldsymbol{F}_1(x-a)+M=0$ 得

$$M=\boldsymbol{F}_{\text{NA}}x-\boldsymbol{F}_1(x-a)=1.5\times 2\text{kN}\cdot\text{m}-1\times(2-1.5)\text{kN}\cdot\text{m}=2.5\text{kN}\cdot\text{m}$$

如果取右部分梁为研究对象［见图 9-9(c)］，则 m—m 截面上的剪力和弯矩以 $\boldsymbol{F}'_{\text{Q}}$和 M' 表示，可以求得 $\boldsymbol{F}'_{\text{Q}}=0.5\text{kN}$，$M'=2.5\text{kN}\cdot\text{m}$，即它们大小相等、方向相反。这是因为它们之间是作用与反作用的关系。然而如还沿用理论力学对力和力矩的正负号规定，若取截面以左部分为研究对象［见图 9-9(b)］，所解得 m—m 截面上剪力和弯矩图为正号。而若取截面以右部分为研究对象［见图 9-9(c)］，所解得 m—m 截面上剪力和弯矩图却为负号。同一截面仅因取左部分或右部分的不同，使得所得剪力和弯矩大小相等正负号不同，这显然是不合适的。

为了使用“截面法”计算某截面上的剪力和弯矩，无论“保左”或“保右”，两种算法得到的同一截面上的剪力和弯矩不仅计算数值相同，而且符号也一致，在材料力学中，我们把剪力和弯矩的符号规则与梁的变形联系起来，规定如下。

(1) 剪力的符号规则　剪力 $\boldsymbol{F}_{\text{Q}}$ 绕保留部分顺时针方向为正［见图 9-10(a)］，反之为负［见图 9-10(b)］。

(2) 弯矩的符号规则　在截面 n—n 处弯曲变形向下凸（或使梁的上表面纤维受压时），如图 9-10(c) 所示，截面 n—n 上的弯矩规定为正；反之为负［见图 9-10(d)］。

按上述关于符号的规定，任意截面上的剪力和弯矩，无论根据这个截面左侧还是右侧来计算，所得结果的数值和符号都是一样的。

例 9-1　求图 9-11(a) 所示简支梁截面 1—1 及 2—2 剪力和弯矩。

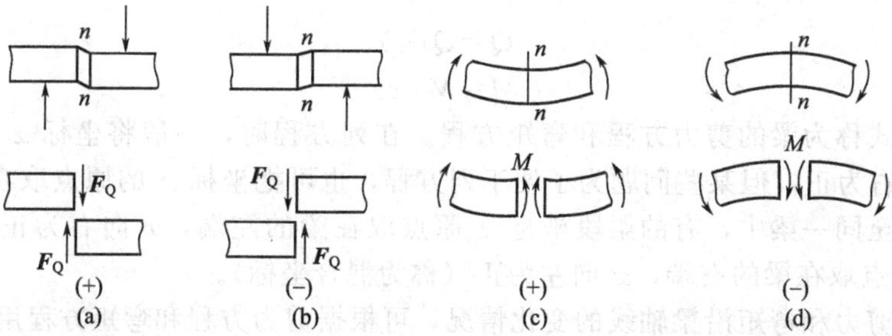

图 9-10

解　(1) 计算梁的支座约束力　由平衡方程 $\sum M_A=0$，$F_B\times10-F\times6-q\times10\times5=0$

得　　　　$F_B=34\text{kN}$

$\sum F_y=0$，$F_A+F_B-40\text{kN}-2\times10\text{kN}=0$

得　　　　$F_A=26\text{kN}$

(2) 求截面 1-1 的剪力 F_{Q1} 及弯矩 M_1　截面 1-1 左边部分梁段上的外力和截面上正向剪力 F_{Q1} 及正向弯矩 M_1，如图 9-11(b) 所示，由平衡方程可得

$$F_{Q1}=(26-2\times5)\text{kN}=16\text{kN}$$

$$M_1=\left[26\times5-2\times5\times\frac{5}{2}\right]\text{kN}\cdot\text{m}=105\text{kN}\cdot\text{m}$$

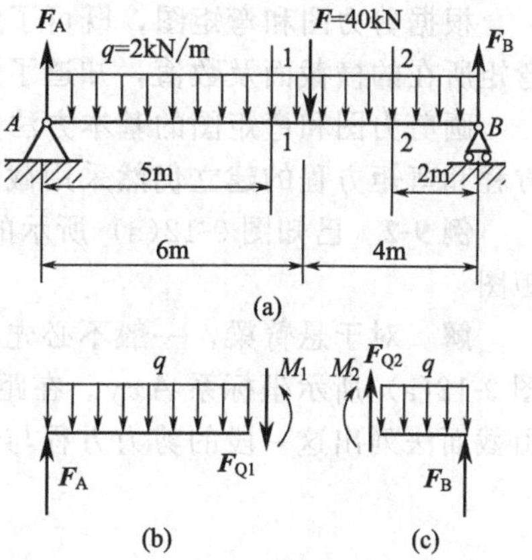

图 9-11

(3) 求截面 2—2 的剪力 F_{Q2} 及弯矩 M_2。截面 2—2 右边部分梁段上外力较简单，故求截面 2—2 的剪力和弯矩时，取该截面的右边梁段为研究对象较适宜。设截面 2—2 上有正向剪力 F_{Q2} 和正向弯矩 M_2，如图 9-11(c) 所示，由平衡方程可得

$$F_{Q2}=(2\times2-34)\text{kN}=-30\text{kN}$$

$$M_2=(34\times2-2\times2\times1)\text{kN}\cdot\text{m}=64\text{kN}\cdot\text{m}$$

F_{Q2} 得负值，说明与图示假设方向相反，即为负剪力。

由上面的例子可以总结出计算梁的内力一剪力 F_Q 和弯矩 M 的一般步骤如下：

① 用假想截面从被指定的截面处将梁截为两部分；

② 以其中任意部分为研究对象，在截开的截面上按 F_Q 和 M 的符号规则先假设为正，画出未知的 F_Q 和 M 的方向；

③ 应用平衡方程 $\sum F_y=0$ 和 $\sum M_O=0$，计算 F_Q 和 M 的值，其中 O 点一般取截面的形心；

④ 根据计算结果，结合题意判断 F_Q 和 M 的方向。

第四节　剪力图和弯矩图

一、剪力图和弯矩图绘制的基本方法

由例 9-1 可以看出，一般情况下，横截面上的剪力和弯矩随截面位置而变化。如果以横坐标 x 表示横截面在梁轴线上的位置，则各横截面上的剪力和弯矩，可以表示为 x 的函

数，即

$$Q=Q(x)$$
$$M=M(x)$$

以上函数式称为梁的剪力方程和弯矩方程。在列方程时，一般将坐标 x 的原点取在梁的左端，x 向右为正；但某些问题为了便于列方程，也可把坐标 x 的原点取在梁的右端，x 向左为正。甚至同一梁中，有的梁段坐标 x 原点取在梁的左端，x 向右为正，而有的梁段选坐标 x 的原点取在梁的右端，x 向左为正（称为混合坐标）。

为了显示剪力和弯矩沿梁轴线的变化情况，可根据剪力方程和弯矩方程用图线把它们表示出来。作图时，要选择一个适当的比例尺，以横截面位置 x 为横坐标，剪力和弯矩值为纵坐标，并将正剪力和正弯矩画在 x 轴的上面，负的画在下面，这样所得的图线，称为剪力图和弯矩图。

根据剪力图和弯矩图，既可了解全梁中弯矩变化情况，而且很容易找出梁内最大剪力和弯矩所在的横截面及数值，知道了这些数据之后，就能进行梁的强度计算和刚度计算。

画剪力图和弯矩图的基本方法是列出剪力方程和弯矩方程，然后根据方程作图。而剪力方程和弯矩方程的建立仍然采用截面法。下面用例题来说明。

例 9-2 已知图 9-12(a) 所示的悬臂梁上作用有均布载荷 q，试画出该梁的剪力图和弯矩图。

解 对于悬臂梁，一般不必先求出支座反力就能直接列出剪力方程与弯矩方程。选定如图 9-12(a) 所示坐标系 Axy。在距 A 为 x 的任意横截面以左的梁段上的载荷为均布载荷，由截面法列出这一段的剪力方程与弯矩方程，即

$$\boldsymbol{F}_{\mathrm{Q}}(x)=-qx$$
$$M(x)=-\frac{1}{2}qx^2$$

以上剪力方程表明，剪力图为一斜直线，只要确定直线上的两点，即可确定这条直线。例如，$x=0$，$\boldsymbol{F}_{\mathrm{Q}}=0$；$x=l$，$\boldsymbol{F}_{\mathrm{Q}}=-ql$。连接这两点，即得悬臂梁的剪力图。而以上弯矩方程表明，弯矩图为一抛物线。只要确定曲线上三个以上的点，即可确定这条曲线，如

$$x=0,M_1=0;x=\frac{l}{4},M_2=-\frac{ql^2}{32}$$
$$x=\frac{l}{2},M_3=-\frac{ql^2}{8};x=l,M_4=-\frac{ql^2}{2}$$

最后画出的剪力图与弯矩图如图 9-12(b)、(c) 所示。

例 9-3 图 9-13(a) 所示的简支梁 AB 受均布载荷 q 的作用，试作此梁的弯矩图。

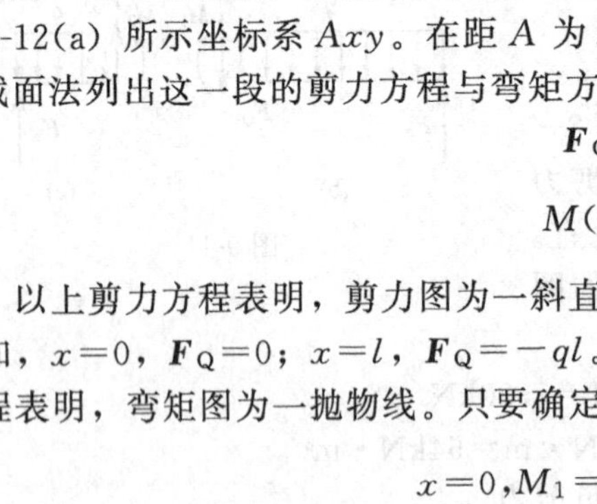

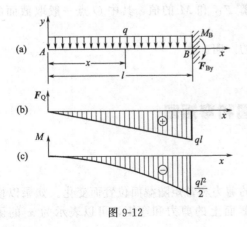

图 9-12

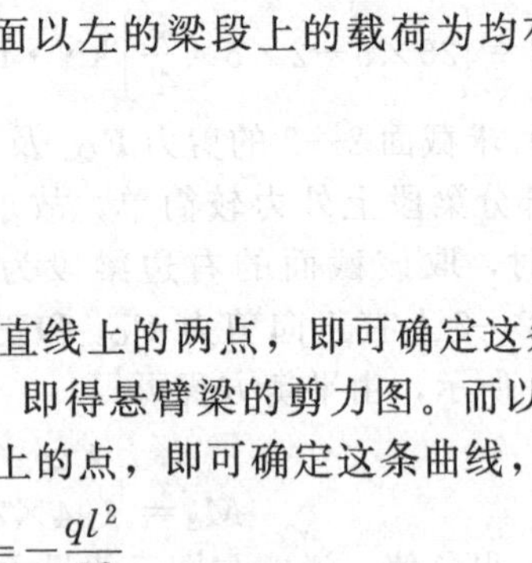

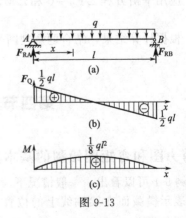

图 9-13

解　(1) 求支座反力　显然，由载荷及支座反力的对称性可知，两个支座反力相等，故

$$\boldsymbol{F}_{\mathrm{RA}}=\frac{1}{2}ql \qquad \boldsymbol{F}_{\mathrm{RB}}=\frac{1}{2}ql$$

(2) 求剪力方程和弯矩方程　在梁上任取一截面，到支座 A 的距离为 x，由截面法得该截面的剪力方程和弯矩方程为

$$\boldsymbol{F}_{\mathrm{Q}}(x)=\frac{1}{2}ql-qx(0\leqslant x\leqslant l)$$

$$M(x)=\frac{1}{2}qlx-\frac{1}{2}qx^2(0\leqslant x\leqslant l)$$

(3) 作剪力图和弯矩图　剪力方程是 x 的一次函数，剪力图是一斜直线。两点可以确定一条直线，当 $x=0$ 时，$\boldsymbol{F}_{\mathrm{Q}}(0)=\frac{1}{2}ql$；当 $x=l$ 时，$\boldsymbol{F}_{\mathrm{Q}}(l)=-\frac{1}{2}ql$。

连接这两点可得剪力图，如图 9-13(b) 所示。弯矩方程是 x 的二次函数，弯矩图是一抛物线。确定抛物线需要三个控制点，当 $x=0$ 时，$M(0)=0$；当 $x=1$ 时，$M(1)=0$。

下面确定抛物线的极值点。求 $M(x)$ 的导数，有

$$\frac{\mathrm{d}M(x)}{\mathrm{d}x}=\frac{1}{2}ql-qx$$

令

$$\frac{\mathrm{d}M(x)}{\mathrm{d}x}=0$$

得

$$x=\frac{1}{2}l$$

所以，在梁中点处弯矩有极值，而该极值也是梁的最大弯矩值

$$M_{\max}=\frac{1}{2}ql\times\frac{1}{2}l-\frac{1}{2}q\left(\frac{1}{2}l\right)^2=\frac{1}{8}ql^2$$

由这三个控制点可以作弯矩图，如图 9-13(c) 所示。

例 9-4　简支梁 AB，在 C 点处受集中力 G 作用，如图 9-14(a) 所示。试作此梁的剪力图和弯矩图。

解　(1) 求支座反力　由平衡方程

$$\sum M_{\mathrm{B}}=0,\boldsymbol{G}b-\boldsymbol{F}_{\mathrm{Ay}}l=0$$
$$\sum M_{\mathrm{A}}=0,\boldsymbol{F}_{\mathrm{By}}l-\boldsymbol{G}a=0$$

求得支座反力

$$\boldsymbol{F}_{\mathrm{Ay}}=\frac{\boldsymbol{G}b}{l},\boldsymbol{F}_{\mathrm{By}}=\frac{\boldsymbol{G}a}{l}$$

(2) 列剪力方程和弯矩方程　以横梁的左端 A 为坐标原点，选定坐标系 Axy。因 C 处作用有集中力 $\boldsymbol{G}$，故横梁在 AC 段和 CB 段内的剪力和弯矩不能用同一方程式来表达，应分段列出 AC 和 CB 段梁的剪力方程和弯矩方程。

AC 段：在 AC 段内取距 A 端为 x 的任意一横截面，列出剪力方程和弯矩方程分别为

$$\boldsymbol{F}_{\mathrm{Q1}}(x)=\boldsymbol{F}_{\mathrm{Ay}}=\frac{\boldsymbol{G}b}{l}\qquad(0<x<a)$$

$$M_1(x)=\boldsymbol{F}_{\mathrm{Ay}}x=\frac{\boldsymbol{G}b}{l}x\qquad(0\leqslant x\leqslant a)$$

CB 段：在 CB 段内取距 A 端为 x 的任意一横截面，列出剪力方程和弯矩方程分别为

$$\boldsymbol{F}_{\mathrm{Q2}}(x)=\boldsymbol{F}_{\mathrm{Ay}}-\boldsymbol{P}=-\frac{\boldsymbol{G}a}{l}\quad(a<x<l)$$

$$M_2(x)=\boldsymbol{F}_{Ay}x-\boldsymbol{P}(x-a)=\frac{\boldsymbol{G}a}{l}(l-x)\quad(a\leqslant x\leqslant l)$$

（3）画剪力图和弯矩图　由 AC 段和 CB 段的剪力方程可知，这两段的剪力图皆为水平线，确定水平线一端点的坐标，即可作出全梁的剪力图［见图 9-14(b)］；而由弯矩方程可知，弯矩图为两条斜直线，确定直线两端点的坐标，即可作出全梁的弯矩图［见图 9-14(c)］。在集中力 $\boldsymbol{G}$ 作用的 C 处横截面上弯矩最大，其值为 $M_{\max}=\boldsymbol{G}ab/l$。

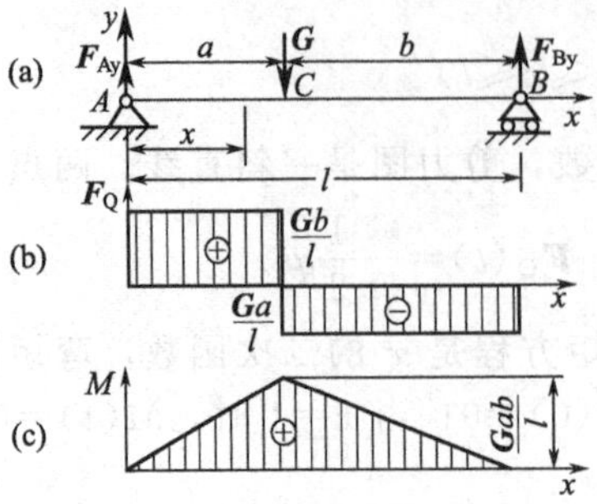

图 9-14

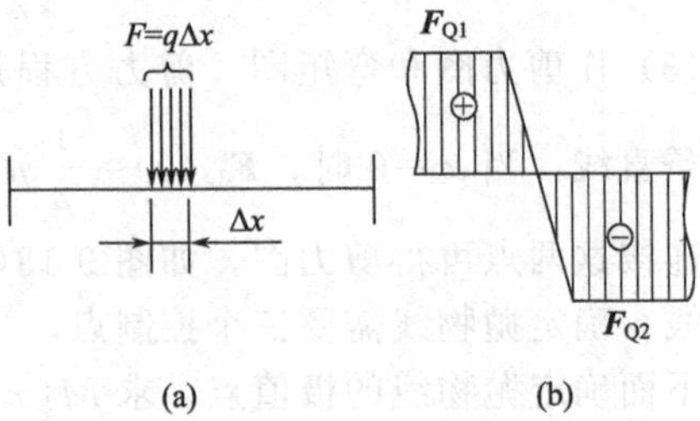

图 9-15

从以上几个例题中可以看出，在集中力作用截面两侧，剪力有一突然变化，变化的数值就等于集中力。在集中力偶作用截面两侧，弯矩有一突然变化，变化的数值就等于集中力偶矩。这种现象的出现，好像在集中力和集中力偶矩作用处的横截面上剪力和弯矩没有确定的数值。但事实上并非如此。这是因为：所谓集中力实际上不可能“集中”作用于一点，它实际上是分布于一个微段 Δx 内的分布力经简化后得出的结果［见图 9-15(a)］。若在此范围内把载荷看作均布的，则剪力将连续地从 $\boldsymbol{F}_{Q1}$ 变到 $\boldsymbol{F}_{Q2}$［见图 9-15(b)］。对集中力偶作用的截面，也可做同样的解释。

二、剪力图和弯矩图的查表法与叠加法

1. 剪力图和弯矩图的查表法

以上各例所作剪力图、弯矩图都是首先列出剪力方程、弯矩方程，然后按方程画剪力图和弯矩图。当梁上外力有变化时，还需要分段列出弯矩方程，分段画出剪力图和弯矩图来，有时是较麻烦的。工程实际计算中常用查表法。表 9-1 中列举了几种受单一载荷作用梁的剪力图和弯矩图。

2. 剪力图和弯矩图的叠加法

梁上同时有几个载荷作用时，可以分别求出（或查出）各个载荷单独作用下的剪力图和弯矩图，然后进行代数相加，从而得到各载荷同时作用下的剪力图和弯矩图。这种方法称为叠加法。

下面仅介绍工程中最常用到的弯矩图叠加法。同样道理，也适用于剪力图叠加法。

三、剪力图和弯矩图的特点

由以上例题剪力图、弯矩图的绘制，以及表 9-1，可归纳出剪力图和弯矩图有以下特点。

① 梁上没有均布载荷作用的部分，剪力图为水平线，弯矩图为倾斜直线。

② 梁上有均布载荷作用的一段，剪力图为斜直线，均布载荷向下时，直线由左上向右下倾斜（↘）；弯矩图为抛物线，均布载荷向下时抛物线开口向下（⌒）。

③ 在集中力作用处，剪力图上有突变，突变之值即为该处集中力的大小，突变的方向与集中力的方向一致；弯矩图上在此出现折角（即两侧斜率不同）。

④ 梁上集中外力偶作用处剪力图不变，弯矩图有突变，突变的值即为该处集中外力偶的力偶矩。若外力偶为顺时针转向，弯矩图向上突变；反之，若外力偶为逆时针转向，弯矩图向下突变（左至右）。

⑤ 绝对值最大的弯矩总是出现在下述截面上：$F_Q=0$ 的截面上；集中力作用处；集中力偶作用处。

利用上述特点，可检查绘制弯矩图、剪力图的正确性。

表 9-1　几种受单一载荷作用梁的剪力图和弯矩图

1.

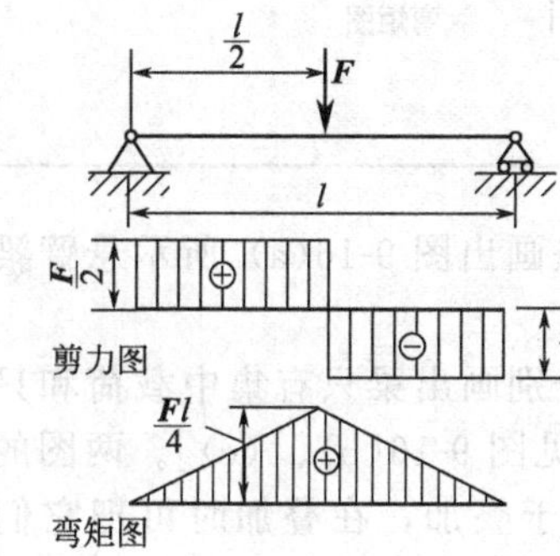

2.

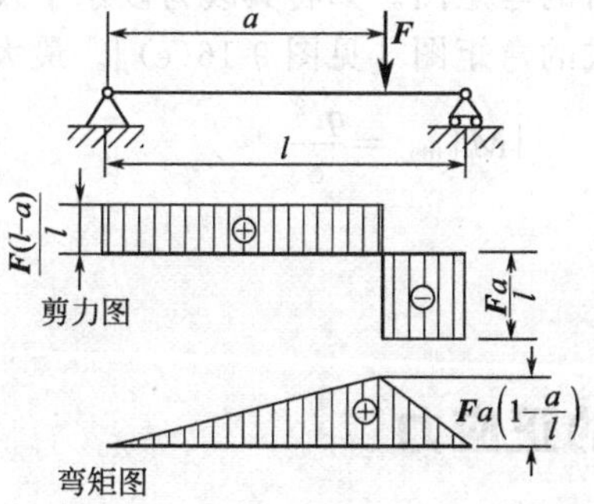

3.

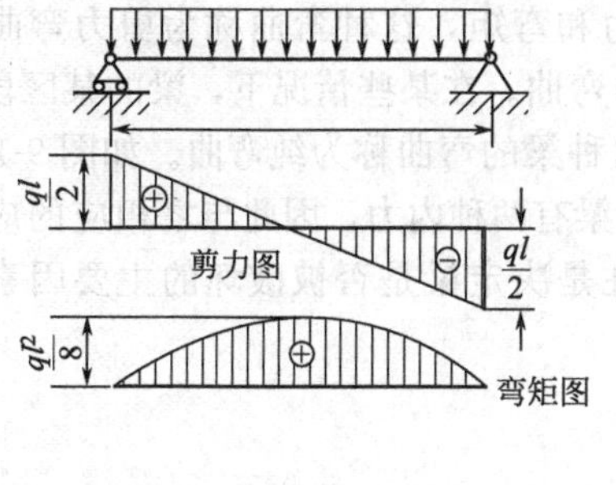

4.

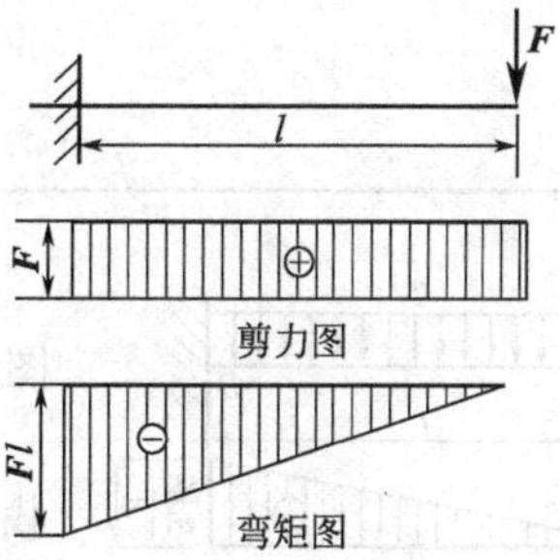

5.

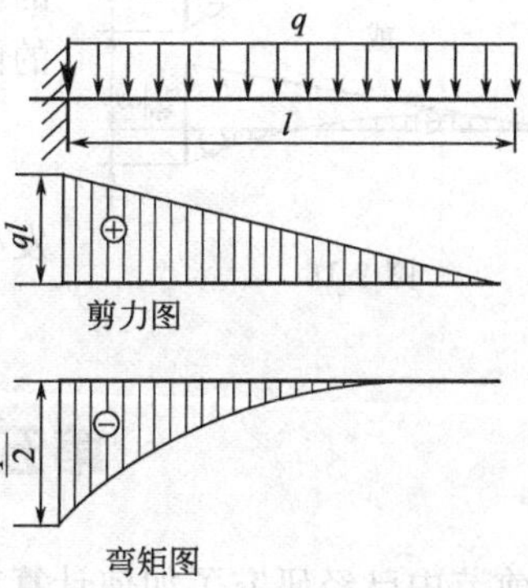

6.

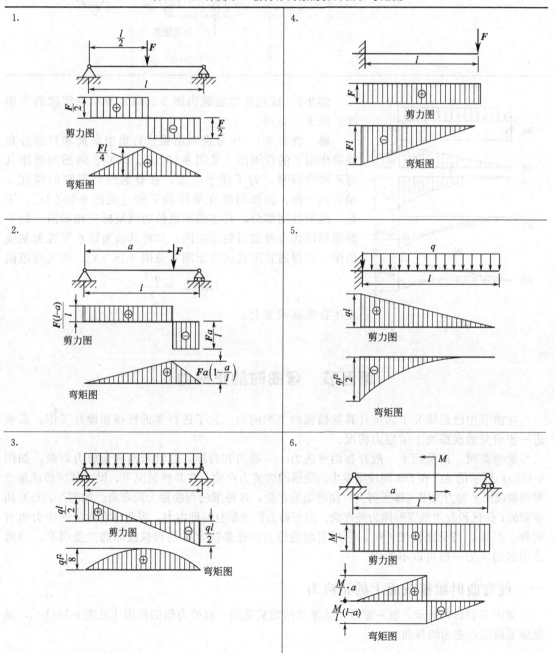

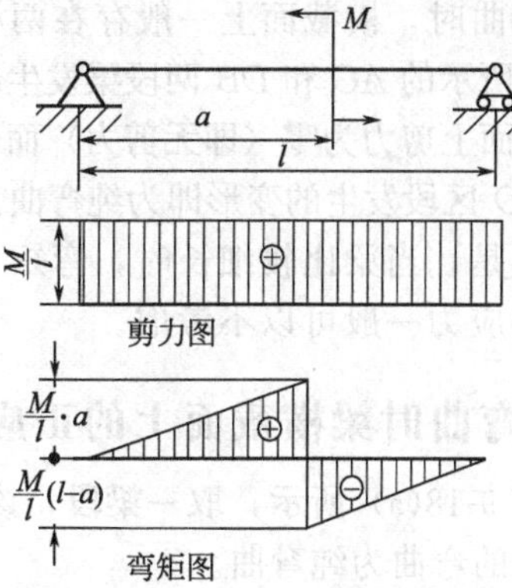

续表

7. 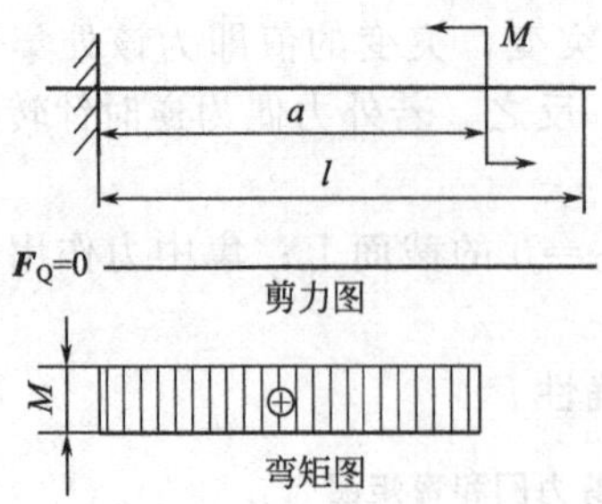	8. 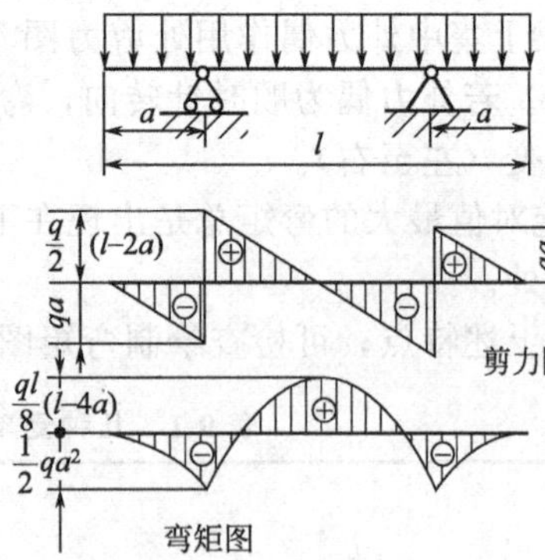

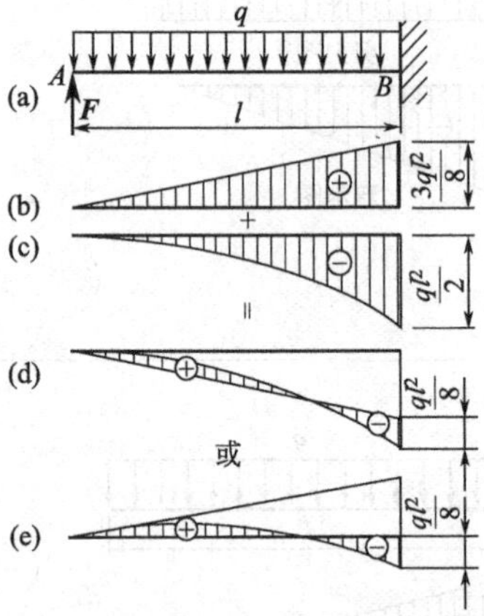

图 9-16

例 9-5 试用叠加法画出图 9-16(a) 所示悬臂梁的弯矩图。设 $F=3q/8$。

解 查表 9-1，先分别画出梁只有集中载荷和只有分布载荷作用下的弯矩图［见图 9-16(b)、(c)］。两图的弯矩具有不同的符号，为了便于叠加，在叠加时可把它们画在 x 轴的同一侧，例如同画在坐标的下侧［见图 9-16(d)］。于是，两图共同部分，其正值和负值的纵坐标互相抵消。剩下的图形即代表叠加后的弯矩图。如将其改为以水平线为基线的图，即得通常形式的弯矩图［见图 9-16(e)］。最大弯矩值

$$|M|_{\max}=\frac{ql^2}{8}$$

发生在根部截面上。

第五节　弯曲时的正应力

在前节中已经研究了如何计算梁横截面上的内力。为了进行梁的校核和设计工作，必须进一步研究梁横截面上的应力情况。

梁弯曲时，横截面上一般存在两种内力——剪力和弯矩，这种弯曲称为剪力弯曲，如图 9-17(a) 所示的 AC 和 DB 两段梁发生的变形即为剪力弯曲。在某些情况下，梁的某区段或整个梁内横截面上剪力为零（即无剪力）而弯矩为常量，这种梁的弯曲称为纯弯曲。如图 9-17(a) 所示梁的 CD 区段发生的变形即为纯弯曲。由于剪力弯曲梁有两种内力，因此与之相应的应力也有两种。但是，当梁比较细长时，弯矩引起的应力往往是决定梁是否被破坏的主要因素，而剪力引起的应力一般可以不考虑。

一、纯弯曲时梁横截面上的正应力

如图 9-18(a) 所示，取一梁段，该梁的两端只受到一对外力偶的作用［见图 9-18(b)］，显然该梁段的弯曲为纯弯曲。

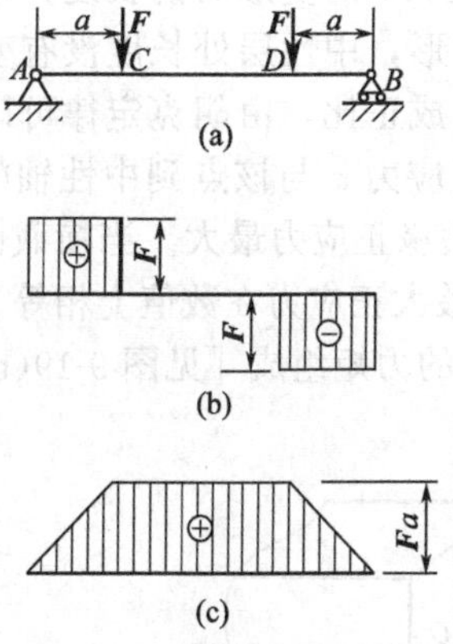

图 9-17

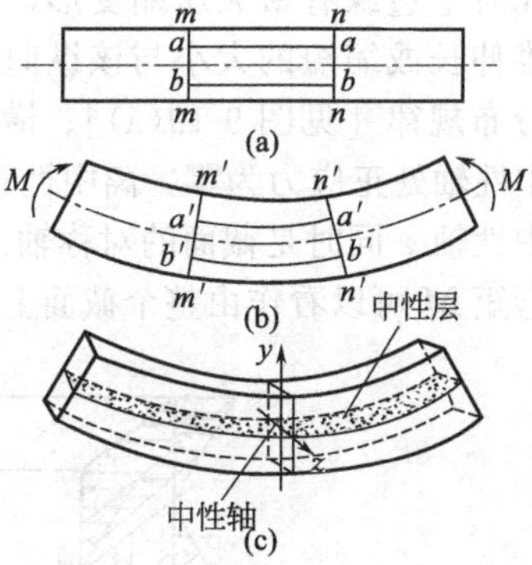

图 9-18

下面先针对纯弯曲的情况来分析应力，由于应力分析方法需考虑几何、物理和静力学等方面，所以应力公式推导比较复杂。为简单起见，本书对梁纯弯曲时的应力公式不做详细讨论，只扼要介绍纯弯曲应力公式推导过程，重点讨论弯曲应力计算方法。

1. 梁在纯弯曲时的实验观察

为了分析计算梁在纯弯曲情况下的正应力，必须先研究梁在纯弯曲时的变形现象。为此，先做一个简单的实验。取容易变形的材料做成一根矩形截面的梁，在梁的表面上画出两条与轴线平行的纵向直线 aa 和 bb，以及与轴线垂直的横向直线 $m—m$ 和 $n—n$，如图 9-18(a) 所示。设想梁是由无数层纵向纤维组成的，于是纵向直线代表纵向纤维，横向直线代表各个横截面的周边。当梁发生纯弯曲变形时，可观察到下列一些现象［见图 9-18(b)］。

① 两条纵线都弯成曲线 $a'a'$ 和 $b'b'$，且靠近底面的纵线 bb 伸长了，而靠近顶面的纵线 aa 缩短了。

② 两条横线仍保持为直线，只是相互倾斜了一个角度，但仍垂直于弯成曲线的纵线。

2. 推断和假设

根据上述矩形截面梁的纯弯曲实验，可以做出如下假设。

① 梁在纯弯曲时，各横截面始终保持为平面，并垂直于梁轴。此即弯曲变形的平面假设。

② 纵向纤维之间没有相互挤压，每根纵向纤维只受到简单拉伸或压缩。

根据平面假设，当梁弯曲时其底部各纵向纤维伸长，顶部各纵向纤维缩短。

而纵向纤维的变形沿截面高度应该是连续变化的。所以，从伸长区到缩短区，中间必有一层纤维既不伸长也不缩短。这一长度不变的过渡层称为中性层［见图 9-18(c)］，中性层与横截面的交线称为中性轴。显然在平面弯曲的情况下，中性轴必然垂直于截面的纵向对称轴，而且可以证明中性轴必然通过截面形心（证明略）。

概括地说，在纯弯曲的条件下，所有横截面仍保持平面，只是绕中性轴做相对转动，横截面之间并无互相错动的变形，而每根纵向纤维则处于简单的拉伸或压缩的受力状态。

3. 纯弯曲时梁的正应力

根据上述实验观察和推断与假设，再进一步分析得：

① 由于直梁纯弯曲时，横截面绕中性轴的转动使得梁内的纤维只发生了伸长和缩短的变形，因此横截面上必定只有正应力而无切应力。

② 由于直梁纯弯曲时，横截面绕中性轴转动，从图 9-18(b)、(c) 可以看出，$m—m$ 和

n—n 截面转到 m'—m' 和 n'—n' 处，$m'n'$ 便是上下边缘处 mn 的变形后的长度，该两处变形最大，此时上边缘有最大压缩变形，下边缘有最大拉伸变形，中性层处长度没有变化。因为纵向纤维伸长或缩短的大小与该纵向纤维到中性层的距离成正比，由胡克定律可以推论出正应力的分布规律［见图 9-19(a)］。横截面上各点产生的正应力 σ 与该点到中性轴的距离成正比。在中性轴处正应力为零，离中性轴最远的截面上、下边缘正应力最大。当横截面上、下对称（即中性轴 z 同时是截面的对称轴）时，上、下边缘的最大正应力在数值上相等。弯曲时截面上的弯矩 M 可以看作由整个截面上各点的内力对中性轴的力矩组成［见图 9-19(b)］。

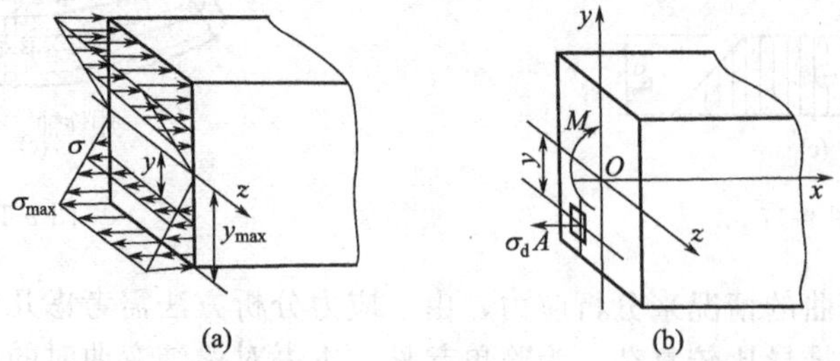

图 9-19

综合考虑梁的变形几何条件、物理条件和平衡条件，可以推导梁在纯弯曲时横截面上任意点的正应力计算公式（推导过程略）

$$\sigma=\frac{My}{I_z} \tag{9-1}$$

式中　σ——横截面上任一点处的正应力；

M——横截面上的弯矩；

y——横截面上任一点到中性轴的距离；

I_z——横截面对中性轴 z 的惯性矩，与 I_p 一样，I_z 也是一个与横截面形状和尺寸有关的几何性质的量，单位是长度的四次方，如 mm^4。

应用公式(9-1) 时，理论上应以弯矩 M 和坐标 y 的代数值代入。但在实际计算中，可以用 M 和 y 的绝对值计算正应力 σ 的数值，再根据梁的变形情况直接判断 σ 是拉应力还是压应力。即以中性轴为界，靠凸边一侧为拉应力，靠凹边一侧为压应力；也可根据弯矩的正负来判断。当弯矩为正时，中性轴以下部分受拉；当弯矩为负时，情况则相反。

二、纯弯曲梁正应力公式的推广

如上所述，公式(9-1) 是以平面假设为基础，并按直梁受纯弯曲的情况下求得的，但梁一般为剪切弯曲，这是工程实际中最常见的情况。此时，梁的横截面不再保持为平面，同时在与中性层平行的纵截面上还有横向力引起的挤压应力。

但由弹性力学证明，对跨长 l 与横截面高度 h 之比 $(l/h)>5$ 的梁，虽有上述因素，但横截面上的正应力分布规律与纯弯曲的情况几乎相同。这就是说，剪力和挤压的影响甚少，可以忽略不计。因而平面假设和纤维之间互不挤压的假设，在剪切弯曲的情况下仍可适用。工程实际中常见的梁，其 l/h 的值远大于 5。因此，纯弯曲时的正应力公式可以足够精确地用来计算直梁在剪切弯曲时横截面上的正应力，对曲梁也可应用。

三、梁弯曲时任一截面上弯曲正应力的最大值

由公式(9-1) 可以看出，对于横截面对称于中性轴的梁，当 $y=y_{max}$，即在横截面上离

中性轴最远的上、下边缘各点，弯曲正应力最大，其值为

$$\sigma_{\max}=\frac{My_{\max}}{I_z} \tag{9-2}$$

若令 $\frac{I_z}{y_{\max}}=W_z$

则有

$$\sigma_{\max}=\frac{M}{\frac{I_z}{y_{\max}}}=\frac{M}{W_z} \tag{9-3}$$

式中 W_z——仅与截面形状和尺寸有关的几何量，称为抗弯截面系数，单位为长度的三次方，如 mm^3。

若梁的横截面不对称于中性轴，如图 9-20 所示的 T 形截面，y_1 和 y_2 分别代表中性轴到最大拉应力点和最大压应力点的距离，且 y_1 不等于 y_2，则最大拉应力和最大压应力并不相等。令 $y_1=y_{1\max}$ 和 $y_2=y_{2\max}$，利用公式 (9-2)，可分别计算出图示弯矩情况下该截面的最大拉应力和最大压应力。

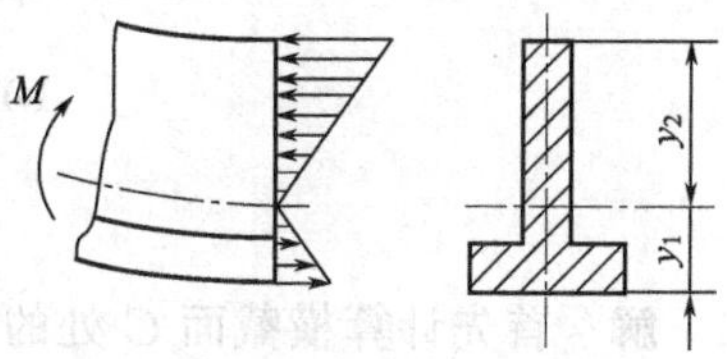

图 9-20

四、截面的惯性矩和抗弯截面系数

截面的轴惯性矩和抗弯截面系数是衡量截面抗弯能力的几何参数，可以用积分法和有关定理推导出的公式计算。如直径为 d 的实心圆截面，其对中性轴 z 的惯性矩和抗弯截面系数分别为

$$I_z=\frac{\pi}{64}d^4$$

$$W_z=\frac{I_z}{y_{\max}}=\frac{\frac{\pi}{64}d^4}{\frac{d}{2}}=\frac{\pi}{32}d^3$$

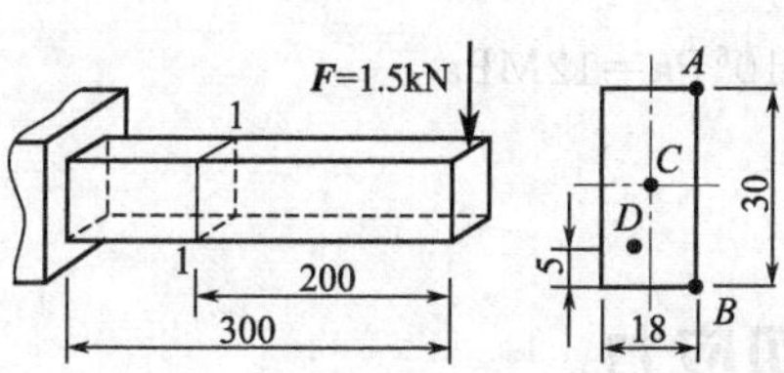

图 9-21

常见简单几何形状截面的惯性矩和抗弯截面系数等几何参数列于附录 A。型钢的这些几何参数载于附录型钢表中。

例 9-6 一矩形截面梁如图 9-21 所示。计算 1—1 截面上 A、B、C、D 各点处的正应力，并指明是拉应力还是压应力。

解 (1) 计算 1—1 截面上弯矩，有

$$M_1=-\boldsymbol{F}\times 200=(-1.5\times 10^3\times 200\times 10^{-3})\text{N}\cdot\text{m}=-300\text{N}\cdot\text{m}$$

(2) 计算 1—1 截面惯性矩，有

$$I_z=\frac{bh^3}{12}=\frac{1.8\times 3^3}{12}\text{cm}^4=4.05\text{cm}^4=4.05\times 10^{-8}\text{m}^4$$

(3) 计算 1—1 截面上各指定点的正应力，有

$$\sigma_A=\frac{M_1 y_A}{I_z}=\frac{300\times 1.5\times 10^{-2}}{4.05\times 10^{-8}}\text{Pa}=111\text{MPa}(\text{拉应力})$$

$$\sigma_B=\frac{M_1 y_B}{I_z}=\frac{300\times 1.5\times 10^{-2}}{4.05\times 10^{-8}}\text{Pa}=111\text{MPa}(\text{压应力})$$

$$\sigma_C=\frac{M_1 y_C}{I_z}=\frac{M_1\times 0}{I_z}=0$$

$$\sigma_D=\frac{M_1 y_D}{I_z}=\frac{300\times 1\times 10^{-2}}{4.05\times 10^{-8}}\text{Pa}=74.1\text{MPa}(\text{压应力})$$

例 9-7 一简支木梁受力情况如图 9-22(a) 所示。已知 $g=2\text{kN/m}$，$Z=2\text{m}$。试求在竖放［见图 9-22(b)］和平放［见图 9-22(c)］时横截面 C 处的最大正应力。

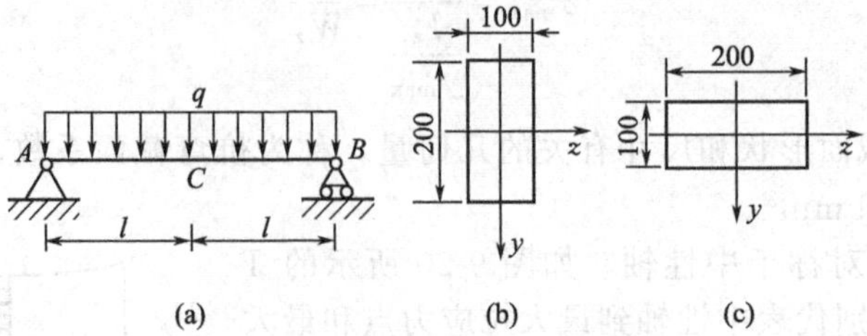

图 9-22

解 首先计算横截面 C 处的弯矩，有

$$M_C=\frac{q(2l)^2}{8}=\frac{2\times 10^3\times 4^2}{8}\text{N}\cdot\text{m}=4000\text{N}\cdot\text{m}$$

梁在竖放时，其抗弯截面系数为

$$W_{z1}=\frac{bh^2}{6}=\frac{0.1\times 0.2^2}{6}\text{m}^3=6.67\times 10^{-4}\text{m}^3$$

故横截面 C 处的最大正应力为

$$\sigma_{\max 1}=\frac{M_C}{W_{z1}}=\frac{4000}{6.67\times 10^{-4}}\text{Pa}=6\times 10^6\text{Pa}=6\text{MPa}$$

梁在平放时，其抗弯截面系数为

$$W_{z2}=\frac{bh^2}{6}=\frac{0.2\times 0.1^2}{6}\text{m}^3=3.33\times 10^{-4}\text{m}^3$$

故横截面 C 处的最大正应力为

$$\sigma_{\max 2}=\frac{M_C}{W_{z2}}=\frac{4000}{3.33\times 10^{-4}}\text{Pa}=12\times 10^6\text{Pa}=12\text{MPa}$$

*第六节 弯曲时的切应力

在剪力弯曲的情形下，梁的横截面上除了有弯曲正应力外，还有弯曲切应力。切应力在截面上的分布规律较正应力要复杂，本节不对其做详细讨论，仅对矩形截面梁、工字形截面梁、圆形截面梁和薄壁环形截面梁的最大切应力计算加以简单介绍，具体的推导过程可参阅其他较详细的材料力学教材。

一、矩形截面梁

一矩形截面梁的横截面如图 9-23(a) 所示，其宽为 b，高为 h，截面上作用有剪力 $\boldsymbol{F}$ 和弯矩 M。为了强调切应力，图中未画出正应力。对于狭长矩形截面，由于梁的侧面上没有切应力，故横截面上侧边各点处的切应力必然平行于侧边，z 轴处的切应力必然沿着 y 方向。考虑到狭长矩形截面上的切应力沿宽度方向的变化不大，于是可做假设如下。

① 横截面上各点处的切应力均平行于侧边。

② 距中性轴 z 轴等距离的各点处的切应力大小相等。

弹性理论分析的结果表明，对于狭长矩形截面梁，上述假设是正确的；对于一般高度大于宽度的矩形截面梁，在工程计算中也能满足精度要求。

经理论推导，矩形截面梁任意截面上切应力沿高度呈抛物线分布，如图 9-23(b) 所示。最大切应力在中性轴处，其值为

$$\tau_{\max}=\frac{3}{2}\frac{\boldsymbol{F}_{\mathrm{Q}}}{bh}=\frac{3}{2}\frac{\boldsymbol{F}_{\mathrm{Q}}}{A} \tag{9-4}$$

也就是说，矩形截面梁任意截面上的最大切应力为其平均切应力（$\boldsymbol{F}_{\mathrm{Q}}/A$）的 1.5 倍。

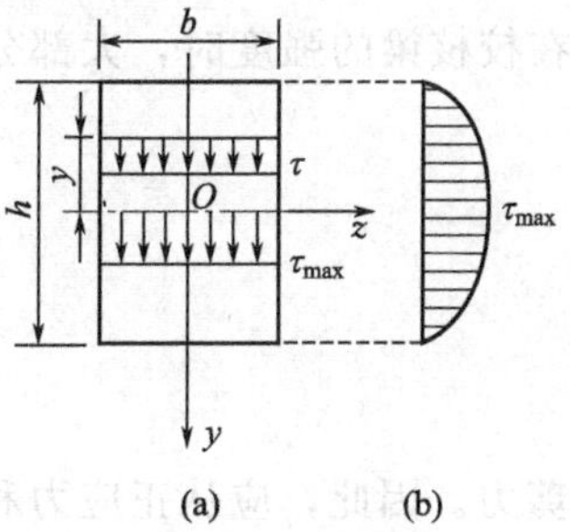

图 9-23

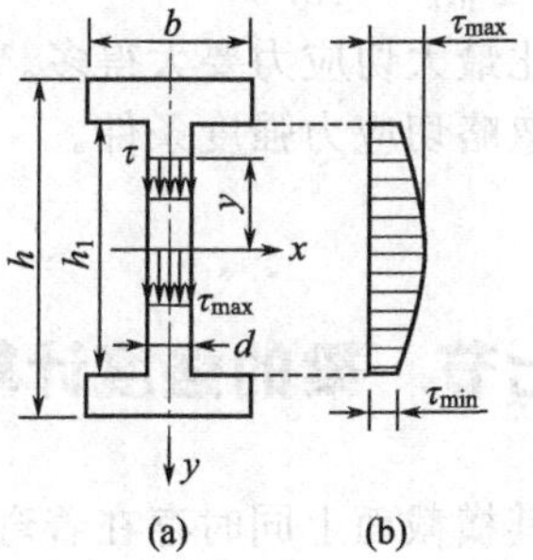

图 9-24

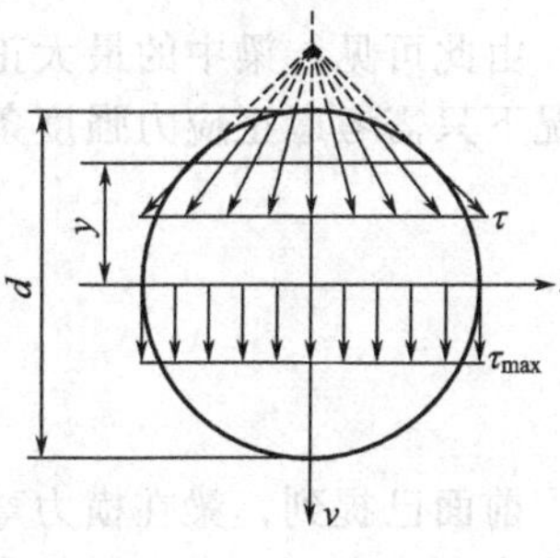

图 9-25

二、工字形截面梁

在工程中经常要用到工字形截面梁。工字形截面可以简化为图 9-24(a) 所示形状，由翼缘和腹板组成。在工字形截面的翼缘和腹板上的切应力分布如图 9-24(b) 所示。研究表明，工字形截面梁任意截面上的最大切应力发生在腹板中部，其值为

$$\tau_{\max}=\frac{\boldsymbol{F}_{\mathrm{Q}}}{dh_1}=\frac{\boldsymbol{F}_{\mathrm{Q}}}{A_1} \tag{9-5}$$

式中 A_1——腹板的面积，$A_1=dh_1$。

亦即工字形截面梁截面上的最大切应力为截面腹板上的平均切应力。

三、圆形截面梁

圆形截面梁的切应力分布规律如图 9-25 所示，截面上的最大切应力为

$$\tau_{\max}=\frac{4}{3}\tau_{均}\approx\frac{1.33\boldsymbol{F}_{\mathrm{Q}}}{A} \tag{9-6}$$

亦即截面上平均切应力的 4/3 倍。

从上面的分析可以看出，对于等直梁而言，全梁中最大切应力发生在最大剪力所在横截面上，一般位于该截面的中性轴上。

例 9-8 图 9-26 所示简支梁由 56a 号工字钢制成，在中点处承受集中力 $\boldsymbol{F}$ 的作用，已知 $F=150\text{kN}$。试比较该梁中最大正应力和最大切应力的大小。

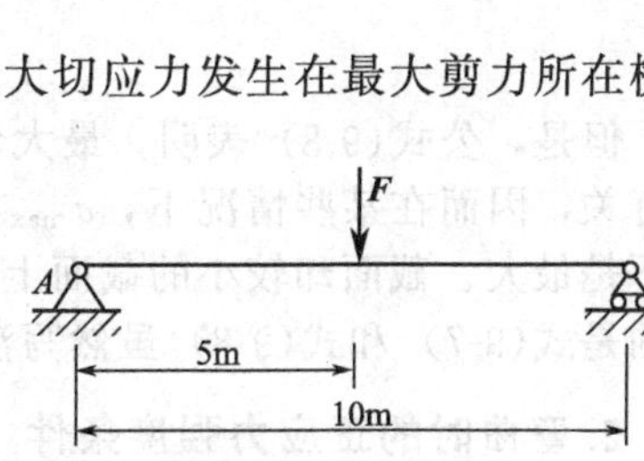

图 9-26

解 查表 9-1，可得该梁所承受的最大弯矩和最大剪力分别为

$$M_{max}=375kN \cdot m$$

$$F_{Qmax}=75kN$$

现在来求梁内的最大正应力。查工字型钢规格表，可知 56a 号工字钢的 $W_z=2342.31cm^3$，于是可得梁内的最大正应力为

$$\sigma_{max}=\frac{M_{max}}{W_z}=\frac{375\times10^3}{2342.31\times10^{-6}}Pa=160.1MPa$$

最大切应力为

$$\tau_{max}\approx\frac{F_{Qmax}}{dh_1}=12.6MPa$$

最后进行比较，可得

$$\frac{\sigma_{max}}{\tau_{max}}=\frac{160.1}{12.6}=12.7$$

由此可见，梁中的最大正应力比最大切应力要大得多。因此在校核梁的强度时，大部分情况下只需考虑正应力强度条件而忽略切应力强度条件。

第七节　梁的强度计算

前面已提到，梁在横力弯曲时其横截面上同时存在着弯矩和剪力。因此，应从正应力和切应力两个方面来考虑梁的强度计算。

在实际工程中使用的梁以细长梁居多，一般情况下梁很少发生剪切破坏，往往都是弯曲破坏。也就是说，对于细长梁，其强度主要是由正应力控制的，按照正应力强度条件设计的梁，一般都能满足切应力强度要求，不需要进行专门的切应力强度校核。但在少数情况下，比如对于弯矩较小而剪力很大的梁（如短粗梁和集中荷载作用在支座附近的梁），铆接或焊接的组合截面钢梁，或者使用某些抗剪能力较差的材料（如木材）制作的梁等，除了要进行正应力强度校核外，还要进行切应力强度校核。

一、梁弯曲正应力强度条件

1. 弯曲时全梁中最大正应力

由梁弯曲时梁内正应力公式(9-1) 知道，对梁上某一横截面来说，最大正应力位于距中性轴最远的地方。由于梁弯曲时各横截面上的弯矩一般是随截面的位置而变的，对于等截面直梁（即梁的截面形状和尺寸无变化）来说，全梁的最大正应力必定发生在弯矩绝对值最大的危险截面上，且在距中性轴最远的上下边缘处，其计算式为

$$\sigma_{max}=\frac{M_{max}y_{max}}{I_z} \tag{9-7}$$

或

$$\sigma_{max}=\frac{M_{max}}{W_z} \tag{9-8}$$

但是，公式(9-8) 表明，最大弯曲正应力 σ_{max} 不仅与最大弯矩有关，而且还与截面形状有关，因而在某些情况下，σ_{max} 并不一定发生在弯矩最大的截面上，还可能发生在弯矩并不是最大、截面却较小的截面上。故对非等直梁要注意对 σ_{max} 要加以判断分析。还需注意的是式(9-7) 和式(9-8) 虽然写法一样，但其代表的含义是有区别的。

2. 弯曲时的正应力强度条件

求得全梁的最大弯曲正应力 σ_{max}，若使其不超过材料的许用弯曲应力 $[\sigma]$，就可以保证

安全。

对等截面直梁来说，梁弯曲时的正应力强度条件为

$$\sigma_{max}=\frac{M_{max}}{W_z}\leqslant[\sigma] \tag{9-9}$$

对抗拉和抗压强度相等的塑性材料（如碳钢），只要使梁内绝对值最大的正应力不超过许用应力即可；对抗拉和抗压强度不相等的脆性材料（如铸铁），则要求最大拉应力不超过材料的弯曲许用拉应力 $[\sigma_L]$，同时最大压应力也不超过弯曲许用压应力 $[\sigma_Y]$。

关于材料的许用弯曲正应力 $[\sigma]$，一般可近似用拉伸（压缩）许用拉（压）应力来代替，或按设计规范选取。

二、梁的切应力强度条件

前面已提到，等直梁的最大正应力发生在最大弯矩所在横截面上距中性轴最远的各点处，该处的切应力为零；最大切应力则发生在最大剪力所在横截面的中性轴上各点处，梁的最大工作切应力不得超过材料的许用切应力，即切应力强度条件是

$$\tau_{max}\leqslant[\tau]$$

材料的许用切应力 $[\tau]$ 在有关的设计规范中有具体的规定。

三、梁的强度条件计算举例

根据强度条件可以解决下述三类问题：

① 强度校核验算梁的强度是否满足强度条件，判断梁的工作是否安全。

② 设计截面尺寸根据梁的最大载荷和材料的许用应力，确定梁截面的尺寸和形状或选用合适的标准型钢。

③ 确定许用载荷根据梁截面的形状和尺寸及许用应力，确定梁可承受的最大弯矩，再由弯矩和载荷的关系确定梁的许用载荷。

在校核梁的强度时，先按正应力强度条件计算，必要时再进行切应力强度校核。

例 9-9 一吊车［见图 9-27(a)］用 32c 工字钢制成，将其简化为一简支梁［见图 9-27(b)］，梁长 $l=10\text{m}$，自重不计。若最大起重载荷为 $\boldsymbol{F}=35\text{kN}$（包括葫芦和钢丝绳），许用应力为 $[\sigma]=130\text{MPa}$，试校核梁的强度。

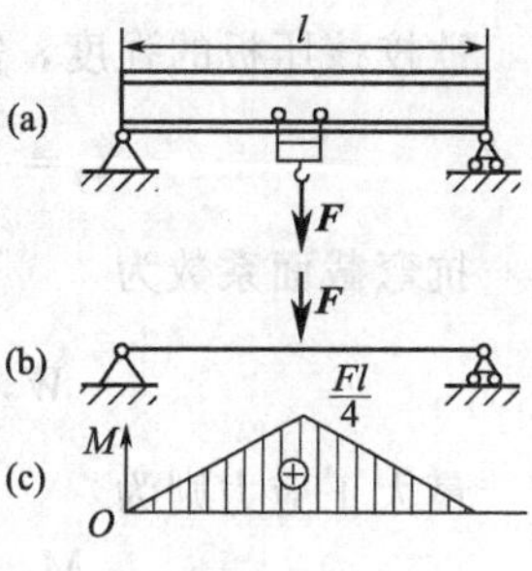

图 9-27

解 (1) 求最大弯矩　当载荷在梁中点时，该处产生最大弯矩。从表 9-1 中可查得

$$M_{max}=\frac{Fl}{4}=\frac{35\times10}{4}\text{kN}\cdot\text{m}=87.5\text{kN}\cdot\text{m}$$

(2) 校核梁的强度　查型钢表得 32c 工字钢的抗弯截面系数 $W_z=760\text{cm}^3$，所以

$$\sigma_{max}=\frac{M_{max}}{W_z}=\frac{87.5\times10^3}{760\times10^{-6}}\text{Pa}=115.1\text{MPa}<[\sigma]$$

说明梁的工作是安全的。

例 9-10 某设备中要一根支承物料重量的梁，可简化为受均布载荷的简支梁（见图 9-28）。已知梁的跨长 $l=2.83\text{m}$，所受均布载荷的集度 $q=23\text{kN/m}$，材料为 45 钢，许用弯曲正应力 $[\sigma]=140\text{MPa}$，问该梁应该选用哪一种工字钢？

解 这是一个设计梁截面的问题，为此先求出梁所需的抗弯截面系数。在梁跨中点横截面上的最大弯矩为

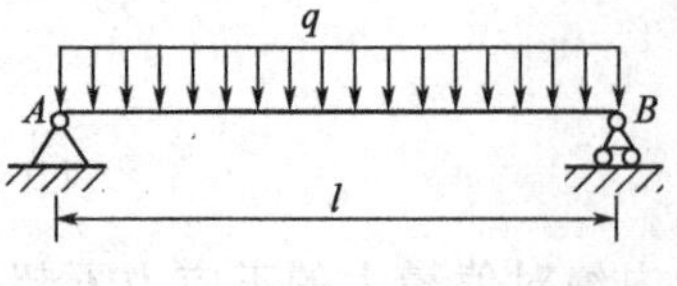

图 9-28

$$M_{\max}=\frac{1}{8}ql^2=\frac{23\times(2.83)^2}{8}=23\text{kN}\cdot\text{m}$$

所需的抗弯截面系数为

$$W_z=\frac{M_{\max}}{[\sigma]}=\frac{23\times10^3}{140\times10^6}\text{m}^3=165\text{cm}^3$$

查型钢规格表，选用 18 号工字钢，$W_z=185\text{cm}^3$。

例 9-11 如图 9-29(a) 所示为一螺旋压板夹紧装置。已知压紧力 $\boldsymbol{F}=3\text{kN}$，$a=50\text{mm}$，材料的许用弯曲应力 $[\sigma]=150\text{MPa}$。试校核压板的强度。

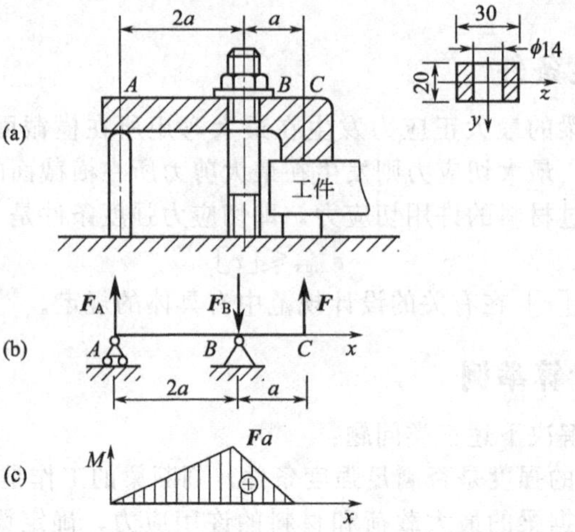

图 9-29

解 压板可简化为一简支梁 [见图 9-29(b)]，绘制弯矩图如图 9-29(c) 所示。最大弯矩在截面 B 上

$$M_{\max}=\boldsymbol{F}a=3\times10^3\times0.05\text{N}\cdot\text{m}=150\text{N}\cdot\text{m}$$

欲校核压板的强度，需计算 B 处截面对其中性轴：

$$I_z=\frac{30\times20^3}{12}\text{mm}^4-\frac{14\times20^3}{12}\text{mm}^4=10.67\times10^{-9}\text{m}^4$$

抗弯截面系数为

$$W_z=\frac{I_z}{y_{\max}}=\frac{10.67\times10^{-9}}{0.01}\text{m}^3=1.067\times10^{-6}\text{m}^3$$

最大正应力则为

$$\sigma_{\max}=\frac{M_{\max}}{W_z}=\frac{150}{1.067\times10^{-8}}=141\times10^6\text{Pa}=141\text{MPa}<150\text{MPa}$$

故压板的强度足够。

第八节 梁的弯曲变形计算和刚度校核

前面研究了梁的弯曲强度问题。在实际工程中，某些受弯构件在工作中不仅需要满足强度条件以防止构件破坏，还要求其有足够的刚度。例如，图 9-30(a) 所示的车床主轴，若弯曲变形过大，应会引起轴颈的急剧磨损，使齿轮间啮合不良，从而影响加工件的精度；又如起重机的大梁起吊重物时，若其弯曲变形过大就会使起重机在运行时产生爬坡现象，引起较大的振动，破坏起吊工作中的平稳性。再如输液管道若弯曲变形过大，将影响管内液体的正常输送，出现积液、沉淀和管道连接处不密封等现象。因此必须限制构件的弯曲变形。但在某些情况下，也可利用构件的弯曲变形来为生产服务。例如，汽车轮轴上的叠板弹簧［见图9-30(b)］，就是利用其弯曲变形来缓和车辆受到的冲击和振动，这时就要求弹簧有较大的弯曲变形了。

根据工程上的需要，为了限制或利用弯曲构件的变形，必须研究弯曲变形的规律。此外，在求解超静定梁的问题时，也需要用到梁的变形条件。

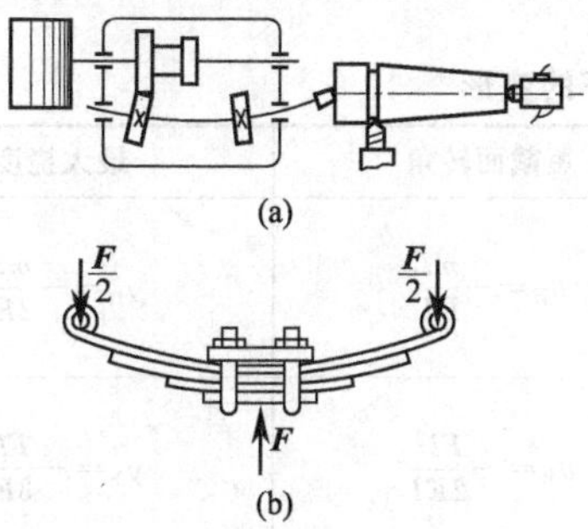

图 9-30

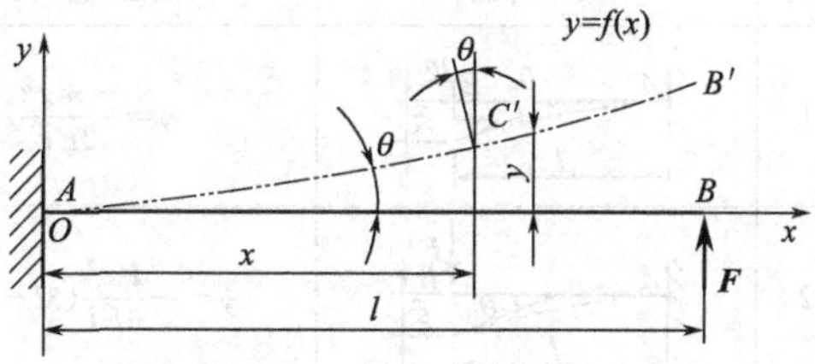

图 9-31

一、挠度和转角

梁受外力作用后，它的轴线由原来的直线变成了一条连续而光滑的曲线（见图 9-31），称为挠曲线。因为梁的变形是弹性变形，所以梁的挠曲线也称为弹性曲线。弹性曲线可以表示为 $y=f(x)$，称为弹性曲线方程（又称挠度方程）。

梁的变形程度可用两个基本量来度量：

(1) 挠度　梁上距离坐标原点 O 为 x 的截面形心（见图 9-31），沿垂直于 x 轴方向的位移 y，称为该截面的挠度。其单位为 mm。通常选取坐标系 Oxy，原点在梁的左端，y 轴正向向上，所以位移向上时挠度为正，向下时挠度为负。

(2) 转角　梁的任一横截面在弯曲变形过程中，绕中性轴转过的角位移 θ，称为该截面的转角。因为变形前后横截面垂直于梁的轴线，也可把轴与弹性曲线上某点（对应一截面）切线的夹角看作梁上该截面的转角（见图 9-31）。转角的单位是弧度（rad）。

由图 9-31 可知，梁的弹性曲线在 C'点的切线斜率为

$$\tan\theta=\frac{\mathrm{d}y}{\mathrm{d}x}$$

在工程实际中，θ 一般都很微小，故可认为 $\tan\theta\approx\theta$，即有

$$\theta=\frac{\mathrm{d}y}{\mathrm{d}x} \tag{9-10}$$

式(9-10) 表明，梁任一横截面转角 θ 等于该截面的挠度 y 对截面位置坐标 x 的一阶导数。

由上可知，只要知道梁的弹性曲线方程，就可求得轴上任意点的挠度和任意横截面转角。

一般来说，不同的截面上有不同的挠度和不同的转角，所以挠度和转角都是截面位置坐标 Ox 的函数，分别称为挠度方程 $y=y(x)$ 和转角方程 $\theta=\theta(x)$。可以通过高等数学建

立梁的挠曲线近似微分方程积分法。如图 9-31 所示的悬臂梁，若已知梁的长度为 l，截面轴惯性矩为 I，材料的拉（压）弹性模量为 E，经数学推导（积分运算）可解得挠度方程和转角方程分别为

$$y=-\frac{\boldsymbol{F}x^2}{6EI}(3l-x),\theta=-\frac{\boldsymbol{F}x}{2EI}(2l-x)$$

根据该梁的这两个方程即可求梁任意截面的挠度和转角。

积分法是求梁变形的基本方法，但运算过程烦琐。因此，在一般设计手册中，已将常见梁的挠度方程、梁端面转角和最大挠度计算公式列成表格，以备查用。表 9-2 给出了几种简单载荷作用下梁的挠度和转角。

表 9-2　梁在简单载荷作用下的变形

序号	梁的简图	挠曲线方程	短截面转角	最大挠度
1	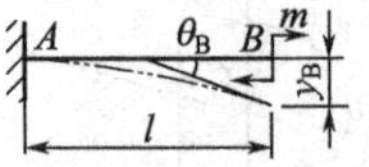	$y=\frac{-mx^2}{2EI}$	$\theta_B=-\frac{ml}{EI}$	$y_B=-\frac{ml^2}{2EI}$
2	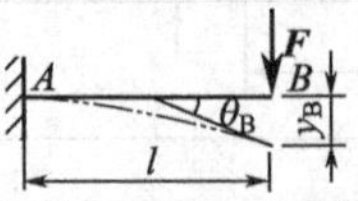	$y=-\frac{\boldsymbol{F}x^2}{6EI}(3l-x)$	$\theta_B=-\frac{\boldsymbol{F}l^2}{2EI}$	$y_B=-\frac{\boldsymbol{F}l^3}{3EI}$
3	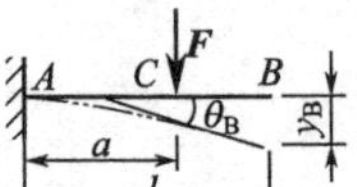	$y=\frac{-\boldsymbol{F}x^2}{6EI}(3a-x)$ $0\leqslant x\leqslant a$ $y=\frac{-\boldsymbol{F}a^2}{6EI}(3x-a)$ $a\leqslant x\leqslant l$	$\theta_B=-\frac{\boldsymbol{F}a^2}{2EI}$	$y_B=-\frac{\boldsymbol{F}a^2}{6EI}(3l-a)$
4	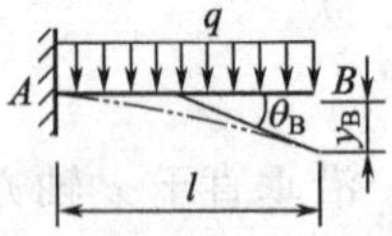	$y=-\frac{qx^2}{24EI}(x^2-4lx+6l^2)$	$\theta_B=-\frac{ql^3}{6EI}$	$y_B=-\frac{ql^4}{8EI}$
5	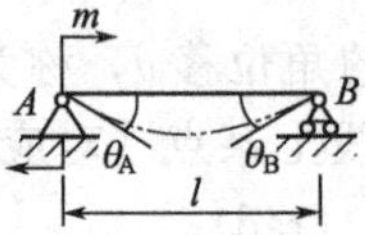	$y=-\frac{mx}{6EIl}(l-x)(2l-x)$	$\theta_A=-\frac{ml}{3EI}$ $\theta_B=\frac{ml}{6EI}$	$x=\left(l-\frac{1}{\sqrt{3}}l\right)$, $y_{max}=-\frac{ml^2}{9\sqrt{3}EI}$ $x=\frac{1}{2},y_{\frac{1}{2}}=-\frac{ml^2}{16EI}$
6	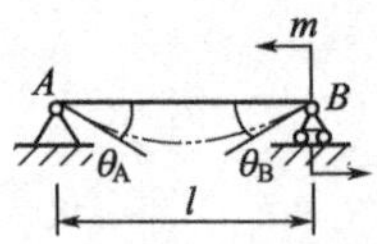	$y=-\frac{mx}{6EIl}(l^2-x^2)$	$\theta_A=\frac{ml}{6EI}$ $\theta_B=\frac{ml}{3EI}$	$x=\frac{1}{\sqrt{3}}$ $y_{max}=-\frac{ml^2}{9\sqrt{3}EI}$ $x=\frac{1}{2},y_{\frac{1}{2}}=-\frac{ml^2}{16EI}$
7	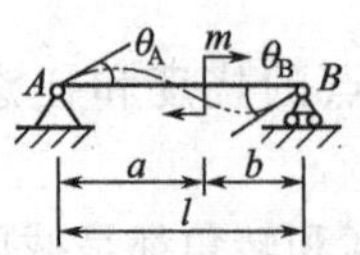	$y=\frac{mx}{6EIl}(l^2-3b^2-x^2)$ $0\leqslant x\leqslant a$ $y=\frac{mx}{6EIl}[-x^3+$ $3l(x-a)^2+(l^2-3b^2)x]$ $a\leqslant x\leqslant l$	$\theta_A=\frac{m}{6EIl}(l^2-3b^2)$ $\theta_B=\frac{m}{6EIl}(l^2-3a^2)$	

续表

序号	梁的简图	挠曲线方程	短截面转角	最大挠度
8	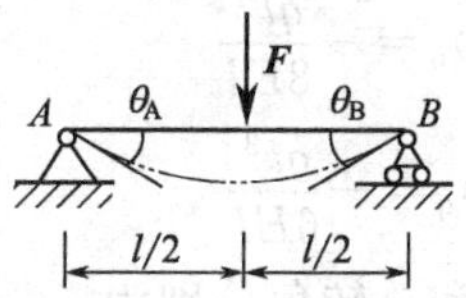	$y=-\frac{Fx}{48EI}(3l^2-4x^2)$ $a\leqslant x\leqslant\frac{1}{2}$	$\theta_A=-\theta_B=-\frac{Fl^3}{16EI}$	$y_{max}=-\frac{Fl^3}{48EI}$
9	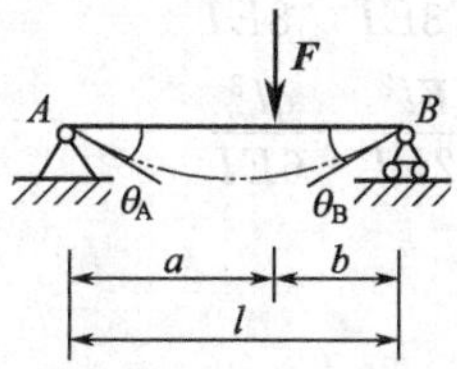	$y=-\frac{Fbl}{6EIl}(l^2-x^2-b^2)$ $0\leqslant x\leqslant a$ $y=-\frac{Fb}{6EIl}\left[\frac{1}{b}(x-a)^3+(l^2-b^2)x-x^3\right]$ $a\leqslant x\leqslant l$	$\theta_A=\frac{Fab(l+b)}{6EIl}$ $\theta_B=\frac{Fab(l+a)}{6EIl}$	设 $a>b$，$x=\sqrt{\frac{l^2-b^2}{3}}$ 处 $y_{max}=-\frac{Fb\sqrt{(l^2-b^2)}}{9\sqrt{3}EIl}$ 在 $x=\frac{1}{2}$ 处 $y_{\frac{1}{2}}=-\frac{Fb(3l^2-4b^2)}{48EI}$
10	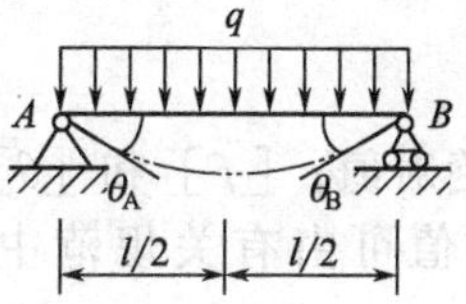	$y=\frac{-qx}{24EI}(l^3-2lx^2+x^3)$	$\theta_A=-\theta_B=-\frac{ql^3}{24EI}$	$y_{max}=-\frac{5ql^4}{384EI}$
11	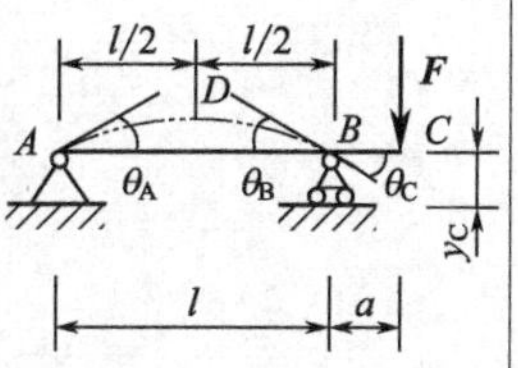	$y=\frac{Fax}{6EIl}(l^2-x^2)$ $0\leqslant x\leqslant l$ $y=-\frac{F(x-l)}{6EI}[a(3x-l)-(x-l)^2]$ $l\leqslant x\leqslant(l+a)$	$\theta_A=-\frac{1}{2}\theta_B=\frac{Fal}{6EI}$ $\theta_C=-\frac{Fa}{6EI}(2L\|3a)$	$y_C=-\frac{Fa^2}{3El}(l+a)$
12	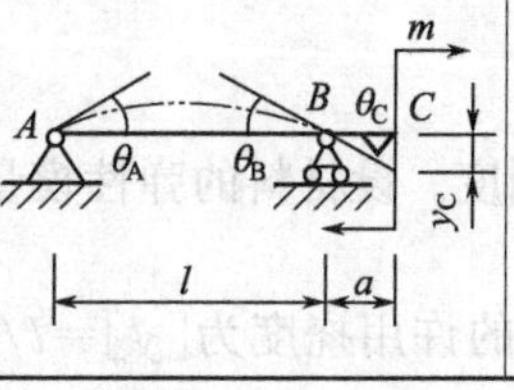	$y=-\frac{mx}{6EIl}(x^2-l^2)$ $0\leqslant x\leqslant l$ $y=-\frac{m}{6EI}[3x^2-4xl+l_2]$ $l\leqslant x\leqslant(l+a)$	$\theta_A=-\frac{1}{2}\theta_B=\frac{ml}{6EI}$ $\theta_B=-\frac{m}{3EI}(l+3a)$	$y_C=-\frac{ma}{6EI}(2l+3a)$

二、用叠加法求梁的变形

在材料服从胡克定律且变形很小的前提下，梁的挠度和转角均与载荷呈线性关系。因为变形很小，可略去梁上各点 x 方向的位移，认为支座的间距和外载荷的作用线都没有变化。因此，每个载荷产生的支座约束力、梁的弯矩、挠度和转角都不受其他载荷的影响。于是求梁的变形时，可采用叠加法。即当梁上同时受几个垂直于梁轴线的载荷作用时，任一截面的挠度和转角，等于各载荷单独作用时该截面的挠度和转角的代数和。

当作用在梁上的载荷比较复杂，而梁在单载荷作用下的变形又易于求得时，利用叠加法求梁的变形就更加方便。

例 9-12　图 9-32(a) 所示为一悬臂梁，其上作用有集中载荷 F 和集度为 q 的均布荷载，试求自由端 B 处的挠度和转角。已知 EI 常数。

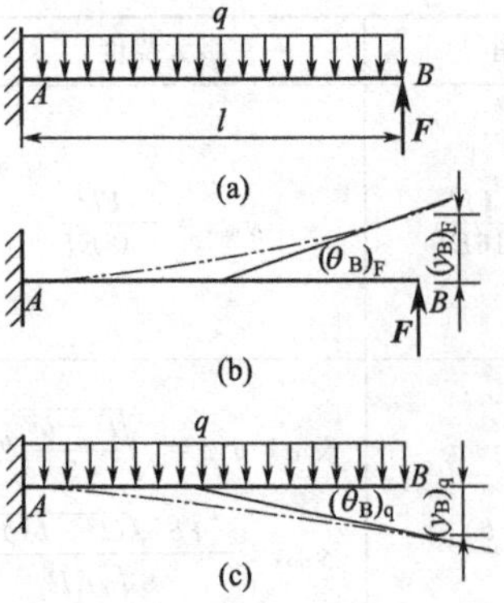

图 9-32

解 查表 9-2，因集中力 $\boldsymbol{F}$ 和均布载荷 q 单独作用下［见图 9-32(b)、(c)］，自由端的挠度和转角分别为

$$(y_B)_F=+\frac{Fl^3}{3EI},(y_B)_q=-\frac{ql^4}{8EI}$$

$$(\theta_B)_F=+\frac{Fl^2}{2EI},(\theta_B)_q=-\frac{ql^3}{6EI}$$

由叠加法可求得 B 端的总挠度和总转角分别为

$$y_B=(y_B)_F+(y_B)_q=\frac{\boldsymbol{F}l^3}{3EI}-\frac{ql^4}{8EI}$$

$$\theta_B=(\theta_B)_F+(\theta_B)_q=\frac{\boldsymbol{F}l^2}{2EI}-\frac{ql^3}{6EI}$$

三、梁的刚度条件

工程设计中，根据机械或结构的工作要求，常对挠度或转角加以限制，对梁进行刚度计算。梁的刚度条件为

$$|f|_{\max}\leqslant[f] \tag{9-11}$$

$$|\theta|_{\max}\leqslant[\theta] \tag{9-12}$$

式中，$|f|_{\max}$和$|\theta|_{\max}$分别为梁的最大挠度和最大转角的绝对值；$[f]$ 和 $[\theta]$ 则为规定的许可挠度和转角。视工作要求不同，$[f]$ 和 $[\theta]$ 的数值可由有关规范中查得。例如：

架空管道	$[f]=\dfrac{l}{500}$
吊车梁	$[f]=\left(\dfrac{1}{750}\sim\dfrac{1}{400}\right)l$
一般的轴	$[f]=(0.0003\sim0.0005)l$
刚度要求高的轴	$[f]=0.0002l$
装滑动轴承处	$[\theta]=0.001\text{rad}$
装向心球轴承处	$[\theta]=0.005\text{rad}$
装齿轮处	$[\theta]=(0.001\sim0.002)\text{rad}$

例 9-13 试校核例 9-10 所选择的 18 号工字钢截面简支梁的刚度。设材料的弹性模量 $E=206\text{GPa}$，梁的许用挠度 $[y]=l/500$。

解 查型钢表，18 号工字钢的惯性矩 $I=16.6\times10^{-6}\text{m}^4$；梁的许用挠度为$[y]=l/500=(2830/500)=5.66\text{mm}$。

而最大挠度在梁跨中点，其值为

$$|y|_{\max}=\frac{5ql^4}{384EI}=\frac{5\times23\times10^3\times(2.83)^4}{384\times206\times10^9\times16.6\times10^{-6}}\text{m}=5.62\times10^{-3}\text{m}=5.62\text{mm}<[y]$$

这说明该梁满足刚度条件。

*第九节 简单超静定梁的解法

一、超静定梁的概念

在前面所讨论的梁的约束力都可以通过静力平衡方程求得，这种梁称为静定梁。在工程实际中，有时为了提高梁的强度和刚度，除维持平衡所需的约束外，会再增加一个或几个约束，当未知约束力的数目超过了所能列出的独立平衡方程的数目时，仅用静力平衡方程已不能完全求解，这样的梁称为超静定梁（或静不定梁）。那些超过维持平衡所必需的约束，习惯上称为多余约束；与其相应的约束力（包括约束力偶），称为多余约束力。而未知约束力的数目与独立的静定平衡方程数目的差数，称为超静定次数。解超静定梁问题与解拉（压）超静定问题一样，需要利用变形的协调条件和力与变形间的物理关系，建立补充方程，然后与平衡方程联立求解。

支座约束力求得后，其余的计算，如求弯矩、画弯矩图、进行梁的强度和刚度计算等与静定梁并无区别。

二、用变形比较法解超静定梁

图 9-33(a) 所示的梁为一次超静定梁，若将支座 B 看作多余约束，设想将它解除，而以未知约束力 $\boldsymbol{F}_B$ 代替。这时，AB 梁在形式上相当于受均布载荷 q 和未知约束力 $\boldsymbol{F}_B$ 作用的静定梁［见图 9-33(b)］，这种形式上的静定梁称为基本静定梁。

上述基本静定梁上作用着两个力 q 和 $\boldsymbol{F}_B$，若以 $(y_B)_q$ 和 $(y_B)_{FB}$ 分别表示 q 和 $\boldsymbol{F}_B$ 单独作用时 B 端的挠度［见图 9-33(c)、(d)］，则 q 和 $\boldsymbol{F}_B$ 共同作用时，B 端的挠度应为

$$y_B=(y_B)_q+(y_B)_{FB}$$

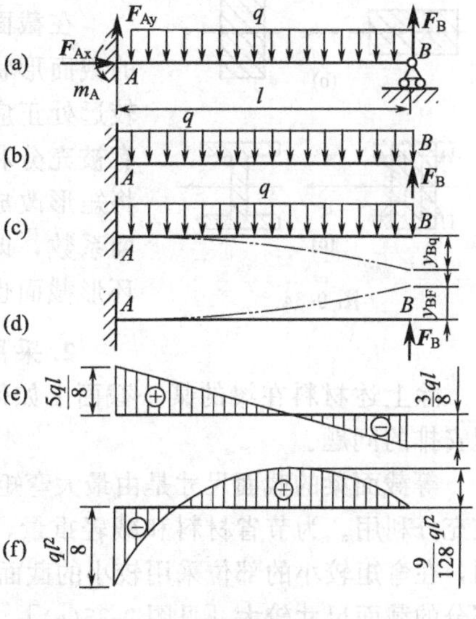

图 9-33

实际上，B 端是铰支座，且 A 与 B 始终在同一水平线上，它不应有任何垂直位移，这就是变形协调条件。从这一变形条件，就可列出一个补充方程，用以求出多余约束力 $\boldsymbol{F}_B$。由于这一变形协调条件是通过基本静定梁与超静定梁在 B 端的变形相比后得到的，故用这一条件求解超静定梁约束力的方法，称为变形比较法。

查表 9-3，得出力与变形间的物理关系，即

$$y_B=(y_B)_q+(y_B)_{FB}=0 \qquad \text{(a)}$$

已知 $(y_B)_q=-\dfrac{ql^4}{8EI}$，$(y_B)_{FB}=+\dfrac{\boldsymbol{F}_B l^3}{3EI}$，代入式（a），得到补充方程

$$-\frac{ql^4}{8EI}+\frac{\boldsymbol{F}_B l^3}{3EI}=0$$

由此可解得多余约束力 $\boldsymbol{F}_B=\dfrac{3}{8}ql$

求得 $\boldsymbol{F}_B$ 后，再按已有的三个独立的静力平衡方程求出其他约束力，得

$$\boldsymbol{F}_{Ax}=0,\boldsymbol{F}_{Ay}=\frac{5ql}{8},M_A=\frac{1}{8}ql^2$$

支座约束力求出后就可用与静定梁相同的方法进行其他的计算了。例如，画出超静定梁 AB 的剪力图和弯矩图，如图 9-33(e)、(f) 所示。最大弯矩在固定端邻近的截面上，其大小为

$$|M|_{max}=\frac{1}{8}ql^2$$

第十节 提高梁承载能力的措施

由强度条件式(9-9) 可知，降低最大弯矩 M_{max} 或增大抗弯截面系数 W_z 均能提高强度。又从表 9-2 可见，梁的变形量与跨度 l 的高次方成正比，与截面轴惯性 I_z 成反比。由此可见，为提高梁的承载能力，除合理的布置载荷和安排支承位置以减小弯矩和变形外，主要应从增大 I_z 和 W_z 方面采取措施，以使梁的设计经济合理。

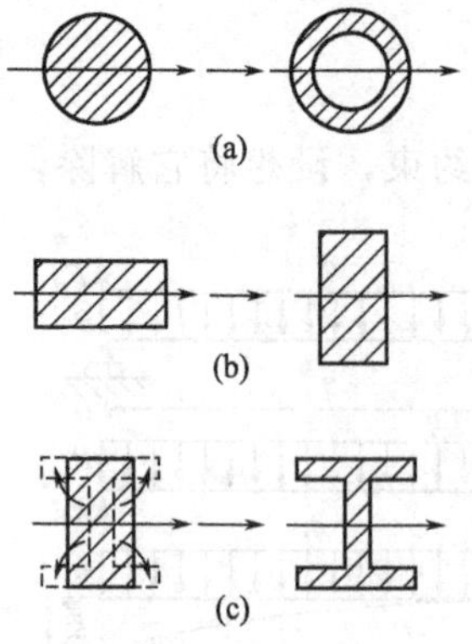

图 9-34

一、采用合理的截面形状

1. 采用 I_Z 和 W_Z 大的截面

在截面面积（即材料重量）相同时，应采用 I_z 和 W_z 较大的截面形状，即截面积分布应尽可能远离中性轴。因为离中性轴较远处正应力较大，而靠近中性轴处正应力很小，这部分材料没有被充分利用。若将靠近中性轴的材料移到离中性轴较远处，如将矩形改成工字形截面（见图 9-34），则可提高惯性矩和抗弯截面系数，即提高抗弯能力。同理，实心圆截面改为面积相等的圆环形截面也可提高抗弯能力。

2. 采用变截面梁

除上述材料在梁的某一截面上如何合理分布的问题外，还有一个材料沿梁的轴线如何合理安排的问题。

等截面梁的截面尺寸是由最大弯矩决定的。故除 M_{max} 所在的截面外，其余部分的材料未被充分利用。为节省材料和减轻重量，可采用变截面梁，即在弯矩较大的部位采用较大的截面，在弯矩较小的部位采用较小的截面。例如桥式起重机的大梁，两端的截面尺寸较小，中段部分的截面尺寸较大［见图 9-35(a)］、铸铁托架［见图 9-35(b)］，阶梯轴［见图 9-35(c)］等，都是按弯矩分布设计的近似于变截面梁的实例。

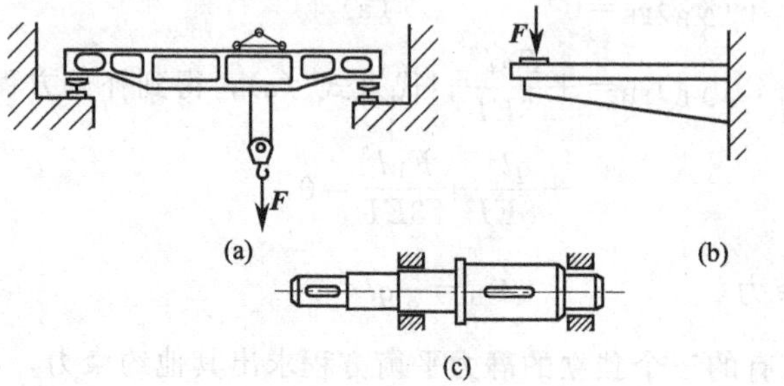

图 9-35

二、合理布置载荷和支座位置

改善梁的受力方式可以降低梁上的最大弯矩值。如图 9-36 所示，受集中力作用的简支梁，若使载荷尽量靠近一边的支座，则梁的最大弯矩值比载荷作用在跨度中间时小得多。设计齿轮传动轴时，尽量将齿轮安排得靠近轴承（支座），这样设计的轴，尺寸可相应减小。

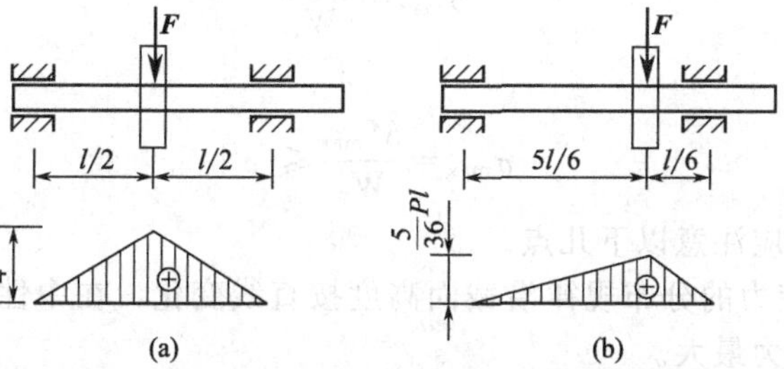

图 9-36

合理布置支座位置也能有效降低最大弯矩值。如受均布载荷作用的简支梁［见图 9-37(a)］，其最大弯矩 $M_{\max}=ql^2/8$。若将两端支座向里移动 0.2l［见图 9-37(b)］，则 $M_{\max}=ql^2/40$，只有前者的 1/5，因此梁的截面尺寸也可相应减小。实际应用中，化工卧式容器的支承点向中间移一段距离（见图 9-38），就是利用此原理降低了 $M_{\max}$，从而减轻了自重，并节省了材料。

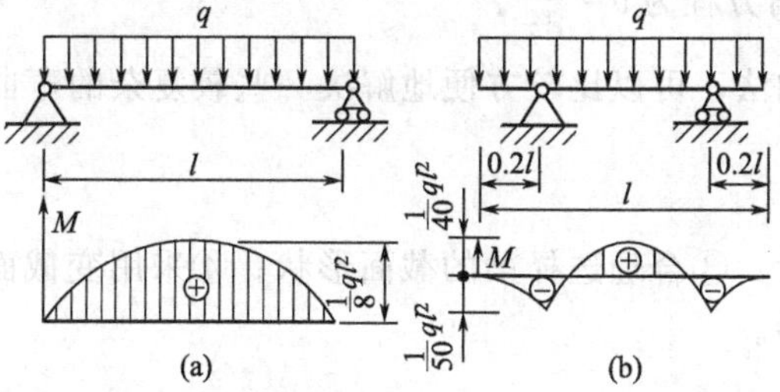

图 9-37

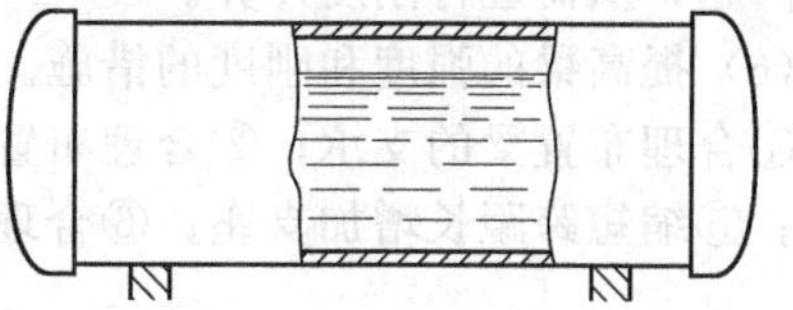

图 9-38

本章小结

弯曲变形是工程中最常见的变形形式。本章主要研究直梁平面弯曲时的内力、应力、变形等问题。本章内容丰富、应用广泛，是材料力学的重点和难点内容。

(1) 直梁平面弯曲。直梁平面弯曲的受力与变形特点是：外力沿横向作用于梁的纵向对称平面，梁的轴线弯成一条平面曲线。静定梁的应用性力学模型是简支梁、外伸梁、悬臂梁。

(2) 弯曲的内力——剪力和弯矩。截面法是求直梁弯曲时的内力基本方法。一般情况下，梁的横截面上既有弯矩又有剪力，但弯矩是主要的。

(3) 剪力图和弯矩图。剪力图和弯矩图是分析梁危险截面的重要依据。正确地画出剪力图、弯矩图是本章的重点和难点。①列剪力、弯矩方程是画剪力图、弯矩图的基本方法。②应用查表法和叠加法画剪力图、弯矩图较简捷实用。

(4) 弯曲应力。一般情况下，梁的横截面上既有弯矩，又有剪力，从而在有弯曲时产生了弯曲正应力和切应力。正应力是决定梁是否被破坏的主要因素，只有在特殊的情况下才需进行切应力强度校核。因此，弯曲正应力及其强度计算是本章重点。

弯曲正应力　平面弯曲梁的应力计算公式为

$$\sigma=\frac{My}{I_z}$$

等截面梁的最大弯曲正应力为

$$\sigma_{\max}=\frac{M_{\max}}{W_z}$$

强度条件为

$$\sigma_{\max}=\frac{M_{\max}}{W_z}\leqslant[\sigma]$$

使用以上公式时应注意以下几点。

① 横截面上正应力的分布规律沿截面高度按直线变化，在中性轴上的正应力为零，梁的上、下边缘处正应力最大。

② 横截面的惯性矩 I 及抗弯截面系数 W 是截面的两个重要的力学特性。为了尽量增大截面的 I，通常将某些构件的截面做成工字形、矩形和空心等形状。

③ 中性轴通过截面形心。

④ 根据正应力强度条件，可以解决工程上的三类问题，即梁的强度校核、截面设计及确定许用载荷。

(5) 梁弯曲变形和刚度计算。梁弯曲后的轴线称为挠曲线，各截面相对原来的位置转过的角度称为转角。挠曲线方程为 $y=y(x)$，转角方程为 $\theta=\frac{\mathrm{d}y}{\mathrm{d}x}$。

利用梁在简单载荷作用下的变形公式和叠加法，可以比较方便地解决一些较复杂的弯曲变形问题，从而进行刚度计算。

(6) 提高梁的强度和刚度的措施。措施有：

①合理布置梁的支承；②合理布置梁的载荷；③合理选择梁的截面形状；④采用变截面的梁；⑤缩短跨距长增加支座；⑥合理选用材料。

思 考 题

1. 什么叫平面弯曲？试根据自己的实践经验，列举几个平面弯曲的例子。

2. 在材料力学中如何规定剪力和弯矩的正负？与静力学中关于力的投影和力矩的正负规定有何区别？

3. 在什么情况下，梁的 M 图发生突变？

4. 纯弯曲和剪切弯曲有何区别？为什么研究弯曲正应力公式时，首先从纯弯曲梁开始进行研究？纯弯曲正应力公式是否可应用于剪切弯曲？

5. 截面形状及所有尺寸完全相同的一根钢梁和一根木梁，若受外力也相同，梁的内力图是否相同？它们的横截面上的正应力变化规律是否相同？对应点处的正应力是否相同？

6. 为什么一般情况下梁不必进行剪应力强度计算？（在什么情况下还需进行剪应力强度计算?）

7. 梁弯曲程度用几个量来计算？它们之间有什么关系？

8. 何谓刚度条件？有何用途？

9. 指出下列概念的区别：轴惯性矩与极惯性矩；抗弯截面系数与抗弯刚度。

10. 当梁的材料的抗拉和抗压强度相同时，其截面采用何种形状较为合理？如果不同，又应当采用什么截面形状？试说明其理由。

习 题

9-1 利用截面法求题 9-1 图所示 1、2、3 截面的剪力和弯矩（1、2 截面无限接近于截面 C，3 截面无限接近于 A、B）。

9-2 设已知题 9-2 图 (a)～(d) 所示所示各梁的载荷 F、q、M_e 和尺寸 a。(1) 列出梁的剪力方程和

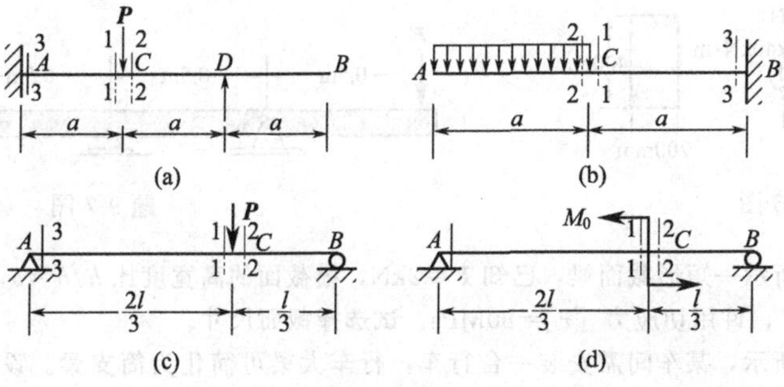

题 9-1 图

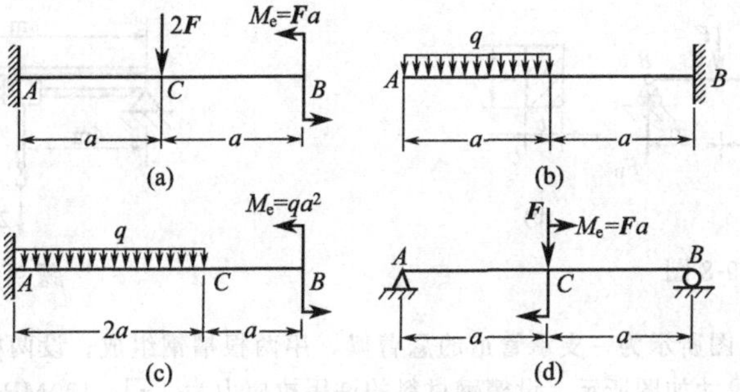

题 9-2 图

弯矩方程；(2) 作剪力图和弯矩图；(3) 确定 $|Q|_{max}$ 及 $|M|_{max}$。

9-3　试用叠加法画出题 9-3 图所示简支梁在集中载荷 **F** 和均布载荷 q 同时作用下的剪力图和弯矩图，并求梁的中间截面的弯矩。

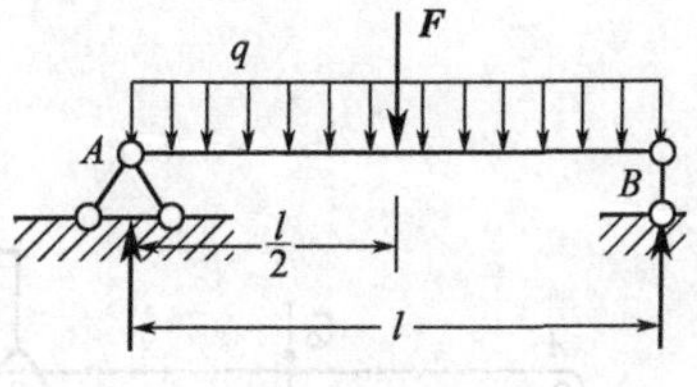

题 9-3 图

9-4　如题 9-4 图所示梁，若它的横截面为边长 100mm 正方形，试求梁中的最大弯曲正应力。

9-5　如题 9-5 图所示轴的直径为 50mm，试求轴中的最大弯曲正应力。

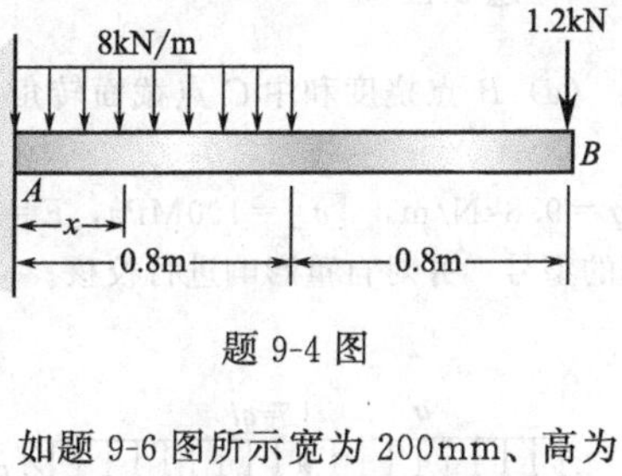

题 9-4 图

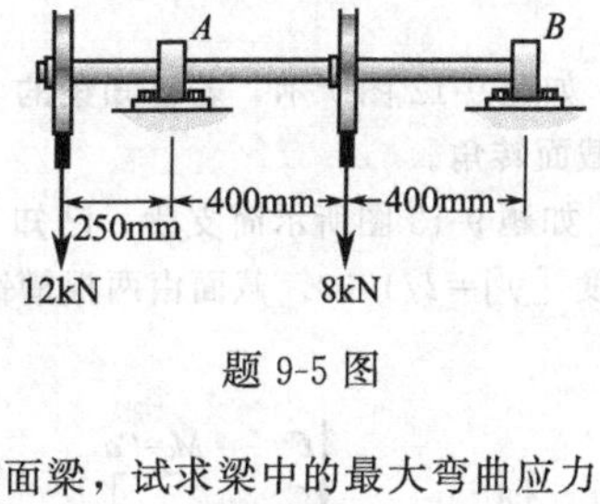

题 9-5 图

9-6　如题 9-6 图所示宽为 200mm、高为 400mm 的矩形横截面梁，试求梁中的最大弯曲应力。

9-7　如题 9-7 图所示的横截面为矩形。若 $F=1.5$kN，试求梁中危险面上的最大弯曲正应力，并绘出危险面上的应力分布简图。

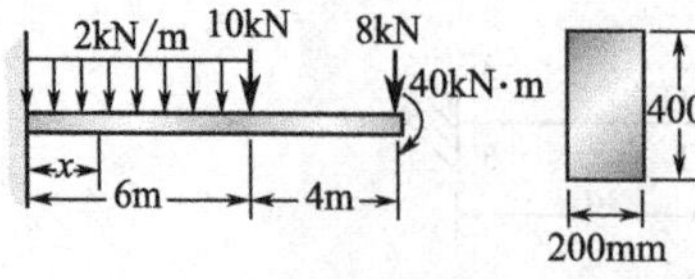

题 9-6 图

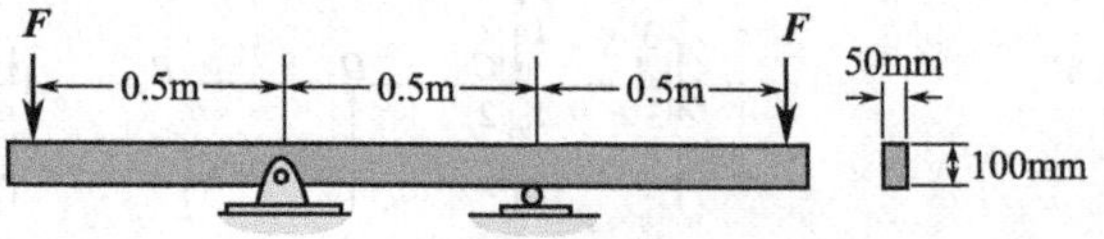

题 9-7 图

9-8　如题 9-8 图所示一矩形截面梁，已知 $\boldsymbol{F}=2\mathrm{kN}$，横截面的高宽度比 $h/b=3$，材料为松木。其许用正应力 $[\sigma]=8\mathrm{MN/m^2}$，许用切应力 $[\tau]=80\mathrm{MPa}$。试选择截面尺寸。

9-9　如题 9-9 图所示，某车间需安装一台行车，行车大梁可简化为简支梁。设此梁选用 32a 工字钢，长为 $l=8\mathrm{m}$，其单位长重量 29.4kN，梁材料的许用应力 $[\sigma]=120\mathrm{MN/m^2}$。试按正应力强度条件校核该梁的强度。

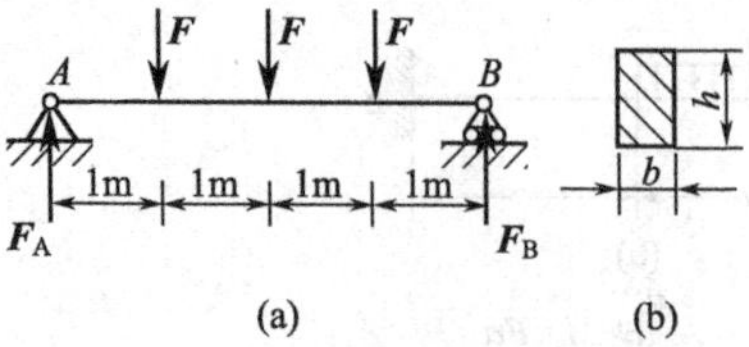

题 9-8 图

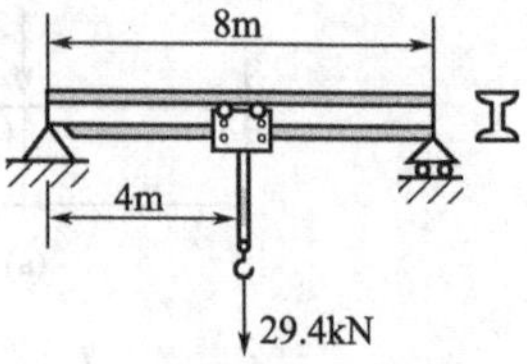

题 9-9 图

9-10　如题 9-10(a) 图所示为一支承管道的悬臂梁，用两根槽钢组成。设两根管道作用在悬臂梁上的重量各为 $\boldsymbol{G}=5.39\mathrm{kN}$，尺寸如图所示，设槽钢材料的许用拉应力为 $[\sigma]=130\mathrm{MPa}$。试选择槽钢的型号。

9-11　如题 9-11 图所示制动装置杠杆，在 B 处用直径 $d=30\mathrm{mm}$ 的销钉支承。若杠杆的许用正应力 $[\sigma]=140\mathrm{MPa}$，销钉的许用切应力 $[\tau]=100\mathrm{MPa}$。试求许可的 $\boldsymbol{F}_1$ 和 $\boldsymbol{F}_2$。

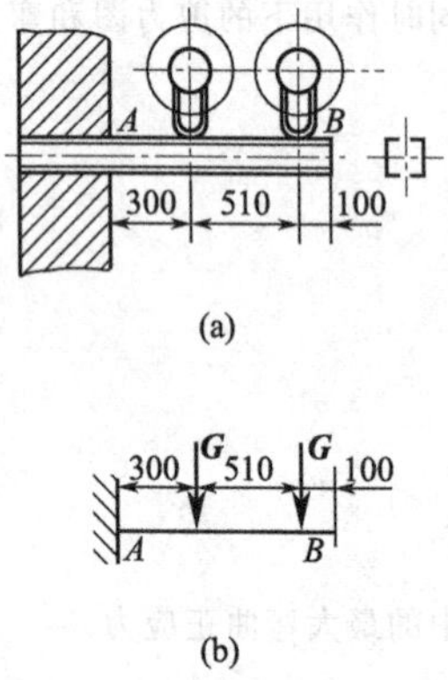

题 9-10 图

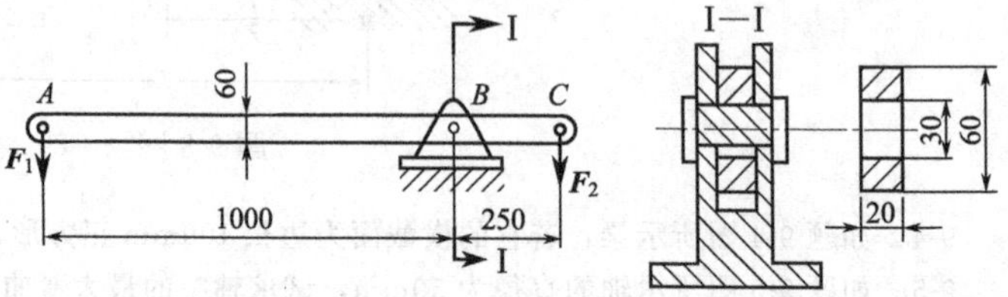

题 9-11 图

9-12　如题 9-12 图所示，若已知梁的 EI，试用叠加法求：(a) B 点挠度和中 C 点截面转角；(b) A 点挠度和截面转角。

9-13　如题 9-13 图所示简支梁，已知 $l=4\mathrm{m}$，均布载荷 $q=9.8\mathrm{kN/m}$，$[\sigma]=100\mathrm{MPa}$，$E=206\mathrm{GPa}$，若许可挠度 $[y]=l/1000$，截面由两根槽钢组成，试选定槽钢的型号，并对自重影响进行校核。

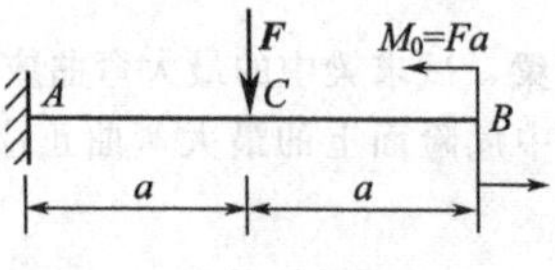

题 9-12 图

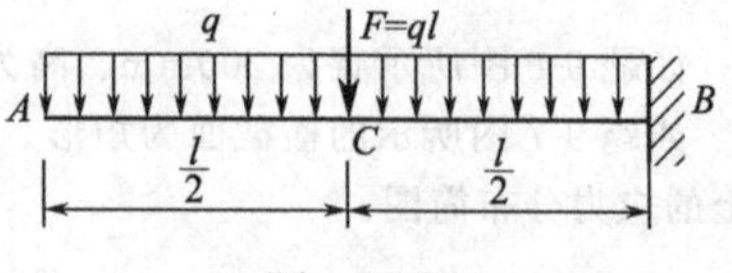

题 9-13 图

9-14 两端简支的输气管道，已知其外径 $D=114\text{mm}$，壁厚 $\delta=4\text{mm}$，单位长度重量 $q=106\text{N/m}$，材料的弹性模量 $E=210\times10^9\text{N/m}^2$。设管道的许可挠度 $[y]=l/500$，管道长度 $l=8\text{m}$，试校核管道的刚度。

9-15 简支梁如题 9-15 图所示，$l=4\text{m}$，$q=9.8\text{kN/m}$，若许可挠度 $[y]=l/1000$，截面由两根槽钢组成，试选定槽钢的型号，并对自重影响进行校核。

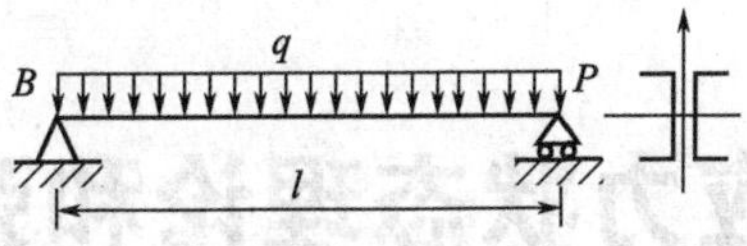

题 9-15 图

9-16 如题 9-16 图所示的梁，A 端固定，B 端安放在活动铰链支座上。试求支座 A 处的约束力。

9-17 如题 9-17 图所示的梁，当力 F 直接作用在简支梁 AB 的中点时，梁内的 α 超过许用应力值 30%。为了消除过载现象，配置了辅助梁 CD。试求此辅助梁的跨度 a。

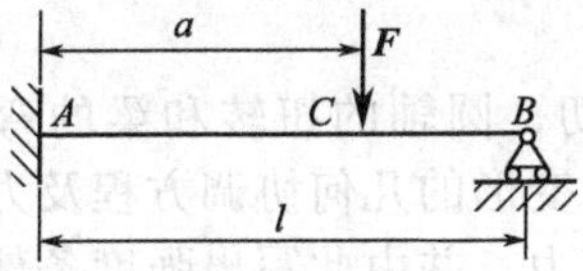

题 9-16 图

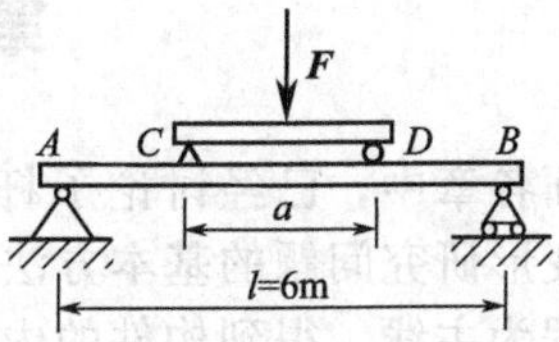

题 9-17 图

第十章

应力状态理论和强度理论

第一节 问题的提出

在前面各章中，已经讨论了杆件的拉伸与压缩、剪切、圆轴的扭转和梁的弯曲基本变形。这类变形研究问题的基本方法都是以力的平衡方程、变形的几何协调方程及力与变形间的物理方程为主线，得到构件的内力，进而讨论截面的应力，并由此写出强度条件来控制设计的。承受拉伸与压缩的杆件，横截面上是由轴力引起的正应力；承受扭转的圆轴，横截面上是由扭矩引起的切应力（最大值在外圆周处）；承受弯曲的梁，横截面上有由弯矩引起的正应力（最大值在离中性轴最远处）及由剪力引起的切应力（最大值在中性轴上）。所建立的强度条件，都是由单一的最大应力（最大正应力或最大切应力）小于等于相应的许用应力描述的。然而当某危险点处于既有正应力又有切应力的复杂状态时，如何判断其强度是否足够？

事实上，构件在拉压、扭转、弯曲等基本变形情况下，并不都是沿构件的横截面破坏的。构件的危险点处于更复杂的受力状态。这是一些更加复杂的强度问题。

为了分析各种破坏现象，建立组合变形情况下构件的强度条件，还必须研究构件各个不同斜截面上的应力，即危险点的应力状态。所谓一点的应力状态就是受力构件内任一点处不同方位的截面上应力的分布情况。

研究构件内任一点处的应力状态，通常采用分析单元体的方法。这种方法是在研究的构件某点处，用三对互相垂直的截面切取一个极其微小的正立方体代表该点，该立方体称为单元体。由于单元体的尺寸极其微小，可认为单元体各面上的应力均匀分布，并可认为两个平行面上的应力大小相等。

显然，要解决这类构件的强度问题，除应全面研究危险点处各截面的应力外，还应研究材料在复杂应力作用下的破坏规律，探讨解决强度问题的途径。这就是本章所要研究的主要内容。

第二节 应力状态

一、平面应力状态的一般分析

若构件只在 xy 平面内承受载荷，在 z 方向无载荷作用，则构件中沿坐标平面任取的六

面体微元在垂直于 z 轴的前后两个面上无内力、应力作用。其余四个面上作用的应力都在 xy 平面内，此即平面应力状态。图 10-1 表示了平面应力状态的最一般情况。

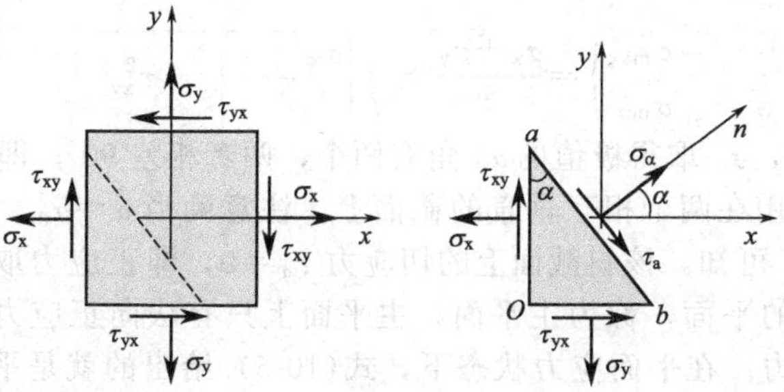

图 10-1

在垂直于 x 轴的左右两平面上作用有正应力 σ_x 和切应力 τ_{xy}，在垂直于 y 轴的上下两平面上作用有正应力 σ_y 和切应力 τ_{yx}。由切应力互等定理可知必有 $\tau_{xy}=\tau_{yx}=\tau$。

现在讨论图中虚线所示任一斜截面上的应力，设截面正法向 n 与 x 轴的夹角为 α。

单位厚度的微元 Oab 如图 10-1 所示，截面 Oa 上作用的应力为 σ_x 和 τ_{xy}，沿 x、y 方向的内力分别为 $\sigma_x\cdot\overline{ab}\cos\alpha$ 和 $\tau_{xy}\cdot\overline{ab}\cos\alpha$；截面 Ob 上作用的应力为 σ_y 和 τ_{yx}，沿 x、y 方向的内力分别为 $\tau_{yx}\cdot ab\sin\alpha$ 和 $\sigma_y\cdot ab\sin\alpha$；设斜截面 ab 上的应力为 σ_n 和 τ_n，则斜截面上沿法向、切向的内力则为 $\sigma_n\cdot\overline{ab}$ 和 $\tau_n\cdot\overline{ab}$。将上述各力投影到 x、y 轴上，有平衡方程

$$\sum F_x=\sigma_n\cdot\overline{ab}\cos\alpha+\tau_n\cdot\overline{ab}\sin\alpha-\sigma_x\cdot\overline{ab}\cos\alpha+\tau_{yx}\cdot\overline{ab}\sin\alpha=0$$

$$\sum F_y=\sigma_n\cdot\overline{ab}\sin\alpha-\tau_n\cdot\overline{ab}\cos\alpha-\sigma_y\cdot\overline{ab}\sin\alpha+\tau_{xy}\cdot\overline{ab}\cos\alpha=0$$

注意到 $\tau_{yx}=\tau_{xy}$，解得：

$$\sigma_n=\sigma_x\cos^2\alpha+\sigma_y\sin^2\alpha-2\tau_{xy}\sin\alpha\cos\alpha$$

$$\tau_n=(\sigma_x-\sigma_y)\sin\alpha\cos\alpha+\tau_{xy}(\cos^2\alpha-\sin^2\alpha)$$

利用三角关系 $\cos^2\alpha=(1+\cos2\alpha)/2$，$\sin^2\alpha=(1-\cos2\alpha)/2$，$\sin2\alpha=2\sin\alpha\cos\alpha$，由上述结果可以得到平面应力状态下斜截面上应力的一般公式为

$$\sigma_n=\frac{\sigma_x+\sigma_y}{2}+\frac{\sigma_x-\sigma_y}{2}\cos2\alpha-\tau_{xy}\sin2\alpha \tag{10-1}$$

$$\tau_n=\frac{\sigma_x-\sigma_y}{2}\sin2\alpha+\tau_{xy}\cos2\alpha \tag{10-2}$$

斜截面上的应力是 α 角的函数，α 角是 x 轴与斜截面外法向 n 的夹角，从 x 轴到 n 轴逆时针转动时 α 为正。

二、极限应力与主应力

现在讨论 α 角变化时，斜截面上法向正应力的极值。

将式(10-1) 对 α 求导数，并令 $d\sigma_n/d\alpha=0$，得

$$\frac{\sigma_x-\sigma_y}{2}\sin2\alpha+\tau_{xy}\cos2\alpha=0 \tag{10-3}$$

解得

$$\tan2\alpha=\tan2\alpha_0=-\frac{2\tau_{xy}}{\sigma_x-\sigma_y} \tag{10-4}$$

即在 $\alpha=\alpha_0$ 的斜截面上，σ_α 取得极值。

再利用三角函数变换关系，当 $\tan\alpha = x$ 时，有 $\sin\alpha = \pm x/(1+x^2)^{1/2}$，$\cos\alpha = \pm 1/(1+x^2)^{1/2}$，将式(10-4) 代入式(10-1)，可以得到在 $\alpha=\alpha_0$ 的斜截面上正应力 σ_α 的极值为

$$\left.\begin{matrix}\sigma_{\max}\\ \sigma_{\min}\end{matrix}\right\}=\frac{\sigma_x+\sigma_y}{2}\pm\sqrt{\left(\frac{\sigma_x-\sigma_y}{2}\right)^2+\tau_{xy}^2} \tag{10-5}$$

由式(10-4) 可知，σ_α 取得极值的 α_0 角有两个，两者相差 90°。即最大正应力 $\sigma_{\max}$ 和最小正应力 $\sigma_{\min}$ 分别作用在两个相互垂直的截面上。注意到当 $\alpha=\alpha_0$，σ_0 取得极值时，比较式(10-3) 与式(10-2) 可知，该斜截面上的切应力 $\tau_\alpha=0$，即正应力取得极值的截面上切应力为零。切应力为零的平面，称为主平面，主平面上只有法向正应力，此正应力称为主应力，主应力是极值应力。在平面应力状态下，式(10-5) 给出的就是平行于 z 轴的 $\alpha=\alpha_0$ 之截面的主应力。

再讨论平面应力状态下斜截面上切应力的极值。

将式(10-2) 对 α 求导数，并令 $\mathrm{d}\tau_\alpha/\mathrm{d}\alpha=0$，得

$$(\sigma_x-\sigma_y)\cos 2\alpha-2\tau_{xy}\sin 2\alpha=0$$

解得

$$\tan 2\alpha=\tan 2\alpha_1=\frac{\alpha_x-\sigma_y}{2\tau_{xy}} \tag{10-6}$$

即在 $\alpha=\alpha_1$ 的斜截面上，切应力 τ_α 取得极值。类似之前，利用三角函数变换关系，将式(10-6) 代入式(10-2)，同样可以得到斜截面上切应力 τ_α 的极值为

$$\left.\begin{matrix}\tau_{\max}\\ \tau_{\min}\end{matrix}\right\}=\pm\sqrt{\left(\frac{\sigma_x-\sigma_y}{2}\right)^2+\tau_{xy}^2} \tag{10-7}$$

由式(10-6) 可知，τ_α 取得极值的角 α_1 也有两个，两者相差 90°。即两个正交的截面，若其中一个面上有最大切应力 $\tau_{\max}$，则在与其正交的另一截面上作用着最小切应力 $\tau_{\min}$。$\tau_{\max}$ 与 $\tau_{\min}$ 两者大小相等、符号相反，分别作用在两个相互垂直的截面上，这一结论与切应力互等定理也是一致的。

更进一步，由式(10-4) 和式(10-6) 可知

$$\tan 2\alpha_1=-\frac{1}{\tan 2\alpha_0}$$

上式表明 α_0 与 α_1 之间有下述关系

$$2\alpha_1=2\alpha_0+\pi/2 \quad 或 \quad \alpha_1=\alpha_0+\pi/4$$

可见，切应力取得极值的平面与主平面之间的夹角为 45°。

综上所述可知，切应力为零的平面是主平面，主平面上的正应力是主应力，主平面相互垂直，其大小和方位由式(10-5) 及式(10-4) 给出。在与主平面夹角为 45°的平面上，切应力取得极值。

在图 10-1 所示之六面体微元中，垂直于 z 轴的前后两面上无切应力作用，因此也是主平面，且该平面上的主应力为 $\sigma_\alpha=0$。

可以用主应力描述一点的应力状态。按主应力代数值的大小排列，分别记作 σ_1、σ_2、σ_3。若三个主应力均不为零，是最一般的三向应力状态；若三个主应力中有两个不为零，则是二向应力状态或称平面应力状态；若三个主应力中只有一个不为零，则称单向（或单轴）应力状态，如图 10-2 所示。例如，轴向拉压时，各点的应力状态为单向应力状态；薄壁压力容器中，各点的应力状态为二向应力状态；流体中任一点受压，为三向应力状态。

例 10-1 某点的应力状态如图 10-3 所示，已知 $\sigma_x=30\text{MPa}$，$\sigma_y=10\text{MPa}$，$\tau_{xy}=$

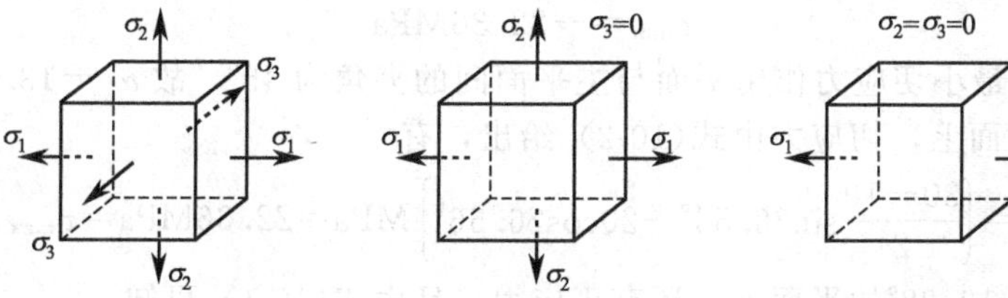

(a) 三向应力状态　　(b) 二向应力状态　　(c) 单向应力状态

图 10-2

20MPa。试求：

（1）主应力及主平面方向。

（2）最大、最小切应力。

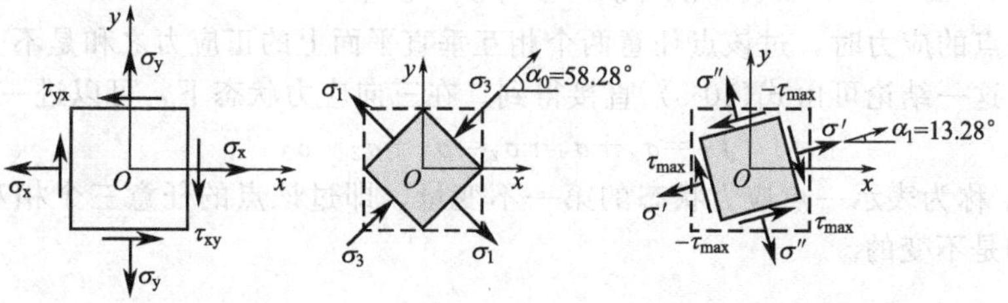

(a)　(b)　(c)

图 10-3

解　(1) 主应力与主方向。

主应力由式(10-5) 给出，有

$$\left.\begin{matrix}\sigma_{\max}\\ \sigma_{\min}\end{matrix}\right\}=\left[\frac{30+10}{2}\pm\sqrt{\left(\frac{30-10}{2}\right)^2+20^2}\right]\text{MPa}=\begin{cases}42.36\text{MPa}\\ -2.36\text{MPa}\end{cases}$$

主方向角由式(10-4) 确定，有

$$\tan 2\alpha_0=-\frac{2\times 20}{30-10}=-2$$

解得

$$2\alpha_0=-63.43°,\ \alpha_0=-31.72°$$

故两个主平面外法向与 x 轴的夹角为 58.28°和 148.28°。

在 $\alpha_0=58.28°$的主平面上，由式(10-1) 有

$$\sigma_n=\left[\frac{30+10}{2}+\frac{30-10}{2}\cos 116.56°-20\sin 116.56°\right]\text{MPa}=-2.36\text{MPa}=\sigma_{\min}$$

可见，在 $\alpha_0=58.28°$的主平面上，主应力是 $\sigma_{\min}$；在 $\alpha_0=148.28°$的主平面上，主应力是 $\sigma_{\max}$；在垂直于 z 轴的前后两面上无切应力，也是主平面，且 $\sigma=0$。三个主应力按代数值的大小排列，有 $\sigma_1=42.36$MPa，$\sigma_2=0$，$\sigma_3=-2.36$MPa。用主应力表示的应力状态如图 10-3(b) 所示。

(2) 最大、最小切应力。

将图 10-3(a) 中 σ_x、σ_y、τ_{xy} 各应力代入式(10-7)，即可求得最大、最小切应力。

若应力状态由主应力表示，则式(10-7) 成为

$$\left.\begin{matrix}\tau_{\max}\\ \tau_{\min}\end{matrix}\right\}=\pm\frac{\sigma_1-\sigma_3}{2} \tag{10-8}$$

对于本题即有

$$\tau_{\max}=[42.36-(-2.36)]\text{MPa}/2=22.36\text{MPa}$$

$$\tau_{min}=-22.36\text{MPa}$$

讨论：最大、最小切应力作用平面与主平面间的夹角为45°，故 $\alpha_1=13.28°$ 或 103.28°。在 $\alpha_1=13.28°$ 的平面上，切应力由式(10-2) 给出，有

$$\tau_n=\left(\frac{30-10}{2}\sin26.56°+20\cos26.56°\right)\text{MPa}=22.36\text{MPa}=\tau_{max}$$

注意，在 $\alpha_1=13.28°$ 的平面上，还有正应力，且由式(10-1) 可知

$$\sigma_n=\left(\frac{30+10}{2}+\frac{30-10}{2}\cos26.56°-20\sin26.56°\right)\text{MPa}=20\text{MPa}$$

故在 $\alpha_1=13.28°$ 的平面上，$\sigma'=20\text{MPa}$，$\tau=22.36\text{MPa}$；同样可求得在 $\alpha_1=103.28°$ 的平面上，$\sigma''=20\text{MPa}$，$\tau=-22.36\text{MPa}$。如图 10-3(c) 所示。

最后值得指出的是，由上例可知有

$$\sigma_x+\sigma_y=\sigma_1+\sigma_3=\sigma'+\sigma''$$

即讨论一点的应力时，过该点任意两个相互垂直平面上的正应力之和是不变的。在平面应力状态下，这一结论可由式(10-5) 直接得到。在三向应力状态下，可以进一步写为

$$J_1=\sigma_x+\sigma_y+\sigma_z=\sigma_1+\sigma_2+\sigma_3 \tag{10-9}$$

式中，J_1 称为表示一点应力状态的第一不变量，即过该点的任意三个相互垂直平面上的正应力之和是不变的。

三、广义胡克定律与应变能

在单向拉压情况下，线弹性应力—应变关系可用胡克定律描述，即：$\sigma=E\varepsilon$。

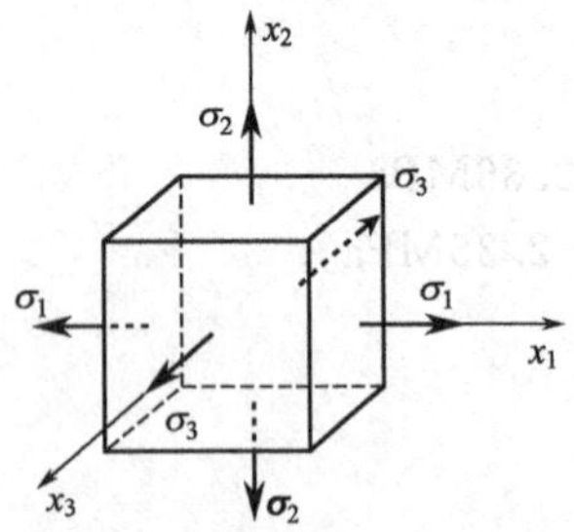

图 10-4

现在考察在线弹性范围内，图 10-4 所示的最一般的三向应力状态下的应力—应变关系。

图 10-4 所示的微元中，沿主方向 x_1 的应变 ε_1（主应变）是沿 x_1 方向的伸长。ε_2 由主应力 σ_1 引起的伸长 σ_1/E，主应力 σ_2 引起的缩短（考虑泊松效应）$-\mu\sigma_2/E$ 和主应力 $\sigma_3\mu\sigma_3/E$ 引起的缩短 $-\mu\sigma_3/E$ 三部分组成，即

$$\varepsilon_1=\frac{1}{E}[\sigma_1-\mu(\sigma_2+\sigma_3)]$$

用类似的方法同样可写出沿主方向 x_2、x_3 的应变 ε_2 和 ε_3，即有

$$\left.\begin{aligned}\varepsilon_1&=\frac{1}{E}[\sigma_1-\mu(\sigma_2+\sigma_3)]\\ \varepsilon_2&=\frac{1}{E}[\sigma_2-\mu(\sigma_3+\sigma_1)]\\ \varepsilon_3&=\frac{1}{E}[\sigma_3-\mu(\sigma_1+\sigma_2)]\end{aligned}\right\} \tag{10-10}$$

这就是用主应力表达的广义胡克定律。

在上述各式右端方括号内，分别加上再减去 $\mu\sigma_1$、$\mu\sigma_2$、$\mu\sigma_3$，可以写成

$$\varepsilon_1=\frac{1}{E}[(1+\mu)\sigma_1-\mu(\sigma_1+\sigma_2+\sigma_3)]$$

$$\varepsilon_2=\frac{1}{E}[(1+\mu)\sigma_2-\mu(\sigma_1+\sigma_2+\sigma_3)]$$

$$\varepsilon_3=\frac{1}{E}[(1+\mu)\sigma_3-\mu(\sigma_1+\sigma_2+\sigma_3)]$$

由于$\sigma_1 \geqslant \sigma_2 \geqslant \sigma_3$，故可知有$\varepsilon_1 \geqslant \varepsilon_2 \geqslant \varepsilon_3$，$\varepsilon_1$是最大正应变。

弹性体在单向拉伸情况下，若施加的力从零增加到F，杆的变形相应地由零增大到Δl，故外力所做的功为图 10-5 所示之F-Δl曲线下的面积，即$F\Delta l/2$。

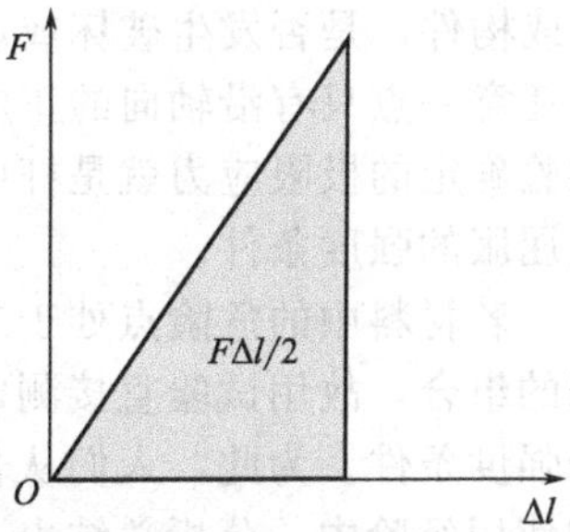

图 10-5

弹性体内储存的应变能在数值上应等于外力所做的功。单位体积的应变能即应变能密度ν_ε为

$$\nu_\varepsilon = \frac{V}{Al} = \frac{F\Delta l}{2Al} = \frac{1}{2}\sigma\varepsilon$$

在三向应力状态下，弹性体应变能在数值上仍应等于外力所做的功，且只取决于外力和变形的最终值而与中间过程无关。因为在外力和变形的最终值不变的情况下，若施力和变形的中间过程会使弹性体应变能不同，则沿不同路径加、卸载后将出现能量的多余或缺失，这就违反了能量守恒原理。因此，可以假定三个主应力按比例同时从零增加到最终值，于是弹性体应变能密度ν_ε可以写为

$$\nu_\varepsilon = \frac{1}{2}\sigma_1\varepsilon_1 + \frac{1}{2}\sigma_2\varepsilon_2 + \frac{1}{2}\sigma_3\varepsilon_3 \tag{10-11}$$

将式(10-10) 代入上式，整理后可得

$$\nu_\varepsilon = \frac{1}{2E}[\sigma_1^2 + \sigma_2^2 + \sigma_3^2 - 2\mu(\sigma_1\sigma_2 + \sigma_2\sigma_3 + \sigma_3\sigma_1)] \tag{10-12}$$

一般来说，微元的变形包括体积改变和形状改变两部分。故弹性体的应变能密度ν_ε也可以写为体积改变的体积改变能密度ν_V和形状改变的畸变能密度ν_d两部分，即

$$\nu_\varepsilon = \nu_V + \nu_d$$

先讨论受$\sigma_1 = \sigma_2 = \sigma_3 = \sigma_m$作用的微元。在三向等拉的情况下，微元只有体积改变而不发生形状改变，弹性体应变能密度即等于其体积改变能密度，且可由式(10-11) 直接得到，有

$$\nu_\varepsilon = \nu_V = \frac{1}{2E}(3\sigma_m^2 - 2\mu(3\sigma_m^2) = \frac{3(1-2\mu)}{2E}\sigma_m^2 \tag{10-13}$$

对于三个主应力不同的一般情况，可以将其应力状态变换成三个面上的正应力均为$\sigma_m = (\sigma_1 + \sigma_2 + \sigma_3)/3$，且各面上还有切应力的情况。其应变能密度$\nu_\varepsilon$不因应力状态的等效变换而改变，仍然应由式(10-11) 给出。这样，三个正应力σ_m引起微元的体积改变，各面上的切应力则引起微元的形状改变。将$\sigma_m = (\sigma_1 + \sigma_2 + \sigma_3)/3$代入式(10-12)，得到其体积改变能密度$\nu_V$为

$$\nu_V = \frac{3(1-2\mu)}{2E}\frac{(\sigma_1 + \sigma_2 + \sigma_3)^2}{9} = \frac{(1-2\mu)}{6E}(\sigma_1 + \sigma_2 + \sigma_3)^2$$

由式(10-11) 给出的ν_ε减去上式给出的ν_V，经整理即可得到微元的畸变能密度ν_d为

$$\nu_d = \frac{1+\mu}{6E}[(\sigma_1 - \sigma_2)^2 + (\sigma_2 - \sigma_3)^2 + (\sigma_3 - \sigma_1)^2] \tag{10-14}$$

第三节　强度理论

一、强度理论的概念

由第二节应力状态的分析可知，一点的应力状态可以用三个主应力描述。对于给定的材

料或构件，是否发生破坏或屈服，取决于其危险点的应力状态。在讨论轴向拉压的时候，杆中任意一点只有沿轴向的正应力，是单向应力状态，只有一个主应力不为零。由拉伸或压缩试验确定的极限应力就是杆中危险点处轴向正应力的临界值，由此给出了材料是否发生破坏或屈服的强度条件。

若材料中的危险点处于二向或三向应力状态，由于二个或三个主应力间的比例有多种不同的组合，故用试验直接测定其极限应力的方法就受到了限制，也难以直接给出破坏或屈服的强度条件。为此，人们从长期的工程实践中，从不同应力状态组合下材料破坏的试验研究和使用经验中，分析总结出了若干关于材料破坏或屈服规律的假说。这类研究复杂应力状态下材料破坏或屈服规律的假说，称为强度理论。

由于材料破坏主要有两种形式，相应地存在两类强度理论。一类是断裂破坏理论，主要有最大拉应力理论和最大拉应变理论等；另一类是屈服破坏理论，主要是最大切应力理论和形状改变比能理论。根据不同的强度理论可以建立相应的强度条件，从而为复杂应力状态下构件的强度计算提供了依据。

迄今虽已提出许多强度理论，但尚无十全十美的，人们还在坚持不懈地研究中，不断提出新的强度理论（如莫尔强度理论）。

如前所述，强度理论是经过归纳、推理、判断而提出的假说，正确与否，必须经受生产实践和科学试验的检验。工程中常用的强度理论有四个经典强度理论，按照强度理论提出的先后次序分述如下。

二、常用的四种强度理论

1. 最大拉应力理论（第一强度理论）

这一理论认为，引起材料断裂破坏的主要因素是最大拉应力。也就是说，不论材料处于何种应力状态，当其最大拉应力达到材料单向拉伸断裂时的抗拉强度时，材料就发生断裂破坏。因此，材料发生破坏的条件为

$$\sigma_1=\sigma_b \tag{10-15}$$

相应的强度条件是

$$\sigma_1\leqslant[\sigma]=\frac{\sigma_b}{n} \tag{10-16}$$

式中 σ_1——构件危险点处的最大拉应力；

$[\sigma]$——单向拉伸时材料的许用应力。

试验表明，对于脆性材料，如铸铁、陶瓷等，在单向、二向或三向拉断裂时，最大拉应力理论与试验结果基本一致。而在存在有压应力的情况下，则只有当最大压应力值不超过最大拉应力值时，拉应力理论是正确的。但这个理论没有考虑其他两个主应力对断裂破坏的影响。同时对于压缩应力状态，由于根本不存在拉应力，这个理论无法应用。

2. 最大伸长线应变理论（第二强度理论）

这一理论认为，最大伸长线应变是引起材料断裂破坏的主要因素。也就是说，不论材料处于何种应力状态，只要最大拉应变 ε_1 达到材料单向拉伸断裂时的最大拉应变值 ε_1^0，材料即发生断裂破坏。因此，材料发生断裂破坏的条件为

$$\varepsilon_1=\varepsilon_1^0 \tag{10-17}$$

对于铸铁等脆性材料，从受力到断裂，其应力、应变关系基本符合胡克定律，所以相应的强度条件为

$$\sigma_1-\mu(\sigma_2+\sigma_3)\leqslant[\sigma] \tag{10-18}$$

式中　μ——泊松比。

试验表明，脆性材料，如合金铸铁、石料等，在二向拉伸——压缩应力状态下，且压应力绝对值较大时，试验与理论结果比较接近；二向压缩与单向压缩强度有所不同，但混凝土、花岗石和砂岩在两种情况下的强度并无明显差别；铸铁在二向拉伸时应比单向拉伸时更安全，而试验并不能证明这一点。

3. 最大切应力理论（第三强度理论）

这一理论认为，最大切应力是引起材料屈服破坏的主要因素。也就是说，不论材料处于何种应力状态，只要最大切应力 τ_{max} 达到材料单向拉伸屈服时的最大切应力 τ^0_{max}，材料即发生屈服破坏。因此，材料的屈服条件为

$$\tau_{max}=\tau^0_{max} \tag{10-19}$$

相应的强度条件为

$$\sigma_1-\sigma_3\leqslant[\sigma] \tag{10-20}$$

试验表明，对塑性材料，如常用的 Q235A、45 钢、铜、铝等，此理论与试验结果比较接近。

4. 形状改变比能理论（第四强度理论）

形状改变比能理论认为，使材料发生塑性屈服的主要原因在于其形状改变比能。只要当其到达某一极限值时，就会引起材料的塑性屈服；而这个形状改变比能值，则可通过简单拉伸试验来测定。在这里，我们略去详细的推导过程，直接给出按这一理论而建立的在复杂应力状态下的强度条件为

$$\sqrt{\frac{1}{2}[(\sigma_1-\sigma_2)^2+(\sigma_2-\sigma_3)^2+(\sigma_3-\sigma_1)^2]}\leqslant[\sigma] \tag{10-21}$$

式中　$[\sigma]$——材料的许用应力。

试验表明，对于塑性材料，如钢材、铝、铜等，这个理论比第三强度理论更符合试验结果。因此，这也是目前对塑性材料广泛采用的一个强度理论。

三、四种强度理论的适用范围

为了简明方便地表达以上四个强度条件，可将其归纳为统一的表达形式

$$\sigma_{xd}\leqslant[\sigma] \tag{10-22}$$

式中　σ_{xd}——在复杂应力状态下 σ_1、σ_2、σ_3 按不同强度理论而形成的某种组合（相当应力）；

$[\sigma]$——材料的许用应力。

大量的工程实践和试验结果表明，上述四种强度理论的有效性取决于材料的类别以及应力状态的类型。

① 在三向拉伸应力状态下，不论是脆性材料还是塑性材料，都会发生断裂破坏，应采用最大拉应力理论。

② 在三向压缩应力状态下，不论是塑性材料还是脆性材料，都会发生屈服破坏，适于采用形状改变比能理论或最大切应力理论。

③ 一般而言，对脆性材料宜用第一或第二强度理论，对塑性材料宜采用第三和第四强度理论。

例 10-2　转轴边缘上某点的应力状态如图 10-6 所示。试用第三和第四强度理论建立其强度条件。

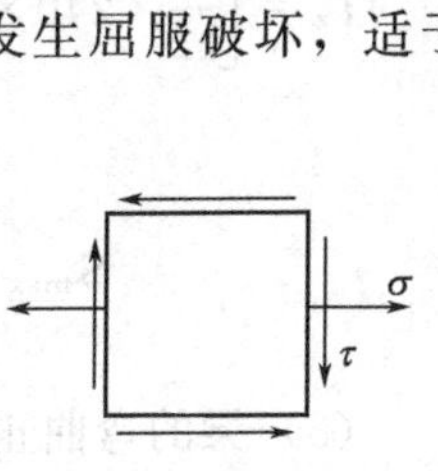

图 10-6

解　对于图 10-6 所示单元体，利用式(10-5) 可有

$$\sigma_1=\frac{\sigma_x+\sigma_y}{2}+\sqrt{\left(\frac{\sigma_x-\sigma_y}{2}\right)^2+\tau_x^2}\text{；}\sigma_2=0\text{；}\sigma_3=\frac{\sigma_x+\sigma_y}{2}-\sqrt{\left(\frac{\sigma_x-\sigma_y}{2}\right)^2+\tau_x^2}$$

将它们代入式(10-20) 和式(10-21) 得

$$\sigma_{xd3}=\sigma_1-\sigma_3=\sqrt{\sigma^2+4\tau_x^2}$$

$$\sigma_{xd4}=\sqrt{\frac{1}{2}\left[(\sigma_1-\sigma_2)^2+(\sigma_2-\sigma_3)^2+(\sigma_3-\sigma_1)^2\right]}=\sqrt{\sigma^2+3\tau_x^2}$$

所以强度条件分别为

$$\sigma_{xd3}=\sqrt{\sigma^2+4\tau_x^2}\leqslant[\sigma] \tag{10-23}$$

$$\sigma_{xd4}=\sqrt{\sigma^2+3\tau_x^2}\leqslant[\sigma] \tag{10-24}$$

*例 10-3** 试校核图 10-7(a) 所示焊接梁的强度。已知梁的材料为 Q235 钢，其许用应力 $[\sigma]=170\text{MPa}$，$[\tau]=100\text{MPa}$。其他条件如图所示。

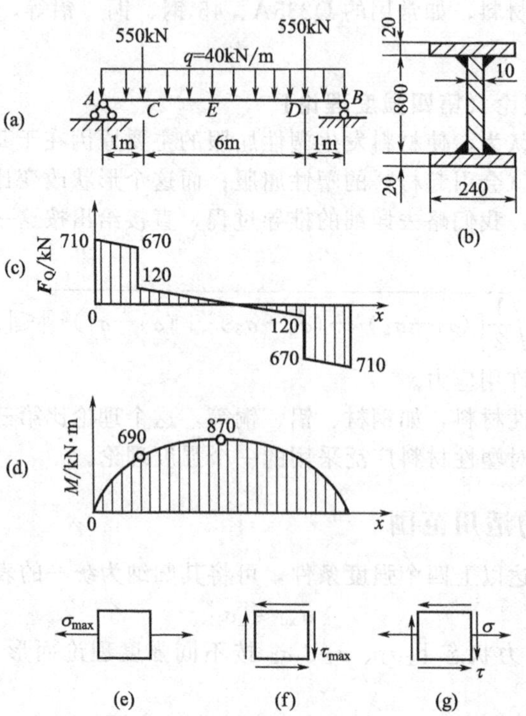

图 10-7

解 (1) 画出梁的 F_Q、M 图，如图 10-17(c)、(d) 所示。

(2) 计算截面的 I_z、W_z、S_{max}、S_z^*。

$$I_z=\left[\frac{1}{12}\times240\times(800+2\times20)^3-2\times\frac{1}{12}\times\left(\frac{240-10}{2}\right)\times800^3\right]\text{mm}^4=2.04\times10^9\text{mm}^4$$

$$W_z=\frac{I_z}{y_{max}}=\frac{2.04\times10^9}{420}\text{mm}^3=4.86\times10^6\text{mm}^3$$

$$S_{max}=(240\times20\times410+10\times400\times200)\text{mm}^3=2.77\times10^6\text{mm}^3$$

$$S_z^*=240\times20\times410\text{mm}^3=1.97\times10^6\text{mm}^3$$

(3) 梁的弯曲正应力强度校核。危险点在梁的跨中截面 E 的上、下边缘处，应力状态如图 10-17(e) 所示，即

$$\sigma_{\max}=\frac{M_{\max}}{W_z}=\frac{870\times10^6}{4.86\times10^6}\text{MPa}=179\text{MPa}$$

$$\frac{\sigma_{\max}-[\sigma]}{[\sigma]}=\frac{179-170}{170}=5.3\%$$

计算结果尚在强度许可范围内。

(4) 梁的切应力强度校核。危险点在两支座内侧截面的中性轴上，应力状态如图 10-7(f) 所示

$$\tau_{\max}=\frac{\boldsymbol{F}_{Q\max}S_{\max}}{bI_z}=\frac{719\times10^3\times2.77\times10^6}{10\times2.04\times10^9}\text{Pa}=96.4\text{MPa}<[\tau]$$

(5) 梁的主应力强度校核。危险点在 C（或 D）外侧截面上的翼缘与腹板交界处，应力状态如图 10-7(g) 所示，即

$$\sigma=\frac{My}{I_z}=\frac{690\times10^6\times40}{2.04\times10^9}\text{Pa}=135\text{MPa}$$

$$\tau=\frac{\boldsymbol{F}_Q S^*}{bI_z}=\frac{670\times10^3\times1.97\times10^6}{10\times2.04\times10^9}\text{Pa}=64.8\text{MPa}$$

按第四强度理论校核。将主应力的表达式代入第四强度理论的强度条件中，可简化为

$$\sigma_{xd4}=\sqrt{\sigma^2+3\tau_x^2}=\sqrt{135^2+3\times64.8^2}=175.56\text{MPa}$$

$$\frac{\sigma_{xd4}-[\sigma]}{[\sigma]}=\frac{175.56-170}{170}=3.27\%$$

计算结果在强度允许限度之内。

对于国家标准的型钢（工字钢、槽钢）来说，并不需要对腹板与翼缘交界处的点用强度理论进行校核。因为型钢截面在腹板与翼缘交界处有圆弧，而且工字钢翼缘的内边又有 1：6 的斜度，因而增加了交界处的截面宽度，保证了在截面上下边缘处的正应力和中性轴上的切应力都处于不超过允许应力的情况下，腹板与翼缘交界处附近各点一般不会发生强度不够的问题。

本章小结

本章研究了材料力学的两个重要理论——应力状态理论和强度理论。内容比较丰富，概念比较抽象，应用比较抽象，应用比较灵活，系统性较强，是材料力学的难点之一。在此将其要点归纳如下。

(1) 平面应力状态下，斜截面上正应力 σ 的极值为

$$\left.\begin{matrix}\sigma_{\max}\\\sigma_{\min}\end{matrix}\right\}=\frac{\sigma_x+\sigma_y}{2}\pm\sqrt{\left(\frac{\sigma_x-\sigma_y}{2}\right)^2+\tau_{xy}^2}$$

(2) 正应力取得极值的截面上切应力为零。切应力为零的平面，称为主平面。主平面上的正应力，称为主应力。

(3) 一点的最大切应力为

$$\tau_{\max}=(\sigma_1-\sigma_3)/2$$

(4) 用主应力表达的广义胡克定律为

$$\left.\begin{aligned}\varepsilon_1&=\frac{1}{E}[\sigma_1-\mu(\sigma_2+\sigma_3)]\\\varepsilon_2&=\frac{1}{E}[\sigma_2-\mu(\sigma_3+\sigma_1)]\\\varepsilon_3&=\frac{1}{E}[\sigma_3-\mu(\sigma_1+\sigma_2)]\end{aligned}\right\}$$

(5) 四个强度理论可以统一写成为

$$\sigma_x \leqslant [\sigma]$$

式中相当应力 σ_x 为

$$\sigma_{x1} = \sigma_1 \quad \text{第一强度理论}$$

$$\sigma_{x2} = \sigma_1 - \mu(\sigma_2 + \sigma_3) \quad \text{第二强度理论}$$

$$\sigma_{x3} = \sigma_1 - \sigma_3 \quad \text{第三强度理论}$$

$$\sigma_{x4} = \sqrt{\frac{1}{2}[(\sigma_1-\sigma_2)^2 + (\sigma_2-\sigma_3)^2 + (\sigma_3-\sigma_1)^2]} \quad \text{第四强度理论}$$

第一、二强度理论适用于脆性材料破坏，第三、四强度理论适用于塑性材料屈服。

(6) 在线弹性小变形条件下，研究组合变形的方法是叠加法。即先用截面法求出截面上的内力，判断构件承受哪几种基本变形；分别计算各种基本变形下的应力，然后将同一处的结果相叠加；再由危险点应力状态和适当的强度理论进行强度计算。

(7) 拉（或压）与弯曲组合变形时，截面上任意一点（y，z）的正应力为

$$\sigma = \boldsymbol{F}_N/A + M_z y/I_z + M_y z/I_y$$

可按第一或第二强度理论建立强度条件。

(8) 承受弯、扭的塑性材料圆轴，可按第三或第四强度理论建立强度条件，即

$$\frac{1}{W}\sqrt{M^2+T^2} \leqslant [\sigma] \quad \text{（第三强度理论）}$$

$$\frac{1}{W}\sqrt{M^2+0.75T^2} \leqslant [\sigma] \quad \text{（第四强度理论）}$$

思 考 题

1.什么叫一点的应力状态？为什么要研究一点的应力状态？

2.什么叫主平面和主应力？主应力和正应力有什么区别？如何确定平面应力状态的三个主应力及其作用平面？

3.如何确定纯剪切状态的最大正应力与最大切应力？扭转破坏形式与应力间的关系是什么？与轴向拉压破坏相比，它们之间有何共同之点？

4.何谓单向、二向与三向应力状态？何谓复杂应力状态？图 10-8 所示各单元体分别属于哪一类应力状态？

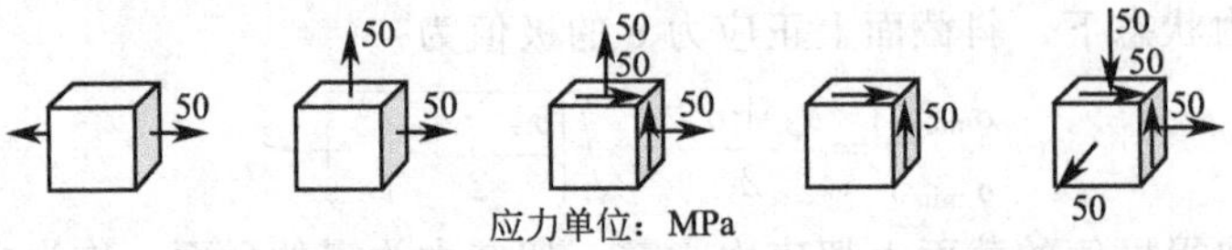

图 10-8

5.如何画应力圆？如何利用应力圆确定平面应力状态任一斜截面的应力？如何确定最大正应力与最大切应力？

6.单元体某方向上的线应变若为零，则其相应的正应力也必定为零；若在某方向的正应力为零，则该方向的线应变也必定为零。以上说法是否正确？为什么？

7.何谓广义胡克定律？该定律是如何建立的？有几种形式？应用条件是什么？

8.什么叫强度理论？为什么要研究强度理论？

9.为什么按第三强度理论建立的强度条件较按第四强度理论建立的强度条件进行强度计算的结果偏于安全？

习　题

10-1　构件受力如题 10-1 图所示。（1）确定危险点的位置。（2）用单元体表示危险点的应力状态。

10-2　在题 10-2 图（a）、（b）所示应力状态中，试求出指定斜截面上的应力（应力单位为 MPa）。

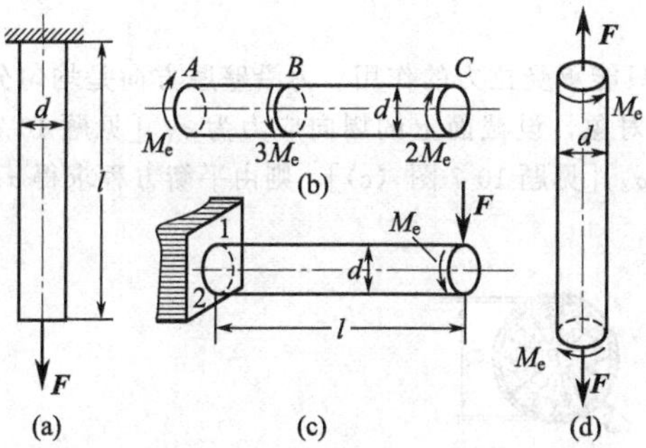

题 10-1 图

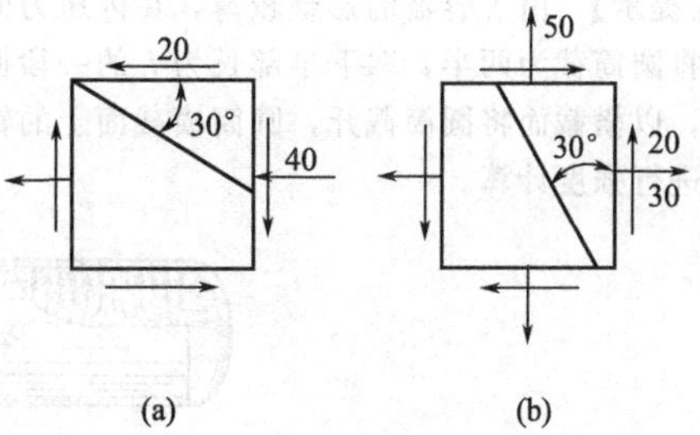

题 10-2 图

10-3　已知应力状态如题 10-3 图所示，图中应力单位皆为 MPa。试求：（1）主应力大小，主平面位置；（2）在单元体上绘出主平面位置及主应力方向；（3）最大切应力。

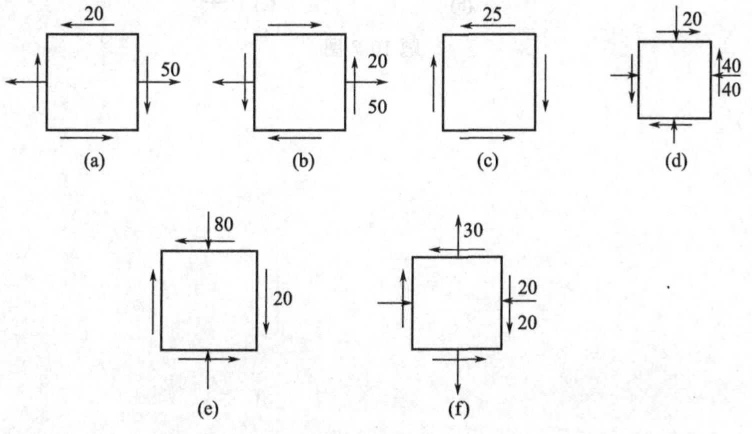

题 10-3 图

10-4　在二向应力状态下，设已知最大切应变 $\gamma_{\max}=5\times10^{-4}$，并已知两个相互垂直方向的正应力之和为 27.5MPa。材料的弹性常数是 $E=200\text{MPa}$，$\mu=0.25$。试计算主应力的大小。

10-5　如题 10-5 图所示一内径为 D、壁厚为 t 的薄壁钢质圆管。材料的弹性模量为 E，泊松比为 μ。若钢管承受轴向拉力 F 和力偶矩 m 作用，试求该钢管壁厚的改变量 Δt。

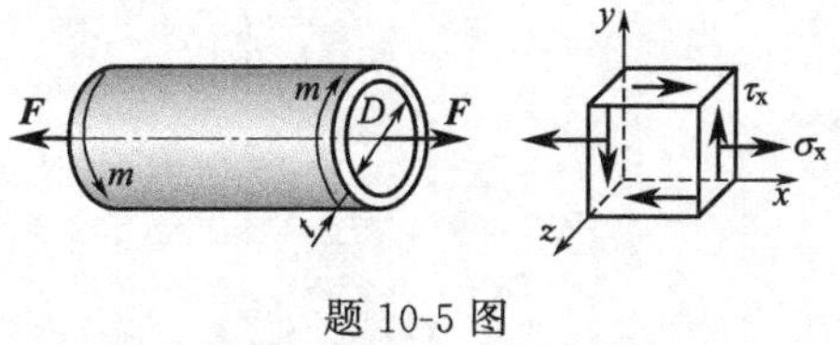

题 10-5 图

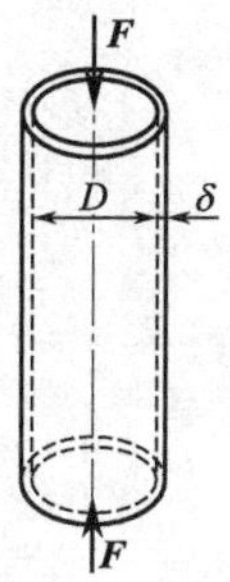

题 10-6 图

10-6　如题 10-6 图所示，直径 $D=40\text{mm}$ 的铝圆柱，放在厚度为 $\delta=2\text{mm}$ 的钢套筒内，且设两者之间无间隙。作用于圆柱上的轴向压力为 $F=40\text{kN}$。若铝的弹性模量及泊松比分别是 $E_{铝}=70\text{GPa}$，$\mu=0.35$；钢的弹性模量及泊松比分别是 $E_{钢}=210\text{GPa}$，$\mu=0.30$。试求筒内的周向应力。

10-7　工程中有许多受内压的容器是薄壁圆筒，如题 10-7 图（a）所示，已知圆筒的内径为 $D=1500\text{mm}$，壁厚 $\delta=30\text{mm}$，δ 远小于 D，内压的压强 $p=4\text{MPa}$，采用的材料是 15G 锅炉钢板，许用应力 $[\sigma]=120\text{MPa}$。试对薄壁圆筒进行强度计算。

【提示】 由于容器的器壁较薄，在内压力的作用下，只能承受拉力的作用。力沿壁厚方向是均匀分布的。将圆筒截为两半，取下半部长为 l 的一段圆筒为研究对象，设截面上的周向应力为 σ_1［见题 10-7 图 (b)］，以横截面将圆筒截开，圆筒横截面上的轴向应力为 σ_2［见题 10-7 图（c）］，则由平衡方程求得 σ_1 和 σ_2，进行强度计算。

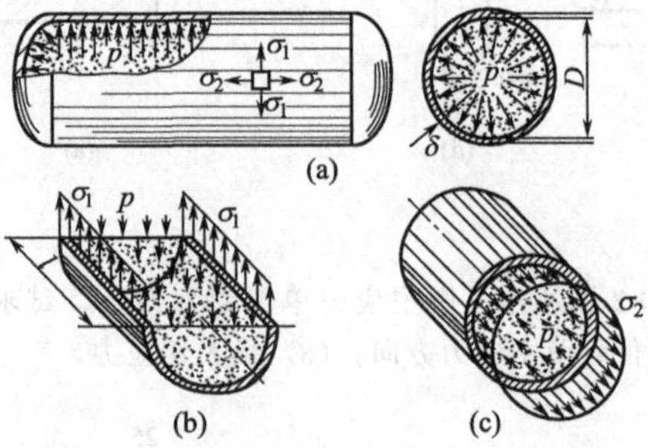

题 10-7 图

第十一章

组合变形的强度计算

第一节　组合变形的概述

一、组合变形的概念

在工程实际中，大多数杆件在荷载作用下产生的变形较为复杂，经分析可知，这些复杂变形均可看作由若干基本变形组合而成。这类复杂变形称为组合变形。组合变形在工程中普遍存在。如图 11-1 所示的塔器，除了受到自重作用，发生轴向压缩变形外，同时还受到了水平方向风载荷的作用，产生轴向弯曲变形，因此塔器的变形是压弯组合变形；图 11-2 所示之钻床的立柱 AB，承受轴力 $\boldsymbol{F}$ 引起的拉伸和力矩（$M=\boldsymbol{F}e$）引起的弯曲，其所发生的变形是拉弯组合变形；再如图 11-3(a) 所示有吊车的厂房柱子［见图 11-3(b)］，由屋架和吊车传给柱子的载荷 $\boldsymbol{F}_1$、$\boldsymbol{F}_2$ 的合力一般不与柱子的轴线重合，而是有偏心的，如图 11-3(b) 所示。所以这种情况是轴向压缩和弯曲的共同作用。而图 11-4 所示的悬臂圆轴，在自由端受到主动外力 $\boldsymbol{F}$ 和主动外力偶 M 作用，很容易判断该圆轴将产生弯曲与扭转组合变形。

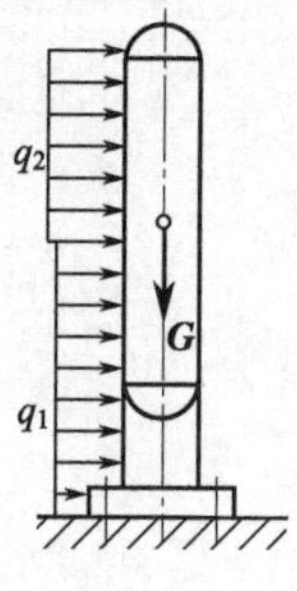

图 11-1

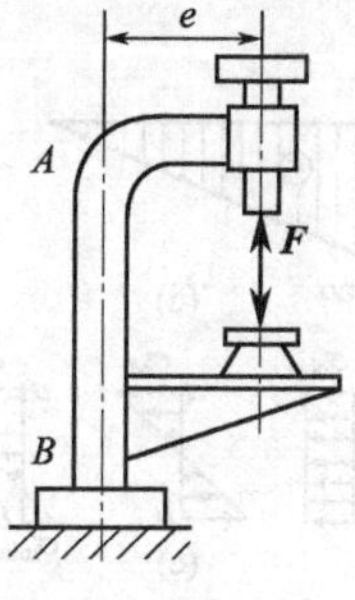

图 11-2

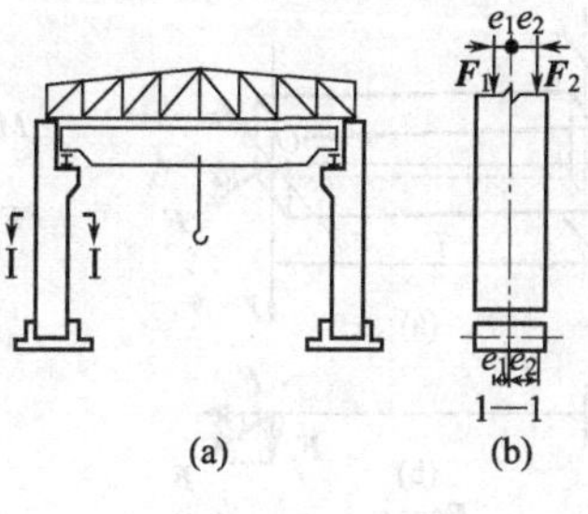

图 11-3

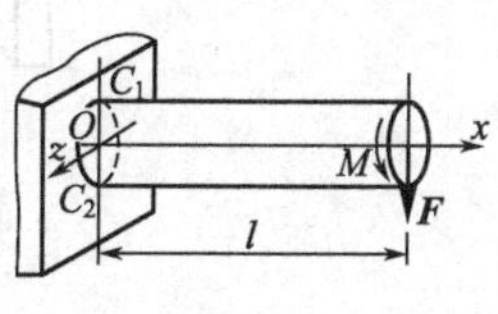

图 11-4

二、组合变形的强度计算

杆件在组合变形下的应力一般可用叠加原理进行计算。实践证明，如果材料服从胡克定律，并且变形是在小变形范围内，那么杆件上各个载荷的作用彼此独立，每一载荷所引起的应力或变形都不受其他载荷的影响，而杆件在几个载荷同时作用下所产生的效果，就等于每个载荷单独作用时产生的效果的总和，此即叠加原理。这样，当杆件在复杂载荷作用下发生组合变形时，只要把载荷分解为一系列引起基本变形的载荷，分别计算杆在各个基本载荷下的变形。在组合变形的计算中，通常杆件的变形都在弹性范围内，而且都很小，因此可以假设任一载荷所引起的应力和变形都不受其他载荷的影响。这样，将作用在杆件上的载荷适当分解（或平移），使分解（或平移）后的各个截面都只产生基本变形，进而判断组合变形的类型，并进行相应的强度计算。

通常采用下列基本步骤处理组合变形的强度问题。

(1) 外力分析　目的是判断构件产生何种基本变形。即将作用于杆件的外力沿由杆的轴线及横截面的两对称轴所组成的直角坐标系做等效分解（或平移），使杆件在每组外力作用下，只产生一种基本变形。

(2) 内力分析　目的是判断危险截面的位置。即用截面法计算杆件横截面上的内力，画出内力图，并由此判断危险截面的位置。

(3) 应力分析　目的是确定危险截面上危险点的位置及其应力值。即根据基本变形时杆件横截面上的应力分布规律，运用叠加原理加以确定。

(4) 强度计算　目的是分析危险点的应力状态，即结合杆件材料的性质选择适当的强度理论进行强度计算。

工程中常见的组合变形有以下两类。

① 第一类：组合后为单向应力状态，拉伸（或压缩）与弯曲的组合变形。

② 第二类：弯曲与扭转的组合变形。

下面分别对这两类组合变形的强度计算进行讨论。

第二节　第一类组合变形——组合后为单向应力状态

一、杆件弯曲与拉伸（或压缩）的组合变形

拉伸（或压缩）与弯曲的组合变形是工程中常见的基本情况，现以图 11-5 所示矩形截面悬臂梁为例，对弯与拉组合变形加以说明。

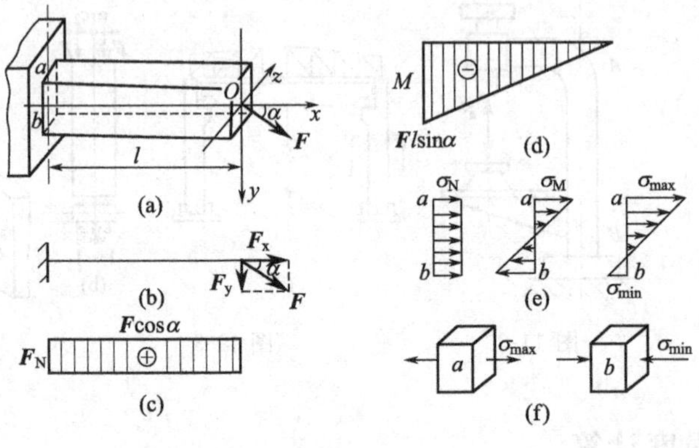

图 11-5

设外力 $\boldsymbol{F}$ 位于梁纵向对称面内，作用线与轴线成 α 角，梁的受力图如图 11-5(a)、(b) 所示。将力 $\boldsymbol{F}$ 向 x、y 轴分解，得

$$\boldsymbol{F}_x=\boldsymbol{F}\cos\alpha$$

$$\boldsymbol{F}_y=\boldsymbol{F}\sin\alpha$$

轴向拉力 $\boldsymbol{F}_x$ 使梁产生轴向拉伸变形，横向力 $\boldsymbol{F}_y$ 产生弯曲变形，因此梁在力 $\boldsymbol{F}$ 作用下的变形为拉伸与弯曲组合变形。

在轴向拉力 $\boldsymbol{F}_x$ 的单独作用下，梁上各截面的轴力 $\boldsymbol{F}_N=\boldsymbol{F}_x=\boldsymbol{F}\cos\alpha$；在横向力 $\boldsymbol{F}_y$ 的单独作用下，梁的弯曲 $M=\boldsymbol{F}_y x=\boldsymbol{F}_y\sin\alpha\times x$，它们的内力图如图 11-5(c)、(d) 所示。

由内力图可知，危险面为固定截面，该截面上的轴力 $\boldsymbol{F}_N=\boldsymbol{F}_x=\boldsymbol{F}\cos\alpha$，弯矩 $M_{max}=\boldsymbol{F}l\sin\alpha$。

在轴力的作用下，梁横截面上产生拉伸正应力且均匀分布，其值为在弯矩 M_{max} 的作用下使截面产生的弯曲正应力，如图 11-2 所示。该危险点为单向应力状态，只需按单向应力状态下的强度条件进行强度计算。故强度条件为

$$\sigma_{max}=\frac{\boldsymbol{F}_N}{A}+\frac{M_{max}}{W}\leqslant[\sigma] \tag{11-1}$$

不难理解，上述分析方法同样适合于如图 11-3(b) 所示的厂房柱子受压缩与弯曲组合变形的计算。

应注意：

① 对于拉、压许用应力相同的材料，当 $\boldsymbol{F}_N$ 是拉力时，可由公式(11-1) 计算；当 $\boldsymbol{F}_N$ 为压力时，则公式(11-1) 中的加号变为减号，这一点在应用时应特别加以注意。

② 对于拉、压许用应力不同的材料（如脆性材料），则要分别求出杆件危险点的最大拉伸正应力 σ_{maxt} 和最大压缩正应力 σ_{maxy}，分别建立拉伸和压缩强度条件，进行强度计算。

因此，在分析问题和解决问题时，首先要具体问题具体分析，并与生产实践密切结合，然后建立相适应的强度条件，不能死记硬套公式。

还应指出，在上面的分析中，对于受横向力作用的杆件，横截面上除有正应力外，还有因剪力而产生的切应力，由于其数值一般较小，可不做考虑。

例 11-1　图 11-6 所示 25a 工字钢简支梁受均布荷载 q 及轴向压力 $\boldsymbol{F}_N$ 的作用。已知 $q=10\text{kN/m}$，$l=3\text{m}$，$\boldsymbol{F}_N=20\text{kN}$。试求最大正应力。

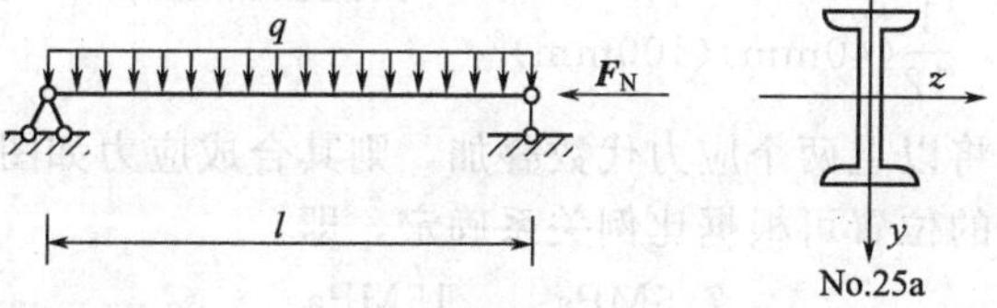

图 11-6

解　(1) 求出最大弯矩 M_{max}，它发生在跨中截面，其值为

$$M_{max}=\frac{1}{8}ql^2=\frac{1}{8}\times10\times10^3\text{N/m}\times3^2\text{m}^2=11250\text{N}\cdot\text{m}$$

(2) 分别求出最大弯矩 M_{max} 及轴力 $\boldsymbol{F}_N$ 所引起的最大应力。

由弯矩引起的最大正应力为

$$\sigma_{ben,max}=\frac{M_{max}}{W_z}$$

由型钢表查得 $W_z=402\text{cm}^3$，代入上式得

$$\sigma_{ben,max}=\frac{11250\text{N}\cdot\text{m}}{402\times10^{-6}\text{m}^3}=28\text{MPa}$$

由轴力引起的压应力为

$$\sigma_c=\frac{\boldsymbol{F}_N}{A}$$

由型钢表查得 $A=48.5\text{cm}^2$，代入上式得

$$\sigma_c=-\frac{20\times10^3\text{N}}{48.5\times10^{-4}\text{m}^2}=-4.12\text{MPa}$$

(3) 求最大总压应力，其值为

$$\sigma_{c,max}=-\sigma_{ben,max}+\sigma_c=(-28-4.12)\text{MPa}=-32.12\text{MPa}(压应力)$$

二、偏心拉伸（或偏心压缩）的应力计算

当构件受到作用线与轴线平行，但不通过横截面形心的拉力（或压力）作用时，此构件受到偏心载荷，称为偏心拉伸（或偏心压缩）。例如钻床立柱［见图 11-7(a)］受到的钻孔进刀力，即为偏心拉伸。又如前面图 11-3 已分析过的厂房中支承吊车梁的柱子，即为偏心压缩，其受力简图如图 11-7(b) 所示。

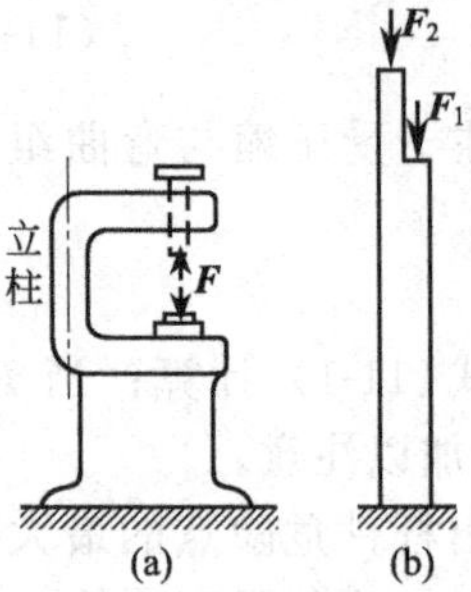

图 11-7

*例 11-2　图 11-8(a) 所示埋入地面的立柱，上顶端的右边缘上作用 $F=15000\text{N}$ 的力，忽略杆的自重。试求：(1) B，C 点所在的横截面上零应力的位置；(2) B，C 点单元体的应力状态。

解　(1) 内力分析。用过 B，C 点的截面截开立柱，截面上有 15000N 的轴向力以及在及纸平面内的弯矩 750000N·m，如图 11-8(b) 所示。立柱为偏心压缩变形。

(2) 应力分析。

设轴向力 15000N 引起均匀分布的正应力如图 11-8(c) 所示，其值为

$$\sigma=\frac{\boldsymbol{F}}{A}=\frac{15000}{100\times10^{-3}\times40\times10^{-3}}=3.75\times10^6=3.75(\text{MPa})$$

弯矩 750000N·m 引起线性分布的正应力如图 11-8(d) 所示，其中最大应力为

$$\sigma_{max}=\frac{M_C}{I}=\frac{750000\text{N}\cdot\text{mm}(50\text{mm})}{\frac{1}{12}(40\text{mm})(100\text{mm})^3}=11.25(\text{N/mm}^2)=11.25(\text{MPa})$$

(3) 应力叠加。若将以上两个应力代数叠加，则其合成应力如图 11-8(e) 所示。

若有必要求零应力的位置可根据比例关系确定，即

$$\frac{7.5\text{MPa}}{x}=\frac{15\text{MPa}}{100\text{mm}-x}$$

$$x=33.3\text{mm}$$

(4) B，C 点的应力状态。B，C 点各取一单元体，如图 11-8(f)、(g) 所示。故均处于单向应力状态，其应力值为

$$\sigma_B=7.5\text{MPa}\ (拉伸)$$

$$\sigma_C=15\text{MPa}\ (压缩)$$

例 11-3　带有缺口的钢板如图 11-9(a) 所示，已知钢板宽度 $b=8\text{cm}$，厚度 $d=1\text{cm}$，上边缘开有半圆形槽，其半径 $t=1\text{cm}$，已知拉力 $\boldsymbol{F}=80\text{kN}$，钢板许用应力 $[\sigma]=140\text{MN/m}^2$。试对此钢板进行强度校核。

解　由于钢板在截面 A—A 处有一半圆槽，因而外力 $\boldsymbol{F}$ 对此截面为偏心拉伸，其偏心距之值为

$$e=\frac{b}{2}-\frac{b-t}{2}=\frac{t}{2}=\frac{1}{2}=0.5(\text{cm})$$

截面 A—A 的轴力和弯矩分别为

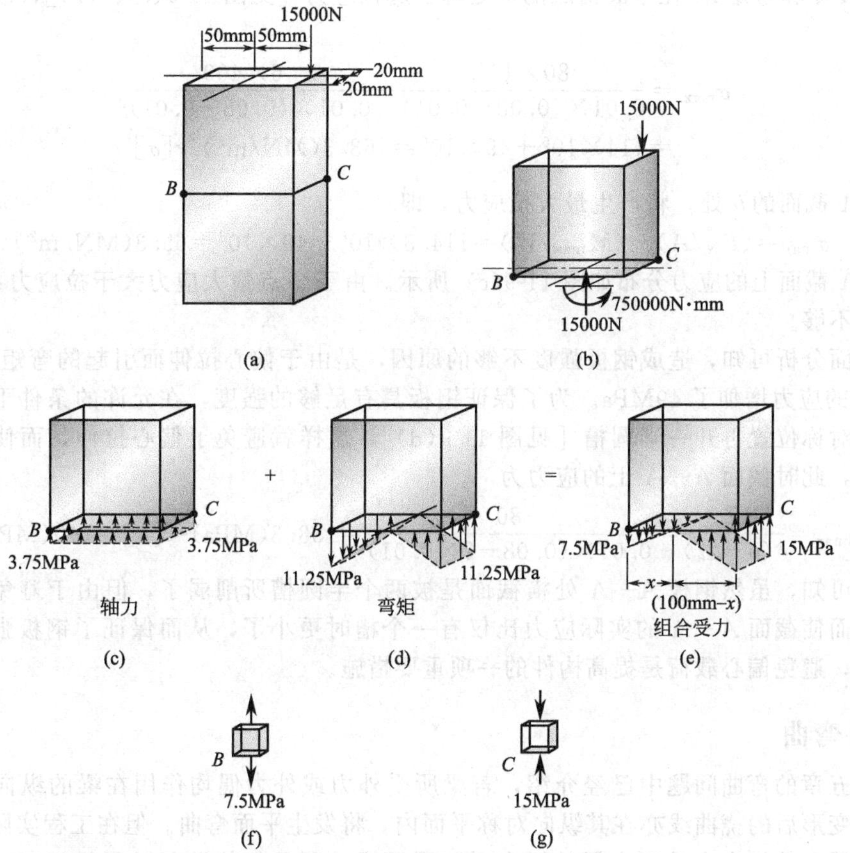

图 11-8

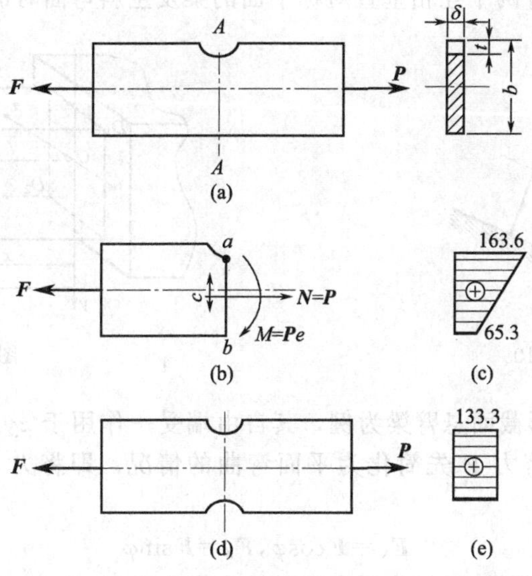

图 11-9

$$F_N = F = 80\text{kN}$$

$$M = Fe = 80 \times 10^3 \times 0.5 \times 10^{-2} = 400 \ (\text{N} \cdot \text{m})$$

轴力 F_N 和弯矩 M 在半圆槽底的 a 处都引起拉应力［见图 11-9(c)、(b)］，故得最大应力为

$$\sigma_{max}=\frac{80\times10^3}{0.01\times(0.08-0.01)}+\frac{6\times400}{0.01\times(0.08-0.01)^2}$$
$$=114\times10^6+49\times10^6=163.3(MN/m^2)>[\sigma]$$

A—A 截面的 b 处，将产生最大拉应力，即

$$\sigma_{max}=(F_N/A)-(M_{max}/W)=114.3\times10^6-49\times10^6=65.3(MN/m^2)$$

A—A 截面上的应力分布如图 11-9(c) 所示。由于 a 点最大应力大于拉应力 σ，所以钢板的强度不够。

从上面分析可知，造成钢板强度不够的原因，是由于偏心拉伸而引起的弯矩 Fe，使截面 A—A 的应力增加了 49MPa。为了保证钢板具有足够的强度，在允许的条件下，可在下半圆槽的对称位置再开一半圆槽［见图 11-9(d)］，这样就避免了偏心拉伸，而使钢板仍为轴向拉伸，此时截面 A—A 上的应力为

$$\sigma_{lmax}=\frac{F}{\delta(b-2t)}=\frac{80}{0.01\times(0.08-2\times0.01)}=133.3(MPa)<[\sigma]=140(MPa)$$

由此可知，虽然钢板 A—A 处横截面是被两个半圆槽所削弱了，但由于避免了载荷的偏心，反而使截面 A—A 的实际应力比仅有一个槽时更小了，从而保证了钢板强度。通过此例说明，避免偏心载荷是提高构件的一项重要措施。

* 三、斜弯曲

在第五章的弯曲问题中已经介绍，若梁所受外力或外力偶均作用在梁的纵向对称平面内，则梁变形后的挠曲线亦在其纵向对称平面内，将发生平面弯曲。但在工程实际中，也常常会遇到梁上的横向力并不在梁的纵向对称平面内，而是与其纵向对称平面有一夹角的情况，这种弯曲变形称为斜弯曲。图 11-10 中所示木屋架上的矩形截面檩条就是斜弯曲的实例。下面我们只讨论具有两个互相垂直对称平面的梁发生斜弯曲时的应力计算和强度条件。

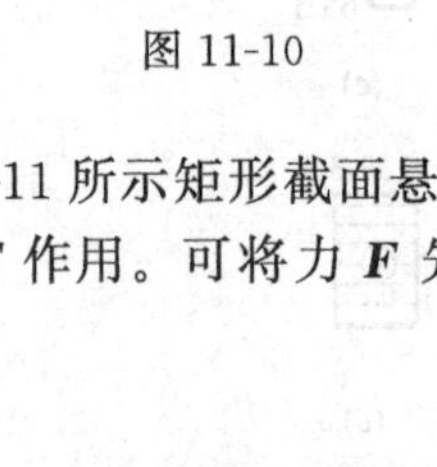

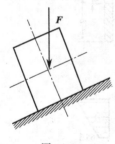

图 11-10

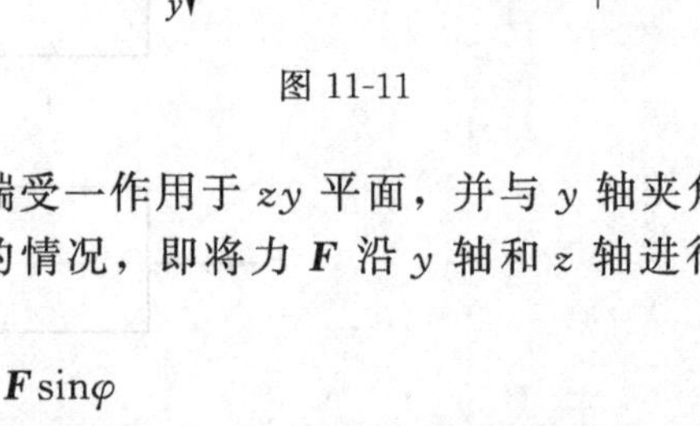

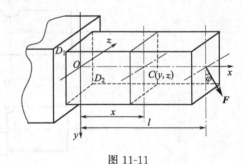

图 11-11

以图 11-11 所示矩形截面悬臂梁为例，其自由端受一作用于 zy 平面，并与 y 轴夹角为 φ 的集中力 F 作用。可将力 F 先简化为平面弯曲的情况，即将力 F 沿 y 轴和 z 轴进行分解，即

$$F_y=F\cos\varphi, F_z=F\sin\varphi \tag{a}$$

在分力 F_y、F_z 作用下，梁将分别在铅垂纵向对称平面（xOy 面）内和水平纵向对称平面（xOz 面）内发生平面弯曲。则在距左端点为 x 的截面上，由 F_z 和 F_y 引起的截面上的弯矩值分别为

$$M_y=F_z(l-x), M_z=F_y(l-x) \tag{b}$$

若设 $M=F(l-x)$，并将式(a) 代入式(b) 中，则

$$M_y=M\sin\varphi, M_z=M\cos\varphi \tag{c}$$

在截面的任一点 C（y，z）处，由 M_y 和 M_z 引起的正应力分别为

$$\sigma'=-\frac{M_y z}{I_y}, \sigma''=-\frac{M_z y}{I_z} \tag{d}$$

其中，负号表示均为压应力。对于其他点处的正应力的正负可由实际情况确定。所以，C 点处的正应力为

$$\sigma=\sigma'+\sigma''=-\frac{M_y z}{I_y}-\frac{M_z y}{I_z}$$

将式(c) 代入上式可得

$$\sigma=-M\left(\frac{\sin\varphi}{I_y}z+\frac{\cos\varphi}{I_z}y\right) \tag{11-2}$$

由上面分析及式(11-2) 可知，梁上固定端截面上有最大弯矩，且其顶点 D_1 和 D_2 点为危险点，分别有最大拉应力和最大压应力。而拉压应力的绝对值相等，可知危险点的应力状态均为单向应力状态，所以，梁的强度条件为

$$\sigma_{\max}=\left|M\left(\frac{\sin\varphi}{I_y}z_{\max}+\frac{\cos\varphi}{I_z}y_{\max}\right)\right|\leqslant[\sigma]$$

即

$$\sigma_{\max}=\left|\frac{M_y}{W_y}+\frac{M_z}{W_z}\right|\leqslant[\sigma] \tag{11-3}$$

同平面弯曲一样，危险点应在离截面中性轴最远的点处。而对于这类具有棱角的矩形截面梁，其危险点的位置均应在危险截面的顶点处，所以较容易确定。但对于图 11-12 所示没有棱角的截面，要先确定出截面的中性轴位置，才能确定出危险点的位置。本书对此不做讨论。

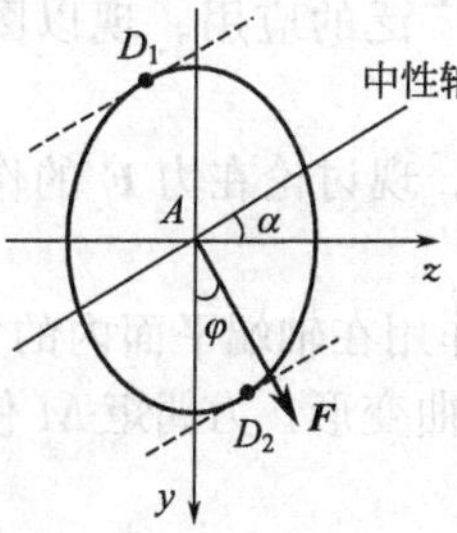

图 11-12

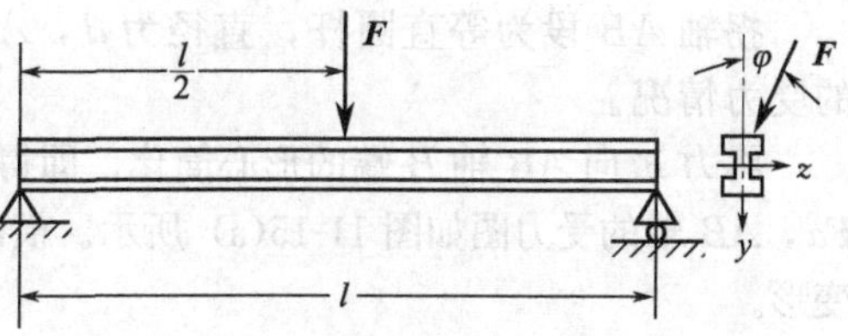

图 11-13

例 11-4　图 11-13 所示跨长 $l=4\text{m}$ 的简支梁，由 No. 32a 工字钢制成。在梁跨度中点处受集中力 $\boldsymbol{F}=30\text{kN}$ 的作用，力 $\boldsymbol{F}$ 的作用线与截面铅垂对称轴间的夹角 $\varphi=15°$，而且通过截面的形心。已知材料的许用应力 $[\sigma]=160\text{MPa}$，试按正应力校核梁的强度。

解　把集中力 $\boldsymbol{F}$ 分解为 y、z 方向的两个分量，其数值为

$$\boldsymbol{F}_y=\boldsymbol{F}\cos\varphi$$
$$\boldsymbol{F}_z=\boldsymbol{F}\sin\varphi$$

这两个分量在危险截面（集中力作用的截面）上产生的弯矩数值是

$$M_y=\frac{\boldsymbol{F}_z}{2}\times\frac{l}{2}=\frac{\boldsymbol{F}l}{4}\sin\varphi=\frac{30\times10^3\times4}{4}\sin15°=7760(\text{N}\cdot\text{m})$$

$$M_z=\frac{F_y}{2}\times\frac{l}{2}=\frac{Fl}{4}\cos\varphi=\frac{30\times10^3\times4}{4}\cos15°=29000(\text{N}\cdot\text{m})$$

从梁的实际变形情况可以看出，工字形截面的左下角具有最大拉应力，右上角具有最大压应力，其值均为

$$\sigma_{\max}=\frac{M_y}{W_y}+\frac{M_z}{W_z}$$

对于 No. 32a 工字钢，由附录 F 型钢表查得

$$W_y=70.8\text{cm}^3, W_z=692\text{cm}^3$$

代入得

$$\sigma_{\max}=\frac{7760}{70.8\times10^{-6}}+\frac{29000}{692\times10^{-6}}=1.516\times10^{8}(\text{Pa})=151.6(\text{MPa})<[\sigma]$$

在此例中，如力 $\boldsymbol{F}$ 作用线与 y 轴重合，即 $\varphi=0°$，则梁中的最大正应力为

$$\sigma_{\max}=\frac{M_{\max}}{W_z}=\frac{\frac{Fl}{4}}{W_z}=\frac{30\times10^{3}\times4}{4\times692\times10^{-6}}=4.34\times10^{7}(\text{Pa})=43.4(\text{MPa})$$

由此可知，对于用工字钢制成的梁，当外力偏离 y 轴一个很小的角度时，就会使最大正应力增加很多。产生这种结果的原因是工字钢截面的 W_z 远大于 W_y。对于这一类截面的梁，由于横截面对两个形心主惯性轴的抗弯截面系数相差较大，所以应该注意使外力尽可能作用在梁的形心主惯性平面 xOy 内，避免因斜弯曲而产生过大的正应力。

第三节　第二类组合变形——组合后为复杂应力状态

一、弯曲与扭转的组合变形

弯曲与扭转的组合变形是机械工程中常见的情况，具有广泛的应用。现以图 11-14 所示拐轴为例，说明当扭转与弯曲组合变形时强度计算的方法。

拐轴 AB 段为等直圆杆，直径为 d，A 端为固定端约束。现讨论在力 $\boldsymbol{F}$ 的作用下 AB 轴的受力情况。

将力 $\boldsymbol{F}$ 向 AB 轴 B 端的形心简化，即得到一横向力 $\boldsymbol{F}$ 及作用在轴端平面内的力偶矩 $M_x=Fa$，AB 轴的受力图如图 11-15(a) 所示。横向力 $\boldsymbol{F}$ 使轴发生弯曲变形，力偶矩 M 使轴发生扭转变形。

一般情况下，横向力引起的剪力影响很小，可忽略不计。于是，圆轴 AB 的变形即为扭转与弯曲的组合变形。

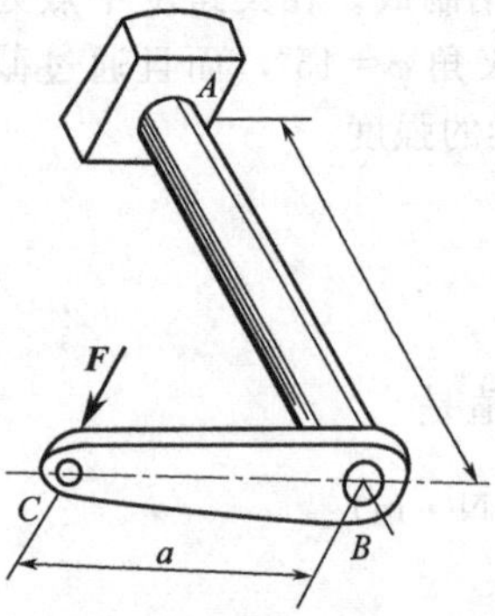

图 11-14

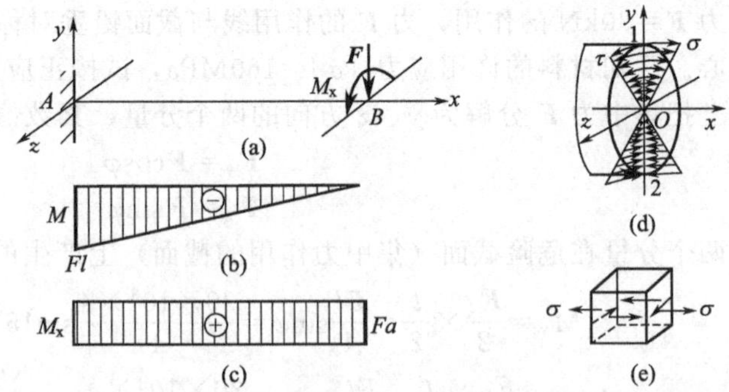

图 11-15

分别绘出弯矩图和扭矩图，由图 11-15(b)、(c) 可知，各横截面的扭矩相同，其值为 $M_x = Fa$。各截面的弯矩不同，固定端截面有最大弯矩，其值为 $M = Fl$。

显然，圆轴的危险截面为固定端截面。

在危险截面上，与弯矩所对应的正应力，沿截面高度按线性规律变化，如图 11-15(d) 所示。铅垂直径的两端点“1”和“2”的正应力为最大，其值为

$$\sigma = +\frac{M}{W} \quad 或 \quad \sigma = -\frac{M}{W}$$

在危险截面上，与扭矩所对应的切应力，沿半径按线性规律变化，如图 11-15(d) 所示。该截面周边各点的切应力为最大，其值为 $\tau = M_x / W_p$。显然，危险点是有两个点，“1”点和“2”，均属于同样的复杂应力状态。可选取其中的任一点进行分析。若选“1”点，在“1”点附近取一单元体，如图 11-15(e) 所示。在单元体左右两个侧面上既有正应力又有切应力，则“1”点的主应力为

$$\begin{cases} \sigma_1 = \frac{1}{2}\left[\sigma + \sqrt{\sigma^2 + 4\tau^2}\right] \\ \sigma_2 = 0 \\ \sigma_3 = \frac{1}{2}\left[\sigma - \sqrt{\sigma^2 + 4\tau^2}\right] \end{cases} \tag{11-4}$$

对于弯扭组合受力的圆轴，一般用塑性材料制成，应根据第三或第四强度理论建立强度条件。将由式(11-4) 求得的主应力分别代入第十章的式(10-20) 和式(10-21)，可得

$$\sigma_{xd3} = \sqrt{\sigma^2 + 4\tau_x^2} \leqslant [\sigma] \tag{11-5}$$

$$\sigma_{xd4} = \sqrt{\sigma^2 + 3\tau_x^2} \leqslant [\sigma] \tag{11-6}$$

如果将 $\tau = M_n / W_p$ 和 $\sigma = M/W$ 代入式(11-5) 和式(11-6)，并考虑到对于圆截面有 $W_p = 2W$，则强度条件可改写为

$$\sigma_{xd3} = \frac{\sqrt{M^2 + M_x^2}}{W} \leqslant [\sigma] \tag{11-7}$$

$$\sigma_{xq4} = \frac{\sqrt{M^2 + 0.75M_x^2}}{W} \leqslant [\sigma] \tag{11-8}$$

式中，M 和 M_x 分别代表圆轴危险截面上的弯矩和扭矩；W 代表圆形截面的抗弯截面模量。但是，它们只适于实心或空心圆轴，这一点必须牢牢记住。

如果作用在轴上的横向力很多，且方向各不相同，则可将每一个横向力向水平和铅垂两个平面分解，分别画出两个平面内的弯矩图，再按式(11-9) 计算每一横截面上的合成弯矩，即

$$M_R = \sqrt{M_h^2 + M_V^2} \tag{11-9}$$

对于圆轴扭与拉（压）组合，或对于非圆截面轴在弯扭组合时的强度，则必须按式(11-5) 和式(11-6) 进行计算。

例 11-5　如图 11-16(a) 所示的转轴是由电动机带动的，轴长 $l = 1.2\text{m}$，中间安装一带轮，重力 $\boldsymbol{F}_G = 5\text{kN}$，半径 $R = 0.6\text{m}$，平带紧边张力 $\boldsymbol{F}_1 = 6\text{kN}$，松边张力 $\boldsymbol{F}_2 = 3\text{kN}$。如轴直径 $d = 100\text{mm}$，材料许用应力 $[\sigma] = 50\text{MPa}$。试按第三强度理论校核轴的强度。

解　将作用在带轮上的平带拉力 $\boldsymbol{F}_1$ 和 $\boldsymbol{F}_2$ 向轴线简化，其结果如图 11-16(b) 所示。传动轴所受铅垂力为 $\boldsymbol{F} = \boldsymbol{F}_1 + \boldsymbol{F}_2 + \boldsymbol{F}_G$。分别画出弯矩图和扭矩图，如图 11-16(c)、(d) 所示，由此可以判断 C 截面为危险截面。C 截面上的 M_{max} 和 M_N 分别为

$$M_{max} = 4.2\text{kN} \cdot \text{m}，M_N = 1.8\text{kN} \cdot \text{m}。$$

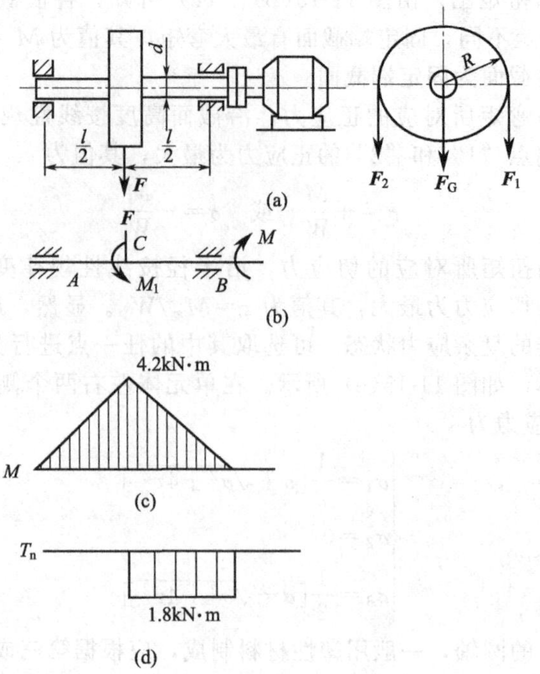

图 11-16

根据式(11-7) 得

$$\sigma_{xd3}=\frac{\sqrt{M_{\max}^2+M_N^2}}{W_z}=\frac{\sqrt{(4.2\times10^6)^2+(1.8\times10^6)^2}}{\pi\times100^3/32}=46.6(\mathrm{MPa})<[\sigma]$$

例 11-6 如图 11-17(a) 所示圆轴直径为 80mm，轴的右端装有重为 5kN 的皮带轮。带轮上侧受水平力 $\boldsymbol{F}_T=5\mathrm{kN}$，下侧受水平力为 $2\boldsymbol{F}_T$，轴的许用应力 $[\sigma]=70\mathrm{MPa}$。试按第三强度理论校核轴的强度。

解 轴的计算简图如图 11-17(b) 所示，则作用于轴上的外力偶 $M_e=2\mathrm{kN\cdot m}$，因此，各截面的扭矩图如图 11-17(c) 所示。

由图 11-17(d)、(e) 可知，铅直平面最大弯矩 $M_V=0.75\mathrm{kN\cdot m}$，水平平面最大弯矩 $M_t=2.25\mathrm{kN\cdot m}$，且均发生在 B 截面。应用式(11-9) 可得

$$M_B=\sqrt{0.75^2+2.25^2}=2.37(\mathrm{kN\cdot m})$$

对此轴危险点的应力状态，应用第三强度理论公式得

$$\sigma_{xd3}=\frac{\sqrt{M_B^2+M^2}}{W}=\frac{32}{\pi\times0.08^3}\sqrt{2.37^2+2^2}=61.7(\mathrm{MPa})<[\sigma]$$

故圆轴满足强度条件。

*二、拉伸（或压）与扭转的组合变形

如图 11-18 所示上悬式离心机转鼓重 $\boldsymbol{G}$，自上端传入的扭转外力偶矩为 m，转轮轴直径为 d。对转轴进行受力分析，可以看出转轮轮轴受到拉伸力 $\boldsymbol{G}$ 与力偶矩 m_p 的作用，将发生拉伸与扭转的组合变形。不难看出轮轴的危险点在与离心机转鼓相连截面的最外边缘各点上，为二向应力状态。若转轴材料的许用应力许力为 $[\sigma]$，则转轴的强度要按第三或第四强度建立强度条件，其表达式仍可用式(11-5) 或式(11-6)。但其中的正应力 σ 应用 $\sigma=$

$F_N/A = G/A$ 代入。

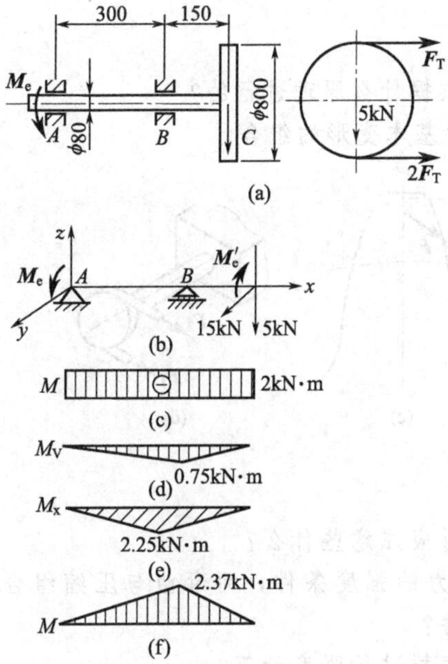

图 11-17

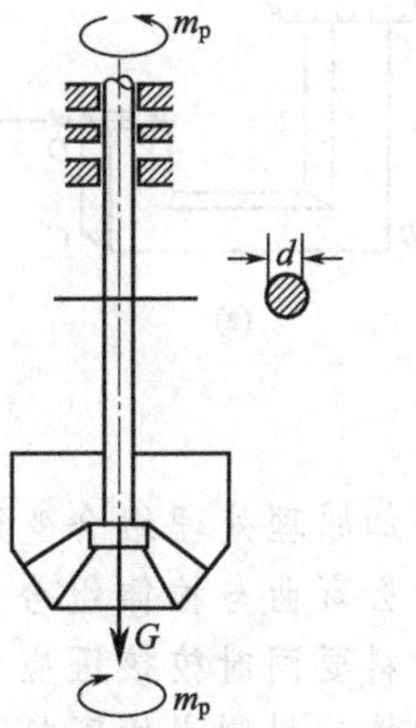

图 11-18

本章小结

本章主要介绍组合变形的相关知识。

(1) 杆件在载荷作用下产生的变形是两种或两种以上基本变形的组合，称为组合变形。

(2) 求解组合变形问题的基本方法是叠加法。运用叠加法的条件是满足小变形和应力应变为线性关系，每一种基本变形都是各自独立，互不影响。叠加法步骤如下：

① 外力分析。将外力进行平移或分解，使简化或分解后的每一种载荷对应着一种基本变形。

② 内力分析确定危险截面。

③ 应力分析。确定危险点，并围绕危险点取出危险点处的单元体。

④ 建立强度条件。根据危险点的应力状态及构件材料，选择强度理论，建立强度条件，进而进行强度计算。

(3) 弯曲与拉伸（或压缩）组合变形，对于塑性材料，强度条件为

$$\sigma_{max} = \frac{|M_{max}|}{W_z} + \frac{|F_N|}{A} \leqslant [\sigma]$$

对于脆性材料，应分别按最大拉应力和最大压应力进行强度计算。

(4) 弯曲与扭转的组合（含拉或压与扭转的组合）。这类组合变形是机械工程中常见的变形形式。以圆形传动轴为重点，圆形截面杆件的强度条件分别如下。

① 若根据第三强度理论，强度条件为

$$\sqrt{\sigma^2 + 4\tau^2} \leqslant [\sigma];\quad \frac{\sqrt{M^2 + T^2}}{W_z} \leqslant [\sigma]$$

② 若按第四强度理论，强度条件为

$$\sqrt{\sigma^2 + 3\tau^2} \leqslant [\sigma];\quad \frac{\sqrt{M^2 + 0.75T^2}}{W_z} \leqslant [\sigma]$$

按第三强度理论计算偏于安全，按第四强度理论计算更接近于实际情况。

思考题

1. 何谓组合变形？组合变形构件的应力计算是依据什么原理进行的？

2. 试分析图 11-19 所示的杆件各段分别是哪几种基本变形的组合。

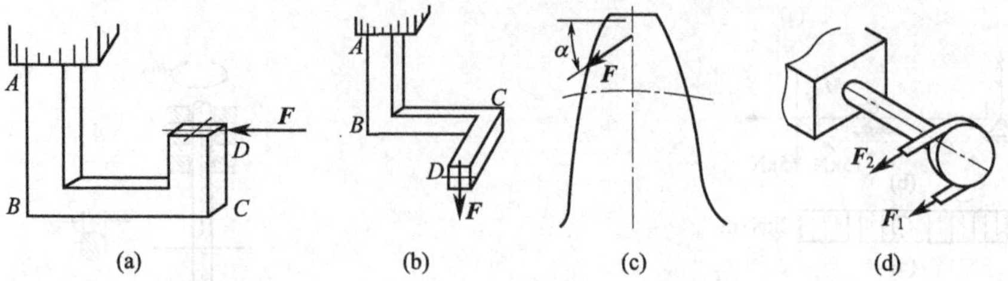

图 11-19

3. 用叠加原理处理组合变形问题，将外力分组时应注意些什么？

4. 为什么弯曲与拉伸组合变形时只需校核拉应力的强度条件，而弯曲与压缩组合变形时，脆性材料要同时校核压应力和拉应力的强度条件？

5. 由塑性材料制成的圆轴，在弯扭组合变形时怎样进行强度计算？

习题

11-1 试求题 11-1 图中折杆 $ABCD$ 上 A、B、C 和 D 截面上的内力。

11-2 梁式吊车如题 11-2 图所示。吊起的重量（包括电动葫芦重）$\boldsymbol{F}=40\text{kN}$，横梁 AB 为 18 号工字钢，当电动葫芦走到梁中点时，试求横梁的最大压应力。

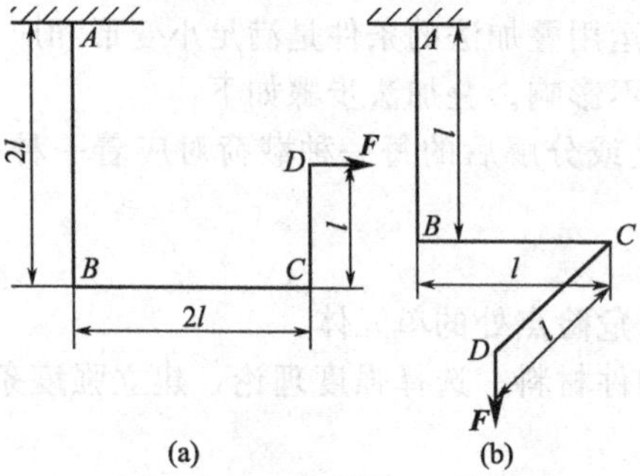

题 11-1 图

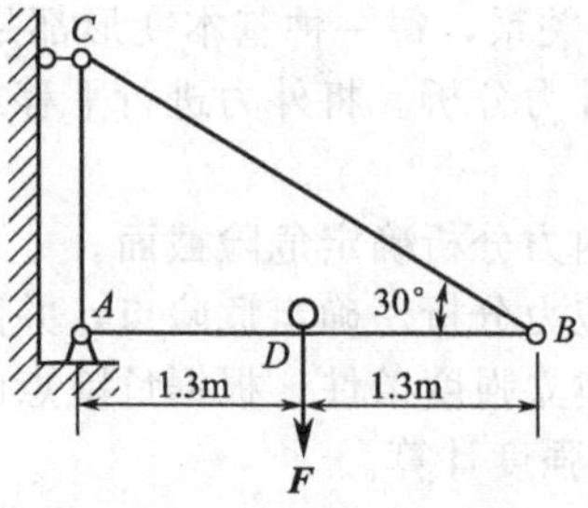

题 11-2 图

11-3 如题 11-3 图所示为一直径为 40mm 的木棒，承受图示 800N 的力，试求 B 点的应力，并用单元体表示。

11-4 如题 11-4 图所示的弓形连接件，两端承受 $\boldsymbol{F}=30\text{kN}$ 的力，连接件直杆部分的截面为矩形，厚为 40mm。当许用应力 $[\sigma]=73\text{MPa}$ 时，试求连接部位的宽度 w。

11-5 如题 11-5 图所示的钻床的立柱由铸铁制成，$\boldsymbol{F}=15\text{kN}$，许用拉应力 $[\sigma]=35\text{MPa}$。试确定立柱所需直径 d。

11-6 一夹具如题 11-6 图所示。已知 $F=2\text{kN}$，偏心距 $e=6\text{cm}$，竖杆为矩形截面，$b=1\text{cm}$，$h=2.2\text{cm}$，材料为 Q235，其屈服极限 $\sigma_s=240\text{MPa}$，安全系数为 1.5。试校核竖杆的强度。

11-7 如题 11-7 图所示的开口链环，由直径 $d=50\text{mm}$ 的钢杆制成，链环中心线到两边杆中心线尺寸各为 60mm，试求链环中段（即图中下边段）的最大拉应力。又问：若将链环开口处焊住，使链环成为完整的椭圆形时，其中段的最大拉应力又为多少？从而可得什么结论？

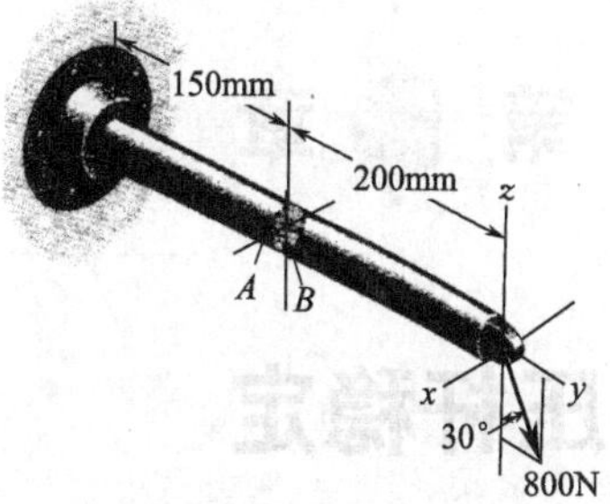

题 11-3 图

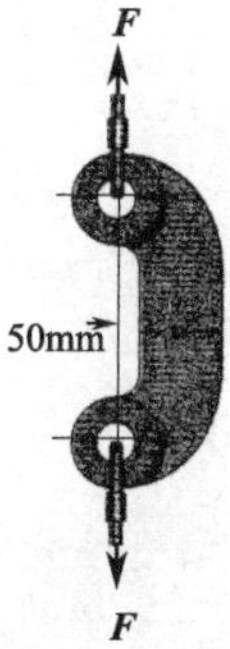

题 11-4 图

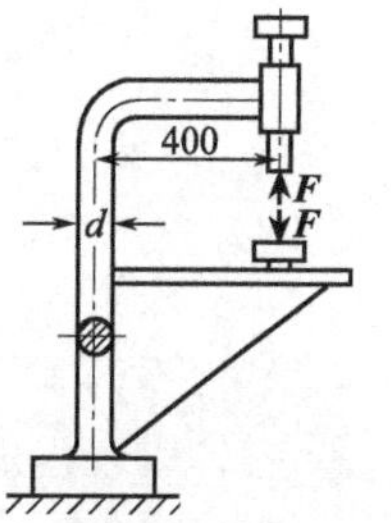

题 11-5 图

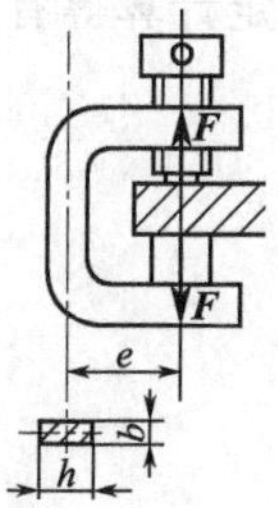

题 11-6 图

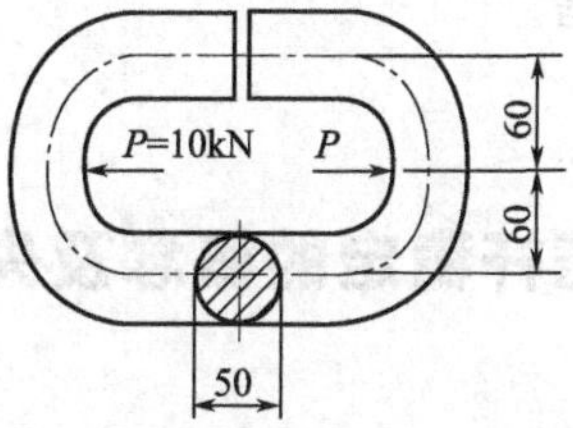

题 11-7 图

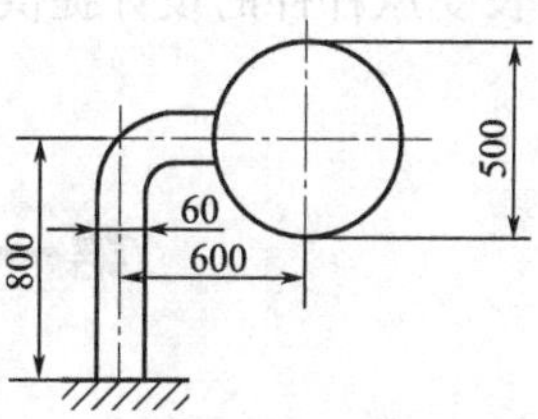

题 11-8 图

11-8　如题 11-8 图所示，铁道路标的圆信号板装在外径 $D=60$mm 的空心圆柱上，若信号板上作用的最大风载的压强 $p=2$kN/m^2，已知材料的许用应力 $[\sigma]=60$MPa，试选定壁厚 δ。

11-9　如题 11-9 图所示电动机外伸轴上安装一带轮，带轮的直径 $D=250$mm，轮重忽略不计。套在轮上的带张力是水平的，分别是 $2\boldsymbol{F}$ 和 $\boldsymbol{F}$。电动机轴的外伸轴臂长 $l=120$mm，直径 $d=40$mm。轴材料的许用应力 $[\sigma]=60$MPa。若电动机传给轴的外力矩 $M=120$N·m，试按第三强度理论校核此轴的强度。

11-10　水轮机主轴的示意图如题 11-10 图所示。水轮机组的输出功率为 $P=37500$kW，转速 $n=150$r/min。已知轴向推力 $\boldsymbol{F}_x=4800$kN，转轮重 $\boldsymbol{W}_1=390$kN；主轴内径 $d=340$mm，外径 $D=750$mm，自重 $\boldsymbol{W}=285$kN。主轴材料为 45 钢，许用应力 $[\sigma]=80$MPa。试按第四强度理论校核主轴的强度。

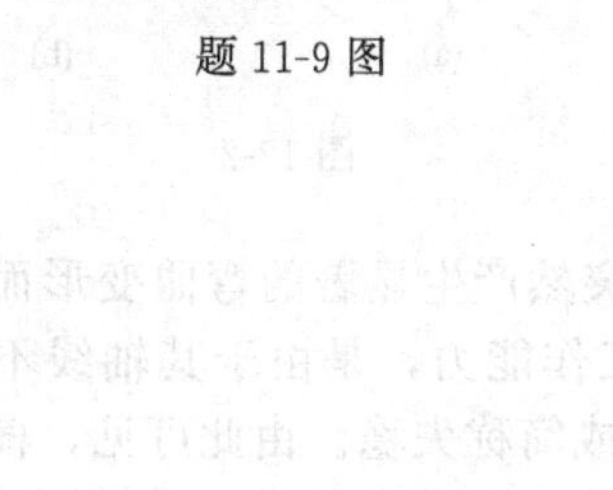

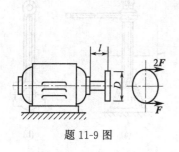

题 11-9 图

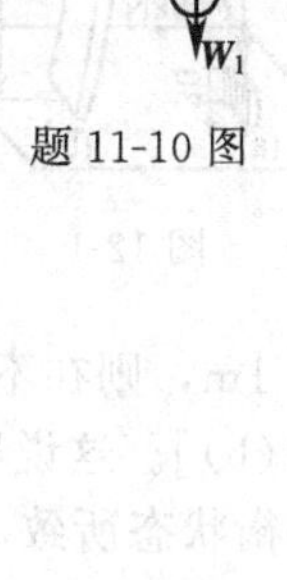

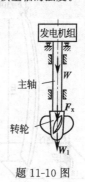

题 11-10 图

第十二章

压杆稳定

本章主要讨论压杆稳定的概念、压杆临界力、临界应力、压杆的稳定计算等有关内容，为细长受压杆件的设计提供计算依据。

第一节　压杆稳定的概念及失稳分析

一、压杆稳定问题的提出

第六章研究直杆轴向受压时，认为它的破坏主要取决于强度，为保证构件安全可靠地工作，要求其工作应力小于许用应力。实际上，这个结论只对短粗的压杆才是正确的，若用于细长杆将导致错误的结论。例如，一根宽 30mm、厚 5mm 的矩形截面木杆，对其施加轴向压力，如图 12-1 所示。设材料的抗压强度 $\sigma_c=40\text{MPa}$，由试验可知，当杆很短时（设高为 30mm）如图 12-1(a) 所示，将杆压坏所需的压力为

$$\boldsymbol{F}=\sigma_c A=40\times10^6\text{N/m}^2\times0.005\text{m}\times0.03\text{m}=6000\text{N}$$

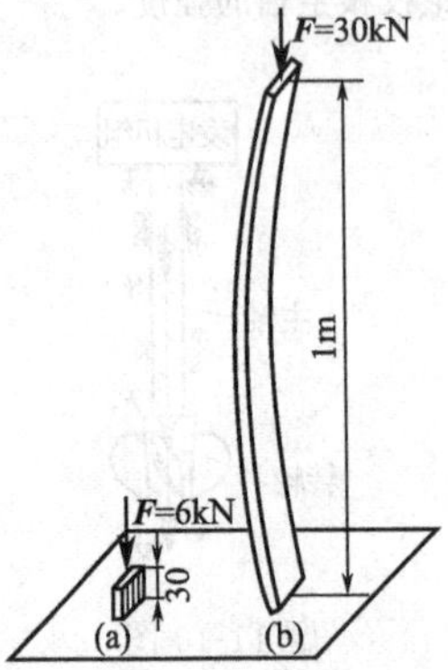

图 12-1

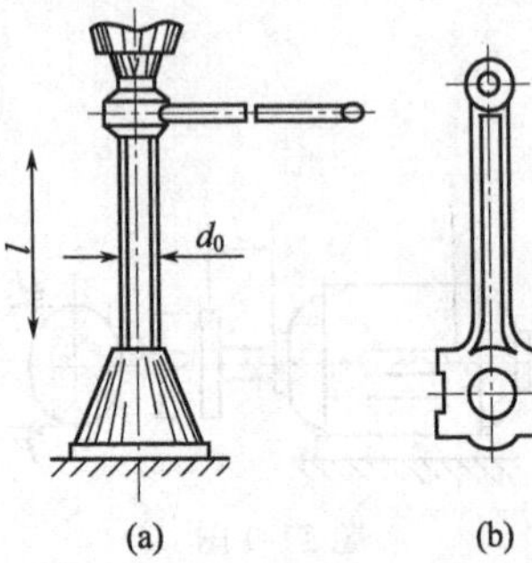

图 12-2

但如杆长为 1m，则在不到 30N 的压力下，杆就会突然产生显著的弯曲变形而失去工作能力［见图 12-1(b)］。这说明，细长压杆之所以丧失工作能力，是由于其轴线不能维持原有直线形状的平衡状态所致，这种现象称为丧失稳定，或简称失稳。由此可见，横截面和材料相同的压杆，由于杆的长度不同，其抵抗外力的性质将发生根本的改变：短粗的压杆是强度问题；而细长的压杆则是稳定问题。工程中有许多细长压杆，例如，图 12-2(a) 所示螺旋

千斤顶的螺杆，图 12-2(b) 所示内燃机的连杆。同样，还有桁架结构中的抗压杆，建筑物中的柱子也都是压杆。细长压杆，其破坏主要是由于失稳引起的。由于压杆失稳是骤然发生的，往往会造成严重的事故。特别是目前高强度钢和超高强度钢的广泛使用，压杆的稳定问题更为突出。因此，稳定计算已成为结构设计中极为重要的一部分，对细长压杆必须进行稳定性计算。

二、失稳分析

1. 压杆平衡稳定性的概念

为了研究细长压杆的失稳过程，现以图 12-3 所示两端铰支的细长压杆来说明压弯过程。设压力与杆件轴线重合，当压力逐渐增加但小于某一极限值时，杆件一直保持直线形状的平衡，即使用微小的侧向干扰力使它暂时发生轻微弯曲［见图 12-3(a)］，但干扰力解除后，它仍将恢复直线形状［见图 12-3(b)］。这表明压杆直线形状的平衡是稳定的。当压力逐渐增加到某一极限值时，压杆的直线平衡变为不稳定，将转变为曲线形状的平衡。这时如再用微小的侧向干扰力使它发生轻微弯曲，干扰力解除后，它将保持曲线形状的平衡，不能恢复原有的直线形状［见图 12-3(c)］。上述压力的极限值称为临界压力或临界力，记为 $\boldsymbol{F}_{cr}$。

压杆失稳后，压力的微小增加会导致弯曲变形的显著加大，表明压杆已丧失了承载能力，可以引起机器或结构的整体损坏，可见这种形式的失效并非强度不足，而是稳定性不够。

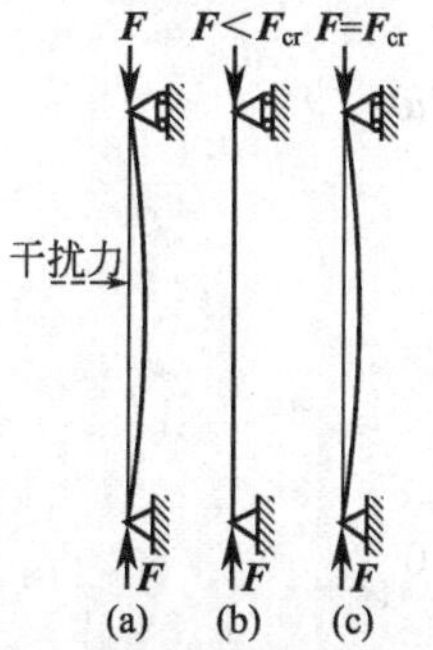

图 12-3

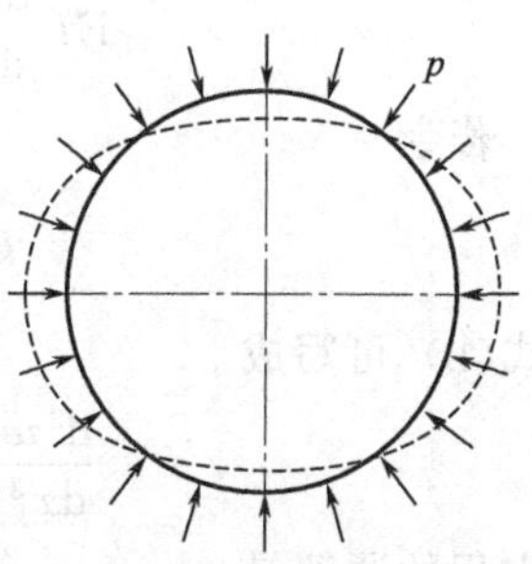

图 12-4

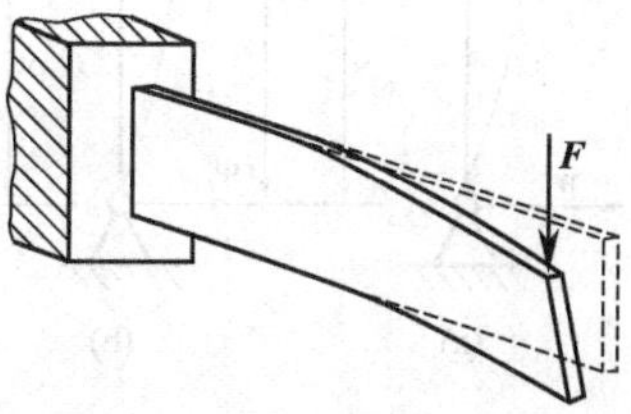

图 12-5

2. 构件其他形式的失稳现象

与压杆相似，其他构件也有失稳问题。例如，在内压强作用下的薄壁圆筒，壁内应力为拉应力（圆柱形压容器就是这种情况），这是一个强度问题。但同样的薄壁圆筒如在均匀外压强作用下（见图 12-4），壁内应力变为压应力，则当外压强达到临界值时，圆筒的圆形平衡就变为不稳定，会突然变成由虚线表示的椭圆形。又如，板条或工字梁在最大抗弯刚度平面内弯曲时（见图 12-5），会因载荷达到临界值而发生侧向弯曲，并伴随着扭转。这些都是稳定性不足引起的失效。本章只讨论压杆的稳定，其他形式的稳定性问题都不做讨论。

第二节　临界力和临界应力

一、理想压杆的临界力

如前所述，对确定的压杆来说，判断其是否会丧失稳定，主要取决于压力是否达到了临界力值。因此，确定相应的临界力，是解决压杆稳定问题的关键。本节先讨论细长压杆的临界力。

为了研究方便，我们把实际细长压杆理想化成理想压杆，即杆由均质材料制成，轴线为直线，外力的作用线与压杆轴线完全重合（不存在压杆弯曲的初始因素）。

由于临界力也可认为是压杆处于微弯平衡状态，当挠度趋向于零时承受的压力。因此，对一般截面形状、载荷及支座情况不复杂的细长压杆，可根据压杆处于微弯平衡状态下的挠曲线近似微分方程式进行求解，这一方法称为静力法。

压杆的临界力与两端的约束类型有关。不同杆端约束时细长压杆临界力不同，因此需要分别讨论。

1. 两端铰支压杆的临界力

如图 12-6(a) 所示，当长度为 l 的两端铰支细长杆受压力 $\boldsymbol{F}$ 达到临界值 $\boldsymbol{F}_{cr}$ 时，压杆由直线平衡形态转变为曲线平衡形态。临界压力是使压杆开始丧失稳定，保持微弯平衡的最小压力。选取坐标系如图 12-6(b) 所示，设距原点为 x 的任意截面的挠度为 w，则弯矩为

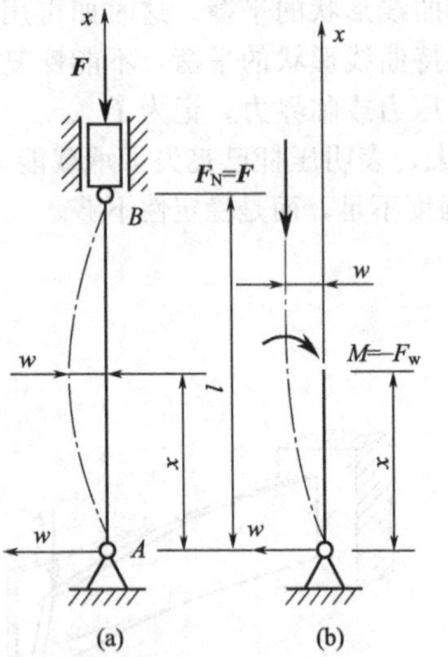

图 12-6

$$M(x)=-\boldsymbol{F}w \tag{a}$$

因为力 $\boldsymbol{F}$ 可以不考虑正负号，在所选定的坐标内当 w 为正值时，$\boldsymbol{M}(x)$ 为负值，所以上式右端加一负号。可以列出其挠曲线近似微分方程为

$$EI\frac{\mathrm{d}^2w}{\mathrm{d}x^2}=-\boldsymbol{F}w \tag{b}$$

若令

$$k^2=\frac{\boldsymbol{F}}{EI} \tag{c}$$

则式(b) 可写成

$$\frac{\mathrm{d}^2w}{\mathrm{d}x^2}+k^2w=0 \tag{d}$$

此方程的通解是

$$w=C_1\sin(kx)+C_2\cos(kx) \tag{e}$$

式中，C_1 和 C_2 是两个待定的积分常数；系数 k 可从式(c) 计算，但由于力 $\boldsymbol{F}$ 的数值仍为未知，所以 k 也是一个待定值。

根据杆端的约束情况，可有两个边界条件

$$\begin{cases}\text{在 } x=0 \text{ 处}, w=0\\ \text{在 } x=l \text{ 处}, w=0\end{cases}$$

将第一个边界条件代入式(e)，得

$$C_2=0$$

则式(e) 可改写成

$$w=C_1\sin(kx) \tag{f}$$

上式表示挠曲线是一正弦曲线。再将第二个边界条件代入上式，得

$$0=C_1\sin(kl)$$

由此解得

$$C_1=0,\text{ 或 }\sin(kl)=0$$

若取 $C_1=0$，则由式(f) 得 $w=0$，表明杆没有弯曲，仍保持直线形状的平衡形式，这与杆已发生微小弯曲变形的前提相矛盾。因此，只可能是 $\sin(kl)=0$。满足这一条件的 kl

值为

$$kl = n\pi,\ n = 0,\ 1,\ 2,\ 3,\ \cdots$$

则由式(c)，得

$$k = \sqrt{\frac{F}{EI}} = \frac{n\pi}{l}$$

故

$$F = \frac{n^2\pi^2 EI}{l^2} \tag{g}$$

上式表明，无论 n 取何正整值，都有与其对应的力 $\boldsymbol{F}$。但在实用上应取最小值。若取 $n=0$，则 $\boldsymbol{F}=0$，这与讨论情况不符，所以应取 $n=1$，相应的压力 $\boldsymbol{F}$ 即为所求的临界力

$$F_{cr} = \frac{\pi^2 EI}{l^2} \tag{12-1}$$

式中　E——压杆材料的弹性模量；

　　　I——压杆横截面对中性轴的惯性矩；

　　　l——压杆的长度。

式(12-1) 是由著名数学家欧拉于 1744 年首先提出的两端铰支细长压杆临界力计算公式，称为欧拉公式。此式表明压杆的临界力与压杆的抗弯刚度成正比，与杆长的平方成反比，说明杆越细长，其临界力越小，压杆越容易失稳。

应该注意，对于两端以球铰支承的压杆，式(12-1) 中横截面的惯性矩，应取最小值 I_{min}。这是因为压杆失稳时，总是在抗弯能力为最小的纵向平面（即最小刚度平面）内弯曲。

2. 其他约束情况下压杆的临界力

上面导出的是两端铰支压杆的临界力公式。当压杆的约束情况改变时，压杆的挠曲线近似微分方程和挠曲线的边界条件也随之改变，因而临界力的公式也不相同。仿照前面的方法，也可求得各种约束情况下压杆的临界力公式。

可通过与上节相同的方法推导。

本节给出几种典型的理想支承约束条件下细长等截面中心受压直杆的临界力表达式(见表 12-1)。

表 12-1　各种支承情况下等截面细长杆的临界力公式

支承情况	两端铰支	一端嵌固 一端自由	一端嵌固，一端可上、下移动(不能转动)	一端嵌固， 一端铰支	一端嵌固，另一端可水平移动但不能转动
弹性曲线形状	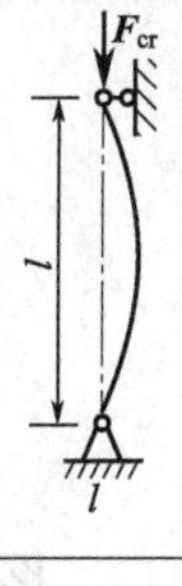	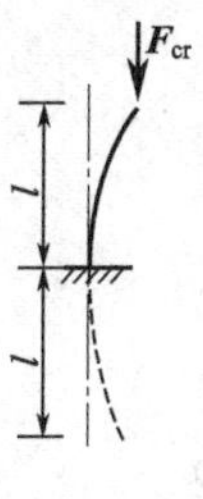	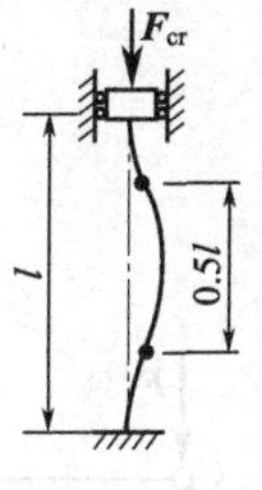	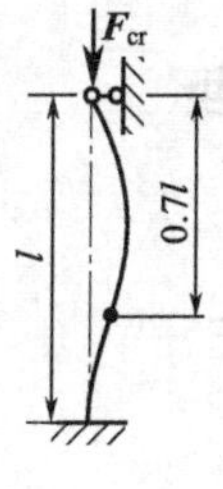	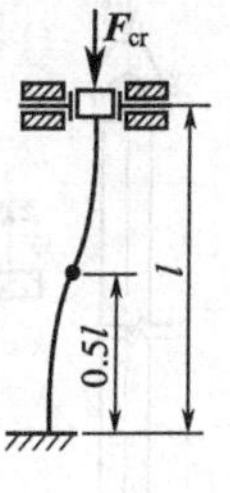
临界力公式	$F_{cr}=\frac{\pi^2 EI}{l^2}$	$F_{cr}=\frac{\pi^2 EI}{(2l)^2}$	$F_{cr}=\frac{\pi^2 EI}{(0.5l)^2}$	$F_{cr}=\frac{\pi^2 EI}{(0.7l)^2}$	$F_{cr}=\frac{\pi^2 EI}{l^2}$
相当长度	l	$2l$	$0.5l$	$0.7l$	l
长度系数	$\mu=1$	$\mu=2$	$\mu=0.5$	$\mu=0.7$	$\mu=1$

由表 12-1 看到，中心受压直杆的临界力 $\boldsymbol{F}_{cr}$ 随杆端约束情况的变化而变化，杆端约束越强，杆的抗弯能力就越大，临界力也就越大。对于各种杆端的约束情况，细长等截面中心受压直杆临界力的欧拉公式可以写成统一的形式

$$\boldsymbol{F}_{cr}=\frac{\pi^2 EI}{(\mu l)^2} \tag{12-2}$$

式中 μ——压杆的长度系数，与杆端的约束情况有关；

l——原压杆的相当长度。

其物理意义可以从表 12-1 中各种杆端约束条件下细长压杆失稳时的挠曲线形状说明：由于压杆失稳时挠曲线上拐点处的弯矩为零，可设想拐点处有一铰支，而将压杆在挠曲线两拐点间的一段看作两端铰支压杆，并利用两端铰支压杆临界力的欧拉公式(12-1)，得到原支承条件下压杆的临界力 $\boldsymbol{F}_{cr}$。两拐点之间的长度，就是原压杆的相当长度 l。也就是说，相当长度就是各种支承条件下细长压杆失稳时，挠曲线中相当于半波正弦曲线的一段长度。

二、杆端约束情况的简化

应该指出，上边所列的杆端约束情况，是典型的理想约束。实际上，在工程实际中杆端的约束情况是复杂的，有时很难简单地将其归结为哪一种理想约束，应该根据实际情况做具体分析，看其与哪种理想情况接近，从而定出近乎实际的长度系数。下面通过几个实例说明杆端约束情况的简化。

1. 柱形铰约束

如图 12-7 所示的连杆，两端为柱形铰连接。考虑连杆在大刚度平面（xy 面）内弯曲时，杆的两端可简化为铰支［见图 12-7(a)］。考虑在小刚度平面（xz 面）内弯曲时［见图 12-7(b)］，则应根据两端的实际固结程度而定，如接头的刚性较好，使其不能转动，就可简化为固定端；如仍可能有一定程度的转动，则可将其简化为两端铰支，这样处理比较安全。

2. 焊接或铆接

对于杆端与支承处焊接或铆接的压杆，如图 12-8 所示桁架腹杆 AC、EC 及上弦杆 CD 等的两端，可简化为铰支端。因为杆受力后连接处仍可能产生微小的转动，故不能将其简化为固定端。

3. 螺母和丝杠连接

这种连接的简化将随着支承套（螺母）长度 l_0 与支承套直径（螺母的螺纹平均直径）

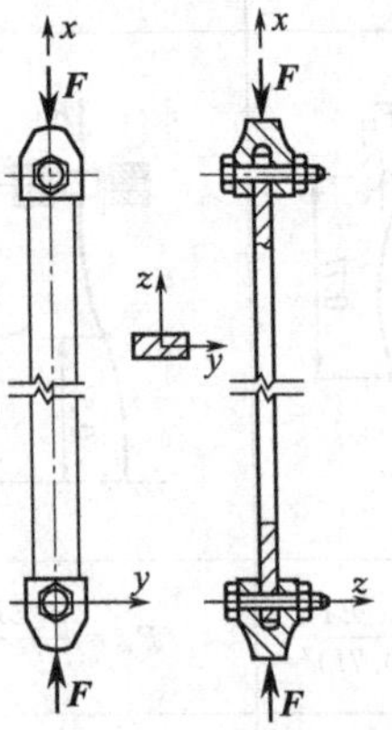

图 12-7

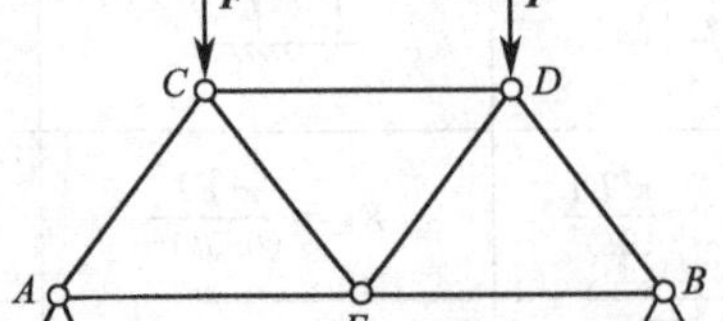

图 12-8

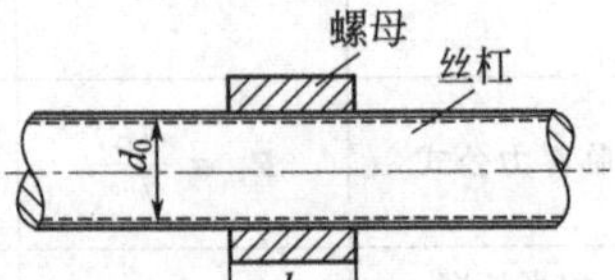

图 12-9

d_0 的比值 l_0/d_0（见图 12-9）而定。当 $l_0/d_0<1.5$ 时，可简化为铰支端；当 $l_0/d_0>3$ 时，则简化成固定端；当 $1.5<l_0/d_0<3$ 时，则简化为非完全铰，若两端均为非完全铰，取 $\mu=0.75$。

4. 固定端

对于与坚实的基础固结成一体的柱脚，可简化为固定端，如浇铸于混凝土基础中的钢柱柱脚。

总之，理想的固定端和铰支端约束是不多见的。实际杆端的连接情况，往往是介于固定端与铰支端之间的。对应于各种实际的杆端约束情况，压杆的长度系数 μ 值，在有关的设计手册或规范中另有规定。在实际计算中，为了简单起见，有时将有一定固结程度的杆端简化为铰支端，这样简化是偏于安全的。

第三节　欧拉公式的适用范围　中、小柔度杆的临界应力

欧拉公式是以压杆的挠曲线微分方程为依据推导出来的，而这个微分方程只有在材料服从胡克定律的条件下才成立。因此，当压杆内的应力不超过材料的比例极限时，欧拉公式才能适用。为了便于研究，本节将首先介绍所谓“临界应力”和“柔度”的概念，然后讨论得出计算各类压杆临界力的公式。

一、临界应力和柔度

在临界力作用下压杆横截面上的平均应力，可以用临界力 $\boldsymbol{F}_{\mathrm{cr}}$ 除以压杆的横截面面积 A 来求得，称为压杆的临界应力，并以 σ_{cr} 来表示。即

$$\sigma_{\mathrm{cr}}=\frac{\boldsymbol{F}_{\mathrm{cr}}}{A}=\frac{\pi^2 EI}{(\mu l)^2 A} \tag{a}$$

上式中的 I 和 A 都是与截面有关的几何量，如将惯性矩表为 $I=i^2A$，则可用另一个几何量来代替两者的组合，即令

$$i_{\mathrm{y}}=\sqrt{\frac{I_{\mathrm{y}}}{A}},\lambda_{\mathrm{p}}=\pi\sqrt{\frac{E}{\sigma_{\mathrm{p}}}} \tag{12-3}$$

式中，i_{y} 和 i_{x} 分别称为截面图形对 y 轴和 x 轴的惯性半径，其量纲为长度。各种几何图形的惯性半径都可从手册上查出。

将 $I=i^2A$ 代入式(a)，得

$$\sigma_{\mathrm{cr}}=\frac{\pi^2 Ei^2}{(\mu l)^2}=\frac{\pi^2 E}{\left(\frac{\mu l}{i}\right)^2}$$

令

$$\lambda=\frac{\mu l}{i} \tag{12-4}$$

可得到压杆临界应力的一般公式为

$$\sigma_{\mathrm{cr}}=\frac{\pi^2 E}{\lambda^2} \tag{12-5}$$

式(12-5) 称为临界应力的欧拉公式。公式表明，对于一定材料制成的压杆，π^2E 是常数，σ_{cr} 与 λ^2 成反比。式中的 λ 称为压杆的柔度或长细比，是一个无量纲的量，它综合反映了压杆的长度、支承情况、横截面形状和尺寸等因素对临界应力的影响。显然，若 λ 越大，则临界应力就越小，压杆越容易丧失稳定；反之，若 λ 越小，则临界应力就比较大，压杆就

不太容易丧失稳定。所以，柔度 λ 是压杆稳定计算中的一个重要参数。

二、欧拉公式的适用范围

前面已述，只有压杆的应力不超过材料的比例极限 σ_p 时，欧拉公式才能适用。因此，欧拉公式的适用条件是

$$\sigma_{cr}=\frac{\pi^2 E}{\lambda^2}\leqslant\sigma_p \tag{12-6}$$

将上面的条件用柔度表示，即

$$\lambda\geqslant\sqrt{\frac{\pi^2 E}{\sigma_p}}$$

令 $\lambda_p=\sqrt{\dfrac{\pi^2 E}{\sigma_p}}$，则欧拉公式的适用范围为

$$\lambda\geqslant\lambda_p=\sqrt{\frac{\pi^2 E}{\sigma_p}} \tag{12-7}$$

式中　λ_p——临界应力等于材料比例极限时的柔度，是允许应用欧拉公式的最小柔度值，对于一定的材料，λ_p 为一常数，例如 Q235 钢，其弹性模量 $E=200\text{GPa}$，比例极限 $\sigma_p=200\text{MPa}$，则 λ_p 值为

$$\lambda_p=\sqrt{\frac{\pi^2 E}{\sigma_p}}=\sqrt{\frac{\pi^2\times200\times10^3}{200}}\approx100$$

这就是说，对于 Q235 钢制成的压杆，只有当其柔度 $\lambda\geqslant100$ 时，才能应用欧拉公式。$\lambda\geqslant\lambda_p$ 的压杆称为大柔度杆或细长杆，其临界力或临界应力可用欧拉公式计算。又如铝合金，$E=70\text{GPa}$，$\sigma_s=175\text{MPa}$，于是 $\lambda_p=62.8$。可见，由铝合金制作的压杆，只有当 $\lambda\geqslant62.8$ 时，才可以应用欧拉公式来计算 σ_{cr} 或者 $\boldsymbol{F}_{cr}$。因此，在压杆设计计算时必须先判断能否使用欧拉公式。

几种常用材料的 λ_p 值见表 12-2。

表 12-2　直线公式的系数 a 和 b 及适用的柔度范围

材料	a/MPa	b/MPa	λ_p	λ_s
Q235 钢	310	1.14	100	60
35 钢	469	2.62	100	60
45 钢	589	3.82	100	60
铸铁	338.7	1.483	80	
松木	40	0.203	59	

三、中、小柔度杆临界应力的计算

当压杆柔度 $\lambda<\lambda_p$ 时，欧拉公式已不适用。对于这样的压杆，目前设计中多采用经验公式确定临界应力。常用的经验公式有直线公式和抛物线公式。本书只介绍使用更方便的直线公式(又称雅辛斯基公式)。

对于柔度 $\lambda<\lambda_p$ 的压杆，试验发现，其临界应力 σ_{cr} 与柔度 λ 之间可近似用线性关系表示

$$\sigma_{cr}=a-b\lambda \tag{12-8}$$

式中　a、b——与压杆材料力学性能有关的常数。一些材料的 a、b 列于表 12-2 中。

由式(12-8) 可见，中柔度压杆的临界应力 σ_{cr} 随柔度 λ 的减小而增大。

事实上，当压杆柔度小于某一值 λ_s 时，不管施加多大轴向力，压杆都不会发生失稳，这种压杆不存在稳定性问题，其危险应力是 σ_s（塑性材料）或 σ_b（脆性材料）。例如，压缩试验中，低碳钢制短圆柱试件直到被压扁也不会失稳，此时只考虑压杆的强度问题即可。由此可见，直线公式适用也有限制条件，以塑性材料为例，有

$$\sigma_{cr}=a-b\lambda\leqslant\sigma_s$$

$$\lambda\geqslant\frac{a-\sigma_s}{b}$$

当压杆临界应力达到材料屈服点 σ_s 时，压杆即失效，所以有

$$\sigma_{cr}=\sigma_s$$

将 $\sigma_{cr}=\sigma_s$ 代入式(12-8) 中，可得

$$\lambda_s=\frac{a-\sigma_s}{b}$$

一般将 $\lambda<\lambda_s$ 的压杆称为小柔度杆或短压杆，将 $\lambda_s<\lambda<\lambda_p$ 的压秆称为中柔度杆，将 $\lambda\geqslant\lambda_p$ 的压杆则称为大柔度杆。

综上所述，根据压杆柔度值的大小可将压杆分为以下三类。

① $\lambda<\lambda_s$ 为小柔度杆，按强度问题计算。

② $\lambda_s<\lambda<\lambda_p$ 为中柔度杆，按直线公式计算压杆临界应力。

③ $\lambda\geqslant\lambda_p$ 为大柔度杆，按欧拉公式计算压杆临界应力。

四、临界应力总图

以柔度 λ 为横坐标，临界应力 σ_{cr} 为纵坐标，将临界应力与柔度的关系曲线绘于图中，即可得到大、中、小柔度压杆的临界应力随柔度 λ 变化的临界应力总图（见图12-10）。图中曲线 AB 称为欧拉双曲线。曲线上的实线部分 BC，是欧拉公式的适用范围部分；虚线部分 CA，由于应力已超过了比例极限，为无效部分。对应于 C 点的柔度即为 λ_p。对应于 D 点的柔度为 λ_s。柔度在 λ_p 和 λ_s 之间的压杆称为中柔度杆或中长杆。当 $\lambda<\lambda_s$ 时，是粗短杆，在图中以水平线段 DE 表示，不存在稳定性问题，只有强度问题，临界应力就是屈服极限或者强度极限。

例 12-1 如图 12-11 所示，用 Q235 钢制成的三根压杆，两端均为铰链支承，横截面为圆形，直径 $d=50$mm，长度分别为 $l_1=2$m，$l_2=1$m，$l_3=0.5$m，材料的弹性模量 $E=200$GPa，屈服极限 $\sigma_s=235$MPa。求三根压杆的临界应力和临界力。

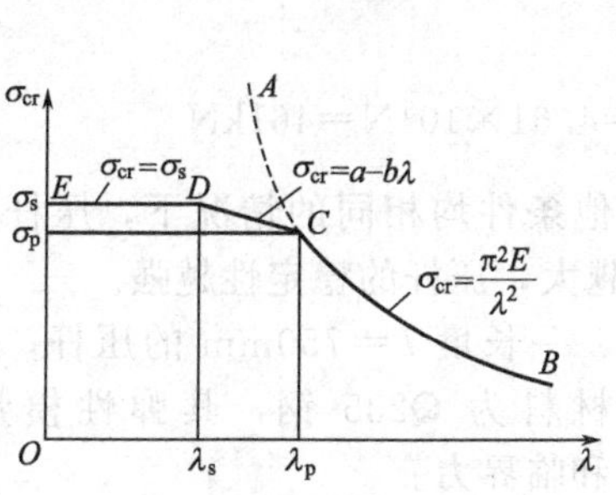

图 12-10

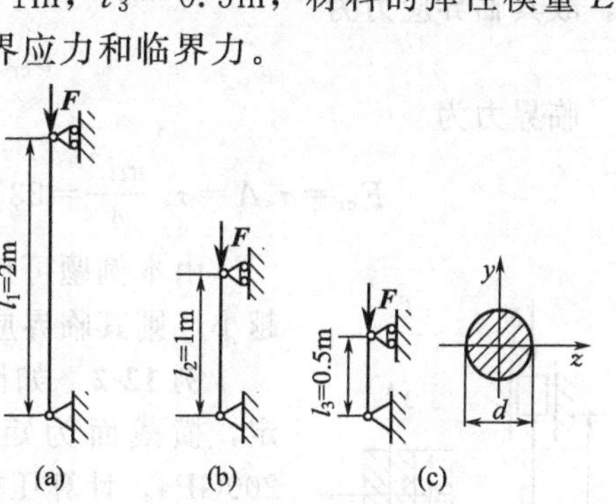

图 12-11

解 (1) 计算各压杆的柔度 因压杆两端为铰链支承，查表 12-1 得长度系数 $\mu=1$。圆形截面对 y 轴和 z 轴的惯性矩相等，均为

$$I_y=I_z=I=\frac{\pi d^4}{64}$$

故圆形截面的惯性半径为

$$i=\sqrt{\frac{I}{A}}=\sqrt{\frac{\frac{\pi d^4}{64}}{\frac{\pi d^2}{4}}}=\sqrt{\frac{d^2}{16}}=\frac{d}{4}=\frac{50}{4}\text{mm}=12.5\text{mm}$$

由式(12-4) 得各压杆的柔度分别为

$$\lambda_1=\frac{\mu l_1}{i}=\frac{1\times 2000}{12.5}=160$$

$$\lambda_2=\frac{\mu l_2}{i}=\frac{1\times 1000}{12.5}=80$$

$$\lambda_3=\frac{\mu l_3}{i}=\frac{1\times 500}{12.5}=40$$

(2) 计算各压杆的临界应力和临界力　查表 12-2，对于 Q235 钢 $\lambda_p=100$，$\lambda_s=60$。

对于压杆 1，其柔度 $\lambda_1=160>\lambda_p$，所以压杆 1 为大柔度杆，临界应力用欧拉公式计算，即

$$\sigma_{cr}=\frac{\pi^2 E}{\lambda_1^2}=\frac{\pi^2\times 200\times 10^3}{160^2}\text{MPa}=77.1\text{MPa}$$

临界力为

$$\boldsymbol{F}_{cr}=\sigma_{cr}A=\sigma_{cr}\frac{\pi d^2}{4}=77.1\times\frac{\pi\times 50^2}{4}\text{N}=1.51\times 10^5\text{N}=151\text{kN}$$

对于压杆 2，其柔度 $\lambda_2=80$，$\lambda_s<\lambda_2<\lambda_p$，所以压杆 2 为中柔度杆，临界应力用经验公式计算。查表 10-2，对于 Q235 钢 $a=310\text{MPa}$，$b=1.14\text{MPa}$，故临界应力为

$$\sigma_{cr}=a-b\lambda=310\text{MPa}-1.24\times 80\text{MPa}=210.8\text{MPa}$$

临界力为

$$\boldsymbol{F}_{cr}=\sigma_{cr}A=\sigma_{cr}\frac{\pi d^2}{4}=210.8\times\frac{\pi\times 50^2}{4}\text{N}=4.14\times 10^5\text{N}=414\text{kN}$$

对于压杆 3，其柔度 $\lambda=40<\lambda_s=60$，所以压杆 3 为小柔度杆。又因为 Q235 钢为塑性材料，故其临界应力为

$$\sigma_{cr}=\sigma_s=235\text{MPa}$$

临界力为

$$F_{cr}=\sigma_s A=\sigma_s\frac{\pi d^2}{4}=235\times\frac{\pi\times 50^2}{4}\text{N}=4.61\times 10^5\text{N}=461\text{kN}$$

由本例题可以看出，在其他条件均相同的情况下，压杆的长度越小，则其临界应力和临界力越大，压杆的稳定性越强。

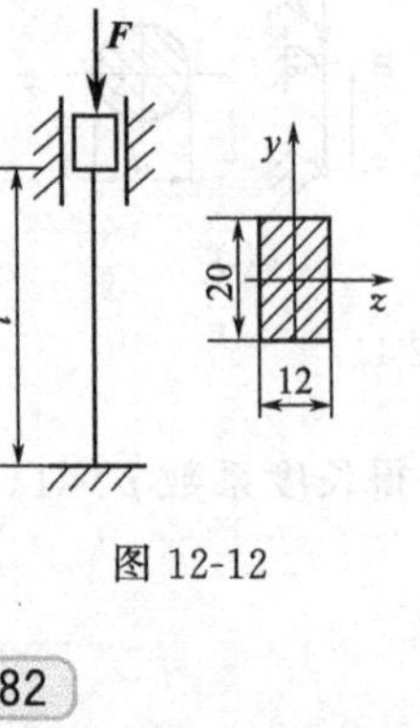

图 12-12

例 12-2　如图 12-12 所示，一长度 $l=750\text{mm}$ 的压杆，两端固定，横截面为矩形，压杆的材料为 Q235 钢，其弹性模量 $E=200\text{GPa}$。计算压杆的临界应力和临界力。

解　(1) 计算压杆的柔度　压杆两端固定，查表 12-1 得长度系数 $\mu=0.5$。矩形截面对 y 轴和 z 轴的惯性矩分别为

$$I_y=\frac{hb^3}{12}=\frac{20\times 12^3}{12}\text{mm}^4=2880\text{mm}^4$$

$$I_z=\frac{bh^3}{12}=\frac{12\times 20^3}{12}\text{mm}^4=8000\text{mm}^4$$

所以 $I_y<I_z$，因此压杆的横截面必定绕着 y 轴转动而失稳，将 I_y 代入式(12-3) 中，得到截面对 y 轴的惯性半径为

$$i_y=\sqrt{\frac{I_y}{A}}=\sqrt{\frac{2880}{20\times 12}}\text{mm}=3.46\text{mm}$$

由式(12-4) 得，压杆的柔度为

$$\lambda=\frac{\mu l}{i_y}=\frac{0.5\times 750}{3.46}=108.4$$

(2) 计算临界应力和临界力　查表 12-2，对于 Q235 钢 $\lambda_p=100$，则 $\lambda>\lambda_p$，故临界应力可用欧拉公式计算，即

$$\sigma_{cr}=\frac{\pi^2 E}{\lambda^2}=\frac{\pi^2\times 200\times 10^3}{108.4^2}\text{MPa}=167.99\text{MPa}$$

临界力为

$$\boldsymbol{F}_{cr}=\sigma_{cr}A=167.99\times 20\times 12\text{N}=4.03\times 10^4\text{N}=40.3\text{kN}$$

第四节　压杆的稳定性计算

对于大、中柔度的压杆需进行压杆稳定计算，通常采用安全系数法。为了保证压杆不失稳，并具有一定的稳定储备，压杆的稳定条件可表示为

$$n=\frac{\boldsymbol{F}_{cr}}{\boldsymbol{F}}=\frac{\sigma_{cr}}{\sigma}\geqslant[n_w] \tag{12-9}$$

式中　$\boldsymbol{F}_{cr}$——压杆的临界压力；

$\boldsymbol{F}$——压杆的实际工作压力；

σ_{cr}——压杆的临界应力；

σ——压杆的工作压应力；

$[n_w]$——规定的稳定安全系数，它表示要求受压杆件必须达到的稳定储备程度。

此式即为安全系数法表示的压杆的稳定条件。

一般规定稳定安全系数比强度安全系数要高。这主要是考虑到一些难以预测的因素，如杆件的初弯曲、压力的偏心、材料的不均匀和支座的缺陷等，降低了杆件的临界压力，影响了压杆的稳定性。下面列出了几种常用零件稳定安全系数的参考值。

机床丝杠	$[n_w]=2.5\sim4.0$	低速发动机的挺杆	$[n_w]=4\sim6$
高速发动机的挺杆	$[n_w]=2\sim5$	磨床油缸的活塞杆	$[n_w]=4\sim6$
起重螺旋杆	$[n_w]=3.5\sim5$		

应该强调的是，压杆的临界压力取决于整个杆件的弯曲刚度。但在工程实际中，难免碰到压杆局部有截面削弱的情况，如铆钉孔、螺钉孔、油孔等，在确定临界压力或临界应力时，此时可以不考虑杆件局部截面削弱的影响，因为它对压杆稳定性的影响很小，仍按未削弱的截面面积、最小惯性矩和惯性半径等进行计算。但对这类杆件，还需对削弱的截面进行强度校核。

压杆的稳定性计算也可以解决三类问题，即校核稳定性、设计截面和确定许可载荷。

* **例 12-3**　图 12-13 所示为一根 Q235A 钢制成的矩形截面压杆 AB，A、B 两端用柱销

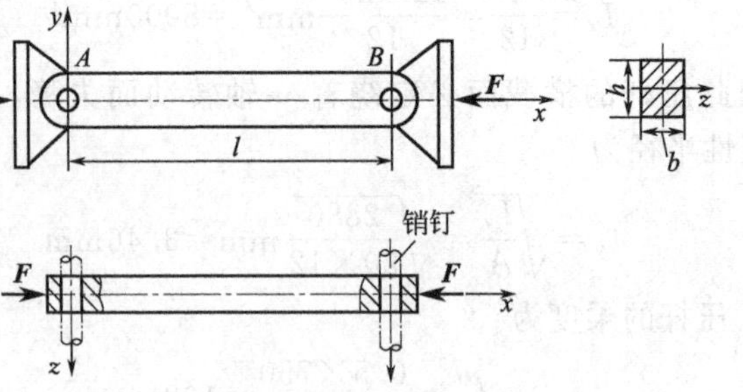

图 12-13

连接。设连接部分配合精密。已知 $l=2300\text{mm}$，$b=40\text{mm}$，$h=60\text{mm}$，$E=206\text{GPa}$，$\lambda_p=100$，规定稳定安全系数 $[n_w]=4$，试确定该压杆的许用压力 $\boldsymbol{F}$。

解 (1) 计算柔度 λ 在 xy 平面，压杆两端可简化为铰支 $\mu_{xy}=1$，则

$$i_z=\sqrt{\frac{I_z}{A}}=\sqrt{\frac{bh^3}{12}\frac{1}{bh}}=\frac{h}{\sqrt{12}}$$

$$\lambda_z=\frac{\mu_{xy}l}{i_z}=\frac{\mu l\times\sqrt{12}}{h}=\frac{1\times2300\sqrt{12}}{60}=133>\lambda_p=100$$

在 xz 平面，压杆两端可简化为固定端，$\mu_{xz}=0.5$，则

$$i_y=\sqrt{\frac{I_y}{A}}=\sqrt{\frac{hb^3}{12}\frac{1}{bh}}=\frac{b}{\sqrt{12}}$$

$$\lambda_y=\frac{\mu_{xz}l}{i_z}=\frac{\mu_{xz}l\sqrt{12}}{b}=\frac{0.5\times2300\sqrt{12}}{40}=100$$

(2) 计算临界力 $\boldsymbol{F}_{cr}$ 因为 $\lambda_z>\lambda_p$，故压杆最先在 xy 面内失稳。按 λ_z 计算临界应力，因 $\lambda_z>\lambda_p$，即压杆在 xy 面内是细长压杆，可用欧拉公式计算其临界压力，得

$$\boldsymbol{F}_{cr}=A\sigma_{cr}=A\ \frac{\pi^2E}{\lambda^2}=bh\ \frac{\pi^2E}{\lambda^2}=40\times10^{-3}\times60\times10^{-3}\times\frac{\pi^2\times206\times10^9}{133^2}\text{N}=276\times10^3\text{N}=276\text{kN}$$

(3) 确定该压杆的许用压力 $\boldsymbol{F}$ 由稳定条件可得压杆的许用压力 $\boldsymbol{F}$ 为

$$\boldsymbol{F}\leqslant\frac{\boldsymbol{F}_{cr}}{[n_w]}=\frac{276}{4}\text{kN}=69\text{kN}$$

例 12-4 图 12-14 所示结构中，梁 AB 为 No. 14 普通热轧工字钢，CD 为圆截面直杆，其直径为 $d=20\text{mm}$，二者材料均为 Q235 钢，A、C、D 三处均为球铰约束，已知 $\boldsymbol{F}_P=25\text{kN}$，$l_1=1.25\text{m}$，$l_2=0.55\text{m}$，$\sigma_s=235\text{MPa}$，强度安全系数 $n_s=1.45$，稳定安全系数 $[n_{st}]=1.8$。试校核此结构是否安全。

解 (1) 分析题意 结构中存在两个构件，即大梁 AB 和直杆 CD。在外力 $\boldsymbol{F}_P$ 的作用下，大梁 AB 受到拉伸与弯曲的组合作用，属于强度问题；直杆 CD 承受压力作用，在此主

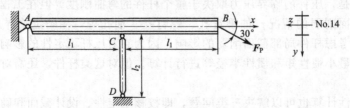

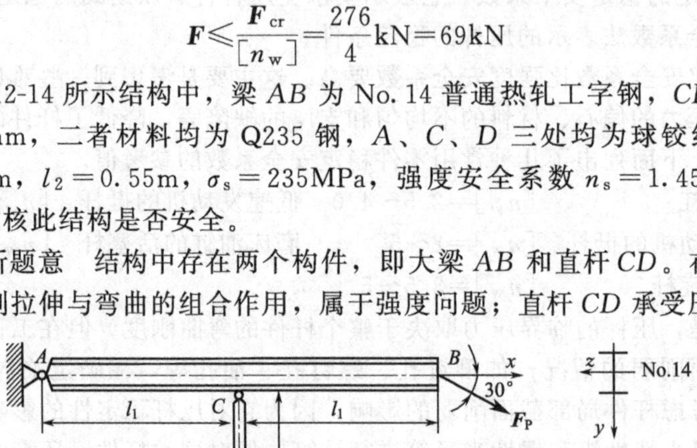

图 12-14

要属于稳定性问题。

(2) 大梁AB的强度校核　大梁AB在截面C处弯矩最大，该处横截面为危险截面，其上的弯矩和轴力分别为

$$M_{\max}=\boldsymbol{F}_{\mathrm{P}}\sin30°l_1=25\times0.5\times1.25=15.63(\mathrm{kN\cdot m})$$

$$F_{\mathrm{Nx}}=F_{\mathrm{P}}\cos30°=25\times0.866=21.65(\mathrm{kN})$$

查型钢表可得到大梁的截面面积$A=21.5\times10^2\mathrm{mm}^2$，截面系数$W_z=102\times10^3\mathrm{mm}^3$，由此得到

$$\sigma_{\max}=\frac{M_{\max}}{W_z}+\frac{\boldsymbol{F}_{\mathrm{Nx}}}{A}=\frac{15.63\mathrm{kN\cdot m}}{102\times10^3\times10^{-9}\mathrm{m}^3}+\frac{21.65\mathrm{kN}}{21.5\times10^2\times10^{-6}\mathrm{m}^2}$$

$$=163.2\mathrm{MPa}$$

Q235 钢的许用应力 $[\sigma]=\frac{\sigma_s}{n_s}=\frac{235}{1.45}=162(\mathrm{MPa})$，$\sigma_{\max}>[\sigma]$

最大应力已经超过许用应力，只是刚超过许用应力，所以工程上还可以认为是安全的。

(3) 压杆CD的稳定性校核　由平衡方程求得压杆CD的轴向压力

$$P_{\mathrm{NCD}}=2\boldsymbol{F}_{\mathrm{P}}\sin30°=25\ (\mathrm{kN})$$

惯性半径

$i=\sqrt{\frac{I}{A}}=\frac{d}{4}=5\mathrm{mm}$，两端为铰支约束$\mu=1$

所以压杆柔度

$$\lambda=\frac{\mu l_2}{i}=\frac{1\times0.55\mathrm{m}}{5\times10^{-3}\mathrm{m}}=110>\lambda_{\mathrm{p}}=101$$

说明此压杆为细长杆，可以用欧拉公式计算临界力 $\sigma_{\mathrm{cr}}=\frac{\boldsymbol{P}_{\mathrm{cr}}}{A}=\frac{\pi^2E}{(\lambda)^2}$

$$\boldsymbol{P}_{\mathrm{cr}}=\sigma_{\mathrm{cr}}A=\frac{\pi^2E}{\lambda^2}\times\frac{\pi d^2}{4}=\frac{3.14^3\times206\times10^9\mathrm{N/m^2}\times20^2\times10^{-6}\mathrm{m}^2}{110^2\times4}=52.7\mathrm{kN}$$

压杆的工作稳定安全系数

$$n_{\mathrm{st}}=\frac{\boldsymbol{P}_{\mathrm{cr}}}{\boldsymbol{P}_{\mathrm{NCD}}}=\frac{52.7}{25}=2.11>[n_{\mathrm{st}}]=1.8$$

说明压杆的稳定性是安全的。由此说明，整体结构还处于安全状态。

于是，压杆的工作安全系数

$$n_{\mathrm{w}}=\frac{\sigma_{\mathrm{cr}}}{\sigma_{\mathrm{w}}}=\frac{\boldsymbol{F}_{\mathrm{Pcr}}}{\boldsymbol{F}_{\mathrm{NCD}}}=\frac{52.8\mathrm{kN}}{25\mathrm{kN}}=2.11>[n_{\mathrm{st}}]=1.8$$

这一结果说明压杆的稳定性是安全的。

上述两项计算结果表明，整个结构的强度和稳定性都是安全的。

第五节　提高压杆稳定性的措施

下面从几个方面来讨论提高压杆稳定性的一些措施。

一、合理选择材料

对于大柔度杆，临界应力σ_{cr}用欧拉公式计算。σ_{cr}与材料的弹性模量E成正比，选E值大的材料可提高大柔度杆的稳定性。例如，钢杆的临界应力大于铁杆和铝杆的临界应力。

但是，因为各种钢的 E 值相近，选用高强度钢，增加了成本，却不能有效地提高其稳定性。所以，对于大柔度杆，宜选用普通钢材。

对于中柔度杆，临界应力 σ_{cr} 用经验公式计算。a、b 与材料的强度有关，材料的强度高，临界应力就大。所以，选用高强度钢，可有效地提高中柔度杆的稳定性。

二、选择合理的截面形状

由细长杆和中长杆的临界应力公式 $\sigma_{cr}=\dfrac{\pi^2 E}{\lambda^2}$，$\sigma_{cr}=a-b\lambda$ 可知，两类压杆的临界应力的大小均与其柔度有关，柔度越小，则临界应力越高，压杆抵抗失稳的能力越强。对于一定长度和支承方式的压杆，在横截面面积一定的前提下，应尽可能使材料远离截面形心，以加大惯性矩，从而减小其柔度。如图 12-15 所示，采用空心截面比实心截面更为合理。但应注意，空心截面的壁厚不能太薄，以防止出现局部失稳现象。

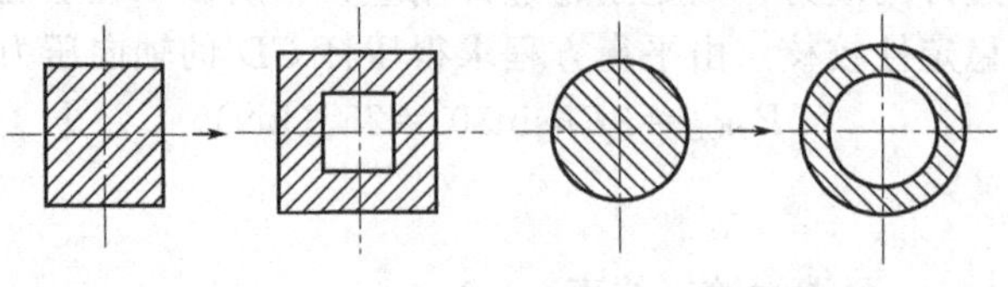

图 12-15

三、减小杆长，改善两端支承

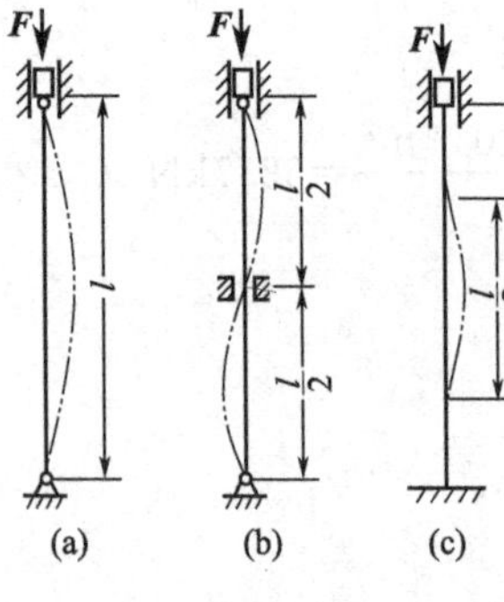

图 12-16

由于柔度 λ 与 μl 成正比，因此在工作条件允许的前提下，应尽量减小压杆的长度 l。还可以利用增加中间支承的办法来提高压杆的稳定性。如图 12-16(a) 所示两端铰支的细长压杆，在压杆中点处增加一铰支座［见图 12-16(b)］，其柔度为原来的 1/2。

由表 12-1 可见，压杆两端的支承越牢固，则长度系数越小，柔度越小，临界应力越大。如图 12-16(a) 所示压杆的两端铰支约束加固为两端固定约束［见图 12-16(c)］，其柔度为原来的 1/2。

无论是压杆增加中间支承，还是加固杆端约束，都是提高压杆稳定性的有效方法。因此，压杆在与其他构件连接时，应尽可能制成刚性连接或采用较紧密的配合。

本章小结

本章主要内容有压杆稳定的概念、细长压杆的临界压力的计算、压杆稳定的使用计算和提高压杆稳定性的措施。

(1) 压杆稳定是指受压力作用的杆件，受很微小的外界干扰力作用，而保持在微弯曲线形状的平衡状态。该压力的极限值称为临界压力或临界载荷，它是压杆即将失稳时的压力。

(2) 临界应力。将临界压力 F_{cr} 除以压杆的横截面面积 A 为在临界状态下压杆横截面上的平均应力，称为压杆的临界应力。

根据柔度的不同，压杆分为大、中、小三种柔度杆。

① 大柔度杆。$\lambda_1 \geqslant \lambda_p$，按欧拉公式计算临界应力。

② 中柔度杆。$\lambda_p > \lambda_1 > \lambda_s$，按经验公式计算临界应力。

③ 小柔度压杆。$\lambda \leqslant \lambda_s$。

(3) 压杆稳定的使用计算。进行压杆稳定的使用计算时常采用安全系数法。

为了保证压杆不失稳，并具有一定的稳定储备，压杆的稳定条件可表示为 $n=\dfrac{\boldsymbol{F}_{cr}}{\boldsymbol{F}}=\dfrac{\sigma_{cr}}{\sigma}\geqslant[n_w]$。

(4) 提高压杆稳定性的措施。

① 合理选择材料。

② 合理选择截面形状。

③ 减小压杆长度。

④ 改善支承条件。

思考题

1. 什么是柔度？它的大小与哪些因素有关？

2. 如何区分大、中、小柔度杆？它们的临界应力是如何确定的？

3. 如图 12-17 所示两组截面，每组中的两个截面面积相等。问：作为压杆时（两端为球形铰链支承），各组中哪一种截面形状更为合理？

4. 如图 12-18 所示截面形状的压杆，两端为球形铰链支承。问：失稳时，其截面分别绕着哪根轴转动？为什么？

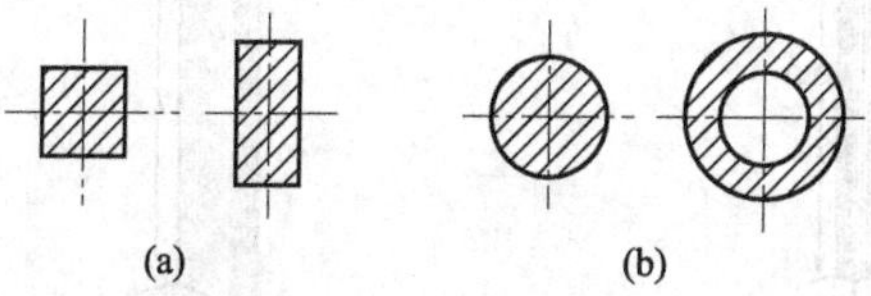

图 12-17

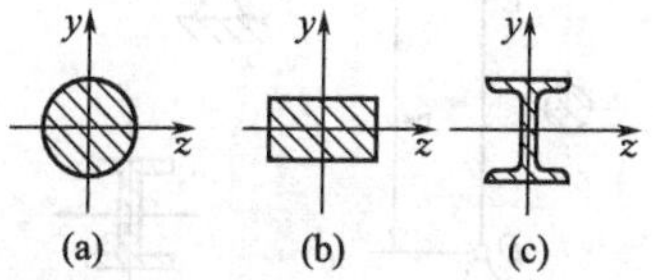

图 12-18

5. 若用钢做成细长压杆，宜采用高强度钢还是普通钢？为什么？

习题

12-1　如题 12-1 图所示，压杆的材料为 Q235 钢，弹性模量 $E=200\text{GPa}$，横截面有四种不同的几何形状，其面积均为 3600mm^2。求各压杆的临界应力和临界力。

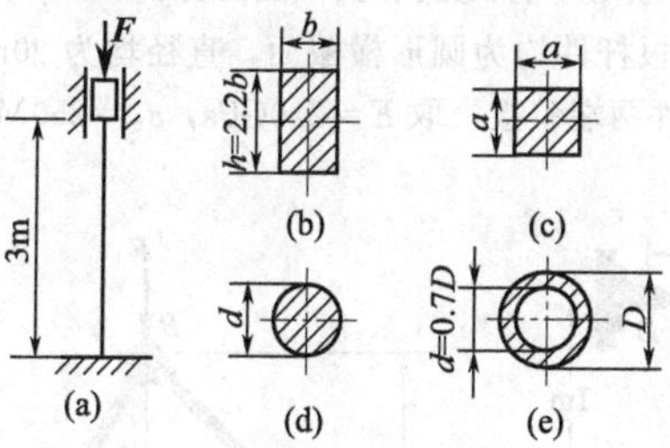

题 12-1 图

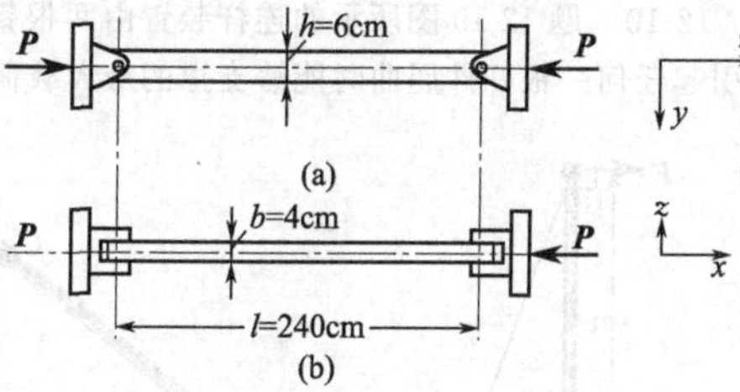

题 12-2 图

12-2　如题 12-2 图所示压杆的材料为 Q235 钢，$E=210\text{GPa}$。在正视图 (a) 的平面内，两端为铰支；在俯视图 (b) 的平面内，两端认为固定。试求此杆的临界力。

12-3　如题 12-3 图所示螺旋千斤顶，螺杆旋出的最大长度 $l=400\text{mm}$，螺纹小径 $d=40\text{mm}$，最大起重量 $F=80\text{kN}$，螺杆材料为 45 钢，$\lambda_p=100$，$\lambda_s=60$，规定稳定安全系数 $[n_w]=4$。试校核螺杆的稳定性。

（提示：设螺杆与螺母配合尺寸 h 很大，可视为固定端约束）

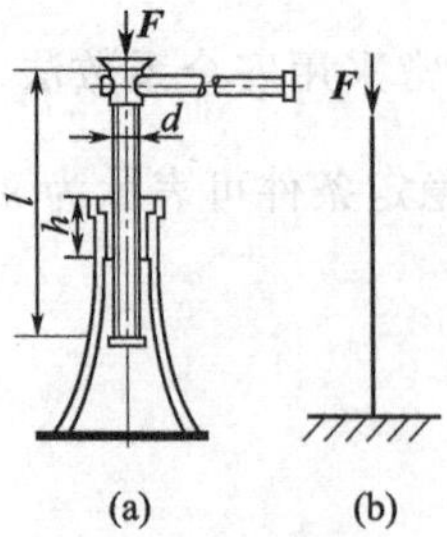

题 12-3 图

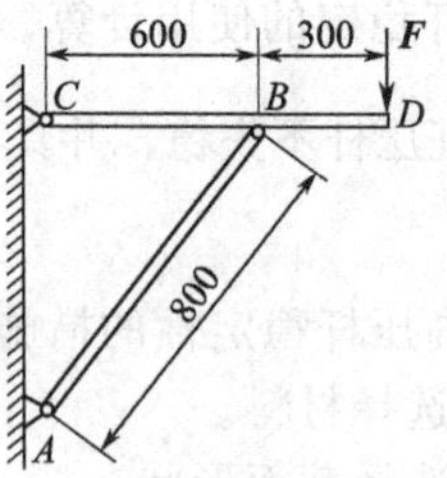

题 12-4 图

12-4　如题 12-4 图所示支架中，$F=60\text{kN}$，AB 杆的直径 $d=40\text{mm}$，两端为铰链支承，材料为 45 钢，弹性模量 $E=200\text{GPa}$，规定稳定安全系数 $[n_w]=2$。校核 AB 杆的稳定性。

12-5　如题 12-5 图所示为一由横梁 AB 与立柱 CD 组成的结构。载荷 $F=10\text{kN}$，$l=60\text{cm}$，立柱的直径 $d=2\text{cm}$，两端铰支，材料是 Q235 弹性模量 $E=200\text{GPa}$，规定稳定安全系数 $[n_w]=2$。(1) 试校核立柱的稳定性；(2) 如已知许用应力 $[\sigma]=120\text{MN/m}^2$，试选择横梁 AB 的工字钢号码。

12-6　题 12-6 图所示的木制压杆长为 6m。若两端为铰接，试利用临界应力公式求所能支撑的最大轴向力 $\boldsymbol{F}$。

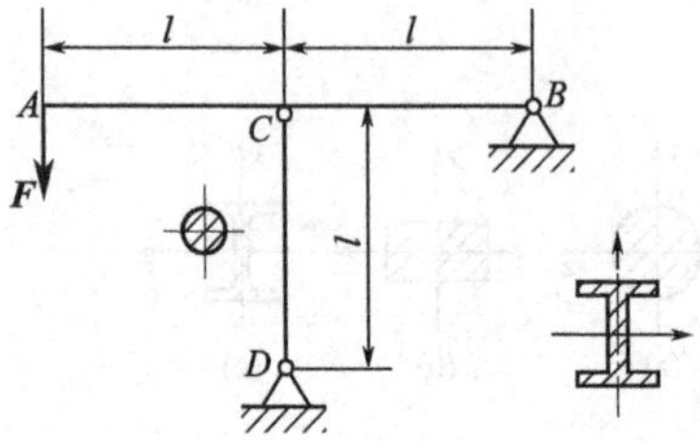

题 12-5 图

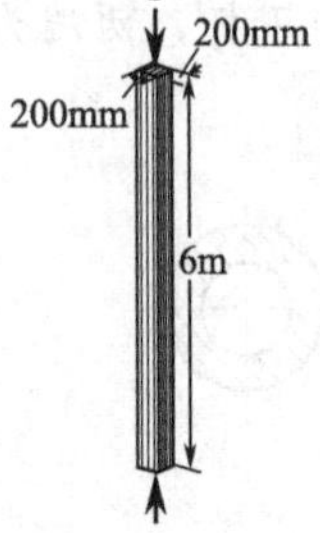

题 12-6 图

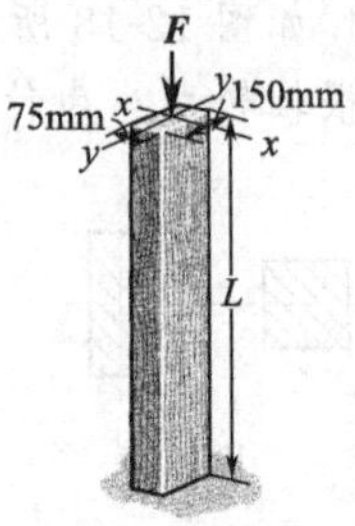

题 12-7 图

12-7　题 12-7 图所示的压杆由木材制成，其底部固连而顶部自由。若用其支承 $\boldsymbol{F}=30\text{kN}$ 的轴向载荷，试求杆件的最大许用长度。

* 12-8　题 12-8 图所示的钢管外径为 50cm，厚度为 10cm。若其用牵索固定，试求不引起钢管屈曲时能够施加的最大水平力 $\boldsymbol{F}$。假定管子两端为铰接。取 $E=210\text{GPa}$，$\sigma_s=250\text{MPa}$。

* 12-9　题 12-9 图所示的桁架由钢杆制成，每一根杆件的横截面都是直径为 40mm 的圆。试求不引起任何一根杆件屈曲时可施加的最大力 $\boldsymbol{F}$。设杆件在端点铰接，取 $E=210\text{GPa}$，$\sigma_s=250\text{MPa}$。

* 12-10　题 12-10 图所示的连杆装置由两根钢杆制成，每根杆件均为圆形横截面，直径均为 20mm，试求不引起任何一根杆件屈曲时能够支撑的最大载荷 $\boldsymbol{F}$。假定杆件两端铰接，取 $E=210\text{GPa}$，$\sigma_s=250\text{MPa}$。

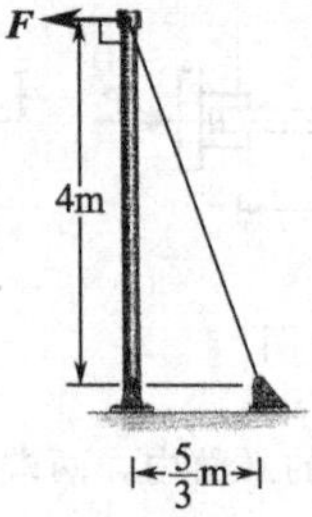

题 12-8 图

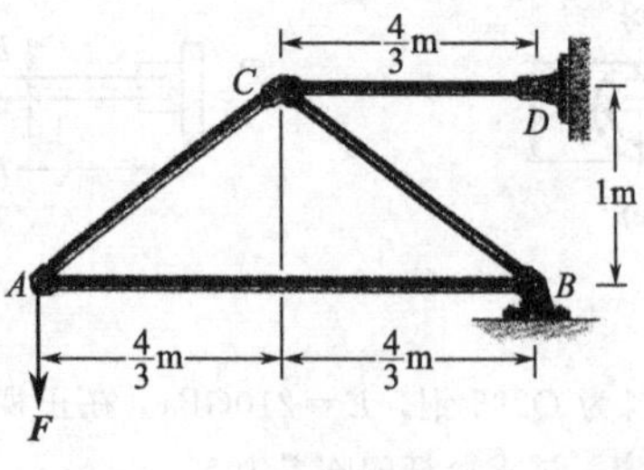

题 12-9 图

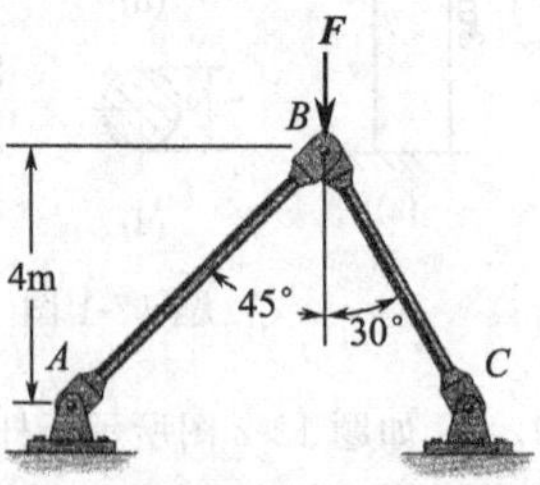

题 12-10 图

第三篇

运动学与动力学基础

一、运动学的概述

运动学从几何方面来研究物体的机械运动，即研究物体的位置随时间的变化，而不考虑物体运动变化的物理原因（即物体所受的力和物体的质量）。运动学的任务是建立物体的运动规律，确定物体运动的有关特征，包括点的轨迹、速度、加速度，刚体的角速度和角加速度，以及它们间的相互关系等。

运动学首先遇到的问题是如何确定物体在空间中的位置，物体的位置只能相对地描述，即只能确定一物体相对于另一物体的位置，这后一物体称为参考体，将坐标系固连在参考体上，则此坐标系称为参考坐标系或参考系。如果物体在所选的参考系中的位置不发生变化，则称该物体处于静止状态，如果物体在所选参考系中的位置随时间而变化，则称该物体处于运动状态。选用不同的参考系，可以得到不同的结果。

运动学的知识在工程实际中应用十分广泛，例如，对各种机器设备中的传动机械进行设计时，需进行运动分析，同时运动学是动力学的基础。

在量度时间时，要注意区别瞬时和时间间隔这两个概念。瞬时是指某一时刻，而时间间隔则是指两个不同瞬时之间的一段时间。

在运动学（第十三、十四、十五章）中要研究点的运动、刚体的基本运动、点的合成运动以及刚体的平面运动。

二、动力学的概述

在静力学中，我们研究了物体在力的作用下保持平衡的条件。但是，如果作用于物体上的力不满足平衡条件，物体将如何运动？静力学不能回答这个问题。在运动学中，我们从几何的观点研究了物体的运动，即只研究物体怎样运动。但是，物体为什么会这样运动？运动学则不能回答。

可以说静力学和运动学都只研究物体机械运动的一个方面，而动力学则把这两方面结合了起来。动力学研究物体的运动与作用于物体的力之间的关系，从而建立物体机械运动的普遍规律。

工程实际中动力学问题很多，例如，机械设计中的均衡问题、振动问题、动反力问题以及结构物的振动问题等。动力学知识是研究较复杂动力学问题的基础。

在动力学（第十六章、十七章）中研究的是质点和质点系动力学。具有一定质量而几何形状和尺寸可忽略不计的物体，称之为质点。当物体几何形状和尺寸对研究的问题影响很小时，可把该物体视为质点。质点系是由若干个有联系的质点组成的系统。

第十三章

运动学基础

第一节　点的运动学

点的运动学是研究一般物体运动的基础，也具有独立的应用意义。本节将研究点的简单运动，研究点相对某一个参考系的几何位置随时间变动的规律。所研究的点既包括由物体抽象得来的点，也包括物体上的某一具体的点。

研究点的运动，就是研究点在所选平面参考系上的几何位置随时间变化的规律，具体来说，就是要确定点的平面运动方程、运动轨迹、速度和加速度。

点的运动可以采用不同的坐标系进行描述。作为点的运动基础，为简单起见，我们仅研究点做平面运动的情况。本书仅讨论自然法和直角坐标法。

一、用自然法求点的速度、加速度

自然法是以点的运动轨迹作为自然坐标轴来确定点的位置的方法。因此，用自然法来描述点的运动规律必须已知点的运动轨迹。

点在参考系上的几何位置随时间变化的关系式称为点的运动方程。点在运动过程中所经过的路线称为点的运动轨迹。按照轨迹形状的不同，点的运动可分为直线运动和曲线运动。

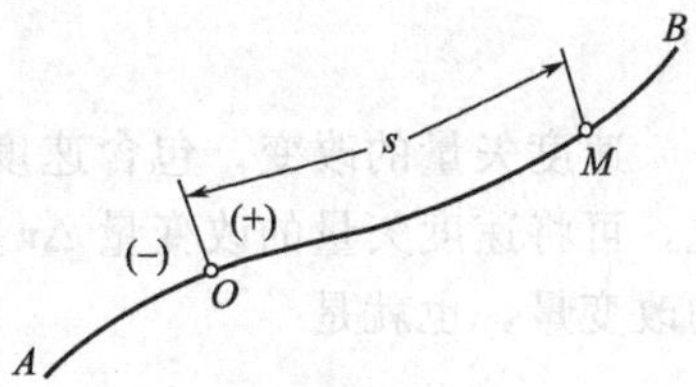

图 13-1

如图 13-1 所示，设点 M 沿已知轨迹 AB 运动，选此轨迹为自然坐标轴，在轨迹上任取一点 O 作为坐标原点，并规定 O 点的一侧为正方向，另一侧为负方向。这样，点 M 在轨迹上的位置可用它到 O 点的弧长 s 来表示，弧长 s 称为点 M 在自然坐标轴上的弧坐标。弧坐标 s 是代数量，如果点 M 在轨迹的正方向上，则弧坐标为正值，反之为负值。

当点 M 沿轨迹运动时，弧坐标 s 随时间 t 而变化，即弧坐标是时间的函数，用数学表达式表示为

$$s=f(t) \tag{13-1}$$

式(13-1) 称为用自然法表示的点沿已知轨迹的运动方程，又称为弧坐标运动方程。

二、点的速度

点的速度是描述点运动快慢和方向的物理量。速度是矢量，用符号 $\boldsymbol{v}$ 表示，其单位为

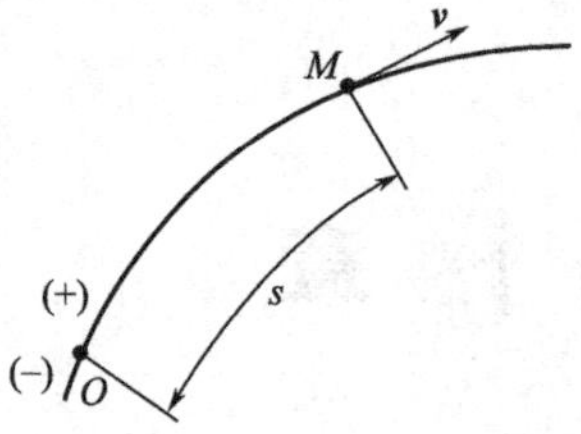

图 13-2

m/s。

在中学物理中知道，速度等于位移除以时间，那里的速度指的是对应于一段时间间隔的平均速度，而这里所讲的速度是对应于某一时刻的瞬时速度。

理论推导可得，当点沿已知轨迹运动时，其瞬时速度的大小等于点的弧坐标对时间的一阶导数，方向沿轨迹的切线方向，如图 13-2 所示，即

$$\boldsymbol{v}=\frac{\mathrm{d}s}{\mathrm{d}t} \tag{13-2}$$

如果 $\boldsymbol{v}$ 大于零，则瞬时速度指向轨迹的正方向，表明在该瞬时点沿轨迹的正方向运动；反之，则指向轨迹的负方向，表明在该瞬时点沿轨迹的负方向运动。

三、点的加速度

点做平面曲线变速运动时，其速度的大小和方向都随时间而变化，加速度是表示速度的大小和方向变化快慢的物理量。加速度也是矢量，用符号 $\boldsymbol{a}$ 表示，其单位为 $\mathrm{m/s^2}$。同样，这里所讲的加速度也是对应于某一时刻的瞬时加速度。

为了便于研究速度矢量的改变，在过轨迹曲线和动点重合的点上建立一坐标系。以过该点的切线为坐标轴 τ，其正向指向轨迹正向；以过该点与轴 τ 正交的法线为坐标轴 n，其正向指向轨迹曲线的曲率中心。这一在轨迹曲线上建立的平面坐标系，称为自然坐标系，此二坐标轴称为自然轴。

设一动点沿已知的轨迹做平面曲线运动，在经时间间隔 Δt 后，动点的位置由 M 处运动到 M'处，其速度由 $\boldsymbol{v}$ 变成了 $\boldsymbol{v}'$，如图 13-3 所示。此时动点速度矢量的改变量为 $\Delta\boldsymbol{v}$，在时间间隔 Δt 内的平均加速度 $\boldsymbol{a}^*$ 即为

$$\boldsymbol{a}^*=\frac{\Delta\boldsymbol{v}}{\Delta t}$$

当时间间隔 $\Delta t\to 0$ 时，平均加速度 $\boldsymbol{a}^*$ 的极限矢量，就是动点在瞬时 t 的加速度 $\boldsymbol{a}$，亦即为

$$\boldsymbol{a}=\lim_{\Delta t\to 0}\boldsymbol{a}^*=\lim_{\Delta t\to 0}\frac{\Delta\boldsymbol{v}}{\Delta t}$$

速度矢量的改变，包含速度大小和方向两方面的变化。为了清楚地看出这两方面的变化，可将速度矢量的改变量 $\Delta\boldsymbol{v}$ 分解为两个分量 $\Delta\boldsymbol{v}_\tau$ 和 $\Delta\boldsymbol{v}_n$，它们分别表示速度大小和方向的改变量，也就是

$$\Delta\boldsymbol{v}=\Delta\boldsymbol{v}_\tau+\Delta\boldsymbol{v}_n$$

这样，动点的加速度 $\boldsymbol{a}$ 即表示为

$$\boldsymbol{a}=\lim_{\Delta t\to 0}\frac{\Delta\boldsymbol{v}}{\Delta t}=\lim_{\Delta t\to 0}\frac{\Delta\boldsymbol{v}_\tau}{\Delta t}+\lim_{\Delta t\to 0}\frac{\Delta\boldsymbol{v}_n}{\Delta t}=\boldsymbol{a}_\tau+\boldsymbol{a}_n \tag{13-3}$$

上式表明，加速度 $\boldsymbol{a}$ 可分解为切向加速度 $\boldsymbol{a}_\tau$ 和法向加速度 $\boldsymbol{a}_n$，前者反映速度大小的变化，后者反映速度方向的变化。现分别讨论这两个加速度的大小和方向。

1. 切向加速度 $\boldsymbol{a}_\tau$

切向加速度分量 $\boldsymbol{a}_\tau=\lim|\Delta\boldsymbol{v}_\tau/\Delta t|$，由图 13-3 可以看出，当 $\Delta t\to 0$ 时，$\Delta\boldsymbol{v}_\tau\to 0$，所以 $\Delta\boldsymbol{v}_\tau$ 的极限方向与动点轨迹曲线在 M 点的切线重合，这一切向加速度 $\boldsymbol{a}_\tau$ 显示了速度大小的改变，它的方向沿轨迹曲线的切线方向，它的大小为

$$a_\tau=\lim_{\Delta t\to 0}\left|\frac{\Delta v_\tau}{\Delta t}\right|=\frac{dv}{dt}=\frac{d^2s}{dt^2} \quad (13\text{-}4)$$

当 $dv/dt>0$ 时，切向加速度 a_τ 指向自然轴 τ 的正向；反之，指向自然轴 τ 的负向。须指出，切向加速度的正负号只说明了切向加速度矢量的方向，并不能说明动点是做加速运动还是做减速运动。当 dv/dt 的正负与速度 v 的正负一致时，动点才是做加速运动；反之，动点做减速运动。

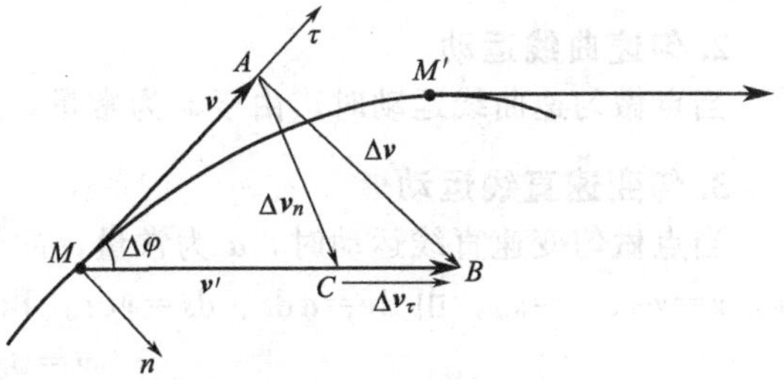

图 13-3　点的加速度

可见，切向加速度反映的是动点速度值对时间的变化率，它的代数值等于速度代数值对时间的一阶导数，或弧坐标对时间的二阶导数，方向沿轨迹切线方向。

2. 法向加速度 a_n

法向加速度分量 $a_n=\lim|\Delta v_n/\Delta t|$，由图 13-3 可以看出，$\Delta MAC$ 中，$\angle MAC=\frac{1}{2}(\pi-\Delta\varphi)$，当 $\Delta t\to 0$ 时，$\Delta\varphi\to 0$，$\angle MAC=\frac{\pi}{2}$，所以 Δv_n 的极限方向与速度矢量 Δv_τ 垂直，这一法向加速度 a_n 显示了速度方向的改变，它的方向沿动点轨迹曲线在点 M 处的法线，并指向曲线内凹一侧的曲率中心，它的大小为

$$a_n=\lim_{\Delta t\to 0}\left|\frac{\Delta v_n}{\Delta t}\right|=\lim_{\Delta t\to 0}\left|\frac{2v\sin\frac{\Delta\varphi}{2}}{\Delta t}\right|=\lim_{\Delta t\to 0}\left|v\times\frac{\sin\frac{\Delta\varphi}{2}}{\frac{\Delta\varphi}{2}}\times\frac{\Delta\varphi}{\Delta s}\times\frac{\Delta s}{\Delta t}\right|$$

$$=v\times\lim_{\Delta t\to 0}\left|\frac{\sin\frac{\Delta\varphi}{2}}{\frac{\Delta\varphi}{2}}\right|\times\lim_{\Delta t\to 0}\left|\frac{\Delta\varphi}{\Delta s}\right|\times\lim_{\Delta t\to 0}\left|\frac{\Delta s}{\Delta t}\right|=v\times 1\times\frac{1}{\rho}\times v=\frac{v^2}{\rho} \quad (13\text{-}5)$$

式中，$\lim\limits_{\Delta t\to 0}\frac{\Delta\varphi}{\Delta s}=\frac{1}{\rho}$，$\rho$ 为轨迹曲线在点 M 处的曲率半径，而曲率 $\frac{1}{\rho}$ 表示了轨迹曲线在点 M 处的弯曲程度。由式(13-5) 也可以看出，法向加速度 a_n 的大小恒为正值。

于是得出结论，法向加速度反映点的速度方向改变的快慢程度，它的大小等于点的速度平方除以曲率半径，方向沿着法线指向曲率中心。

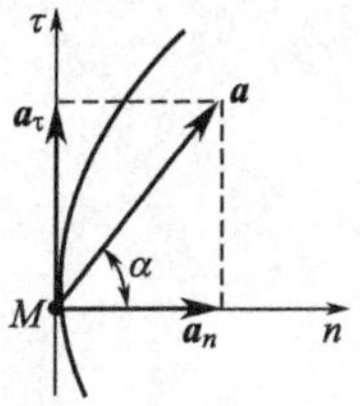

图 13-4

综上所述，动点做平面曲线运动时，加速度 a 由切向加速度 a_τ 和法向加速度 a_n 两个分量组成。由于加速度（或称全加速度）a 的这两个分量在每一瞬时总相互垂直，所以动点的全加速度的大小和方向为

$$a=\sqrt{a_\tau^2+a_n^2}=\sqrt{\left(\frac{dv}{dt}\right)^2+\left(\frac{v^2}{\rho}\right)^2} \quad (13\text{-}6)$$

$$\tan\alpha=\left|\frac{a_\tau}{a_n}\right| \quad (13\text{-}7)$$

式(13-7) 中，α 是全加速度 a 与自然轴 n 的夹角（见图 13-4）。

四、点运动的几种特殊情况

1. 匀速直线运动

当点做匀速直线运动时，由于 v 为常量，$\rho\to 0$，故 $a_\tau=0$，$a_n=0$。此时 $a=0$。

2. 匀速曲线运动

当点做匀速曲线运动时，由于 v 为常量，故 $a_\tau=0$，$a_n\neq0$。此时 $a=a_n$。

3. 匀变速直线运动

当点做匀变速直线运动时，a 为常量，故 a_n 为零。若已知运动的初始条件，即当 $t=0$ 时，$v=v_0$、$s=s_0$。由 $dv=a\mathrm{d}t$、$ds=v\mathrm{d}t$，积分可得其速度与运动方程为

$$v=v_0+at \tag{13-8}$$

$$s=s_0+v_0t+\frac{at^2}{2} \tag{13-9}$$

由式(13-8) 和式(13-9) 消去 t 得

$$v^2=v_0^2+2a(s-s_0) \tag{13-10}$$

4. 匀变速曲线运动

当点做匀变速曲线运动时，a_τ 为常量，$a_0=v^2/\rho$。若已知运动的初始条件，即当 $t=0$ 时，$v=v_0$、$s=s_0$。由 $dv=a_\tau\mathrm{d}t$、$ds=v\mathrm{d}t$，积分可得其速度与运动方程为

$$v=v_0+a_\tau t \tag{13-11}$$

$$s=s_0+v_0t+\frac{1}{2}a_\tau t^2 \tag{13-12}$$

由式(13-11) 和式(13-12) 消去 t 得

$$v^2=v_0^2+2a_\tau(s-s_0) \tag{13-13}$$

实际上，式(13-6) ～式(13-13) 早已为大家所熟悉，引入它们的目的在于说明，在研究点的运动时，已知运动方程，可应用求导的方法求点的速度和加速度；反之，已知点的速度和加速度运动的初始条件，应用积分方法也可得到点运动方程。

例 13-1 如图 13-5 所示，点 M 沿轨迹 OB 运动，其中 OA 为一条直线，AB 为四分之一圆弧。在已知轨迹上建立自然坐标轴，设点 M 的运动方程为 $s=t^3-2.5t^2+11t$（s 的单位为 m，t 的单位为 s)，求 $t=1$s、3s 时，点的速度和加速度的大小，并图示其方向。

解 (1) 求点 M 的位置　由点 M 的运动方程得，当 $t=1$s、3s 时点 M 的弧坐标分别为

$$s_1=1^3-2.5\times1^2+11=7.5\ (\text{m})$$

$$s_2=3^3-2.5\times3^2+11\times3=19.5\ (\text{m})$$

由图 13-5 中尺寸得，$t=1$s 时点 M 在直线部分，设其位于 M_1 点；$t=3$s 时点 M 在曲线 AB 部分，设其位于 M_3 点，如图 13-5 所示。

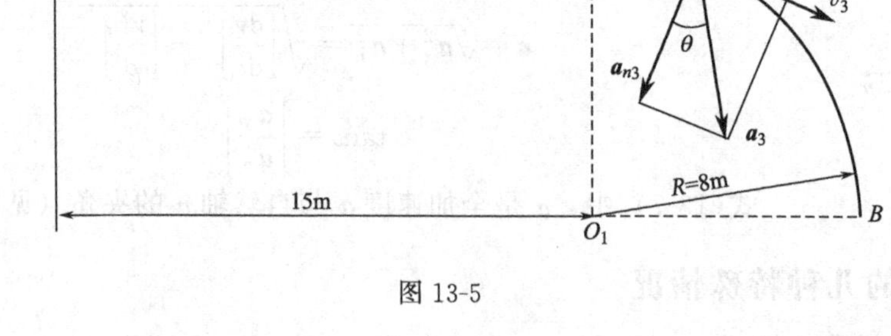

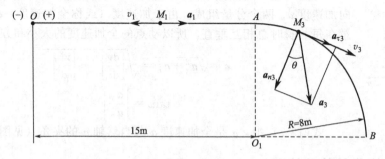

图 13-5

(2) 求速度　由式(13-2) 得

$$v=\frac{ds}{dt}=3t^2-5t+11$$

将 $t=1\text{s}$、3s 分别代入上式，得

$$\boldsymbol{v}_1=5\text{m/s}$$

$$\boldsymbol{v}_3=11\text{m/s}$$

其方向均沿轨迹切线方向，$\boldsymbol{v}$ 为正值指向轨迹正方向，如图 13-5 所示。

(3) 求加速度　$t=1\text{s}$ 时，点 M 在直线部分，其法向加速度为零，故

$$\boldsymbol{a}_1=\boldsymbol{a}_{\tau1}=\frac{\mathrm{d}\boldsymbol{v}}{\mathrm{d}t}=6t-9$$

当 $t=1\text{s}$ 时，$a_1=-3\text{m/s}^2$，其方向沿轨迹切线方向，指向轨迹负方向，如图 13-5 所示。

当 $t=3\text{s}$ 时，$a_{\tau2}=\dfrac{\mathrm{d}v}{\mathrm{d}t}=6t-9=9\text{m/s}^2$，$a_{n2}=\dfrac{v^2}{\rho}=15.125\text{m/s}^2$，

$$a=\sqrt{a_n^2+a_\tau^2}=17.6\text{m/s}^2,\ \tan\theta=\left|\frac{a_\tau}{a_n}\right|=0.595,\ \theta=30.753°$$

速度及加速度的方向如图 13-6 所示。

五、用直角坐标法求点的速度、加速度

用自然法来描述点的运动规律时必须已知点的运动轨迹。如果点的运动轨迹未知，则应采用直角坐标法。

1. 运动方程

如图 13-7 所示，设点 M 在平面内做曲线运动，建立直角坐标系 xOy，点 M 在任一瞬时的位置可由坐标 x、y 来确定。当点 M 运动时，坐标 x、y 随时间而变化，即 x、y 是时间的函数，用数学表达式表示为

$$\left.\begin{aligned}x&=f_1(t)\\y&=f_2(t)\end{aligned}\right\}\tag{13-14}$$

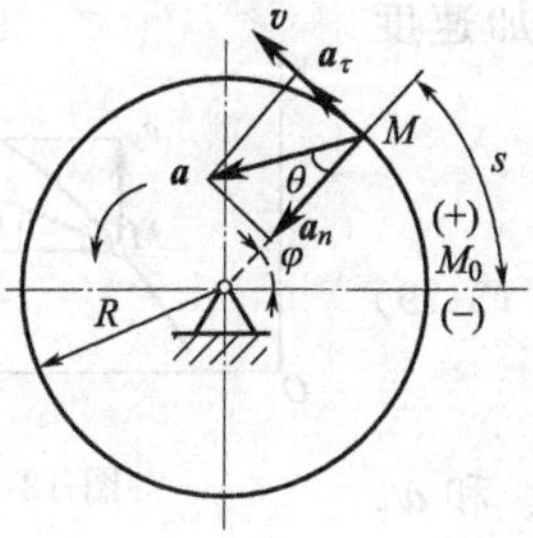

图 13-6

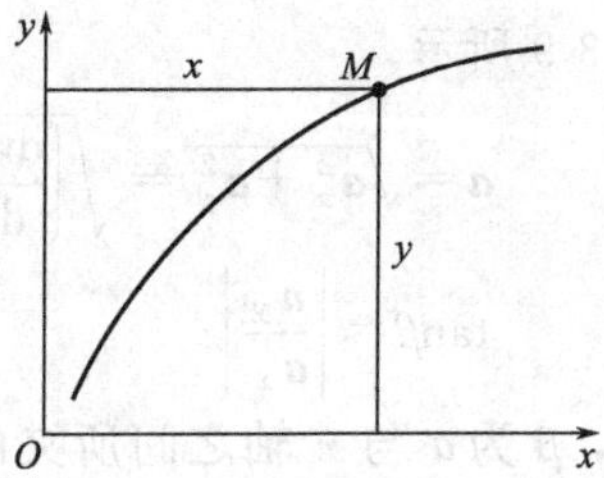

图 13-7

式(13-14) 称为用直角坐标法表示的点的运动方程。

如果从式(13-14) 两式中消去参数 t，可以得到点的轨迹方程

$$y=f(x)\tag{13-15}$$

根据式(13-15) 即可在直角坐标系中画出点的运动轨迹。

2. 速度

用直角坐标法求点的速度 $\boldsymbol{v}$，可先求其沿直角坐标轴的两个分量 $\boldsymbol{v}_x$ 和 $\boldsymbol{v}_y$，然后再将其合成为速度。

理论推导可得，动点的速度沿直角坐标轴的两个分量 $\boldsymbol{v}_x$ 和 $\boldsymbol{v}_y$ 分别等于坐标轴 x 轴和 y

轴对时间的一阶导数，即

$$\left.\begin{aligned}\boldsymbol{v}_x&=\frac{\mathrm{d}x}{\mathrm{d}t}\\ \boldsymbol{v}_y&=\frac{\mathrm{d}y}{\mathrm{d}t}\end{aligned}\right\}\tag{13-16}$$

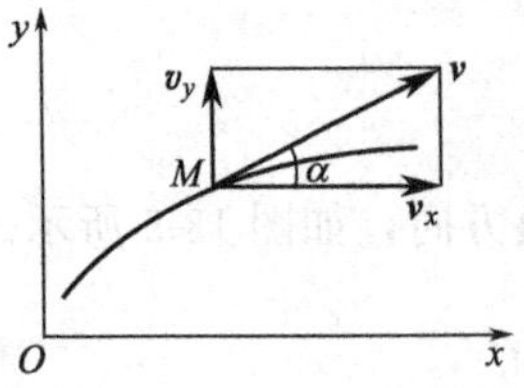

图 13-8

$\boldsymbol{v}_x$ 和 $\boldsymbol{v}_y$ 的方向分别平行于 x 轴和 y 轴，导数为正时，指向坐标轴的正方向；反之，则指向坐标轴的负方向。因此，若已知直角坐标形式的点的运动方程，即可求出 $\boldsymbol{v}_x$ 和 $\boldsymbol{v}_y$，将 $\boldsymbol{v}_x$ 和 $\boldsymbol{v}_y$ 合成可以求出速度 $\boldsymbol{v}$，如图 13-8 所示。

$$\left.\begin{aligned}\boldsymbol{v}&=\sqrt{\boldsymbol{v}_x^2+\boldsymbol{v}_y^2}=\sqrt{\left(\frac{\mathrm{d}x}{\mathrm{d}t}\right)^2+\left(\frac{\mathrm{d}y}{\mathrm{d}t}\right)^2}\\ \tan\alpha&=\left|\frac{\boldsymbol{v}_y}{\boldsymbol{v}_x}\right|\end{aligned}\right\}\tag{13-17}$$

式中，α 为 $\boldsymbol{v}$ 与 x 轴之间所夹的锐角；$\boldsymbol{v}$ 的方向由 $\boldsymbol{v}_x$ 和 $\boldsymbol{v}_y$ 的正负号决定。

3. 加速度

同理，用直角坐标法求点的加速度 $\boldsymbol{a}$，可先求其沿直角坐标轴的两个分量 $\boldsymbol{a}_x$ 和 $\boldsymbol{a}_y$，然后再将其合成为加速度 $\boldsymbol{a}$。

由理论推导可得，动点的加速度沿直角坐标轴的两个分量 $\boldsymbol{a}_x$ 和 $\boldsymbol{a}_y$ 的大小，等于其相应的速度分量的大小对时间的一阶导数，等于其相应的坐标对时间的二阶导数，即

$$\left.\begin{aligned}\boldsymbol{a}_x&=\frac{\mathrm{d}\boldsymbol{v}_x}{\mathrm{d}t}=\frac{\mathrm{d}^2x}{\mathrm{d}t^2}\\ \boldsymbol{a}_y&=\frac{\mathrm{d}\boldsymbol{v}_y}{\mathrm{d}t}=\frac{\mathrm{d}^2y}{\mathrm{d}t^2}\end{aligned}\right\}\tag{13-18}$$

$\boldsymbol{a}_x$ 和 $\boldsymbol{a}_y$ 的方向分别平行于 x 轴和 y 轴，导数为正时，指向坐标轴的正方向；反之，则指向坐标轴的负方向。

同样，求出 $\boldsymbol{a}_x$ 和 $\boldsymbol{a}_y$ 后，将 $\boldsymbol{a}_x$ 和 $\boldsymbol{a}_y$ 合成可以求出加速度 $\boldsymbol{a}$，如图 13-9 所示。

$$\left.\begin{aligned}\boldsymbol{a}&=\sqrt{\boldsymbol{a}_x^2+\boldsymbol{a}_y^2}=\sqrt{\left(\frac{\mathrm{d}\boldsymbol{v}_x}{\mathrm{d}t}\right)^2+\left(\frac{\mathrm{d}\boldsymbol{v}_y}{\mathrm{d}t}\right)^2}\\ \tan\beta&=\left|\frac{\boldsymbol{a}_y}{\boldsymbol{a}_x}\right|\end{aligned}\right\}\tag{13-19}$$

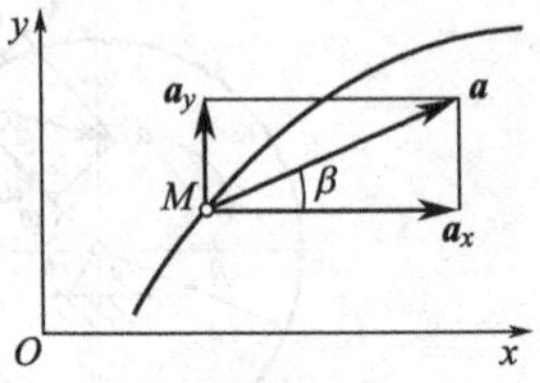

图 13-9

式中，β 为 $\boldsymbol{a}$ 与 x 轴之间所夹的锐角；$\boldsymbol{a}$ 的方向由 $\boldsymbol{a}_x$ 和 $\boldsymbol{a}_y$ 的正负号决定。

例 13-2 动点 M 的运动方程由下式给定。

$$\begin{cases}x=a(\sin kt+\cos kt)\\ y=b(\sin kt-\cos kt)\end{cases}$$

式中，a、b、k 均为常量。试求点 M 的运动轨迹、速度和加速度。

解 (1) 从动点 M 的运动方程中，可得 M 点的运动轨迹方程为

$$\begin{cases}\sin kt=\dfrac{1}{2}\left(\dfrac{x}{a}+\dfrac{y}{b}\right)\\ \cos kt=\dfrac{1}{2}\left(\dfrac{x}{a}-\dfrac{y}{b}\right)\end{cases}$$

两式分别平方且相加得

$$\sin^2 kt+\cos^2 kt=\frac{x^2}{2a^2}+\frac{y^2}{2b^2}=1$$

故 M 点的运动轨迹为椭圆。

(2) 求 M 点的速度和加速度。

M 点的速度为

$$\boldsymbol{v}_x=x'(t)=[a(\sin kt+\cos kt)]'=ak(\cos kt-\sin kt)=-\frac{aky}{b}$$

$$\boldsymbol{v}_y=y'(t)=bk(\cos kt+\sin kt)=-\frac{bkx}{a}$$

所以
$$\boldsymbol{v}=\sqrt{v_x^2+v_y^2}=\sqrt{\left[\frac{-aky}{b}\right]^2+\left[\frac{bkx}{a}\right]^2}=\frac{k}{ab}\sqrt{a^4y^2+b^4x^2}$$

$$\cos\alpha=\frac{\boldsymbol{v}_x}{\boldsymbol{v}}=\frac{-aky/b}{k/ab\sqrt{a^4y^2+b^4x^2}}=-\frac{a^2y}{\sqrt{a^4y^2+b^4x^2}}$$

M 点的加速度为

$$\begin{cases}\boldsymbol{a}_x=ak^2(\cos kt+\sin kt)=-k^2x\\ \boldsymbol{a}_y=-bk^2(\cos kt-\sin kt)=-k^2y\end{cases}$$

所以加速度为
$$\boldsymbol{a}_{\mathrm{m}}=\sqrt{\boldsymbol{a}_x^2+\boldsymbol{a}_y^2}=k^2r$$

$$\cos\alpha_1=\frac{\boldsymbol{a}_x}{\boldsymbol{a}}=-\frac{x}{r},\ \cos\beta_1=\frac{\boldsymbol{a}_{\mathrm{y}}}{\boldsymbol{a}}=-\frac{y}{r}$$

由此可以看出，瞬时加速度的大小与该位置的矢径长短成正比，加速度 $\boldsymbol{a}_{\mathrm{m}}$ 的方向恒指向椭圆中心 O，与矢径方向相反。

例 13-3　飞机准备降落时，其飞行曲线 AB 近似一半径 $r=800\mathrm{m}$ 的圆弧，如图 13-10 所示。已知在 A 点时的速度 $v_0=400\mathrm{km/h}$，到达 B 点时的速度 $v_1=460\mathrm{km/h}$。所经历的时间 $t=3\mathrm{s}$。若飞机由 A 到 B 位置是匀加速度运动，试求飞机在 B 处时的全加速度，以及由 A 到 B 所经历的路程。

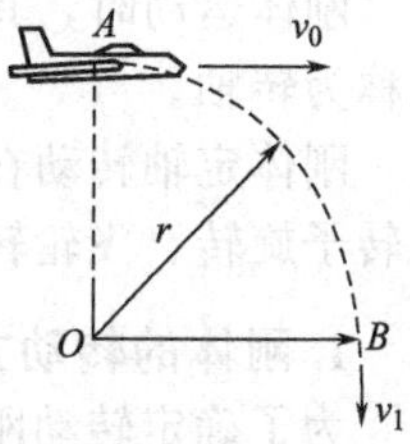

图 13-10

解　因飞机做匀加速圆弧运动，则 $a_\tau=$常数，且 $v_1=v_0+a_\tau t$

则
$$\boldsymbol{a}_\tau=\frac{v_1-v_0}{t}=\frac{(460-400)\times1000}{3\times3600}=\frac{127.78-111.11}{3}=\frac{16.67}{3}=5.557(\mathrm{m/s^2})$$

$$\boldsymbol{a}_n=\frac{v_1^2}{r}=\frac{127.78^2}{800}=20.4(\mathrm{m/s^2})$$

飞机在 B 点处的全加速度为

$$\boldsymbol{a}=\sqrt{a_\tau^2+a_n^2}=\sqrt{5.557^2+20.4^2}=\sqrt{30.88+416.16}=\sqrt{447.04}=21.143(\mathrm{m/s^2})$$

AB 间的路程为

$$s-s_0=v_0t+\frac{1}{2}\boldsymbol{a}_\tau t^2=111.11\times3+\frac{1}{2}\times5.557\times3^2=333.33+25.0065=358.34\ (\mathrm{m})$$

第二节　刚体的基本运动

刚体的基本运动有两种：平动和定轴转动。

一、刚体的平动

刚体在运动过程中，其上任一直线始终保持平行，这种运动称为刚体的平动，也称刚体移动。例如，直线轨道上行驶车辆的运动［见图 13-11(a)］，摆动式输送机送料槽的运动［见图 13-11(b)］，都是刚体平动的实例。

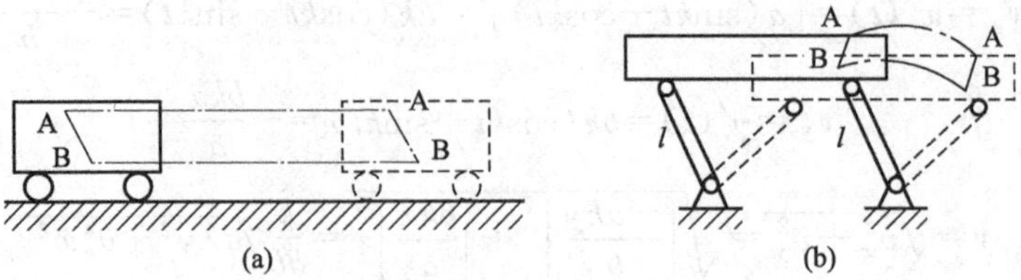

图 13-11

由此可知刚体平动的特征是：刚体做平动时，其上各点的运动轨迹相同，且彼此平行；每一瞬时各点的速度、加速度均相等。

刚体平动的运动轨迹可以是直线运动，也可以是曲线运动，即直线平动和曲线平动。

由于做平动的刚体上各点速度、加速度均相等，故刚体平动的运动学问题可归纳为前述点的运动学问题。

二、刚体的定轴转动

刚体运动时，其上某一直线始终保持不动，这种运动称为刚体定轴转动。固定不动的直线称为转轴。

刚体定轴转动在工程实际中应用广泛，例如，传动机构中的齿轮和皮带轮的转动、电动机转子旋转、飞轮转动等都是刚体转动的实例。

1. 刚体的转动方程

为了确定转动刚体的位置，过转轴画出一个固定的平面 P 作参考面，如图 13-12 所示，在刚体上固联一个平面，当刚体转动时，刚体上固联的平面相对于参考面转过的角度是随着时间而变化的，即

$$\varphi=f(t) \tag{13-20}$$

式中，φ 为角坐标，单位为弧度。

这是刚体定轴转动的转动方程，φ 角的正负规定为：从 z 轴正向看，逆时针转动为正，顺时针转动为负。

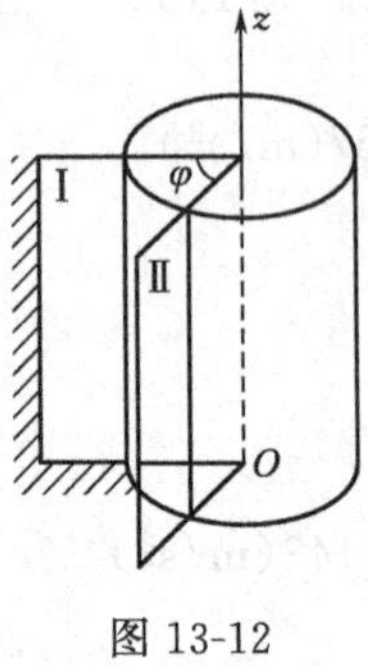

图 13-12

2. 角速度

角速度是表示刚体转动快慢和转向的物理量。角速度 $\omega=\lim\limits_{\Delta t\to 0}\dfrac{\Delta\varphi}{\Delta t}=\dfrac{\mathrm{d}\varphi}{\mathrm{d}t}$。$\omega$ 为正、则表明刚体逆时针转动；ω 为负，则表明刚体顺时针转动。

角速度 ω 与转速 n 之间的关系为

$$\omega=\frac{2\pi n}{60}=\frac{n\pi}{30} \tag{13-21}$$

需要注意的是：式中 n 为正数，它表示刚体在每分钟转过的圈数；而 ω 有正负值。n 的单位是 r/min，ω 的单位是 rad/s。角速度 ω 与线速度 $\boldsymbol{v}$ 的区别如图 13-13(a) 所示。$\boldsymbol{v}$ 的单

位是m/min，它与点所在的直径大小有关。

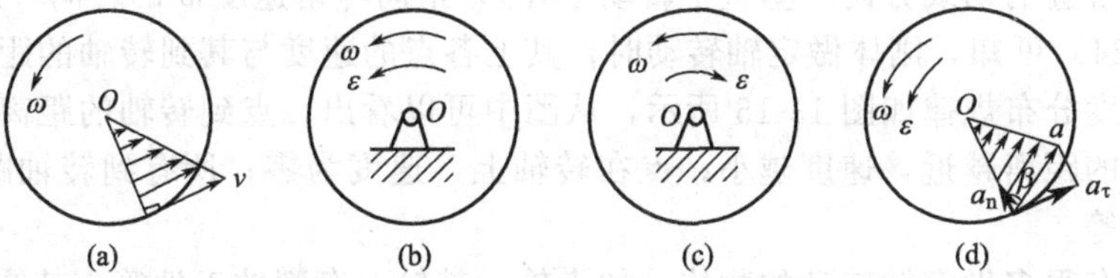

图 13-13

3. 角加速度

角加速度是表示角速度变化快慢的物理量。它表示某一瞬时的角加速度，即

$$\varepsilon=\lim_{\Delta t\to 0}\frac{\Delta\omega}{\Delta t}=\frac{d\omega}{dt}=\frac{d^2\varphi}{d^2 t} \tag{13-22}$$

如图 13-13(b) 所示，ε 与 ω 同向则表明刚体做加速转动；如图 13-13(c) 所示，ε 与 ω 反向则表明刚体做减速转动。ε 的单位是 rad/s^2。

4. 定轴转动刚体上点的速度与加速度

ω 与 ε 的符号可能相同也可能相反，ω 与 ε 同号表示刚体做加速转动，ω 与 ε 异号表示刚体做减速转动。

三、定轴转动刚体上点的速度和加速度

在工程实际中，不仅要知道刚体转动的角速度和角加速度，还要知道刚体转动时其上某点的速度和加速度。例如，设计带轮时，要知道带轮边缘上点的速度；在车削工件时，要知道工件边缘上点的速度等。

1. 速度

如图 13-14 所示，一刚体绕轴 O 做定轴转动，在刚体上任取一点 M，其到转轴的距离为 R，则点 M 的运动轨迹是以 O 为圆心、以 R 为半径的圆周。设初始时刻 $t=0$ 时，点 M 的位置为 M_0，经时间 Δt 后，刚体转过角度 φ，点 M 到达图示位置。建立自然坐标轴，则点 M 的弧坐标 s 与转角 φ 之间的关系为

$$s=R\varphi \tag{13-23}$$

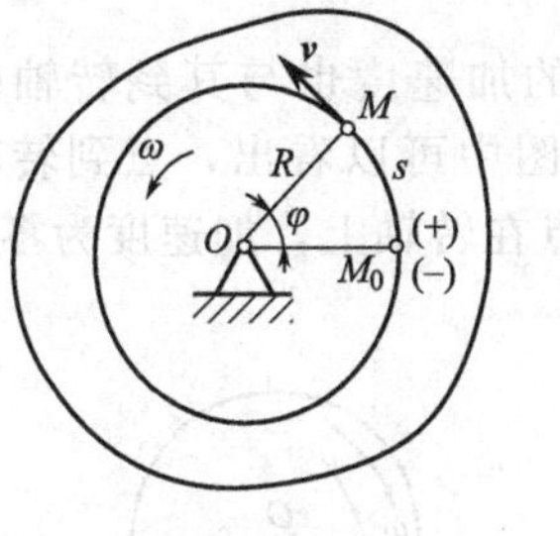

图 13-14

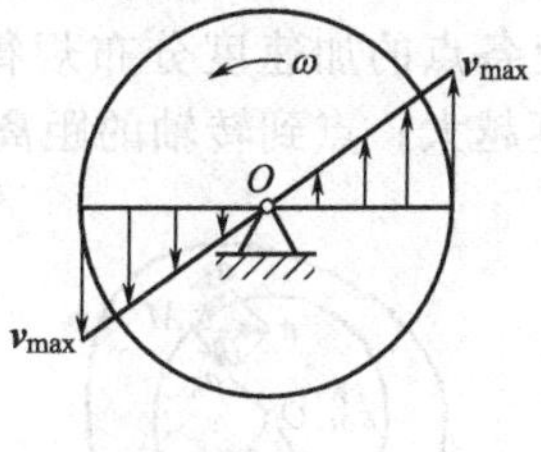

图 13-15

用自然法求得点 M 的速度为

$$v=\frac{ds}{dt}=R\frac{d\varphi}{dt}=R\omega \tag{13-24}$$

即刚体做定轴转动时，其上任意一点速度的大小等于该点到转轴的距离与刚体角速度的乘积，方向沿轨迹的切线方向（垂直于转动半径），指向与角速度 ω 的转向一致。

由式(13-24) 可知，刚体做定轴转动时，其上各点的速度与其到转轴的距离成正比。刚体上各点的速度分布规律如图 13-15 所示，从图中可以看出，点到转轴的距离越远，速度越大；点到转轴的距离越近，速度越小；点在转轴上，速度为零；所有到转轴距离相等的点，其速度大小相等。

工程中，有很多做定轴转动的物体，如齿轮、带轮、车削的工件等，其圆周上点的速度称为圆周速度。若已知转速 n 和直径 D，则圆周速度的计算公式为

$$\boldsymbol{v}=R\omega=\frac{D}{2}\frac{\pi n}{30}=\frac{\pi Dn}{60} \tag{13-25}$$

式中，直径的单位是 m，转速的单位是 r/min。

例如，车床切削工件时，其主轴的转速为 $n=80\text{r/min}$，工件的直径 $D=200\text{mm}$，则工件的圆周速度为

$$\boldsymbol{v}=\frac{\pi Dn}{60}=\frac{\pi\times0.2\times80}{60}\text{m/s}=0.84\text{m/s}$$

2. 加速度

刚体做定轴转动时，其上任意一点 M 的运动轨迹为圆周，所以其加速度分为切向加速度和法向加速度两个分量。其中切向加速度的大小为

$$a_\tau=\frac{\mathrm{d}v}{\mathrm{d}t}=R\frac{\mathrm{d}\omega}{\mathrm{d}t}=R\varepsilon \tag{13-26}$$

法向加速度的大小为

$$a_n=\frac{v^2}{R}=\frac{(R\omega)^2}{R}=R\omega^2 \tag{13-27}$$

即刚体做定轴转动时，其上任意一点切向加速度的大小等于该点到转轴的距离与刚体角加速度的乘积，方向沿轨迹的切线方向（垂直于转动半径），指向与角加速度 ε 的转向一致；法向加速度的大小等于该点到转轴的距离与刚体角速度平方的乘积，方向沿轨迹的法线方向，指向转动中心，如图 13-16 所示。点 M 的全加速度的大小和方向为

$$\left.\begin{aligned}\boldsymbol{a}&=\sqrt{\boldsymbol{a}_\tau^2+\boldsymbol{a}_n^2}=R\sqrt{\varepsilon^2+\omega^4}\\ \tan\theta&=\left|\frac{\boldsymbol{a}_\tau}{\boldsymbol{a}_n}\right|=\left|\frac{\varepsilon}{\omega^2}\right|\end{aligned}\right\} \tag{13-28}$$

式中，θ 为 a 与 a_n 之间所夹的锐角。

由式(13-28) 可知，刚体做定轴转动时，其上各点的加速度也与其到转轴的距离成正比。刚体上各点的加速度分布规律如图 13-17 所示，从图中可以看出，点到转轴的距离越远，加速度越大；点到转轴的距离越近，加速度越小；点在转轴上，加速度为零。

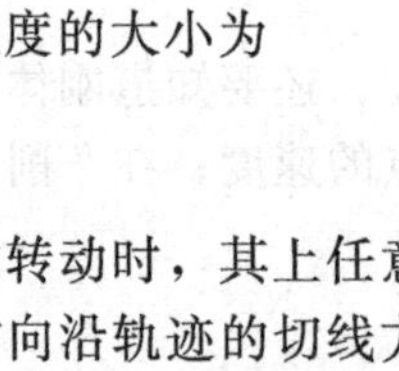

图 13-16

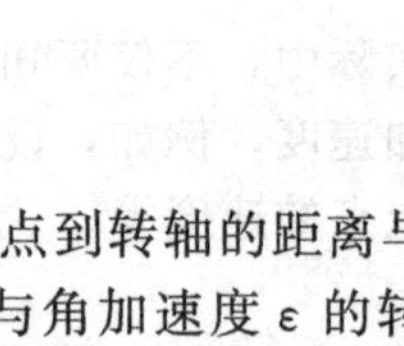

图 13-17

通过以上内容的介绍可以知道，刚体做定轴转动时，其上各点（转轴除外）具有相同的

转动方程，在同一瞬时具有相同的角速度、相同的角加速度；但各点的速度不同、加速度也不同，其值随点到转轴距离的变化而变化。

刚体做定轴转动与点做直线运动的基本公式形式上非常相似，其对应关系见表 13-1。

表 13-1　刚体做定轴转动与点做直线运动的基本公式对应关系

点的直线运动		刚体的定轴转动	
运动方程	$s=f(t)$	转动方程	$\varphi=f(t)$
速度	$v=\dfrac{ds}{dt}$	角速度	$\omega=\dfrac{d\varphi}{dt}$
加速度	$a=\dfrac{dv}{dt}$	角加速度	$\varepsilon=\dfrac{d\omega}{dt}$
匀速直线运动	$s=s_0+vt$	匀速转动	$\varphi=\varphi_0+\omega t$
匀变速直线运动	$(s_0=0)$ $v=v_0+at$ $s=v_0t+\dfrac{1}{2}at^2$ $v^2-v_0^2=2as$	匀变速转动	$(\varphi_0=0)$ $\omega=\omega_0+\varepsilon t$ $\varphi=\omega_0 t+\dfrac{1}{2}\varepsilon t^2$ $\omega^2-\omega_0^2=2\varepsilon\varphi$

例 13-4　如图 13-18 所示，曲柄导杆机构的曲柄 OA 绕固定轴 O 转动，通过滑块 A 带动导杆 BC 在水平槽内做直线往复运动。已知 $OA=r$，$\varphi=\omega t$（ω 为常量），求导杆在任一瞬时的速度和加速度。

解　由于导杆在水平直线导槽内运动，所以其上任一直线始终与它的最初位置相平行，且其上各点的轨迹均为直线。

因此，导杆做直线平动。导杆的运动可以用其上的任一点的运动来表示。选取导杆上 M 点研究，M 点沿 x 轴做直线运动，其运动方程为

$$x_M=OA\cos\varphi=r\cos\omega t$$

则 M 点的速度和加速度分别为

$$v_M=\frac{dx_M}{dt}=-r\omega\sin\omega t$$

$$a_M=\frac{dv_M}{dt}=-r\omega^2\cos\omega t$$

例 13-5　平面机构如图 13-19 所示。已知 $O_1O_2=AB$，$O_1A=O_2B$，O_1A 杆以角速度 ω 绕水平轴 O_1 转动。求：该瞬时 C 点运动的速度、加速度。

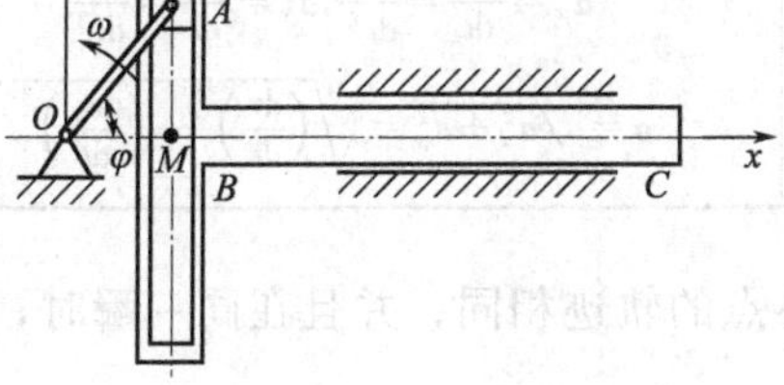

图 13-18

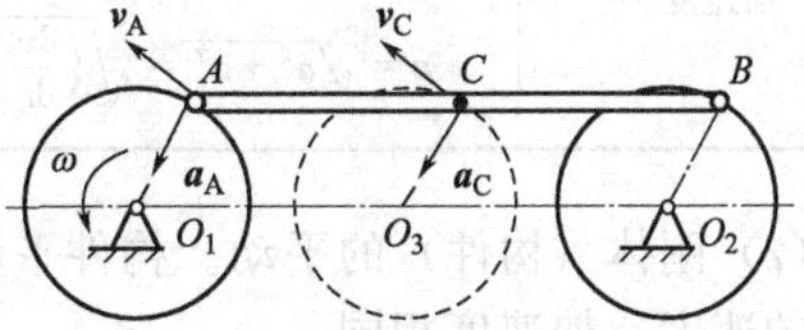

图 13-19

解　因图示平面机构 $O_1O_2=AB$，$O_1A=O_2B$，所以刚体 ACB 做平动，其上所有点

的运动轨迹、速度、加速度都相同，即

$$\boldsymbol{v}_B=\boldsymbol{v}_A,\ v_B=v_A=O_1A\times\omega=r\omega$$

$$\boldsymbol{a}_B=\boldsymbol{a}_A,\ a_B=a_A=O_1A\times\omega^2=r\omega^2$$

C 点运动轨迹形状与 A 点相同，相当于绕 O_3 点为固定点转动得到的圆。

例 13-6 发动机正常工作时其转子做匀速转动，已知转子的转速 $n=1200\text{r/min}$，在制动后做匀减速转动，从开始制动到停止转动转子共转过 80 圈。求发动机制动过程所需要的时间。

解 制动开始时，转子的角速度为

$$\omega_0=\frac{\pi n_0}{30}=\frac{\pi\times1200}{30}\text{rad/s}=40\pi\text{rad/s}$$

制动结束时，转子的角速度 $\omega=0$，在制动过程中，转子转过的转角为

$$\varphi=2\pi n=2\pi\times80\text{rad}=160\pi\text{rad}$$

由表 13-1 得匀减速转动时角加速度为

$$\varepsilon=\frac{\omega^2-\omega_0^2}{2\varphi}=\frac{-(40\pi)^2}{2\times160\pi}\text{rad/s}^2=-5\pi\text{rad/s}^2$$

制动时间为

$$t=\frac{\omega-\omega_0}{\varepsilon}=\frac{-40\pi}{-5\pi}\text{s}=8\text{s}$$

本章小结

运动学的主要任务是研究点、刚体（构件）在空间的位置随时间的变化规律。本章主要介绍点的运动和刚体基本运动的分析计算方法。

（1）运动构件上点的运动。研究刚体（构件）上点的运动，需选择合适的参考坐标系并建立点的运动方程，然后通过求导确定点的速度、加速度。自然法和直角坐标法表示点的运动规律，见表 13-2。

表 13-2 自然法和直角坐标法表示点的运动规律

方法	自然法	直角坐标法
运动方程	$s=f(t)$	$x=f_1(t)$ $y=f_2(t)$
速度	$v=\dfrac{\mathrm{d}s}{\mathrm{d}t}$	$v_x=\dfrac{\mathrm{d}x}{\mathrm{d}t},v_y=\dfrac{\mathrm{d}y}{\mathrm{d}t}$ $v=\sqrt{\left(\dfrac{\mathrm{d}x}{\mathrm{d}t}\right)^2+\left(\dfrac{\mathrm{d}y}{\mathrm{d}t}\right)^2}$
加速度	$a_\tau=\dfrac{\mathrm{d}v}{\mathrm{d}t}=\dfrac{\mathrm{d}^2s}{\mathrm{d}t^2},a_n=\dfrac{v^2}{\rho}$ $a=\sqrt{a_\tau^2+a_n^2}=\sqrt{\left(\dfrac{\mathrm{d}v}{\mathrm{d}t}\right)^2+\left(\dfrac{v^2}{\rho}\right)^2}$	$a_x=\dfrac{\mathrm{d}v_x}{\mathrm{d}t}=\dfrac{\mathrm{d}^2x}{\mathrm{d}t^2},a_y=\dfrac{\mathrm{d}v_y}{\mathrm{d}t}=\dfrac{\mathrm{d}^2y}{\mathrm{d}t^2}$ $a=\sqrt{a_x^2+a_y^2}=\sqrt{\left(\dfrac{\mathrm{d}v}{\mathrm{d}t}\right)^2+\left(\dfrac{\mathrm{d}v_y}{\mathrm{d}t}\right)^2}$

（2）刚体（构件）的平动。构件平动时，体内各点的轨迹相同；并且在同一瞬时，体内各点的速度、加速度相同。

（3）刚体（构件）绕定轴转动。转角方程、角速度、角加速度分别为

$$\varphi=f\ (t),\ \omega=\frac{\mathrm{d}\varphi}{\mathrm{d}t},\ \varepsilon=\frac{\mathrm{d}\omega}{\mathrm{d}t}=\frac{\mathrm{d}^2\varphi}{\mathrm{d}t^2}$$

(4) 转动构件上点的速度和加速度。自然法表示的定轴转动构件上一点的运动方程、速度、切向加速度、法向加速度分别为

$$s=R\varphi,\ \boldsymbol{v}=R\omega,\ \boldsymbol{a}_\tau=R\varepsilon,\ \boldsymbol{a}_n=R\omega^2$$

思　考　题

1. 点的运动方程与轨迹方程有什么区别？

2. 点做匀速运动时和点的速度为零时，其加速度是否必为零？试举例说明。

3. 点在运动时，若某瞬时 $a>0$，那么点是否一定在做加速运动？

4. 点的切向加速度与法向加速度的物理意义是什么？指出当 (1) $a_\tau=0$，$a_n=0$；(2) $a_\tau=-0$，$a_n=$常数；(3) $a_\tau=$常数，$a_n=0$ 时点各做什么运动？

5. 加速度 a 的方向是否表示点的运动方向？加速度的大小是否表示点的运动快慢程度？

6. 什么是切向加速度和法向加速度？它们的意义是什么？怎样的运动既无切向加速度又无法向加速度？怎样的运动只有切向而无法向加速度？怎样的运动只有法向而无切向加速度？怎样的运动既有切向加速度又有法向加速度？

7. 在图 13-20 中给出了动点在曲线上运动到各点时速度和加速度的方向，试判断哪些是加速运动？哪些是减速运动？哪些是不可能出现的运动？

8. 刚体做平动时，刚体上的点是否一定做直线运动？试举例说明。

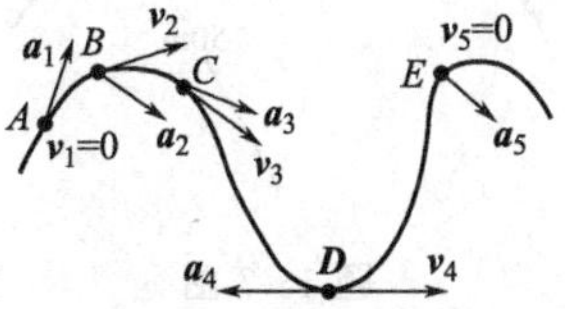

图 13-20

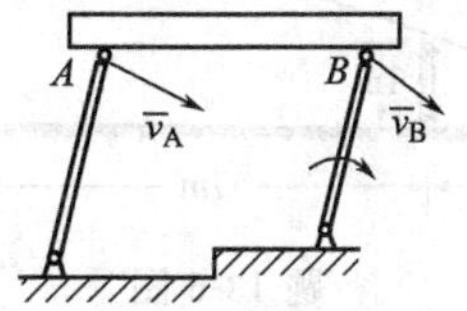

图 13-21

9. 如图 13-21 所示机构在某瞬时 A 点和 B 点的速度完全相同（大小相等，方向相同），试问 AB 板的运动是不是平动？为什么？

习　题

13-1　已知动点 M 的运动方程 $x=a\cos^2 kt$，$y=a\sin^2 kt$。试求：(1) 动点 M 的轨迹；(2) 此点沿轨迹的运动方程。

13-2　花园中水管的喷嘴以 15m/s 的速度喷水，若喷嘴被固定在地面，倾角为 30°，求水柱达到的最大高度以及水柱所能达到的最远水平距离。

13-3　如题 13-3 图所示一动点沿曲线由 A 运动到 B 共用了 2s，又用了 4s 由 B 运动到 C，再用了 3s 由 C 运动到 D。求质点 A 到 D 的平均速率。

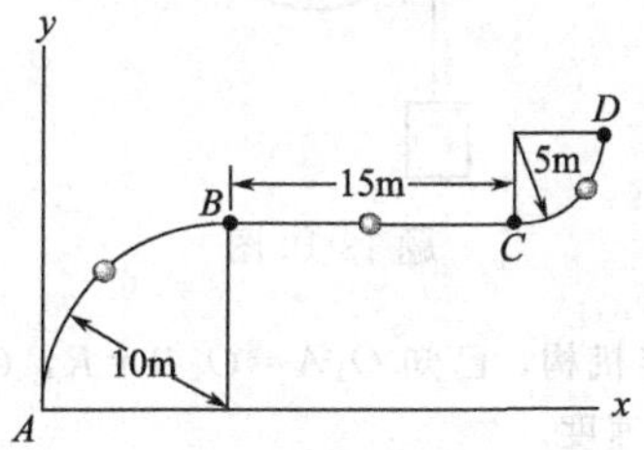

题 13-3 图

13-4　如题 13-4 图所示，通过观看篮球比赛录像，分析投篮情况。球将要投进篮筐中时，球员 B 试图

拦截篮球。忽略球的大小，求球的初始速度 v_A 的大小及队员 B 需要跳起的高度 h。

13-5　据观测，如题 13-5 图所示滑雪者离开坡道 A 点时与水平面的夹角为 $\theta=25°$，若他在 B 点落地，求他的初始速度 v_A 和飞行的时间 t_{AB}。

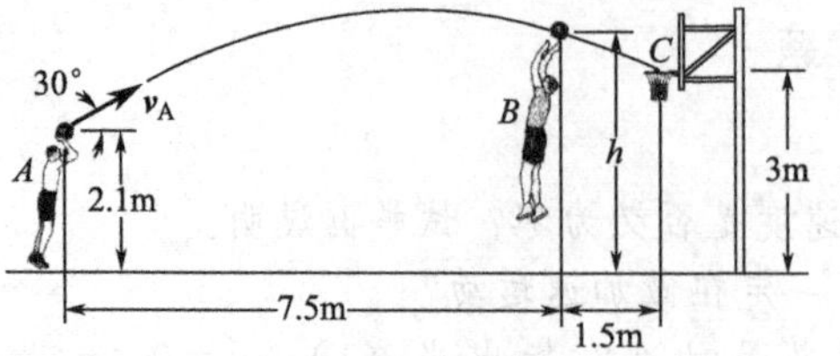

题 13-4 图

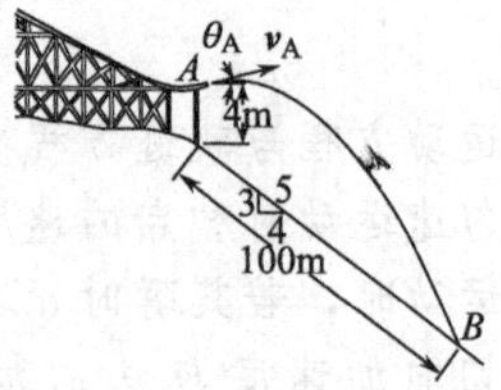

题 13-5 图

13-6　如题 13-6 图所示，网球跳过 B 点落在 C 点，求网球的初始水平速度，同时求出 B，C 两点间的距离 s。

13-7　如题 13-7 图所示一卡车沿半径为 50m 的环形路径行驶，速率为 4m/s，在距 $s=0$ 很短的距离内，速率增加率为 $dv/dt=(0.05s)\ m/s^2$，s 的单位是米。求当 $s=10m$ 时，卡车的速度和加速度的大小。

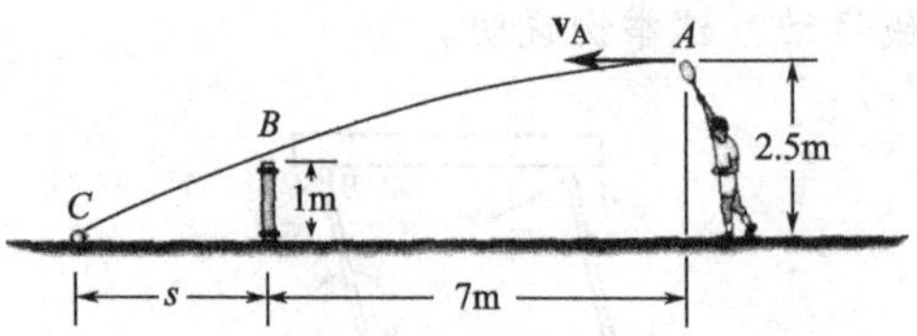

题 13-6 图

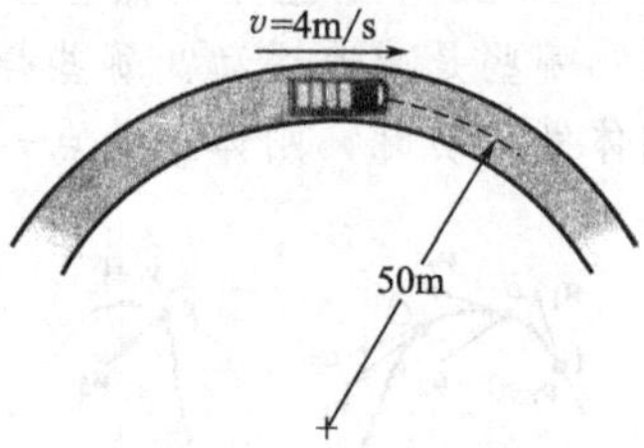

题 13-7 图

13-8　飞轮以 $n=240r/min$ 转动，截断电流后，飞轮做匀减速转动，经 4min 又 10s 后停止。试求飞轮的角加速度和停止之前所转过的转角。

13-9　题 13-9 图所示皮带轮边缘上一点 A 以 50cm/s 的速度运动，在轮缘内另一点 B 以 10cm/s 的速度运动。两点到轮轴的距离相差 20cm，求皮带轮的角速度及直径。

13-10　题 13-10 图所示卷扬机鼓轮半径 $r=0.16m$，可绕过点 O 的水平轴转动。已知鼓轮的转动方程为 $\varphi=t^3/8rad$，其中 t 单位以 s 计，求 $t=4s$ 时轮缘上一点 M 的速度 v 和加速度 a。

13-11　题 13-11 图所示升降机装置，由半径为 $R=50cm$ 的鼓轮带动。被升降物体的运动方程 $x=5t^2$，t 以 s 计，x 以 m 计。求鼓轮的角速度和角加速度，并求在任意瞬时鼓轮轮缘上一点的全加速度的大小。

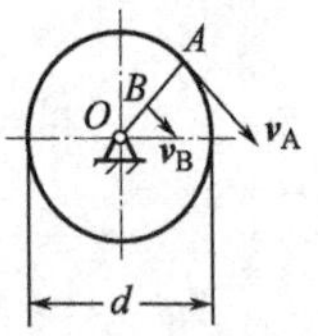

题 13-9 图

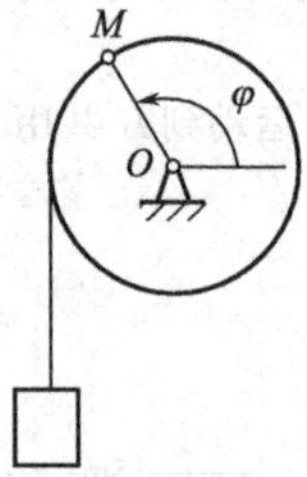

题 13-10 图

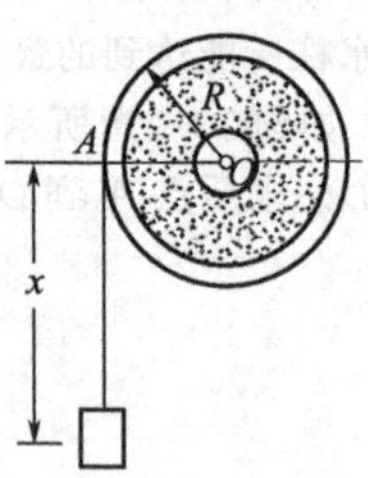

题 13-11 图

13-12　题 13-12 图所示为一搅拌机构，已知 $O_1A=O_2B=R$，O_1A 绕 O_1 转动，转速为 n；试分析 BAM 上一点 M 的轨迹及其速度和加速度。

13-13　如题 13-13 图所示平行四边形机构中，已知曲柄 O_1A 的转动方程为 $\varphi=15\pi t$，且 $O_1A=R=0.2m$。求 $t=2s$ 时，连杆 AB 上点 M 的速度和加速度。

13-14　台秤机构如题 13-14 图所示，其中包括杠杆 AC、秤台 ABD、砝码 C、重物 M 和支撑杆 O_2B。

已知 $O_1A=O_2B=l_1$，$O_1O_2=AB$，$O_1C=l_2$。在图示位置，设砝码得到向下速度 v_0，试求重物 M 的速度。

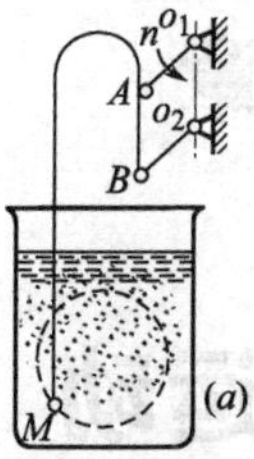

图 13-12 图

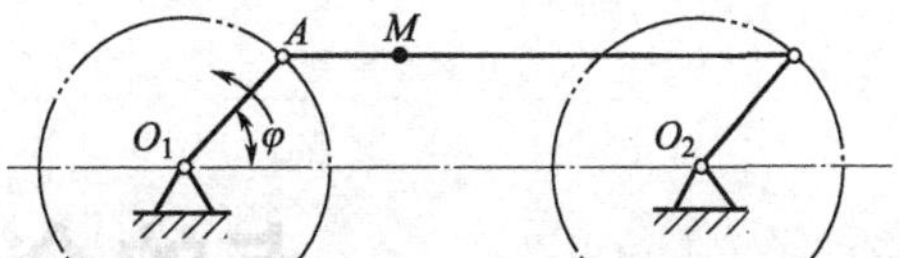

图 13-13 图

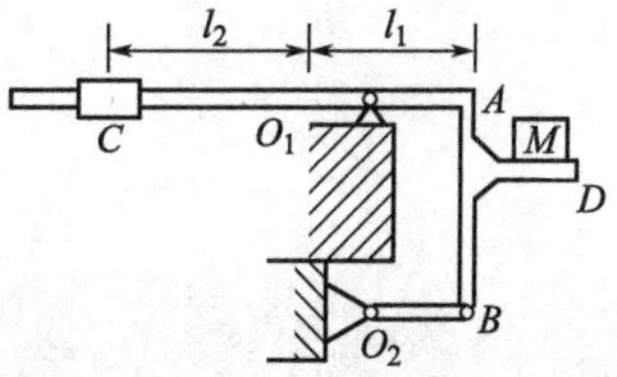

图 13-14 图

第十四章

点的合成运动

本章讨论点的较复杂的运动，主要研究点做复杂运动时的速度和加速度的合成（或分解）内容。

第一节　点的合成运动的概念

采用不同的参考系来描述同一点的运动，其结果可以不相同，这就是运动描述的相对性。例如无风时，站在地面上的人，看到雨滴 M 是铅垂下落的，坐在行驶车厢里的人（见图 14-1），看到雨滴 M 却是向车后偏斜下落的（图中用虚线表示的方向）。产生不同结论的原因是：前者以静止的地面为参考系，而后者是以向前行驶的车厢为参考系。

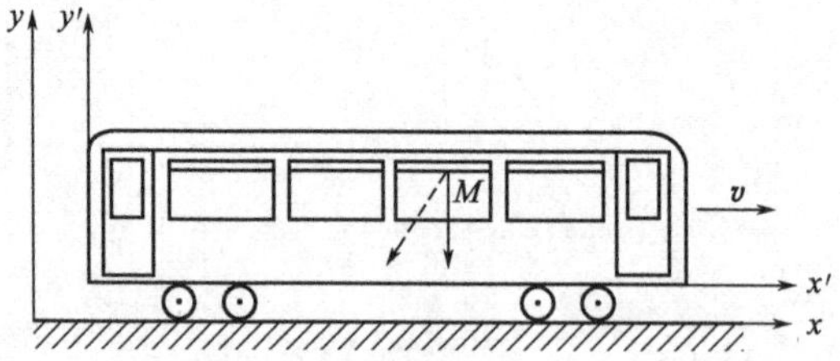

图 14-1

分析图 14-2 所示起重行车起吊重物 M 的运动可以知道，重物相对于小车铅垂上升，小车相对于横梁水平直线平动，而重物相对于横梁的运动则是比较复杂的运动。但是，重物相对于小车的运动和小车相对于横梁的运动都是简单的直线运动。再如图 14-3 所示，直管 OA 绕固定于机座的 O 轴转动，管内有一小球 M 沿直管向外运动，小球相对于直管做直线运动，直管相对于地面定轴转动，而小球相对于地面的运动是复杂的曲线运动。由此我们想到，一些复杂的运动，如能适当选取不同的坐标系，可以看作两个较为简单运动的合成，或者说把比较复杂的运动，(亦称复合运动）分解成两个比较简单的运动。这种研究方法在工程实践和理论上都具有重要意义。

为了便于分析，我们把研究的点称为动点，习惯上把与地面或机架固结的参考系称为定坐标系（简称定系），以 xOy 表示；把固连于运动物体（如行车梁、直管）上的坐标系称为动坐标系（简称动系），以 $x'Oy'$表示。

由于选取了一个动点和两个参考系，因此存在如下三种运动。

(1) 绝对运动　动点相对定系的运动。动点在绝对运动中的轨迹、速度和加速度，分别称为动点的绝对轨迹、绝对速度 v_a 和绝对加速度 a_a。

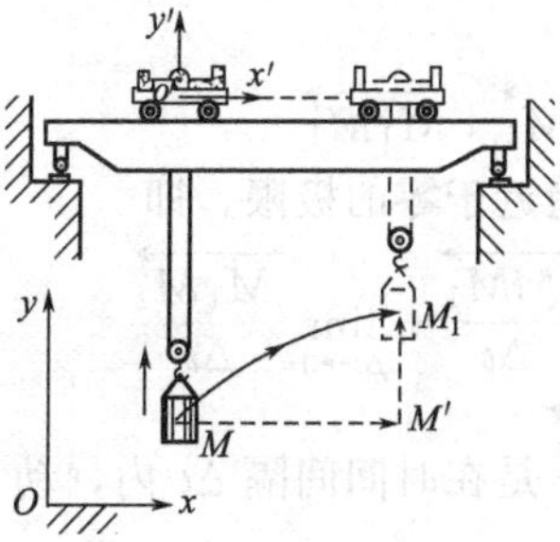

图 14-2

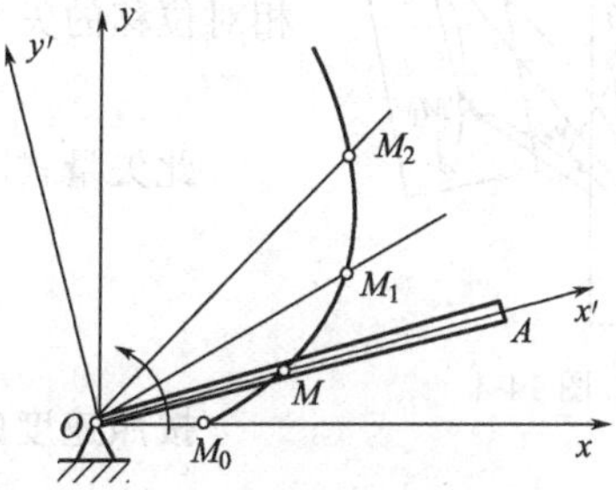

图 14-3

（2）相对运动　动点相对动系的运动。动点在相对运动中的轨迹、速度和加速度，分别称为动点的相对轨迹、相对速度 v_r 和相对加速度 a_r。

（3）牵连运动　动系相对定系的运动。

由上述三种运动的定义可知，点的绝对运动、相对运动的主体是动点本身，其运动可能是直线运动或曲线运动；而牵连运动的主体却是动系所固连的刚体，其运动可能是平移、转动或其他较复杂的运动。

在任意瞬时，动系上与动点重合的那一点（牵连点）的速度和加速度，分别称为动点的牵连速度 v_e 和牵连加速度 a_e。动系通常固连在某一刚体上，其运动形式与刚体的运动形式相同，而动点的牵连速度和牵连加速度必须根据某瞬时动系上与动点重合点的确切位置来确定。

如图 14-2 所示的起重行车起吊重物，在研究重物的运动时，以重物为动点，固连于地面的坐标系 xOy 为定系，固连于小车的坐标系 $x'Oy'$ 为动系。这时重物相对于小车的铅垂向上运动就是动点的相对运动；小车相对于横梁的水平向右平移就是牵连运动；重物相对于地面的曲线运动就是动点的绝对运动。要想知道某一瞬时重物的绝对运动速度和加速度，必须研究动点在不同坐标系中各运动量之间的关系。

研究点的合成运动时，如何选择动点、动系是解决问题的关键。一般来讲，由于合成运动求解方法上的要求，动点相对于动坐标系应有相对运动，因而动点与动坐标系不能选在同一刚体上，同时应使动点相对于动坐标系的相对运动轨迹为已知。

第二节　点的速度合成定理

本节讨论动点的相对速度、牵连速度与绝对速度三者之间的关系。由于点的速度是根据位移的概念导出的，因此首先分析动点的位移。

设动点在任意刚体 K 上运动，弧$\overset{\frown}{AB}$ 是动点在刚体 K 上的相对运动轨迹，如图 14-4 所示；刚体 K 又可以任意运动。把动坐标系固结在刚体 K 上，静坐标系固结在地面上。

设在某瞬时 t，刚体 K 在图左边的位置，动点位于 M 处；经过时间间隔 Δt 后，刚体 K 运动到右边的位置，动点运动到 M_1'处，$\overset{\frown}{MM_1'}$ 是它的绝对轨迹；M_1 是瞬时 t 的牵连点，$\overset{\frown}{MM_1}$ 是此牵连点的轨迹。

连接矢量$\overrightarrow{MM_1'}$、$\overrightarrow{MM_1}$、$\overrightarrow{M_1M_1'}$。在时间间隔 Δt 中，$\overrightarrow{MM_1'}$ 是动点绝对运动的位移；

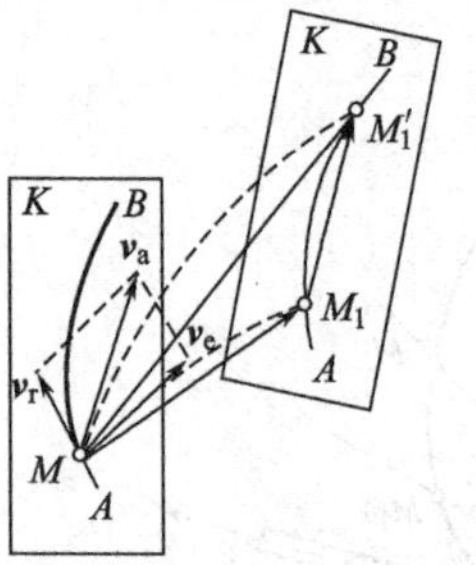

图 14-4

$\overrightarrow{M_1M'_1}$ 是动点相对于刚体 K 的相对位移；$\overrightarrow{MM_1}$ 是瞬时 t 的牵连点的位移。在矢量三角形 $MM_1M'_1$ 中，动点的绝对位移是牵连位移和相对位移的矢量和，即

$$\overrightarrow{MM'_1}=\overrightarrow{MM_1}+\overrightarrow{M_1M'_1}$$

此矢量式除以 Δt，并取 Δt 趋近于零的极限，即

$$\lim_{\Delta t\to 0}\frac{\overrightarrow{MM'_1}}{\Delta t}=\lim_{\Delta t\to 0}\frac{\overrightarrow{MM_1}}{\Delta t}+\lim_{\Delta t\to 0}\frac{\overrightarrow{M_1M'_1}}{\Delta t}$$

按照速度的基本概念，$\frac{\overrightarrow{MM'_1}}{\Delta t}$是在时间间隔 Δt 内，动点 M 在绝对运动中的平均速度 v_a^*；$\lim\limits_{\Delta t\to 0}\frac{\overrightarrow{MM'_1}}{\Delta t}$是动点在瞬时 t 的绝对速度 $\boldsymbol{v}_a$，其方向沿曲线$\overset{\frown}{MM'_1}$ 上 M 点的切线方向。同理，矢量 $\lim\limits_{\Delta t\to 0}\frac{\overrightarrow{MM_1}}{\Delta t}$是动点在瞬时 t 的牵连点的速度，即动点的牵连速度 $\boldsymbol{v}_e$，其方向沿曲线$\overset{\frown}{MM_1}$ 上 M 点的切线方向；矢量 $\lim\limits_{\Delta t\to 0}\frac{\overrightarrow{M_1M'_1}}{\Delta t}$是动点在瞬时 t 沿曲线 AB 运动的速度，即动点的相对速度 $\boldsymbol{v}_r$，其方向沿曲线 AB 上 M 点的切线方向，于是

$$\boldsymbol{v}_a=\boldsymbol{v}_e+\boldsymbol{v}_r \tag{14-1}$$

式(14-1) 表明：动点在任一瞬时的绝对速度等于它的牵连速度与相对速度的矢量和。这就是点的速度合成定理，也称为速度平行四边形定理。这是个矢量方程，共包含绝对速度、牵连速度和相对速度的大小及方向六个量，已知其中任意四个量可求出其余的两个未知量。

点的速度合成定理对于任何形式的牵连运动（平动或转动）都是成立的。

例 14-1 如图 14-5 所示，汽车以速度 $\boldsymbol{v}_1$ 沿水平直线行驶，雨点 M 以速度 $\boldsymbol{v}_2$ 铅垂下落，求雨点相对于汽车的速度。

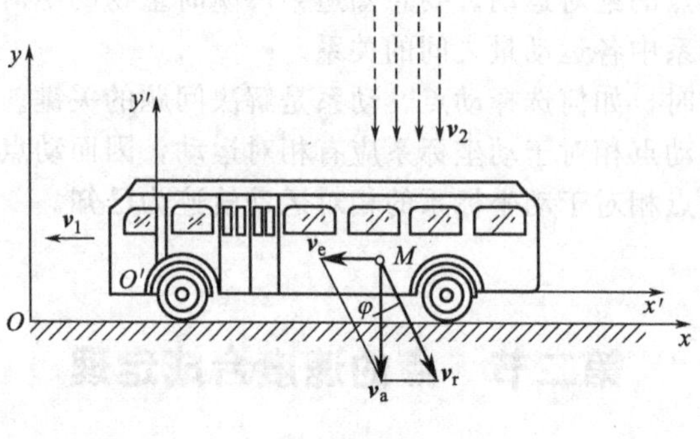

图 14-5

解 (1) 动点和参考系的选取。取雨点为动点，静系 xOy 固连于地面上，动系 $x'O'y'$ 固连于汽车上。

(2) 三种运动分析。

绝对运动——雨点对地面的铅垂向下直线运动。绝对速度 $\boldsymbol{v}_a=\boldsymbol{v}_2$。

相对运动——雨点对汽车的运动。相对速度 $\boldsymbol{v}_r$ 的大小、方向未知。

牵连运动——汽车的水平直线平动。由于牵连运动为直线平动，故牵连点的速度（牵连速度）$\boldsymbol{v}_e=\boldsymbol{v}_1$。

(3) 由上述分析可知，共有相对速度 $\boldsymbol{v}_r$ 的大小、方向两个未知量，可以应用速度合成定理，作速度平行四边形（见图 14-5）。由图可得相对速度的大小为

$$v_r=\sqrt{v_e^2+v_a^2}=\sqrt{v_1^2+v_2^2}$$

其方向用 φ 表示，可由 $\boldsymbol{v}_a$、$\boldsymbol{v}_r$、$\boldsymbol{v}_e$ 的直角三角形关系算出。

例 14-2　如图 14-6 所示，半径为 R 的半圆柱形凸轮顶杆机构中，凸轮在机架上沿水平方向向右运动，使推杆 AB 沿铅垂导轨滑动，在 $\varphi=60°$ 的图示位置时，凸轮的速度为 v，求该瞬时推杆 AB 的速度。

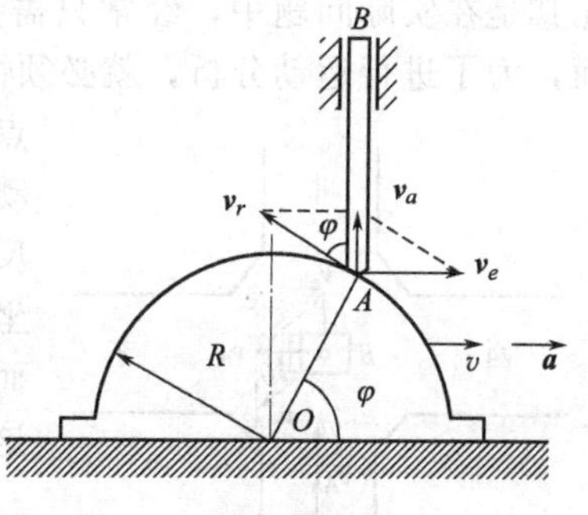

图 14-6

解　凸轮与推杆都做直线平动，且二者之间有相对运动。取推杆上与凸轮接触的 A 点为动点，动系与凸轮固连，定系与机架固连。相对运动为动点 A 相对凸轮轮廓的圆弧运动，牵连运动是凸轮相对于机架的水平直线平动，绝对运动为 A 点的铅垂往复直线运动。

速度分析如下表所示。

速度	$\boldsymbol{v}_a$	$\boldsymbol{v}_e$	$\boldsymbol{v}_r$
大小 方向	未知 铅垂方向	V 水平向右	未知 沿轮廓切线

根据速度合成定理，画出速度平行四边形，如图 14-6 所示，由三角关系可知

$$v_a=v_e\cos\varphi=v\cot 60°=\frac{\sqrt{3}}{3}v$$

所以，推杆 AB 的速度为 $0.577V$，还可求得相对速度，即

$$v_r=\frac{v_e}{\sin\varphi}=\frac{v}{\sin 60°}=\frac{2}{\sqrt{3}}V$$

例 14-3　图 14-7 中，偏心圆凸轮的偏心距 $OC=e$，半径 $r=\sqrt{3}e$，设凸轮以匀角速度 ω_0 绕轴 O 转动，试求 OC 与 CA 垂直的瞬时，杆 AB 的速度。

解　凸轮为定轴转动，AB 杆为直线平移，只要求出 AB 杆上任一点的速度就可以知道 AB 杆的速度。由于 A 点始终与凸轮接触，因此，它相对于凸轮的相对运动轨迹为已知圆。选 AB 杆上的 A 点为动点，动坐标系 $x'Oy'$ 固结在凸轮上，静坐标系固结于地面上。这样，A 点的绝对运动是直线运动，动点的绝对速度 $\boldsymbol{v}_a$ 沿 AB 方向；相对运动是以 C 为圆心，r 为半径的圆周运动，动点的相对速度 $\boldsymbol{v}_r$ 为该圆在 A 点的切线方向；牵连运动是动坐标系（凸轮）绕 O 轴的定轴转动，动点的牵连速度 $\boldsymbol{v}_e$ 就是凸轮上与杆 AB 的 A 点接触之点的速度，其与 OA 垂直，指向沿 ω_0 的转动方向，如图 14-7 所示。

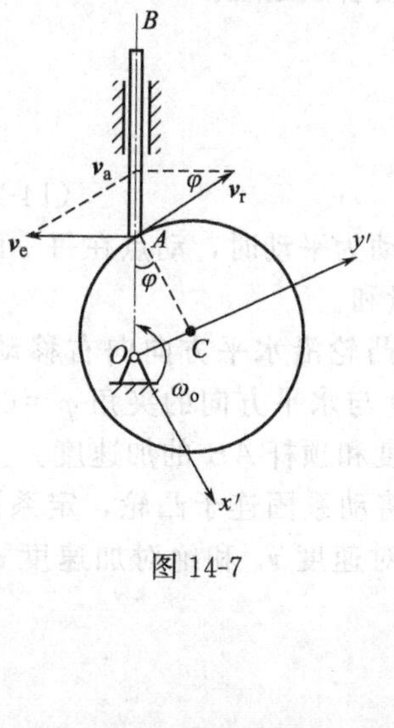

图 14-7

由已知条件，$v_e=OA\times\omega_0=2e\omega_0$，再根据 $\boldsymbol{v}_a$、$\boldsymbol{v}_r$ 的方向，画出速度平行四边形，因而可求出 $\boldsymbol{v}_a$ 的大小

$$\tan\varphi=\frac{OC}{AC}=\frac{v_a}{v_e}$$

$$v_a=\frac{1}{\sqrt{3}}e\omega_0$$

其中 $OC=e$，$AC=r=\sqrt{3}e$，于是这就是 AB 杆在此瞬时的速度，方向向上。

由上述分析可以看到，在本例中应用点的合成运动的方法可以简捷、清楚地求得结果。尤其是在实际问题中，经常只需要就几个特殊位置进行计算，应用这种方法更为方便。然而，为了进行运动分析，就必须恰当地选好动点和动坐标系。在本题中，AB 杆的 A 点为动点，动坐标系与凸轮固结。因此，三种运动，特别是相对运动轨迹十分明显、简单且为已知圆，使问题得以顺利解决。反之，若选凸轮上的点（例如与 A 重合之点）为动点，而动坐标系与 AB 杆固结，这样，相对运动轨迹不仅难以确定，而且其曲率半径未知，因而使相对运动轨迹变得十分复杂，这将导致求解（特别是求加速度）困难。

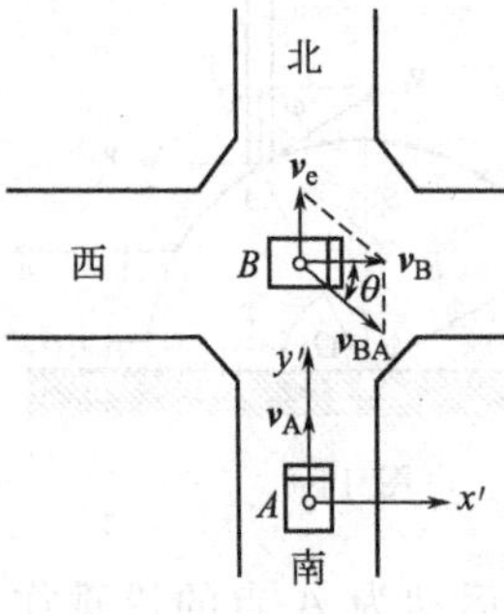

图 14-8

* **例 14-4** 设有汽车 A 以速度 $\boldsymbol{v}_A=40\text{km/h}$ 由南向北行驶，另一汽车 B 以速度 $\boldsymbol{v}_B=30\text{km/h}$ 由西向东行驶，如图 14-8 所示。试求图示瞬时，B 车相对于 A 车的速度 $\boldsymbol{v}_{BA}$。

解 将汽车 B 视为动点，动参考系固结在汽车 A 上，地面作为定参考系。

汽车 B 由西向东的直线运动是绝对运动。汽车 A 相对于地面由南向北的直线平动是牵连运动。汽车 B 相对于汽车 A 的运动是相对运动。所以，绝对速度 $\boldsymbol{v}_a=30\text{km/h}$，牵连速度 $\boldsymbol{v}_e=40\text{km/h}$，相对速度 $\boldsymbol{v}_r$ 的大小和方向是待求未知量。

根据速度合成定理，在动点 B 上画出速度平行四边形，如图 14-8 所示。利用几何关系，可得相对速度大小为

$$\boldsymbol{v}_r=\boldsymbol{v}_{BA}=\sqrt{30^2+40^2}=50(\text{km/h})$$

这个题设的运动也是生产实践中常需要分析的一类运动形式，此类问题应用合成运动的方法研究时，宜取一个物体为动点，另一个物体为动参考系，并且取作动点的物体应视为点，固结着动参考系的物体应视为刚体。

第三节 点的加速度合成定理

前面在推证点的速度合成定理时曾经指出，所得结论对于任何形式的牵连运动都是成立的，但对于加速度合成问题则不然，不同形式的牵连运动——平动还是转动，可以得到不同形式的加速度合成规律。本节主要讨论牵连运动为平动时的加速度合成定理。

一、牵连运动为平动时的加速度合成定理

与点的速度合成定理推导类似，可以得如下关系式

$$\boldsymbol{a}_a=\boldsymbol{a}_e+\boldsymbol{a}_r \tag{14-2}$$

这就是牵连运动为平动时点的加速度合成定理，即当牵连运动为平动时，动点在每一瞬时的绝对加速度 $\boldsymbol{a}_a$ 等于其牵连加速度 $\boldsymbol{a}_e$ 与相对加速度 $\boldsymbol{a}_r$ 的矢量和。

例 14-5 凸轮机构如图 14-9(a) 所示。半径为 R 的半圆形凸轮沿水平方向向右移动，使顶杆 AB 沿铅直导槽上下运动。凸轮中心 O 和点 A 的连线 AO 与水平方向的夹角 $\varphi=60°$ 时，凸轮的速度为 $\boldsymbol{v}_0$，加速度为 $\boldsymbol{a}_0$，试求该瞬时点 A 的相对速度和顶杆 AB 的加速度。

解 (1) 点 A 的相对速度 取顶杆 AB 上的点 A 为动点，将动系固连于凸轮，定系固连于机架。则动点 A 的绝对运动是沿导槽的铅垂直线运动，绝对速度 $\boldsymbol{v}_a$ 和绝对加速度 $\boldsymbol{a}_a$

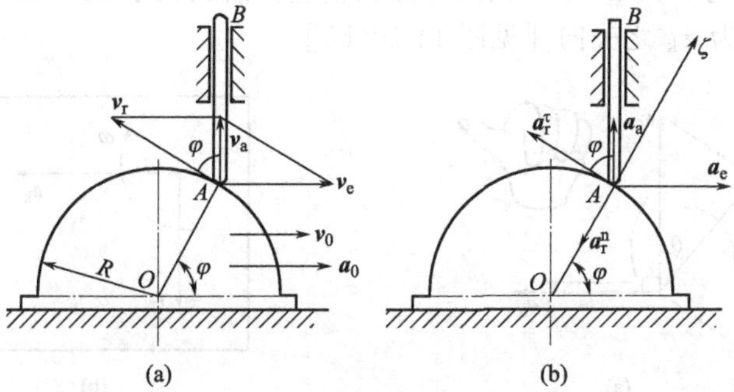

图 14-9

皆为铅垂方向。由于动点 A 始终与凸轮表面相接触，可以看出动点 A 的相对运动轨迹就是凸轮边缘的圆周曲线，因此相对速度 $\boldsymbol{v}_r$ 沿圆周 A 点的切线方向，而相对加速度 $\boldsymbol{a}_r$ 应有切向和法向两个分量：切向加速度 $\boldsymbol{a}_r$ 沿圆周 A 点的切线方向，大小未知；法向加速度大小为 $a_r^n=v_r^2/R$，方向由点 A 指向圆心 O。牵连运动为凸轮的水平直线平动，动点 A 的牵连速度 $\boldsymbol{v}_0$ 和牵连加速度 $\boldsymbol{a}_0$ 皆为已知。

根据点的速度合成定理，作速度平行四边形［见图 14-9(a)］。由图中几何关系得点 A 的相对速度为

$$v_r=v_e/\sin\varphi=v_0/\sin60°=\frac{2\sqrt{3}}{3}v_0$$

(2) 顶杆 AB 的加速度　由牵连运动为平动时的加速度合成定理

$$\boldsymbol{a}_a=\boldsymbol{a}_e+\boldsymbol{a}_r^n+\boldsymbol{a}_r^\tau$$

画出各加速度矢量关系图［见图 14-9(b)］。上式中只有 $\boldsymbol{a}_a$ 和 $\boldsymbol{a}_r$ 的大小两个未知要素，而题意只要求顶杆 AB 的加速度 $\boldsymbol{a}_a$，因杆 AB 做直线平动，故选坐标 τ、ξ。为计算 $\boldsymbol{a}_n$ 的大小，可将上式投影到 ξ 轴上，得

$$\boldsymbol{a}_a\sin\varphi=\boldsymbol{a}_e\cos\varphi-a_r^n$$

解得

$$\boldsymbol{a}_a=\frac{1}{\sin\varphi}\left(a_0\cos\varphi-\frac{\boldsymbol{v}_r^2}{R}\right)$$

*二、牵连运动为转动时的加速度合成定理的简介

牵连运动为转动时，加速度合成定理不再是式(14-2)的形式，应加上一项科氏加速度(Coriolis acceleration) $\boldsymbol{a}_k$。，即

$$\boldsymbol{a}_a=\boldsymbol{a}_e+\boldsymbol{a}_r+\boldsymbol{a}_k \tag{14-3}$$

式(14-3)表明：牵连运动为转动时，动点在每一瞬时的绝对加速度等于牵连加速度、相对加速度与科氏加速度三者的矢量和。这就是牵连运动为转动时的加速度合成定理。

经进一步演算可得计算科氏加速度 $\boldsymbol{a}_k$ 的公式为

$$\boldsymbol{a}_k=2\omega\times\boldsymbol{v}_r \tag{14-4}$$

式中，ω 是动参考系转动的角速度矢量（伪矢量）。

根据矢积运算规则，科氏加速度 $\boldsymbol{a}_k$ 的大小为

$$a_k=2\omega v_r\sin\theta \tag{14-5}$$

式中，θ 为 ω 与 $\boldsymbol{v}_r$ 间的最小夹角。科氏加速度 $\boldsymbol{a}_k$ 的方向垂直于 ω 与 $\boldsymbol{v}_r$ 所在的平面，指向由右手法则决定。四指旋转方向由 $\omega\rightarrow\boldsymbol{v}_r$，则拇指指向就是 $\boldsymbol{a}_k$ 的方向，如图 14-10(a) 所示。

当研究平面问题时，因 ω 与 $\boldsymbol{v}_r$ 两矢量互相垂直，故其大小 $\boldsymbol{a}_k=2\omega\boldsymbol{v}_r$；其方向则可将 $\boldsymbol{v}_r$ 矢向顺 ω 转 90°，即为 $\boldsymbol{a}_k$ 之矢向［见图 14-10(b)］。

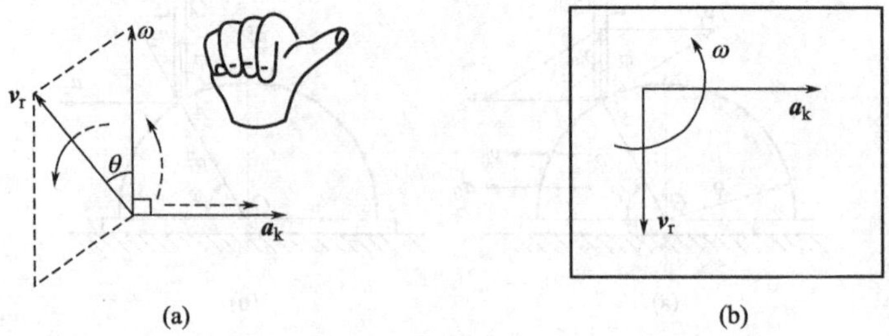

图 14-10

只有当牵连运动为平动时，由于 $\omega=0$，导致科氏加速度的值为零，动点的绝对加速度才等于其牵连加速度与相对加速度的矢量和，即 $\boldsymbol{a}_a=\boldsymbol{a}_e+\boldsymbol{a}_r$

科氏加速度的产生，是牵连转动和相对运动之间相互影响的结果。当牵连运动为平动时，就不存在这种相互影响，因此不出现科氏加速度。关于科氏加速度的详细讨论，可参阅有关书籍。

* **例 14-6** 如图 14-11(a) 所示，半径为 R 的半圆凸轮以匀速 v 水平向左平动，推动杆 OA 绕轴 O 转动。当$\angle AOD=\theta$ 时，试求：(1) 杆 OA 的角速度 ω；(2) 杆 OA 的角加速度 ε。

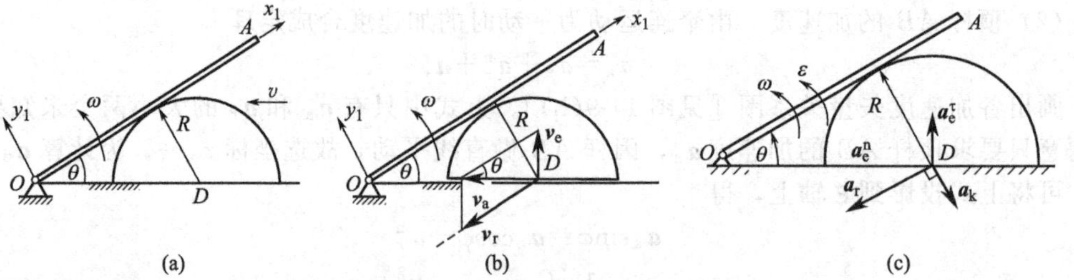

图 14-11

解 (1) 求杆 OA 的角速度 ω［见图 14-11(b)］。

选动点与动系：选凸轮圆心 D 为动点；动系固连在 OA 杆上，相对运动的轨迹为一条直线（平行于 AO）。

$\boldsymbol{v}_a$ 的大小方向均已知；$\boldsymbol{v}_r$ 大小未知，方向沿直线（相对运动的轨迹）；牵连运动是整个平面随杆 OA 以角速度 ω 绕 O 轴转动，因此牵连速度 $\boldsymbol{v}_e$ 铅垂向上，其大小为

$$\boldsymbol{v}_e=OD\times\omega=\frac{R\omega}{\sin\theta}$$

由矢量方程 $\boldsymbol{v}_a=\boldsymbol{v}_e+\boldsymbol{v}_r$ 和速度矢量图投影可得

$$\boldsymbol{v}_a=\boldsymbol{v}_r\cos\theta$$
$$0=\boldsymbol{v}_e-\boldsymbol{v}_r\sin\theta$$

解得 $\omega=\dfrac{\boldsymbol{v}}{R}\sin\theta\tan\theta$，转向如图 14-11(a) 所示。

(2) 求杆 OA 的角加速度 ε［见图 14-11(c)］。

选凸轮圆心 D 为动点；动系固连在 OA 杆上；因牵连运动为定轴转动，故产生科氏加速度 $\boldsymbol{a}_k$。由牵连运动为转动时的加速度合成定理，有

$$\boldsymbol{a}_a=\boldsymbol{a}_e^n+\boldsymbol{a}_e^\tau+\boldsymbol{a}_r+\boldsymbol{a}_k$$

其中

$$\boldsymbol{a}_a=0,\ \boldsymbol{a}_e^n=OD\times\omega^2=\frac{\omega^2R}{\sin\theta}$$

$$\boldsymbol{a}_e^\tau=OD\times\varepsilon=\frac{\varepsilon R}{\sin\theta}$$

$$\boldsymbol{a}_k=2\omega\boldsymbol{v}_r\sin\frac{\pi}{2}=\frac{2\boldsymbol{v}^2}{R}\tan^2\theta$$

沿 $\boldsymbol{a}_k$ 方向投影，有

$$0=-\boldsymbol{a}_e^n\sin\theta-\boldsymbol{a}_e^\tau\cos\theta+\boldsymbol{a}_k$$

解得

$$\varepsilon=\frac{v^2}{R^2}\tan^3\theta(1+\cos^2\theta)$$

当然，因为 ω 为变量，此题也可用角速度 $\omega=\dfrac{\boldsymbol{v}}{R}\sin\theta\tan\theta$ 对时间求导得到角加速度。

本章小结

本章讨论点较复杂的运动。

1. 合成运动的概念

动点相对于不同参考系的运动不同：动点相对于定系的运动称为绝对运动；动点相对于动系的运动称为相对运动；动系相对于定系的运动称为牵连运动。

动点的绝对运动可看作动点的相对运动与动点随动系的牵连运动的合成。因此，动点的绝对运动又称为点的合成运动。

动点、动系的选取原则是：动点和动系不能选在同一个构件上，一般取常接触点为动点。

2. 速度合成定理

动点的绝对速度等于它的牵连速度与相对速度的矢量和。也就是说，动点的绝对速度可以由相对速度和牵连速度为邻边所组成的平行四边形的对角线来表示，即

$$\boldsymbol{v}_a=\boldsymbol{v}_e+\boldsymbol{v}_r$$

值得注意的是：牵连速度是某瞬时动系上与动点重合的点（牵连点）相对于定系的速度。速度合成定理适用于做任何运动的动参考系。

思考题

1. 相对运动、牵连运动和绝对运动都是指同一个点的运动，因而它们可能是直线运动，也可能是曲线运动。这种说法是否正确？为什么？

2. 什么是牵连速度、牵连加速度？是否动参考系中任何一点的速度（或加速度）就是牵连速度（或加速度）？

3. 为什么牵连运动为平动时，动参考系某瞬时的速度与加速度就是动点的牵连速度与牵连加速度？

4. 某瞬时动参考系上与动点 M 相重合的点为 M'，试问动点 M 与点 M' 在此瞬时的绝对速度是否相等？为什么？动系相对于定系运动的速度称为牵连速度，对吗？为什么？

*5. 科氏加速度反映了哪两种运动相互影响的结果？为什么当牵连运动为平动时，这种影响就不存在了呢？

习 题

14-1 试在题 14-1 图所示机构中，选取动点、动系，并指出动点的相对运动及牵连运动。

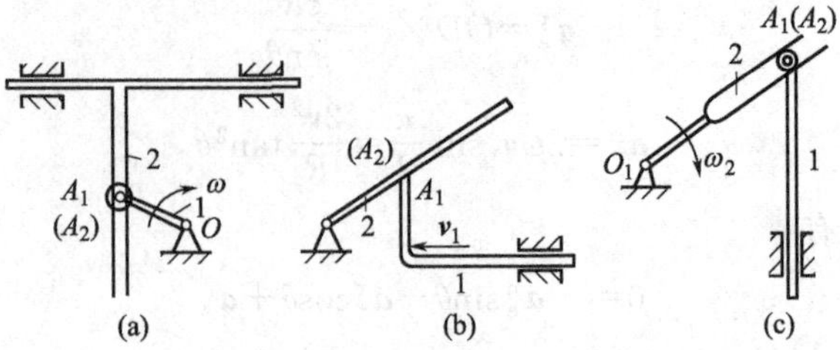

题 14-1 图

14-2 题 14-2 图所示车厢以匀速 $v_1=5\text{m/s}$ 水平行驶。途中遇雨，雨滴铅直下落。而在车厢中观察到的雨线却向后，与铅直线成夹角 30°。试求雨滴的绝对速度。

14-3 如题 14-3 图所示细直管长 $OA=l$，以匀角速度 ω 绕固定轴 O 转动。管内有一小球 M 沿管道以速度 v 向外运动。设在小球离开管道的瞬时，$v=l\omega$。求这时小球 M 的绝对速度。

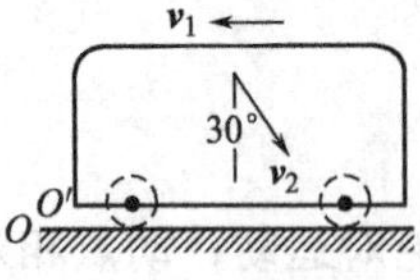

题 14-2 图

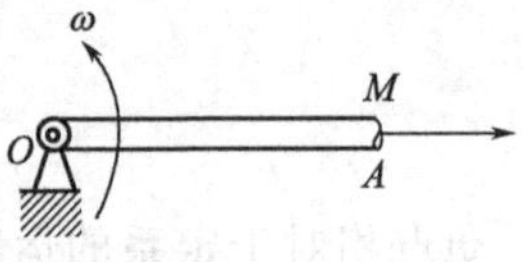

题 14-3 图

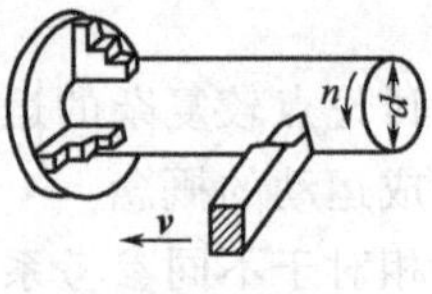

题 14-4 图

14-4 如题 14-4 图所示，车床主轴的转速 $n=30\text{r/min}$，工件直径 $d=4\text{cm}$。如车刀横向走刀速度为 $v=1\text{cm/s}$。求车刀对工件的相对速度。

14-5 题 14-5 图所示的瓦特离心调速器以角速度 ω 绕铅直线转动。由于机器负荷的变化，调速器重球以角速度 ω_1 向外张开。如 $\omega=10\text{rad/s}$，$\omega_1=1.2\text{rad/s}$。球柄长 $l=50\text{cm}$。悬挂球柄的支点到铅直轴的距离为 $e=5\text{cm}$，球柄与铅直轴夹角 $\alpha=30°$，求此时重球的绝对速度。

14-6 题 14-6 图所示 L 形杆 OAB 以匀角速度 ω 绕 O 轴转动，$OA=l$，OA 垂直 AB，通过滑套 C 推动杆 CD 沿铅直导槽运动。在图示位置时，$\angle AOC=\varphi$，试求杆 CD 的速度。

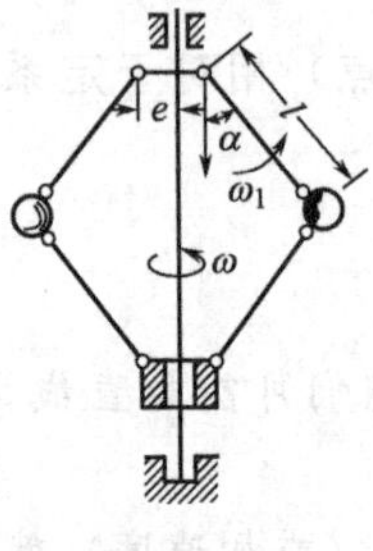

题 14-5 图

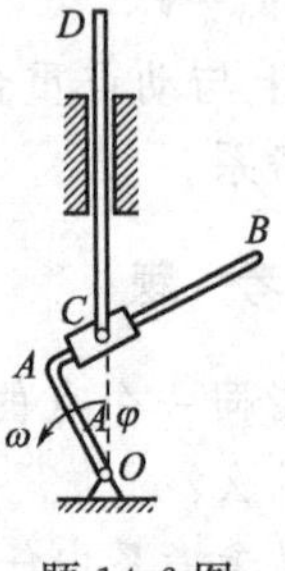

题 14-6 图

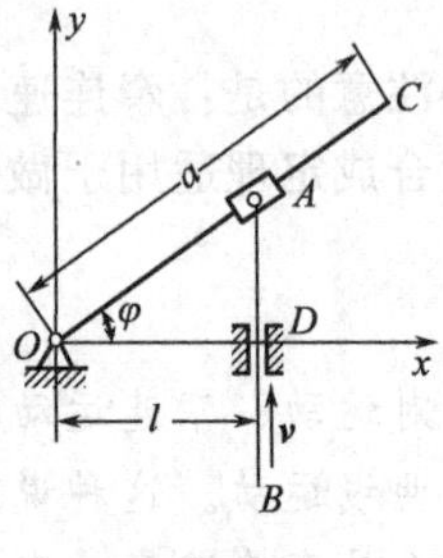

题 14-7 图

14-7 题 14-7 图所示的滑杆 AB 以等速 v 向上运动。开始时 $\varphi=0$，求当 $\varphi=\pi/4$ 时摇杆 OC 的角速度和角加速度大小。

14-8 题 14-8 图所示矿砂从传送带 A 落到另一传送带 B，其绝对速度为 $v_1=4\text{m/s}$。方向与铅直线成 30°角。设传送带 B 与水平面成 15°角，其速度 $v_2=2\text{m/s}$。求此时矿砂对于传送带 B 的相对速度，并计算当传送带 B 的速度为多大时，矿砂的相对速度才能与它垂直？

14-9 题 14-9 图所示杆 OA 长 l，由推杆推动而在图面内绕点 O 转动。假定推杆的速度为 v，其弯头高为 a。试求杆端 A 的速度的大小（表示为由推杆至点 O 的距离 x 的函数）。

14-10　平底顶杆凸轮机构如题 14-10 图所示，顶杆 AB 可沿导轨上下移动，偏心圆盘绕轴 O 转动，轴 O 位于顶杆轴线上，工作时顶杆的平底始终接触凸轮表面。该凸轮半径为 R，偏心距 $OC=e$，凸轮绕轴 O 转动的角速度为 ω，OC 与水平线成夹角 φ。求当 $\varphi=0°$时，顶杆的速度。

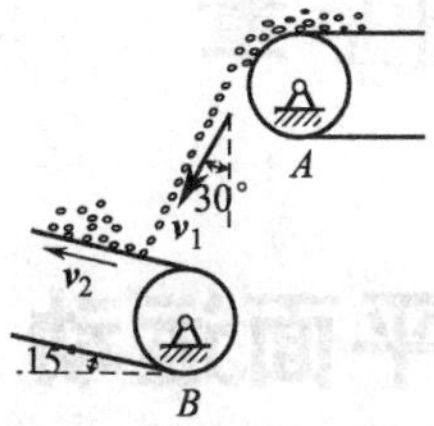

题 14-8 图

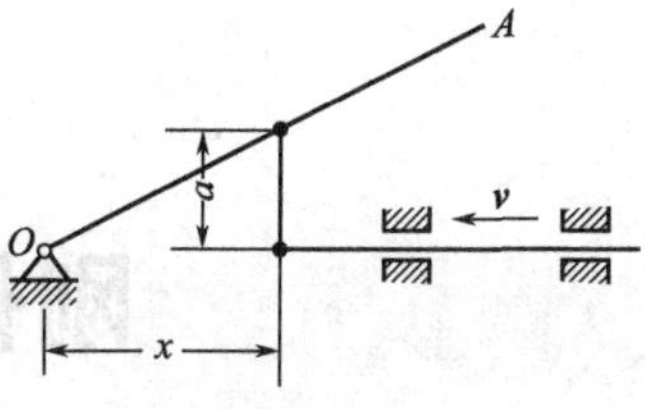

题 14-9 图

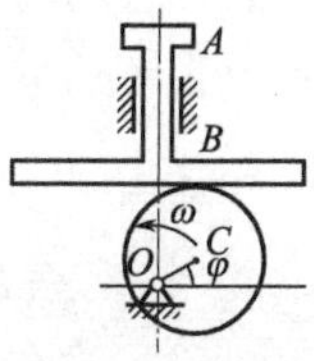

题 14-10 图

14-11　题 14-11(a) 和 (b) 图所示的两种机构中，已知 $O_1O_2=a=200\text{mm}$，$\omega_1=3\text{rad/s}$。求图示位置时杆 O_2A 的角速度。

14-12　题 14-12 图所示一个人站在码头边的 C 点，以恒定速率 1.8m/s 水平拉绳子，当绳长 $AB=15\text{m}$ 时，求此时船的速度是多少？

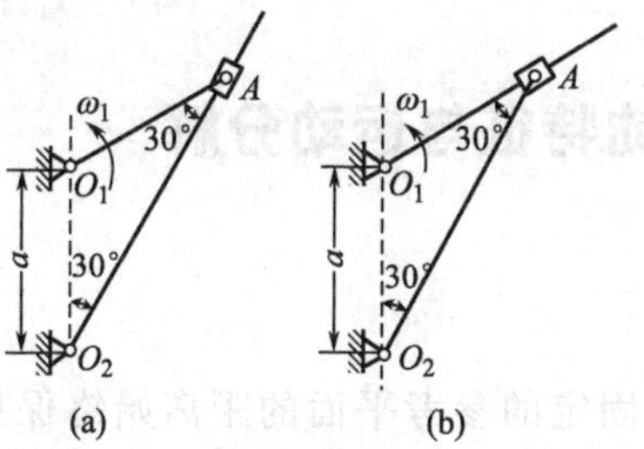

题 14-11 图

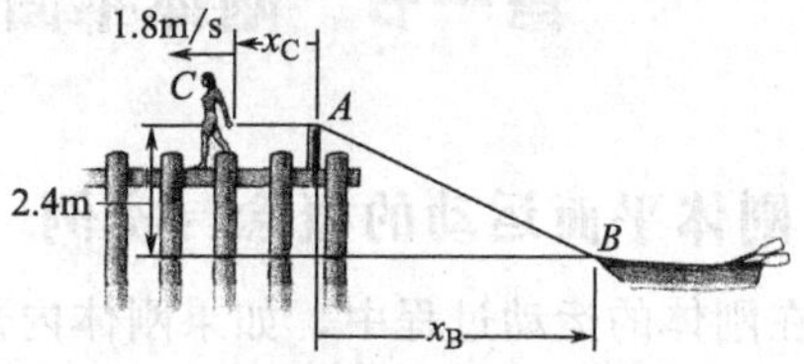

题 14-12 图

* 14-13　如题 14-13 图所示，两条船同时离开河岸，向不同的方向行驶。若 $v_A=6\text{m/s}$，$v_B=4.5\text{m/s}$。求 A 船相对于 B 船的速率是多少？行驶多长时间后两船相距 240m？

* 14-14　如题 14-14 图所示的时刻，自行车手 A 的速率为 7m/s，并沿曲线赛道以 0.5m/s^2 的加速度加速行驶。在直道上的自行车手 B 的速率为 8.5m/s，加速度为 0.7m/s^2。求在这一瞬间 A 相对于 B 的速度和加速度各是多少？

* 14-15　如题 14-15 图所示的瞬间，汽车 A 和汽车 B 的速率分别为 88km/h 和 64km/h，若汽车 B 的加速度为 1920km/h^2，而汽车 A 保持恒定的速率沿直线向左行驶，汽车 B 沿曲率半径为 0.8km 的曲线行驶。求汽车 B 相对于汽车 A 的速度和加速度各是多少？

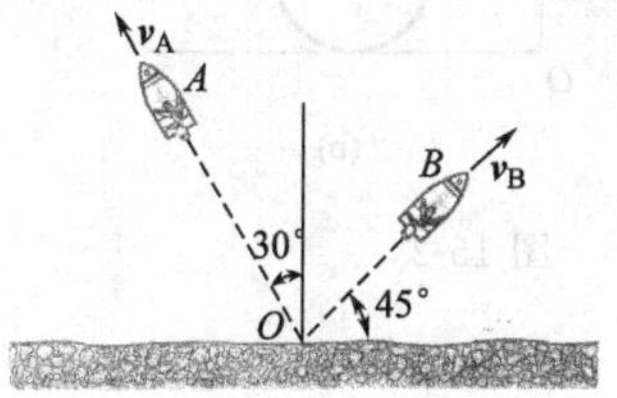

题 14-13 图

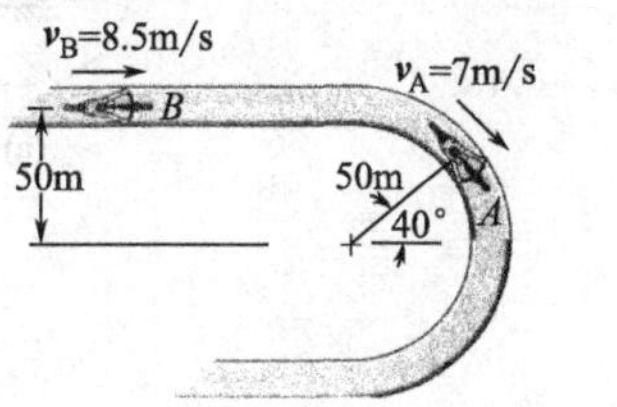

题 14-14 图

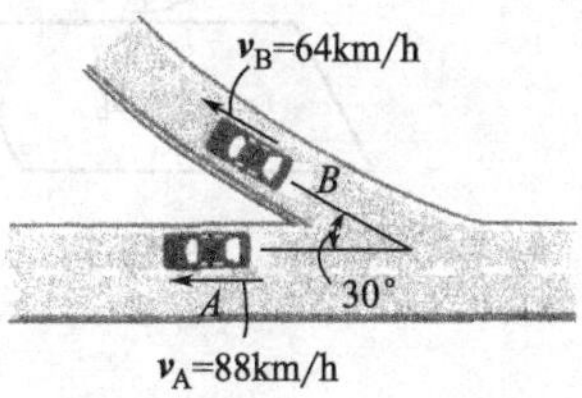

题 14-15 图

第十五章

刚体的平面运动

前面讨论的刚体平动与定轴转动是最常见、最简单的刚体运动形式。在工程实践中还经常遇到刚体另一种较为复杂的运动形式——刚体的平面运动。本章运用合成运动的方法，分析计算刚体平面运动的速度和加速度问题。

第一节　刚体平面运动的运动特征与运动分解

一、刚体平面运动的概念与实例

在刚体的运动过程中，如果刚体内部任意点到某固定的参考平面的距离始终保持不变，如图 15-1 所示，那么称此刚体的运动为平面运动。刚体的平面运动是工程上常见的一种运动。如图 15-2(a) 所示的曲柄连杆机构中，分析连杆 AB 的运动。由于点 A 做圆周运动，点 B 做直线运动，因此，杆 AB 的运动既不是平动也不是定轴转动，而是平面运动。又如在直道上滚动的汽车轮子的运动，如图 15-2(b) 所示，也是平面运动。

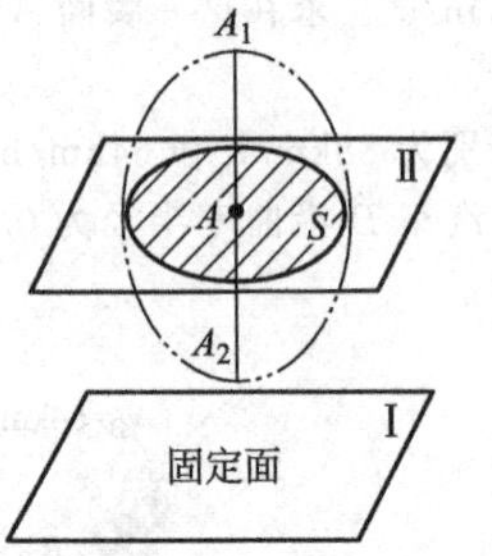

图 15-1

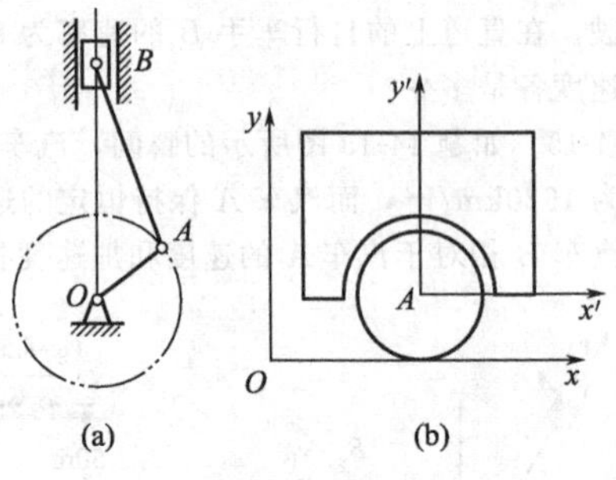

图 15-2

二、刚体平面运动的简化

根据刚体平面运动的特点，可以将刚体平面运动进行简化。在图 15-3 中，刚体做平面运动，取刚体内的任一点 M，该点至某一固定平面Ⅰ的距离始终保持不变。过点 M 作平面Ⅱ与平面Ⅰ平行，平面Ⅱ与此刚体相交截出一个平面图形 S。过点 M 再作垂直于平面Ⅱ的直线 A_1MA_2，那么，刚体运动时，平面图形 S 始终保持在平面Ⅱ内运动，而直线 A_1MA_2 则做平行移动。根据刚体平动的特征，在同一瞬时，直线 A_1MA_2 上各点具有相同的速度和加速度。因此，可用平面图形上点 M 的运动来表示直线 A_1MA_2 上各点的运动。同理，可以用平面图形 S 上的其他点的运动来表示刚体内对应点的运动。于是，刚体的平面运动，可以简化为平面图形在其自身平面内的运动。因此，在研究平面运动刚体上各点的运动时，只需研究平面图形上各点的运动就可以了。

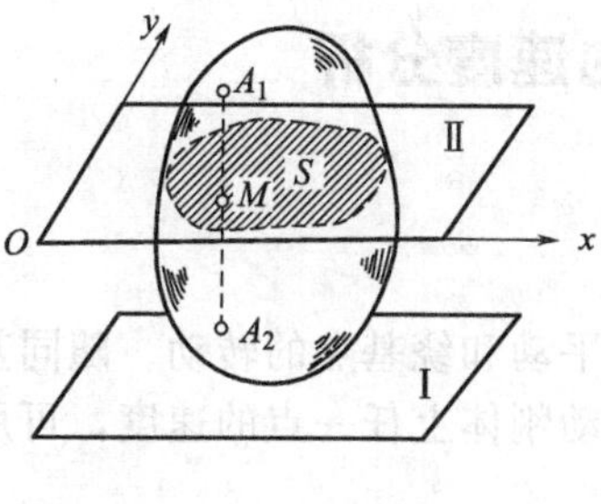

图 15-3

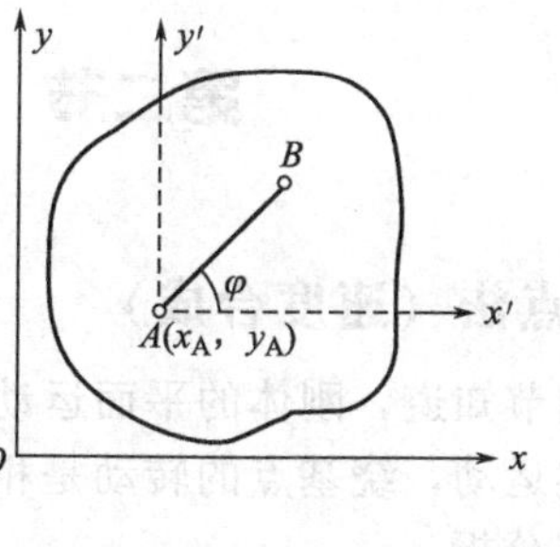

图 15-4

三、刚体的平面运动方程

当平面图形 S 运动时（见图 15-4），任选其上一已知运动情况的点 A，称为基点。A 点的坐标 x_A、y_A 和角坐标 φ 都是时间 t 的单值连续函数，即

$$\left.\begin{aligned} x_A &= f_1(t) \\ y_A &= f_2(t) \\ \varphi &= f_3(t) \end{aligned}\right\} \tag{15-1}$$

式(15-1) 即是平面图形 S 的运动方程，称为刚体的平面运动方程。它描述了平面运动刚体的运动。可以看出，如果平面图形 S 上 A 点固定不动，则刚体做定轴转动。如果平面图形的 φ 角保持不变，则刚体做平动。故刚体的平面运动可以看成是平动和转动的合成运动。在图 15-5 中，设瞬时 t 线段 AB 在位置Ⅰ，经过时间间隔 Δt 后的瞬时（$t+\Delta t$），线段 AB 从位置Ⅰ到位置Ⅱ。整个运动过程，可按以下两种情况讨论。

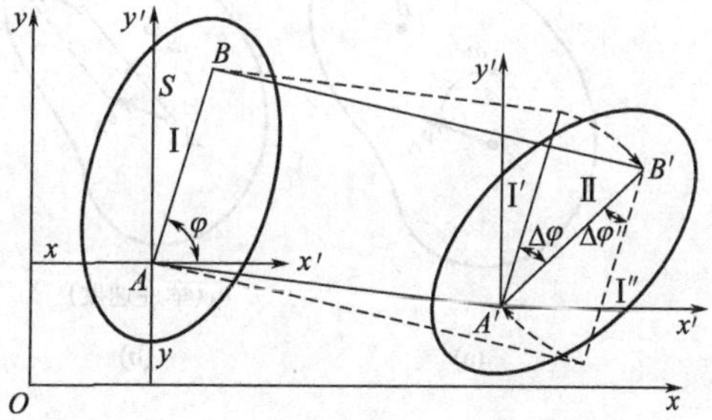

图 15-5

(1) 若以 A 为基点　线段 AB 先随固连于基点 A 的动系 $Ax'y'$平均至位置Ⅰ′，然后再绕 A'点转过角度 $\Delta\varphi$ 而到达位置Ⅱ。

(2) 若以 B 为基点　线段 AB 先随固连于 B 点的动系 $Bx'y'$（图中未画出）。平动至位置Ⅰ″，然后再绕 B'点转过角度 $\Delta\varphi'$而到达最后位置Ⅱ。

四、刚体的平面运动

由上面的介绍可见，平面图形的运动（即刚体的平面运动）可以分解为随同基点图形的平动（牵连运动）和绕基点的转动（相对运动）。

这里应该特别指出，平面图形的基点选取是任意的。从图 15-5 中可知，选取不同的基点 A 和 B，平动的位移是不相同的，即 $AA' \neq BB'$，显然 $\boldsymbol{v}_A \neq \boldsymbol{v}_B$，同理，$\boldsymbol{a}_A \neq \boldsymbol{a}_B$。所以，平动的速度和加速度与基点位置的选取有关。

选取不同的基点 A 和 B，转动的角位移是相同的，即：$\Delta\varphi = \Delta\varphi'$，显然，$\omega = \omega'$，同理

$\varepsilon=\varepsilon'$。即在同一瞬时，图形绕其平面内任选的基点转动的角速度相同，角加速度相同。平面图形绕基点转动的角速度、角加速度分别称为平面角速度、平面角加速度。所以，平面图形的角速度、角加速度与基点的选取无关。

第二节　平面图形上点的速度分析

一、基点法（速度合成）

从前节知道，刚体的平面运动可分解为随同基点的平动和绕基点的转动。随同基点的平动是牵连运动，绕基点的转动是相对运动。因而平面运动刚体上任一点的速度，可用速度合成定理来分析。

设一平面运动的图形如图 15-6(a) 所示，已知 A 点速度为 $\boldsymbol{v}_A$，瞬时平面角速度为 ω，求图形上任一点 B 的速度。

图形上 A 点的速度已知，所以选 A 点为基点，则图形的牵连运动是随同基点的平动，B 点的牵连速度 $\boldsymbol{v}_e$ 就等于基点 A 的速度 $\boldsymbol{v}_A$，即 $\boldsymbol{v}_e=\boldsymbol{v}_A$［见图 15-6(b)］。图形的相对运动是绕基点 A 的转动，B 点的相对速度 $\boldsymbol{v}_r$，等于 B 点以 AB 为半径绕 A 点做圆周运动的速度 $\boldsymbol{v}_{BA}$，即 $\boldsymbol{v}_r=\boldsymbol{v}_{BA}$，其大小 $v_{BA}=AB\times\omega$，方向与 AB 连线垂直，指向与角速度 ω 转向一致［见图 15-6(c)］。

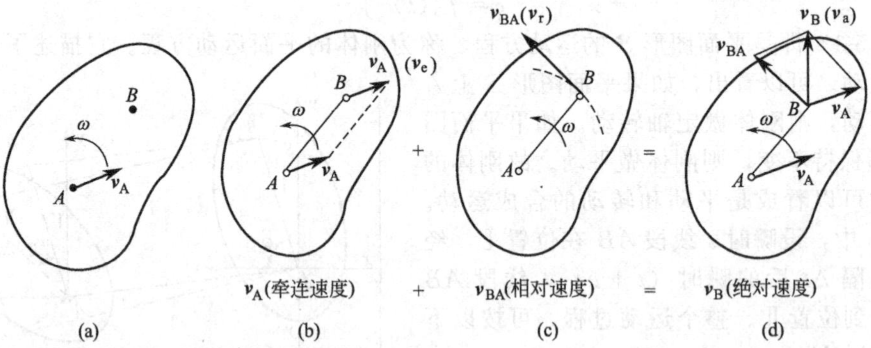

图 15-6

由速度合成定理，如图 15-6(d) 所示，得

$$\boldsymbol{v}_B=\boldsymbol{v}_A+\boldsymbol{v}_{BA} \tag{15-2}$$

由此得出结论：在任一瞬时，平面图形上任一点的速度，等于基点的速度与该点相对于基点转动速度的矢量和。用速度合成定理求解平面图形上任一点速度的方法，称为速度合成的基点法。

例 15-1　在图 15-7 所示四杆机构中，已知曲柄 $AB=20\text{cm}$，转速 $n=50\text{r/min}$，连杆 $BC=45.4\text{cm}$，摇杆 $CD=40\text{cm}$。求图示位置连杆 BC 和摇杆 CD 的角速度。

解　在图示机构中，曲柄 AB 和摇杆 CD 做定轴转动，连杆 BC 做平面运动。取连杆 BC 为研究对象，B 点为基点，则 $\boldsymbol{v}_C=\boldsymbol{v}_B+\boldsymbol{v}_{CB}$，其中，$\boldsymbol{v}_B$ 大小为 $AB\times\omega$，方向垂直于 AB。在 C 点作速度合成图，由图中几何关系知

$$v_C=v_{CB}=\frac{v_B}{2\cos30^\circ}=\frac{AB\times\omega}{2\cos30^\circ}=60.4\text{cm/s}$$

连杆 BC 的角速度为

$$\omega_{BC}=\frac{v_{CB}}{BC}=\frac{60.4}{45.4}=1.33(\mathrm{rad/s})$$

根据 $\boldsymbol{v}_{CB}$ 的指向确定 ω_{BC} 为顺时针转向。摇杆 CD 角速度为

$$\omega_{CD}=v_C/CD=60.4/40=1.51(\mathrm{rad/s})$$

根据 $\boldsymbol{v}_C$ 的指向确定 ω_{CD} 为逆时针转向。

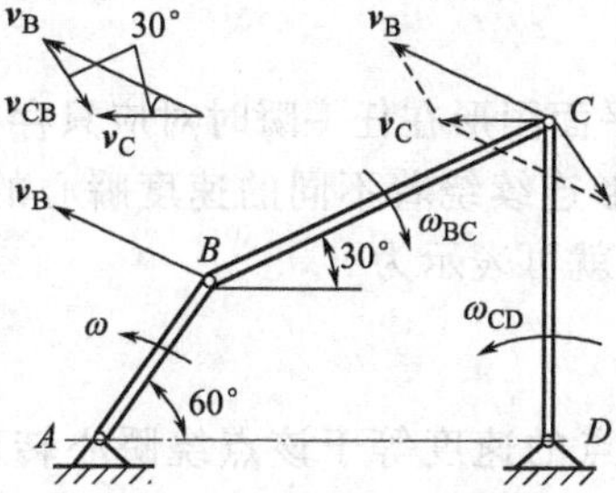

图 15-7

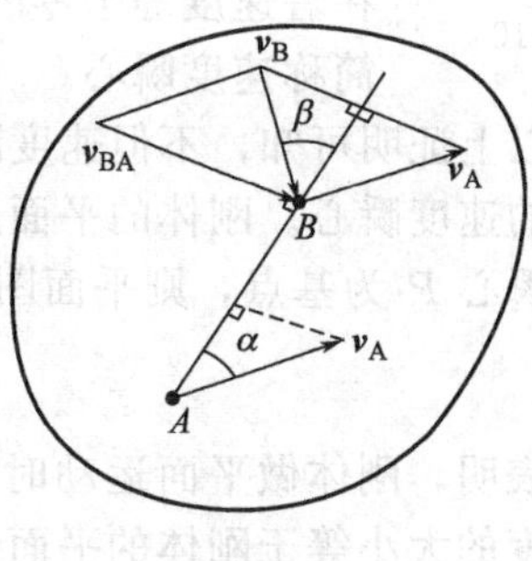

图 15-8

二、速度投影法

如果把式(15-2) 所表示的各个矢量投影到 AB 向上（见图 15-8），由于 $\boldsymbol{v}_{BA}$ 垂直于 AB，投影为零，因此得到

$$[\boldsymbol{v}_B]_{AB}=[\boldsymbol{v}_A]_{AB} \tag{15-3}$$

或

$$v_A\cos\alpha=v_B\cos\beta \tag{15-4}$$

式中，α、β 分别表示 $\boldsymbol{v}_A$ 和 $\boldsymbol{v}_B$ 与 AB 的夹角。上式表明，平面图形上任意两点的速度在这两点的连线上的投影相等，这就是速度投影定理。利用速度投影定理求平面图形上某点速度的方法称为速度投影法。用速度投影定理求解点的速度极其简单。但是，仅用速度投影定理是不能求出 AB 杆的转动角速度 ω_{AB} 的。

例 15-2　在图 15-9 中的 AB 杆，A 端沿墙面下滑，B 端沿地面向右运动。在图示位置，杆与地面的夹角为 30°，这时 B 点的速度 $v_B=10\mathrm{cm/s}$，试求该瞬时端点 A 的速度。

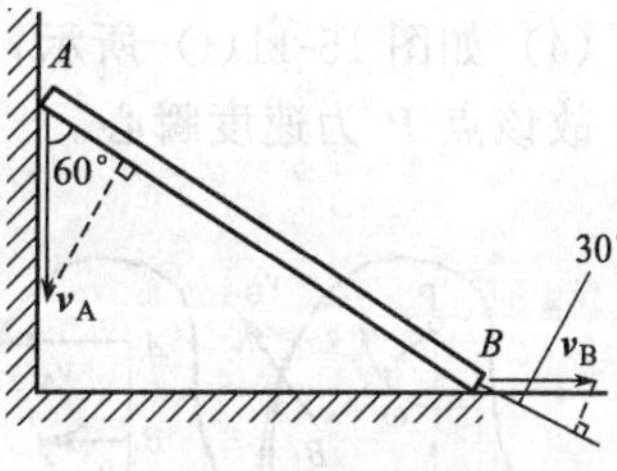

图 15-9

解　AB 杆在做平面运动。根据速度投影定理有

$$v_A\cos60^\circ=v_B\cos30^\circ$$

$$v_A=\frac{\cos30^\circ}{\cos60^\circ}v_B=\sqrt{3}\times10=17.3(\mathrm{cm/s})$$

* 三、速度瞬心法

下面重点介绍求解平面图形上点的速度和转动角速度都很方便的“速度瞬心法”。

在平面图形 s（见图 15-10）上某瞬时若存在速度为零的点，并以此点为基点，则所研究点的速度就等于研究点相对于该基点转动的速度。

平面图形有没有速度为零的点存在？能不能很方便地找到这个点？我们从式(15-2) 出发来找寻平面图形上速度为零的点。

下面证明一般情形下，刚体做平面运动时，速度为零的点是确实存在的。

如图 15-10 所示，设在某一瞬时，已知平面图形内 O 点的速度为 $\boldsymbol{v}_O$，其平面角速度为

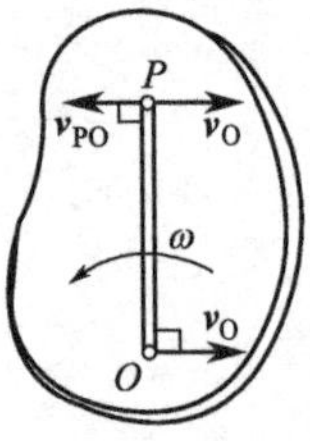

图 15-10

ω。过 O 点作速度 v_O 的垂线，则垂线上必有一点 P 的速度 v_P，按基点法可得 $v_P=v_O+v_{PO}$。其中 $v_{PO}=OP\times\omega$，方向与 OP 垂直。若 P 点的相对速度 v_{PO} 与 v_O 正好等值、共线、反向，亦即 $v_{PO}=-v_O$，则 P 点的绝对速度 v_P 为零，故 P 点即为平面运动在该瞬时的速度瞬心。显然，瞬心 P 可能在平面图形内，也可能在平面图形的延伸部分。

由此可见，一般情况下，在平面图形或其延拓部分中，每一瞬时都存在着速度等于零的点。我们称该点为平面图形在此瞬时的瞬时速度中心，简称速度瞬心。

根据以上证明可知，不但速度瞬心是存在的，而且平面图形在任一瞬时对应只存在一个位置不同的速度瞬心。刚体的平面运动可看作其平面图形连续绕着不同的速度瞬心的转动。若以速度瞬心 P 为基点，则平面图形上任一点 B 的速度就可表示为

$$v_B=PB\cdot\omega \tag{15-5}$$

上式表明，刚体做平面运动时，其平面图形内任一点的速度等于该点绕瞬心转动的速度。其速度的大小等于刚体的平面角速度与该点到瞬心距离的乘积，方向与转动半径垂直，并指向转动的一方。此即为刚体平面运动的速度瞬心法。

应用速度瞬心法的关键是如何快速确定速度瞬心的位置。按不同的已知运动条件确定速度瞬心位置的方法有以下几种。

(1) 如图 15-11(a) 所示，已知 A、B 两点的速度方向，过两点分别作速度的垂线，此两垂线的交点就是速度瞬心。

(2) 如图 15-11(b)、(c) 所示，若 A、B 两点速度相互平行，并且速度方向垂直于两点的连线 AB，则速度瞬心必在连线 AB 与速度矢量 v_A 和 v_B 端点连线的交点 P 上。

(3) 如图 15-11(d)、(e) 所示，若任意两点 A、B 的速度 $v_A/\!/v_B$，且 $v_A=v_B$，则速度瞬心在无穷远处，此时平面图形作瞬时平动。该瞬时运动平面上各点的速度相同。

(4) 如图 15-11(f) 所示，当刚体做无滑动的纯滚动时，刚体上只有接触点 P 的速度为零，故该点 P 为速度瞬心。

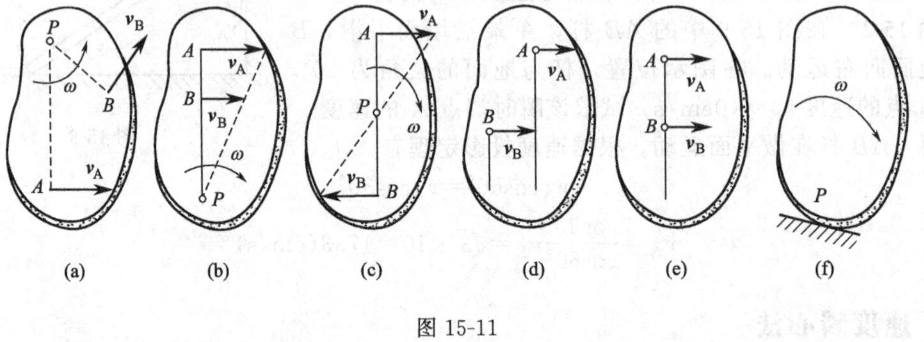

图 15-11

由于瞬心的位置是不固定的，它的位置随时间变化而不断改变，可见速度瞬心是有加速度的。否则，瞬心位置固定不变，那么纯滚动就与定轴转动毫无区别了。同样，刚体做瞬时平动时，虽然各点速度相同，但各点的加速度是不同的，否则，刚体就是做平动了。

例 15-3 如图 15-12 所示，车轮沿直线纯滚动而无滑动，轮心某瞬时的速度为 v_C，水平向右，车轮的半径为 R。试求该瞬时轮缘上 A、B、D 各点的速度。

解 由于车轮做无滑动的纯滚动，轮缘与地面的瞬时接触点 O 是瞬心。由速度瞬心法知，轮心速度 $v_C=R\omega$，故车轮该瞬时的平面角速度 ω 为

$$\omega=\frac{v_C}{R}$$

轮缘上 A、B、D 点的速度分别为

$$v_A=OA\omega=2R\ \frac{v_C}{R}=2v_C$$

$$v_B=OB\omega=\sqrt{2}R\ \frac{v_C}{R}=\sqrt{2}v_C$$

$$v_D=OD\omega=\sqrt{2}R\ \frac{v_C}{R}=\sqrt{2}v_C$$

例 15-4　图 15-13 所示的四连杆机构中，$O_1A=r$，$AB=O_2B=2r$，曲柄 O_1A 以角速度 ω_1 绕 O_1 轴转动，在图示位置时 $O_1A\perp AB$，$\angle ABO_2=60°$。试求该瞬时摇杆 O_2B 的角速度 ω_2。

解　(1) 运动分析　曲柄 O_1A 和摇杆 O_2B 做定轴转动，连杆 AB 做平面运动。因 A、B 两点速度的方向均已知，即 $v_A\perp O_1A$、$v_B\perp O_2B$。过 A、B 两点做 v_A 和 v_B 的垂线，二垂线相交点 C，即为杆 AB 的速度瞬心。

(2) 用平面运动的速度瞬心法求解。设连杆 AB 的平面角速度为 ω_{AB}，故 $v_A=AC\omega_{AB}$，由此得连杆 AB 的平面角速度为

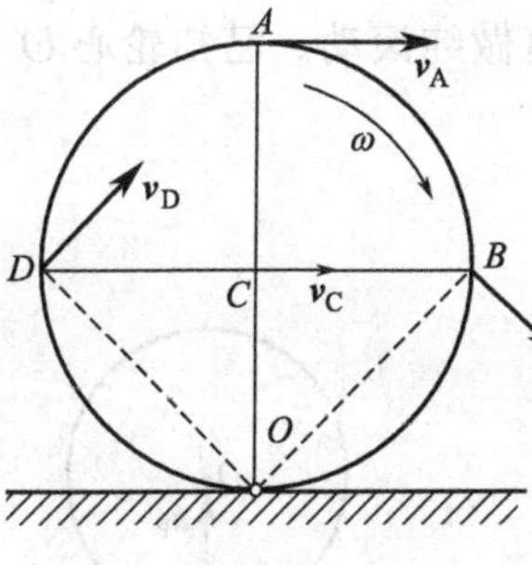

图 15-12

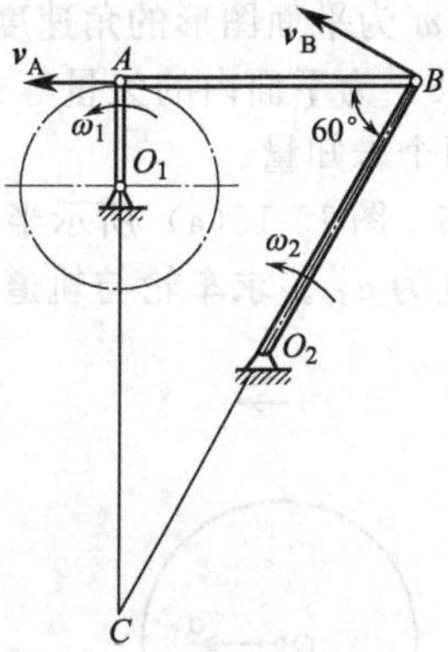

图 15-13

$$\omega_{AB}=\frac{v_A}{AC}=\frac{r\omega_1}{AB\tan 60°}=\frac{r\omega_1}{2r\times\sqrt{3}}=\frac{\sqrt{3}}{6}\omega_1$$

于是，得

$$v_B=\omega_{AB}BC=\frac{\sqrt{3}}{6}\omega_1\times 4r=\frac{2\sqrt{3}}{3}r\omega_1$$

由 O_2B 杆做定轴转动知 $v_B=O_2B\times\omega_2$，故

$$\omega_2=\frac{v_B}{O_2B}=\frac{2\sqrt{3}}{3}r\omega_1\times\frac{1}{2r}=\frac{\sqrt{3}}{3}\omega_1$$

第三节　用基点法求平面图形内各点的加速度

现在讨论平面图形内各点的加速度。

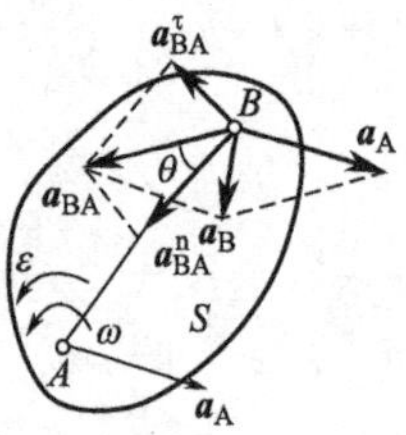

图 15-14

根据前述，如图 15-14 所示平面图形 S 的运动可分解为两部分：①随同基点 A 的平动（牵连运动）；②绕基点 A 的转动（相对运动）。于是，平面图形内任一点 B 的运动也由两个运动合成，它的加速度可以用加速度合成定理求出。

因为牵连运动为平动，点 B 的绝对加速度等于牵连加速度与相对加速度的矢量和。

由于牵连运动为平动，点 B 的牵连加速度等于基点 A 的加速度 $\boldsymbol{a}_A$；点 B 的相对加速度 $\boldsymbol{a}_{BA}$ 是该点随图形绕基点 A 转动的加速度，可分为切向加速度与法向加速度两部分。于是用基点法求点的加速度合成公式为

$$\boldsymbol{a}_B=\boldsymbol{a}_A+\boldsymbol{a}_{BA}^{\tau}+\boldsymbol{a}_{BA}^{n} \tag{15-6}$$

即平面图形内任一点的加速度等于基点的加速度与该点随图形绕基点转动的切向加速度和法向加速度的矢量和。

式(15-6) 中，$\boldsymbol{a}_{BA}^{\tau}$ 为点 B 绕基点 A 转动的切向加速度，方向与 AB 垂直，大小为

$$a_{BA}^{\tau}=AB\times\varepsilon$$

其中，ε 为平面图形的角加速度；$\boldsymbol{a}_{BA}^{n}$ 为点 B 绕基点 A 转动的法向加速度，指向基点 A，大小为

$$a_{BA}^{n}=AB\times\omega^2$$

其中，ω 为平面图形的角速度。

式(15-6) 为平面内的矢量等式，通常可向两个相交的坐标轴投影，得到两个代数方程，用以求解两个未知量。

例 15-5 图 15-15(a) 所示半径为 R 的车轮沿直线轨道做纯滚动。已知轮心 O 的速度为 $\boldsymbol{v}_O$、加速度为 $\boldsymbol{a}_O$。求车轮与轨道接触点 P 的加速度。

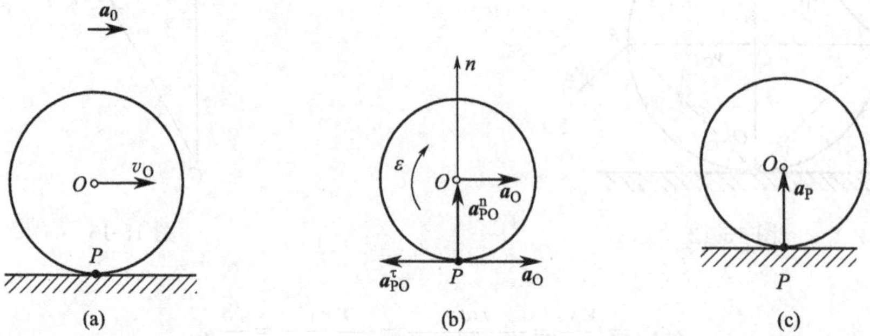

图 15-15

解 纯滚动时，车轮与轨道接触点 P 为车轮的速度瞬心。车轮的角速度可按下式计算

$$\omega=\frac{v_O}{R}$$

车轮的角加速度 ε 等于角速度对时间的一阶导数。上式对任何瞬时均成立，故得

$$\varepsilon=\frac{d\omega}{dt}=\frac{d}{dt}\left(\frac{v_O}{R}\right)$$

因为是常量，于是有

$$\varepsilon=\frac{1}{R}\frac{dv_O}{dt}$$

因为轮心 O 做直线运动，所以它的速度 v_O 对时间的一阶导数等于这一点的加速度 a_O。于是

$$\varepsilon=\frac{a_O}{R}$$

车轮做平面运动。取中心 O 为基点，按照式(15-6) 求点 P 的加速度

$$\boldsymbol{a}_P=\boldsymbol{a}_O+\boldsymbol{a}_{PO}^{\tau}+\boldsymbol{a}_{PO}^{n}$$

其中

$$a_{PO}^{\tau}=\varepsilon R=a_O$$

$$a_{PO}^{n}=v_O^2/R$$

它们的方向如图 15-15(b) 所示。

由于 $\boldsymbol{a}_O$ 与 $\boldsymbol{a}_{PO}^{\tau}$ 的大小相等，方向相反，于是有

$$\boldsymbol{a}_P=\boldsymbol{a}_{PO}^{n}$$

由此可知，速度瞬心 P 的加速度不等于零。当车轮在地面上只滚不滑时，速度瞬心 P 的加速度指向轮心 O，如图 15-15(c) 所示。

本 章 小 结

本章讨论构件较复杂的运动——平面运动。

1. 构件平面运动的特点

构件在运动时，若体内某一运动平面与一固定平面始终保持平行，这种运动称为构件的平面运动。

构件的平面运动，可以简化为平面图形在其所选固定参考平面内的运动。此即为构件平面运动的力学模型。

平面运动可分解为随基点的平动和绕基点的转动，平动与基点的选取有关，而转动与基点的选取无关。

2. 平面图形上点的速度合成法

(1) 基点法　速度合成的基点法为

$$\boldsymbol{v}_B=\boldsymbol{v}_A+\boldsymbol{v}_{BA}$$

(2) 速度投影法　当构件做平面运动时，其上任意两点 A、B 的速度在其两点连线 AB 上的投影相等，即

$$[\boldsymbol{v}_B]_{AB}=[\boldsymbol{v}_A]_{AB}$$

(3) 速度瞬心法　构件做平面运动时，其平面图形内任一点的速度等于该点绕瞬心转动的速度。速度的大小等于构件的平面角速度与该点到瞬心距离的乘积，方向与转动半径垂直，并指向转动的一方。即

$$v_B=PB\omega$$

思 考 题

1. 刚体的平面运动是怎样分解为平动与转动的？平动和转动与基点的选择是否有关？

2. 何谓平面图形的瞬时速度中心？为什么要强调“瞬时”二字？

3. “瞬心不在平面运动刚体上，则该刚体无瞬心。”这句话对吗？试做出正确的分析。

4. “瞬心 C 的速度等于零，则 C 点加速度也等于零。”这句话对吗？试做出正确的分析。

5. 平面运动图形上任意两点 A 和 B 的速度 $\boldsymbol{v}_A$ 与 $\boldsymbol{v}_B$ 之间有何关系？为什么 $\boldsymbol{v}_{BA}$ 一定与 AB 垂直？$\boldsymbol{v}_{BA}$ 与 $\boldsymbol{v}_{AB}$ 有何不同？

6. 做平面运动的刚体绕速度瞬心的转动与刚体绕定轴转动有何异同？

7. 在求平面图形上一点的加速度时，能否不进行速度分析，直接求加速度？为什么？

习　题

15-1　如题 15-1 图所示椭圆规尺由曲柄 OC 带动，曲柄以角速度 ω_0 绕 O 轴匀速转动。如 $OC=BC=AC=r$，取 C 为基点，求椭圆规尺 AB 的平面运动方程。

15-2　如题 15-2 图所示，若滑块在 C 点以 4m/s 的速度沿着沟槽向下运动，求图示的瞬间连杆 BC 的角速度。

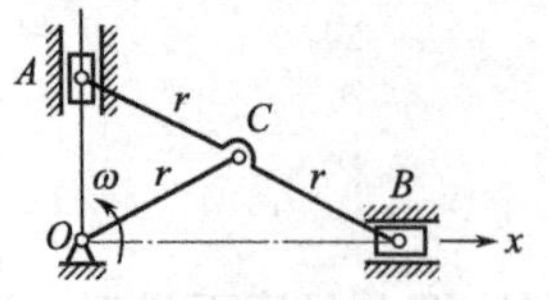

题 15-1 图

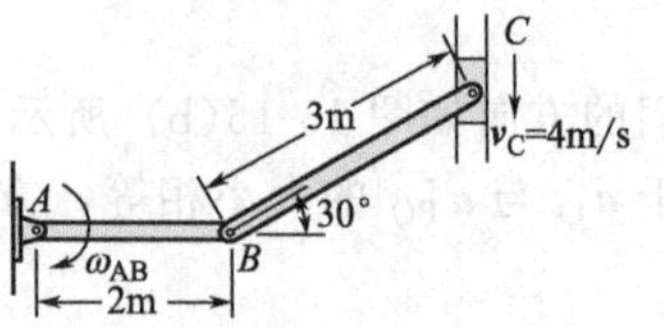

题 15-2 图

15-3　题 15-3 图所示的是曲柄连杆机构，曲柄 $OA=40\text{mm}$，连杆 $AB=1\text{m}$。曲柄 OA 绕轴 O 做匀速转动，其转速 $n=80\text{r/min}$。求当曲柄与水平线成 45°角时，连杆的角速度和其中点 M 的速度。

15-4　题 15-4 图所示四连杆机构 $OABO_1$ 中 $OA=O_1B=AB/2$，曲柄 OA 以角速度 $\omega=3\text{rad/s}$ 转动。在图示位置 $\varphi=90°$，而 O_1B 正好与 OO_1 的延长线重合。求在此瞬时杆 AB 和杆 O_1B 的角速度。

15-5　题 15-5 图所示四连杆机构中，连杆 AB 上固连一块三角板 ABD，机构由曲柄 O_1A 带动。已知曲柄的角速度 $\omega_1=2\text{rad/s}$，曲柄 $O_1A=10\text{cm}$，水平距 $O_1O_2=5\text{cm}$，$AD=5\text{cm}$；当 O_1A 铅直时，AB 平行于 O_1O_2，且 AD 与 O_1A 在同一直线上；角 $\phi=30°$。求三角板 ABD 的角速度和 D 点的速度。

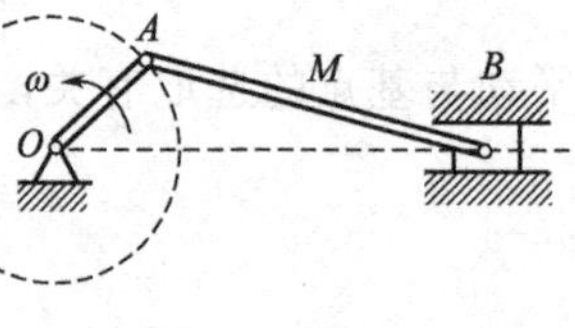

题 15-3 图

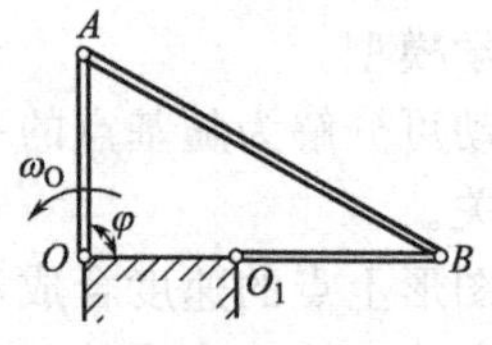

题 15-4 图

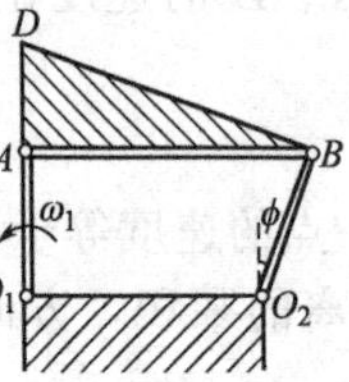

题 15-5 图

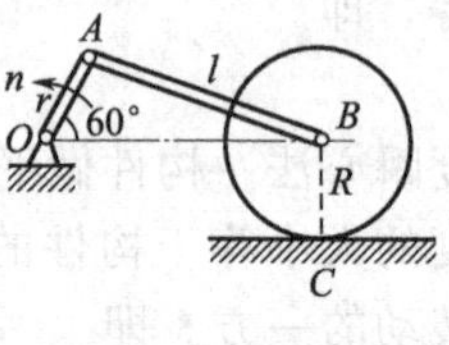

题 15-6 图

15-6　如题 15-6 图所示滚压机构的滚子沿水平面滚动而不滑动。已知曲柄 OA 长 $r=10\text{cm}$，以匀转速 $n=30\text{r/min}$ 转动。连杆 AB 长 $l=17.3\text{cm}$，滚子半径 $R=10\text{cm}$，求在图示位置时滚子的角速度及角加速度。

15-7　平面四连杆机构 $ABCD$ 的尺寸和位置如题 15-7 图所示。如杆 AB 以等角速度 $\omega=1\text{rad/s}$ 绕 A 转动，求杆 CD 的角速度。

15-8　在题 15-8 图所示位置的曲柄滑块机构中，曲柄 OA 以匀角速度 $\omega=1.5\text{rad/s}$ 绕 O 轴转动。若 $OA=0.4\text{m}$，$AB=2\text{m}$，$OC=0.2\text{m}$，试分别求当曲柄在水平和铅直两位置时滑块 B 的速度。

15-9　题 15-9 图所示杆 AB 长 l，其 A 端沿水平轨道运动，B 端沿铅直轨道运动。在图示瞬时，杆 AB 与铅直线成夹角 φ，A 端具有向右的速度 v_A 和加速度 a_A。①试用基点法和速度瞬心法求此瞬时 B 端的速度以及 AB 的角速度；②用基点法求 B 端的加速度；③用基点法求杆 AB 的角加速度。

15-10　本题已知条件与题 15-9 图相同。①试用速度投影定理求此瞬时 B 端的速度和加速度；②问能否用速度投影定理求杆 AB 的角速度和角加速度？

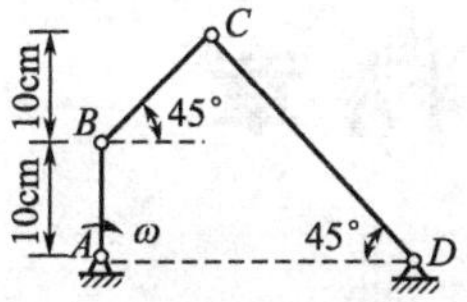

题 15-7 图

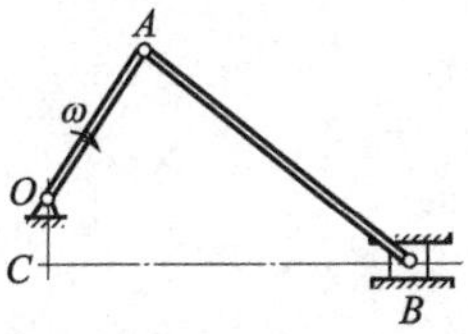

题 15-8 图

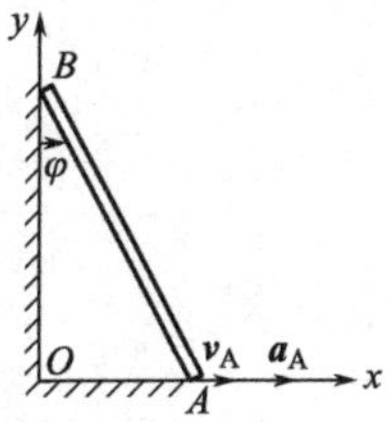

题 15-9 图

15-11　如题 15-11 图所示两四连杆机构，求该瞬时两机构中 AB 和 BC 的角速度。

15-12　如题 15-12 图所示，半径 $r=80\text{mm}$ 的轮子在速度 $v_C=2\text{m/s}$ 的水平传送带上反向滚动，站在地面上的人测得轮子中心 C 点的速度 $v_C=6\text{m/s}$，其方向向右。求 $\theta=30°$的轮缘上一点 P 的绝对速度。

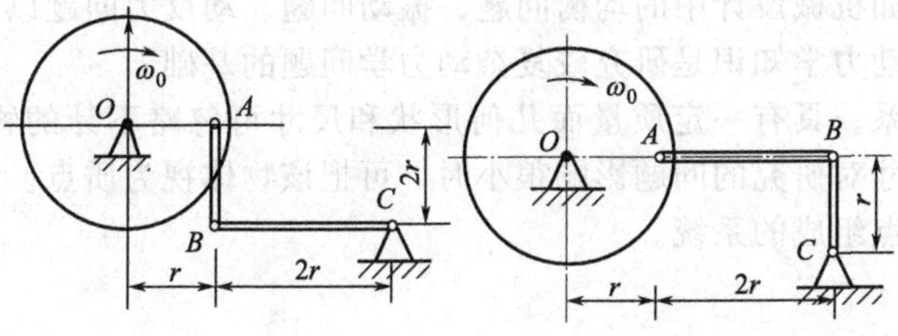

(a)　(b)

题 15-11 图

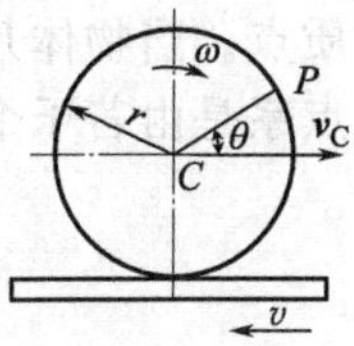

题 15-12 图

第十六章

动力学基础

工程实际中动力学问题很多，如机械设计中的均衡问题、振动问题、动反力问题以及结构物的振动问题等。理论力学中的动力学知识是研究较复杂动力学问题的基础。

动力学中研究的是质点和质点系。具有一定质量而几何形状和尺寸可忽略不计的物体，称之为质点。当物体几何形状和尺寸对研究的问题影响很小时，可把该物体视为质点。

质点系是由若干个有联系的质点组成的系统。

第一节　质点运动微分方程及其应用

牛顿三定律是动力学的基础。其中第二定律为

$$\boldsymbol{F}=m\boldsymbol{a}$$

上式表明了作用在质点上的力与质点运动之间的关系，也称为质点动力学基本方程。为求出质点的运动过程，将质点的加速度 $\boldsymbol{a}$ 用微分方程形式给出，则得到不同形式的质点运动微分方程。

牛顿第二定律建立了质点的质量、力和加速度三者之间的关系，是解决动力学问题的基本依据，故称为动力学基本方程。但是，在应用该定律解决工程实际问题时，通常都需要根据已知条件建立质点运动微分方程。

一、质点运动微分方程的表达形式

如图 16-1 所示，质点 M 在合外力的作用下做平面曲线运动。设该质点质量为 m，合外力为 $\boldsymbol{F}$，其加速度为 $\boldsymbol{a}$，根据动力学基本方程，有

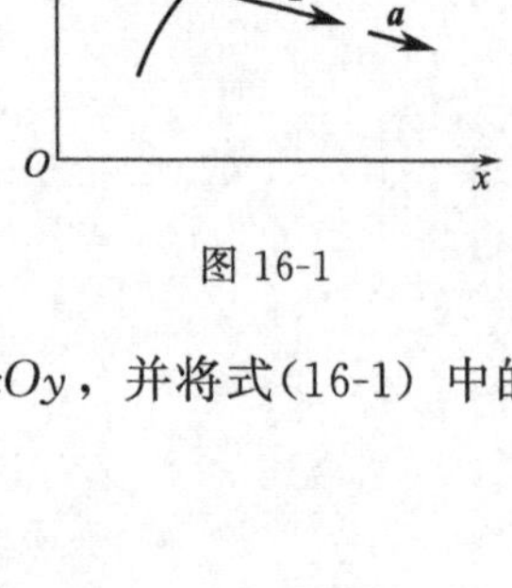

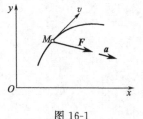

图 16-1

$$\boldsymbol{F}=m\boldsymbol{a} \tag{16-1}$$

在解题时，常把这个矢量等式投影到坐标轴上，这样应用起来就更加方便。根据所采用坐标的不同，一般有以下两种不同形式。

1. 质点运动微分方程的直角坐标形式

如图 16-1 所示，在质点的运动平面内建立一个直角坐标系 xOy，并将式(16-1) 中的合外力 F 及加速度 $\boldsymbol{a}$ 分别投影到两坐标轴上，则有

$$\left.\begin{array}{l}\boldsymbol{F}_{\mathrm{x}}=m\boldsymbol{a}_{\mathrm{x}}\\ \boldsymbol{F}_{\mathrm{y}}=m\boldsymbol{a}_{\mathrm{y}}\end{array}\right\}$$

因 $a_x=\dfrac{d^2x}{dt^2}$，$a_y=\dfrac{d^2y}{dt^2}$，故上式也可写成

$$\left.\begin{aligned}F_x&=m\frac{d^2x}{dt^2}\\F_y&=m\frac{d^2y}{dt^2}\end{aligned}\right\}\tag{16-2}$$

式(16-2) 即为质点运动微分方程的直角坐标形式。其中 F_x、F_y 为合外力 F 在两坐标轴上的投影，而 x、y 则为质点在直角坐标系中的坐标。

2. 质点运动微分方程的自然坐标形式

在实际应用中，当质点的运动轨迹为已知时，取自然坐标系有时更方便。如图 16-2 所示，过 M 点作运动轨迹的切线和法线，轴 τ 和轴 n 组成自然坐标系。把动力学基本方程式 $F=ma$ 中的 F、a 都向轴 τ 和轴 n 分别进行投影，得

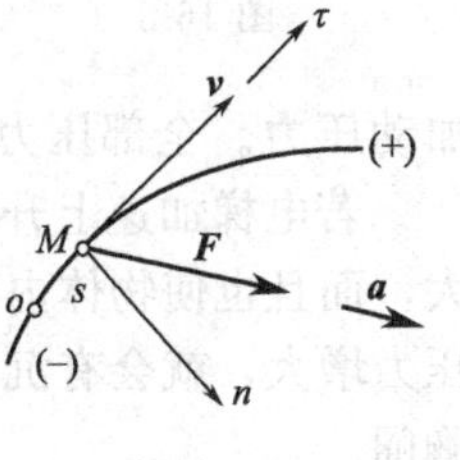

图 16-2

$$\left.\begin{aligned}F_\tau&=ma_\tau\\F_n&=ma_n\end{aligned}\right\}$$

因为 $a_\tau=\dfrac{dv}{dt}=\dfrac{d^2s}{dt^2}$，$a_n=\dfrac{v^2}{\rho}=\dfrac{1}{\rho}\left(\dfrac{ds}{dt}\right)^2$，故上式也可写成

$$\left.\begin{aligned}F_\tau&=m\frac{d^2s}{dt^2}\\F_n&=\frac{m}{\rho}\left(\frac{ds}{dt}\right)^2\end{aligned}\right\}\tag{16-3}$$

式(16-3) 即为质点运动微分方程的自然坐标形式。其中，F_τ、F_n 为合外力 F 在切向和法向的投影，s 为质点的弧坐标，ρ 为质点运动轨迹在点 M 处的曲率半径。

二、质点运动微分方程的应用——质点动力学的两类问题

1. 质点动力学的两类基本问题

质点动力学问题可分为两类：一类是已知质点的运动，求作用于质点的力；另一类是已知作用于质点的力，求质点的运动。这两类问题构成了质点动力学的两类基本问题。求解质点动力学第一类基本问题比较简单，因为已知质点的运动方程，所以只需求两次导数得到质点的加速度，代到质点运动微分方程中，得到一代数方程组，即可求解。求解质点动力学第二类基本问题相对比较复杂，因为求解质点的运动，一般包括质点的速度和质点的运动方程，在数学上归结为求解微分方程的定解问题。在用积分方法求解微分方程时应注意根据已知的初始条件确定积分常数。因此，求解第二类基本问题时，除了要知道作用于质点上的力，还应知道质点运动的初始条件。

2. 质点动力学的两类问题的一般解题步骤

(1) 根据题意选取某质点作为研究对象。

(2) 分析作用在质点上的主动力和约束反力。

(3) 根据质点的运动特征，建立适当的坐标系，如果需要建立运动微分方程，应对质点的一般位置做出运动分析。

(4) 利用动力学关系进行求解。

例 16-1　图 16-3(a) 所示电梯携带重量为 G 的重物以匀加速度 a 上升，试求电梯地板受到的压力。

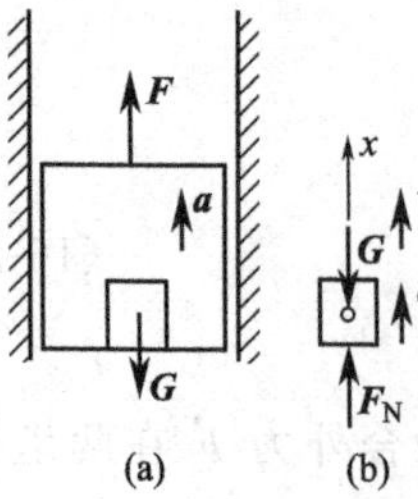

图 16-3

解　此为动力学第一类问题。取重物为研究对象，画受力图和运动状态图以及坐标轴 x，如图 16-3(b) 所示。由动力学基本方程得

$$\boldsymbol{F}_{\mathrm{N}}-\boldsymbol{G}=\frac{\boldsymbol{G}}{g}\boldsymbol{a}$$

$$\boldsymbol{F}_{\mathrm{N}}=\boldsymbol{G}+\frac{\boldsymbol{G}}{g}\boldsymbol{a}=\boldsymbol{G}\left(1+\frac{a}{g}\right)$$

由计算结果知，重物对电梯地板的压力由两部分组成，一部分是重物的重量 $\boldsymbol{G}$，它是电梯处于静止或匀速直线运动时的压力，一般称为静压力；另一部分是由于物体加速运动而附加产生的压力，称为附加动压力。全部压力 $\boldsymbol{F}_{\mathrm{N}}$ 称作动压力。

若电梯加速上升时动压力大于静压力，这种现象称为超重。超重不仅使地板所受压力增大，而且也使物体内部压力增大。如人站在加速上升的电梯内，由于附加动压力使人体内部的压力增大，就会有沉重的感觉。飞机加速上升时，乘客因体内压力增大，就会感觉到头晕胸闷。

例 16-2　图 16-4(a) 所示为球磨机，工作原理是利用在旋转圆筒内的锰钢球对矿石或煤块的冲击，同时也靠运动时的磨削作用来磨制矿石粉或煤粉。当圆筒匀速转动时，利用圆筒内壁与钢球之间的摩擦力带动钢球一起运动，待转至一定角度 θ 时，钢球即离开圆筒内壁并沿抛物线轨迹打击矿石。已知 $\theta=54°40'$时钢球脱离圆筒内壁，此时可得到最大的打击力。设圆筒内径 $D=3.2\mathrm{m}$，求圆筒应有的转速。

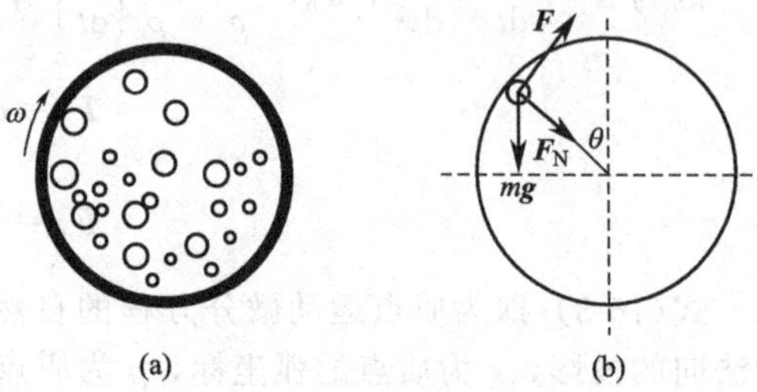

图 16-4

解　此为动力学第二类问题。视钢球为质点，则钢球被旋转的圆筒带着沿圆筒向上运动，当运动至某一高度时，会脱离筒内壁沿抛物线轨迹下落。如图 16-4(b) 所示，设一钢球随筒壁达到图示位置时，钢球受到重力 $m\boldsymbol{g}$、筒内壁的法向反力 $\boldsymbol{F}_{\mathrm{N}}$ 和切向摩擦力 $\boldsymbol{F}$ 的共同作用。其质点运动微分方程沿主法线方向的投影式可表示为

$$m\frac{2\boldsymbol{v}^2}{D}=\boldsymbol{F}_{\mathrm{N}}+m\boldsymbol{g}\cos\theta$$

钢球在未离开筒壁前的速度应等于筒壁的速度，即

$$\boldsymbol{v}=\frac{\pi n}{30}\frac{D}{2}$$

代入上式解得

$$n=\frac{30}{\pi}\left[\frac{2}{mD}(\boldsymbol{F}_{\mathrm{N}}+m\boldsymbol{g}\cos\theta)\right]^{\frac{1}{2}}$$

当 $\theta=54°40'$时，钢球脱离筒壁，此时 $\boldsymbol{F}_{\mathrm{N}}=0$，故

$$n=9.549\sqrt{\frac{2\boldsymbol{g}}{D}\cos54°40'}=18\mathrm{r/min}$$

第二节　刚体定轴转动的微分方程及转动惯量

由刚体运动学知，刚体有两种基本运动：平动和定轴转动。

刚体平动时，由于刚体上所有质点都做相同的运动，因而在分析刚体平动动力学问题时，可以把刚体视为一个质点，这样就可以应用质点的运动微分方程来求解。

工程实际中，有大量绕定轴转动的刚体，其转动状态的改变与作用于其上的外力偶矩有着密切的联系。例如，机床主轴的转动，在电动机启动力矩作用下，将改变原有的静止状态，产生角加速度，越转越快；当关断电源后，主轴将在阻力矩作用下越转越慢，直至停止转动。

本节将主要讨论刚体绕定轴转动时的动力学问题。

一、刚体绕定轴转动的动力学基本方程

如图 16-5(a) 所示，一刚体绕 z 轴做定轴转动，转动的角速度为 ω，角加速度为 ε。将刚体视为由一群质量分别为 m_1、m_2、…、m_i、…、m_n 的质点组成，第 i 个质点受到的合外力为 $\boldsymbol{F}_i^{\mathrm{e}}$，受到的合内力为 $\boldsymbol{F}_i^{\mathrm{j}}$［见图 16-5(b)］，写出其动力学基本方程的自然坐标式

$$m_i \boldsymbol{a}_{i\tau} = \boldsymbol{F}_{i\tau}^{\mathrm{e}} + \boldsymbol{F}_{i\tau}^{\mathrm{j}}$$

即

$$m_i r_i \varepsilon = \boldsymbol{F}_{i\tau}^{\mathrm{e}} + \boldsymbol{F}_{i\tau}^{\mathrm{j}}$$

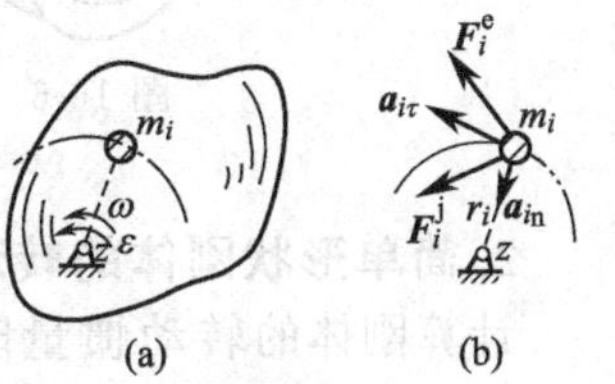

图 16-5

将此式两边同乘以 r_i 得

$$m_i r_i^2 \varepsilon = M_z(\boldsymbol{F}_{i\tau}^{\mathrm{e}}) + M_z(\boldsymbol{F}_{i\tau}^{\mathrm{j}}) = M_z(\boldsymbol{F}_i^{\mathrm{e}}) + M_z(\boldsymbol{F}_i^{\mathrm{j}})$$

式中，$M_z(\boldsymbol{F}_i^{\mathrm{e}}) = M_z(\boldsymbol{F}_{i\tau}^{\mathrm{e}}) = F_{i\tau}^{\mathrm{e}} r_i$ 表示作用于第 i 个质点上的合外力对 z 轴的力矩；$M_z(F_i^{\mathrm{j}}) = M_z(F_{i\tau}^{\mathrm{j}}) = F_{i\tau}^{\mathrm{j}} r_i$ 表示作用于第 i 个质点上的合内力对 z 轴的力矩。

对于刚体的 n 个质点，分别列出与上式相应的式子，然后求和可得

$$\sum m_i r_i^2 \varepsilon = \sum M_z(\boldsymbol{F}_i^{\mathrm{e}}) + \sum M_z(\boldsymbol{F}_i^{\mathrm{j}})$$

由于刚体的内力总是成对出现，所以所有各质点内力矩的代数和必为零，即 $\sum M_z(\boldsymbol{F}_i^{\mathrm{j}}) = 0$；所有各质点上外力矩的代数和 $\sum M_z(\boldsymbol{F}_i^{\mathrm{e}})$，记作 $M_z = M_z(\boldsymbol{F}_i^{\mathrm{e}})$。上式等号左边各项都含有 ε，可表示为 $\sum m_i r_i^2 \varepsilon = \left(\sum m_i r_i^2\right)\varepsilon$，并令 $\sum m_i r_i^2 = J_z$，称为刚体对 z 轴的转动惯量，表示刚体内每一质点的质量与该点到 z 轴距离平方乘积的总和。于是得

$$J_z \varepsilon = M_z \tag{16-4}$$

式(16-4) 称为刚体绕定轴转动的动力学基本方程。该式表明，绕定轴转动刚体对转轴的转动惯量与角加速度的乘积等于作用于刚体上所有外力对转轴力矩的代数和。

定轴转动动力学基本方程的微分形式可表示为

$$J_z \frac{\mathrm{d}\omega}{\mathrm{d}t} = M_z \text{ 或 } J_z \frac{\mathrm{d}^2\varphi}{\mathrm{d}t^2} = M_z \tag{16-5}$$

由此可见，刚体定轴转动动力学基本方程与质点动力学基本方程在数学表达式上相类似。

二、转动惯量

1. 转动惯量的概念

由上节所述可知，刚体对转轴的转动惯量为

$$J = \sum m_i r_i^2$$

式中，m_i 代表刚体内各质点的质量；r_i 为各质点到转动轴线的距离。

可见，转动惯量的大小不仅与刚体质量的大小有关，而且与刚体质量的分布情况有关。刚体的质量愈大，或质量分布离转轴愈远，则转动惯量就愈大；反之，则愈小。机械中的飞轮常做成边缘厚中间薄（见图 16-6），就是为了将飞轮大部分的质量分布在离转轴较远的地方，以增大转动惯量，当机器受到冲击时，角加速度减小，运转平稳。反之，对于仪表中的

转动零件，要求它反应灵敏，这时就需要采用轻巧的结构和选用轻质材料，以减小它的转动惯量。可见，刚体的转动惯量是刚体绕某轴转动时惯性大小的度量，它的大小表现了刚体转动状态改变的难易程度。转动惯性是恒为正的标量，它的常用单位是 $kg \cdot m^2$。现以均质等截面圆柱为例，说明转动惯量的求法。

设半径为 R、长为 l 的均质圆柱体（图 16-7），质量为 m。此圆柱体对中心轴 z 的转动惯量可按下列方法求出。

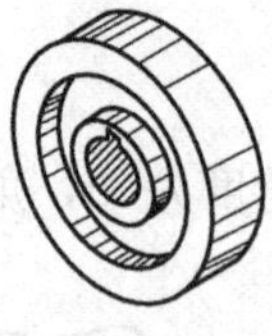

图 16-6

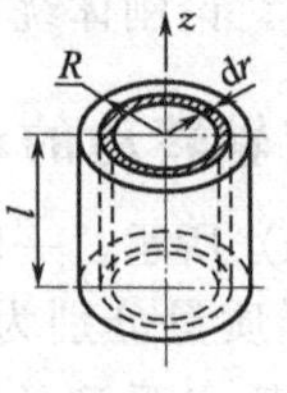

图 16-7

2. 简单形状刚体的转动惯量

计算刚体的转动惯量时，先将刚体分成无限多个微分块，其中任一微分块的质量为 $\mathrm{d}m$，它离 z 轴的距离为 r，则刚体对 z 轴的转动惯量为

$$J_z = \int_m r^2 \mathrm{d}m \tag{16-6}$$

对于一些简单形体的转动惯量可查阅工程设计手册。几种常见均质形体的转动惯量见附录 B。

3. 回转半径

工程实际中，为了表达和运算方便，设想把刚体的质量集中在一点上，此点到转轴 z 的距离用 ρ 表示，ρ 称为回转半径。则刚体对 z 轴的转动惯量 J_Z 就表示为刚体的质量 m 与回转半径 ρ 的平方乘积，即

$$J = m\rho^2 \tag{16-7}$$

也可由转动惯量来求回转半径，即

$$\rho = \sqrt{\frac{J}{m}} \tag{16-8}$$

值得注意的是，回转半径只是一个抽象化的概念，并不是真实存在的一个半径。

三、刚体定轴转动的动力学基本方程的应用

刚体定轴转动的动力学基本方程，反映了绕定轴转动的刚体受到的外力矩与其转动状态改变之间的关系。与质点动力学基本方程一样，也可以解决定轴转动刚体件动力学的两类问题。

（1）已知刚体的转动规律，求作用于刚体上的外力矩。

（2）已知作用于刚体的外力矩，求刚体的转动规律。

必须指出，刚体定轴转动的动力学基本方程只适应于选单个刚体为研究对象。对于具有多个固定转动轴的刚体系来说，需要将刚体系拆开，分别取各个刚体为研究对象，列出基本方程求解，求解时要根据运动学知识进行运动量的统一。

例 16-3 一个重 $Q=1000\mathrm{N}$、半径为 $r=0.4\mathrm{m}$ 的匀质圆轮绕质心 O 点铰支座做定轴转动，圆轮对转轴 O 的转动惯量 $J_O=8\mathrm{kg} \cdot \mathrm{m}^2$，轮上绕有绳索，下端挂有重 $\boldsymbol{G}=10\mathrm{kN}$ 的物块 A，如图 16-8(a) 所示。试求圆轮的角加速度。

解 分别取圆轮和物块 A 为研究对象。

设滑块 A 有向下加速度 $\boldsymbol{a}$，圆轮有角加速度 ε。由运动学知

$$\boldsymbol{a}=r\varepsilon \quad 即 \quad \boldsymbol{a}=0.4\varepsilon \qquad (a)$$

取物块 A 为研究对象，其上作用力有重力 $\boldsymbol{G}$ 和绳向上的拉力 $\boldsymbol{T}$；物块以向下的加速度 $\boldsymbol{a}$ 做直线平移。画出受力图如图 16-8(b) 所示，列出动力学基本方程

$$\boldsymbol{G}-\boldsymbol{T}=\frac{\boldsymbol{G}}{\boldsymbol{g}}\boldsymbol{a} \quad 即 \quad 10\times10^3-\boldsymbol{T}=\frac{10\times10^3}{9.8}\boldsymbol{a} \qquad (b)$$

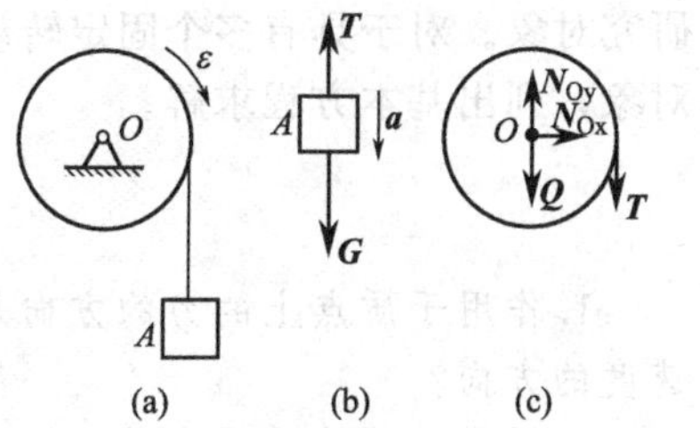

图 16-8

再取圆轮为研究对象，其上作用力有绳的拉力 $\boldsymbol{T}$、自重 $\boldsymbol{Q}$ 及支座反力 $\boldsymbol{N}_{Ox}$ 和 $\boldsymbol{N}_{Oy}$，如图 16-8(c) 所示。

列出刚体绕定轴转动的动力学基本方程

$$\boldsymbol{T}r=J_O\varepsilon \quad 即 \quad 0.4\boldsymbol{T}=8\varepsilon \qquad (c)$$

联立以上三式求解，可得圆轮的角加速度

$$\varepsilon=23.4\text{rad/s}^2。$$

通过以上例题分析可见，应用刚体定轴转动微分方程的基本解题步骤如下。

(1) 根据题意选取定轴转动刚体为研究对象。

(2) 分析刚体的运动及作用在其上的力。

(3) 建立刚体定轴转动微分方程并求解未知量。

本章小结

本章主要介绍质点和刚体的动力学基本方程。

1. 质点动力学基本方程

$$\boldsymbol{F}=m\boldsymbol{a}$$

(1) 微分方程的直角坐标式

$$\left.\begin{aligned}\boldsymbol{F}_x=m\boldsymbol{a}_x=m\frac{\mathrm{d}\boldsymbol{v}_x}{\mathrm{d}t}=m\frac{\mathrm{d}^2x}{\mathrm{d}t^2}\\ \boldsymbol{F}_y=m\boldsymbol{a}_y=m\frac{\mathrm{d}\boldsymbol{v}_y}{\mathrm{d}t}=m\frac{\mathrm{d}^2y}{\mathrm{d}t^2}\end{aligned}\right\}$$

(2) 微分方程的自然坐标式

$$\left.\begin{aligned}\boldsymbol{F}_\tau=m\boldsymbol{a}_\tau=m\frac{\mathrm{d}\boldsymbol{v}}{\mathrm{d}t}=m\frac{\mathrm{d}^2s}{\mathrm{d}t^2}\\ \boldsymbol{F}_n=m\boldsymbol{a}_n=m\frac{\boldsymbol{v}^2}{\rho}\end{aligned}\right\}$$

(3) 质点动力学的两类问题：①已知运动求作用力；②已知作用力求运动。

2. 定轴转动动力学基本方程

(1) 基本方程　　$J_z\varepsilon=M_z$

(2) 微分形式　　$J_z\dfrac{\mathrm{d}\omega}{\mathrm{d}t}=M_z$ 或 $J_z\dfrac{\mathrm{d}^2\varphi}{\mathrm{d}t^2}=M_z$

(3) 转动惯量　　$J_z=\sum m_ir_i^2,\ J_z=\int_m r^2\mathrm{d}m$

(4) 回转半径　　$J=m\rho^2$

(5) 平行轴定理　构件对任意轴的转动惯量，等于构件对与该轴平行的质心轴的转动惯量，再加上质量与两平行轴距离口平方的乘积。即

$$J_z=J_z+m\boldsymbol{a}^2$$

(6) 定轴转动基本方程的应用　构件定轴转动的动力学基本方程只适应于选单个构件为

研究对象。对于具有多个固定转动轴的物系来说，需要将物系拆开，分别取各个构件为研究对象，列出基本方程求解。

思考题

1. 作用于质点上的力的方向是否就是质点运动的方向？质点的加速度方向是否就是质点速度的方向？

2. 质量相同的两质点受相同作用力，两质点的运动轨迹、同一瞬时的速度、加速度是否一定相同？为什么？

3. 绳子一端系总重为 $\boldsymbol{G}$ 的重物，当：(1) 重物不动；(2) 重物匀速上升；(3) 重物匀速下降；(4) 重物加速上升；(5) 重物加速下降。问这五种不同情况下绳子所受的拉力有何不同？

4. 一圆环与一实心圆盘材料相同、质量相同，均绕其质心做定轴转动，若某一瞬时有相同的角加速度，问该瞬时作用于圆环和圆盘上的外力矩是否相同？

5. 构件做定轴转动，当角速度很大时，是否外力矩也一定很大？当角速度为零时，是否外力矩也为零？外力矩的转向是否一定与角速度的转向一致？

习　题

16-1　列车（不连机车）质量为 200t，以等加速度沿水平轨道行驶，由静止开始经 60s 后达到 54km/h 的速度。设摩擦力等于车重的 0.005 倍；求机车与列车之间的拉力。

16-2　题 16-2 图所示载货的小车重 7kN，以 $v=1.6\text{m/s}$ 的速度沿缆车轨道面下降。轨道的倾角 $\alpha=15°$，运动之总阻力系数 $f=0.015$。(1) 求小车匀速下降时，吊小车之缆绳的张力；(2) 又设小车制动的时间为 $t=4\text{s}$，求此时缆绳的张力。设制动时小车做匀速运动。

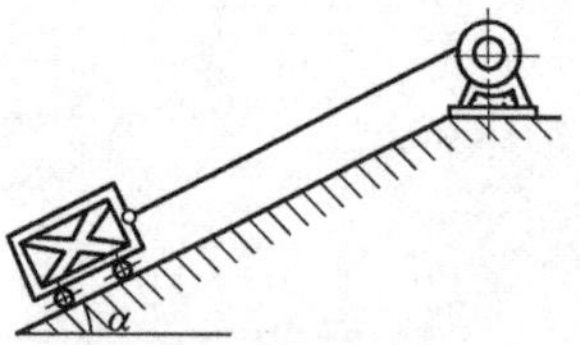

题 16-2 图

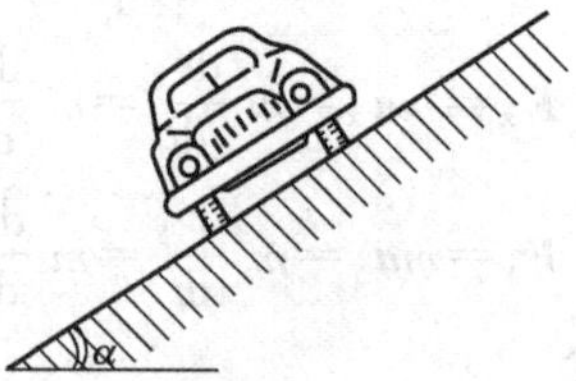

题 16-3 图

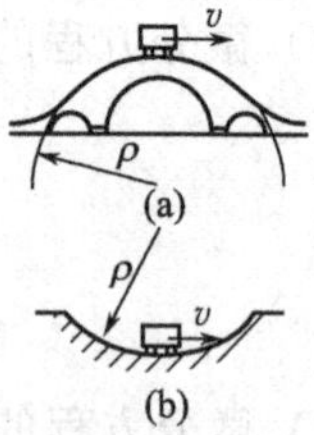

题 16-4 图

16-3　题 16-3 图所示汽车以匀速 $\boldsymbol{v}$ 沿曲率半径为 ρ 的圆弧路面拐弯。欲使两轮之垂直压力相等，问路面的斜度 α 应等于多少？

16-4　题 16-4 图所示质量 $m=2000\text{kg}$ 的汽车，以速度 $\boldsymbol{v}=6\text{m/s}$ 先后驶过曲率半径为 $\rho=120\text{m}$ 的桥顶［见图 (a)］和凹坑［见图 (b)］时，分别求出桥面和凹坑底面对汽车的约束力。

*16-5　题 16-5 图所示物块 A、B 的重力分别为 $\boldsymbol{G}_A=1\text{kN}$、$\boldsymbol{G}_B=3\text{kN}$。开始时两物体有高度差 $h=19.6\text{m}$，不计滑轮、绳索的质量及各接触处的摩擦，求静止释放后，两物块到达相同高度所需的时间。

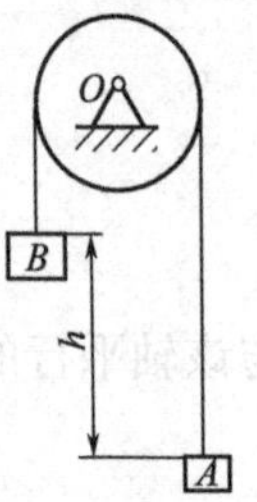

题 16-5 图

题 16-6 图

16-6　如题 16-6 图所示一重 400N 的男孩悬挂在横杠上。如果横杠（1）以 $\boldsymbol{v}=1\text{m/s}$ 的速度向上运动；（2）速率 $v=1.2t^2\text{m/s}$ 向上运动，分别求这两种情况下，当 $t=2\text{s}$ 时，每个手臂上的力各是多少？

16-7　如题 16-7 图所示桥式起重机，已知重物的质量 $m=100\text{kg}$。求下列两种情况下吊索的拉力。（1）重物匀速上升时；（2）重物在上升过程中以 $\boldsymbol{a}=2\text{m/s}^2$ 的加速度突然刹车时。

16-8　如题 16-8 图所示质量为 m 的球用两根各为 l 的杆支持。球和杆一起以匀角速度 ω 绕铅垂轴 AB 转动。若 $AB=2a$，杆的两端均铰接。杆重忽略不计，求各杆所受的力。

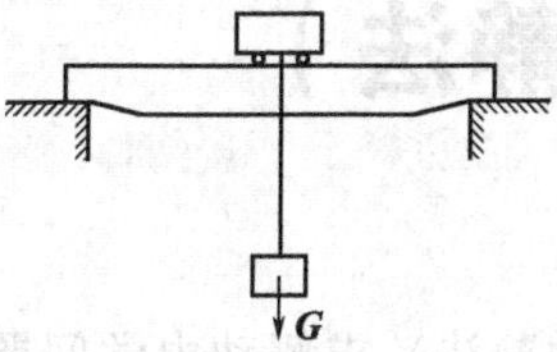

题 16-7 图

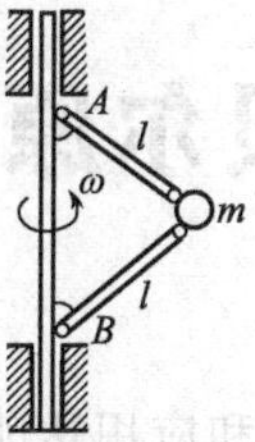

题 16-8 图

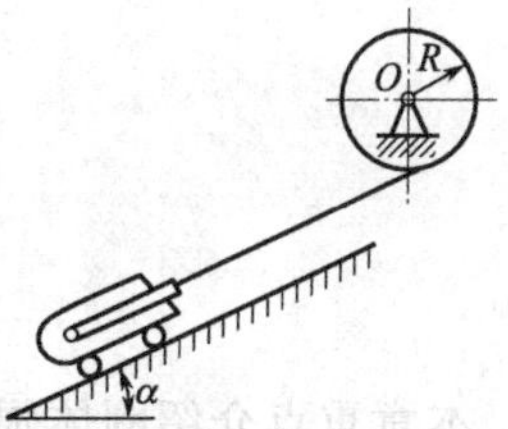

题 16-9 图

16-9　题 16-9 图所示为高炉上料卷扬系统。已知启动时料车加速度为 n，料车及矿石质量共为 m_1。斜桥倾角为 α，卷筒 O 质量为 m_2，可视为分布在半径为 R 的边缘上。忽略摩擦的影响，求启动时所需加在卷筒上的转矩 M。

16-10　飞轮的转动惯量为 J_z，在开始制动时，飞轮的角速度为 ω_0，假定阻力矩与角速度平方成正比，即 $M_{阻}=k\omega^2$；求经过多少时间后角速度为原来的一半？在这段时间内飞轮转了多少转？

16-11　如题 16-11 图所示两皮带轮的半径分别为 R_1 和 R_2，其重量为 $\boldsymbol{G}_1$ 和 $\boldsymbol{G}_2$，用皮带连接而绕各自的固定轴心转动。如在左边的主动轮上作用一力偶矩 m。右边的从动轮上则受到阻力矩 m' 作用，如题图所示。若两轮均可视为均质圆盘，皮带轮的带轮的质量忽略不计，且与轮缘间无相对滑动。试求从动轮动轮角加速度。

* 16-12　如题 16-12 图所示，质量为 100kg，半径为 1m 的均质制动轮以转速 $n=120\text{r/min}$ 绕 O 轴转动。设有一常力 F 作用于杆，使制动轮经 10s 后停止转动：已知动摩擦系数 $f=0.1$，求力 $\boldsymbol{F}$ 的大小。

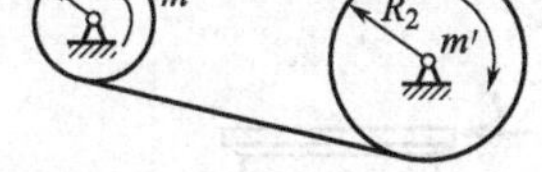

题 16-11 图

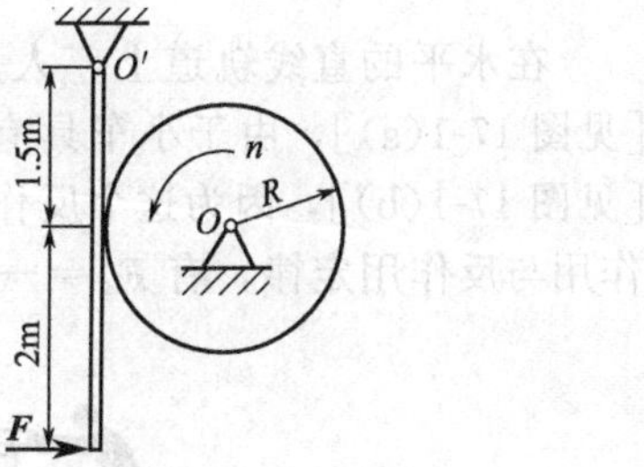

题 16-12 图

第十七章

达朗贝尔原理（动静法）

本章重点介绍刚体惯性力系的简化和应用达朗贝尔原理（动静法）求解动力学问题的方法。

达朗贝尔原理是在18世纪为求解机器动力学问题而提出的。这个原理提供了研究动力学问题的一个新的普遍的方法，即用静力学中研究平衡问题的方法来研究动力学问题。它在工程技术领域有着广泛的应用。

本章将介绍惯性力与质点的达朗贝尔原理、质点系的达朗贝尔原理、刚体惯性力系的简化，以及定轴转动刚体轴承的附加动反力。

第一节　惯性力与质点的达朗贝尔原理

一、惯性力的概念

在水平的直线轨道上，人用水平推力 $\boldsymbol{F}$ 推动质量为 m 的小车，使小车获得加速度 $\boldsymbol{a}$ [见图17-1(a)]，由于小车具有保持其原有运动状态不变的惯性，因此给人一反作用力 $\boldsymbol{F}_g$ [见图17-1(b)]，因为这个反作用力与小车的质量有关，所以称 $\boldsymbol{F}_g$ 为小车的惯性力。根据作用与反作用定律，有 $\boldsymbol{F}_g=-\boldsymbol{F}$。若不计直线轨道的摩擦，则由牛顿第二定律，得

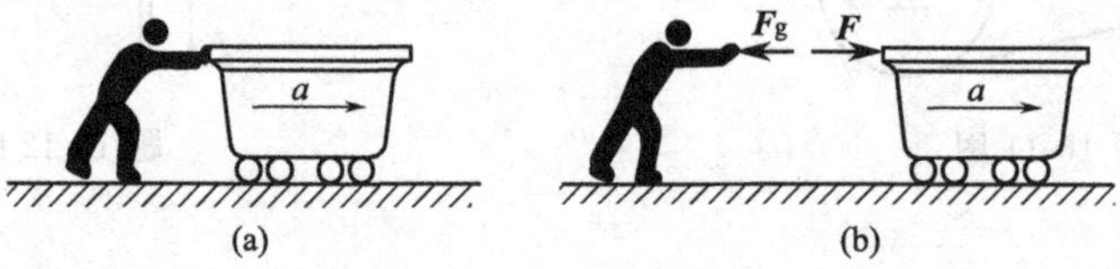

图17-1

$$\boldsymbol{F}_g=-\boldsymbol{F}=-m\boldsymbol{a} \tag{17-1}$$

式中，负号表示惯性力 $\boldsymbol{F}_g$ 的方向与加速度 $\boldsymbol{a}$ 的方向相反。

由此可见，当质点 m 受力而改变其运动状态时，由于质点的惯性，质点必将给施力体一反作用力，这个反作用力称为质点的惯性力。质点的惯性力大小等于质点的质量与加速度的乘积，方向与质点加速度的方向相反，作用在使质点改变运动状态的施力物体上。如在上述实例中，小车的惯性力是作用在人手上的。

又如图17-2所示系在绳端、质量为 m 的一个球 M，在水平面内做匀速圆周运动，此小

球在水平面内所受到的只有绳子对它的拉力 $\boldsymbol{F}$，正是这个力迫使小球改变运动状态，产生了向心加速度 $\boldsymbol{a}_{\mathrm{n}}$。这个力 $\boldsymbol{F}=m\boldsymbol{a}_{\mathrm{n}}$，称为向心力。而小球对绳子的反作用力为 $\boldsymbol{F}_{\mathrm{g}}=-\boldsymbol{F}=-m\boldsymbol{a}_{\mathrm{n}}$，它同样也是由于小球具有惯性，力图保持原有的运动状态不变，对绳子进行反抗而产生的，故称为小球的惯性力。此力与 $\boldsymbol{a}_{\mathrm{n}}$ 方向相反，背离圆心 O，因此，习惯上称为惯性离心力。

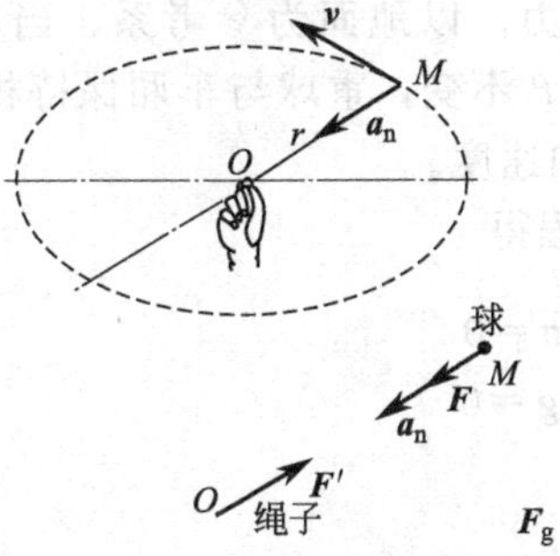

图 17-2

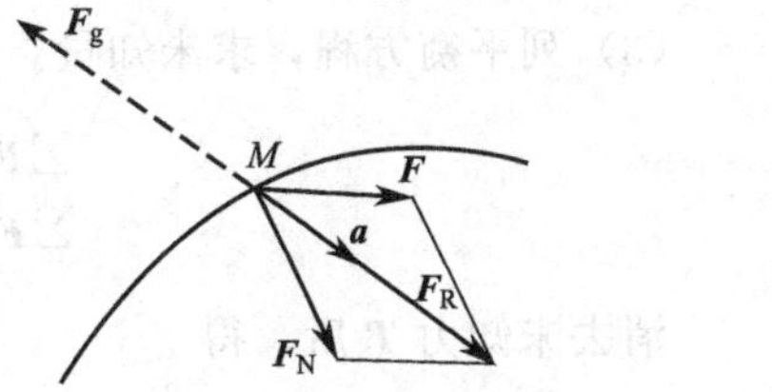

图 17-3

由以上两例可见，若质点的运动状态不发生改变，即质点加速度为零，则不会有惯性力。只有当质点的运动状态发生改变时才会有惯性力。

二、质点的动静法

设一非自由质点的质量为 m，加速度为 a，作用在这个质点上的主动力 F、约束力为 F_{N}，如图 17-3 所示。由质点动力学基本方程得

$$F+F_{\mathrm{N}}=ma \tag{17-2}$$

将上式右边移到左边，并以惯性力 $\boldsymbol{F}_{\mathrm{g}}=-m\boldsymbol{a}$ 代入，则可表示为

$$F+F_{\mathrm{N}}+\boldsymbol{F}_{\mathrm{g}}=0 \tag{17-3}$$

式(17-3) 表明：如果在运动的质点上假想地加上惯性力，则作用于质点上的主动力、约束力及惯性力，在形式上构成一平衡力系，这就是质点的达朗贝尔原理。

式(17-2) 虽然与质点动力学基本方程似乎只有形式上的差别，但它却引出了一个新的方法，即用静力学的方法来研究动力学问题，故又称为动静法。必须注意，惯性力并不作用在质点上，质点并非处于平衡状态，所以动静法所谓的“平衡”并无实际的物理意义，实质上还是动力学问题。在质点上假想地加上惯性力，只是借用熟知的静力学方法求解动力学问题而已，它在分析工程动力学问题，尤其是在求解动反力和动应力问题时，显得特别地方便。

若质点沿已知平面曲线运动，则可将式(17-3) 投影到自然轴上，得

$$\left.\begin{aligned}\boldsymbol{F}_{\tau}+\boldsymbol{F}_{\mathrm{N}\tau}+\boldsymbol{F}_{\mathrm{g}\tau}=0\\ \boldsymbol{F}_{\mathrm{n}}+\boldsymbol{F}_{\mathrm{Nn}}+\boldsymbol{F}_{\mathrm{gn}}=0\end{aligned}\right\} \tag{17-4}$$

式中，$\boldsymbol{F}_{\mathrm{g}\tau}=-m\boldsymbol{a}_{\tau}$，称为切向惯性力；$\boldsymbol{F}_{\mathrm{gn}}=-m\boldsymbol{a}_{\mathrm{n}}$，称为法向惯性力（也称离心惯性力）。负号表示它们分别与切向加速度和法向加速度的方向相反。

应用动静法解题，画受力图时，除分析质点所受的主动力和约束力外，还要分析质点的运动，确定惯性力，并假想地加在质点上，此后便可用静力学的平衡方程求解问题。

例 17-1　测定列车的加速度，采用一种称为加速度测定摆的装置。这种装置就是在车厢顶上用绳悬挂一重球，如图 17-4 所示。当车厢做匀加速直线运动时，摆将偏向一方，与铅

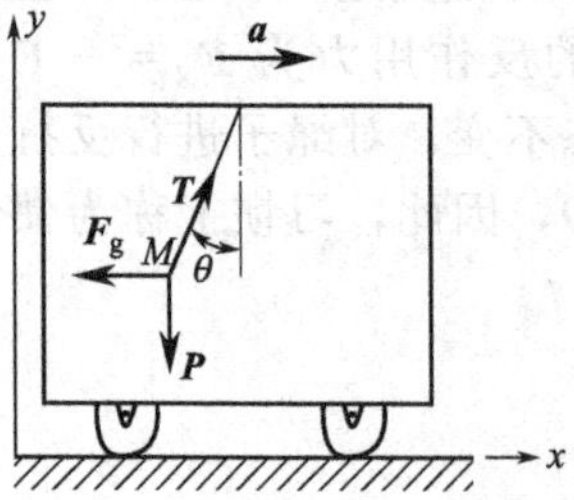

图 17-4

垂线成不变的角 θ，求车厢的加速度 $\boldsymbol{a}$ 与 θ 的关系。

解 (1) 选取研究对象，画受力图。以摆球 M 为研究对象，并视为质点。它受有重力 $\boldsymbol{P}$ 和绳的拉力 $\boldsymbol{T}$ 的作用。加上惯性力 $\boldsymbol{F}_g$，其大小为 $F_g=ma$，方向与加速度 $\boldsymbol{a}$ 的方向相反，m 为摆球的质量。于是作用在摆球 M 上的主动力 $\boldsymbol{P}$、约束力 $\boldsymbol{T}$ 和惯性力 $\boldsymbol{F}_g$ 在形式上组成一平衡力系。

(2) 分析运动，加惯性力。以地面为参考系，当车厢以匀加速度 $\boldsymbol{a}$ 向前运动时，偏角 θ 不变，重球与车厢保持相对静止，摆球 M 与车厢具有相同的加速度。

(3) 列平衡方程，求未知量。由汇交力系的平衡方程得

$$\sum F_x=0,\qquad T\sin\theta-ma=0$$
$$\sum F_y=0,\qquad T\cos\theta-mg=0$$

消去未知力 $\boldsymbol{T}$ 后，得

$$\tan\theta=\frac{a}{g}$$

所以

$$a=g\tan\theta$$

由上式根据摆球偏离铅垂线的角度 θ，就可以算出车厢的加速度。

例 17-2 球磨机的滚筒以匀角速度 ω 绕水平轴 O 转动，内装钢球和需要粉碎的物料。钢球被筒壁带到一定高度的 A 处脱离筒壁，然后沿抛物线轨迹自由落下，从而击碎物料，如图 17-5(a) 所示。设滚筒内壁半径为 r，试求刚体脱离球磨机圆筒时半径 OA 铅直线的夹角 θ_1（脱离角）。

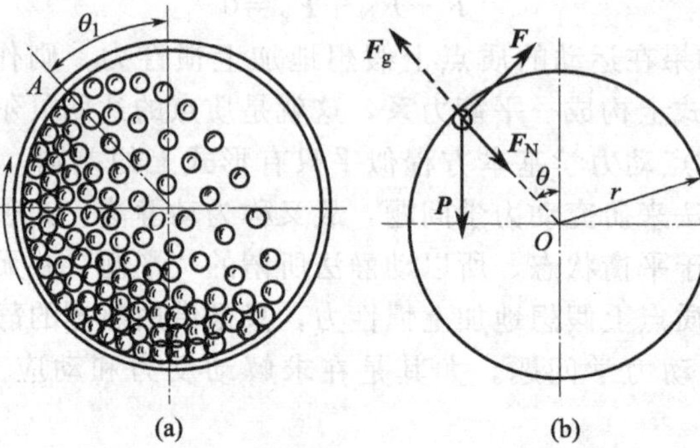

图 17-5

解 先研究随着筒壁一起转、尚未脱离筒壁的某个钢球的运动，然后考察它脱离筒壁的条件。钢球未脱离筒壁时受到的力有重力 $\boldsymbol{P}$、筒壁的法向反力 $\boldsymbol{F}_N$ 和切向摩擦力 $\boldsymbol{F}$，不考虑其他钢球对它的作用力，如图 17-5(b) 所示。此外，再虚加钢球的惯性力 $\boldsymbol{F}_g$，钢球随着筒壁做匀速圆周运动，它的切向加速度为零，法向加速度 $a_n=r\omega^2$，故只有法向惯性力，其大小为 $F_g=mr\omega^2$，方向背离中心 O。根据动静法，这四个力构成假想的平衡力系。

列出沿法线方向的方程

$$\sum F_{ni}=0,\qquad F_N+P\cos\alpha-F_g=0$$

解得

$$F_N=P\left(\frac{r\omega^2}{g}-\cos\alpha\right)$$

从上式可见，随着钢球的上升（即随着 θ 角的减小），反力 F_N 的值将逐渐减小。在钢球即将脱离筒壁的瞬时，有条件 $F_N=0$。代入上式后，得到脱离角

$$\theta_1=\arccos\left(\frac{r\omega^2}{g}\right)$$

顺便指出，脱离角 θ_1 与滚筒的角速度和滚筒半径有关，而与钢球质量无关。当 $\frac{r\omega^2}{g}=1$ 时，有 $\theta_1=0$，这相当于钢球始终不脱离筒壁，使钢球达不到击碎物料的目的。这种情况下的滚筒角速度称为临界转动角速度，记为 ω_1，则

$$\omega_1=\sqrt{\frac{g}{r}}$$

对于球磨机，钢球应在适当的角度脱离筒壁，故要求 $\omega<\omega_1$，在设计计算中，一般取球磨机工作时角速度为 $\omega=(0.76\sim0.88)\ \omega_1$。而对于离心浇铸机，为了使金属熔液在旋转着的铸型内能紧贴内壁而成型，则要求 $\omega>\omega_1$。

* **例 17-3** 飞轮质量为 m，半径为 R，以匀角速度 ω 转动。设轮缘较薄，质量均匀分布，轮辐质量不计。若不考虑重力的影响，求轮缘横截面上的张力。

解 取四分之一轮缘为研究对象，如图 17-6 所示，在轮缘上取一微弧段（阴影部分），则微弧段的惯性力大小为

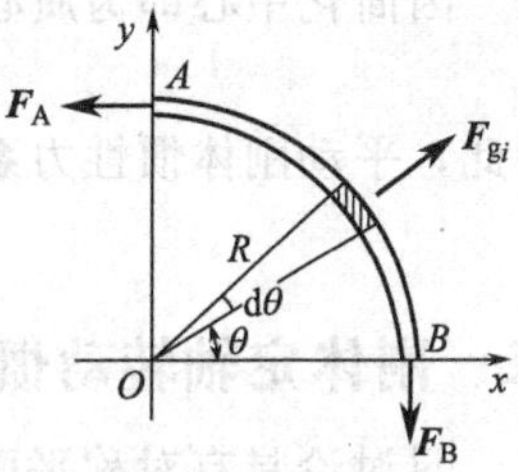

图 17-6

$$dF_{gi}=\frac{m}{2\pi R}R\omega^2\times R\,d\theta=\frac{m\omega^2R}{2\pi}d\theta$$

列平衡方程

$$\sum F_x=0,\ \int_0^{\frac{\pi}{2}}\cos\theta\,dF_{gi}-F_A=0$$

所以

$$F_A=\int_0^{\frac{\pi}{2}}\cos\theta\,dF_{gi}=\int_0^{\frac{\pi}{2}}\frac{m\omega^2R}{2\pi}\cos\theta\,d\theta=\frac{m\omega^2R}{2\pi}$$

$$\sum F_y=0,\int_0^{\frac{\pi}{2}}\sin\theta\,dF_{gi}-F_B=0$$

解得

$$F_B=\frac{m\omega^2R}{2\pi}$$

由于轮缘质量均匀分布，任一截面张力都相同，它们是由运动引起的，故为附加动反力。当 ω 增加时，附加动反力也随之增大。

第二节 刚体惯性力系的简化

应用达朗贝尔原理求解质点系动力学问题时必须给各质点虚加上它的惯性力。对于运动的刚体每个质点加上它的惯性力，这些惯性力组成一惯性力系。为了应用方便，按照静力学中力系的简化方法将刚体的惯性力系加以简化，这样在解题时就可以直接利用其简化结果。

本节讨论刚体平动、定轴转动和平面运动时惯性力系的简化结果。

一、刚体平动时惯性力系的简化

刚体平动时其上各点加速度都相同，等于质心加速度 $\boldsymbol{a}_C$，惯性力系是平行力系。如图17-7所示，把刚体分割成无数个小微元，给每个微元加上惯性力，惯性力系向质心 C 简化，可得

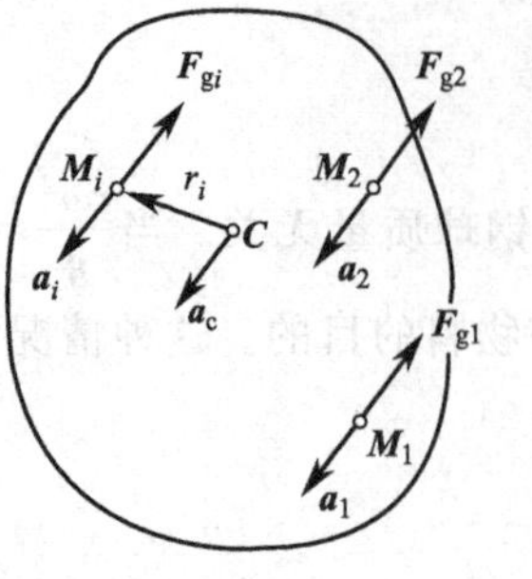

图 17-7

$$\boldsymbol{F}_{gR}=\sum(-m_i\boldsymbol{a}_i) \tag{17-5}$$

根据质点系质心坐标公式

$$r_C=\frac{\sum m_i r_i}{M}$$

两边对时间 t 求二阶导数可得

$$\boldsymbol{a}_C=\frac{\sum m_i \boldsymbol{a}_i}{M} \tag{17-6}$$

把式(17-5) 代入式(17-6) 可得

$$\boldsymbol{F}_{gR}=-M\boldsymbol{a}_C$$

$$M_{gC}=\sum r_i\times(-m_i\boldsymbol{a}_i)=-(\sum m_i r_i)\boldsymbol{a}_C=-Mr_C\boldsymbol{a}_C$$

因简化中心即为质心，则有 $r_C=0$，于是惯性力系对质心 C 的主矩为

$$M_{gC}=0$$

因此，平动刚体惯性力系的简化结果为

$$\boldsymbol{F}_{gR}=-M\boldsymbol{a}_C \tag{17-7}$$

二、刚体定轴转动惯性力系的简化

只讨论具有对称平面的均质刚体，且转动轴垂直于对称平面的简单情况。在工程实际中，这种情形是常见的，如机械中的飞轮、齿轮等。由于图17-8(a) 所示的定轴转动的刚体具有一个垂直于转轴的对称面，故在此平面两边每两个对称质点惯性力的合力，都在此平面内。这样，刚体的空间惯性力系，可简化为左对称平面内的平面力系。所以，此平面质点系惯性力系的简化结果即等于刚体的惯性力系的简化结果。设刚体转动速度为 ω，角加速度为 ε，在对称面上任取一质点，其质量为 m_i，到转轴的距离为 r_i，它的切向加速度为 $\boldsymbol{a}_{i\tau}=r_i\varepsilon$，法向加速度为 $\boldsymbol{a}_{in}=m_i r_i\omega^2$。对应的切向惯性力和法向惯性力的大小分别为 $\boldsymbol{F}'_{i\tau}=m_i r_i\varepsilon$，和 $\boldsymbol{F}'_{in}=m_i r_i\omega^2$，方向分别与切向加速度 $\boldsymbol{a}_{i\tau}$ 和法向加速度 $\boldsymbol{a}_{in}$ 的方向相反，如图17-8(b) 所示。因此，此平面质点系的惯性力系是平面力系，且由切向惯性力系和法向惯性力系所组成。今将此平面惯性力系向对称平面内与转轴的交点简化，由静力学中平面任意力系向平面内任一点简化的理论为：惯性力系的主矢量（力）等于各惯性力的矢量和，即

$$\boldsymbol{R}'=\sum\boldsymbol{F}'=-m\boldsymbol{a}_C \tag{17-8}$$

式中，$m=\sum m_i$ 为刚体的质量；$\boldsymbol{a}_C$ 为刚体质心的加速度。负号则表示与质心的加速度 $\boldsymbol{a}_C$ 的方向相反。应当注意，$\boldsymbol{R}$ 作用在转动中心 O 点上，而不是作用在质心 C 上。

同时，惯性力的主矩（力偶）等于各惯性力对简化中心 O 点的力矩的代数和，即

$$M'=-\sum(m_i r_i\varepsilon)r_i=-(\sum mr^2)\varepsilon$$
$$=-J_O\varepsilon \tag{17-9}$$

式中，J_O 是刚体对通过 O 点的轴的转动惯量，负号表示。惯性力系主矩的转向与角加速度 ε 的转向相反。

由此可得结论：刚体绕垂直于对称面的转轴转动时，刚体惯性力系向转轴与对称面交点 O 简化的结果为通过 O 点的一个惯性力和一个惯性力偶矩，此惯性力 $\boldsymbol{R}'=-m\boldsymbol{a}$，此惯性力

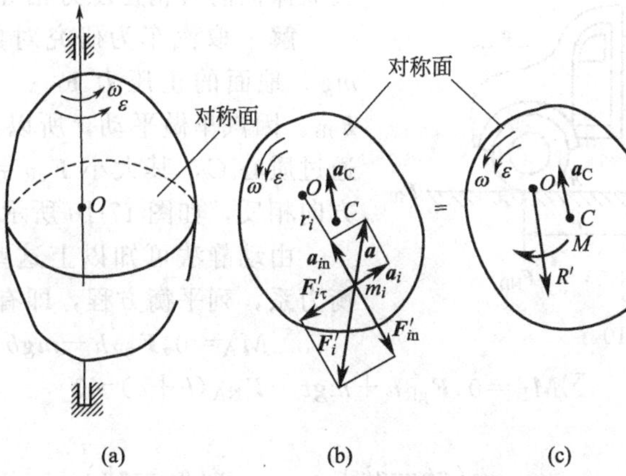

图 17-8

偶矩 $M'=-J_O\varepsilon$，如图 17-8(c) 所示。

因此，对绕定轴转动的刚体，只要在转轴与对称面的交点加上其惯性力 R' 和惯性力偶矩 M'，则作用在转动刚体上的主动力、约束反力和惯性力及惯性力偶构成一平衡力系，可用动静法求解。

上述结论有三种特殊情况：

(1) 刚体绕通过质心的轴做加速度转动　因质心的 $\boldsymbol{a}_C=0$，此时只有惯性力偶矩 $M'=-J_o\varepsilon$。

(2) 刚体绕不通过质心的轴做匀速转动　因 $\varepsilon=0$，则 $M'=0$，此时只有惯性力 $\boldsymbol{R}'$（$\boldsymbol{R}=me\omega^2$，式中 e 为质心到转轴的距离）通过转轴与对称平面的交点。

(3) 刚体绕通过质心的轴做匀速转动　因 $\boldsymbol{a}_C=0$、$\varepsilon=0$，故此时 $\boldsymbol{R}'=0$，$M'=0$。

三、刚体平面运动

这里仍限于讨论具有质量对称平面的刚体，其质心必在对称平面内。这样，刚体的惯性力系可简化为对称平面内的平面力系。

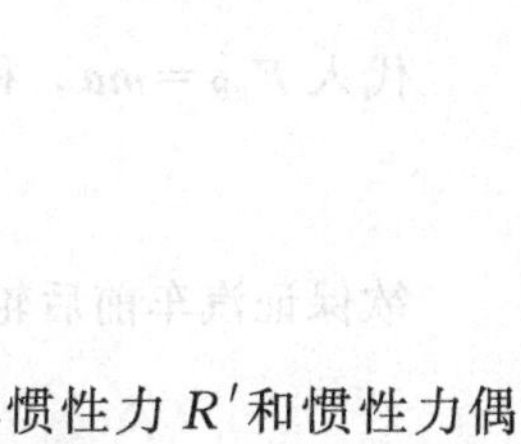

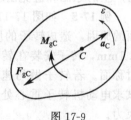

图 17-9

将刚体的平面运动分解为随质心的平动和绕质心的转动（图 17-9）。设某瞬时质心的加速度为 $\boldsymbol{a}_C$，刚体的角速度为 ω、角加速度为 ε。由上面的结果知，刚体随质心平动的惯性力系可简化为通过质心的一个力 F_{gC}，绕质心转动的惯性力系可简化为一个力偶 M_{gC}。它们分别为

$$F_{gC}=-M\boldsymbol{\alpha}_C$$
$$M'_{gC}=-J_O\varepsilon$$

第三节　用动静法解质点系统动力学问题的应用举例

用动静法求解系统的动力学问题的解题步骤为：①明确指出研究对象；②正确地进行受力分析，画出所有主动力和外约束反力；③正确地画出惯性力系的等效力系；④根据平衡条件列出研究对象在此瞬时的平衡方程；⑤求解平衡方程。

例 17-4　质量为 m 的汽车以加速度 $\boldsymbol{a}$ 做水平直线运动。汽车的重心离地面的高度为 h，汽车的前后轮到重心垂线的距离分别等于 b 和 c（见图 17-10），试求汽车前后轮的正压力以

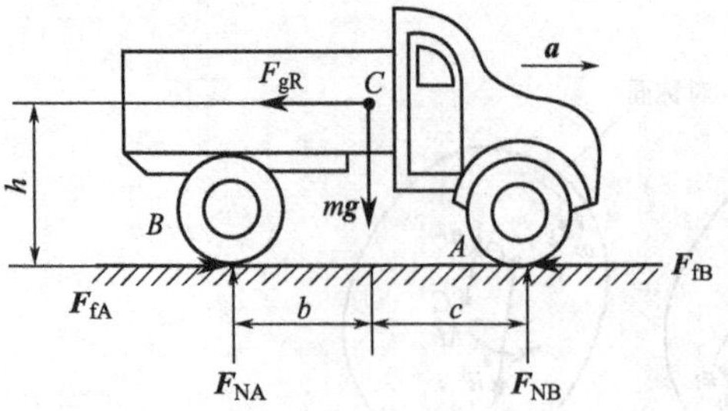

图 17-10

及欲保证前后轮正压力相等时汽车的加速度。

解 取汽车为研究对象，汽车受力有重力 $m\boldsymbol{g}$，地面的正压力 $\boldsymbol{F}_{NA}$、$\boldsymbol{F}_{NB}$ 和摩擦力 $\boldsymbol{F}_{fA}$、$\boldsymbol{F}_{fB}$。因汽车做平动，所以惯性力系的合力 $\boldsymbol{F}_{gR}$ 通过质心 C，其大小 $\boldsymbol{F}_{gR}=m\boldsymbol{a}$，方向与加速度方向相反，如图 17-10 所示。

由动静法可知以上这些力在形式上组成平衡力系，列平衡方程，即有

$$\sum M_A=0, \boldsymbol{F}_{gR}h-m\boldsymbol{g}b+\boldsymbol{F}_{NB}(b+c)=0$$

$$\sum M_B=0, \boldsymbol{F}_{gR}h+m\boldsymbol{g}c-\boldsymbol{F}_{NA}(b+c)=0$$

代入 $\boldsymbol{F}_{gR}=m\boldsymbol{a}$，得

$$\boldsymbol{F}_{NB}=\frac{m(\boldsymbol{g}b-\boldsymbol{a}h)}{b+c}, \boldsymbol{F}_{NA}=\frac{m(\boldsymbol{g}c+\boldsymbol{a}h)}{b+c}$$

欲保证汽车前后轮的压力相等，即 $\boldsymbol{F}_{NA}=\boldsymbol{F}_{NB}$，由此求得汽车的加速度为

$$\boldsymbol{a}=\frac{\boldsymbol{g}(b-c)}{2h}$$

第四节　定轴转动刚体轴承的附加动反力

刚体在给定的主动力作用下绕定轴转动时，一般说来刚体的惯性力不能自成平衡力系，这主要是因为刚体的质量对于转轴的分布在实际中不可能很对称。在工程上，特别是转子绕定轴高速转动时，由于惯性力的不平衡而使轴承产生巨大的附加作用力，因此研究附加作用力产生的原因和避免出现附加作用力的条件，具有很现实的意义。

例 17-5 如图 17-11 所示，电动机转子的质量为 $m=10$kg，由于材料、制造或安装等方面的原因，造成转子的质心偏离转轴。已知偏心矩 $e=0.1$mm，转子安装在转轴的中部，转轴垂直于转子的对称面。若转子做匀速转动，转速为 $n=15000$r/min，试求电动机转子重心处于最低位置时轴承 A、B 的约束力。

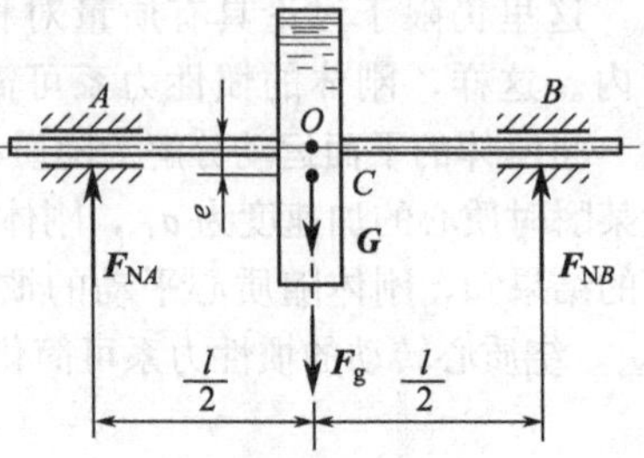

图 17-11

解 取转子和转轴组成的刚体系统为研究对象，系统受到重力 $\boldsymbol{G}$ 和轴承约束力 $\boldsymbol{F}_{NA}$、$\boldsymbol{F}_{NB}$ 的作用。由于转子做匀速转动，故惯性力系简化为通过转轴的一个力 $\boldsymbol{F}_g$，其大小为 $\boldsymbol{F}_g=me\omega^2$，方向随质心 C 的运动位置而异，当质心 C 运动到图所示的最低位置时，$\boldsymbol{F}_g$ 铅垂向下，由动静法列平衡方程，即有

$$\sum M_A(\boldsymbol{F})=0, \boldsymbol{F}_{NB}l-\boldsymbol{G}\frac{l}{2}-\boldsymbol{F}_g\frac{l}{2}=0$$

$$\sum \boldsymbol{F}_y=0, \boldsymbol{F}_{NA}+\boldsymbol{F}_{NB}-\boldsymbol{G}-\boldsymbol{F}_g=0$$

解以上方程，得转子垂心处于最低位置时轴承 A、B 的约束力为

$$\boldsymbol{F}_{NA}=\boldsymbol{F}_{NB}=\frac{1}{2}\boldsymbol{F}_g+\frac{1}{2}\boldsymbol{G}=\left[\frac{1}{2}\times10\times\frac{0.1}{1000}\times\left(15000\times\frac{\pi}{30}\right)^2+\frac{1}{2}\times10\times9.8\right]\text{N}=1283\text{N}$$

从此例的计算结果可以看出，虽然电动机转子的偏心距只有 0.1mm，而且转速也不太

高，但是轴承的约束力却比转子的重量大很多。另还可以看出，刚体绕定轴转动时，轴承作用于转轴上的约束力通常由两部分组成：一部分是由作用于刚体上的主动力引起，称为静反力，如本例中重力引起的静反力大小为49N；另一部分是由惯性力引起的，称为附加动反力，如本例中惯性力引起的附加动反力大小为1234N。静反力在刚体静止或转动时都存在，而附加动反力只有在刚体转动时才出现。对于高速转子，即使偏心距很小，其附加动反力都要比静反力大很多，如此例中的二力差距就达到25倍还多。这样大的力作用于转轴，必然会使轴承的磨损加剧或使机器发生振动。倘若附加动反力过大，就要引起机器故障或损坏机器构件等。此例表明，要消除高速转动刚体的附加动反力，应尽可能地消除转动零（部）件的偏心，使转动部件的质心落在转轴上。若刚体只有重力而没有其他主动力作用，则它不论在什么位置都能保持静止不动，这种现象称为静平衡。

当刚体转动时不出现附加动反力的现象称为动平衡。能够动平衡的刚体必然是静平衡的，但能够静平衡的刚体不一定是动平衡的。因此在工程技术中，为了消除高速转动零（部）件或刚体的附加动反力，首先要对其进行静平衡试验，以使质心落在转轴上，然后再对其进行动平衡试验以避免零（部）件或刚体转动时出现附加动反力。

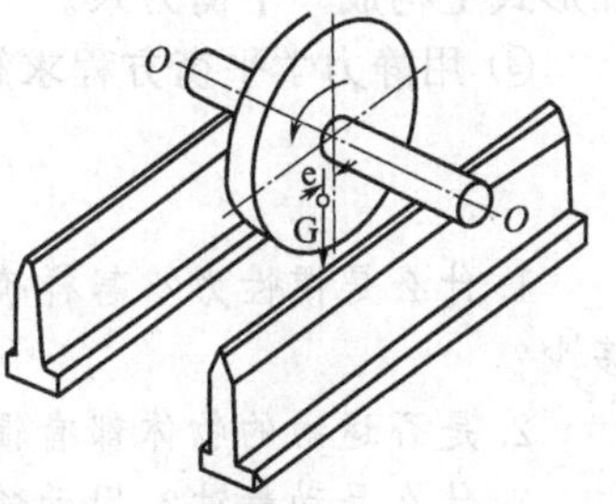

图 17-12

静平衡试验的方法很多，这里只介绍最简单的一种。如图17-12所示，将欲进行静平衡试验的转动零件架在两严格水平的钢制刀刃口上，由于其质心与转动轴线 O—O 不重合，对轴线产生力矩，故将发生滚动。滚动停止时，其质心必定位于最低位置，因此需在轴线的 O—O 的上方加平衡重量，然后再进行相同试验，反复多次，直至零件在任何位置都能静止时为止，此时说明其质心与辅线已重合达到了平衡。所加的平衡重量的大小与位置随之确定。关于动平衡试验请读者查阅有关资料。

本章小结

本章介绍工程上应用比较广泛的解决动力学问题的一种方法——动静法。它把动力学问题转化为静力学问题来求解。

(1) 惯性力。惯性力是由于物体（或质点）运动状态的改变而产生的对施力物体的反作用力，作用在施力物体上。其大小与方向可用矢量式表达，即

$$\boldsymbol{F}_g=-m\boldsymbol{a}$$

(2) 质点的动静法。如果作用于质点上的主动力、约束力与质点的惯性力组成平衡力系，那么质点动力学问题就可以运用静力学平衡方程来求解，这种将动力学问题应用静力学平衡方程求解的方法称为动静法。其矢量表达式为

$$\boldsymbol{F}+\boldsymbol{F}_N+\boldsymbol{F}_g=0$$

动静法的自然坐标式和直角坐标式分别为

$$\left.\begin{aligned}\boldsymbol{F}_\tau+\boldsymbol{F}_{N\tau}+\boldsymbol{F}_{g\tau}=0\\ \boldsymbol{F}_n+\boldsymbol{F}_{Nn}+\boldsymbol{F}_{gn}=0\end{aligned}\right\},\quad \left.\begin{aligned}\boldsymbol{F}_x+\boldsymbol{F}_{Nx}+\boldsymbol{F}_{gx}=0\\ \boldsymbol{F}_y+\boldsymbol{F}_{Ny}+\boldsymbol{F}_{gy}=0\end{aligned}\right\}$$

(3) 刚体动静法。应用质点系达朗贝尔原理求解刚体动力学问题时，为求解问题的方便，应首先对刚体惯性力系进行简化。当刚体在平行于质量对称平面内做平面运动时，其惯性力系可向质心简化，所得结果为一主矢和一主矩。其主矢为 $\boldsymbol{F}_{gR}=-m\boldsymbol{a}_C$，且通过质心；主矩为 $M_{gC}=-J_C\varepsilon$。

刚体做平动和定轴转动是刚体做平面运动的特殊情况，平面运动刚体惯性力系的简化结果同样适用。由于平动刚体的 $a=0$，所以平动刚体的惯性力系简化结果为一个力 $\boldsymbol{F}_{gR}=$

$-ma_C$，作用于质心；定轴转动刚体的惯性力系简化结果为一个力和一个力偶矩，其主矢为 $F_{gR}=-ma_C$，通过质心，主矩为 $M_{RC}=-J_C\varepsilon$。定轴转动刚体的惯性力系还可以进一步向转轴简化，结果为一个力和一个力偶矩，其主矢 $F_{gR}=-ma_C$，主矩 $M_{gC}=-J_C\varepsilon$。这里有两点特别要注意，即①力通过转轴；② J_C 是刚体对转轴的转动惯量。

(4) 动静法是指在不平衡的质点（质点系）上虚加惯性力（惯性力系），就可使其处于虚拟的平衡状态，从而使较复杂的动力学问题得以在形式上转化成简单的静力平衡问题。

(5) 用动静法解动力学问题的步骤。

① 根据问题的已知条件和所求量选定研究对象。

② 分析研究对象上所受的主动力和约束力，画出受力图。

③ 分析研究对象的运动状态，并在受力图上虚加上经简化后的惯性力与惯性力偶矩，在形式上构成一平衡力系。

④ 用静力学平衡方程求解未知量。

思考题

1. 什么是惯性力？怎样确定惯性力的大小和方向？做匀速直线运动的质点，其惯性力为多少？

2. 是否运动的物体都有惯性力？质点做匀速圆周运动时有无惯性力？

3. 什么是动静法？用动静法解题的方法是什么？

4. 轴承上所受的动反力与哪些因素有关？在什么条件下动反力等于零？

5. 质点运动方向是否一定与质点受力（指合力）方向相同？某一瞬时质点的速度大，是否说明该瞬时质点所受的作用力也一定大？

6. 手以 $\boldsymbol{F}$ 力推某物体，如：(1) 该物体不动；(2) 该物体做匀速直线运动；(3) 该物体将做加速度运动。考虑在三种不同情况下手所受的力有何不同？

7. 绳子一端悬重 $\boldsymbol{F}$ 的重物，当：(1) 重物不动；(2) 重物匀速上升；(3) 重物匀速下降；(4) 重物加速上升；(5) 重物加速下降。问这五种不同情况下绳子所受的拉力有何不同？

习题

17-1 如题 17-1 图所示载货的小车重 7kN，以 $v=1.6\text{m/s}$ 的速度沿缆车轨道而下降；轨道的倾角 $\alpha=15°$，运动之总阻力系数 $\mu=0.015$。求小车匀速下降时，牵引小车之缆绳的张力。又设小车制动时做匀减速运动，设小车制动时间为 $t=4\text{s}$，求此时绳的张力。

17-2 如题 17-2 图所示设轮胎与路面的滑动摩擦系数为 f，试求图示的后轮驱动（发动机的动力传到后轮轴，因后轮转动而推动汽车前进）的汽车沿水平道路行驶时的最大加速度。

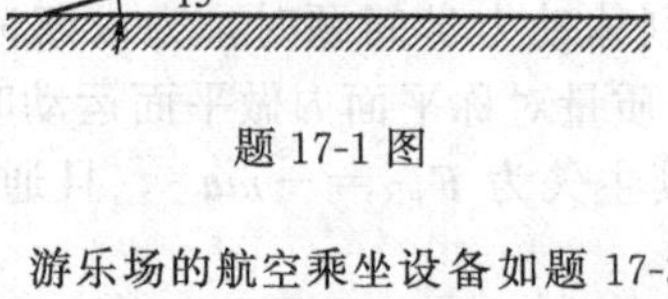

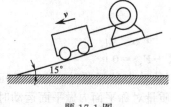

题 17-1 图

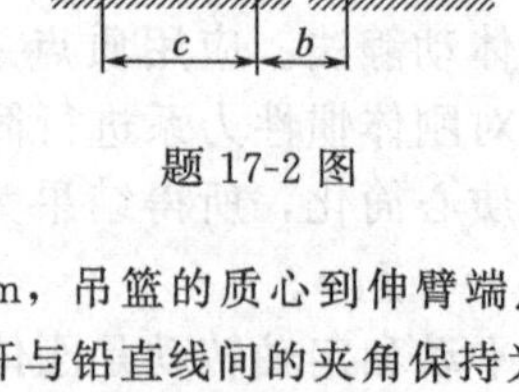

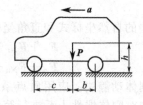

题 17-2 图

17-3 游乐场的航空乘坐设备如题 17-3 图所示。伸臂长 $a=5\text{m}$，吊篮的质心到伸臂端点的距离 $l=10\text{m}$。不计伸臂和吊杆的重量，并将吊篮看作一质点。如果要使吊杆与铅直线间的夹角保持为 $\theta=60°$，问伸臂绕铅直轴转动的角速度应多大？

17-4　如题 17-4 图所示质量为 20kg 的砂轮，因安装不正，使重心偏离转轴 $e=0.1\text{mm}$。试求当转速 $n=10000\text{r/min}$ 时，作用于轴承 $O—O$ 上的附加动反力。

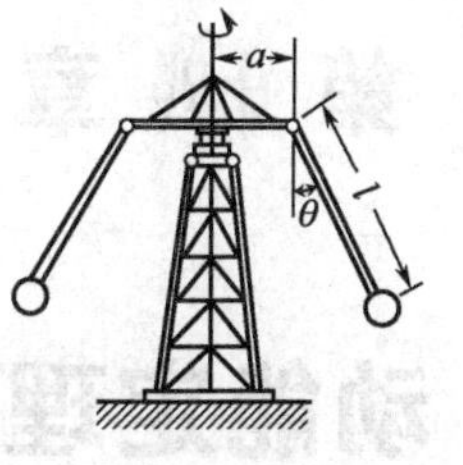

题 17-3 图

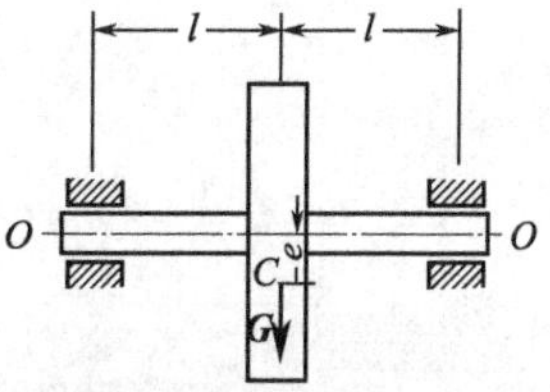

题 17-4 图

17-5　题 17-5 图所示运货物的小车装载着质量为 M 的货箱。货箱可视为均质长方体，侧面宽 $D=1\text{m}$，高 $h=2\text{m}$。货箱与小车间的摩擦系数 $f=0.3$，试求安全运送时所许可的小车的最大加速度。

17-6　题 17-6 图所示砂轮Ⅰ质量为 1kg，其偏心距 $e=0.5\text{mm}$，砂轮Ⅱ质量为 0.5kg，偏心距 $e=1\text{mm}$。电动机转子Ⅲ质量为 8kg，带动砂轮旋转，转速 $n=300\text{r/min}$。求转动时轴承 A、B 上的附加动反力。(图中单位为 mm)。

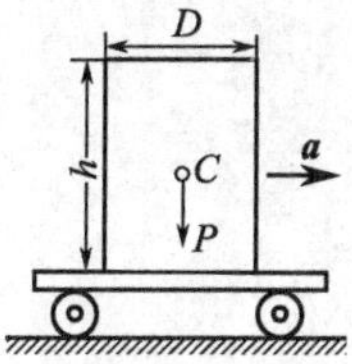

题 17-5 图

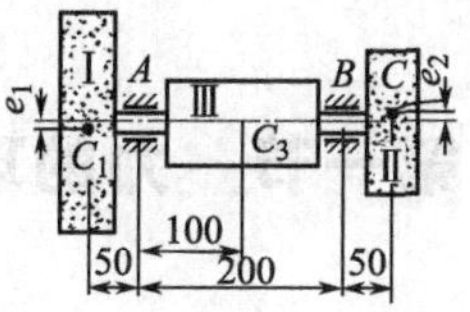

题 17-6 图

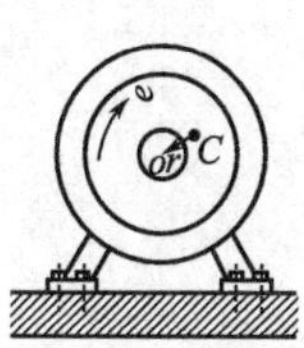

题 17-7 图

17-7　题 17-7 图电动机安装在水平基础上，其质量为 M（包括转子质量）。转子的重心偏离转轴 O 的距离为 r，设转子质量为 m，并以匀角速度 ω 转动。试求电动机对基础的铅垂压力的最大值和最小值。

第十八章

动能定理

能量转换与功之间的关系是自然界中各种形式运动的普遍规律。动能定理是从能量的角度来分析质点和质点系的动力学问题。在一定的条件下，应用动能定理来解决工程实际问题，不仅计算简便，而且物理概念明确，便于深入了解机械运动的性质。

本章将介绍功，质点和刚体的动能，以及通过能量转换解决动力学问题的动能定理。

第一节　力的功

一、力的功

功是度量力的作用的一个物理量。它反映的是力在一段路程上对物体作用的累积效果，其结果是引起物体能量的改变和转化。例如，从高处落下的重物速度越来越大，就是重力对物体在下落的高度中作用的累积效果。可见力的功包含力和路程两个因素。由于在工程实际中遇到的力有常力、变力或力偶，而力的作用点的运动轨迹有直线也有曲线，因此，下面将分别说明在各种情况下力所做的功的计算方法。

1. 常力的功

如图 18-1 所示，设有大小和方向都不变的力 F 作用在物体上，力的作用点向右做直线运动。则此常力 $\boldsymbol{F}$ 在位移方向的投影 $\boldsymbol{F}\cos\alpha$ 与位移的大小 S 的乘积称为力 $\boldsymbol{F}$ 在位移 S 上所做的功，用 W 表示，即

$$W=S\boldsymbol{F}\cos a \tag{18-1}$$

由上式可知：当 $\alpha<90°$ 时，功 W 为正值，即力 $\boldsymbol{F}$ 做正功；当 $a>90°$ 时，功 W 为负值，即力 $\boldsymbol{F}$ 做负功；当 $\alpha=90°$ 时，功为零，即力与物体的运动方向垂直，不做功。

由于功只有正负值，不具有方向意义，所以功是代数量。

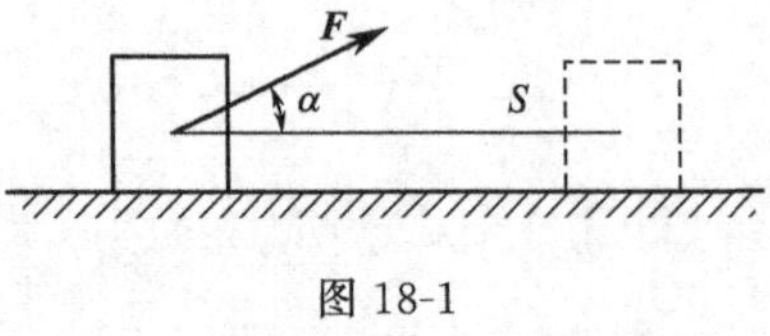

图 18-1

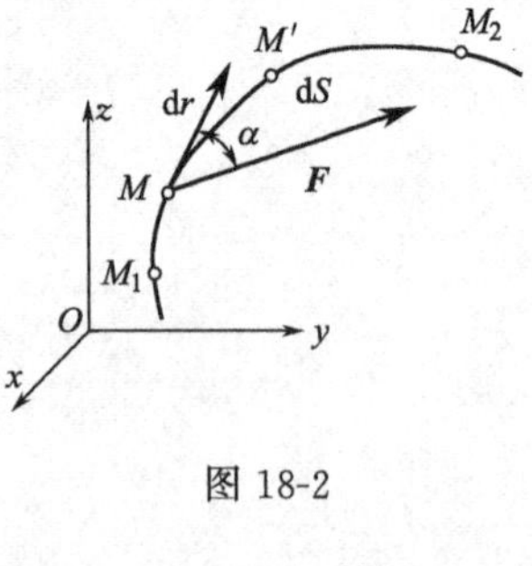

图 18-2

在国际单位制中，功的单位是牛顿·米（N·m），称为焦耳（J），即 1J=1N·m。

2. 变力的功

设质点 M 在变力 $\boldsymbol{F}$ 作用下做曲线运动，如图 18-2 所示。当质点从 M_1 沿曲线运动到 M_2 时，力 $\boldsymbol{F}$ 所做的功的计算可处理为：（1）整个路程细分为无数个微段 dS；（2）在微小路程上，力 $\boldsymbol{F}$ 的大小和方向可视为不变；（3）$d\boldsymbol{r}$ 表示相应于 dS 的微小位移，当 dS 足够小时，$|d\boldsymbol{r}|=dS$。

根据功的定义，力 $\boldsymbol{F}$ 在微小位移 $d\boldsymbol{r}$ 上所做的功（即元功）为

$$\delta W=F\cos\alpha\, dS$$

式中，α 表示力 $\boldsymbol{F}$ 与曲线上 M 点处的切线的夹角。将 $\boldsymbol{F}$ 和微小位移 $d\boldsymbol{r}$ 投影到直角坐标轴上，则上式的直角坐标表达式为

$$\delta W=F_x dx+F_y dy+F_z dz$$

力 F 在曲线路程 $\widehat{M_1M_2}$ 上所做的功等于该力在各微段的元功之和，即

$$W=\int_{M_1}^{M_2}\boldsymbol{F}d\boldsymbol{r}=\int_{M_1}^{M_2}\cos\alpha\, dS \tag{18-2}$$

或

$$W=\int_{M_1}^{M_2}(F_x dx+F_y dy+F_z dz) \tag{18-3}$$

3. 合力的功

合力在任一路程上所做的功等于各分力在同一路程上所做功的代数和。即

$$W=W_1+W_2+\cdots+W_n=\sum W_i \tag{18-4}$$

二、常见力的功

1. 重力的功

设有一重力为 $\boldsymbol{G}$ 的质点，自位置 M_1 沿某曲线运动至 M_2，如图 18-3 所示，由式(18-2) 有

$$W=\int_{M_1}^{M_2}(F_x dx+F_y dy+F_z dz)$$

$$=-\int_{z_1}^{z_2}G dz=-G(z_2-z_1)$$

或

$$W=G(z_1-z_2)=\pm Gh \tag{18-5}$$

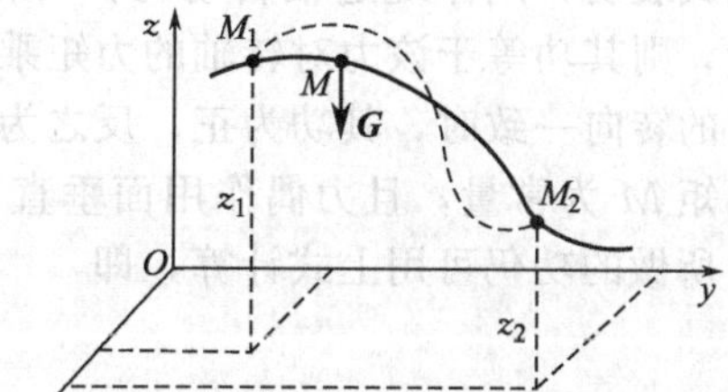

图 18-3

式中，$h=|z_1-z_2|$，为质点在运动过程中重心位置的高度差。

此式表明：重力的功等于质点的重量与其起始位置与终了位置的高度差的乘积，且与质点运动的轨迹形状无关。质点在运动过程中，当其重心位置降低时，重力做正功；当其重心位置升高时，重力做负功。

2. 弹性力的功

一端固定的弹簧与一质点 M 相连接，弹簧的原始长度为 l_0（见图 18-4），在弹性变形范围内，弹簧弹性力 $\boldsymbol{F}$ 的大小与其变形量 δ 成正比，即

$$F=k\delta$$

式中，k 为弹簧的弹性常数（单位是 N/m 或 N/mm）。

弹性力 $\boldsymbol{F}$ 的方向总指向弹簧的自然位置，亦即弹簧未变形时端点 O 的位置。当质点 M 由 M_1 点运动到 M_2 点时，弹性力做功由式(18-3) 求得，即

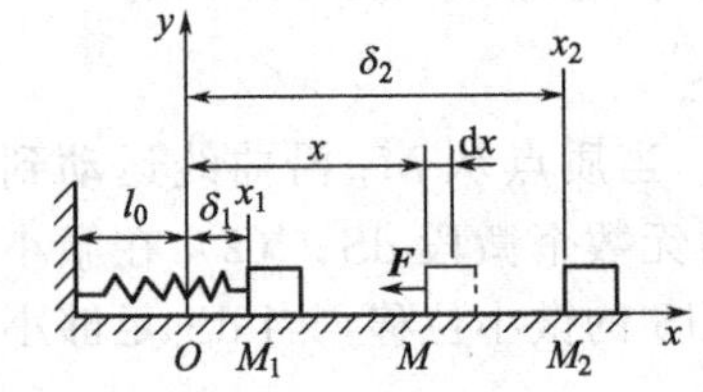

图 18-4

$$W=\int_{M_1}^{M_2}\boldsymbol{F}\mathrm{d}x=\int_{x_1}^{x_2}-kx\,\mathrm{d}x=\frac{k}{2}(\delta_1^2-\delta_2^2) \quad (18\text{-}6)$$

式中，δ_1、δ_2 分别为弹簧在初始位置 M_1 与终了位置 M_2 的变形量。

可以证明，当质点 M 做曲线运动时，弹性力的功仍可按式(18-6)计算，即弹性力的功也只决定于弹簧初始位置与终了位置的变形量，而与质点的运动轨迹无关。

由以上讨论可知，弹性力的功等于弹簧初变形 δ_1 和末变形 δ_2 的平方差与弹簧弹性常数乘积的一半，与质点运动的轨迹无关。若弹簧变形减小（即 $\delta_1>\delta_2$），弹性力做正功；若变形增加（即 $\delta_1<\delta_2$），弹性力的功为负，与弹簧实际受拉伸或压缩无关。

3. 定轴转动刚体上作用力的功

设一力 $\boldsymbol{F}$ 作用在绕固定轴 z 转动的刚体上的 M 点（见图 18-5），将力 $\boldsymbol{F}$ 分解为三个正交的分力 $\boldsymbol{F}_\tau$、$\boldsymbol{F}_n$、$\boldsymbol{F}_z$，可以看出，当刚体转过一微小转角 $\mathrm{d}\varphi$ 时，轴向分力 $\boldsymbol{F}_z$ 和径向分力 $\boldsymbol{F}_n$ 都不做功，只有切向分力 $\boldsymbol{F}_\tau$ 做功。设力 $\boldsymbol{F}$ 作用点到转轴的距离为 r，则力 $\boldsymbol{F}$ 在微小路程 $r\mathrm{d}\varphi$ 中的元功为

$$\delta W=\boldsymbol{F}_\tau r\mathrm{d}\varphi$$

刚体绕 z 轴自位置 M_1（对应的位置角为 φ_1）转到位置 M_2（对应的位置角为 φ_2）的过程中，力 $\boldsymbol{F}$ 所做的功应为

$$W=\int_{M_1}^{M_2}\boldsymbol{F}_\tau r\mathrm{d}\varphi=\int_{\varphi_1}^{\varphi_2}M_z\mathrm{d}\varphi=\pm M_z\varphi \quad (18\text{-}7)$$

式中，$\varphi=\varphi_2-\varphi_1$，$M_z$ 为力 $\boldsymbol{F}$ 对转轴 z 的力矩，且 M_z 为常量。此式表明，刚体绕定轴转动时，若作用在刚体上的力对转轴的矩为常量，则其功等于该力对转轴的力矩乘以刚体所转过的角度。当力矩与转角的转向一致时，其功为正，反之为负。若刚体上作用的是力偶，其力偶矩 M 为常量，且力偶作用面垂直于转轴，则力偶使刚体转过转角 φ 时所做的功仍可用上式计算，即

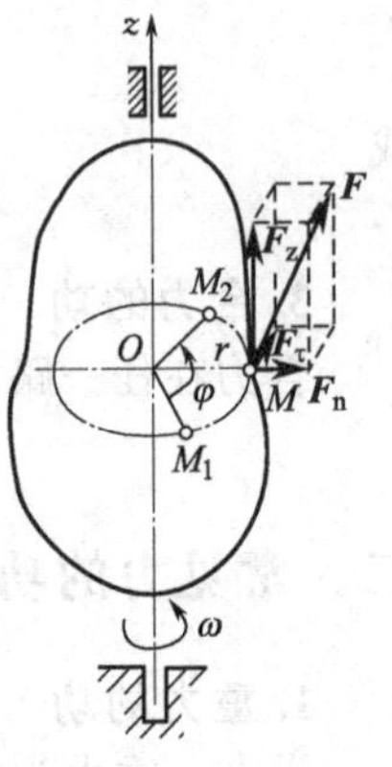

图 18-5

$$W=\pm M\varphi \quad (18\text{-}8)$$

显然，当力偶与转角的转向一致时，其功为正，反之为负。

例 18-1 一货箱质量 $m=300\text{kg}$，现用一力 $\boldsymbol{F}_T$ 将它沿斜板向上拉到汽车车厢上，已知货箱与斜板的摩擦系数 $\mu_s=0.5$，斜板的倾角 $\alpha=20°$，汽车车厢高 $h=1.5\text{m}$（见图 18-6）。问将货箱拉上车厢时，所消耗的功应为多少？

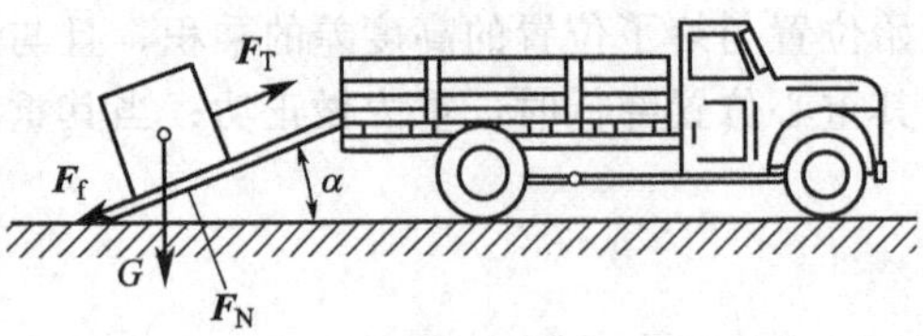

图 18-6

解 取货箱为研究对象，它受有重力 $m\boldsymbol{g}$、斜板法向约束力 $\boldsymbol{F}_N$、摩擦力 $\boldsymbol{F}_f$ 及绳索的拉力 $\boldsymbol{F}_T$。货箱沿斜板拉上车厢时，拉力 $\boldsymbol{F}_T$ 做正功，摩擦力 $\boldsymbol{F}_f$ 与重力 $m\boldsymbol{g}$ 做负功，法向约束力 $\boldsymbol{F}_N$ 与位移方向垂直不做功。当货厢升高 1.5m 时，重力 $m\boldsymbol{g}$ 做的功为

$$W_1=-mgh=-300\times9.8\times1.5=-4410(\text{J})$$

摩擦力 $\boldsymbol{F}_f$ 做的功为

$$W_2=-\boldsymbol{F}_f s=-\mu_s\boldsymbol{F}_N\frac{h}{\sin\alpha}=-\mu_s m\boldsymbol{g}\cos\alpha\frac{h}{\sin\alpha}$$

$$=\frac{-0.5\times300\times9.8\cos20^\circ\times1.5}{\sin20^\circ}=-6058(\text{J})$$

将货箱拉上车厢所消耗的功即为

$$W=W_1+W_2=(-4410-6058)\text{J}=-10468\text{J}$$

例 18-2　带轮两侧的拉力分别为 $F_{T1}=1.6\text{kN}$ 和 $F_{T2}=0.8\text{kN}$（见图 18-7）。已知带轮的直径 $D=0.5\text{m}$，试求带轮两侧的拉力在轮子转过两圈时所做的功。

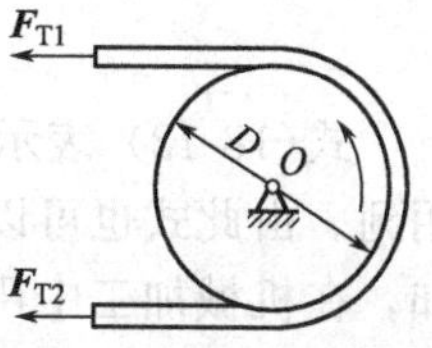

图 18-7

解　作用于带轮上的转矩为

$$M_O=F_{T1}\frac{D}{2}-F_{T2}\frac{D}{2}=(1.6-0.8)\times10^3\times\frac{0.5}{2}=200(\text{N}\cdot\text{m})$$

当轮子转过两圈时，其转角

$$\varphi=2\times2\pi\text{rad}=12.56\text{rad}$$

因此，带轮两侧的拉力在轮子转过两圈时所做的功为

$$W=M_O\varphi=200\times12.56\text{J}=2.512\times10^3\text{J}$$

第二节　功率与机械效率

一、功率

在工程实际中，我们不仅要计算力做功的大小，而且还要知道力做功的快慢。力做功的快慢通常用功率表示。所谓功率，就是在单位时间内力所做的功，它是衡量机器工作能力的一个重要指标，功率越大，说明在给定的时间内能做的功就越多。

设作用于质点上的力 $\boldsymbol{F}$ 在时间间隔 Δt 内所做的元功为 δW，该力在这段时间内的平均功率 P^* 可写成

$$P^*=\frac{\delta W}{\Delta t}$$

当时间间隔 Δt 趋于零时，即得瞬时功率为

$$P=\lim_{\Delta t\to0}\frac{\delta W}{\Delta t}=\frac{\text{d}W}{\text{d}t}$$

对于作用于质点上力的功率，可表示为

$$P=\frac{\delta W}{\text{d}t}=\frac{F\cos\alpha\,\text{d}s}{\text{d}t}=F_\tau v \tag{18-9}$$

式中，α 表示力 $\boldsymbol{F}$ 与其作用点位移速度 $\boldsymbol{v}$ 之间的夹角。

可见，作用于质点上力的功率等于力在速度方向上的投影与速度的乘积。

对于作用于定轴转动刚体上力的功率，可表示为

$$P=\frac{\delta W}{\text{d}t}=\frac{F_\tau r\,\text{d}\varphi}{\text{d}t}=\frac{M_z\,\text{d}\varphi}{\text{d}t}=M_z\omega \tag{18-10}$$

上式表明，作用于定轴转动刚体上力的功率等于该力对转轴的矩与角速度的乘积。若刚体上作用的是力偶，其力偶矩为 M，则力偶的功率为

$$P=M\omega \tag{18-11}$$

在国际单位制中，当每秒钟力所做的功为 1J 时，其功率定为 1J/s（焦耳/秒）或 1W（瓦），1000W=1kW。若以转速 n(r/min) 代替角速度 ω，力对转轴的矩用 M 表示，则式(18-11) 可写成

$$P=\frac{M\omega}{1000}=\frac{M}{1000}\times\frac{n\pi}{30}=\frac{Mn}{9549}(\text{kW}) \tag{18-12}$$

式(18-12) 表示了功率、转速和转矩三者之间的数量关系，这一关系在工程实际中经常用到。由此式也可以看出，在功率不变的情况下，转速低则转矩大，而转速高则转矩小。例如，在机械加工中用机床切削工件时，常把电动机的高转速通过减速器转换成主轴的低转速来加大切削力。

二、机械效率

任何一部机器工作时，都需要从外界输入一定的功率，称为输入功率，用 $P_{输入}$ 表示；机器在工作中用于能量转化而消耗的一部分功率，称为有用功率（available），用 $P_{有用}$ 表示；用于克服摩擦等有害阻力而消耗的一部分功率，称为无用功率，用 $P_{无用}$ 表示。在机器稳定运转时有

$$P_{输入}=P_{有用}+P_{无用}$$

即机器的输入功率和输出功率是平衡的。此时，机器输出的有用功率与输入功率之比称为机械效率，用 η 表示，即

$$\eta=P_{有用}/P_{输入} \tag{18-13}$$

由于摩擦是不可避免的，故机械效率 η 总是小于 1。机械效率越接近于 1，有用功率就越接近于输入功率，消耗的无用功率也就越小，说明机器对输入功率的有效利用程度越高，机器的性能越好。因此，机械效率的大小是评价机器质量优劣的重要标志之一。机械效率与机器的传动方式、制造精度和工作条件等因素有关。各种常用机械的机械效率一般可在机械设计手册或有关说明书中查得。

例 18-3　一起重机，其悬挂部分重 $\boldsymbol{Q}=5\text{kN}$，所用电动机的功率 $P_e=36.5\text{kW}$，起重机齿轮的传动效率 $\eta=0.92$，当提升速度 $v=0.2\text{m/s}$ 时，求最大起重量 $\boldsymbol{G}$。

解　电动机的功率 P_e 就是起重机的输入功率 $P_{输入}$，由式(18-13) 可求得起重机输出的有用功率为

$$P_{有用}=P_{输入}\ \eta=P_e\eta=36.5\times0.92\text{kW}=33.58\text{kW}$$

又有 $P_{有用}=(\boldsymbol{Q}+\boldsymbol{G})\ \boldsymbol{v}$，由此求得

$$\boldsymbol{G}=P_{有用}/\boldsymbol{v}-\boldsymbol{Q}=\left(\frac{33.58\times10^3}{0.2}-5\times10^3\right)\text{N}$$

$$=162900\text{N}=162.9\text{kN}$$

例 18-4　用车刀切削一直径 $d=0.2\text{m}$ 的零件外圆，如图 18-8 所示。已知切削力 $\boldsymbol{F}=2.5\text{kN}$，切削时车床主轴转速 $n=180\text{r/min}$，车床齿轮传动的机械效率 $\eta=0.8$。试求切削所消耗的功率及电动机的输出功率。

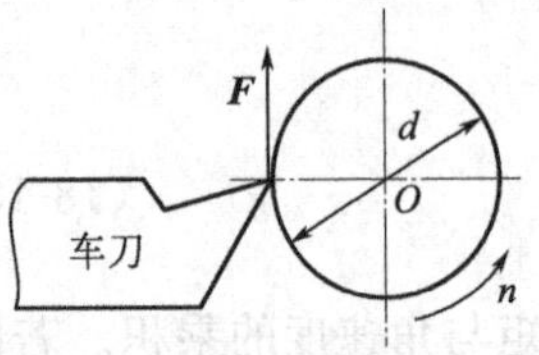

图 18-8

解　切削力对主轴的转矩为

$$M=\boldsymbol{F}d/2=2.5\times10^3\times0.2/2\text{N}\cdot\text{m}=250(\text{N}\cdot\text{m})$$

切削所消耗的功率即车床的有用功率，由式(18-12) 得

$$P_{有用}=Mn/9549=250\times180/9549\text{kW}=4.71\text{kW}$$

电动机的输出功率就是车床的输入功率。由式(18-13) 得

$$P_{电}=P_{输入}=P_{有用}/\eta=4.71/0.8\text{kW}=5.89\text{kW}$$

第三节　动能

一切运动的物体都具有一定的能量，例如，飞行的子弹能穿透钢板，运动的锻锤可以改变锻件的形状。物体由于机械运动所具有的能量称为动能。

一、质点的动能

质点的动能是度量质点机械运动强弱的物理量。

若质点的质量为 m，某瞬时的速度为 $\boldsymbol{v}$，则质点的动能定义为

$$T=\frac{1}{2}mv^2 \tag{18-14}$$

上式表明：质点在某瞬时的动能等于质点质量与其速度平方乘积的一半。动能是一个标量，恒为正值，单位与功的单位相同。

二、质点系的动能

设质点系中任一质点的质量为 m_i，在某瞬时的速度值为 v_i，则在该瞬时质点系内各质点动能的总和称为质点系的动能，即

$$T=\sum\frac{1}{2}m_i v_i^2 \tag{18-15}$$

如图 18-9 所示的质点系有 3 个质点，它们的质量分别为 $m_1=2m_2=4m_3$，忽略绳子的质量，并假设绳不可伸长，则 3 个质点的速度都等于 v，则质点系的动能为 $T=\frac{1}{2}m_1 v_1^2+\frac{1}{2}m_2 v_2^2+\frac{1}{2}m_3 v_3^2=\frac{7}{2}m_3 v^2$。

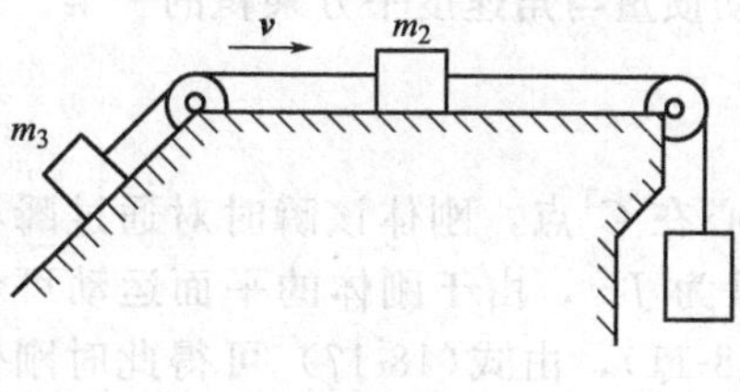

图 18-9

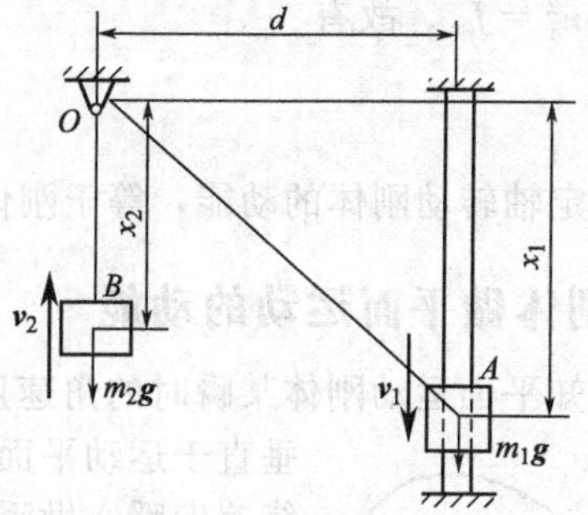

图 18-10

例 18-5　不可伸长的绳索绕过小滑轮 O，并在其两端分别系着质量为 m_1 和 m_2 的物块 A、B（见图 18-10），物块 A 沿铅垂导杆滑动，铅垂导杆与滑轮 O 之间的距离为 d，绳索总长为 l。不计绳索和滑轮的质量，试用物块 A 下降到某一高度时所具有的速度 v_1 表示质点系的动能。

解　这是由两个质点组成的质点系。两个质点的位置坐标 x_1 与 x_2 之间的关系为

$$x_2+\sqrt{d^2+x_1^2}=l$$

将上式两边对时间 t 求导，并考虑到 $\frac{dx_1}{dt}=v_1$、$\frac{dx_2}{dt}=v_2$，得

$$v_2=-\frac{x_1}{\sqrt{d^2+x_1^2}}v_1$$

质点系的动能为

$$T=\sum\frac{1}{2}m_iv_i^2=\frac{1}{2}m_1v_1^2+\frac{1}{2}m_2v_2^2$$

$$=\frac{1}{2}m_1v_1^2+\frac{1}{2}m_2\frac{x_1^2}{d^2+x_1^2}v_1^2=\frac{1}{2}\left(m_1+\frac{m_2x_1^2}{d^2+x_1^2}\right)v_1^2$$

三、刚体的动能

对于刚体而言，由于各质点间的相对距离保持不变，故当它运动时，各处质点的速度之间必定存在着一定的联系，因而可以推导出刚体做各种运动时的动能计算公式。

1. 平动刚体的动能

刚体平动时，在同一瞬时，刚体内各质点的速度都相同，如用刚体质心 C 的速度 v_C 代表各质点的速度，于是刚体平动时的动能为

$$T=\sum\frac{1}{2}m_iv_i^2=\sum\frac{1}{2}m_iv_C^2=\frac{1}{2}(\sum m_i)v_C^2=\frac{1}{2}Mv_C^2 \tag{18-16}$$

式中，$M=\sum m_i$ 为刚体的质量。

上式表明，刚体平动时的动能等于刚体的质量与其质心速度平方乘积的一半。

2. 刚体做定轴转动的动能

设刚体在某瞬时绕固定轴 z 转动的角速度为 ω，刚体内任一质点的质量为 m_i，它与转动轴 z 的距离为 r_i，则该质点的速度为 $v_i=r_i\omega$，于是，做定轴转动刚体的动能为

$$T=\sum\frac{1}{2}m_iv_i^2=\sum\frac{1}{2}m_ir_i^2\omega^2=\frac{1}{2}\left(\sum m_ir_i^2\right)\omega^2$$

因 $\sum m_ir_i^2=J_z$，故有

$$T=\frac{1}{2}J_z\omega^2 \tag{18-17}$$

因此，定轴转动刚体的动能，等于刚体对转动轴的转动惯量与角速度平方乘积的一半。

四、刚体做平面运动的动能

已知平面运动刚体某瞬时的角速度为 ω，速度瞬心在 C' 点，刚体该瞬时对通过瞬心且垂直于运动平面的轴的转动惯量为 $J_{C'}$，由于刚体的平面运动可看成绕速度瞬心做瞬时转动（见图 18-11），由式(18-17) 可得此时刚体的动能为

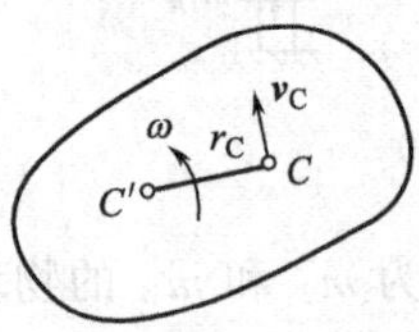

图 18-11

$$T=\frac{1}{2}J_{C'}\omega^2 \tag{a}$$

设刚体质心 C 到瞬心 C' 的距离为 r_C，刚体的质量为 m，由转动惯量的平行移轴定理可得

$$J_{C'}=J_C+mr_C^2 \tag{b}$$

式中，J_C 是刚体对通过质心 C 且垂直于运动平面的轴的转动惯量。

把式(b) 代入式(a)，可得到

$$T=\frac{1}{2}mv_C^2+\frac{1}{2}J_C\omega^2 \tag{18-18}$$

式中，$v_C=r_C\omega$ 为刚体质心 C 的速度。

式(18-18) 表明：刚体做平面运动时的动能等于刚体随质心平移的动能与绕质心转动的动能之和。

例如，一车轮在地面上滚动而不滑动，如图 18-12 所示。若轮心做直线运动，速度为 v_C，车轮质量为 m，质量分布在轮缘，轮辐的质量不计，则车轮的动能为

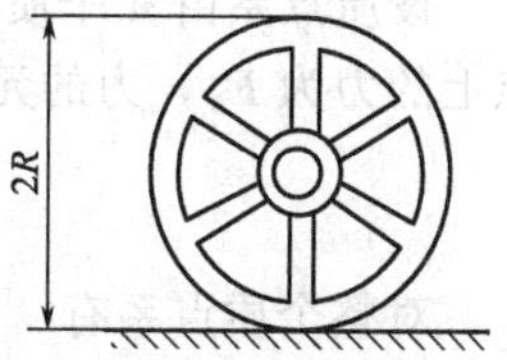

图 18-12

$$T=\frac{1}{2}mv_C^2+\frac{1}{2}mR^2\left(\frac{v_C}{R}\right)^2=mv_C^2$$

其他运动形式的刚体，应按其速度分布计算该刚体的动能。

第四节　动能定理

动能定理建立了物体上作用力的功与其动能之间的关系。

一、质点的动能定理

设质量为 m 的质点在力 F（指合力）作用下沿曲线运动（见图 18-2）。将动力学基本方程

$$m\frac{d\boldsymbol{v}}{dt}=\boldsymbol{F}$$

两边分别点乘 $d\boldsymbol{r}$，得

$$m\frac{d\boldsymbol{v}}{dt}d\boldsymbol{r}=\boldsymbol{F}d\boldsymbol{r}$$

因 $d\boldsymbol{r}=\boldsymbol{v}dt$，$\boldsymbol{F}d\boldsymbol{r}=\delta W$，于是有

$$m\boldsymbol{v}d\boldsymbol{v}=\delta W$$

或

$$d\left(\frac{1}{2}mv^2\right)=\delta W \tag{18-19}$$

上式表明，质点动能的微分等于作用于质点上的力的元功。这就是质点动能定理的微分形式。

当质点由位置 M_1 运动到位置 M_2 时，它的速度由 v_1 变为 v_2。将式(18-19) 两边积分，得

$$\int_{v_1}^{v_2}d\left(\frac{1}{2}mv^2\right)=\int_{M_1}^{M_2}\delta W$$

即

$$\frac{1}{2}mv_2^2-\frac{1}{2}mv_1^2=W$$

或

$$T_2-T_1=W \tag{18-20}$$

式中，T_1、T_2 分别表示质点位于 M_1 和 M_2 处的动能。

上式表明，在某一段路程上质点动能的改变，等于作用于质点上的力在同一段路程上所做的功。这就是质点动能定理的积分形式。

由上述公式可见，当力做正功时，质点的动能增加；当力做负功时，质点的动能减少。

二、质点系的动能定理

设质点系由 n 个质点组成，其中任一质点的质量为 m_i，某瞬时速度为 $\boldsymbol{v}_i$，作用于该质点上的力为 $\boldsymbol{F}_i$，力的元功为 δW_i。由质点动能定理的微分形式，得

$$\mathrm{d}\left(\frac{1}{2}m_i v_i^2\right)=\delta W_i$$

对整个质点系有

$$\sum \mathrm{d}\left(\frac{1}{2}m_i \boldsymbol{v}_i^2\right)=\sum \delta W_i$$

或写成

$$\mathrm{d}\left[\sum\left(\frac{1}{2}m_i \boldsymbol{v}_i^2\right)\right]=\sum \delta W_i$$

注意到质点系动能的定义 $T=\sum\left(\frac{1}{2}m_i \boldsymbol{v}_i^2\right)$，则上式可表示为

$$\mathrm{d}T=\sum \delta W_i \tag{18-21}$$

式(18-21) 为质点系动能定理的微分形式，即质点系动能的增量等于作用于质点系上所有力的元功之和。

对式(18-21) 积分，记 T_1 和 T_2 分别表示质点系在某一运动过程的起点和终点的动能，有

$$T_2-T_1=\sum W_i \tag{18-22}$$

式(18-22) 为质点系动能定理的积分形式，即质点系在某一运动过程中其动能的改变量，等于作用于质点系上所有力在此过程中所做的功之和。

若将作用在质点系上的力分为主动力和约束反力。对于光滑接触面、一端固定的绳索等约束，其约束反力都垂直于力作用点的位移，做功为零。将约束反力做功为零的约束称之为理想约束。光滑铰接、刚性二力杆件以及不可伸长的细绳等作为质点系内部的约束时，由于约束的相互性，成对出现的约束反力所做的功之和为零，也是理想约束。在理想约束的条件下，质点系动能的变化只与主动力所做的功有关，应用动能定理时只需计算主动力所做的功。

一般情况下，内力虽然等值反向，但所做的功的和不一定等于零。但若质点系为刚体时，由于刚体内部任意两质点之间的距离始终保持不变，则任意两质点沿它们连线方向的位移必相等，故等值反向的内力所做的功之和等于零。因此对于刚体而言，所有内力所做的功之和等于零。

理解动能定理时注意以下两点。

(1) 研究对象若是质点系，应分析内力是否做功；对刚体来说，只需考虑外力的功。

(2) 在计算外力功时，应清楚主动力的功和约束力的功；主动力的功前面已学过，而约束属于理想约束（如光滑接触面、光滑铰链、不可伸长的柔索等）时，它们的约束反力或者不做功，或者做功之和为零，则方程中只包括主动力所做的功。如遇摩擦力做功，可将摩擦力当作特殊的主动力看待。

应用动能定理求解动力学问题的方法步骤：

(1) 选取研究对象（质点或质点系）。

(2) 确定力学过程（从某一位置运动到另一位置）。

(3) 计算系统动能（分析质点或质点系运动，计算在确定的力学过程中起始和终了位置的动能）。

(4) 计算所有力所做的功（主动力、摩擦力等的功，分析内力、约束反力是否做功）。

(5) 应用动能定理建立方程，求解欲求的未知量。

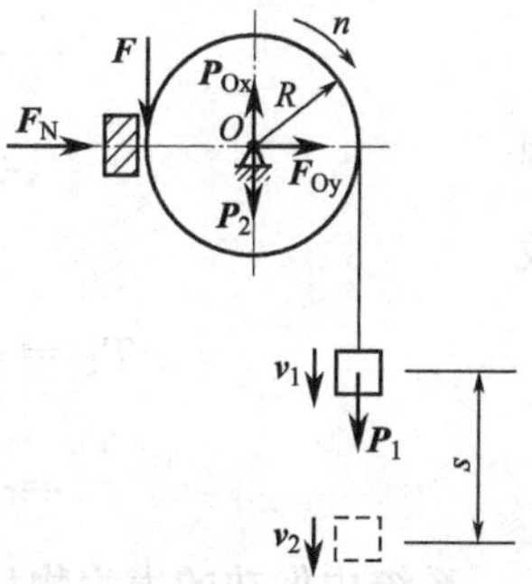

图 18-13

例 18-6　如图 18-13 所示，鼓轮向下运送重 $\boldsymbol{P}_1=400$N 的重物，重物下降的初速度 $\boldsymbol{v}_0=0.8$m/s，为了使重物停止，用摩擦制动。设加在鼓轮上的正压力 $\boldsymbol{F}_N=2000$N，制动块与鼓轮间摩擦系数 $f=0.4$，已知鼓轮重 $\boldsymbol{P}_2=600$N，其半径 $R=0.15$m，可视为均质圆柱体，求制动过程中重物下降的距离 s。

解　取重物及鼓轮组成的系统为研究对象。设重物下降距离 s 时，鼓轮所转过的角度为 φ。系统受 $\boldsymbol{F}_N$、$\boldsymbol{F}$、$\boldsymbol{P}_1$、$\boldsymbol{P}_2$ 及 $\boldsymbol{F}_{Ox}$、$\boldsymbol{F}_{Oy}$ 作用，如图 18-13 所示。仅重力 $\boldsymbol{P}_1$ 和摩擦力 $\boldsymbol{F}$ 做功，所以其功

$$\sum W_{12}=\boldsymbol{P}_1 s-\boldsymbol{F}R\varphi=(\boldsymbol{P}_1-\boldsymbol{F}_N f)\ s$$

系统在制动开始位置时，重物的速度为 $\boldsymbol{v}_0$，鼓轮的角度速度 $\omega_0=\boldsymbol{v}_0/R$，故系统动能

$$T_1=\frac{1}{2}\frac{\boldsymbol{P}_1}{\boldsymbol{g}}\boldsymbol{v}_O^2+\frac{1}{2}J_O\omega_O^2$$

式中，J_O 为鼓轮对中心轴 O 的转动惯量，即

$$J_O=\frac{1}{2}\frac{\boldsymbol{P}_2}{\boldsymbol{g}}R^2$$

所以

$$T_1=\frac{1}{2}\frac{\boldsymbol{P}_1}{\boldsymbol{g}}v_O^2+\frac{1}{4}\frac{\boldsymbol{P}_2}{\boldsymbol{g}}R^2\omega_O^2=\frac{2\boldsymbol{P}_1+\boldsymbol{P}_2}{4\boldsymbol{g}}\boldsymbol{v}_O^2$$

重物下降 s 时，系统静止，故系统动能 $T_2=0$。

根据动能定理积分形式，得

$$0-\frac{2\boldsymbol{P}_1+\boldsymbol{P}_2}{4\boldsymbol{g}}\boldsymbol{v}_O^2=(\boldsymbol{P}_1-\boldsymbol{F}_N f)\ s$$

解之得

$$s=\frac{\boldsymbol{v}_O^2(2\boldsymbol{P}_1+\boldsymbol{P}_2)}{4\boldsymbol{g}\ (F_N f-\boldsymbol{P}_1)}=0.057\text{m}$$

例 18-7　物块 A 质量为 m_1，挂在不可伸长的绳索上，绳索跨过定滑轮 B，另一端系在滚子 C 的轴上，滚子 C 沿固定水平面滚动而不滑动（见图 18-14）。已知滑轮 B 和滚子 C 是相同的均质圆盘，半径都为 r，质量都为 m_2。假设系统从静止开始运动，求物块 A 在下降高度 h 时的速度和加速度。绳索的质量以及滚动摩擦阻力和轴承摩擦都忽略不计。

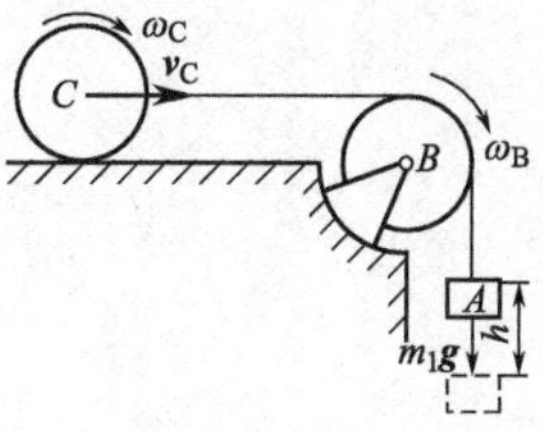

图 18-14

解　取物块 A、滑轮 B、滚子 C 组成的质点系为研究对象，其上作用的外力有：物块 A 的重力 $m_1\boldsymbol{g}$，以及滑轮 B 的重力、轴承 B 处的约束反力、滚子 C 的重力及其水平面的法向反力。

开始时系统处于静止，其动能为

$$T_1=0$$

当物块 A 下降高度 h 时，系统的动能为

$$T_2=T_A+T_B+T_C$$

$$=\frac{1}{2}m_1\boldsymbol{v}^2+\frac{1}{2}J_{\mathrm{B}}\omega_{\mathrm{B}}^2+\frac{1}{2}m_2\boldsymbol{v}_{\mathrm{C}}^2+\frac{1}{2}J_{\mathrm{C}}\omega_{\mathrm{C}}^2$$

因

$$J_{\mathrm{B}}=J_{\mathrm{C}}=\frac{1}{2}m_2r^2,\ \boldsymbol{v}_{\mathrm{C}}=\boldsymbol{v},\ \omega_{\mathrm{B}}=\omega_{\mathrm{C}}=\frac{\boldsymbol{v}}{r}$$

故

$$T_2=\frac{1}{2}m_1\boldsymbol{v}^2+\frac{1}{2}\times\frac{1}{2}m_2\boldsymbol{v}^2+\frac{1}{2}m_2\boldsymbol{v}^2+\frac{1}{2}\times\frac{1}{2}m_2\boldsymbol{v}^2$$

$$=\frac{1}{2}m_1\boldsymbol{v}^2+m_2\boldsymbol{v}^2$$

系统中做功的力为物块 A 的重力，它的功为 $W=m_1\boldsymbol{g}h$

由动能定理，有 $\frac{1}{2}m_1\boldsymbol{v}^2+m_2\boldsymbol{v}^2=m_1\boldsymbol{g}h$

得

$$\boldsymbol{v}=\sqrt{\frac{2m_1\boldsymbol{g}h}{m_1+2m_2}}$$

将上式两边对时间 t 求导，注意到 $\frac{\mathrm{d}\boldsymbol{v}}{\mathrm{d}t}=a$，$\frac{\mathrm{d}h}{\mathrm{d}t}=\boldsymbol{v}$，得物块 A 的加速度为

$$\boldsymbol{a}=\frac{m_1}{m_1+2m_2}\boldsymbol{g}$$

本章小结

（1）力的功是力在一段路程上对物体的累积效应的度量，功是个代数量。

$$W=\int_{N_1}^{N_2}\boldsymbol{F}_{\mathrm{t}}\mathrm{d}s$$

（2）常见力的功。

重力的功

$$W=\int_{y_1}^{y_2}-\boldsymbol{G}\mathrm{d}y=-\boldsymbol{G}(y_2-y_1)=\boldsymbol{G}(y_1-y_2)=\pm\boldsymbol{G}h$$

弹性力的功

$$W=\int_{\delta_1}^{\delta_2}-kx\,\mathrm{d}x=\frac{1}{2}k(\delta_1^2-\delta_2^2)$$

力矩的功

$$\boldsymbol{W}=\int_0^{\varphi}M_{\mathrm{O}}\mathrm{d}\varphi=M_{\mathrm{O}}\int_0^{\varphi}\mathrm{d}\varphi=M_{\mathrm{O}}\varphi$$

（3）功率和机械效率。

功率是力在单位时间内所做的功，有

$$N=\frac{\delta W}{\mathrm{d}t}=\frac{\boldsymbol{F}_{\mathrm{t}}\mathrm{d}s}{\mathrm{d}t}=\boldsymbol{F}_{\mathrm{t}}\boldsymbol{v}$$

$$N=\frac{\delta W}{\mathrm{d}t}=\frac{M_{\mathrm{O}}\mathrm{d}\varphi}{\mathrm{d}t}=M_{\mathrm{O}}\omega$$

若功率单位采用 kW，转矩单位为 N·m。则转矩与功率和转速间的关系为

$$M=9550\,\frac{N}{n}$$

机械效率是机器的有用功率与输入功率的比值，即

$$\eta=\frac{N_1}{N_0}$$

(4) 动能定理。

质点的动能定理

$$\frac{1}{2}mv_2^2-\frac{1}{2}mv_1^2=W$$

质点系的动能

$$T=\sum\frac{1}{2}m_iv_i^2$$

平移刚体的动能

$$T=\frac{1}{2}Mv^2$$

定轴转动刚体的动能

$$T=\frac{1}{2}J_z\omega^2$$

平面运动刚体的转动动能

$$T=\frac{1}{2}Mv_C^2+\frac{1}{2}J_C\omega^2$$

质点系的动能定理

$$T_2-T_1=\sum W_F$$

动能定理只有一个方程，只能解一个未知数，所以它只适用于一个自由度系统。但对于复杂的系统，也可以顺利地计算总动能。

思　考　题

1. 摩擦力是否总是做负功？试举例说明。
2. 弹性力在什么情况下做正功？什么情况下做负功？
3. 在弹性范围内，把弹簧的伸长量加倍，拉力所做的功也增加相同的倍数吗？
4. 比较质点的动能与刚体绕定轴转动的动能的计算式，指出它们相似的地方。
5. 汽车的速度由0增至4m/s，再由4m/s增至8m/s，这两种情况下汽车发动机所做的功是否相等？
6. 在运动学中讲过，刚体做平面运动时，可任选一个基点 A，平面运动可以看成是随点 A 的平动和绕点 A 的转动。但平面运动刚体的动能是否为 $T=\frac{1}{2}Mv_A^2+\frac{1}{2}J_A\omega^2$？
7. “质量大的物体一定比质量小的物体动能大”“速度大的物体一定比速度小的物体动能大”，这两种说法对吗？
8. 功和功率有什么区别？为什么人在快速提升物体时感觉较累？

习　题

18-1　重量为 $\boldsymbol{P}$ 的火车，具有最大功率 N_0 驱动机车驰行；在启动阶断，机车从静止出发，机车的功率逐步增加使机车以匀加速 $\boldsymbol{a}_0$ 运行，设滑动摩擦系数为 f_d，阻力系数为 f_p，求机车自静止启动至最大速度的时间 t_0 及最大速度值。

18-2　如题18-2图所示，原长为 $l=100$mm 的弹簧固定在直径 $OA=200$mm 的点 O 处，其弹簧常数 $k=5$N/mm，若已知 BC 垂直于 OA，点 C 为圆心。当弹簧的另一端由图示的点 B 拉到点 A 时，试求弹性力在此过程中所作的功。

18-3　如题18-3图所示重2kN的刚体，受已知力 $\boldsymbol{Q}=0.5$kN 的作用而沿水平面滑动。如接触面间的动摩擦系数 $f'=0.2$。求刚体向右滑动距离 $S=50$m 时，作用于刚体的各力所做的功及合力所做的功。

18-4　如题 18-4 图所示皮带轮的半径为 500mm，皮带拉力分别为 $\boldsymbol{T}_1=1800\text{N}$ 和 $\boldsymbol{T}_2=600\text{N}$，若皮带轮转速为 120r/min，试求 1min 内皮带拉力所做的总功。

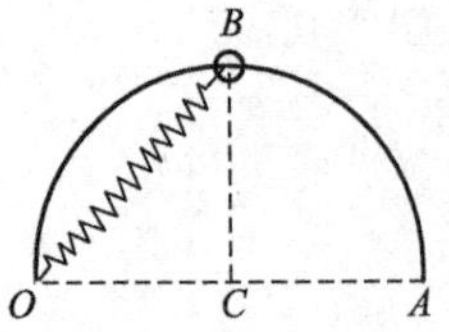

题 18-2 图

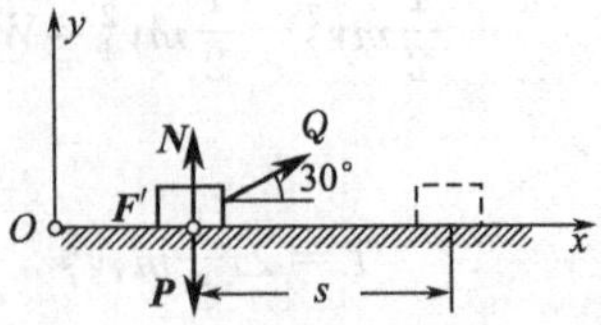

题 18-3 图

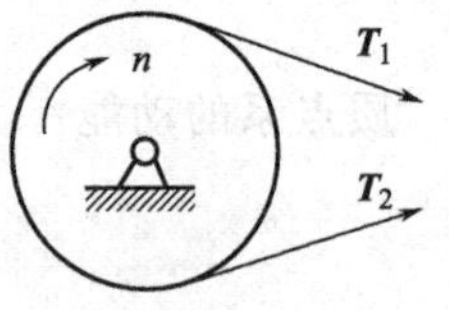

题 18-4 图

18-5　题 18-5 图所示半径为 $2r$ 的圆轮在水平面上做纯滚动，轮轴上绕有软绳，轮轴半径为 r，绳上作用常值水平拉力 $\boldsymbol{F}$，求轮心 C 运动 s 时，力 $\boldsymbol{F}$ 所做的功。

18-6　如题 18-6 图所示，均质轮 O 和 A 质量和半径相同，分别为 m 和 R。轮 O 以角速度 b 做定轴转动，并通过绕在两轮上的无重细绳带动轮 A 在与直绳部分平行的平面上做纯滚动。试求系统所具有的动能。

18-7　如题 18-7 图所示，滑块 A、B 分别铰接于 AB 杆的两端点，并可以在相互垂直的槽内运动。已知滑块 A、B 及杆 AB 的质量均为 m，杆长为 l。当 AB 与铅直槽的夹角为 φ 时，A 的速度为 v。试求该瞬时整个系统的动能。

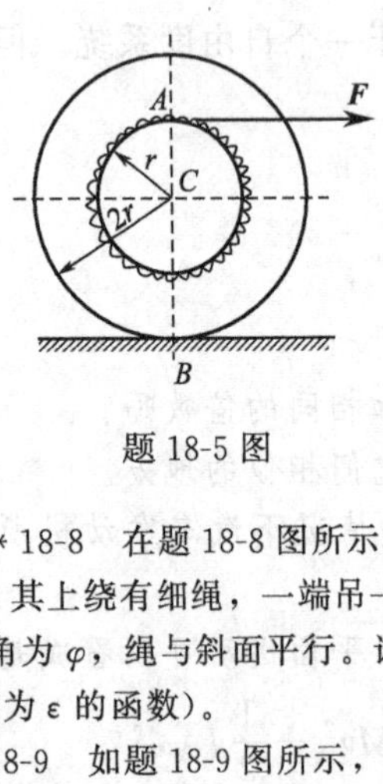

题 18-5 图

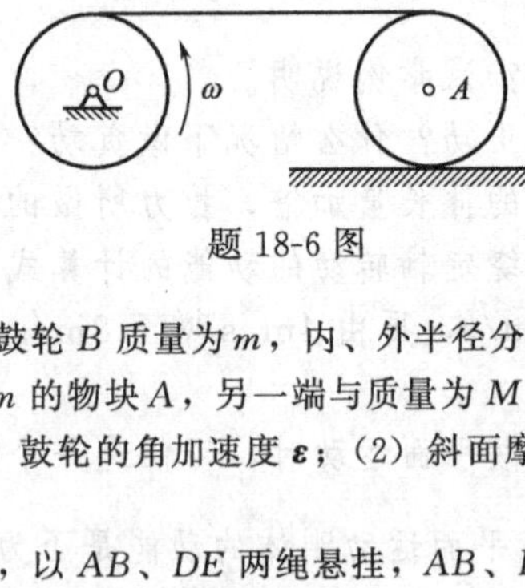

题 18-6 图

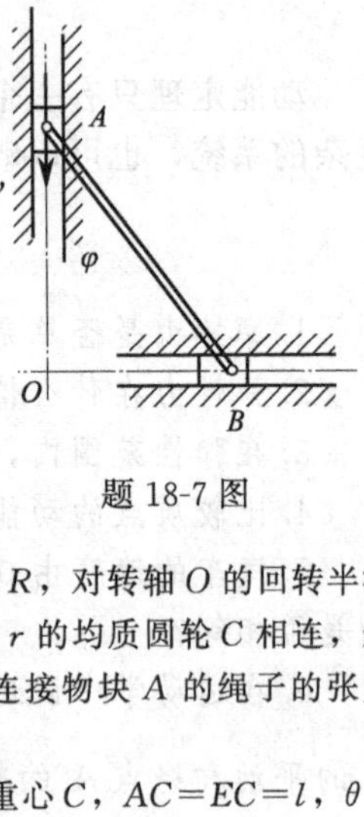

题 18-7 图

＊18-8　在题 18-8 图所示机构中，鼓轮 B 质量为 m，内、外半径分别为 r 和 R，对转轴 O 的回转半径为 ρ，其上绕有细绳，一端吊一质量为 m 的物块 A，另一端与质量为 M、半径为 r 的均质圆轮 C 相连，斜面倾角为 φ，绳与斜面平行。试求：(1) 鼓轮的角加速度 $\boldsymbol{\varepsilon}$；(2) 斜面摩擦力及连接物块 A 的绳子的张力(表示为 ε 的函数)。

18-9　如题 18-9 图所示，物体重 $\boldsymbol{G}$，以 AB、DE 两绳悬挂，AB、DE 通过重心 C，$AC=EC=l$，$\theta=30°$，初始静止。若将绳 DE 剪断，求剪断前、后瞬间绳 AB 张力的比值 β。

18-10　均质棒 AB 重 4N (G)，其两端悬挂在两条平行绳上，棒处在水平位置，如题 18-10 图所示。设其中一绳被剪断，求此瞬时另一绳的张力 $\boldsymbol{F}$。

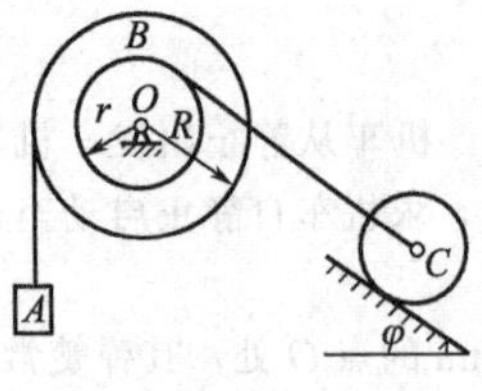

题 18-8 图

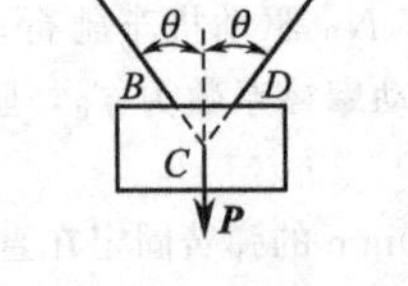

题 18-9 图

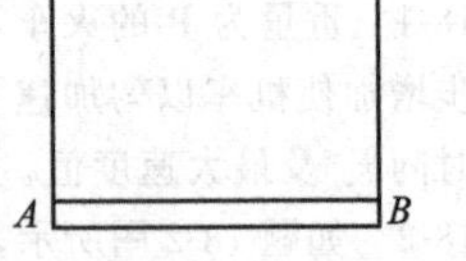

题 18-10 图

＊18-11　如题 18-11 图所示，长为 l 的均质杆 AB 的 A 端用绳悬挂，B 端搁在光滑水平面上，且 $\varphi=60°$。设绳突然断掉，试求杆 AB 在重力作用下运动到 $\varphi=30°$时，其质心 C 的加速度。

18-12　题 18-12 图所示半径为 r，质量为 m 的均质圆柱体沿水平做纯滚动。绳索一端绕在圆柱体上，另一端水平跨过定滑轮并悬挂重量为 G 的重物 A。不考虑定滑轮质量及摩擦，系统从静止开始运动。求重物 A 下降 s 后，圆柱质心 C 的速度和加速度。

＊18-13　如题 18-13 图所示平面机构由两匀质杆 AB、BO 组成，两杆的质量均为 m，长度均为 l，在铅垂平面内运动。在杆 AB 上作用一不变的力偶矩 M，从题 18-13 图所示位置由静止开始运动。不计摩擦，求当点 A 即将碰到铰支座 O 时 A 端的速度。

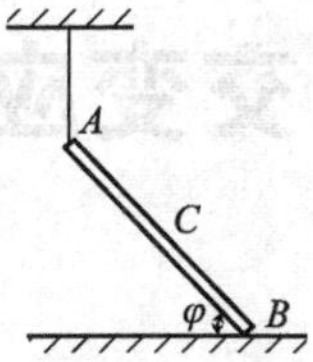

题 18-11 图

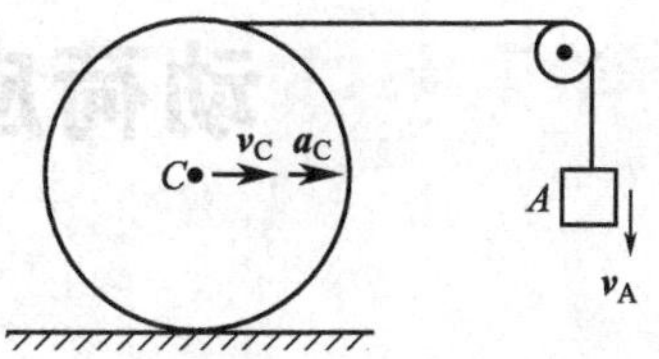

题 18-12 图

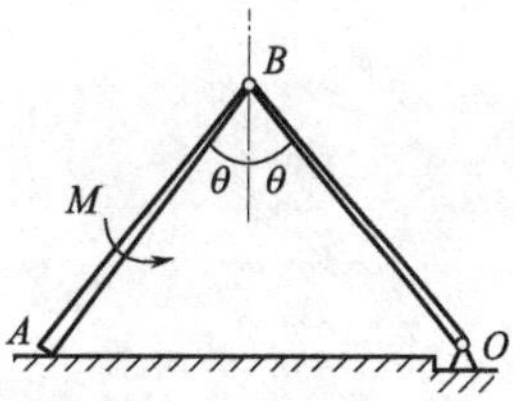

题 18-13 图

＊18-14　题 18-14 图所示为材料冲击试验机。试验机摆锤质量为 18kg，重心到转动轴的距离 $l=840\text{mm}$，杆重不计。试验开始时，将摆锤升高到摆角 $\alpha_1=70°$ 的地方释放，冲断试件后，摆锤上升的摆角 $\alpha_2=29°$。求冲断试件需用的能量。

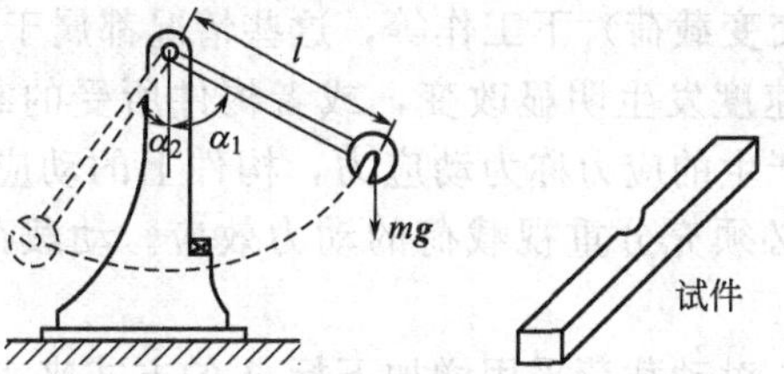

(a)　(b)

题 18-14 图

第十九章

动荷应力与交变应力

在本书前面第二篇材料力学基础中所研究的构件所受到的载荷都是静载荷。所谓静载荷，就是指载荷的大小从零开始加到最终值，以后不再随时间而变化的载荷。如果构件在载荷的作用下，其各部分的加速度相当显著，这种载荷即称为动载荷。

在实际问题中，许多构件，如高速旋转的部件或加速提升的构件，其内部各点存在明显的加速度；用重锤打桩时，桩柱所受到的冲击载荷远大于锤的重力；大量的机械零件长期在周期性变化的载荷（称为交变载荷）下工作等，这些情况都属于动载荷问题，其特点是：在加载过程中构件内各点的速度发生明显改变，或者构件所受的载荷明显随时间的变化而变化。构件在动载荷作用下产生的应力称为动应力，构件上的动应力有时会达到很高的数值，从而引起构件失效。因此必须充分重视载荷的动力效应。动载荷作用下的各物理量，如内力、位移、应力和应变等。

为了区别动、静载荷，对动载荷采用增加下标 d 的方式来表示，如用符号 σ_{d} 表示动应力。相应地，静载荷下的物理量则采用增加下标 st 的方式来表示，如用 σ_{st} 表示静应力等。

另外，试验研究表明，在动载荷下，金属和其他具有结晶结构的固体材料在弹性范围内仍服从胡克定律，弹性模量 E 等于静载荷下的弹性模量。

机械中还有许多构件，在工作时所受的载荷随时间做周期性变化，构件产生交变应力。构件在交变应力的作用下产生疲劳破坏。本章也简要的讨论交变应力、疲劳破坏的相关概念。

在本章中将主要讨论两类动载荷问题。

第一节　动荷应力惯性力问题

动载荷比相应的静载荷产生的应力大，更易使构件发生破坏。且在动载荷下材料的性能也有所不同。本节先介绍计算惯性力问题的动静法、冲击问题的实用计算（能量法）和提高构件抗冲能力的措施，然后介绍材料在动载荷下的强度、塑性性能和抗冲性韧度及冷脆现象。

对高速旋转的部件或以加速度运动的构件，其内部各点存在明显的加速度，此时的载荷与构件的加速度有明显的关系。处理此类问题时，我们采用的是动静法。首先分析构件的运动，确定其上各点的加速度，运用**达朗贝尔原理**（D'Alembert's Principle），在构件上施加惯性力，把动力学问题化为静力学问题来处理。

构件受冲击也是工程实际中常遇到的动载荷问题。下面主要就这些构件的动荷应力，强度计算等加以扼要的介绍。

一、构件做等加速直线运动时的动荷应力

如图 19-1(a) 所示，起重机以等加速度 a 起吊一重量为 $\boldsymbol{G}$ 的重物。今不计吊索的重量，取重物为研究对象，用动静法在重物上施加惯性力 $\boldsymbol{G}/\boldsymbol{g}$ ［见图 19-1(b)］，列平衡方程，得吊绳的拉力 $\boldsymbol{F}_{\mathrm{T}}$ 为

$$\boldsymbol{F}_{\mathrm{T}}=\boldsymbol{G}+\frac{\boldsymbol{G}}{\boldsymbol{g}}a=\boldsymbol{G}\left(1+\frac{\boldsymbol{a}}{\boldsymbol{g}}\right)$$

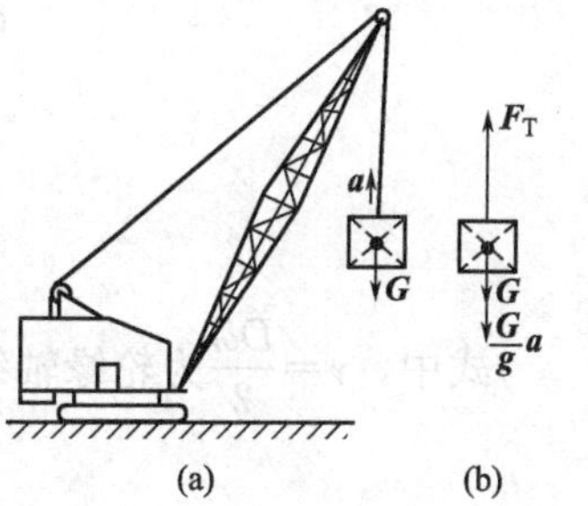

图 19-1

若吊索的横截面面积为 A，其动荷应力为

$$\sigma_{\mathrm{d}}=\frac{\boldsymbol{F}_{\mathrm{T}}}{A}=\frac{\boldsymbol{G}}{A}\left(1+\frac{\boldsymbol{a}}{\boldsymbol{g}}\right)=\sigma\left(1+\frac{\boldsymbol{a}}{\boldsymbol{g}}\right)=K_{\mathrm{d}}\sigma \quad (19\text{-}1)$$

式中，σ 就是吊索在静载荷作用下的静荷应力；系数 K_{d} 代表了动荷应力与静荷应力的比值，称为动荷系数，也就是

$$K_{\mathrm{d}}=1+\frac{\boldsymbol{a}}{\boldsymbol{g}} \quad (19\text{-}2)$$

由以上得出的动荷应力，写出其强度设计准则，即

$$\sigma_{\mathrm{dmax}}=\sigma_{\max}K_{\mathrm{d}}\leqslant[\sigma]\text{或}\sigma_{\mathrm{dmax}}\leqslant\frac{[\sigma]}{K_{\mathrm{d}}} \quad (19\text{-}3)$$

式中，$[\sigma]$ 为静载荷强度计算中的许用应力。

例 19-1　起重机起吊一构件，已知构件重量 $G=20\mathrm{kN}$，吊索横截面面积 $A=500\mathrm{mm}^2$，提升加速度 $\boldsymbol{a}=2\mathrm{m/s}^2$，试求吊索的动荷应力（不计吊索重量）。

解　此为匀加速铅垂直线运动问题，这时吊索的静荷应力 σ 是构件重量所引起的应力，即

$$\sigma=\frac{G}{A}=\frac{20\times10^3}{500\times10^{-6}}\mathrm{Pa}=40\times10^6\mathrm{Pa}=40\mathrm{MPa}$$

根据式(19-2) 求得动荷系数 K_{d} 为

$$K_{\mathrm{d}}=1+\frac{\boldsymbol{a}}{\boldsymbol{g}}=1+\frac{2}{9.8}=1.204$$

所以，吊索的动荷应力即为

$$\sigma_{\mathrm{d}}=\sigma K_{\mathrm{d}}=40\times1.204\mathrm{MPa}=48.16\mathrm{MPa}$$

二、构件做等角速度转动时的动荷应力

设某一机器飞轮的轮缘以等角速度（$\omega=c$）转动［见图 19-2(a)］。其轮缘的平均直径 D，轮缘的横截面面积为 A，轮缘的材料密度为 ρ，当飞轮的轮缘以等角速度转动时，可近似地认为轮缘内各点的向心加速度大小都相等，且为 $\frac{D\omega^2}{2}$，方向指向圆心。根据达朗贝尔原理，轮缘单位长度的惯性力集度 $q_{\mathrm{d}}=A\rho a_n=\frac{A\rho D}{2}\omega^2$，方向背离圆心［见图 19-2(b)］。这里取半个轮缘为研究对象［见图 19-2(c)］，设轮缘横截面上只有轴向拉力 $\boldsymbol{F}_{\mathrm{T}}$ 作用，列出平衡方程为

$$\Sigma\boldsymbol{F}_y=0,\ -2\boldsymbol{F}_{\mathrm{T}}+\int_0^{\pi}q_{\mathrm{d}}\sin\varphi\,\frac{D}{2}\mathrm{d}\varphi=0$$

由此得轮缘横截面上的应力为

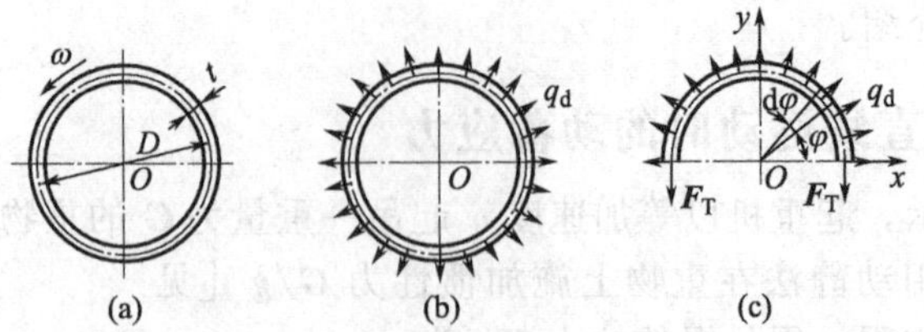

图 19-2

$$\sigma_d=\frac{F_T}{A}=\frac{\rho D^2\omega^2}{4}=\rho v^2 \tag{19-4}$$

式中，$v=\dfrac{D\omega}{2}$为轮缘轴线上各点的线速度，由此写出其强度设计准则，即为

$$\sigma_d=\rho v^2\leqslant[\sigma] \tag{19-5}$$

例 19-2 圆轴 AB 的质量可忽略不计，轴的 A 端装有刹车离合器，B 端装有飞轮（见图 19-3）。飞轮转速 $n=100\text{r/min}$，转动惯量 $J_x=500\text{N}\cdot\text{m}\cdot\text{s}^2$，轴的直径 $d=100\text{mm}$，刹车时圆轴在 10s 内以匀减速停止转动，试求圆轴 AB 内的最大动荷应力。

解 飞轮与圆轴的角速度为

$$\omega_0=\frac{\pi n}{30}=\frac{\pi\times100}{30}\text{rad/s}=\frac{10\pi}{3}\text{rad/s}$$

刹车时，圆轴在 10s 内减速运动的角加速度（用 ε 或 α 表示）为

$$t=\frac{\omega_1-\omega_0}{t}=\frac{0-\omega_0}{t}=\frac{-\dfrac{10\pi}{3}}{10}=-\frac{\pi}{3}(1/\text{s}^2)$$

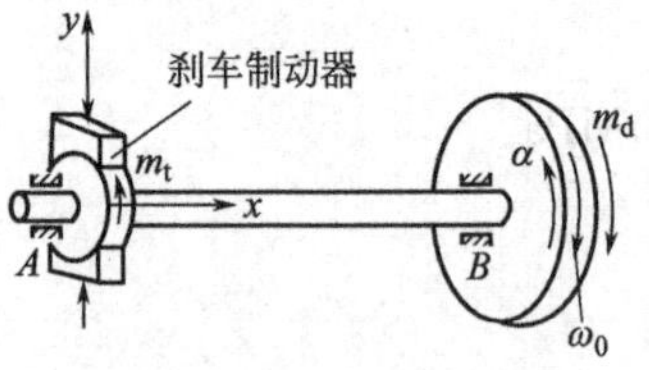

图 19-3

上式右边负号表明 ε 与 ω_0 方向相反，如图 19-3 所示。根据达朗贝尔原理，将力偶矩为 M_d 的惯性力偶加在飞轮上，力偶矩 M_d 为

$$M_d=-J_x\alpha=-500\times\left(-\frac{\pi}{3}\right)\text{N}\cdot\text{m}=\frac{500\pi}{3}\text{N}\cdot\text{m}$$

设作用于轴 A 端的摩擦力偶的力偶矩为 M_f，因圆轴 AB 两端有力偶矩为 M_d 和 M_f 的力偶作用，故扭矩为

$$T=M_f=M_d=\frac{500\pi}{3}\text{N}\cdot\text{m}$$

由此得圆轴 AB 内的最大动荷应力为

$$\tau_{d\max}=\frac{T}{W_P}=\frac{\dfrac{500\pi}{3}}{\dfrac{\pi}{16}\times100^3\times10^{-9}}=2.67\times10^6(\text{Pa})=2.67(\text{MPa})$$

三、构件受冲击时的动荷应力

当运动物体（冲击物）以一定的速度作用于静止构件（被冲击物）而受到阻碍时，其速度急剧下降，使构件受到很大的作用力，这种现象称为冲击。如汽锤锻造、落锤打桩、金属冲压加工、铆钉枪铆接、传动轴制动等，就是冲击的一些工程实例。因此，冲击问题的强度计算是个重要的课题。此时，由于冲击物的作用，被冲击物中所产生的应力，称为冲击动荷应力。一般的工程构件都要避免或减小冲击，以免受损。

由于冲击过程持续的时间极为短暂，且冲击引起的变形以弹性波的形式在弹性体内传

播，有时在冲击载荷作用的局部区域内，还会产生较大的塑性变形，因此冲击问题难以用动静法求解。工程中常采用能量法对冲击问题进行简便计算，该方法避开复杂的冲击过程，只考虑冲击过程的开始和终止两个状态的动能、势能以及变形能，通过能量守恒与转换原理计算终止状态时构件的变形能，然后根据终止状态时的变形能换算出动应力。

在冲击问题的工程简便计算中，通常做如下假定：①冲击物为刚体，受冲击构件为不计质量的变形体，冲击过程中材料服从胡克定律；②冲击过程中只有动能、势能和变形能之间的转换，无其他能量损耗；③不考虑受冲击构件内应力波的传播，假定在瞬间构件各处同时变形。

冲击主要有自由落体冲击（如自由锻）和水平冲击（如水平冲击钻）。本书仅介绍工程实际中常见的常见的自由落体冲击。

1. 自由落体冲击问题

下面以自由落体对线弹性杆件的冲击为例，介绍冲击问题的简便计算方法。

工程中只需求冲击变形和应力的瞬时最大值，冲击过程中的规律并不重要。由于冲击是发生在短暂的时间内，且冲击过程复杂，加速度难以测定，所以很难用动静法计算，通常采用能量法。

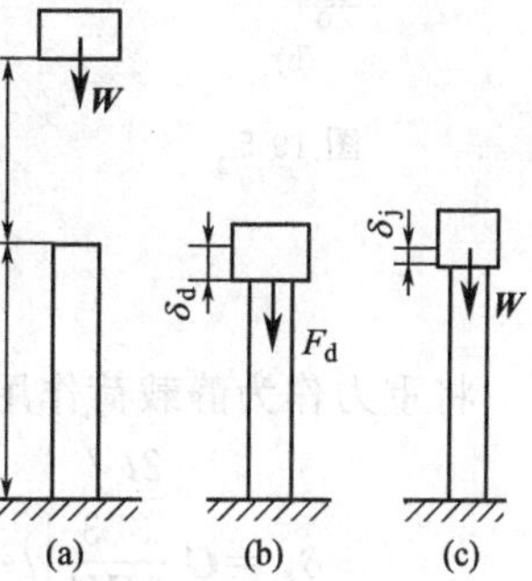

图 19-4

如图 19-4 所示，物体重力为 $\boldsymbol{W}$，由高度 h 自由下落，冲击下面的直杆，使直杆发生轴向压缩。根据前述假设和能量原理，可知在冲击过程中，冲击物所做的功 A 应等于被冲击物的变形能 U_d，即

$$A=U_d \tag{a}$$

当物体自由落下时，其初速度为零；当冲击直杆后，其速度还是为零，而此时杆的受力从零增加到 F_d，杆的缩短量达到最大值 δ_d。因此，在整个冲击过程中，冲击物的动能变化为零，冲击物所做的功为

$$A=\boldsymbol{W}(h+\delta_d) \tag{b}$$

杆的变形能为

$$U_d=\frac{1}{2}F_d\delta_d \tag{c}$$

又因假设杆的材料是线弹性的，故有

$$\frac{\boldsymbol{F}_d}{\delta_d}=\frac{\boldsymbol{W}}{\delta_j}\text{或}\boldsymbol{F}_d=\frac{\delta_d}{\delta_j}\boldsymbol{W} \tag{d}$$

式中，δ_j 为直杆受静载荷形作用时的静位移。

将式(d) 代入式(c)，有

$$U_d=\frac{1}{2}\frac{\boldsymbol{W}}{\delta_i}\delta_d^2 \tag{e}$$

再将式(b)、式(e) 代入式(a)，得

$$\boldsymbol{W}(h+\delta_d)=\frac{1}{2}\frac{\boldsymbol{W}}{\delta_i}\delta_d^2$$

整理后得

$$\delta_d^2-2\delta_d\delta_i-2h\delta_j=0$$

解方程得

$$\delta_d=\delta_j\pm\sqrt{\delta_j^2+2h\delta_j}=\left(1\pm\sqrt{1+\frac{2h}{\delta_j}}\right)\delta_j$$

为求冲击时杆的最大缩短量，上式中根号前应取正号，得

$$\delta_d=\left[1+\sqrt{1+\frac{2h}{\delta_j}}\right]\delta_j=K_d\delta_j \tag{19-6}$$

式中，K_d 为自由落体冲击的动荷系数。

$$K_d=1+\sqrt{1+\frac{2h}{\delta_j}} \tag{19-7}$$

由于冲击时材料服从胡克定律，故有

$$\sigma_d=K_d\sigma_j \tag{19-8}$$

由式(19-8) 可见，当 $h=0$ 时，$K=2$，即杆受突加载荷时，杆内应力和变形都是静载荷作用下的两倍，故加载时应尽量缓慢且避免突然放开。

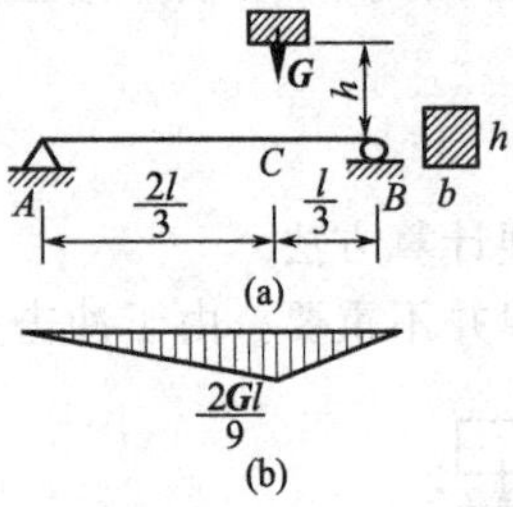

图 19-5

例 19-3 如图 19-5(a) 所示，物重力为 $G=1\text{kN}$。从高 $H=4\text{cm}$ 处自由下落。冲击矩形截面简支梁 AB 的 C 处。设梁的跨长 $l=4\text{m}$，横截面尺寸为 $b=10\text{cm}$，$h=20\text{cm}$。材料的弹性模量 $E=100\text{GPa}$。许用应力 $[\sigma]=40\text{MPa}$。试校核梁的强度并计算梁跨度中点的挠度。

解 (1) 计算冲击点 C 处的静位移。

计算梁的抗弯刚度，有

$$EI=100\times10^9\times\frac{0.1\times0.2^3}{12}=6.67\times10^6\text{N}\cdot\text{m}^2$$

将重力作为静载荷作用于 C 点。f 点的静位移为

$$\delta_{st}=\boldsymbol{G}\frac{\frac{2l}{3}\frac{l}{3}}{6EIl}\left[l^2-\frac{4l^2}{9}-\frac{l^2}{9}\right]=\frac{4\boldsymbol{G}l^3}{243EI}=\frac{4\times1000\times4^3}{243\times6.67\times10^6}=0.158(\text{mm})$$

(2) 计算梁的最大静应力以及梁跨度中点的静挠度。

在静载荷作用下梁的弯矩图如图 19-5(b) 所示，梁的最大静应力及跨度中点的静挠度分别为

$$\sigma_{\text{stmax}}=\frac{M_{\max}}{W}=\frac{2\boldsymbol{G}l}{9W}=\frac{2\times1000\times4}{9\times\frac{0.1\times0.2^2}{6}}=1.33\ (\text{MPa})$$

$$f_{st}\ \frac{l}{2}=\frac{\boldsymbol{G}\ \frac{l}{3}}{48EI}\left[3l^2-4\ \frac{l^2}{9}\right]=\frac{23\boldsymbol{G}l^3}{1296EI}=\frac{23\times1000\times4^4}{1296\times6.67\times10^6}=0.170(\text{mm})$$

(3) 计算梁的冲击动荷系数。由式(19-7) 可计算梁的冲击动荷系数

$$K_d=1+\sqrt{1+\frac{2H}{\delta_{st}}}=1+\sqrt{1+\frac{2\times0.04}{0.158\times10^{-3}}}=23.5$$

(4) 求梁内的最大冲击应力并校核强度梁内的最大冲击应力。

$$\sigma_{\text{dmax}}=K_d\sigma_{\text{stmax}}=23.5\times1.33=31.26(\text{MPa})<[\sigma]$$

故梁是安全的。

(5) 求梁跨度中点的动挠度。

$$f_d\ \frac{l}{2}=K_d f_{st}\ \frac{l}{2}=23.5\times0.170=4.0\text{mm}$$

2. 提高构件抵抗冲击能力的措施

上面例题中明显看出，冲击载荷下冲击应力较之静应力高很多，所以在实际工程中采取

相应措施，提高构件抗冲击能力，减小冲击应力，是十分必要的。

(1) 尽可能增加构件的静变形。由式(19-6)、式(19-7) 可见，增大构件的静变形 Δ_j 就可降低动载荷系数 K_d，从而降低冲击动应力和动变形。但是必须注意，往往增大静变形的同时，静应力也不可避免地随之增大，从而达不到降低动应力的目的。为达到增大静变形而又不使静应力增加，在工程上往往通过加设弹簧、橡胶坐垫或垫圈等，如火车车厢与轮轴之间安装压缩弹簧，汽车车架与轮轴之间安装叠板弹簧等，都是减小冲击动应力的有效措施，同时也起到了很好的缓冲作用。

(2) 增加被冲击构件的体积。由例 19-3 可见，增大被冲击构件体积，可使动应力降低。受冲击载荷作用的气缸盖固紧螺栓，由短螺栓［见图 19-6(a)］改为相同直径长螺栓［见图 19-6(b)］，螺栓体积增大，则冲击动应力减小，从而提高了螺栓抗冲击能力。

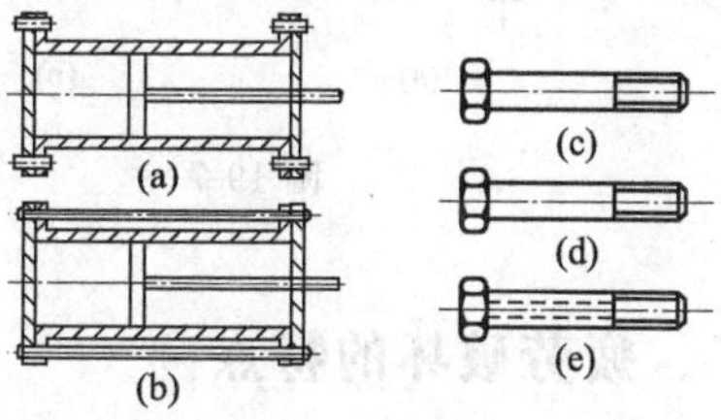

图 19-6

(3) 尽量避免采用变截面杆

变截面杆受冲击载荷作用是不利的，应尽量避免。对不可避免局部需削弱的构件，应尽量增加被削弱段长度。因此，工程中对一些受冲击的零件，如气缸螺栓［见图 19-6(a)、(b)］，不采用图 19-6(c) 所示的光杆部分直径大于螺纹内径的形状，而采用如图 19-6(d) 所示的光杆部分直径与螺纹内径相等或如图 19-6(e) 所示光杆段截面挖空削弱接近等截面的形状，使静变形 Δ_j 增大，而静应力不变，从而降低动应力。

第二节　交变应力和疲劳破坏的概念

一、交变载荷和交变应力的概念

机械中有许多构件，工作时所受的载荷随时间做周期性变化，这种载荷称为交变载荷。构件在交变载荷下产生的应力称为交变应力。例如图 19-7(a) 所示齿轮的齿，它可以近似地简化成悬臂梁，其端部受一集中载荷 P 的作用，轴旋转一周，各个齿啮合一次，每一次啮合过程中，齿根 A 点处的载荷随时间做周期性变化。弯曲正应力也就不断地由零变化到最大值，然后再变到零。轴不断地旋转，A 点应力也就不断地重复上述变化。应力随时间变化的曲线如图 19-7(b) 所示。再如，火车车轮轴在载荷作用下产生弯曲变形［见图 19-8(a)］，当车轮轴转动时，任意截面上任一点的应力就随时间做周期性变化。以中间截面上点 C 的应力为例，当点 C 顺次通过图 19-8(a) 中的 1、2、3、4 各位置时，点 C 的应力变化情况如下所述：当 C 点处于 1 的位置时，其应力为最大拉应力；当 C 点旋转到 2 的位置时，应力为零；至 3 的位置时，其应力为最大压应力，至 4 的位置时，应力又为零；再回到 1 的位置时，应力又为最大拉应力。由此可知，轴继续转动，C 点的应力不断地重复以上变化。若以时间 t 为横坐标，弯曲正应力 σ 为纵坐标，应力随时间变化如图 19-8(b) 所示。

从上述这些实例中可见，构件受到的应力都为交变应力，但其交变情况不同。应力从某一值经最大值 σ_{max} 和最小值 σ_{min} 后回到同一值的过程称为一个应力循环。通常用最小应力与最大应力之比 r 来表示交变应力的特性，r 称为循环特征系数，即

$$r=\sigma_{min}/\sigma_{max}$$

当构件处于交变应力作用时，r 必在 $+1$ 和 -1 之间变化。当 $r=-1$ 时，称为对称循环的

交变应力［见图 19-8(b)］。实践证明，对称循环交变应力是最常见、也是最危险的。除 $r=-1$ 的循环外，统称为非对称循环的交变应力。其中 $r=0$ 时，称为脉动循环交变应力（见图 19-7），这也是常见的交变应力。

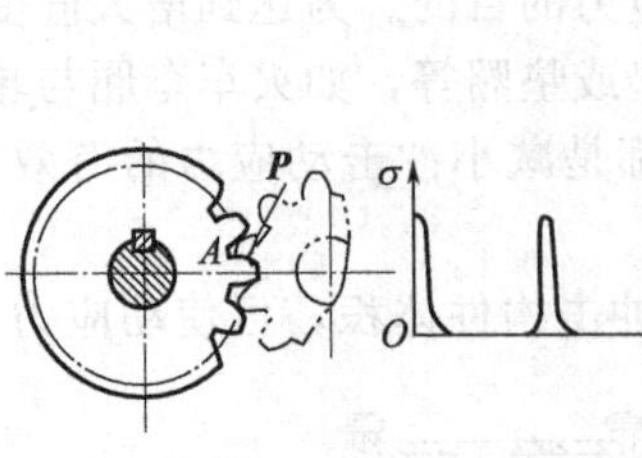

图 19-7

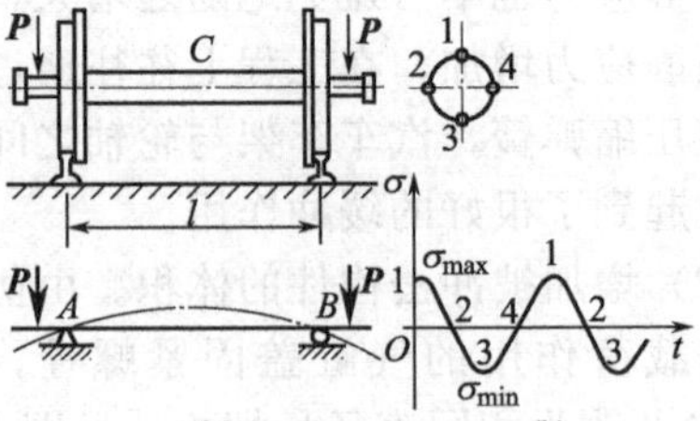

图 19-8

二、疲劳破坏的特点

实践表明，尽管杆件的工作应力远小于强度极限，甚至低于屈服极限，但在长期处在交变应力下工作，常在没有明显塑性变形的情况下发生突然断裂，这种现象称为疲劳破坏。

图 19-9 所示表示汽锤杆疲劳破坏后的断口。由图可见，疲劳破坏的断口表面通常有两个截然不同的区域，即光滑区和粗糙区。这种断口特征可从引起疲劳破坏的过程来解释。当交变应力中的最大应力超过一定限度并经历了多次循环后，在最大正应力处或材质薄弱处产生细微的裂纹源（如果材料有表面损伤、夹杂物或加工造成的细微裂纹等缺陷，则这些缺陷本身就成为裂纹源）。随着应力循环次数的增多，裂纹逐渐扩大。由于应力的交替变化，裂纹两侧面的材料时而压紧，时而分开，逐渐形成表面的光滑区。另一方面，由于裂纹的扩展，有效的承载截面将随之削弱，而且裂纹尖端处形成高度应力集中，当裂缝扩大到一定程度后，在一个偶然的振动或冲击下，构件沿削弱了的截面发生脆性断裂，形成断口如图 19-9 所示的粗糙区域。由此可见“疲劳破坏”只不过是一个惯用名词，并不反映这种破坏的实质。

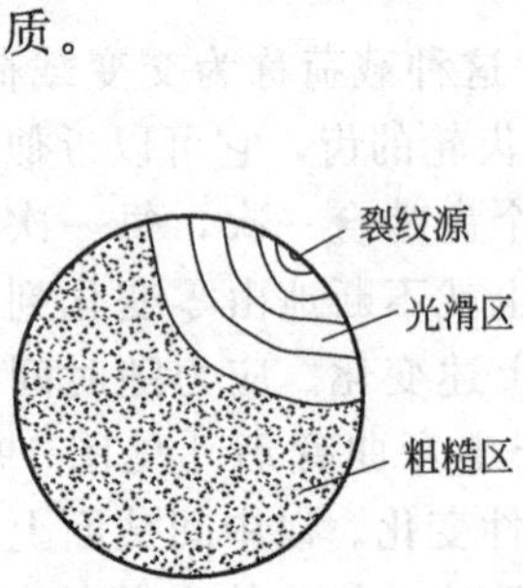

图 19-9

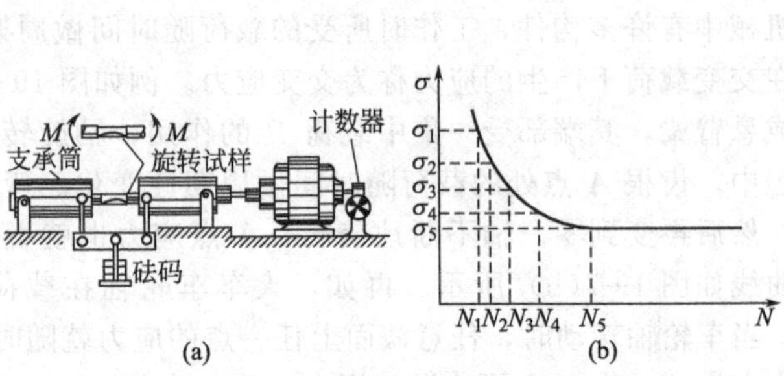

图 19-10

三、对称循环下材料的持久极限

我们已经知道，在交变应力作用下，即使最大应力未超过材料在静荷应力作用下的许用应力，但经过长期循环，仍有可能发生疲劳破坏。可见构件在静荷应力下的强度条件已不适用于解决交变应力的问题。要建立构件在交变应力下的强度条件，首先必须测定交变应力作用下材料的另一极限应力，称为材料的持久极限，用 σ_r 表示。试验表明，材料抵抗对称循环交变应力的能力最差，而对称循环实验又最简单，实际工程中也较为常见，因此重点讨论对称循环问题。

在对称循环交变应力作用下的极限应力是在弯曲疲劳实验机［见图 19-10(a)］上测定的。进行疲劳试验以前，将材料做成一组（2～8 根）经过仔细加工的小直径（$d=7\sim10$mm）光滑标准试样。试验时，先取一根试样装在实验机上，使其承受每分钟几千次循环的交变应力，直到破坏。记下最大应力 $\sigma'_{\max}$ 和循环次数 N'。然后减小载荷，再取一根试样进行同样实验，记下 $\sigma''_{\max}$ 和 N''。这样，依次递减载荷，重复进行试验。随着载荷的递减，最大应力逐渐变小，循环次数依次递增，从而得到一条反映 σ-N 关系的疲劳曲线，如图 19-10(b) 所示。当试样循环达“无限次”（通常，对黑色金属材料规定 $N=10^7$ 次）后仍不发生疲劳破坏的最大应力 $\sigma_{\max}$，即为材料在对称循环时的持久极限，用 σ_{-1} 表示。它是建立交变应力强度条件的主要依据。在设计构件时，材料在不同循环下的持久极限可从手册中查出。

四、疲劳破坏的危害

疲劳破坏往往是在没有明显预兆情况下发生的，很容易造成事故。机械零件的损坏大部分是疲劳损坏，因此对在交变应力下工作的零件进行疲劳强度计算是非常必要的，也是较为复杂的。许多零件的使用寿命就是根据此理论确定的，具体应用将在后继课程（如机械设计）中结合具体零（部）件的设计时再讨论。

本章小结

静载荷是指由零缓慢地增加到某一值后保持不变的载荷。静应力是指在静载荷作用下的应力。

动载荷是指作用在构件上的载荷随时间有显著变化，或在载荷作用下，构件上各点产生显著的加速度的载荷。在动载荷作用下产生的应力，称为动应力。

交变应力是指在工程中的许多构件在工作时随时间做周期变化的应力。循环变的动载荷称为交变载荷。

本章主要讨论了构件在动载荷和交变载荷作用下的强度问题。

(1) 构件做匀加速 a 运动时的动应力强度条件为

$$\sigma_{\mathrm{dmax}}=\sigma_{\max}K_{\mathrm{d}}\leqslant[\sigma]\text{或}\ \sigma_{\mathrm{dmax}}\leqslant\frac{[\sigma]}{K_{\mathrm{d}}}$$

式中，$[\sigma]$ 为静载荷强度计算中的许用应力；K_{d} 为动荷系数

$$K_{\mathrm{d}}=1+\frac{a}{g}$$

(2) 构件做旋转运动时的动应力强度条件。

构件可以近似地看作绕定轴转动的圆环。圆环强度条件为

$$\sigma_{\mathrm{d}}=\rho v^2\leqslant[\sigma]$$

(3) 受冲击构件的强度条件为

$$\sigma_{\mathrm{dmax}}=K_{\mathrm{d}}\sigma_{\max}\leqslant[\sigma]$$

式中，K_{d} 为动荷系数，若为自由落体冲击时 K_{d} 为动荷系数为

$$K_{\mathrm{d}}=1+\sqrt{1+\frac{2h}{\Delta}}$$

(4) 关于交变载荷，本章主要讨论了交变应力的诸多概念：如应力循环、材料的持久极限、疲劳破坏等。构件交变应力时的强度计算情况较复杂，将在后续课程（如机械设计等）中研究。

思 考 题

1. 何谓静载荷？何谓动载荷？二者有何区别？就日常生活所见列举几个动载荷的例子。

2. 何谓动荷系数？它有什么物理意义？

3. 为什么转动飞轮都有一定的转速限制？如转速过高。将会产生什么后果？

4. 有一铁制圆环飞轮，在机器开动后做等速旋转时出现了轮缘破裂的现象。当重新对其进行设计时，采用了加大轮缘横截面面积的办法，试问这样是否可以防止破裂发生？

5. 冲击动荷系数与哪些因素有关？为什么弹簧可以承受较大的冲击载荷而不致损坏？

6. 何谓交变应力？什么是疲劳破坏？疲劳破坏是如何形成的？有何特点？

7. 什么是材料的持久极限？它与强度极限有何区别？

习 题

19-1 如题 19-1 图所示，已知一物体的重量 $G=40\text{kN}$，提升时的最大加速度 $a=5\text{m/s}^2$，吊装绳索的许用应力 $[\sigma]=80\text{MPa}$。设绳索自重不计，试确定图所示的起吊绳索的横截面积的大小。

19-2 如题 19-2 图所示飞轮的最大圆周速度 $v=25\text{m/s}$，材料密度为 $\rho=7.41\text{kg/m}^3$。若不计轮辐的影响. 试求轮缘内的最大正应力。

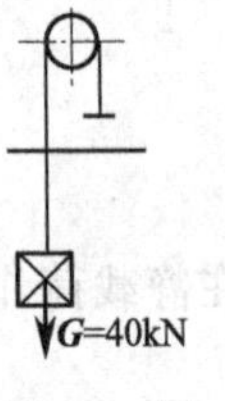

题 19-1 图

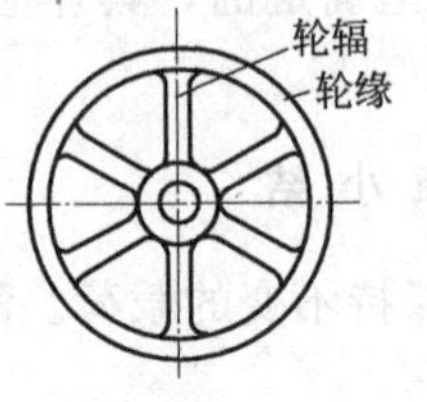

题 19-2 图

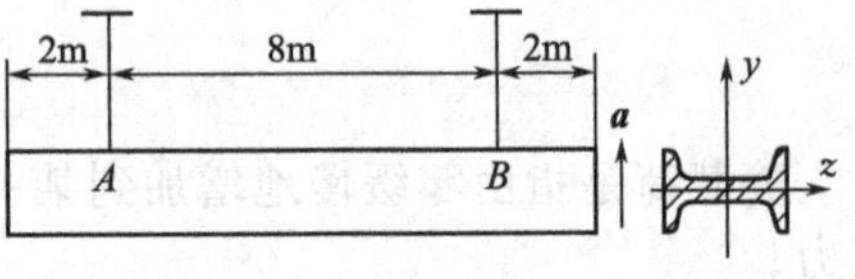

题 19-3 图

19-3 如题 19-3 图所示，长度为 $l=12\text{m}$ 的 32a 号工字钢，每米质量为 $m=52.7\text{kg}$，用两根横截面 $A=1.12\text{cm}^2$ 的钢绳起吊。设起吊时的加速度 $a=10\text{m/s}^2$，求工字钢中最大动应力及钢绳的动应力。

19-4 如题 19-4 图所示，重量为 P 的重物自高度 h 下落冲击于梁上的 C 点。设梁的 E、I 及抗弯截面系数 W 皆为已知量。试求梁内最大正应力及梁的跨度中点的挠度。

19-5 材料相同、长度相等的变截面杆和等截面杆如题 19-5 所示。若两杆的最大横截面面积相同，问哪一根杆件承受冲击的能力强？设变截面杆直径为 d 的部分长为 $2l/5$。为了便于比较，假设较大，可以近似地把动荷系数取为

$$K_{\text{d}}=1+\sqrt{1+\frac{2h}{\Delta_{\text{st}}}}\approx\sqrt{\frac{2h}{\Delta_{\text{st}}}}$$

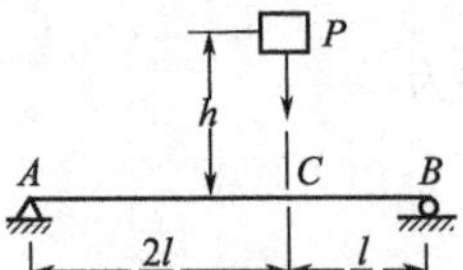

题 19-4 图

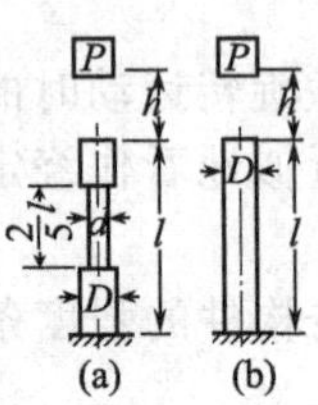

题 19-5 图

附录

附录A

平面图形的几何性质

提要：不同受力形式下杆件的应力和变形，不仅取决于外力的大小以及杆件的尺寸，而且与杆件截面的几何性质有关。当研究杆件的应力、变形，以及研究失效问题时，都要涉及与截面形状和尺寸有关的几何量。这些几何量包括形心、静矩、惯性矩、惯性半径，极惯性矩、惯性积、主轴等，统称为“平面图形的几何性质”。

研究上述这些几何性质时，完全不考虑研究对象的物理和力学因素，作为纯几何问题加以处理。平面图形的几何性质一般与杆件横截面的几何形状和尺寸有关，下面介绍的几何性质表征量在杆件应力与变形的分析与计算中占有举足轻重的作用。

附 A.1　截面的静矩与形心

任意平面几何图形如图附 1.1 所示。在其上取面积微元 dA，该微元在 zOy 坐标系中的坐标为 z、y。下列积分

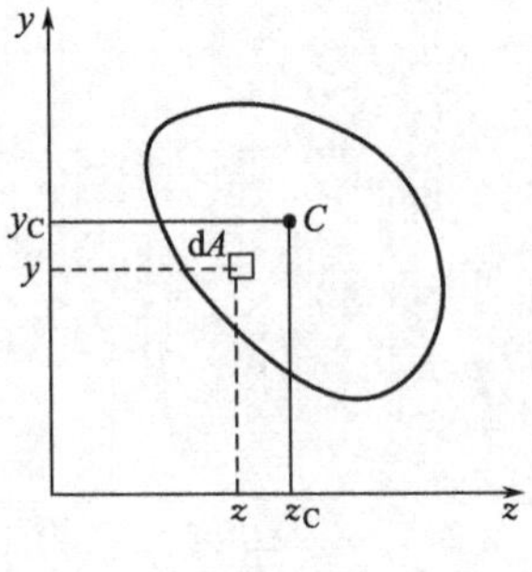

图附 1.1

$$S_y=\int_A z\,dA, S_z=\int_A y\,dA \qquad (附 1.1)$$

S_y，S_z、定义为截面图形 y、z 轴的静矩。

量纲为长度的 3 次方。

由于均质薄板的重心与平面图形的形心有相同的坐标 z_C 和 y_C。则

$$Az_C=\int_A z\,dA=S_y$$

由此可得薄板重心的坐标 z_C 为

$$z_C=\frac{\int_A z\,dA}{A}=\frac{S_y}{A}$$

同理有

$$y_C=\frac{S_z}{A}$$

所以形心坐标

$$z_C=\frac{S_y}{A}, y_C=\frac{S_z}{A} \qquad (附 1.2)$$

或

$$S_y=Az_C，S_z=Ay_C$$

由式(附 1.2)得知，若某坐标轴通过形心轴，则图形对该轴的静矩等于零，即 $y_C=0$，$S_z=0$；$z_C=0$，则 $S_y=0$；反之，若图形对某一轴的静矩等于零，则该轴必然通过图形的形心。静矩与所选坐标轴有关，其值可能为正、负或零。

如一个平面图形是由几个简单平面图形组成，称为组合平面图形。设第 i 块分图形的面积为 A_i，形心坐标为 y_{Ci}，z_{Ci}，则其静矩和形心坐标分别为

$$S_z=\sum_{i=1}^{n}A_i y_{Ci},S_y=\sum_{i=1}^{n}A_i z_{Ci} \tag{附 1.3}$$

$$y_C=\frac{S_z}{A}=\frac{\sum_{i=1}^{n}A_i y_{Ci}}{\sum_{i=1}^{n}A_i},z_C=\frac{S_y}{A}=\frac{\sum_{i=1}^{n}A_i z_{Ci}}{\sum_{i=1}^{n}A_i} \tag{附 1.4}$$

例附 1.1 求图附 1.2 所示半圆形的 S_y、S_z 及形心位置。

解 由对称性，$y_C=0$，$S_z=0$。现取平行于 y 轴的狭长条作为微面积 dA，有

$$dA=2y\,dz=2\sqrt{R^2-z}\,dz$$

所以

$$S_y=\int_A z\,dA=\int_0^R z\cdot 2\sqrt{R^2-z^2}\,dz=\frac{2}{3}R^3$$

$$z_C=\frac{S_y}{A}=\frac{4R}{3\pi}$$

例附 1.2 确定形心位置，如图附 1.3 所示。

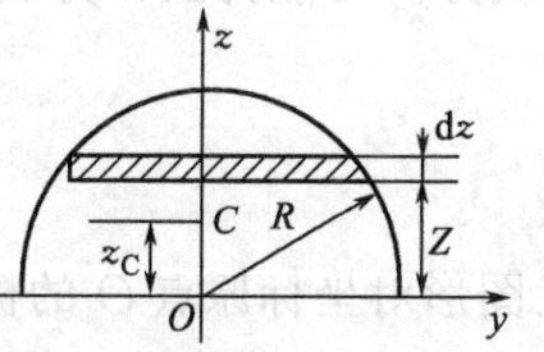

图附 1.2

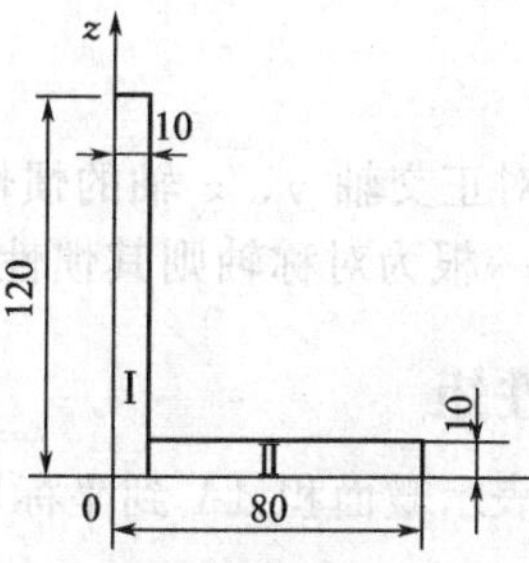

图附 1.3

解 将图形看作由两个矩形I和II组成，在图示坐标下每个矩形的面积及形心位置分别如下。

矩形Ⅰ：

$$A_1=120\times10=1200\text{mm}^2$$

$$y_{C1}=\frac{10}{2}=5\text{mm}，z_{C1}=\frac{120}{2}=60\text{mm}$$

矩形Ⅱ：

$$A_2=70\times10=700\text{mm}^2$$

$$y_{C2}=10+\frac{70}{2}=45\text{mm}，z_{C1}=\frac{10}{2}=5\text{mm}$$

整个图形形心 C 的坐标为

$$y_C=\frac{A_1y_{C1}+A_2y_{C2}}{A_1+A_2}\qquad z_C=\frac{A_1z_{C1}+A_2z_{C2}}{A_1+A_2}$$

$$=\frac{1200\times5+700\times45}{1200+700}=19.7(\text{mm})\qquad=\frac{1200\times60+700\times5}{1200+700}=39.7(\text{mm})$$

附 A.2 惯性矩、惯性积与极惯性矩

一、惯性矩

如图附 1.4 所示，我们把平面图形对某坐标轴的 2 次矩，定义为截面图形的惯性矩

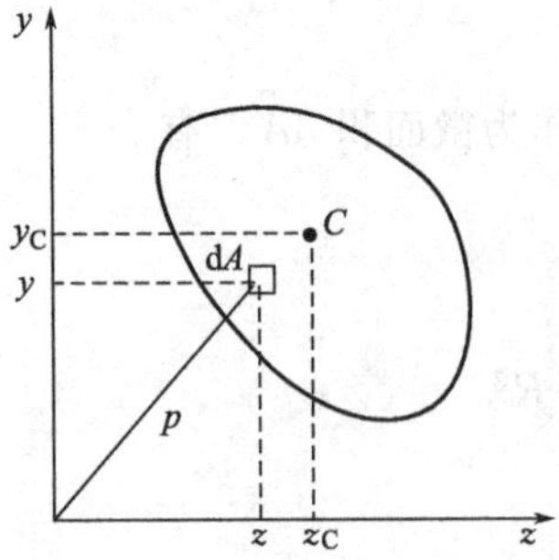

图附 1.4

$$I_y=\int_A z^2\mathrm{d}A,I_z=\int_A y^2\mathrm{d}A \qquad (附 1.5)$$

式中，I_y、I_z 为截面图形对坐标为 z、y 的惯性矩，量纲为长度的 4 次方，恒为正。

组合图形的惯性矩：设 I_{yi}，I_{zi} 为分图形的惯性矩，则总图形对同一轴惯性矩为

$$I_y=\sum_{i=1}^{n}I_{yi},I_z=\sum_{i=1}^{n}I_{zi} \qquad (附 1.6)$$

二、惯性积

定义下式

$$I_{yz}=\int_A yz\mathrm{d}A \qquad (附 1.7)$$

为图形对一对正交轴 y、z 轴的惯性积。量纲是长度的 4 次方。可能为正，为负或为零。若 y，z 轴中有一根为对称轴则其惯性积为零。

三、极惯性矩

若以 ρ 表示微面积 $\mathrm{d}A$ 到坐标原点 O 的距离，则定义图形对坐标原点 O 的极惯性矩

$$I_p=\int_A \rho^2\mathrm{d}A \qquad (附 1.8)$$

因为

$$\rho^2=y^2+z^2$$

$$I_p=\int_A(y^2+z^2)\mathrm{d}A=I_y+I_z \qquad (附 1.9)$$

$$i_y=\sqrt{\frac{I_y}{A}},i_z=\sqrt{\frac{I_z}{A}} \qquad (附 1.10)$$

为图形对 y 轴和对 z 轴的惯性半径。

例附 1.3 试计算图附 1.5(a) 所示矩形截面对其对称轴形心轴 x 和 y 的惯性矩。

解 先计算截面对 x 轴的惯性矩 I_x。取平行于 x 轴的狭长条［见图附 1.5(a)］作为面积元素，即 $\mathrm{d}A=b\mathrm{d}y$，根据公式(附 1.5) 的第二式可得

$$I_x=\int_A y^2\mathrm{d}A=\int_{-\frac{h}{2}}^{\frac{h}{2}}by^2\mathrm{d}y=\frac{bh^2}{12}$$

同理，在计算对 y 惯性矩 I_y 时可以取 $dA = h\,dx$。

根据公式(附 1.6) 的第一式，可得

$$I_y = \int_A x^2 dA = \int_{-\frac{h}{2}}^{\frac{h}{2}} hx^2 dx = \frac{b^3 h}{12}$$

若截面是高度的平行四边形［见图附 1.5(b)］，则它对于形心的惯性矩同样为 $I_x = \frac{bh^3}{12}$。

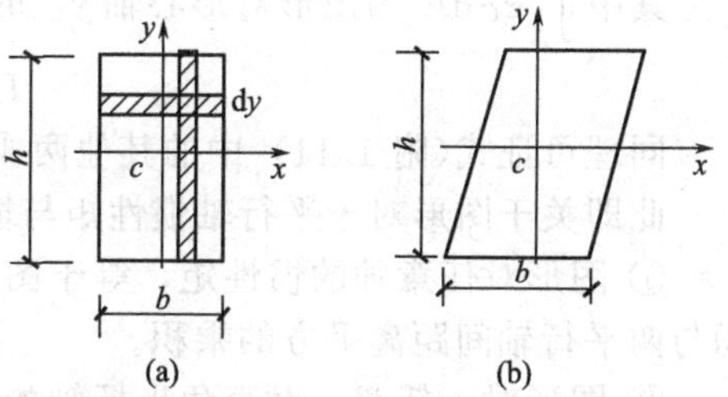

图附 1.5

例附 1.4 求如图附 1.6 所示圆形截面的 I_y，I_z，I_{yz}，I_p。

解：如图所示取 dA，根据定义有

$$I_y = \int_A z^2 dA = \int_{-\frac{D}{2}}^{\frac{D}{2}} z^2 \times 2\sqrt{R^2 - z^2}\, dz = \frac{\pi D^4}{64}$$

由于轴对称性，则有

$$I_y = I_z = \frac{\pi D^4}{64}$$

$$I_{yz} = 0$$

由公式(附 1.9) 得

$$I_p = I_y + I_z = \frac{\pi D^4}{32}$$

对于空心圆截面，外径为 D，内径为 d，则

$$I_y = I_z = \frac{\pi D^4}{64}(1 - \alpha^4)$$

$$\alpha = \frac{d}{D}$$

$$I_p = \frac{\pi D^4}{32}(1 - \alpha^4)$$

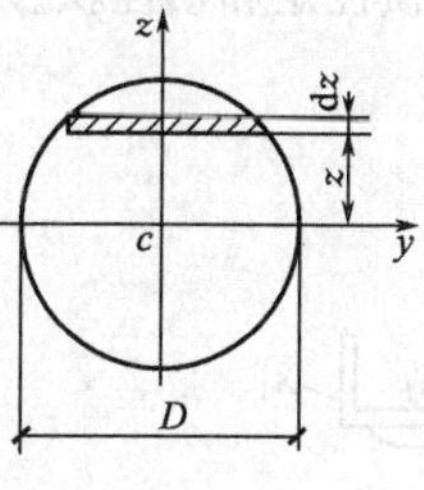

图附 1.6

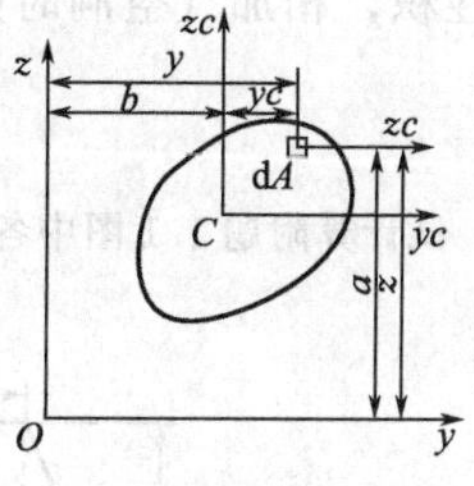

图附 1.7

四、平行移轴公式

由于同一平面图形对于相互平行的两对直角坐标轴的惯性矩或惯性积并不相同，如果其中一对轴是图形的形心轴（y_C，z_C）时，如图附 1.7 所示，可得到如下平行移轴公式

$$\begin{cases} I_y = I_{y_C} + a^2 A \\ I_z = I_{z_C} + b^2 A \\ I_{yz} = I_{y_C z_C} + abA \end{cases} \qquad \text{(附 1.11)}$$

简单证明之：$$I_y = \int_A z^2 dA = \int_A (z_C + a)^2 dA = \int_A z_C^2 dA + 2a\int_A z_C dA + a^2 \int_A dA$$

其中 $\int_A z_C \mathrm{d}A$ 为图形对形心轴 y_C 的静矩，其值应等于零，则得

$$I_y = I_{y_C} + a^2 A$$

同理可证式(附 1.11) 中的其他两式。

此即关于图形对于平行轴惯性矩与惯性积之间关系的移轴定理。式(附 1.11) 表明：

① 图形对任意轴的惯性矩，等于图形对于与该轴平行的形心轴的惯性矩，加上图形面积与两平行轴间距离平方的乘积。

② 图形对于任意一对直角坐标轴的惯性积，等于图形对于平行于该坐标轴的一对通过形心的直角坐标轴的惯性积，加上图形面积与两对平行轴间距离的乘积。

③ 因为面积及 a^2、b^2 项恒为正，故自形心轴移至与之平行的任意轴，惯性矩总是增加的。

a、b 为原坐标系原点在新坐标系中的坐标，故二者同号时为正，异号时为负。所以，移轴后惯性积有可能增加也可能减少。

结论：同一平面内对所有相互平行的坐标轴的惯性矩，对形心轴的最小。在使用惯性积移轴公式时应注意 a，b 的正负号。

*五、组合截面的惯性矩和惯性积

工程计算中应用最广泛的是组合图形的惯性矩与惯性积，即求图形对于通过其形心的轴的惯性矩与惯性积。为此必须首先确定图形的形心以及形心轴的位置。

因为组合图形都是由一些简单的图形（如矩形、正方形、圆形等）所组成，所以在确定其形心、形心主轴以至形心主惯性矩的过程中，均不采用积分，而是利用简单图形的几何性质以及移轴和转轴定理。一般应按下列步骤进行。

将组合图形分解为若干简单图形，并应用式(附 1.5) 确定组合图形的形心位置。以形心为坐标原点，设 xOy 坐标系 x、y 轴一般与简单图形的形心主轴平行。确定简单图形对自身形心轴的惯性矩，利用移轴定理（必要时用转轴定理）确定各个简单图形对 x、y 轴的惯性矩和惯性积，相加（空洞时则减）后便得到整个图形的惯性矩和惯性积。

习　　题

附题 1.1　试计算附题 1.1 图中各平面图形对形心轴 y 的惯性矩。

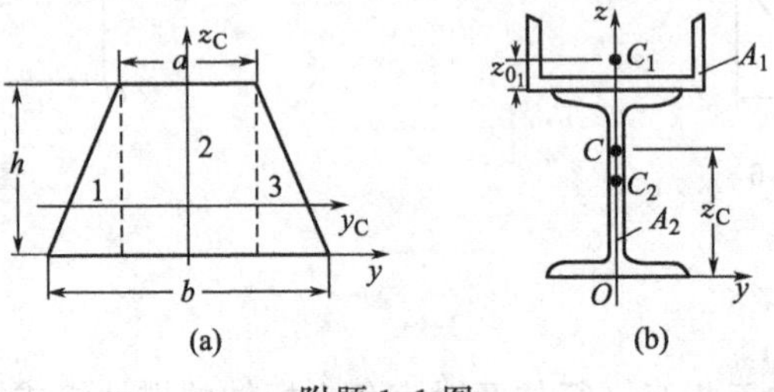

附题 1.1 图

附录B

几种常见图形的几何性质

截面形状	惯性矩	抗弯截面系数
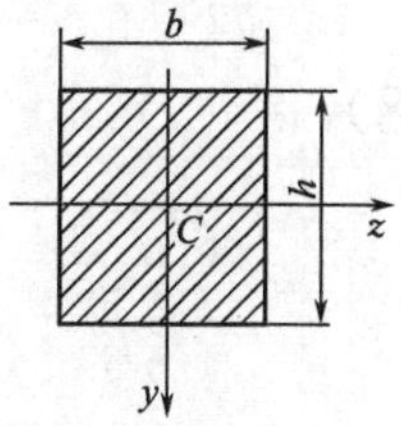	$I_z=\frac{bh^3}{12}$ $I_y=\frac{hb^3}{12}$	$W_z=\frac{bh^2}{6}$
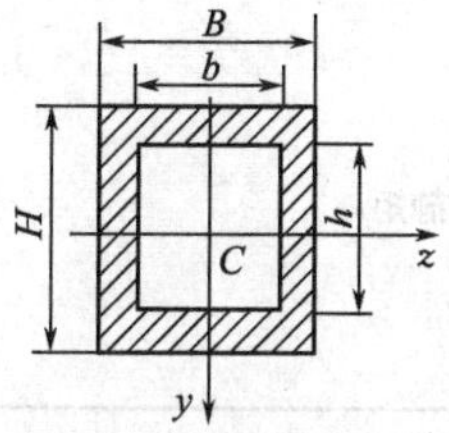	$I_z=\frac{BH^3-bh^3}{12}$ $I_y=\frac{HB^3-hb^3}{12}$	$W_z=\frac{BH^3-bh^3}{6H}$
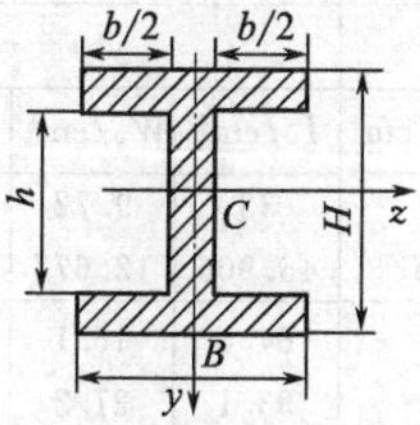	$I_z=\frac{BH^3-bh^3}{12}$	$W_z=\frac{BH^3-bh^3}{6H}$
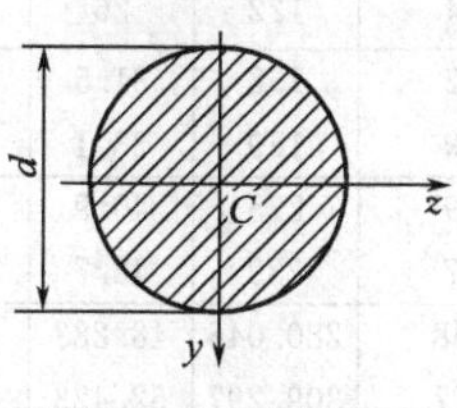	$I_z=I_y=\frac{\pi d^4}{64}$	$W_z=\frac{\pi d^3}{32}$
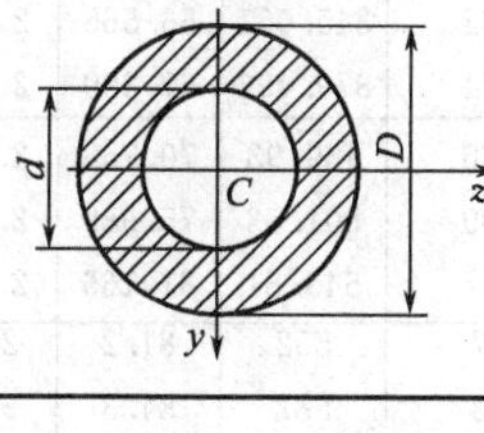	$I_z=I_y=\frac{\pi D^4}{64}(1-\alpha^4)$	$W_z=\frac{\pi D^3}{32}(1-\alpha^4)$

附录C

型钢表

附 C.1 热轧工字钢（GB 706—1988）

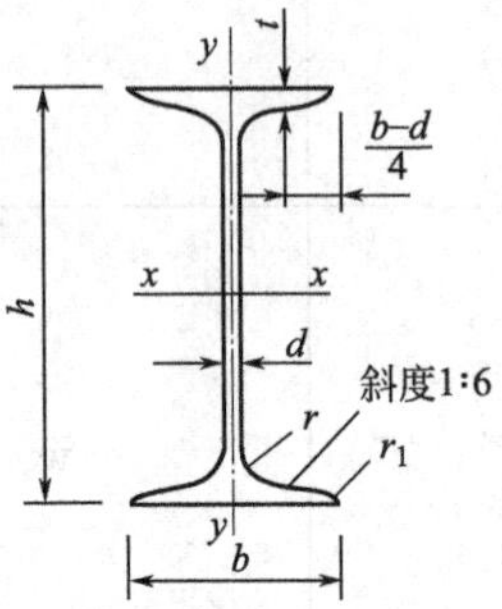

符号意义：

h为高度；r_1为腿端圆弧半径；

b为腿宽度；I为惯性矩；

d为腰厚度；W为截面模量；

t为平均腿厚度；i为惯性半径；

r为内圆弧半径；S为半截面的静矩。

型号	尺寸/mm						截面面积/cm²	理论重量/(kg/m²)	参考数值						
									x-x				y-y		
	h	b	d	t	r	r_1			I_x/cm⁴	W_x/cm³	i_x/cm	$I_x:S_x$/cm	I_y/cm⁴	W_y/cm³	i_y/cm
10	100	68	4.5	7.6	6.5	3.3	14.3	11.2	245	49	4.14	8.59	33	9.72	1.52
12.6	126	74	5	8.4	7	3.5	18.1	14.2	488.43	77.529	5.195	10.85	46.906	12.677	1.609
14	140	80	5.5	9.1	7.5	3.8	21.5	16.9	712	102	5.76	12	64.4	16.1	1.73
16	160	88	6	9.9	8	4	26.1	20.5	1130	141	6.58	13.8	93.1	21.2	1.89
18	180	94	6.5	10.7	8.5	4.3	30.6	24.1	1660	185	7.36	15.4	122	26	2
20a	200	100	7	11.4	9	4.5	35.5	27.9	2370	237	8.15	17.2	158	31.5	2.12
20b	200	102	9	11.4	9	4.5	39.5	31.1	2500	250	7.96	16.9	169	33.1	2.06
22a	220	110	7.5	12.3	9.5	4.8	42	33	3400	309	8.99	18.9	225	40.9	2.31
22b	220	112	9.5	12.3	9.5	4.8	46.4	36.4	3570	325	8.78	18.7	239	42.7	2.27
25a	250	116	8	13	10	5	48.5	38.1	5023.54	401.88	10.18	21.58	280.046	48.283	2.403
25b	250	118	10	13	10	5	53.5	42	5283.96	422.72	9.938	21.27	309.297	52.423	2.404
28a	280	122	8.5	13.7	10.5	5.3	55.45	43.4	7114.14	508.15	11.32	24.62	345.051	56.565	2.495
28b	280	124	10.5	13.7	10.5	5.3	61.05	47.9	7480	534.29	11.08	24.24	379.496	61.209	2.493
32a	320	130	9.5	15	11.5	5.8	67.05	52.7	11075.5	692.2	12.84	27.46	459.93	70.758	2.619
32b	320	132	11.5	15	11.5	5.8	73.45	52.7	11621.4	726.33	12.58	27.09	501.53	75.989	2.614
32c	320	134	13.5	15	11.5	5.8	79.95	62.8	12167.5	760.47	12.34	26.77	543.81	81.166	2.608
36a	360	136	10	15.8	12	6	76.3	59.9	15760	875	14.4	30.7	552	81.2	2.69
36b	360	138	12	15.8	12	6	83.5	65.6	16530	919	14.1	30.3	582	84.3	2.64
36c	360	140	14	15.8	12	6	90.7	71.2	17310	962	13.8	29.9	612	87.4	2.6

续表

型号	尺寸/mm						截面面积/cm^2	理论重量/(kg/m^2)	参考数值						
									x-x				y-y		
	h	b	d	t	r	r_1			I_x/cm^4	W_x/cm^3	i_x/cm	$I_x:S_x/cm$	I_y/cm^4	W_y/cm^3	i_y/cm
40a	400	142	10.5	16.5	12.5	6	86.1	67.6	21720	1090	15.9	34.1	660	93.2	2.77
40b	400	144	12.5	16.5	12.5	6	94.1	73.8	22780	1140	15.6	33.6	692	96.2	2.71
40c	400	146	14.5	16.5	12.5	6	102	80.1	23850	1190	15.2	33.2	727	99.6	2.65
45a	450	150	11.5	18	13.5	6.8	102	80.4	32240	1430	17.7	38.6	855	114	2.89
45b	450	152	13.5	18	13.5	6.8	111	87.4	33760	1500	17.4	38	894	118	2.84
45c	450	154	15.5	18	13.5	6.8	120	94.5	35280	1570	17.1	37.6	938	122	2.79
50a	500	158	12	20	14	7	119	93.6	46470	1860	19.7	42.8	1120	142	3.07
50b	500	160	14	20	14	7	129	101	48560	1940	19.4	42.4	1170	146	3.01
50c	500	162	16	20	14	7	139	109	50640	2080	19	41.8	1220	151	2.96
56a	560	166	12.5	21	14.5	7.3	135.25	106.2	65585.6	2342.31	22.02	47.73	1370.16	165.08	3.182
56b	560	168	14.5	21	14.5	7.3	146.45	115	68512.5	2446.69	21.63	47.17	1486.75	174.25	3.162
56c	560	170	16.5	21	14.5	7.3	157.85	123.9	71439.4	2551.41	21.27	46.66	1558.39	183.34	3.158
63a	630	176	13	22	15	7.5	154.9	121.6	93916.2	2981.47	24.62	54.17	1700.55	193.24	2.314
63b	630	178	15	22	15	7.5	167.5	131.5	98043.6	3163.38	24.2	53.51	1812.07	203.6	3.289
63c	630	180	17	22	15	7.5	180.1	141	102251.1	3298.42	23.82	52.92	1924.91	213.88	3.268

注：截面图和表中标注的圆弧半径 r、r_1 的数据用于孔型设计，不作交货条件。

附 C.2 热轧槽钢（GB 707—1988）

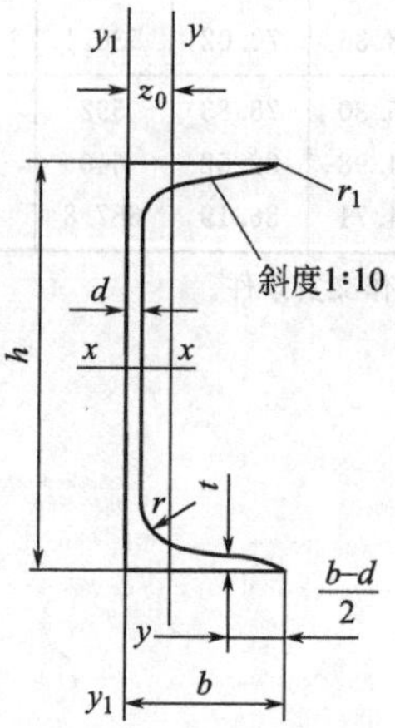

符号意义：
h为高度；r_1为腿端圆弧半径；
b为腿宽度；I为惯性矩；
d为腰厚度；W为截面模量；
t为平均腿厚度；i为惯性半径；
r为内圆弧半径；z_0为y-y轴与y_1-y_1轴间距。

型号	尺寸/mm						截面面积/cm^2	理论重量/(kg/m^2)	参考数值							
									x-x			y-y			y_1-y_1	z_0/cm
	h	b	d	t	r	r_1			W_x/cm^3	I_x/cm^4	i_x/cm	W_y/cm^3	I_y/cm^4	i_y/cm	I_y/cm^4	
5	50	37	4.5	7	7	3.5	6.93	5.44	10.4	26	1.94	3.55	8.3	1.1	20.9	1.35
6.3	63	40	4.8	7.5	7.5	3.75	8.444	6.63	16.123	50.786	2.453	4.50	11.872	1.185	28.38	1.36
8	80	43	5	8	8	4	10.24	8.04	25.3	101.3	3.15	5.79	16.6	1.27	37.4	1.43
10	100	48	5.3	8.5	8.5	4.25	12.74	10	39.7	198.3	3.95	7.8	25.6	1.41	54.9	1.52

续表

型号	尺寸/mm						截面面积/cm²	理论重量/(kg/m²)	参考数值							
									x-x			y-y			y_1-y_1	z_0/cm
	h	b	d	t	r	r_1			W_x/cm³	I_x/cm⁴	i_x/cm	W_y/cm³	I_y/cm⁴	i_y/cm	I_y/cm⁴	
12.6	126	53	5.5	9	9	4.5	15.69	12.37	62.137	391.466	4.953	10.242	37.99	1.567	77.09	1.59
14 a	140	58	6	9.5	9.5	4.75	18.51	14.53	80.5	563.7	5.52	13.01	53.2	1.7	107.1	1.71
14 b	140	60	8	9.5	9.5	4.75	21.31	16.73	87.1	609.4	5.35	14.12	61.1	1.69	120.6	1.67
16a	160	63	6.5	10	10	5	21.95	17.23	108.3	866.2	6.28	16.3	73.3	1.83	144.1	1.8
16	160	65	8.5	10	10	5	25.15	19.74	116.8	934.5	6.1	17.55	83.4	1.82	160.8	1.75
18a	180	68	7	10.5	10.5	5.25	25.69	20.17	141.4	1272.7	7.04	20.03	98.6	1.96	189.7	1.88
18	180	70	9	10.5	10.5	5.25	29.29	22.99	152.2	1369.9	6.84	21.52	111	1.95	210.1	1.84
20a	200	73	7	11	11	5.5	28.83	22.63	178	1780.4	7.86	24.2	128	2.11	244	2.01
20	200	75	9	11	11	5.5	32.83	25.77	191.4	1913.7	7.64	25.88	143.6	2.09	268.4	1.95
22a	220	77	7	11.5	11.5	5.75	31.84	24.99	217.6	2393.9	8.67	28.17	157.8	2.23	298.2	2.1
22	220	79	9	11.5	11.5	5.75	36.24	28.45	233.8	2571.4	8.42	30.05	176.4	2.21	326.3	2.03
25 a	250	78	7	12	12	6	34.91	27.47	269.597	3369.62	9.823	30.067	175.529	2.243	322.256	2.065
25 b	250	80	9	12	12	6	39.91	31.39	282.402	3530.04	9.405	32.657	196.421	2.218	353.187	1.982
25 c	250	82	11	12	12	6	44.91	35.32	295.236	3690.45	9.065	35.926	218.415	2.206	384.133	1.921
28 a	280	82	7.5	12.5	12.5	6.25	40.02	31.42	340.328	4764.59	10.91	35.718	217.989	2.333	387.566	2.097
28 b	280	84	9.5	12.5	12.5	6.25	45.62	35.81	366.46	5130.45	10.6	37.929	242.144	2.304	427.589	2.016
28 c	280	86	11.5	12.5	12.5	6.25	51.22	40.21	392.594	5496.32	10.35	40.301	267.602	2.286	426.597	1.951
32 a	320	88	8	14	14	7	48.7	38.22	474.879	7598.06	12.49	46.473	304.787	2.502	552.31	2.242
32 b	320	90	10	14	14	7	55.1	43.25	509.012	8144.2	12.15	49.157	336.332	2.471	592.933	2.158
32 c	320	92	12	14	14	7	61.5	48.28	543.145	8690.33	11.88	52.642	374.175	2.467	643.299	2.092
36 a	360	96	9	16	16	8	60.89	47.8	659.7	11874.2	13.97	63.54	455	2.73	818.4	2.44
36 b	360	98	11	16	16	8	68.09	53.45	702.9	12651.8	13.63	66.85	496.7	2.7	880.4	2.37
36 c	360	100	13	16	16	8	75.29	50.1	746.1	13429.4	13.36	70.02	536.4	2.67	947.9	2.34
40 a	400	100	10.5	18	18	9	75.05	58.91	878.9	17577.9	15.30	78.83	592	2.81	1067.7	2.49
40 b	400	102	12.5	18	18	9	83.05	65.19	932.3	18644.5	14.98	82.52	640	2.78	1135.6	2.44
40 c	400	104	14.5	18	18	9	91.05	71.47	985.6	19711.2	14.71	86.19	687.8	2.75	1220.7	2.42

注：截面图和表中标注的圆弧半径 r、r_1 的数据用于孔型设计，不作交货条件。

参考文献

[1] 刘鸿文. 材料力学 [M]. 第5版. 北京：高等教育出版社，2014.
[2] 刘鸿文. 简明材料力学 [M]. 北京：高等教育出版社，2013.
[3] 孟庆东. 材料力学简明教程 [M]. 北京：机械工业出版社，2012.
[4] 孟庆东，钟云晴. 理论力学简明教程 [M]. 北京：机械工业出版社，2011.
[5] 苟文选. 材料力学 [M]. 北京：科学出版社，2005.
[6] 蔡文安. 材料力学 [M]. 上海：同济大学出版社，2005.
[7] 韩冠英. 材料力学 [M]. 南京：河海大学出版社，1991.
[8] 苏德胜，韩淑洁. 工程力学简明教程 [M]. 北京：机械工业出版社，2009.
[9] 陈传尧. 工程力学 [M]. 北京：高等教育出版社. 2006.
[10] 孟庆东，王长连. 大学教材全解——理论力学 [M]. 北京：现代教育出版社，2015.
[11] 刘思俊. 工程力学 [M]. 第2版，北京：机械工业出版社，2005.
[12] [美] R. C. Hibbeler. Mechanics of Materials [M]. 北京：电子工业出版社，2006.
[13] 王长连，孟庆东. 材料力学导教·导学·导考 [M]. 西安：西北工业大学出版社，2014.
[14] 张功学. 材料力学 [M]. 西安：西安电子科技大学出版社，2008.
[15] 单辉祖. 材料力学教程 [M]. 北京：高等教育出版社. 2004.
[16] 孟庆东、王秀田. 机械设计简明教程 [M]. 西安：西北工业大学出版社，2014.